普通高等教育"十二五"规划教材

土木工程施工

主　编　王作文　卢成江

副主编　白有良　齐志刚　廖玉凤

U0238220

中国水利水电出版社
www.waterpub.com.cn

内 容 提 要

　　本书依据全国高校土木工程学科专业指导委员会编制的《土木工程施工课程教学大纲》，为高等学校培养应用型人才而编写的。力求体现国内外先进的施工技术、施工组织与管理方法，突出新理论、新技术、新工艺、新材料和新成果的应用。注重知识的系统性、完整性和创新性，既有理论深度，又有实用性。

　　本书分两篇，共十七章，涵盖了建筑工程、道路工程、桥梁工程、地下工程和石油管道工程等专业领域。第一篇为施工技术，包括土方工程、地基与基础工程、砌体工程、钢筋混凝土工程、预应力混凝土工程、结构安装工程、防水工程、装饰工程、道路工程、桥梁工程、地下工程和石油管道工程；第二篇为施工组织与管理，包括施工组织概论、流水施工原理、网络计划技术、单位工程施工组织设计和施工组织总设计。

　　本书可作为高等学校土木工程专业、工程管理专业各专业方向以及相关专业的本科教材，也可作为从事土木工程设计、施工、管理、房地产开发、建设监理等工程技术和管理人员以及注册结构工程师、注册建造师、注册监理工程师等的参考书。

图书在版编目（CIP）数据

土木工程施工/王作文，卢成江主编 . —北京：
中国水利水电出版社，2011.8（2013.8 重印）
　普通高等教育"十二五"规划教材
　ISBN 978 - 7 - 5084 - 8898 - 1

Ⅰ.①土… Ⅱ.①王…②卢… Ⅲ.①土木工程-工
程施工-高等学校-教材 Ⅳ.①TU7

中国版本图书馆 CIP 数据核字（2011）第 170667 号

书　　　名	普通高等教育"十二五"规划教材 **土木工程施工**
作　　　者	主编　王作文　卢成江　　副主编　白有良　齐志刚　廖玉凤
出 版 发 行	中国水利水电出版社 （北京市海淀区玉渊潭南路 1 号 D 座　100038） 网址：www. waterpub. com. cn E - mail：sales@waterpub. com. cn 电话：（010）68367658（发行部）
经　　　售	北京科水图书销售中心（零售） 电话：（010）88383994、63202643、68545874 全国各地新华书店和相关出版物销售网点
排　　　版	中国水利水电出版社微机排版中心
印　　　刷	北京市北中印刷厂
规　　　格	184mm×260mm　16 开本　31 印张　774 千字
版　　　次	2011 年 8 月第 1 版　2013 年 8 月第 2 次印刷
印　　　数	3001—6000 册
定　　　价	**59. 00 元**

本书编委会

主　编　王作文　卢成江

副主编　白有良　齐志刚　廖玉凤

参　编　张伯虎　杨　琴　史德刚　杜立群　孟晓平

前　言

　　土木工程施工是土木工程等相关专业的一门主要专业必修课程，主要研究土木工程施工技术、施工组织与管理的基本理论、基本原理和基本方法的一般规律。土木工程施工实践性强、涉及面广、发展迅速，力求体现国内外先进的施工技术、施工组织与管理方法，突出新理论、新技术、新工艺、新材料和新成果的应用，以培养学生在实际工程中分析和解决土木工程施工技术和施工组织与管理问题的能力。

　　在内容上，尽力求新、求精、求实，注重知识的系统性、完整性和创新性，既有理论深度，又有实用性，重点突出其应用性。本书内容简洁、语言精练、插图直观、通俗易懂。为协助老师教学和帮助学生学习，在书的每章节后配有小结和复习思考题。

　　本书分两篇，共十七章，涵盖了建筑工程、道路工程、桥梁工程、地下工程和石油管道工程等专业领域。第一篇为施工技术，包括土方工程、地基与基础工程、砌体工程、钢筋混凝土工程、预应力混凝土工程、结构安装工程、防水工程、装饰工程、道路工程、桥梁工程、地下工程和石油管道工程；第二篇为施工组织与管理，包括施工组织概论、流水施工原理、网络计划技术、单位工程施工组织设计和施工组织总设计。

　　本书由王作文、卢成江任主编，白有良、齐志刚、廖玉凤任副主编。具体编写人员为：西南石油大学王作文（第三章、第八章、第十二章）、哈尔滨理工大学卢成江（第一章、第十三章、第十四章）、北华航天工业学院白有良（第二章、第六章、第十六章）、重庆科技学院齐志刚（第四章、第五章、第七章）、西南石油大学廖玉凤（第十章）、西南石油大学张伯虎（第十一章）、西南石油大学杨琴（第九章）、西南石油大学史德刚（第十五章）、西南石油大学杜立群（第十七章）、西南石油大学孟晓平（绘制和整理全部插图）。全书由王作文教授统稿。

　　参加本书编写的老师借鉴参考了一些国内外著名学者编写的著作，在此表示诚挚的感谢。由于编写时间仓促，水平有限，书中难免有不足之处，敬请读者批评指正，以便再版时修改和加以完善。

编者

2011 年 7 月

目 录

第一篇

施 工 技 术

第一章 土 方 工 程

【内容提要和学习要求】

　　本章内容包括建筑场地和基坑施工的基本理论知识和施工技术，主要有土的工程分类和性质，土方工程量计算，土方的开挖、运输和压实，土方机械化施工等。阐述了基槽、深浅基坑的各种支护方法及其适用范围，施工排水特别是轻型井点降水和填土压实，并简要提出了土方工程的质量要求。通过学习应了解土的工程性质、边坡留设和土方调配的原则；掌握土方量计算的方法、场地设计标高确定的方法和用表上作业法进行土方调配；了解识别基槽、深浅基坑的各种支护方法及其适用范围和基坑监测项目；理解流砂产生的原因，了解其防治方法；掌握轻型井点设计，了解喷射井点、电渗井点和深井井点的适用范围；掌握基坑土方开挖的一般原则、方法和注意事项，了解常用土方机械的性能及适用范围并能正确合理地选用；掌握填土压实的方法和影响填土压实质量的影响因素。

第一节 概 述

　　土方工程主要包括场地平整、基坑（槽、沟）或路基及地下工程等的开挖与填筑。土方工程施工往往具有施工面积和工程量大，劳动强度高，露天作业多，施工条件复杂，易受气候、工程地质和水文地质的影响。因此，应通过现场调查，详细查阅和分析各种资料，制定出技术可行和经济合理的施工方案。

　　一、土的工程分类

　　土的种类繁多，其分类方法各异。土方工程施工中，按土的开挖难易程度分为八类（表1-1）。表中一～四类为土，五～八类为岩石。在选择施工挖土机械和套建筑安装工程劳动定额时要依据土的工程类别。

表 1-1　　　　　　　　　　　　　　　土 的 工 程 分 类

分 类	级别	名 称	密 度 (kg/m³)	开挖方法及工具
一类土 (松软土)	Ⅰ	砂土；粉土；冲积砂土层；疏松的种植土；淤泥（泥炭）	600~1500	用锹、锄头挖掘，少许用脚蹬
二类土 (普通土)	Ⅱ	粉质黏土；潮湿的黄土；夹有碎石、卵石的砂；粉土混卵（碎）石；种植土；填土	1100~1600	用锹、锄头挖掘，少许用镐翻松
三类土 (坚土)	Ⅲ	软及中等密实黏土；重粉质黏土；砾石土；干黄土；含有碎石卵石的黄土；粉质黏土；压实的填土	1750~1900	主要用镐，少许用锹、锄头挖掘，部分用撬棍
四类土 (砂砾坚土)	Ⅳ	坚硬密实的黏性土或黄土；含碎石、卵石的中等密实的黏性土或黄土；粗卵石；天然级配砂石；软泥灰岩	1900	整个先用镐、撬棍，后用锹挖掘，部分用楔子及大锤

分类	级别	名　称	密度 （kg/m³）	开挖方法及工具
五类土 （软石）	V	硬质黏土；中密的页岩、泥灰岩、白垩土；胶结不紧的砾岩；软石灰岩及贝壳石灰岩	1100～2700	用镐或撬棍、大锤挖掘，部分使用爆破方法
六类土 （次坚石）	VI	泥岩；砂岩；砾岩；坚实的页岩、泥灰岩；密实的石灰岩；风化花岗岩；片麻岩及正长岩	2200～2900	用爆破方法开挖，部分用风镐
七类土 （坚石）	VII	大理岩；辉绿岩；玢岩；粗、中粒花岗岩；坚实的白云岩、砂岩、砾岩、片麻岩、石灰岩；微风化安山岩；玄武岩	2500～3100	用爆破方法开挖
八类土 （特坚土）	VIII	安山岩；玄武岩；花岗片麻岩；坚实的细粒花岗岩、闪长岩、石英岩、辉长岩、角闪岩、玢岩、辉绿岩	2700～3300	用爆破方法开挖

二、土的工程性质

1. 土的含水量

土的含水量 ω 是土中水的质量与固体颗粒质量之比的百分率，即

$$\omega = \frac{m_w}{m_s} \times 100\% \tag{1-1}$$

式中：m_w 为土中水的质量，kg；m_s 为土中固体颗粒的质量，kg。

2. 土的天然密度和干密度

（1）土的天然密度是指土在天然状态下单位体积的质量，用 ρ 表示：

$$\rho = \frac{m}{V} \tag{1-2}$$

式中：m 为土的总质量，kg；V 为土的天然体积，m³。

（2）土的干密度是指单位体积中土的固体颗粒的质量，用 ρ_d 表示：

$$\rho_d = \frac{m_s}{V} \tag{1-3}$$

式中：m_s 为土中固体颗粒的质量，kg；V 为土的天然体积，m³。

土的干密度越大，表示土越密实。工程上常把土的干密度作为评定土体密实程度的标准，以控制填土工程的压实质量。土的干密度 ρ_d 与土的天然密度 ρ 之间有如下关系：

$$\rho = \frac{m}{V} = \frac{m_s + m_w}{V} = \frac{m_s + \omega m_s}{V} = (1 + \omega)\frac{m_s}{V} = (1 + \omega)\rho_d$$

即

$$\rho_d = \frac{\rho}{1 + \omega} \tag{1-4}$$

3. 土的可松性

土具有可松性是指自然状态下的土经开挖后，其体积因松散而增大，以后虽经回填压实，仍不能恢复其原来的体积。土的可松性程度用可松性系数表示，即：

$$K_s = \frac{V_{松散}}{V_{原状}} \tag{1-5}$$

$$K_s' = \frac{V_{压实}}{V_{原状}} \tag{1-6}$$

式中：K_s 为土的最初可松性系数；K_s' 为土的最后可松性系数；$V_{原状}$ 为土在天然状态下的体积，m^3；$V_{松散}$ 为土挖出后在松散状态下的体积，m^3；$V_{压实}$ 为土经回填压（夯）实后的体积，m^3。

土的可松性对确定场地设计标高、土方量的平衡调配、计算运土机具的数量和弃土坑的容积，以及计算填方所需的挖方体积等均有很大影响。各类土的可松性系数（表 1-2）。

表 1-2　　　　　　　　　　　　　　各种土的可松性参考值

土 的 类 别	体积增加百分数		可松性系数	
	最初	最后	K_s	K_s'
一类土（种植土除外）	8～17	1～2.5	1.08～1.17	1.01～1.03
一类土（植物性土、泥炭）	20～30	3～4	1.20～1.30	1.03～1.04
二类土	14～28	2.5～5	1.14～1.28	1.02～1.05
三类土	24～30	4～7	1.24～1.30	1.04～1.07
四类土（泥灰岩、蛋白石除外）	26～32	6～9	1.26～1.32	1.06～1.09
四类土（泥灰岩、蛋白石）	33～37	11～15	1.33～1.37	1.11～1.15
五～七类土	30～45	10～20	1.30～1.45	1.10～1.20
八类土	45～50	20～30	1.45～1.50	1.20～1.30

4. 土的渗透性

土的渗透性是指水流通过土中孔隙的难易程度，水在单位时间内穿透土层的能力称为渗透系数，用 k 表示，单位为 m/d。地下水在土中渗流速度一般可按达西定律计算，即

$$v = k\frac{H_1 - H_2}{L} = k\frac{h}{L} = ki \tag{1-7}$$

式中：v 为水在土中的渗透速度，m/d；i 为水力坡度，$i = \frac{H_1 - H_2}{L}$，即 A、B 两点水头差与其水平距离之比；k 为土的渗透系数，m/d。

从达西公式可以看出渗透系数的物理意义：当水力坡度 i 等于 1 时的渗透速度 v 即为渗透系数 k，单位同样为 m/d。k 值的大小反映土体透水性的强弱，影响施工降水与排水的速度；土的渗透系数可以通过室内渗透试验或现场抽水试验测定，一般土的渗透系数（表 1-3）。

表 1-3　　　　　　　　　　　土的渗透系数 k 参考值　　　　　　　　　　　单位：m/d

土的名称	渗透系数 k	土的种类	渗透系数 k	土的名称	渗透系数 k	土的种类	渗透系数 k
黏土	<0.005	中砂	5.0～25.0	黄土	0.25～0.5	圆砾	50～100
粉质黏土	0.005～0.1	均质中砂	35～50	粉砂	0.5～5.0	卵石	100～500
粉土	0.1～0.5	粗砂	20～50	细砂	1.0～10.0	无填充物卵石	500～1000

第二节　土方工程量计算与调配

一、场地平整土方量计算

(一) 场地设计标高的确定

对较大面积的场地平整,合理地确定场地的设计标高,对减少土方量和加速工程进度具有重要的经济意义。一般来说应考虑以下因素:

(1) 满足生产工艺和运输的要求。

(2) 尽量利用地形,分区或分台阶布置,分别确定不同的设计标高。

(3) 场地内挖填方平衡,土方运输量最少。

(4) 要有一定泄水坡度 (≥2%),使能满足排水要求。

(5) 要考虑最高洪水位的影响。

场地设计标高一般应在设计文件上规定,若设计文件对场地设计标高没有规定时,可按下述步骤来确定。

1. 初步计算场地设计标高

初步计算场地设计标高的原则是场地内挖填方平衡,即场地内挖方总量等于填方总量。计算场地设计标高时,首先将场地的地形图根据要求的精度划分为 10~40m 的方格网 [图 1−1 (a)]。然后求出各方格角点的地面标高。地形平坦时,可根据地形图上相邻两等高线的标高,用插入法求得;地形起伏较大或无地形图时,可在地面用木桩打好方格网,然后用仪器直接测出。

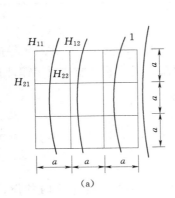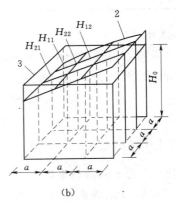

(a)　　　　　　　　　　　(b)

图 1−1　场地设计标高 H_0 计算示意图

(a) 方格网划分;(b) 场地设计标高示意图

1—等高线;2—自然地面;3—场地设计标高平面

按照场地内土方的平整前及平整后相等,即挖填方平衡的原则 [图 1−1 (b)],场地设计标高可按式 (1−8)、式 (1−9) 计算:

$$H_0 n a^2 = \sum \left(a^2 \frac{H_{11} + H_{12} + H_{21} + H_{22}}{4} \right) \tag{1-8}$$

$$H_0 = \frac{\sum (H_{11} + H_{12} + H_{21} + H_{22})}{4n} \tag{1-9}$$

式中：H_0 为所计算的场地设计标高，m；a 为方格边长，m；n 为方格数；H_{11}、H_{12}、H_{21}、H_{22} 为任一方格的四个角点的标高，m。

从图中可以看出［图 1-1 (a)］，H_{11} 系一个方格的角点标高，H_{12} 及 H_{21} 系相邻两个方格的公共角点标高，H_{22} 系相邻的四个方格的公共角点标高。如果将所有方格的四个角点相加，则类似这 H_{11} 样的角点标高加一次，类似 H_{12}、H_{21} 的角点标高需加两次，类似 H_{22} 的角点标高要加四次。如令：H_1 为一个方格仅有的角点标高；H_2 为二个方格共有的角点标高；H_3 为三个方格共有的角点标高；H_4 为四个方格共有的角点标高。则场地设计标高 H_0 的计算公式（1-9）可改写为下列形式：

$$H_0 = \frac{\sum H_1 + 2\sum H_2 + 3\sum H_3 + 4\sum H_4}{4n} \tag{1-10}$$

2. 场地设计标高的调整

按上述公式计算的 H_0 仅为一理论值，在实际运用中还需考虑以下因素进行调整。

（1）土的可松性影响。由于土具有可松性，如按挖填平衡计算得到的场地设计标高进行挖填施工，填土多少有富余，特别是当土的最后可松性系数较大时更不容忽视。设 Δh 为土的可松性引起设计标高的增加值（图 1-2），则设计标高调整后的总挖方体积 V'_w 应为

$$V'_w = V_w - F_w \Delta h \tag{1-11}$$

总填方体积 V'_T 应为

$$V'_T = V'_w K'_s = (V_w - F_w \Delta h)K'_s \tag{1-12}$$

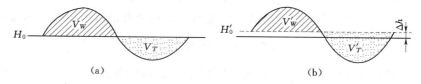

图 1-2 设计标高调整计算示意图
(a) 理论设计标高；(b) 调整设计标高

此时，填方区的标高也应与挖方区一样提高 Δh，即

$$\Delta h = \frac{V'_T - V_T}{F_T} = \frac{(V_w - F_w \Delta h)K'_s - V_T}{F_T} \tag{1-13}$$

移项整理简化得（当 $V_T = V_w$）

$$\Delta h = \frac{V_w(K'_s - 1)}{F_T + F_w K'_s} \tag{1-14}$$

式中：V_w、V_T 为按理论设计标高计算的总挖方、总填方体积；F_w、F_T 为按理论设计标高计算的挖方区、填方区总面积；K'_s 为土的最后可松性系数。

故考虑土的可松性后，场地设计标高调整为

$$H'_0 = H_0 + \Delta h \tag{1-15}$$

（2）场地挖方和填方的影响。由于场地内大型基坑挖出的土方、修筑路堤填高的土方，以及经过经济比较而将部分挖方就近弃土于场外或将部分填方就近从场外取土，上述做法均会引起挖填土方量的变化。必要时，亦需调整设计标高。

为了简化计算，场地设计标高的调整值 H'_0，可按（1-16）近似公式确定，即：

$$H'_0 = H_0 \pm \frac{Q}{na^2} \qquad (1-16)$$

式中：Q 为场地根据 H_0 平整后多余或不足的土方量。

（3）场地泄水坡度的影响。按上述计算和调整后的场地设计标高，平整后场地是一个水平面。但实际上由于排水的要求，场地表面均有一定的泄水坡度，平整场地的表面坡度应符合设计要求，如无设计要求时，一般应向排水沟方向作成不小于 2% 的坡度。所以，在计算的 H_0 或经调整后的 H'_0 基础上，要根据场地要求的泄水坡度，最后计算出场地内各方格角点实际施工时的设计标高。当场地为单向泄水及双向泄水时，场地各方格角点的设计标高求法如下：

1）单向泄水时场地各方格角点的设计标高［图 1-3（a）］。以计算出的设计标高 H_0 或调整后的设计标高 H'_0 作为场地中心线的标高，场地内任意一个方格角点的设计标高为

$$H_{dn} = H_0 \pm li \qquad (1-17)$$

式中：H_{dn} 为场地内任意一点方格角点的设计标高，m；l 为该方格角点至场地中心线的距离，m；i 为场地泄水坡度（不小于 2%）；± 为该点比 H_0 高则取"＋"，反之取"－"。

例如，场地内角点 10 的设计标高［图 1-3（a）］：

$$H_{d10} = H_0 - 0.5ai$$

2）双向泄水时场地各方格角点的设计标高［图 1-3（b）］。以计算出的设计标高 H_0 或调整后的标高 H'_0 作为场地中心点的标高，场地内任意一个方格角点的设计标高为

$$H_{dn} = H_0 \pm l_x i_x \pm l_y i_y \qquad (1-18)$$

式中：l_x、l_y 为该点于 $x-x$、$y-y$ 方向上距场地中心线的距离，m；i_x、i_y 为场地在 $x-x$、$y-y$ 方向上泄水坡度。

例如，场地内角点 10 的设计标高［图 1-3（b）］：

$$H_{d10} = H_0 - 0.5ai_x - 0.5ai_y$$

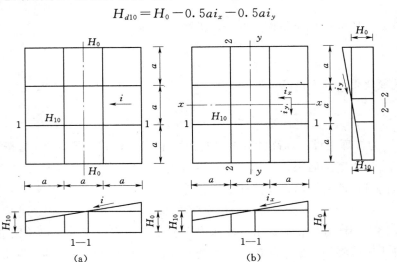

图 1-3 场地泄水坡度示意图
（a）单向泄水；（b）双向泄水

【例1-1】 某建筑场地的地形图和方格网（图1-4），方格边长为20m×20m，$x-x$、$y-y$方向上泄水坡度分别为2‰和3‰。由于土建设计、生产工艺设计和最高洪水位等方面均无特殊要求，试根据挖填平衡原则（不考虑可松性）确定场地中心设计标高，并根据、$x-x$、$y-y$方向上泄水坡度推算各角点的设计标高。

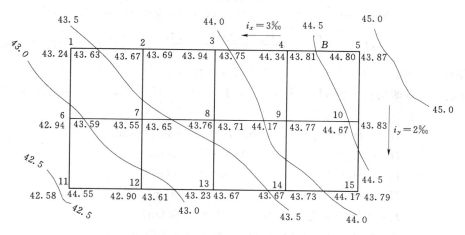

图1-4 某建筑场地方格网布置图（单位：m）

解： 1. 计算角点的自然地面标高

根据地形图上标设的等高线，用插入法求出各方格角点的自然地面标高。由于地形是连续变化的，可以假定两等高线之间的地面高低是呈直线变化的。如角点4的地面标高（H_4），可以看出（图1-4），是处于两等高线相交的AB直线上。根据相似三角形特性（图1-5），可写出：$h_x : 0.5 = x : l$，则$h_x = \dfrac{0.5}{l}x$，得$H_4 = 44.00 + h_x$。

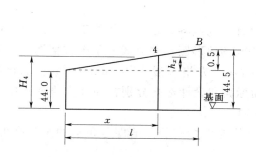

图1-5 插入法计算标高简图（单位：m）

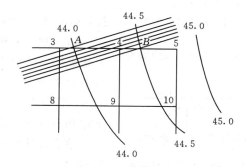

图1-6 插入法的图解法（单位：m）

在地形图上，只要量出x（角点4～44.0等高线的水平距离）和l（44.0等高线和44.5等高线与AB直线相交的水平距离）的长度，便可算出H_4的数值。但这种计算是繁琐的，通常是采用图解法来求得各角点的自然地面标高。用一张透明纸（图1-6），上面画出六根等距离的平行线（线条尽量画细些，以免影响读数的准确），把该透明纸放到标有方格网的地形图上，将六根平行线的最外两根分别对准点A与点B，这时六根等距离的平行线将A、B之间的0.5m的高差分成五等分，于是便可直接读得角点4的地面标高$H_4 = 44.34$m。其余各角点的标高均可类此求出。用图解法求得的各角点标高见方格网角点左下角（图1-4）。

2. 计算场地设计标高 H_0

$$\sum H_1 = 43.24 + 44.80 + 44.17 + 42.58 = 174.79(\text{m})$$

$$\begin{aligned}2\sum H_2 &= 2 \times (43.67 + 43.94 + 44.34 + 43.67 + 43.23 \\ &\quad + 42.90 + 42.94 + 44.67) = 698.72(\text{m})\end{aligned}$$

$$4\sum H_4 = 4 \times (43.35 + 43.76 + 44.17) = 525.12(\text{m})$$

$$H_0 = \frac{\sum H_1 + 2\sum H_2 + 4\sum H_4}{4n} = \frac{174.79 + 698.72 + 525.12}{4 \times 8} = 43.71(\text{m})$$

3. 按照要求的泄水坡度计算各方格角点的设计标高

以场地中心点即角点 8 为 H_0（图 1-4），即：$H_{d8} = H_0 = 43.71\text{m}$，其余各角点的设计标高为：

$$H_{d1} = H_0 - l_x i_x + l_y i_y = 43.71 - 0.12 + 0.04 = 43.63(\text{m})$$
$$H_{d2} = H_1 + l_x i_x = 43.63 + 0.06 = 43.69(\text{m})$$
$$H_{d5} = H_2 + l_x i_x = 43.69 + 0.18 = 43.87(\text{m})$$
$$H_{d6} = H_0 - l_x i_x = 43.71 - 0.12 = 43.59(\text{m})$$
$$H_{d7} = H_{d6} + l_x i_x = 43.59 + 0.06 = 43.65(\text{m})$$
$$H_{d11} = H_0 - l_x i_x - l_y i_y = 43.71 - 0.12 - 0.04 = 43.55(\text{m})$$
$$H_{d12} = H_{11} + l_x i_x = 43.55 + 0.06 = 43.61(\text{m})$$
$$H_{d15} = H_{d12} + l_x i_x = 43.61 + 0.18 = 43.79(\text{m})$$

其余各角点设计标高均可类此求出，详见中方格网角点右下角标示（图 1-4）。

（二）场地土方工程量计算

场地土方量的计算方法，通常有方格网法和断面法两种。方格网法适用于地形较为平坦、面积较大的场地，断面法则多用于地形起伏变化较大或地形狭长的地带。

1. 方格网法

仍以例题 1-1 为例，其分解和计算步骤如下：

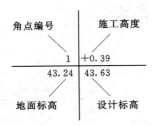

图 1-7 角点自然地面标高和设计标高

（1）划分方格网并计算场地各方格角点的施工高度。根据已有地形图（一般用 1/500 的地形图）划分成若干个方格网，尽量与测量的纵横坐标网对应，方格一般采用 10m×10m～40m×40m，将角点自然地面标高和设计标高分别标注在方格网点的左下角和右下角（图 1-7）。

角点设计标高与自然地面标高的差值即各角点的施工高度，表示为

$$h_n = H_{dn} - H_n \qquad (1-19)$$

式中：h_n 为角点的施工高度，以"+"为填，以"-"为挖，标注在方格网点的右上角；H_{dn} 为角点的设计标高（无泄水坡度时，即为场地设计标高）；H_n 为角点的自然地面标高。

（2）计算各方格网点的施工高度。

$$h_1 = H_{d1} - H_1 = 43.63 - 43.24 = +0.39(\text{m})$$
$$h_2 = H_{d2} - H_2 = 43.69 - 43.67 = +0.02(\text{m})$$
$$\vdots \qquad \vdots$$
$$h_{15} = H_{d15} - H_{15} = 43.79 - 44.17 = -0.38(\text{m})$$

各角点的施工高度标注于各方格网点右上角（图1-8）。

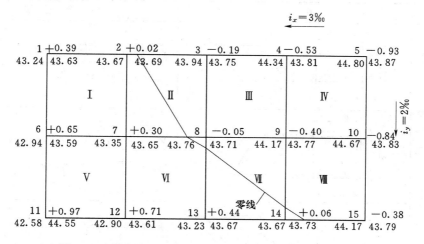

图1-8 某建筑场地方格网挖填土方量计算图（单位：m）

（3）计算零点位置。在一个方格网内同时有填方或挖方时，要先算出方格网边的零点位置即不挖不填点，并标注于方格网上，由于地形是连续的，连接零点得到的零线即成为填方区与挖方区的分界线（图1-8）。零点的位置按相似三角形原理（图1-9）得式（1-20）计算：

$$x_1 = \frac{h_1}{h_1+h_2}a; \quad x_2 = \frac{h_2}{h_1+h_2}a \qquad (1-20)$$

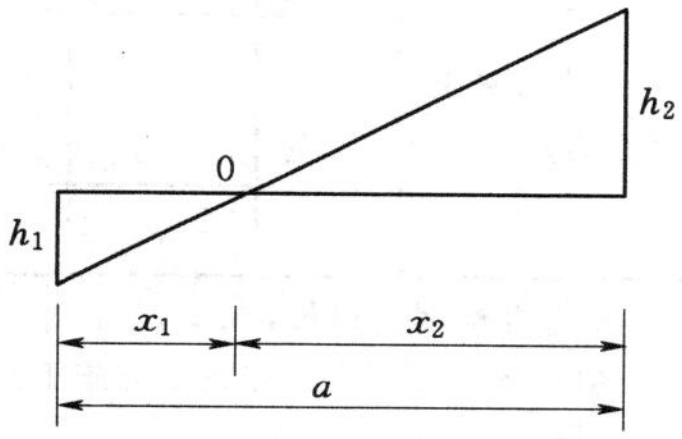

图1-9 零点位置计算示意图

式中：x_1、x_2 为角点至零点的距离，m；h_1、h_2 为相邻两角点的施工高度，均用绝对值，m；a 为方格网的边长，m。

图中2-3网格线两端分别是填方与挖方点，故中间必有零点，零点至3角点的距离：

$$x_{32} = \frac{h_3}{h_3+h_2}a = \frac{0.19}{0.19+0.02} \times 20 = 18.10(\text{m}) \quad x_{23} = 20-18.10 = 1.90(\text{m})$$

同理

$$x_{78} = \frac{0.30}{0.30+0.05} \times 20 = 17.14(\text{m}) \quad x_{87} = 20-17.14 = 2.86(\text{m})$$

$$x_{138} = \frac{0.44}{0.44+0.05} \times 20 = 17.96(\text{m}) \quad x_{813} = 20-17.96 = 2.04(\text{m})$$

$$x_{914} = \frac{0.40}{0.40+0.06} \times 20 = 17.39(\text{m}) \quad x_{149} = 20-17.39 = 2.61(\text{m})$$

$$x_{1514} = \frac{0.38}{0.38+0.06} \times 20 = 17.27(\text{m}) \quad x_{1415} = 20-17.27 = 2.73(\text{m})$$

连接零点得到的零线即成为填方区与挖方区的分界线（图1-8）。

（4）计算方格土方工程量。按方格网底面积图形和所列公式（表1-4），计算每个方格内的挖方或填方量。

表 1-4   常用方格网计算公式

项　目	图　　示	计　算　公　式
一点填方或挖方（三角形）		$V=\dfrac{1}{2}bc\dfrac{\sum h}{3}=\dfrac{bch_3}{6}$ 当 $b=c=a$ 时，$V=\dfrac{a^2h_3}{6}$
二点填方或挖方（梯形）		$V_-=\dfrac{(b+c)}{2}a\dfrac{\sum h}{4}=\dfrac{a}{8}(b+c)(h_1+h_3)$ $V_+=\dfrac{(d+e)}{2}a\dfrac{\sum h}{4}=\dfrac{a}{8}(d+e)(h_2+h_4)$
三点填方或挖方（五角形）		$V=\left(a^2-\dfrac{bc}{2}\right)\dfrac{\sum h}{5}$ $=\left(a^2-\dfrac{bc}{2}\right)\dfrac{h_1+h_2+h_4}{5}$
四点填方或挖方（正方形）		$V=\dfrac{a^2}{4}\sum h=\dfrac{a^2}{4}(h_1+h_2+h_3+h_4)$

注 a 为方格网的边长，m；b、c 为零点到一角的边长，m；h_1、h_2、h_3、h_4 为方格网四角点的施工高程，m，用绝对值代入；$\sum h$ 为填方或挖方施工高程的总和，m，用绝对值代入。

土方量计算如下：

方格 I、III、IV、V、VI底面为正方形，土方量为

$$V_{I+}=\frac{20^2}{4}\times(0.39+0.02+0.65+0.30)=136(\text{m}^3)$$

$$V_{III-}=\frac{20^2}{4}\times(0.19+0.53+0.05+0.40)=117(\text{m}^3)$$

$$V_{IV-}=\frac{20^2}{4}\times(0.35+0.93+0.40+0.84)=270(\text{m}^3)$$

$$V_{V+}=\frac{20^2}{4}\times(0.65+0.30+0.97+0.71)=263(\text{m}^3)$$

方格 II 底面为二个梯形，土方量为：

$$V_{II+}=\frac{x_{23}+x_{78}}{2}a\frac{\sum h}{4}=\frac{1.90+17.14}{2}\times20\times\frac{0.02+0.30+0+0}{4}=15.23(\text{m}^3)$$

$$V_{II-}=\frac{x_{32}+x_{87}}{2}\times20\times\frac{\sum h}{4}=\frac{18.10+2.86}{2}\times20\times\frac{0.19+0.05+0+0}{4}=12.58(\text{m}^3)$$

方格 VI 底面为三角形和五边形，土方量为

$$V_{VI+}=\left(a^2-\frac{x_{87}x_{813}}{2}\right)\times\frac{\sum h}{5}$$

$$=\left(20^2-\frac{2.86\times2.04}{2}\right)\times\left(\frac{0.30+0.71+0.44+0+0}{5}\right)=115.15(\text{m}^3)$$

$$V_{VI-} = \frac{x_{87}\,x_{13}}{2} \times \frac{\sum h}{3} = \frac{2.86 \times 2.04}{2} \times \frac{0.05 + 0 + 0}{3} = 0.05\,(\text{m}^3)$$

方格Ⅶ底面为二个梯形，土方量为

$$V_{Ⅶ+} = \frac{x_{138} + x_{149}}{2} \times a\,\frac{\sum h}{4} = \frac{17.96 + 2.61}{2} \times 20 \times \frac{0.44 + 0.06 + 0 + 0}{4} = 25.71\,(\text{m}^3)$$

$$V_{Ⅶ-} = \frac{x_{813} + x_{914}}{2} \times a\,\frac{\sum h}{4} = \frac{2.04 + 17.39}{2} \times 20 \times \frac{0.05 + 0.40 + 0 + 0}{4} = 21.86\,(\text{m}^3)$$

方格Ⅷ底面为三角形和五边形，土方量为

$$V_{Ⅷ-} = \left(a^2 - \frac{x_{149}\,x_{1415}}{2}\right) \times \frac{\sum h}{5}$$

$$= \left(20^2 - \frac{2.61 \times 2.73}{2}\right) \times \left(\frac{0.40 + 0.84 + 0.38 + 0 + 0}{5}\right) = 128.44\,(\text{m}^3)$$

$$V_{Ⅷ+} = \frac{x_{149}\,x_{1415}}{2} \times \frac{\sum h}{3} = \frac{2.61 \times 2.73}{2} \times \frac{0.06 + 0 + 0}{3} = 0.07\,(\text{m}^3)$$

方格网的总填方量 $\sum V_+ = 136 + 263 + 15.23 + 115.15 + 25.71 + 0.07 = 555.16\,(\text{m}^3)$

方格网的总挖方量 $\sum V_- = 117 + 270 + 12.58 + 0.05 + 21.86 + 128.44 = 549.93\,(\text{m}^3)$

（5）边坡土方量计算。为了维持土体的稳定，场地的边沿不管是挖方区还是填方区均需作成相应的边坡，因此在实际工程中还需要计算边坡的土方量。边坡土方量按三角棱锥体和三角棱柱体体积计算，不详细赘述。例题1-1场地边坡的平面示意图（图1-10）。

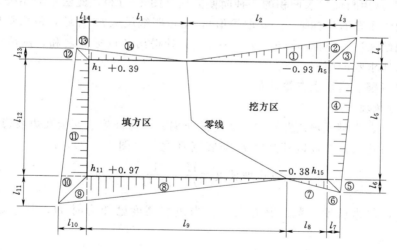

图 1-10　场地边坡平面图

最后将挖方区（或填方区）所有方格计算的土方量和边坡土方量汇总，即得该场地挖方和填方的总土方量。

2. 断面法

沿场地的纵向或相应方向取若干个相互平行的断面（可利用地形图定出或实地测量定出），将所取的每个断面（包括边坡）划分成若干个三角形和梯形（图1-11），对于某一断面，其中三角形和梯形的面积为

$$f_1 = \frac{h_1}{2} d_1 ; \quad f_2 = \frac{h_1 + h_2}{2} d_2 ; \quad \cdots ; \quad f_n = \frac{h_n}{2} d_n \tag{1-21}$$

该断面面积为　　　　　　　　$F_i = f_1 + f_2 + \cdots + f_n$

若　　　　　　　　　　　　　$d_1 = d_2 = \cdots = d_n = d$

则　　　　　　　　　　　　　$F_i = d(h_1 + h_2 + \cdots + h_n)$　　　　　　（1-22）

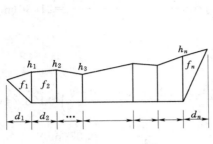

图 1-11　断面法计算图

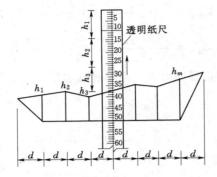

图 1-12　用累高法求断面面积

各个断面面积求出后，即可计算土方体积。设各断面面积分别为 F_1、F_2、$\cdots$、F_n，相邻两断面之间的距离依次为 l_1、$l_2 \cdots$、l_n，则所求土方体积为

$$V = \frac{F_1 + F_2}{2} l_1 + \frac{F_2 + F_3}{2} l_2 + \cdots + \frac{F_{n-1} + F_n}{2} l_{n-1}$$　　　　　　（1-23）

"累高法"是用断面法求面积的一种简便方法（图 1-12），此法不需用公式计算，只要将所取的断面绘于普通坐标纸上（d 取等值），用透明纸尺从 h_1 开始，依次量出（用大头针向上拨动透明纸尺）各点标高（h_1、h_2、$\cdots$），累计得出各点标高之和，然后将此值与 d 相乘，即可得出所求断面面积。

二、基坑（槽、沟）土方量计算

（一）土方边坡

在开挖基坑、沟槽或填筑路堤时，为了防止塌方，保证施工安全及边坡稳定，其边沿应考虑放坡。土方边坡的坡度以其高度 H 与底宽 B 之比（图 1-13），即：

$$土方边坡坡度 = \frac{H}{B} = \frac{1}{B/H} = 1 : m$$

式中：$m = \dfrac{B}{H}$，称为坡度系数。其意义为：当边坡高度已知为时 H，其边坡宽度 B 则等于 mH。

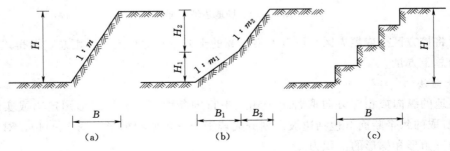

图 1-13　土方边坡的坡度

（a）直线形；（b）折线形；（c）踏步形

（二）基坑（槽、沟）土方量计算

基坑土方量可按立体几何中的拟柱体（由两个平行的平面做底的一种多面体）体积公式计算（图1-14）。即

$$V = \frac{H}{6}(A_1 + 4A_0 + A_2) \tag{1-24}$$

式中：H 为基坑深度，m；A_1、A_2 为基坑上、下的底面积，m^2；A_0 为基坑的中间位置截面面积，m^2。

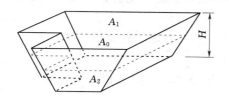

图1-14 基坑土方量计算

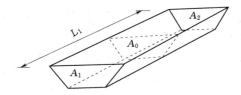

图1-15 基槽土方量计算

基槽、沟或路堤的土方量可以沿长度方向分段后，再用同样方法计算（图1-15）：

$$V_1 = \frac{L_1}{6}(A_1 + 4A_0 + A_2) \tag{1-25}$$

式中：V_1 为第一段的土方量，m^3；L_1 为第一段的长度，m。

将各段土方量相加即得总土方量：

$$V = V_1 + V_2 + V_3 + \cdots + V_n \tag{1-26}$$

式中：V_1，V_2，$\cdots$，V_n 为各分段的土方量，m^3。

三、土方调配

（一）土方调配原则

土方工程量计算完成后，即可着手对土方进行平衡与调配。土方的平衡与调配是土方规划设计的一项重要内容，是对挖土的利用、堆弃和填土的取得这三者之间的关系进行综合平衡处理，达到使土方运输费用最小而又能方便施工的目的。土方调配原则主要有：

（1）应力求达到挖、填平衡和运输量最小的原则。这样可以降低土方工程的成本。然而，仅限于场地范围的平衡，往往很难满足运输量最小的要求。因此还需根据场地和其周围地形条件综合考虑，必要时可在填方区周围就近借土，或在挖方区周围就近弃土，而不是只局限于场地以内的挖、填平衡，这样才能做到经济合理。

（2）应考虑近期施工与后期利用相结合的原则。当工程分期分批施工时，先期工程的土方余额应结合后期工程的需要而考虑其利用数量与堆放位置，以便就近调配。堆放位置的选择应为后期工程创造良好的工作面和施工条件，力求避免重复挖运。如先期工程有土方欠额时，可由后期工程地点挖取。

（3）尽可能与大型地下建筑物的施工相结合。当大型建筑物位于填土区而其基坑开挖的土方量又较大时，为了避免土方的重复挖、填和运输，该填土区暂时不予填土，待地下建筑物施工之后再行填土。为此，在填方保留区附近应有相应的挖方保留区，或将附近挖方工程的余土按需要合理堆放，以便就近调配。

（4）调配区大小的划分应满足主要土方施工机械工作面大小（如铲运机铲土长度）的要求，使土方机械和运输车辆的效率能得到充分发挥。

总之，进行土方调配，必须根据现场的具体情况、有关技术资料、工期要求、土方机械与施工方法，结合上述原则，予以综合考虑，从而做出经济合理的调配方案。

（二）土方调配区的划分

场地土方平衡与调配，需编制相应的土方调配图表，以便施工中使用。其方法如下：

1. 划分调配区

在场地平面图上先划出挖、填区的分界线（零线），然后在挖方区和填方区适当地分别划出若干个调配区。划分时应注意以下几点：

（1）划分应与建筑物的平面位置相协调，并考虑开工顺序、分期开工顺序。

（2）调配区的大小应满足土方机械的施工要求。

（3）调配区范围应与场地土方量计算方格网相协调，一般可由若干方格组成一个调配区。

（4）当土方运距较大或场地范围内土方调配不能达到平衡时，可考虑就近借土或弃土，一个借土区或一个弃土区可作为一个独立的调配区。

（5）计算各调配区的土方量，并将它标注于图上。

2. 求出每对调配区之间的平均运距

平均运距即挖方区土方重心至填方区土方重心的距离。因此，求平均运距，需先求出每个调配区的土方重心。其方法如下：

取场地或方格网中的纵横两边为坐标轴，以一个角作为坐标原点，分别求出各区土方的重心坐标 X_o、Y_o：

$$X_o = \frac{\sum (x_i V_i)}{\sum V_i} \qquad Y_o = \frac{\sum (y_i V_i)}{\sum V_i} \tag{1-27}$$

式中：x_i、y_i 为 i 块方格的重心坐标；V_i 为 i 块方格的土方量。

填、挖方区之间的平均运距 L_o 为

$$L_o = \sqrt{(x_{oT} - x_{oW})^2 + (y_{oT} - y_{oW})^2} \tag{1-28}$$

式中：x_{oT}、y_{oT} 为填方区的重心坐标；x_{oW}、y_{oW} 为挖方区的重心坐标。

为了简化的 x_i、y_i 计算，可假定每个方格（完整的或不完整的）上的土方是各自均匀分布的，于是可用图解法求出形心位置以代替方格的重心位置。

各调配区的重心求出后，标于相应的调配区上，然后用比例尺量出每对调配区重心之间的距离，此即相应的平均运距（L_{11}、L_{12}、L_{13}、…）。

所有填挖方调配区之间的平均运距均需计算，并将计算结果列于土方平衡与运距表内。

当填、挖方调配区之间的距离较远，采用自行式铲运机或其他运土工具沿现场道路或规定路线运土时，其运距应按实际情况进行计算。

（三）用"表上作业法"求解最优调配方案

最优调配方案的确定，是以线性规划为理论基础，常用"表上作业法"求解。

【例 1-2】 已知某场地的挖方区为 W_1、W_2、W_3，填方区为 T_1、T_2、T_3，其挖填方量（图 1-16），其每一调配区的平均运距（图 1-16、表 1-5）。

（1）试用"表上作业法"求其土方的最优调配方案，并用位势法予以检验。

（2）绘出土方调配图。

解：1. 用"最小元素法"编制初始调配方案

即先在运距 c_{ij} 表（小方格）中找一个最小数值，如 $c_{22}=W_2T_2=W_4T_3=c_{43}=40$（任取其中一个，现取 c_{43}），由于运距最短，经济效益明显，于是先确定 X_{43} 的值，使其尽可能的大，即 $X_{43}=\max(400，500)=400$。由于 W_4 挖方区的土方全部调到 T_3 填方区，所以 X_{41} 和 X_{42} 都等于零。此时，将 400 填入 X_{43} 格内，同时将 X_{41}、X_{42} 格内画上一个"×"号，然后在没有填上数字和"×"号的方格内再选一个运距最小的方格，即 $C_{22}=40$，便可确定 $X_{22}=500$，同时使 $X_{21}=X_{23}=0$。此时，又将 500 填入 X_{22} 格内，并在 X_{21}、X_{23} 格内画上"×"号。重复上述步骤，依次确定其余 X_j 的数值，最后得出初始调配方案（表 1-5）。

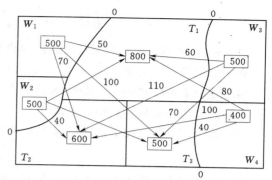

图 1-16 各调配区的土方量和
平均运距（单位：m³）

表 1-5 **初 始 调 配 方 案** 单位：m³

填方区 挖方区	T_1		T_2		T_3		挖方量
W_1	500	50 / 50	×−	70 / 100	×+	100 / 60	500
W_2	×+	70 / −10	500	40 / 40	×+	90 / 0	500
W_3	300	60 / 60		110 / 110	100	70 / 70	500
W_4	×+	80 / 30	×+	100 / 80	400	40 / 40	400
填方量	800		600		500		1900

由于利用"最小元素法"确定的初始方案首先是让 c_{ij} 最小的方格内的 x_{ij} 值取尽可能大的值，也就是符合"就近调配"常理，所以求得的总运输量是比较小的。但数学上可以证明（证明从略）此方案不一定是最优方案，而且可以用简单的表上作业法进行判别。

2. 最优方案判别法

在"表上作业法"中，判别是否最优方案的方法有许多。采用"假想运距法"求检验数较清晰直观，此处介绍该法。该方法是设法求得无调配土方的方格的检验数 λ_{ij}，判别是 λ_{ij}；否非负，如所有 $\lambda_{ij}\geqslant 0$，则方案为最优方案，否则该方案不是最优方案，需要进行调整。

要计算 λ_{ij}，首先求出表中各个方格的假想运距 c'_{ij}。其中

有调配土方方格的假想运距：

$$c'_{ij}=c_{ij}$$

$$(1-29)$$

无调配土方方格的假想运距：

$$c'_{ef} + c'_{pq} = c'_{eq} + c'_{pf} \qquad\qquad (1-30)$$

式（1-30）的意义即构成任一矩形的相邻四个方格内对角线上的假想运距之和相等。

利用已知的假想运距，$c'_{ij} = c_{ij}$ 寻找适当的方格构成一个矩形，利用对角线上的假想运距之和相等逐个求解未知的 c'_{ij}，最终求得所有的 c'_{ij}。见下表上的作业。其中未知的 c'_{ij}（黑体字）为通过如图的对角线和相等得到。

假想运距求出后，按下式求出表中无调配土方方格的检验数：

$$\lambda_{ij} = c_{ij} - c'_{ij} \qquad\qquad (1-31)$$

表中只要把无调配土方的方格右边两小格的数字上下相减即可。如 $\lambda_{21} = 70 - (-10) = +80$，$\lambda_{12} = 70 - 100 = -30$。将计算结果填入表中无调配土方"×"的右上角，但只写出各检验数的正负号，因为根据前述判别法则，只有检验数的正负号才能判别是否是最优方案。表中出现了负检验数，说明初始方案不是最优方案，需要进一步调整。

3. 方案的调整

（1）在所有负检验数中选一个（一般可选最小的一个），本例中唯一负的是 c_{12}，把它所对应的变量 x_{12} 作为调整对象。

（2）找出 x_{12} 的闭回路。其作法是：从格 x_{12} 出发，沿水平与竖直方向前进，遇到适当的有数字的方格作 90°转弯（也可不转弯），然后继续前进，如果路线恰当，有限步后便能回到出发点，形成一条以有数字的方格为转角点的、用水平和竖直线联起来的闭合回路，见表。

（3）从空格 x_{12}（其转角次数为零偶数）出发，沿着闭合回路（方向任意转角次数逐次累加）一直前进，在各奇数次转角点的数字中，挑出一个最小的（本表即为 500、100 中选 100），将它由 x_{32} 调到 x_{12} 方格中（即空格中）。

（4）将"100"填入方格中 x_{12}，被挑出的 x_{32} 为 0（该格变为空格）；同时将闭合回路上其他奇数次转角上的数字都减去"100"，偶数转角上数字都增加"100"，使得填挖方区的土方量仍然保持平衡，这样调整后，便可得到新调配方案（表 1-6）。

表 1-6   **最 优 调 配 方 案**   单位：m³

挖方区 \ 填方区	T_1		T_2		T_3		挖方量
W_1	400	50 50	100	70 70	×⁺	100 60	500
W_2	×⁺	70 20	500	40 40	×⁺	90 30	500
W_3	400	60 60	×⁺	110 80	100	70 70	500
W_4	×⁺	80 30	×⁺	100 50	400	40 40	400
填方量	800		600		500		1900

对新调配方案，再进行检验，看是否是最优方案。如果检验数中仍有负数出现，再按上述步骤继续调整，直到找出最优方案为止。表中所有检验数均为正号，故该方案为最优方案。

将表中的土方调配数值绘成土方调配图（图1-17），图中箭杆上数字为调配区之间的运距，箭杆下数字为最终土方调配量。

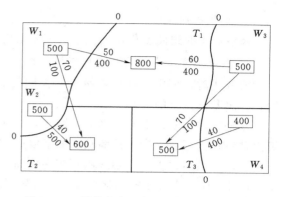

图1-17 最优方案土方调配图（单位：m³）

最后来比较一下最佳方案与初始方案的运输量：

初始调配方案总土方运输量：

$$Z_1 = 500 \times 50 + 500 \times 40 + 300 \times 60 + 100 \times 110 + 100 \times 70 + 400 \times 40 = 97000 (\text{m}^3 \cdot \text{m})$$

最优调配方案总土方运输量：

$$Z_2 = 400 \times 50 + 100 \times 70 + 500 \times 40 + 400 \times 60 + 100 \times 70 + 400 \times 40 = 94000 (\text{m}^3 \cdot \text{m})$$

$$Z_2 - Z_1 = 94000 - 97000 = -3000 (\text{m}^3 \cdot \text{m})$$

即调整后总运输量减少了3000（m³·m）。

土方调配的最优方案还可以不仅一个，这些方案调配区或调配土方量可以不同，但它们的总土方运输量都是相同的，有若干最优方案可以提供更多的选择余地。

第三节 土 方 开 挖

一、土方开挖前的准备工作

土方工程施工前通常需完成下列准备工作：施工场地的清理；地面水排除；临时道路修筑；油燃料和其他材料的准备；供电与供水管线的敷设；临时停机棚和修理间等的搭设；土方工程的测量放线和编制施工组织设计等。

1. 场地清理

场地清理包括清理地面及地下各种障碍。在施工前应拆除旧有房屋和古墓，拆迁或改建通信、电力设备、上下水道以及地下建筑物，迁移树木，去除耕植土及河塘淤泥等。此项工作由业主委托有资质的拆卸拆除公司或建筑施工公司完成，发生费用由业主承担。

2. 排除地面水

场地内低洼地区的积水必须排除，同时应注意雨水的排除，使场地保持干燥，以利于土方施工。地面水的排除一般采用排水沟、截水沟、挡水土坝等措施。

应尽量利用自然地形设置排水沟，使水直接排至场外，或流向低洼处用水泵抽走。主排水沟最好设置在施工区域的边缘或道路的两旁，其横断面和纵向坡度应根据最大流量确定。一般排水沟的横断面不小于0.5m×0.5m，纵向坡度一般不小于2‰。场地平整过程中，要注意排水沟保持畅通，必要时应设置涵洞。山区的场地平整施工，应在较高一面的山坡上开挖截水沟。在低洼地区施工时，除开挖排水沟外，必要时应修筑挡水土坝，以阻挡雨水的流入。

3. 修筑临时设施

修筑好临时道路及供水、供电等临时设施，做好材料、机具及土方机械的进场工作。

4. 做好土方工程的测量和放灰线工作

放灰线时，可用装有石灰粉末的长柄勺靠着木质板侧面，边撒、边走，在地上撒出灰线，标出基础挖土的界线。

基槽放线：根据房屋主轴线控制点，将外墙轴线的交点用木桩测设在地面上，并在桩顶钉上铁钉作为标志。房屋外墙轴线测定以后，再根据建筑物平面图，将内部开间所有轴线都一一测出。最后根据中心轴线用石灰在地面上撒出基槽开挖边线。同时在房屋四周设置龙门板（图1-18）或者在轴线延长线上设置轴线控制桩，又称引桩（图1-19），以便于基础施工时复核轴线位置。附近若有已建的建筑物，也可用经纬仪将轴线投测到建筑物墙上。恢复轴线时，只要将经纬仪安置在某轴线一端的控制桩上，瞄准另一端的控制桩，该轴线即可恢复。

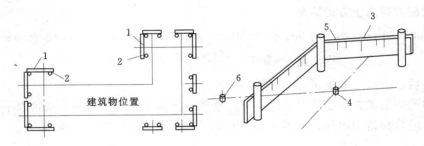

图1-18　龙门板的设置

1—龙门板；2—龙门桩；3—轴线钉；4—角桩；5—灰线钉；6—轴线控制桩（引桩）

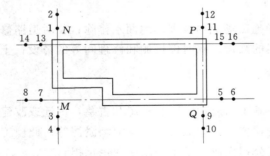

图1-19　轴线控制桩（引桩）平面布置图

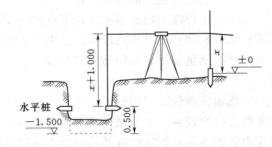

图1-20　基槽底抄平水准测量示意图（单位：m）

为了控制基槽开挖深度，当快挖到槽底设计标高时，可用水准仪根据地面±0.00水准点，在基槽壁上每隔2～4m及拐角处打一水平桩（图1-20）。测设时应使桩的上表面离槽底设计标高为整分米数，作为清理槽底和打基础垫层控制高程的依据。

柱基放线：在基坑开挖前，从设计图上查对基础的纵横轴线编号和基础施工详图，根据柱子的纵横轴线，用经纬仪在矩形控制网上测定基础中心线的端点，同时在每个柱基中心线上，测定基础定位桩，每个基础的中心线上设置四个定位木桩，其桩位离基础开挖线的距离为0.5～1.0m。若基础之间的距离不大，可每隔1～2个或几个基础打一定位桩，但两定位桩的间距以不超过20m为宜，以便拉线恢复中间柱基的中线。桩顶上钉了钉子，标明中心

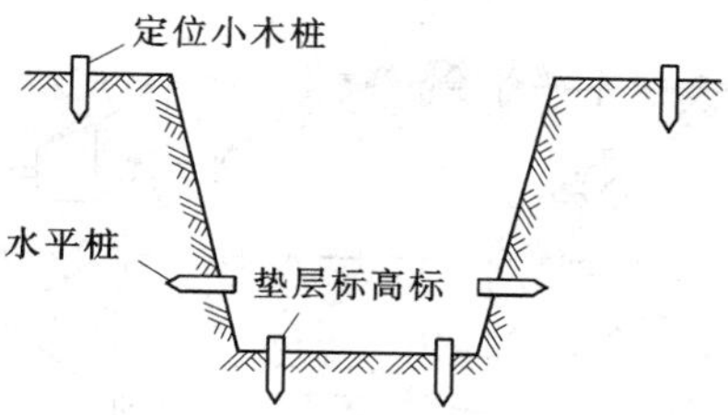

线的位置。然后按施工图上柱基的尺寸和已经确定的挖土边线的尺寸，放出基坑上口挖土灰线，标出挖土范围。当基坑挖到一定深度时，应在坑壁四周离坑底设计高程 0.3～0.5m 处测设几个水平桩（图 1-21），作为基坑修坡和检查坑深的依据。

大基坑开挖，根据房屋的控制点用经纬仪放出基坑四周的挖土边线。

图 1-21 基坑定位高程测设示意图

二、基坑（槽、沟）降水

在开挖基坑或沟槽时，土壤的含水层常被切断，地下水将会不断地渗入坑内。雨季施工时，地面水也会流入坑内。为了保证施工的正常进行，防止边坡塌方和地基承载能力的下降，必须做好基坑降水工作。降水方法分为明排水法（如集水井、明渠等）和人工降低地下水位法两种。

（一）明排水法

现场常采用的方法是截流、疏导、抽取。截流即是将流入基坑的水流截住；疏导即将积水疏干；抽取这种方法是在基坑或沟槽开挖时，在坑底设置集水井，并沿坑底的周围或中央开挖排水沟，使水由排水沟流入集水井内，然后用水泵抽出坑外（图 1-22）。

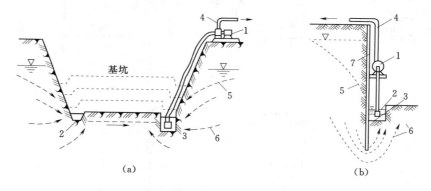

图 1-22 集水井降低地下水位

（a）斜坡边沟；（b）直坡边沟

1—水泵；2—排水沟；3—集水井；4—压力水管；5—降落曲线；6—水流曲线；7—板桩

四周的排水沟及集水井一般应设置在基础范围以外，地下水流的上游。基坑面积较大时，可在基础范围内设置盲沟排水。根据地下水量、基坑平面形状及水泵能力，集水井每隔 20～40m 设置一个。

集水井的直径或宽度，一般为 0.6～0.8m；其深度随着挖土的加深而加深，要始终低于挖土面 0.7～1.0m，井壁可用竹、木等简易加固。当基坑挖至设计标高后，井底应低于坑底 1～2m，并铺设 0.3m 碎石滤水层，以免在抽水时将泥砂抽出，并防止井底的土被搅动。坑壁必要时可用竹、木等材料加固。

（二）人工降低地下水位

人工降低地下水位就是在基坑开挖前，预先在基坑四周埋设一定数量的滤水管（井），在基坑开挖前和开挖过程中，利用真空原理，不断抽出地下水，使地下水位降低到坑底以下（图 1-23），从根本上解决地下水涌入坑内的问题［图 1-24（a）］；防止边坡由于受地下水

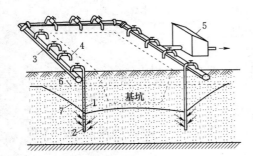

图 1-23 轻型井点降低地下水位全貌图

1—井点管；2—滤管；3—总管；4—弯联管；

5—水泵房；6—原有地下水位线；

7—降低后地下水位线

流的冲刷而引起的塌方［图 1-24 （b）］；使坑底的土层消除了地下水位差引起的压力，也防止了坑底土的上冒［图 1-24 （c）］；没有了水压力，使板桩减少了横向荷载［图 1-24 （d）］；由于没有地下水的渗流，也就防止了流砂现象产生［图 1-24 （e）］。降低地下水位后，由于土体固结，还能使土层密实，增加地基土的承载能力。

上述几点中，防治流砂现象是井点降水的主要目的。

流砂现象产生的原因，是水在土中渗流所产生的动水压力对土体作用的结果。从截取的一段砂土脱离体进行受力分析（图 1-25），两端的高低水头分别是 h_1、h_2，可以得出动水压力的存在和大小结论。

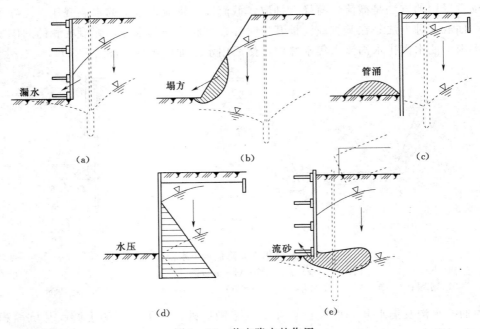

图 1-24 井点降水的作用

（a）防止涌水；（b）使边坡稳定；（c）防止土的上冒；（d）减少横向荷载；（e）防止流砂

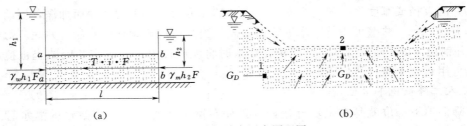

图 1-25 动水压力原理图

（a）水在土中渗流时的脱离体受力图；（b）动水压力对地基土的影响

1、2—土粒

水在土中渗流时，作用在砂土脱离体中的全部水体上的力有：$\gamma_w h_1 F$ 为作用在土体左端 $a-a$ 截面处的总水压力；其方向与水流方向一致；（γ_w 为水的重度，F 为土截面面积）；$\gamma_w h_2 F$ 为作用在土体右端 $b-b$ 截面处的总水压力；其方向与水流方向相反；TlF 为水渗流时整个水体受到土颗粒的总阻力（T 为单位体积土体阻力），方向假设向右。

由静力平衡条件 $\sum X = 0$（设向右的力为正），则：

$$\gamma_w h_1 F - \gamma_w h_2 F + TlF = 0 \qquad (1-32)$$

简化得：

$$T = -\frac{h_1 - h_2}{l}\gamma_w \qquad (1-33)$$

式中：$\dfrac{h_1 - h_2}{l}$ 为水头差与渗透路径之比，称为水力坡度，以 i 表示；"$-$" 为实际方向与假设右正向相反而向左）。

则可写成：

$$T = -i\gamma_w \qquad (1-34)$$

设水在土中渗流时对单位体积土体的压力为 G_D，由作用力与反作用力相等、方向相反的定律可知：

$$G_D = -T = i\gamma_w \qquad (1-35)$$

称为动水 G_D 压力，其单位为 N/cm^3 或 kN/m^3。由上式可知，动水压力的 G_D 大小与水力坡度成正比，即水位差 $h_1 - h_2$ 愈大，则 G_D 愈大；而渗透路径 L 愈长，则 G_D 愈小；动水压力的作用方向与水流方向（向右方向）相同。当水流在水位差的作用下对土颗粒产生向上压力时，动水压力不但使土粒受到了水的浮力，而且还使土粒受到向上动水压力的作用。如果动水压力等于或大于土的浮重度 γ_w'，即：$G_D \geq \gamma_w'$。则土粒失去自重，处于悬浮状态，土的抗剪强度等于零，土粒能随着渗流的水一起流动，这种现象就叫"流砂现象"。

细颗粒（颗粒粒径在 $0.005 \sim 0.05mm$）、均匀颗粒、松散（土的天然孔隙比大于 75%）、饱和的土容易发生流砂现象，但是否出现流砂现象的重要条件是动水压力的大小，即防治流砂应着眼于减小或消除动水压力。

防治流砂的方法主要有：水下挖土法、打板桩法、抢挖法、地下连续墙法、枯水期施工法及井点降水等。

（1）水下挖土法即不排水施工，使坑内外的水压互相平衡，不致形成动水压力。如沉井施工，不排水下沉，进行水中挖土、水下浇筑混凝土，是防治流砂的有效措施。

（2）打板桩法，将板桩沿基坑周围打入不透水层，便可起到截住水流的作用；或者打入坑底面一定深度，这样将地下水引至桩底以下才流入基坑，不仅增加了渗流长度，而且改变了动水压力方向，从而可达到减小动水压力的目的。

（3）抢挖法即抛大石块、抢速度施工。如在施工过程中发生局部的或轻微的流砂现象，可组织人力分段抢挖，挖至标高后，立即铺设芦席并抛大石块，增加土的压重以平衡动水压力，力争在未产生流砂现象之前，将基础分段施工完毕。

（4）地下连续墙法，此法是沿基坑的周围先浇筑一道钢筋混凝土的地下连续墙，从而起到承重、截水和防流砂的作用，它又是深基础施工的可靠支护结构。

（5）枯水期施工法即选择枯水期间施工，因为此时地下水位低，坑内外水位差小，动水压力减小，从而可预防和减轻流砂现象。

以上这些方法都有较大的局限，应用范围狭窄。采用井点降水方法降低地下水位到基坑底以下，使动水压力方向朝下，增大土颗粒间的压力，则不论细砂、粉砂都一劳永逸地消除了流砂现象。实际上井点降水方法是避免流砂危害的常用方法。

（三）井点降水的种类

井点降水有两类：一类为轻型井点（包括电渗井点与喷射井点）；一类为管井井点（包括深井泵）。各种井点降水方法一般根据土的渗透系数、降水深度、设备条件及经济性选用（表1-7）。其中轻型井点应用最为广泛。

表1-7　　　　　　　　　　　　各种井点的适用范围

井点类型		土层渗透系数 （m/d）	降低水位深度 （m）
轻型井点	一级轻型井点	0.1～50	3～6
	二级轻型井点	0.1～50	6～12
	喷射井点	0.1～5	8～20
	电渗井点	<0.1	根据选用的井点确定
管井类	管井井点	20～200	3～5
	深井井点	10～250	>15

（四）轻型井点

1. 轻型井点设备

轻型井点设备由管路系统和抽水设备组成，管路系统包括：滤管（图1-26）、井点管、

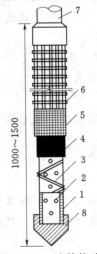

图1-26　滤管构造
1—钢管；2—管壁上的小孔；
3—缠绕的塑料管；4—细滤
网；5—粗滤网；6—粗铁丝
保护网；7—井点管；
8—铸铁头管

弯联管及总管等。滤管为进水设备，通常采用长1.0～1.5m、直径38mm或51mm的无缝钢管，管壁钻有直径为12～18mm的呈梅花形排列的滤孔，滤孔面积为滤管表面积的20%～25%。骨架管外面包以两层孔径不同的滤网，内层为30～50孔/cm²的黄铜丝或尼龙丝布的细滤网，外层为3～10孔/cm²的同样材料粗滤网或棕皮。为使流水畅通，在骨架管与滤管之间用塑料管或梯形铅丝隔开，塑料管沿骨架管绕成螺旋形。滤网外面再绕一层粗铁丝保护网，滤管下端为一铸铁塞头。滤管上端与井点管连接。

井点管为直径38mm或51mm、长5～7m的钢管，可整根或分节组成。井点管的上端用弯联管与总管相连。集水总管为直径100～127mm的无缝钢管，每段长4m，其上装有与井点管连接的短接头，间距为0.8～1.6m。

抽水设备（图1-27）常用的有真空泵、射流泵和隔膜泵井点设备。

一套抽水设备的负荷长度（即集水总管长度）为100～120m。常用的W5、W6型干式真空泵，其最大负荷长度分别为100m和120m。

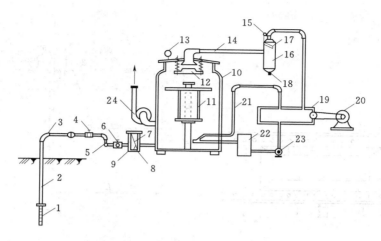

图 1-27 轻型井点设备工作原理

1—滤管；2—井点管；3—弯管；4—阀门；5—集水总管；6—闸门；7—滤网；8—过滤箱；9—掏砂孔；

10—水气分离器；11—浮筒；12—阀门；13—真空计；14—进水管；15—真空计；

16—副水气分离器；17—挡水板；18—放水口；19—真空泵；20—电动机；

21—冷却水管；22—冷却水箱；23—循环水泵；24—离心水泵

2. 轻型井点的布置

井点系统的布置，应根据基坑大小与深度、土质、地下水位高低与流向、降水深度要求等而定。

（1）平面布置。当基坑或沟槽宽度小于 6m，且降水深度不超过 5m 时，可用单排线状井点（图 1-28），布置在地下水流的上游一侧，两端延伸长度不小于坑槽宽度。

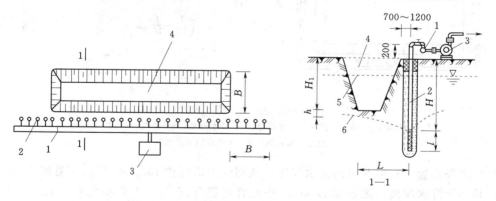

图 1-28 单排线状井点布置（单位：mm）

1—集水总管；2—井点管；3—抽水设备；4—基坑；5—原地下水位线；

6—降低后地下水位线

如宽度大于 6m 或土质不良，则用双排线状井点（图 1-29），位于地下水流上游一排井点管的间距应小些，下游一排井点管的间距可大些。面积较大的基坑宜用环状井点（图 1-30），有时亦可布置成 U 形，以利挖土机和运土车辆出入基坑。井点管距离基坑壁一般可取 0.7～1.2m，以防局部发生漏气。井点管间距一般为 0.8m、1.2m、1.6m，由计算或经验确定。井点管在总管四角部位适当加密。

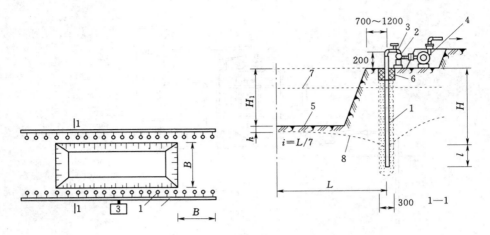

图 1-29 双排线状井点布置（单位：mm）
1—井点管；2—集水总管；3—弯联管；4—抽水设备；5—基坑；6—黏土封孔；
7—原地下水位线；8—降低后地下水位线

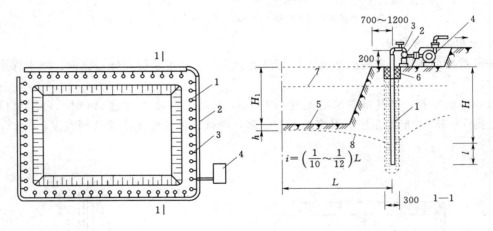

图 1-30 环形井点布置图（单位：mm）
1—井点管；2—集水总管；3—弯联管；4—抽水设备；5—基坑；6—黏土封孔；
7—原地下水位线；8—降低后地下水位线

（2）高程布置。轻型井点的降水深度，从理论上讲可达 10.3m，但由于管路系统的水头损失，其实际降水深度一般不超过 6m。井点管埋设深度 H（不包括滤管）按式（1-36）计算

$$H \geqslant H_1 + h + iL \qquad (1-36)$$

式中：H_1 为井点管埋设面至基坑底面的距离（m）；h 为降低后的地下水位至基坑中心底面的距离，一般取 0.5～1.0m。i 为水力坡度，根据实测：单排井点 1/4～1/5，双排井点 1/7，环状井点 1/10～1/12；L 为井点管至基坑中心的水平距离，当井点管为单排布置时 L 为井点管至对边坡脚的水平距离。

根据上式算出的 H 值，如大于 6m，则应降低井点管抽水设备的埋置面，以适应降水深度要求。即将井点系统的埋置面接近原有地下水位线（要事先挖槽），个别情况下甚至稍低

于地下水位（当上层土的土质较好时，先用集水井排水法挖去一层土，再布置井点系统），就能充分利用抽吸能力，使降水深度增加，井点管露出地面的长度一般为 $0.2\sim0.3$ m 以便与弯联管连接，滤管必须埋在透水层内。

当一级轻型井点达不到降水要求时，可采用二级井点降水，即先挖去第一级井点所疏干的土，然后再在其底部装设第二级井点（图 1-31）。

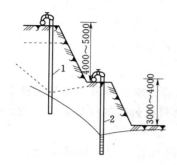

图 1-31 二级轻型井点
示意图（单位：mm）
1—1 级井点管；2—2 级井点管

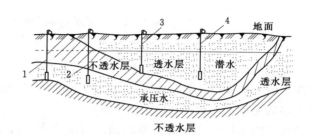

图 1-32 水井的分类
1—承压完整井；2—承压非完整井；
3—无压完整井；4—无压非完整井

3. 轻型井点的计算

井点系统的设计计算必须建立在可靠资料的基础上，如施工现场地形图、水文地质勘察资料、基坑的设计文件等。设计内容除井点系统的布置外，还需确定井点的数量、间距、井点设备的选择等。

（1）井点系统的涌水量计算。井点系统所需井点管的数量，是根据其涌水量来确定的；而井点系统的涌水量，则是按水井理论进行计算。根据井底是否达到不透水层（图 1-32），水井可分为完整井与不完整井；凡井底到达含水层下面的不透水层顶面的井称为完整井，否则称为不完整井。根据地下水有无压力，又分为无压井与承压井。各类井的涌水量计算方法不同，其中以无压完整井的理论较为完善。

1）无压完整井的环状井点系统涌水量。对于无压完整井 [图 1-33（a）] 的环状井点系统，涌水量计算公式为

$$Q=1.366K\frac{(2H-S)S}{\lg R-\lg x_o} \tag{1-37}$$

式中：Q 为井点系统的涌水量，m^3/d；K 为土的渗透系数，m/d，可以由实验室或现场抽水试验确定；H 为含水层厚度，m；S 为基坑中心降水深度，m；R 为抽水影响半径，m；x_o 为井点管围成的大圆井半径或矩形基坑环状井点系统的假想圆半径，m。

计算涌水量时，需事先确定 x_o、R、K 值的数据。由于理论推导是从圆形井点系统假设而来的，试验证明对于矩形基坑，当其长宽比不大于 5 时，可以将环状井点系统围成的不规则平面形状化成一个假想半径为 x_o 的圆井进行计算，计算结果符合工程要求。即：

$$\pi x_o^2=F \rightarrow x_o=\sqrt{\frac{F}{\pi}} \tag{1-38}$$

式中：F 为环状井点系统包围的面积，m^2。

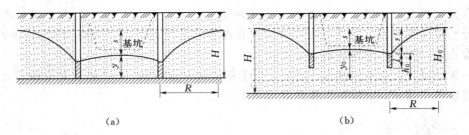

图 1-33 环状井点系统涌水量计算简图

(a) 无压完整井;(b) 无压非完整井

注意当矩形基坑的长宽比大于 5,或基坑宽度大于 2 倍的抽水影响半径 R 时就不能直接利用现有的公式进行计算,此时需将基坑分成几小块使其符合公式的计算条件,然后分别计算每小块的涌水量,再相加即得总涌水量。

抽水影响半径 R 系指井点系统抽水后地下水位降落曲线稳定时的影响半径,与土的渗透系数、含水层厚度、水位降低值及抽水时间等因素有关。在抽水 2～5d 后,水位降落漏斗基本稳定,此时抽水影响半径可近似地按式 (1-39) 计算:

$$R = 1.95S\sqrt{HK} \tag{1-39}$$

2) 无压非完整井的环状井点系统涌水量。在实际工程中往往会遇到无压非完整井的井点系统 [图 1-33 (b)],这时地下水不仅从井的侧面流入,还从井底渗入,因此涌水量要比完整井大。为了简化计算,仍可采用无压完整井的公式,只是将式中 H 换成有效含水深度 H_o,即:

$$Q = 1.366K\frac{(2H_o - S)S}{\lg R - \lg x_o} \tag{1-40}$$

$$R = 1.95S\sqrt{H_oK} \tag{1-41}$$

H_o 可查表确定 (表 1-8),当算得的 H_o 大于实际含水层的厚度 H 时,则仍取 H 值,视为无压完整井。

表 1-8　　　　　　　　有 效 深 度 H_o 值

$s'/(s'+l)$	0.2	0.3	0.5	0.8
H_o	1.2 $(s'+l)$	1.5 $(s'+l)$	1.7 $(s'+l)$	1.85 $(s'+l)$

注　s' 为井点管中水位降落值;l 为滤管长度。$s'/(s'+l)$ 的中间值可采用插入法求 H_o。

3) 承压完整井的环状井点系统涌水量。承压完整环状井点系统涌水量计算公式为

$$Q = 2.73K\frac{MS}{\lg R - \lg x_o} \tag{1-42}$$

式中：M 为承压含水层深度,m;K、R、x_o、S 为与式 (1-37) 相同。

(2) 确定井点管数量及井管间距。确定井点管数量先要确定单根井管的出水量。单根井点管的最大出水量为

$$q = 65\pi dl\sqrt[3]{K} \tag{1-43}$$

式中：d 为滤管直径，m；l 为滤管长度，m；K 为渗透系数，m/d。

井点管最少数量由式（1-44）确定

$$n = 1.1 \times \frac{Q}{q} \qquad (1-44)$$

式中：1.1 为考虑井点管堵塞等因素的放大备用系数。

井点管最大间距为

$$D = \frac{L}{n} \qquad (1-45)$$

式中：L 为集水总管长度，m。

实际采用的井点管间距 D 应当与总管上接头尺寸相适应。即采用 0.8m、1.2m、1.6m 或 2.0m。

【例 1-3】 某工程开挖一矩形基坑，基坑底宽 12m，长 16m，基坑深 4.5m，挖土边坡 1：0.5，基坑平、剖面（图 1-34）。经地质勘探，天然地面以下为 1.0m 厚的黏土层，其下有 8m 厚的中砂，渗透系数 $K=12$m/d。再往下即离天然地面 9m 以下为不透水的黏土层。地下水位在地面以下 1.5m。采用轻型井点降低地下水位，试进行井点系统设计。

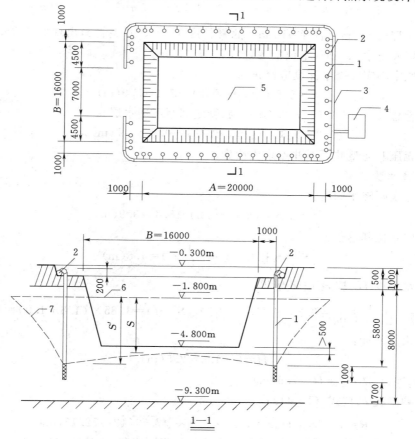

图 1-34　轻型井点布置计算实例示意图（单位：mm）

1—井点管；2—弯联管；3—集水总管；4—真空泵房；5—基坑；

6—原地下水位线；7—降低后地下水位线

解：1. 井点系统的布置

为使总管接近地下水位和不影响地面交通，考虑到天然地面以下 1.0m 内的土质为有内聚力的黏土层，将总管埋设在地面下 0.5 处，即先挖 0.5m 的沟槽，然后在槽底铺设总管。此时基坑上口平面尺寸（$A \times B$）为

$$A \times B = [16 + 2 \times 0.5 \times (4.8 - 0.3 - 0.5)] \times [12 + 2 \times 0.5 \times (4.8 - 0.3 - 0.5)]$$
$$= (20 \times 16)(m)$$

井点系统布置成环状，但为使反铲挖土机和运土车辆有开行路线，在地下水的下游方向一般布置成端部开口（本例开口 7m），另考虑总管距基坑边缘 1.0m，则总管长度为

$$L_{总} = [(16 + 2) + (20 + 2)] \times 2 - 7 = 73(m)$$

基坑短边井点管至基坑中心的水平距离：

$$L = \frac{12}{2} + 0.5 \times (4.8 - 0.3 - 0.5) + 1.0 = 9(m)$$

基坑中心要求降水深度：

$$S = (4.8 - 0.3) - 1.5 + 0.5 = 3.5(m)$$

采用一级轻型井点，井点管的埋设深度 H（不包括滤管）按式（1-33）计算：

$$H \geqslant H_1 + h + iL = (4.8 - 0.3 - 1.5) + 0.5 + \frac{1}{10} \times 9 = 5.4(m)$$

采用井点管长 6.0m，直径 51mm，滤管长度 1.0m。井点管露出地面 0.2m，以便与总管相连接。埋入土中 5.8m（不包括滤管），大于 5.4m。

此时基坑中心实际降水深度应修正为

$$S = 3.5 + (6.0 - 0.2) - 5.4 = 3.9(m)$$

井点管及滤管总长 6.0+1.0=7.0（m），滤管底部距不透水层为

$$(9.3 - 0.3) - (7.0 - 0.2) - 0.5 = 1.7(m) > 0$$

故可按无压非完整井环形井点系统计算。

2. 基坑涌水量计算

基坑中心实际降水深度：

$$S = 3.5 + (6.0 - 0.2) - 5.4 = 3.9(m)$$

井点管中水位降落值：

$$S' = S + iL = 3.9 + \frac{1}{10} \times 9 = 4.8(m)$$

有效含水深度 H_0 按表 1-8 求出：

由 $\dfrac{S'}{S' + l} = \dfrac{4.8}{4.8 + 1.00} = 0.83$ 得 $H_0 = 1.85 \times (S' + l) = 1.85 \times (4.8 + 1.0) = 10.73(m)$

实际含水层厚度：

$$H = 9 - 1.5 = 7.5(m)$$

由于 $H_0 > H$ 取 $H_0 = H = 7.5(m)$

抽水影响半径 R 按式（1-41）：

$$R = 1.95S \sqrt{H_0 k} = 1.95 \times 3.9 \times \sqrt{7.5 \times 12} = 72.15(m)$$

由于 20/16 ≤ 5，故矩形基坑环状井点系统的假想圆半径 x_0 按式（1-35）：

$$x_0 = \sqrt{\frac{F}{\pi}} = \sqrt{\frac{18 \times 22}{\pi}} = 11.23(m)$$

将以上各值代入式（1-40）：

$$Q=1.366k\frac{(2H_0-S)S}{\lg R-\lg x_0}=1.366\times12\times\frac{(2\times7.5-3.9)\times3.9}{\lg72.15-\lg11.23}=\sqrt{\frac{18\times22}{\pi}}=878.23(\text{m}^3/\text{d})$$

3. 确定井点管数量及井管间距

单根井点管的最大出水量按式（1-43）为

$$q=65\pi dl\sqrt[3]{K}=65\times3.14\times0.051\times1.0^3\times\sqrt{12}=23.84(\text{m}^3/\text{d})$$

井点管数量按式（1-44）为

$$n=1.1\frac{Q}{q}=1.1\times\frac{878.23}{23.83}=40.5=41(\text{根})$$

井点管最大间距按式（1-45）为

$$D=\frac{L_总}{n}=\frac{73}{41}=1.78(\text{m})$$

因为实际采用的井点管间距 D 应当与总管上接头尺寸相适应，故取井距为 1.60m。则

$$n_实=\frac{L_总}{D_总}=\frac{73}{1.60}=45.6=46(\text{根})$$

井点管数量应为：

在基坑四角处井点管应加密，如考虑每个角加 2 根管，最后实际采用 46＋8＝54（根）。

4. 选择抽水设备

抽水设备所带动的总管长度为 80m，可选用 W5 型干式真空泵一套。

水泵所需流量：

$$Q_1=1.1Q=1.1\times878.23=966.05(\text{m}^3/\text{d})=40.25(\text{m}^3/\text{h})$$

水泵吸水扬程：

$$H_s\geqslant6.0+1.0=7.0(\text{m})$$

根据 Q_1 及 H_s 查表得，选用 3B33 型离心泵。实际施工选用 2 台，1 台备用。

5. 井点管的埋设与使用

（1）井点管的埋设。轻型井点的施工，大致包括下列几个过程：准备工作、井点系统的埋设、使用及拆除。

准备工作包括井点设备、动力、水源及必要材料的准备，排水沟的开挖，附近建筑物的标高观测以及防止附近建筑物沉降措施的实施。

埋设井点的程序是：先排放总管，再埋设井点管，用弯联管将井点管与总管接通，然后安装抽水设备。

井点管埋设一般用水冲法进行，分为冲孔［图 1-35（a）］与埋管［图 1-35（b）］两个过程。

冲孔时，先用起重设备将冲管吊起并插在井点的位置上，然后开动高压水泵，将土

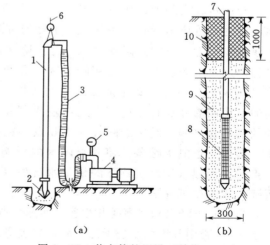

图 1-35　井点管的埋设（单位：mm）
（a）冲孔；（b）埋管
1—冲管；2—冲嘴；3—胶皮管；4—高压水泵；
5—压力表；6—起重机吊钩；7—井点管；
8—滤管；9—填砂；10—黏土封口

冲松，冲管则边冲边沉。冲孔直径一般为 300mm，以保证井管四周有一定厚度的砂滤层，冲孔深度宜比滤管底深 0.5m 左右，以防冲管拔出时，部分土颗粒沉于底部而触及滤管底部。

井孔冲成后，立即拔出冲管，插入井点管，并在井点管与孔壁之间迅速填灌砂滤层，以防孔壁塌土。砂滤层的填灌质量是保证轻型井点顺利抽水的关键。一般宜选用干净粗砂，填灌均匀，并填至滤管顶上 1～1.5m，以保证水流畅通。

井点填砂后，在地面以下 0.5～1.0m 范围内须用黏土封口，以防漏气。

井点埋设完毕，应接通总管与抽水设备进行试抽水，检查有无漏水、漏气，出水是否正常，有无淤塞等现象，如有异常情况，应检修好后方可使用。

（2）井点管的使用。轻型井点使用时，应保证连续不断抽水，并准备双电源。若时抽时停，滤网易于堵塞，也容易抽出土粒，使水混浊，并引起附近建筑物由于土粒流失而沉降开裂。正常出水规律是"先大后小，先混后清"。抽水时需要经常观测真空度以判断井点系统工作是否正常，真空度一般应不低于 55.3～66.7kPa；造成真空度不够的原因较多，但通常是由于管路系统漏气的原因，应及时检查并采取措施。

井点管淤塞，一般可从听管内水流声响；手扶管壁有振动感；夏、冬季手摸管子有夏冷、冬暖感等简便方法检查。如发现淤塞井点管太多，严重影响降水效果时，应逐根用高压水反向冲洗或拔出重埋。

地下构筑物竣工并进行回填土后，方可拆除井点系统。拔出井点管多借助于倒链、起重机等，所留孔洞用砂或土填实，对地基有防渗要求时，地面上 2m 应用黏土填实。

6. 回灌井点法

轻型井点降水有许多优点，在基础施工中广泛应用，但其影响范围较大，影响半径可达百米甚至数百米，且会导致周围土壤固结而引起地面沉陷。特别是在弱透水层和压缩性大的黏土层中降水时，由于地下水流造成的地下水位下降、地基自重应力增加和土层压缩等原因。会产生较大的地面沉降；又由于土层的不均匀性和降水后地下水位呈漏斗曲线。四周土层的自重应力变化不一而导致不均匀沉降，使周围建筑基础下沉或房屋开裂。因此，在建筑物附近进行井点降水时，为防止降水影响或损害区域内的建筑物，就必须阻止建筑物下地下水的流失。除可在降水区域和原有建筑物之间的土层中设置一道固体抗渗屏幕（如水泥搅拌桩、灌注桩加压密注浆桩、旋喷桩、地下连续墙）外，较经济也比较常用的是用回灌井点补充地下水的办法来保持地下水位。回灌井点就是在降水井点与要保护的已建（构）筑物之间打一排井点，在井点降水的同时，向土层中灌入足够数量的水，形成一道隔水帷幕，使井点降水的影响半径不超过回灌井点的范围，从而阻止回灌井点外侧的建（构）筑物下的地下水流失（图 1-36）。这样，也就不会因降水而使地面沉降，或减少沉降值。

为了防止降水和回灌两井相通，回灌井点与降水井点之间应保持一定的距离，一般不宜小于 6m，否则基坑内水位无法下降，失去降水的作用。回灌井点的深度一般应控制在长期降水曲线下 1m 为宜，并应设置在渗透性较好的土层中。

为了观测降水及回灌后四周建筑物、管线的沉降情况及地下水位的变化情况，必须设置沉降观测点及水位观测井，并定时测量记录，以便及时调节灌、抽量，使灌、抽基本达到平衡，确保周围建筑物或管线等的安全。

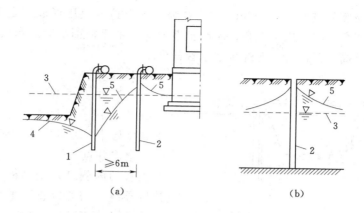

图 1-36 回灌井点布置

（a）回灌井点布置；（b）回灌井点水位图

1—降水井点；2—回灌井点；3—原水位线；4—基坑内降低后的水位线；5—回灌后水位线

（五）其他井点简介

1. 喷射井点

当基坑开挖较深，采用多级轻型井点不经济时，宜采用喷射井点，其降水深度可达 20m。特别适用于降水深度超过 6m，土层渗透系数为 0.1～2m/d 的弱透水层。

喷射井点根据其工作时使用液体和气体的不同，分为喷水井点和喷气井点两种。其设备主要由喷射井管、高压水泵（或空气压缩机）和管路系统组成（图 1-37）。喷射井管由内管和外管组成，在内管下端装有喷射扬水器与滤管相连。当高压水（0.7～0.8MPa）经内外管之间的环形空间通过扬水器侧孔流向喷嘴喷出时，在喷嘴处由于过水断面突然收缩变小，

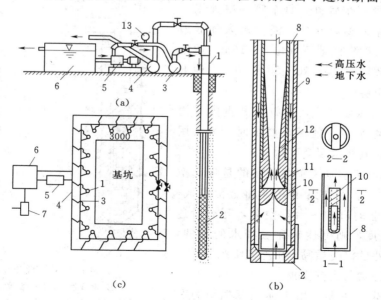

图 1-37 喷射井点设备及平面布置简图

（a）喷射井点设备简图；（b）喷射扬水器详图；（c）喷射井点平面布置

1—喷射井管；2—滤管；3—进水总管；4—排水总管；5—高压水泵；6—集水池；7—水泵；
8—内管；9—外管；10—喷嘴；11—混合室；12—扩散管；13—压力表

使工作水流具有极高的流速（30～60m/s），在喷口附近造成负压形成一定真空，因而将地下水经滤管吸入混合室与高压水汇合；流经扩散管时，由于截面扩大，水流速度相应减小，使水的压力逐渐升高，沿内管上升经排水总管排出。

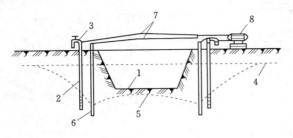

图 1-38 电渗井点降水示意图

1—基坑；2—井点管；3—集水总管；4—原地下水位；
5—降低后地下水位 6—钢管或钢筋；7—线路；
8—直流发电机或电焊机

2. 电渗井点

电渗井点适用于土的渗透系数小于 0.1m/d，用一般井点不可能降低地下水位的含水层中，尤其宜用于淤泥排水。

电渗井点（图 1-38）的原理是在降水井点管的内侧打入金属棒（钢筋或钢管），连以导线，当通以直流电后，土颗粒会发生从井点管（阴极）向金属棒（阳极）移动的电泳现象，而地下水则会出现从金属棒（阳极）向井点管（阴极）流动的电渗现象，从而达到软土地基易于排水的目的。

电渗井点是以轻型井点管或喷射井点管作阴极，$\phi20$～25 的钢筋或 $\phi50$～75 的钢管为阳极，埋设在井点管内侧，与阴极并列或交错排列。当用轻型井点时，两者的距离为 0.8～1.0m；当用喷射井点则为 1.2～1.5m。阳极入土深度应比井点管深 500mm，露出地面 200～400mm。阴、阳极数量相等，分别用电线联成通路，接到直流发电机或直流电焊机的相应电极上。

3. 管井井点

管井井点（图 1-39），就是沿基坑每隔 20～50m 距离设置一个管井，每个管井单独用一台水泵（潜水泵、离心泵）不断抽水来降低地下水位。用此法可降低地下水位 5～10m，适用于土的渗透系数较大（$k=20$～200m/d）且地下水量大的砂类土层中。

如要求降水深度较大，在管井井点内采用一般离心泵或潜水泵不能满足要求时，可采用特制的深井泵，其降水深度可达 50m。

近年来在上海等地区应用较多的是带真空的深井泵，每一个深井泵由井管和滤管组成，单独配备一台电动机和一台真空泵，开动后达到一定的真空度，则可达到深层降水的目的，在渗透系数较小的淤泥质黏土中亦能降水。

三、土方边坡与土壁支护

土壁的稳定，主要是由土体内摩擦阻力和粘结力来保持平衡，一旦土体失去平衡，土体就会塌方，这不仅会造成人身安全事故。同时亦会影响工期，有时还会危及附近的建筑物。

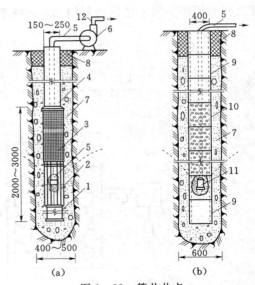

图 1-39 管井井点

（a）钢管管井；（b）混凝土管管井

1—沉砂管；2—钢筋焊接骨架；3—滤网；4—管身；
5—吸水管；6—离心泵；7—小砾石过滤层；
8—黏土封口；9—混凝土实管；10—混凝
土过滤管；11—潜水泵；12—出水管

造成土壁塌方的原因主要有：

（1）边坡过陡，使土体稳定性不足导致塌方；尤其是在土质差，开挖深度大的坑槽中。

（2）雨水、地下水渗入土中泡软土体，从而增加土的自重同时降低土的抗剪强度，这是造成塌方的常见原因。

（3）基坑上口边缘附近大量堆土或停放机具、材料，或由于行车等动荷载，使土体中的剪应力超过土体的抗剪强度。

（4）土壁支撑强度破坏失效或刚度不足导致塌方。为了防止塌方，保证施工安全，在基坑（槽）开挖时，可采取以下措施。

1. 放足边坡

土方边坡坡度大小的留设应根据土质、开挖深度、开挖方法、施工工期、地下水水位、坡顶荷载及气候条件等因素确定。一般情况下，黏性土的边坡可陡些，砂性土则应平缓些；当基坑附近有主要建筑物时，边坡应取 1∶1.0～1∶1.5。

根据《地基与基础工程施工工艺标准》（QCJJT-JS02 2004）的建议，在天然湿度的土中，当挖土深度不超过下列数值时，可不放坡、不支撑。

（1）深度≤1.0m 密实、中密的砂土和碎石类土（充填物为砂土）。

（2）深度≤1.25m 硬塑、可塑的黏质砂土及砂质黏土。

（3）深度≤1.5m 硬塑、可塑的黏土和碎石类土（充填物为黏性土）。

（4）深度≤2.0m 坚硬的黏土。

挖方深度超过上述规定时，应考虑放坡或做成直立壁加支撑。

《建筑地基基础工程施工质量验收规范》（GB 50202—2002）规定，临时性挖方的边坡值应符合规定（表 1-9）。

表 1-9　　　　　　　　　　　　临时性挖方边坡值

土　的　类　别		边坡值（高∶宽）
砂土（不包括细砂、粉砂）		1∶1.25～1∶1.50
一般性黏土	硬	1∶0.75～1∶1.00
	硬、塑	1∶1.00～1∶1.25
	软	1∶1.50 或更缓
碎石类土	充填坚硬、硬塑黏性土	1∶0.50～1∶1.00
	充填砂土	1∶1.00～1∶1.50

注　1. 设计有要求时，应符合设计标准。

　　2. 如采用降水或其他加固措施，可不受本表限制，但应计算复核。

　　3. 开挖深度，对软土不应超过 4m，对硬土不应超过 8m。

2. 设置支撑

为了缩小施工面，减少土方，或受场地的限制不能放坡时，则可设置土壁支撑。一般沟槽支撑方法（表 1-10），主要采用横撑式支撑；一般浅基坑支撑方法（表 1-11），主要采用结合上端放坡并加以拉锚等单支点板桩或悬臂式板桩支撑，或采用重力式支护结构如水泥搅拌桩等；深基坑的支护方法（表 1-12），主要采用多支点板桩。

表 1－10　　　　　　　　　　　　　**一般沟槽的支撑方法**

支撑方式	简　图	支撑方式及适用条件
间断式水平支撑		两侧挡土板水平放置，用工具式或木横撑借木楔顶紧，挖一层土，支顶一层。 适于能保持立壁的干土或天然湿度的黏土类土，地下水很少，深度在 2m 以内
断续式水平支撑		挡土板水平放置，中间留出间隔，并在两侧同时对称立竖枋木，再用工具式或木横撑上下顶紧。 适于能保持直立壁的干土或天然湿度的黏土类土，地下水很少，深度在 3m 以内
连续式水平支撑		挡土板水平连续放置，不留间隙，然后两侧同时对称立竖枋木，上下各顶一根撑木，端头加木楔顶紧。 适用于较松散的干土或天然湿度的黏土类土，地下水很少，深度为 3～5m
连续或间断式垂直支撑		挡土板垂直放置，连续或留适当间隙，然后每侧上下各水平顶一根枋木，再用横撑顶紧。 适于土质较松散或湿度很高的土，地下水较少，深度不限
水平垂直混合支撑		沟槽上部连续或水平支撑，下部设连续或垂直支撑。 适于沟槽深度较大，下部有含水土层情况

表 1－11　　　　　　　　　　　　　**一般浅基坑的支撑方法**

支撑方式	简　图	支撑方式及适用条件
斜柱支撑		水平挡土板钉在柱桩内侧，柱桩外侧用斜撑支顶，斜撑底端支在木桩上，在挡土板内侧回填土。 适于开挖较大型、深度不大的基坑或使用机械挖土

续表

支撑方式	简 图	支撑方式及适用条件
锚拉支撑	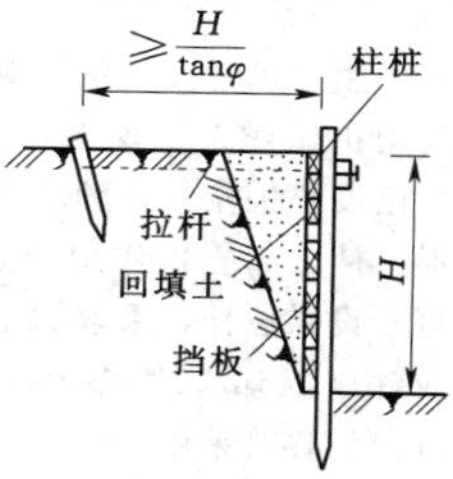	水平挡土板支在柱桩的内侧，柱桩一端打入土中，另一端用拉杆与锚桩拉紧，在挡土板内侧回填土。 适于开挖较大型、深度不大的基坑或使用机械挖土、而不能安设横撑时使用
短柱横隔支撑	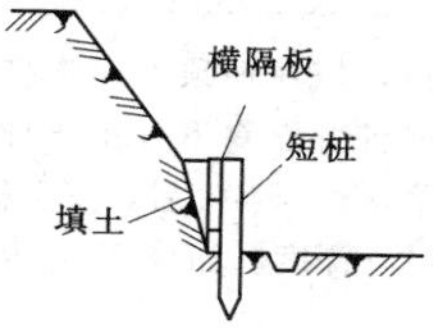	打入小短木桩，部分打入土中，部分露出地面，钉上水平挡土板，在背面填土捣实。 适于开挖宽度大的基坑，当部分地段下部放坡不够时使用
临时挡土墙支撑		沿坡脚用砖、石叠砌或用草袋装土砂堆砌，使坡脚保持稳定。 适于开挖宽度大的基坑，当部分地段下部放坡不够时使用

表 1-12　　　　　　　　　　　　一般深基坑的支撑方法

支护（撑）方式	简 图	支护（撑）方式及适用条件
型钢桩横挡板支撑	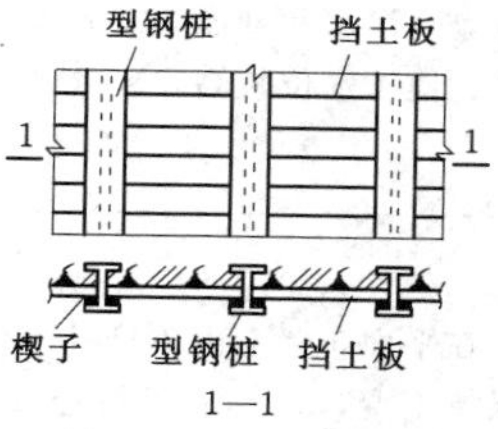	沿挡土位置预先打入钢轨、工字钢或 H 形钢桩，间距 1～1.5m，然后边挖方，边将 3～6cm 厚的挡土板塞进钢桩之间挡土，并在横向挡板与 H 形钢桩之间打入楔子，使横板与土体紧密接触。 适于地下水位较低，深度不很大的一般黏性或砂土层中应用
钢板桩支撑	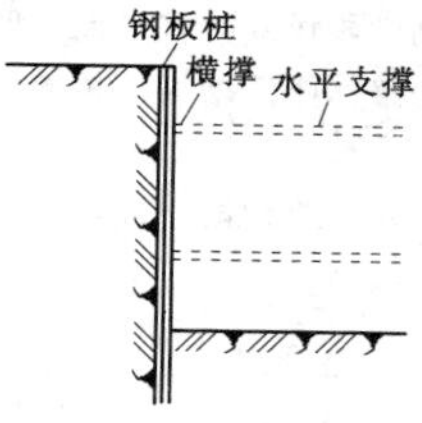	在开挖基坑的周围打钢板桩或钢筋混凝土板桩，板桩入土深度及悬臂长度应经计算确定，如基坑宽度很大，可加水平支撑。 适于一般地下水、深度和宽度不很大的黏性砂土层中应用
钢板桩与钢构架结合支撑	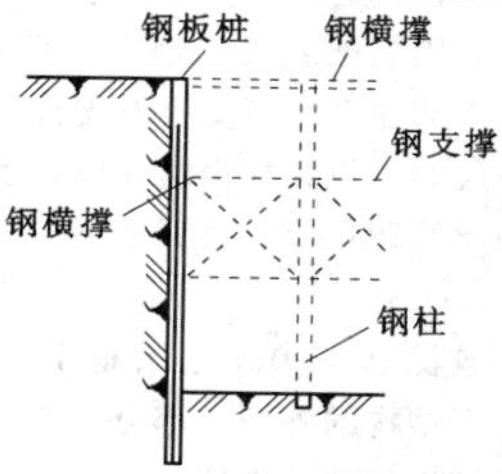	在开挖的基坑周围打钢板桩，在柱位置上打入暂设的钢柱，在基坑中挖土，每下挖 3～4m，装上一层构架支撑体系，挖土在钢构架网格中进行，亦可不预先打入钢柱，随挖随接长支柱。 适于在饱和软弱土层中开挖较大、较深基坑，钢板桩刚度不够时采用

37

支护（撑）方式	简 图	支护（撑）方式及适用条件
挡土灌注桩支撑		在开挖基坑的周围，用钻机钻孔，现场灌注钢筋混凝土桩，达到强度后，在基坑中间用机械或人工挖土，下挖 1m 左右装上横撑，在桩背面装上拉杆与已设锚桩拉紧，然后继续挖土至要求深度。在桩间土方挖成外拱形，使之起土拱作用。如基坑深度小于 6m，或邻近有建筑物，亦可不设锚拉杆，采取加密桩距或加大桩径处理。 适于开挖较大、较深（>6m）基坑，临近有建筑物，不允许支护，背面地基有下沉、位移时采用
挡土灌注桩与土层锚杆结合支撑		同挡土灌注桩支撑，但在桩顶不设锚桩锚杆，而是挖至一定深度，每隔一定距离向桩背面斜下方用锚杆钻机打孔，安放钢筋锚杆，用水泥压力灌浆，达到强度后，安上横撑，拉紧固定，在桩中间进行挖土，直至设计深度。如设 2～3 层锚杆，可挖一层土，装设一次锚杆。 适于大型较深基坑，施工期较长，邻近有高层建筑，不允许支护，邻近地基不允许有任何下沉位移时采用
挡土灌注桩与旋喷桩组合支护		系在深基坑内侧设置直径 0.6～1.0m 混凝土灌注桩，间距 1.2～1.5m；在紧靠混凝土灌注桩的外侧设置直径 0.8～1.5m 的旋喷桩，以旋喷水泥浆方式使形成水泥土桩与混凝土灌注桩紧密结合，组成一道防渗帷幕，既可起抵抗土压力、水压力作用，又起挡水抗渗作用；挡土灌注桩与旋喷桩采取分段间隔施工。当基坑为淤泥质土层，有可能在基坑底部产生管涌、涌泥现象，亦可在基坑底部以下用旋喷桩封闭。在混凝土灌注桩外侧设旋喷桩，有利于支护结构的稳定，防止边坡坍塌、渗水和管涌等现象发生。 适于土质条件差、地下水位较高，要求既挡土又挡水防渗的支护工程
双层挡土灌注桩支护		系将挡土灌注桩在平面布置上由单排桩改为双排桩，呈对应或梅花式排列，桩数保持不变，双排桩的桩径 d 一般为 400～600mm，排距 L 为（1.5～3）d，在双排桩顶部设圈梁使其成为整体钢架结构。亦可在基坑每侧中段设双排桩，而在四角仍采用单排桩。采用双排桩支护可使支护整体刚度增大，桩的内力和水平位移减小，提高护坡效果。 适于基坑较深，采用单排混凝土灌注桩挡土，强度和刚度均不能胜任时使用
地下连续墙支护		在开挖的基坑周围，先建造混凝土或钢筋混凝土地下连续墙，达到强度后，在墙中间用机械或人工挖土，直至要求深度。对跨度、深度很大时，可在内部加设水平支撑及支柱。用于逆作法施工，每下挖一层，把下一层梁、板、柱浇筑完成，以此作为地下连续墙的水平框架支撑，如此循环作业，直到地下室的底层全部挖完土，浇筑完成。 适于开挖较大、较深（>10m）、有地下水、周围有建筑物、公路的基坑，作为地下结构的外墙一部分，或用于高层建筑的逆作法施工，作为地下室结构的部分外墙

支护（撑）方式	简　图	支护（撑）方式及适用条件
地下连续墙与土层锚杆结合支护	锚头垫座　地下连续墙　土层锚杆	在开挖基坑的周围先建造地下连续墙支护，在墙中部用机械配合人工开挖土方至锚杆部位，用锚杆钻机在要求位置钻孔，放入锚杆，进行灌浆，待达到强度，装上锚杆横梁，或锚头垫座，然后继续下挖至要求深度，如设2～3层锚杆，每挖一层装一层，采用快凝砂浆灌浆。 适于开挖较大、较深（>10m）、有地下水的大型基坑，周围有高层建筑，不允许支护有变形、采用机械挖方、要求有较大空间、不允许内部设支撑时采用
土层锚杆支护	破碎岩体　土层锚杆　混凝土板或钢横撑	沿开挖基坑。边坡每2～4m设置一层水平土层锚杆，直到挖土至要求深度。 适于较硬土层或破碎岩石中开挖较大、较深基坑、邻近有建筑物必须保证边坡稳定时采用
板桩（灌注桩）中央横顶支撑	后施工结构　钢顶梁　钢板桩或灌注桩　后挖土方　钢横撑　先施工地下框架	在基坑周围打板桩或设挡土灌注桩，在内侧放坡挖中间部分土方到坑底，先施工中间部分结构至地面，然后再利用此结构作支撑向板桩（灌注桩）支水平横顶撑，挖除放坡部分土方，每挖一层支一层水平横顶撑，直到设计深度，最后再建该部分结构。 适于开挖较大、较深的基坑、支护桩刚度不够，又不允许设置过多支撑时用
板桩（灌注桩）中央斜顶支撑	坡面　钢板桩或灌注桩　斜撑　先施工基础	在基坑周围打板桩或设挡土灌注桩，在内侧放坡挖中间部分土方到坑底，并先施工好中间部分基础，再从基础向桩上方支斜顶撑，然后再把放坡的土方挖除，每挖一层，支一层斜撑，直至坑底，最后建该部分结构。 适于开挖较大、较深基坑、支护桩刚度不够、坑内不允许设置过多支撑时用
分层板桩支撑	一级混凝土板桩　二级混凝土板桩　拉杆　锚桩	在开挖厂房群基础，周围先打支护板桩，然后在内侧挖土方至群基础底标高，再在中部主体深基础四周打二级支护板桩，挖主体深基础土方，施工主体结构至地面，最后施工外围群基础。 适于开挖较大、较深基坑，当中部主体与周围群基础标高不等，而又无重型板桩时采用

四、土方开挖机械和方法

土方工程的施工过程包括：土方开挖、运输、填筑与压实等。由于土方工程量大、劳动繁重，施工时应尽可能采用机械化、半机械化施工，以减轻繁重的体力劳动，加快施工进度、降低工程造价。常用土方施工机械有以下几种。

（一）推土机

推土机是土方工程施工的主要机械之一，是在履带式拖拉机上安装推土铲刀等工作装置而成的机械。按铲刀的操纵机构不同，推土机分为索式和液压式两种。索式推土机的铲刀借本身自重切入土中，在硬土中切土深度较小。液压式推土机由于用液压操纵，能使铲刀强制切入土中，切入深度较大。同时，液压式推土机铲刀还可以调整角度，具有更大的灵活性，是目前常用的一种推土机（图1-40）。

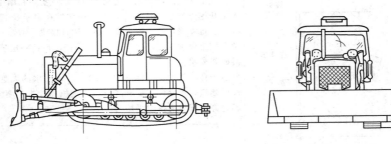

图1-40 液压式推土机外形图

推土机操纵灵活，运转方便，所需工作面较小、行驶速度快、易于转移，能爬30°左右的缓坡，因此应用范围较广。适用于开挖一～三类土。多用于挖土深度不大的场地平整，开挖深度不大于1.5m的基坑，回填基坑和沟槽，堆筑高度在1.5m以内的路基、堤坝，平整其他机械卸置的土堆；推送松散的硬土、岩石和冻土，配合铲运机进行助铲；配合挖土机施工，为挖土机清理余土和创造工作面。此外，将铲刀卸下后，还能牵引其他无动力的土方施工机械，如拖式铲运机、松土机、羊足碾等，进行土方其他施工过程的施工。

推土机的运距宜在100m以内，效率最高的推运距离为40～60m。为提高生产率，可采用下述方法。

1. 下坡推土

推土机顺地面坡势沿下坡方向推土（图1-41），借助机械往下的重力作用，可增大铲刀切土深度和运土数量，可提高推土机能力和缩短推土时间，一般可提高生产率30%～40%。但坡度不宜大于15°，以免后退时爬坡困难。

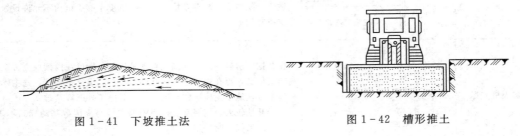

图1-41 下坡推土法　　　　　　　　图1-42 槽形推土

2. 槽形推土

当运距较远，挖土层较厚时，利用已推过的土槽再次推土，可以减少铲刀两侧土的散漏（图1-42）。这样作业可提高效率10%～30%。槽深1m左右为宜，槽间土埂宽约0.5m。在推出多条槽后，再将土埂推入槽内，然后运出。

此外，对于推运疏松土壤，且运距较大时，还应在铲刀两侧装置挡板，以增加铲刀前土的体积，减少土向两侧散失。在土层较硬的情况下，则可在铲刀前面装置活动松土齿，当推土机倒退回程时，即可将土翻松。这样，便可减少切土时阻力，从而可提高切土运行速度。

3. 并列推土

对于大面积的施工区，可用 2～3 台推土机并列推土（图 1-43）。推土时两铲刀相距 15～30cm，这样可以减少土的散失而增大推土量，能提高生产率 15%～30%。但平均运距不宜超过 50～75m，亦不宜小于 20m；且推土机数量不宜超过 3 台，否则倒车不便，行驶不一致，反而影响生产率的提高。

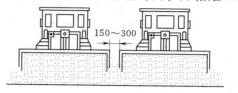

图 1-43 并列推土

4. 分批集中，一次推送

若运距较远而土质又比较坚硬时，由于切土的深度不大，宜采用多次铲土，分批集中，再一次推送的方法，使铲刀前保持满载，以提高生产率。

（二）铲运机

铲运机是一种能够独立完成铲土、运土、卸土、填筑、整平的土方机械。按行走机构可分为拖式铲运机（图 1-44）和自行式铲运机（图 1-45）两种。拖式铲运机由拖拉机牵引，自行式铲运机的行驶和作业都靠本身的动力设备。

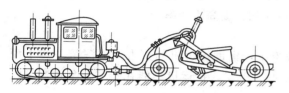

图 1-44 拖式铲运机外形图

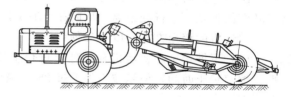

图 1-45 自行式铲运机外形图

铲运机的工作装置是铲斗，铲斗前方有一个能开启的斗门，铲斗前设有切土刀片。切土时，铲斗门打开，铲斗下降，刀片切入土中。铲运机前进时，被切入的土挤入铲斗；铲斗装满土后，提起土斗，放下斗门，将土运至卸土地点。

铲运机对行驶的道路要求较低，操纵灵活，生产率较高。可在一～三类土中直接挖、运土，常用于坡度在 20°以内的大面积土方挖、填、平整和压实，大型基坑、沟槽的开挖，路基和堤坝的填筑，不适于砾石层、冻土地带及沼泽地区使用。坚硬土开挖时要用推土机助铲或用松土机配合。

在土方工程中，常使用的铲运机的铲斗容量为 2.5～8m³；自行式铲运机适用于运距 800～3500m 的大型土方工程施工，以运距在 800～1500m 的范围内的生产效率最高；拖式铲运机适用于运距为 80～800m 的土方工程施工，而运距在 200～350m 时，效率最高。如果采用双联铲运或挂大斗铲运时，其运距可增加到 1000m。运距越长，生产率越低，因此，在规划铲运机的运行路线时，应力求符合经济运距的要求。在场地平整施工中，铲运机的开行路线应根据场地挖、填方区分布的具体情况合理选择，为提高生产率，合理选择铲运机的开行路线，一般有以下几种：

（1）环形路线。当地形起伏不大，施工地段较短时，多采用环形路线〔图 1-46 (a)、(b)〕。环形路线每一循环只完成一次铲土和卸土，挖土和填土交替；挖填之间距离较短时，则可采用大循环路线〔图 1-46 (c)〕，一个循环能完成多次铲土和卸土，这样可减少铲运机的转弯次数，提高工作效率。

（2）"8"字形路线。施工地段较长或地形起伏较大时，多采用"8"字形开行路线〔图

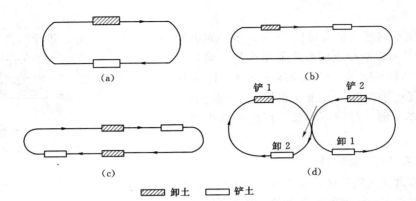

图 1-46 铲运机开行路线

(a) 环形路线；(b) 环形路线；(c) 大环形路线；(d) 8 字形路线

1-46 (d)]。这种开行路线，铲运机在上下坡时是斜向行驶，受地形坡度限制小；一个循环中两次转弯方向不同，可避免机械行驶时的单侧磨损；一个循环完成两次铲土和卸土，减少了转弯次数及空车行驶距离，从而亦可缩短运行时间，提高生产率。

铲运机的铲土方式有以下几种：

(1) 下坡铲土。铲运机利用地形进行下坡推土，借助铲运机的重力，加深铲斗切土深度。缩短铲土时间；但纵坡不得超过 25°，横坡不大于 5°，铲运机不能在陡坡上急转弯，以免翻车。

(2) 跨铲法。铲运机间隔铲土，预留土埝（图 1-47）。这样，在间隔铲土时由于形成一个土槽，减少向外撒土量；铲土埝时，铲土阻力减小。一般土埝高不大于 300mm，宽度不大于拖拉机两履带间的净距。

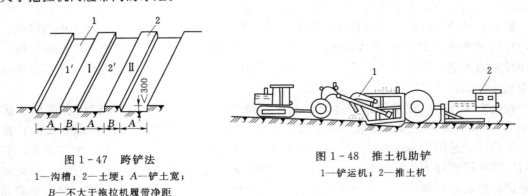

图 1-47 跨铲法

1—沟槽；2—土埝；A—铲土宽；
B—不大于拖拉机履带净距

图 1-48 推土机助铲

1—铲运机；2—推土机

(3) 推土机助铲。地势平坦、土质较坚硬时，可用推土机在铲运机后面顶推，以加大铲刀切土能力，缩短铲土时间，提高生产率（图 1-48）。推土机在助铲的空隙可兼作松土或平整工作，为铲运机创造作业条件。

(4) 双联铲运法。当拖式铲运机的动力有富裕时，可在拖拉机后面串联两个铲斗进行双联铲运（图 1-49）。对坚硬土层，可用双联单铲，即一个土斗铲满后，再铲另一斗土；对松软土层，则可用双联双铲，即两个土斗同时铲土。

图 1-49 双联铲运法

（5）挂大斗铲运。在土质松软地区，可改挂大型铲土斗，以充分利用拖拉机的牵引力来提高工效。

尚需指出，铲运机应避免在转弯时铲土，否则。铲刀受力不均易引起翻车事故。因此，为了充分发挥铲运机的效能，保证能在直线段上铲土并装满土斗，要求铲土区应有足够的最小铲土长度。

（三）单斗挖土机施工

单斗挖土机是基坑（槽）土方开挖常用的一种机械。按其行走装置的不同，分为履带式和轮胎式两类。根据工作的需要，其工作装置可以更换。依其工作装置的不同，分为正铲、反铲、拉铲和抓铲四种。

1. 正铲挖土机

正铲挖土机的挖土特点是：前进向上，强制切土。它适用于开挖停机面以上的一～三类土，且需与运土汽车配合完成整个挖运任务，其挖掘力大，生产率高。开挖大型基坑时需设坡道，挖土机在坑内作业，因此适宜在土质较好、无地下水的地区工作；当地下水位较高时，应采取降低地下水位的措施，把基坑土疏干。正铲挖土机外形如图所示。

正铲挖土机的作业方式，根据挖土机的开挖路线与汽车相对位置不同，其卸土方式有侧向卸土和后方卸土两种。

1）正向挖土，侧向卸土［图 1-50（a）］。即挖土机沿前进方向挖土，运输车辆停在侧面卸土（可停在停机面上或高于停机面）。此法挖土机卸土时动臂转角小，运输车辆行驶方便，故生产效率高，应用较广。

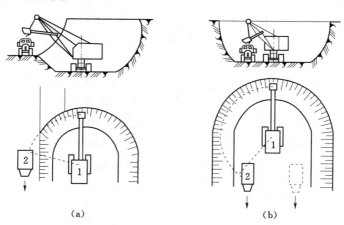

图 1-50 正铲挖土机开挖方式

（a）侧向开挖；（b）正向开挖

1—正铲挖土机；2—自卸汽车

2）正向挖土，后方卸土［图 1-50（b）］。即挖土机沿前进方向挖土，运输车辆停在挖土机后方装土。此法挖土机卸土时动臂转角大、生产率低，运输车辆要倒车进入。一般在基坑窄而深的情况下采用。

（1）正铲挖土机的工作面。挖土机的工作面是指挖土机在一个停机点进行挖土的工作范围。工作面的形状和尺寸取决于挖土机的性能和卸土方式。根据挖土机作业方式不同，挖土机的工作面分为侧工作面与正工作面两种。

挖土机侧向卸土方式就构成了侧工作面，根据运输车辆与挖土机的停放标高是否相同又分为高卸侧工作面（车辆停放处高于挖土机停机面）及平卸侧工作面（车辆与挖土机在同一标高），高卸、平卸侧工作面的形状及尺寸［图1-51（a）、图1-51（b）］。

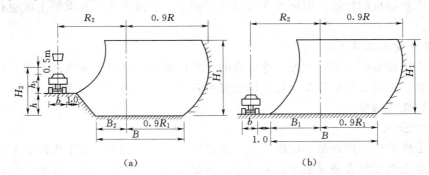

图1-51 侧工作面尺寸
（a）高卸侧工作面；（b）平卸侧工作面

挖土机后向卸土方式则形成正工作面，正工作面的形状和尺寸是左右对称的，其中右半部与平卸侧工作面的右半部相同。

（2）正铲挖土机的开行通道。在正铲挖土机开挖大面积基坑时，必须对挖土机作业时的开行路线和工作面进行设计，确定出开行次序和次数，称为开行通道。当基坑开挖深度较小时，可布置一层开行通道（图1-52），基坑开挖时，挖土机开行三次。第一次开行采用正向挖土，后方卸土的作业方式，为正工作面；挖土机进入基坑要挖坡道，坡道的坡度为1：8左右。第二、三次开行时采用侧方卸土的平侧工作面。

当基坑宽度稍大于正工作面的宽度时，为了减少挖土机的开行次数，可采用加宽工作面的办法，挖土机按"之"形路线开行［图1-53（a）］。

当基坑的深度较大时，则开行通道可布置成多层［图1-53（b）］，即为三层通道的布置。

2. 反铲挖土机

反铲挖土机的挖土特点是：后退向下，强制切土。其挖掘力比正铲小，能开挖停机面以下的一～三类土（机械传动反铲只宜挖一至二类土）。不需设置进出口通道，适用于一次开挖深度在4m左右的

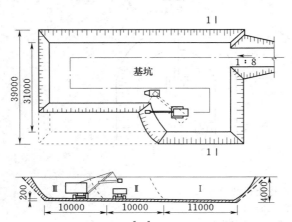

图1-52 正铲一层通道多次开挖基坑（单位：mm）
Ⅰ、Ⅱ、Ⅲ—为通道断面及开挖顺序

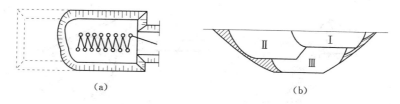

(a)　　　　　　　　　　　　(b)

图 1-53　正铲开挖基坑

(a) 一层通道 Z 形开挖；(b) 三层通道布置

基坑、基槽、管沟，亦可用于地下水位较高的土方开挖；在深基坑开挖中，依靠止水挡土结构或井点降水，反铲挖土机通过下坡道，采用台阶式接力方式挖土也是常用方法。反铲挖土机可以与自卸汽车配合，装土运走，也可弃土于坑槽附近。履带式机械传动反铲挖土机的工作性能（图 1-54），履带式液压反铲挖土机的工作性能（图 1-55）。

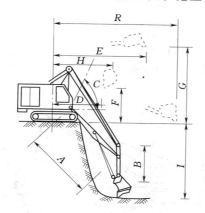
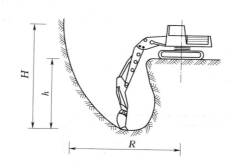

图 1-54　履带式机械传动反铲挖土机　　　图 1-55　液压反铲挖土机工作尺寸

反铲挖土机的作业方式可分为沟端开挖 ［图 1-56 (a)］ 和沟侧开挖 ［图 1-56 (b)］ 两种。

沟端开挖，挖土机停在基坑（槽）的端部，向后倒退挖土，汽车停在基槽两侧装上。其优点是挖土机停放平稳，装土或甩土时回转角度小，挖土效率高，挖的深度和宽度也较大。基坑较宽时，可多次开行开挖（图 1-57）。

沟侧开挖，挖土机沿基槽的一侧移动挖土，将土弃于距基槽较远处。沟侧开挖时开挖方向与挖土机移动方向相垂直，所以稳定性较差，而且挖的深度和宽度均较小，一般只在无法采用沟端开挖或挖土不需运走时采用。

3. 拉铲挖土机

拉铲挖土机（图 1-58）的土斗用钢丝绳悬挂在挖土机长臂上，挖土时土斗在自重作用下落到地面切入土中。其挖土特点是：后退向下，自重切土；其挖土深度和挖土半径均较大，能开挖停机面以下的一～二类土，但不如反铲动作灵活准确。适用于开挖较深较大的基坑（槽）、沟渠，挖取水中泥土以及填筑路基，修筑堤坝等。

履带式拉铲挖土机的挖斗容量有 0.35m³、0.5m³、1m³、1.5m³、2m³ 等数种。其最大挖土深度由 7.6m（W_3-30）到 16.3m（W_1-200）。

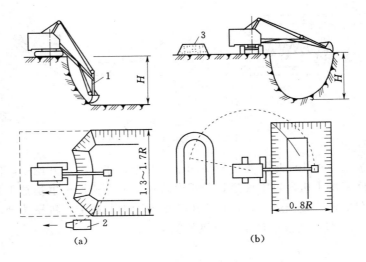

图 1-56 反铲挖土机开挖方式
（a）沟端开挖；（b）沟侧开挖
1—反铲挖土机；2—自卸汽车；3—弃土堆

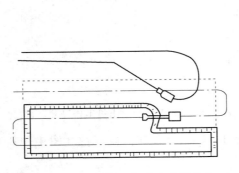

图 1-57 反铲挖土机多次开行挖土

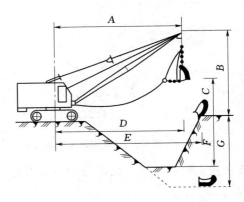

图 1-58 履带式拉铲挖土机

拉铲挖土机的开挖方式与反铲挖土机的开挖方式相似，可沟侧开挖也可沟端开挖。

4. 抓铲挖土机

机械传动抓铲挖土机（图 1-59）是在挖土机臂端用钢丝绳吊装一个抓斗。用钢丝绳将装有刀片并由传动装置带动的特制开闭式抓斗下到地面抓土，再用钢丝绳吊至堆土上方，把土卸下。其挖土特点是：直上直下，自重切土。其挖掘力较小，能开挖停机面以下的一～二类土。适用于开挖软土地基坑，特别是其中窄而深的基坑、深槽、深井采用抓铲效果理想；抓铲还可用于疏通旧有渠道以及挖取水中淤泥等，或用于装卸碎石、矿渣等松散材料。抓铲也有采用液压传动操纵抓斗作业，其挖掘力和精度优于机械传动抓铲挖土机。

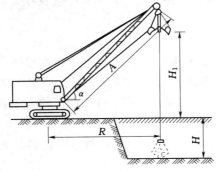

图 1-59 履带式抓铲挖土机

（四）挖土机和运土车辆配套计算

基坑开挖采用单斗（反铲等）挖土机施工时，需用运土车辆配合，将挖出的土随时运走。因此，挖土机的生产率不仅取决于挖土机本身的技术性能，而且还应与所选运土车辆的运土能力相协调。为使挖土机充分发挥生产能力，应配备足够数量的运土车辆，以保证挖土机连续工作。

1. 挖土机数量的确定

挖土机的数量 N，应根据土方量大小和工期要求来确定，可按式（1-46）计算

$$N = \frac{Q}{P} \times \frac{1}{TCK} \text{（台）} \qquad (1-46)$$

式中：Q 为土方量，m^3；P 为挖土机生产率，m^3/台班；T 为工作日；C 为每天工作班数；K 为时间利用系数，$0.8 \sim 0.9$。

单斗挖土机的生产率 P，可查定额手册或按式（1-47）计算

$$P = \frac{8 \times 3600}{t} q \frac{K_c}{K_s} K_B \text{（} m^3 \text{/台班）} \qquad (1-47)$$

式中：t 为挖土机每斗作业循环延续时间，s，如 W_{100} 正铲挖土机为 $25 \sim 40s$；q 为挖土机斗容量，m^3；K_c 为土斗的充盈系数，$0.8 \sim 1.1$；K_s 为土的最初可松性系数，查表 1-1；K_B 为工作时间利用系数，$0.7 \sim 0.9$。

在实际施工中，若挖土机的数量已经确定，也可利用公式来计算工期。

2. 运土车辆配套计算

运土车辆的数量 N_1，应保证挖土机连续作业，可按式（1-48）计算

$$N_1 = \frac{T_1}{t_1} \qquad (1-48)$$

式中：T_1 为运土车辆每一运土循环延续时间，min。

$$T_1 = t_1 + \frac{2l}{V_c} + t_2 + t_3 \qquad (1-49)$$

式中：l 为运土距离，m；V_c 为重车与空车的平均速度，m/min，一般取 $20 \sim 30km/h$；t_2 为卸土时间，一般为 1min；t_3 为操纵时间（包括停放待装、等车、让车等），一般取 $2 \sim 3min$；t_1 为运土车辆每车装车时间，min。

$$t_1 = nt$$

式中：n 为运土车辆每车装土次数。

$$n = \frac{Q_1}{q \frac{K_c}{K_s} r} \qquad (1-50)$$

式中：Q_1 为运土车辆的载重量，t；r 为实土重度，t/m^3，一般取 $1.7t/m^3$。

【例 1-4】 某工程基坑土方开挖，土方量为 $9640m^3$，现有 WY100 反铲挖土机可租，斗容量为 $1m^3$，为减少基坑暴露时间挖土工期限制在 7d。挖土采用载重量 8t 的自卸汽车配合运土，要求运土车辆数能保证挖土机连续作业，已知

$K_c = 0.9$，$K_s = 1.15$，$K = K_B = 0.85$，$t = 40s$，$l = 1.3km$，$V_c = 20km/h$。

试求：（1）试选择 WY100 反铲挖土机数量；

（2）运土车辆数。

解：（1）准备采取两班制作业，则挖土机数量 N 按公式（1-46）计算：

$$N = \frac{Q}{PCKT}$$

式中挖土机生产率 P 按公式（1-47）求出：

$$P = \frac{8 \times 3600}{t} q \frac{K_c}{K_s} K_B = \frac{8 \times 3600}{40} \times 1 \times \frac{0.9}{1.15} \times 0.85 = 479 (\text{m}^3/\text{台班})$$

则挖土机数量：

$$N = \frac{9640}{479 \times 2 \times 0.85 \times 7} = 1.69 (\text{台}) \text{取 2 台}$$

（2）每台挖土机运土车辆数 N_1 按公式（1-48）求出：

$$N_1 = \frac{T_1}{t_1}$$

每车装土次数

$$n = \frac{Q_1}{q \frac{K_c}{K_s} r} = \frac{8}{1 \times \frac{0.9}{1.15} \times 1.7} = 6.0 (\text{取 6 次})$$

每次装车时间

$$t_1 = nt = 6 \times 40 = 240 (\text{s}) = 4 (\text{min})$$

运土车辆每一个运土循环延续时间按公式（1-49）求出：

$$T_1 = t_1 + \frac{2l}{V_c} + t_2 + t_3 = 4 + \frac{2 \times 1.3 \times 60}{20} + 1 + 3 = 15.8 (\text{min})$$

则每台挖土机运土车辆数量 N_1：$N_1 = \frac{15.8}{4} = 3.95 (\text{辆}) \text{取 4 辆}$

2 台挖土机所需运土车辆数量 N：$N = 2N_1 = 2 \times 4 = 8 (\text{辆})$

五、爆破工程

爆破是开挖石方最有效的手段，也常用于土石方的松动、抛掷，定向爆破可用来撤除旧的建筑物，在水利工程施工中，通常采用爆破来开挖基坑，开挖地下建筑物所需要的空间，如隧洞开挖，也可用定向爆破建筑大坝。目前控制爆破方法的高技术，把爆破的应用领域进一步拓宽。因此研究探索爆破的机理，掌握各种爆破技术，在土木工程施工中是十分必要的。

（一）爆破基本机理

把炸药埋置在地下深处时，引爆炸药以后，由于原来体积很小的炸药在极短时间内通过化学变化立刻转化为气体状态，体积增加千百倍，产生极大的压力、冲击力和很高的温度，使周围的介质（土、石等）受到不同程度的破坏，这就叫爆破。爆破时最靠近炸药处的土石受的压力最大，对于可塑的土壤，便被压缩成孔腔；对于坚硬的岩石，便会被粉碎。炸药的这个范围称为压缩圈或破碎圈。

在压缩圈以外的介质受到的作用力虽然减弱了些，但足以破坏土石的结构，使其分裂成各种形状的碎块。这个范围称之为破坏圈或松动圈。在破坏圈以外的介质，因爆破的作用力已微弱到不能使之破坏，而只能产生震动现象，这个范围称之为震动圈。以上爆破作用的范围，可以用一些同心圆表示，叫做爆破作用圈（图1-60）。

在压缩圈和破坏圈内为破坏范围，它的半径称为破坏半径或药包的爆破作用半径，以 R 表示。如果炸药埋置深度大于爆破作用半径，炸药的作用不能达到地表。反之，药包爆炸必然破坏地表，并将部分（或大部分）介质抛掷出去，形成一个爆破坑，其形状如漏斗，称之为爆破漏斗（图 1-61）。如果炸药埋置深度接近破坏圈或松动圈的外围，爆破作用没有余力可以使破坏的碎块产生抛掷运动，只能引起介质的松动，而不能形成爆破坑，这叫做松动爆破（图 1-62）。

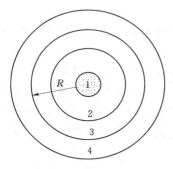

图 1-60 爆破作用圈
1—药包；2—压缩圈或破碎圈；
3—破坏圈或松动圈；4—震动圈；
R—爆破作用半径

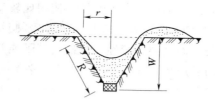

图 1-61 爆破漏斗
r—漏斗半径；R—爆破作用半径；
W—最小抵抗线（药包埋置深度）

图 1-62 松动爆破

爆破漏斗的大小，随介质的性质、炸药包的性质和大小、药包的埋置深度（或称最小抵抗线）而不同。爆破漏斗的大小一般以爆破作用指数 n 表示：

$$n = \frac{r}{W} \tag{1-51}$$

式中：r 为漏斗半径；W 为最小抵抗线。

当爆破作用指数 n 等于 1，称为标准抛掷漏斗；$n<1$，称为减弱抛掷漏斗；$n>1$ 称为加强抛掷漏斗。爆破作用指数 n 用于计算药包量，决定漏斗大小和药包距离等参数。

（二）炸药和装药量计算

在外力激发下，可以发生化学爆炸的单质或混合物，叫炸药。

1. 炸药的基本性能

（1）爆速。炸药爆炸时的反应沿着药包传播（爆轰波）的速度叫爆速。工程常用炸药的爆速一般为 2000～8000m/s。值得注意的是，药包有大有小，爆炸反应不是同时进行的，而是从引爆点逐步扩展开的。

（2）敏感度。炸药在外力作用下发生爆炸的难易程度称为炸药的敏感度。炸药在热能、机械能、爆炸能的作用下都会发生爆炸，为了施工安全，工程用炸药的敏感度都是较低的，但制造雷管用的起爆炸药的敏感度常是较高的，以利引爆。

（3）爆力。炸药在介质中爆炸时释放的总能力叫爆力。（爆炸做功的总能力，也是爆炸对介质破坏的总能力），爆热、爆温、爆压越高的炸药，爆力越大。

（4）猛度。炸药爆炸时对药包附近介质产生的压缩、粉碎能力叫猛度。

注意：常说的炸药威力是指的爆力和猛度的合称。爆力反映了药包爆炸全过程做功的总能力；而猛度反映了炸药爆炸的初始阶段在气体高压作用下做功的能力。爆力和猛度都是热能向机械能转化的表现形式。威力大的炸药一般称为猛性或烈性炸药。

（5）氧平衡炸药成分中一般都有 C、H、O、N 四种元素，这些元素能化合成 H_2O、CO_2、N_2、CO、NO、NO_2 等气体。

（6）零氧平衡。炸药爆炸后，炸药中的氧正好能使碳、氢完全氧化生成 CO_2 和 H_2O，无剩余氧，此时叫零氧平衡。

（7）正氧平衡。炸药爆炸后，有多余的氧，多余的氧会再把氮氧化成 NO、NO_2。此时称为正氧平衡。

（8）负氧平衡。炸药爆炸后，氧的含量不足，还会有一部分碳只能被氧化成 CO，此时叫负氧平衡。

零氧平衡的炸药爆破效果好，不产生有毒气体，使用比较安全。正氧平衡和负氧平衡的炸药，爆炸后生成 ON、NO_2、CO 等气体，这些气体是吸热反应，都要吸收部分热量，使爆炸能量减小，爆破效果降低，而且都有毒性，爆破后若不能及时排除炮烟，会引起施工人员中毒。因此，配制工程炸药时应尽量零氧平衡。（负氧平衡生成的 CO 的毒性更大，地下爆破施工不得使用，以策安全）。

2. 常用工程炸药类型

（1）起爆炸药是制造起爆材料的炸药，特点是爆力和猛度高，对冲击、摩擦、火焰敏感性强，化学安定性大。常用的起爆炸药如：雷汞 $[Hg(CNO_2)]$，氮化铅 $[Pb(N_3)_2]$，二硝基重氮酚 $(C_6H_2O_5N_4)$ 等。

（2）单质猛性炸药是制造起爆材料的炸药，为单一化合物成分，爆力和猛度都很高。它还可以作为提高混合猛性炸药敏感度的敏化材料这类炸药如梯恩梯、硝酸甘油等。

梯恩梯、硝酸甘油的特点是：在水中不降低爆炸性能，可以用在水下爆破。硝酸甘油的机械、爆炸的敏感度都很高，不宜单独使用，可以和硝酸铵等配制成硝化甘油炸药使用。

（3）混合猛性炸药。这种炸药是按一定比例将爆炸性和非爆炸性可燃物混合制成的。是应用最广的工程炸药。这类炸药主要有如下几种：

1）硝酸铵类炸药。是铵梯、铵油、浆状、乳化油等炸药的总称。

2）铵梯炸药。一般由硝酸铵、梯恩梯、木粉三种成分配成。不同的配比，可以制成不同性能的铵梯炸药。按不同的使用条件可配成：露天铵梯：用于露天爆破，允许产生一定毒气，氧平衡值要求低。岩石铵梯：用于地下开挖（无瓦斯和矿尘爆炸危险的），严格限制毒气生成量，要求接近或达到零氧平衡。

铵梯炸药的特性是：敏感度较低，安全性好，威力较高。但吸湿性和结块性强。吸湿、结块后敏感度大大降低，甚至拒爆。在水利工程开外中应用广泛，但，无可靠的防水措施时，不宜用于水眼和水下爆破，平时保管，注意防潮。

（4）铵油炸药。它是由硝酸铵、柴油、木粉三种成分配成。其类型常按成分配比划分。如 92-4-4 型，既该类铵油炸药的配比是 92：4：4。

铵油炸药的特性是：不用梯恩梯，材料来源多，成本低，安全性高，但敏感度低，起爆比较困难，容易吸湿、结块，爆炸威力较低。储存期一般不能超过 7d。因成本低，并且可以在施工现场配制，故多用于大爆破。

（5）浆状炸药。这是一种浆湖状的含水炸药，便于灌装炮孔。主要成分是硝酸铵、梯恩梯。

浆状炸药的特性是：抗水性强，装药密度高，安全性好。但起爆敏感度低。适宜露天有水的深孔爆破。

（6）乳化油炸药。硝酸铵水溶液是它的主要成分其他配剂常用乳化剂、粘结剂、可燃剂、敏化剂，呈黄色或白色乳脂状。一般用塑料薄膜管灌装。

乳化油炸药的特性是：抗水性高，敏感度低，安全方便，是一种广泛应用的新型工程炸药。

3. 装药量计算

爆破效果和所用成本都于药包大小（装药多少）相关，这是不难理解的。但因爆破介质不均匀，结构、构造异常复杂，公认的装药量理论计算公式还未出台，现在用的公式都是经实验、试验得到的经验公式。

（1）药包的类型及区分。药包的类型不同，爆破效果不同。按形状药包分为集中药包和延长药包。具体可通过药包的最长边 L 与最短边 a 的比值进行划分。

单个药包类型划分：当 $L/a \leqslant 4$ 时为集中药包；当 $L/a > 4$ 时为延长药包。

洞室药包类型划分：对于大爆破，采用洞室装药，常用集中系数 Φ 来区分药包类型。当 $\Phi \geqslant 0.41$ 时为集中药包，反之为延长药包。

（2）集中系数计算公式：

$$\Phi = 0.62 \frac{\sqrt[3]{v}}{b} \tag{1-52}$$

式中：b 为药包中心到药包最远点的距离，m；V 为药包的体积，m^3。

（3）单个集中药包的装药量：

$$Q = KW^3 f(n) \tag{1-53}$$

式中：K 为爆破单位体积岩土的炸药用量，kg/m^3；W 为最小抵抗线长度，m；$f(n)$ 为爆破作用指数函数。

对于标准抛掷爆破：$\qquad\qquad f(n) = 1$

对于加强抛掷爆破：$\qquad\qquad f(n) = 0.4 + 0.6n^2$

对于减弱抛掷爆破：$\qquad\qquad f(n) = [(4+3n)/7]^3$

对于松动爆破：$\qquad\qquad f(n) = n^3$

说明：对于松动爆破，当 $n = 0.7$ 时，$f(n) = n^3 = 0.33$ 这时松动爆破的单位用药量为 $0.33K$。因此松动爆破装药量的经验公式也可表达为

$$Q = (0.33 \sim 0.55)KW^3$$

这说明松动爆破的装药量只需标准抛掷爆破的 1/3～1/2 即可。K 值为标准抛掷爆破的单位用药量。其值可查爆破手册获得。所查得的 K 值，都是标准情况的 K 值。所谓标准情况是指标准抛掷爆破（在进行爆破的岩土中一般应进行这方面的试验以便反算出单位耗药量）、标准炸药（国内以 2 号岩石铵梯炸药为标准炸药，其爆力值为 $320cm^3$）、爆破在一个临空面的标准情况下进行的。随着临空面的增多，单位耗药量随之减少，有两个临空面时为 $0.83K$，有三个临空面时为 $0.67K$。

对于采用非标准炸药，应该用爆力换算系数 E 对 K 进行修正。

$$E = B_0 / B \qquad (1-54)$$

式中：B_0为标准炸药的爆力；B为实际采用炸药的爆力。

以上介绍的装药量计算，只是以单个水平自由面、单个集中药包为前提条件的，未能反映对爆破质量、岩石破碎程度、爆破均匀程度提出要求。但实际工程爆破中要复杂得多，因此，要结合现场条件，吸取成功经验，选择符合实际情况的计算方法。

（三）起爆方法和起爆材料

1. 炸药起爆有关概念

起爆：用外力使药包爆炸的过程叫炸药起爆。

起爆方法：常用火雷管起爆、电雷管起爆、导爆索起爆、导爆管起爆、联合起爆等方法。

起爆器材：①点火器材，如火雷管、电雷管；②传爆器材，如导火索、传爆线、传爆管等。

2. 起爆方法和器材

（1）火雷管起爆法。这是利用点燃的导火索产生的火焰先使雷管爆炸，进而引起药包爆炸的起爆方法。

导火索是一种圆形索，以黑火药为药芯，以棉线。塑料布、沥青等为卷材卷成的。作用是借药芯燃烧传递火焰，因爆火雷管。它需借助点火器材点燃。燃烧速度一般在$100 \sim 125 s/m$。保存时，不得受潮、不得浸由、不得折断。在燃烧中不得有断火、透火、外壳燃烧、速燃、缓燃、爆燃等现象发生。

雷管由管壳、起爆炸药、加强帽三部分组成（图1-63）。

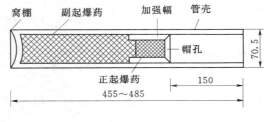

图1-63 普通雷管

管壳用铜、铝、纸、塑料制成。保护起爆炸药、保证炮轰、防潮。管壳一端开口，插入导火索。另一端做成凹形穴，起聚能作用，可使指向后方的爆炸冲击波能量集中，以加强对炸药的引爆作用。

起爆炸药分正起爆炸药和副起爆炸药。正起爆炸药在前，炸药多用雷汞、氮化铅、二硝基重氮酚，这类炸药对火花、对热敏感度很高；副起爆炸药在后，炸药多用黑索金、特屈儿、TNT等高威力的烈性炸药。

加强帽由金属制成，中心留有小孔，作用是保护起爆炸药安全、防潮、让导火索的火焰穿过，引爆起爆炸药。

使用：雷管的得名是因为早期用的起爆炸药多数为雷公。火雷管按副起爆炸药的多少分10个序号，号数大的药量多，起爆能力大。工程中常用6号和8号雷管。雷管的特性是：遇撞击、挤压、摩擦、加热、火花都容易爆炸，因此运输、保管、使用都应特别小心。为避免敏感度降低，要注意防潮。不同现场条件应选用不同材料制成的雷管，如特别潮湿的地方不得使用容易潮湿的纸雷管、装有雷汞的火雷管，以免雷管潮湿拒爆。在有瓦斯矿尘爆炸危险的坑道中，不得使用铝壳雷管以免爆炸飞出的炽热铝片引起瓦斯矿尘爆炸。

（2）电雷管起爆法。利用雷管通电从而起爆，进而引起药包爆炸的起爆方法。电雷管一般按起爆时间的长短划分类型。通常分为：

1）即发电雷管。它是在通电后的瞬时立即发生爆炸的雷管，它的装药部分与火雷管相同。区别在于管的前段装有通电的点火装置（图1-64）。点火装置由脚线、电桥丝、引火药等组成。为了固定脚线和封住管口，要在管口段灌硫磺或装塞塑料，外面再涂防水密封胶。通电后，电流通过电桥丝，电桥丝发热而点燃引火剂，引火剂燃烧的火花将直接传给正起爆炸药，引起爆炸。

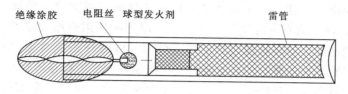

图1-64　即发电雷管

2）延发电雷管。电雷管通电后能延长一段时间才会爆炸的叫延发电雷管（图1-65）。延长时间较长，以秒为单位计量的称为秒延发电雷管；延长时间较短，以毫秒为单位计量的称为毫秒电雷管。延发与即发电雷管区别仅在于引火头和正起爆炸药之间多设了缓燃物质。缓燃物质一般是一小段精致的导火索，因此改变导火索的长度，就可以作成不同延发期的秒延发电雷管。毫秒电雷管的构造与秒延发电雷管的差异只是使用的延期药不同。毫秒电雷管的延期药是用极其易燃的硅铁与铅丹混合而成再加一定的硫化锑，来调整药剂的燃烧速度使延发的时间符合设计要求。秒引发电雷管一般（7种）或7段，1段的不大于0.1s，2段的1+0.5s，7段的7+1.0s；毫秒电雷管（种类）或段数很多，一般分18～20段，有的多达38段。20段系列的延发时间从1段的不大于3ms、2段的25±10ms到20段的2000±150ms不等。可根据爆破工程实际需要选用。

电雷管起爆方法的优点：安全性大，操作人员撤到安全区后才开始送电起爆；可以准确控制起爆时间；爆破前可以用仪表检查电雷管和整个电爆网路的布设情况。

电雷管起爆方法的缺点：技术要求高，操作复杂；作业时间长；需要足够的电源；有雷电时不能操作等。

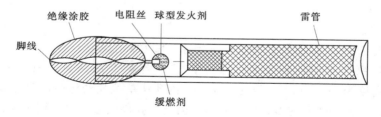

图1-65　延发电雷管

（3）导爆索起爆法。主要用于深孔爆破或洞室爆破的起爆方法。该法是先用雷管引爆导爆索，再有导爆索网路引爆炸药。

导爆索与导火索外形相似，它是以黑索金等单质炸药为药芯，以棉、麻等纤维为被覆材料制成的索状起爆器材，为了区别导火索，表面一般染成红色。它的端部用雷管起爆后，便通过自身的爆炸性能引爆整个网路的药包。

导爆索的优点是爆炸能量大，可以引爆任何炸药；抗干扰能力强（不受水的影响，不受散杂电流影响，能在水下引爆）；爆速高，达6500m/s，因此由导爆索网路引爆的各个药包是齐爆的，（能够使所有深孔和药室同时起爆）；操作简单，安全可靠，当有延期起爆要求时，在网路内连入不带点火装置的继爆雷管（一种特殊延发雷管）即可。导爆索用火雷管、电雷管均可，但雷管的聚能穴要朝传爆方向放置。导爆索网路的连接有分段并联和并簇联。

导爆索的缺点是起爆的价格高；不能用仪表对网路的敷设质量进行检查。

（4）导爆管起爆法。这是一种新型的不用电起爆的起爆方法。导爆管是一根薄塑料软管，外径约 3mm，内壁涂有一薄层单质炸药。导爆管必须用起爆枪或者雷管才能起爆，用火或者撞击均不能起爆。导爆管起爆后的爆轰波以 2000m/s 的速度通过软管，但是，软管不会被破坏。导爆管只传递爆轰波，不能引起药包爆炸，一般将导爆管的末端与普通雷管相配合，才能引起药包爆炸。导爆管的主要优点是抗水性好，抗散杂电流能力强，起爆安全，费用也较低，因此，也是发展比较快的一种起爆方法。

（四）爆破的基本方法

在各种工程建设中爆破工程采用的爆破基本方法有：浅孔爆破法、深孔爆破法、药壶爆破法、洞室爆破法等。

1. 浅孔爆破法

对于炮孔孔径小于 75mm，孔深小于 5m 的爆破叫浅孔爆破。

适用条件：浅孔爆破使用的打孔简单，操作方便，但生产效率低，钻孔工作量大，因此，不适合规模大的工程爆破。主要适用于：浅层开挖（如渠道、路堑、小型料场、基坑的保护层开挖等）；坚硬土质的预松（以便人工开挖或其他不适宜开挖硬质土的机械开挖）；复杂地形的石方爆破（不便于大型机械开挖作业的）；旧建筑物拆除；地下工程爆破开挖等。

炮孔布置：合理布置炮孔，应充分利用自然临空面，或者创造更多的临空面以提高爆破效果。要尽量防止炮孔方向与最小抵抗线方向一致。避免爆破时首先将炮孔的堵塞物冲出，形成冲天炮（爆破效果很差的空炮）。不论是基坑开挖，还是渠道开挖，一般总是先开除先锋槽，形成阶梯。这样，不仅增加了临空面，同时，便于组织钻孔、装药、爆破、出渣各道工序的平行流水作业。

2. 深孔爆破法

炮孔孔深大于 5m，孔径大于 75mm 的爆破，称为深孔爆破。

适用条件：深孔多用回转钻机、潜孔钻机等各类专用钻机造孔，一般孔径 150～225mm，阶梯高度为 8～16m。与浅孔法比较，深孔法单位耗药量少，单位爆破落岩体所耗钻孔工作量小，一次爆破方量多，生产率高。因此深孔爆破法主要适用于：大型工程的深基坑开挖；大型采石场的松动爆破；大型劈坡开挖等。

3. 药壶爆破法

药壶爆破法是指钻好深孔或浅眼，在其底部或某一部位，用少量炸药进行多次爆破，使底部扩大形成壶状，再装入大量炸药进行爆破的方法。用集中药包装爆破设计计算参数，对于极坚固或松软岩石及节理发育的岩石，以及井下和水下爆破均不宜采用。

4. 洞室爆破法

洞室爆破法：将炸药集中装填于爆破区内预先挖掘的洞室中或巷道内进行爆破的技术。洞室爆破常用于开挖、采石和进行定向爆破、扬弃爆破、松动爆破以及水下岩塞爆破等。

这种爆破方式的优点是：①一次爆破方量大，劳动生产率高；②钻孔工作量少，设备、材料、动力消耗相对较省；③可缩短工期；④不受气候、地形和交通条件限制；⑤易于集中管理和安全监督检查。

其主要缺点是：①导洞药室开挖、通风排烟比较困难；②炸药装填和导洞堵塞工作集中，劳动强度大，工作条件差；③爆落岩块不够均匀，大块率高；④爆破对环境影响问题较突出，爆破振动影响范围较大；⑤设计施工较复杂，精度要求较高。

洞室爆破设计要充分掌握地形地质资料，对于地形起伏，冲沟众多和地质构造复杂、有断层、溶洞和滑坡体的地区，尤其要充分注意。药室布置的形式因地而异，常用的形式是以导洞相连的多个集中药室或条形药室。集中药室布置比较灵活，对复杂的地形地质条件适应性强，但导洞开挖和堵塞工作量较大。条件药室一般适用于地面较平整，岩层均匀，地质构造简单的场区，起爆网路敷设连接简便。洞室爆破时个别飞石的抛掷距离较远，尤其在最小抵抗线方向更要注意防避。

（五）特殊爆破方法

根据爆破的基本规律，为了解决工程的特殊要求（如定向要求、切割要求、减震要求等）需要采取特殊的爆破方法，如定向爆破、预裂爆破、光面爆破等。这些特殊爆破的应用，促进了爆破技术的发展。

1. 预裂爆破

预裂爆破是一种用于大劈坡爆破，或者用于开挖深槽的控制设计边线爆破。它的特点是，在开挖区爆破之前，根据岩石特性，沿设计开挖线先炸出一条裂缝面。这个裂缝面可将爆破开挖区传来得冲击波的能量削减 70%，从而可以减轻对保留区的震动影响，以切断爆破区裂缝向保留区的扩展，保证设计边坡的平整性和稳定性。

基本机理：预裂爆破是一种不偶合装药结构，特征是：爆破孔的孔壁与药包之间，存有环状的间隙。这个存在的间隙有两个作用：一是可削减爆压峰值；二是为炮孔的孔与孔之间提供了聚能空穴。岩石的抗压强度远大于抗拉强度，所以，削减后的爆压峰值，不会使炮孔孔壁产生明显的压缩破坏，只有产生的切向拉力使炮孔四周形成径向裂纹。切向拉力和孔与孔之间的聚能作用一起，在孔与孔之间的连线上产生应力集中，首先使孔间连线（包括连线上的裂纹）上的拉力强化，从而使裂缝发展，兹后的高压气体进一步使这一裂缝开展，形成"气刃"劈裂作用，使这一连线上的裂纹全部贯通。这就成为预裂爆破。

2. 光面爆破

光面爆破是一种用于洞挖作业的控制爆破。

施工方法是：沿着设计开挖线布置小孔径，密间距的周边炮孔，进行减弱的不偶合线装药，先爆破主体部位的岩石，再同时起爆光面孔药包，将主爆破孔与光面孔之间留下的保护层（也叫光爆层）炸掉。从而形成一个比较平整的周边表面，即光面。它的作用和预裂爆破的成缝机理频为相似。

光面爆破的起爆程序：光面爆破用于隧洞开挖时，起爆程序是先掏槽，次崩落，后周边。

光面爆破的起爆材料：为了确保光面能够同时起爆，光面孔一般采用段毫秒雷管起爆。

光面爆破的特点：与常规爆破方法比较，光面爆破的钻孔长度和炸药用量都较大，但由于减少了超欠开挖量,围岩的稳定性好,减少了临时支护,灌浆、衬砌工程量,从而使遂洞工程的总投资大为减少。

（六）爆破安全技术措施

爆破是一种危险程度较高的工程施工作业,作业时要认真贯彻执行爆破安全规程及有关规定,做好爆破作业前后各施工工艺的操作检查与处理,杜绝各种安全事故发生。

1. 爆破材料的管理

储存爆破材料的仓库必须干燥、通风,库内温度应保持在15℃以内,清除库房周围一切树木、草皮,库内应有消防设施。炸药和雷管必须分开储存,两者的安全距离应满足一定的要求;不同性质的炸药亦应分别储存。库区内严禁点火、吸烟,任何人不准携带火柴、打火机等任何引火物品进入库区。爆破器材必须储存在仓库内,在特殊情况下,经主管部门审核并报当地公安部门批准后,方可在库外储存。

爆破器材在单一库房内的存放量不得超过规范允许的最大存放量。

爆破材料仓库与住宅区、工厂、桥梁、公路主干线、铁路等建筑物或构筑物的安全距离不得小于规范的相关规定。

爆破材料的装、卸均应轻拿轻放,堆放时应平衡整齐,硝铵类炸药不得与黑火药同车运输,且两类炸药也不准与雷管、导爆索同车运输。运输车辆应遮盖捆架,在雨雪天运输时,应采取防雨、防滑措施。

车辆在运输爆破材料时,彼此之间应相隔一定的距离。

2. 爆破作业安全距离

爆破震动对建筑物有一定的影响,在实施爆破时,爆破点对被保护的建筑物或构筑物之间应有一个安全距离,该距离与装药量和所需爆破的介质有关。

在进行露天爆破时,一次爆破的炸药量不得大于20kg,并应计算确定空气冲击波对掩体内工作人员的影响。

爆破时,尚应考虑个别飞散物对人员、车船等的安全距离。

第四节　土方填筑与压实

一、填料选择与处理

为了保证填土工程的质量,必须正确选择土料和填筑方法。

对填方土料应按设计要求验收后方可填入。如设计无要求,一般按下述原则进行。

碎石类土、砂土（使用细、粉砂时应取得设计单位同意）和爆破石碴可用作表层以下的填料;含水量符合压实要求的黏性土,可用作各层填料;碎块草皮和有机质含量大于8%的土,仅用于无压实要求的填方。含有大量有机物的土,容易降解变形而降低承载能力;含水溶性硫酸盐大于5%的土,在地下水的作用下,硫酸盐会逐渐溶解消失,形成孔洞影响密实性;因此前述两种土以及淤泥和淤泥质土、冻土、膨胀土等均不应作为填土。

填土应分层进行,并尽量采用同类土填筑。如采用不同土填筑时,应将透水性较大的土层置于透水性较小的土层之下,不能将各种土混杂在一起使用,以免填方内形成水囊。

碎石类土或爆破石碴作填料时,其最大粒径不得超过每层铺土厚度的2/3,使用振动碾时,不得超过每层铺土厚度的3/4,铺填时,大块料不应集中,且不得填在分段接头或填方与山坡连接处。

当填方位于倾斜的山坡上时，应将斜坡挖成阶梯状，以防填土横向移动。

回填基坑和管沟时，应从四周或两侧均匀地分层进行，以防基础和管道在土压力作用下产生偏移或变形。

回填以前，应清除填方区的积水和杂物，如遇软土、淤泥，必须进行换土回填。在回填时，应防止地面水流入，并预留一定的下沉高度（一般不得超过填方高度的3%）。

二、填筑方法

填土的压实方法一般有：碾压、夯实、振动压实以及利用运土工具压实。对大面积填土工程，多采用碾压和利用运土工具压实。对较小面积的填土工程，则宜用夯实机具进行压实。

1. 碾压法

碾压法是利用机械滚轮的压力压实土壤，使之达到所需的密实度。碾压机械有平碾、羊足碾和气胎碾。

平碾又称光碾压路机（图1-66），是一种以内燃机为动力的自行式压路机。按重量等级分为轻型（30～50kN）、中型（60～90kN）和重型（100～140kN）三种，适于压实砂类土和黏性土，适用土类范围较广。轻型平碾压实土层的厚度不大，但土层上部变得较密实，当用轻型平碾初碾后，再用重型平碾碾压松土，就会取得较好的效果。如直接用重型平碾碾压松土，则由于强烈的起伏现象，其碾压效果较差。

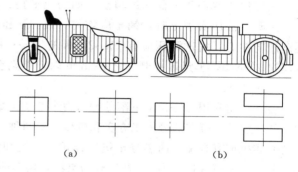

图1-66 光轮压路机
(a) 两轴两轮；(b) 两轴三轮

羊足碾（图1-67、图1-68），一般无动力靠拖拉机牵引，有单筒、双筒两种。根据碾压要求，有可分为空筒及装砂、注水等三种。羊足碾虽然与土接触面积小，但对单位面积的压力比较大，土的压实效果好。羊足碾只能用来压实黏性土。

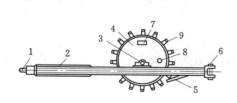

图1-67 单筒羊足碾构造示意图
1—前拉头；2—机架；3—轴承座；4—碾筒；
5—铲刀；6—后拉头；7—装砂口；
8—水口；9—羊足头

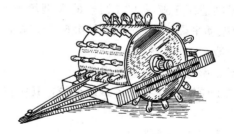

图1-68 羊足碾

气胎碾又称轮胎压路机（图1-69），它的前后轮分别密排着四个、五个轮胎，既是行驶轮，也是碾压轮。由于轮胎弹性大，在压实过程中，土与轮胎都会发生变形，而随着几遍碾压后铺土密实度的提高，沉陷量逐渐减少，因而轮胎与土的接触面积逐渐缩小，但接触应力则逐渐增大，最后使土料得到压实。由于在工作时是弹性体，其压力均匀，填土质量较好。

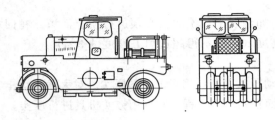 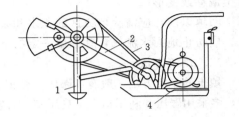

图 1-69　轮胎压路机　　　　　　　　　　图 1-70　蛙式打夯机

1—夯头；2—夯架；3—三角胶带；4—底盘

碾压法主要用于大面积的填土，如场地平整、路基、堤坝等工程。

用碾压法压实填土时，铺土应均匀一致，碾压遍数要一样，碾压方向应从填土区的两边逐渐压向中心，每次碾压应有 15～20cm 的重叠；碾压机械开行速度不宜过快，一般平碾不应超过 2km/h，羊足碾控制在之 3km/h 内，否则会影响压实效果。

2. 夯实法

夯实法是利用夯锤自由下落的冲击力来夯实土壤，主要用于小面积的回填土或作业面受到限制的环境下。夯实法分人工夯实和机械夯实两种。人工夯实所用的工具有木夯、石夯等；常用的夯实机械有夯锤、内燃夯土机、蛙式打夯机和利用挖土机或起重机装上夯板后的夯土机等，其中蛙式打夯机（图 1-70）轻巧灵活，构造简单，在小型土方工程中应用最广。

3. 振动压实法

振动压实法是将振动压实机放在土层表面，借助振动机构使压实机振动土颗粒，土的颗粒发生相对位移而达到紧密状态。用这种方法振实非黏性土效果较好。

近年来，又将碾压和振动法结合起来而设计和制造了振动平碾、振动凸块碾等新型压实机械。振动平碾适用于填料为爆破碎石渣、碎石类土、杂填土或轻亚黏土的大型填方；振动凸块碾则适用于亚黏土或黏土的大型填方。当压实爆破石渣或碎石类土时，可选用重 8～15t 的振动平碾，铺土厚度为 0.6～1.5m，先静压，后振动碾压，碾压遍数由现场试验确定，一般为 6～8 遍。

三、影响土壤压实的因素

填土压实质量与许多因素有关，其中主要影响因素为：压实功、土的含水量以及每层铺土厚度。

1. 压实功的影响

压实功能对压实效果的影响。填土压实后的干密度与压实机械在其上施加的功有一定关系。在开始压实时，土的干密度急剧增加，待到接近土的最大干密度时，压实功虽然增加许多，而土的干密度几乎没有变化。因此，在实际施工中，不要盲目过多地增加压实遍数。

2. 含水量的影响

在同一压实功条件下，填土的含水量对压实质量有直接影响。较为干燥的土，由于土颗粒之间的摩阻力较大，因而不易压实。当土具有适当含水量时，水起到了润滑作用，土颗粒间的摩阻力减小，从而易压实。相比之下，严格控制最佳含水量，要比增加压实功能收获大得多。当含水量不足，洒水困难时，适当增大压实功能，可以收效，假如土的含水量过大，此时假如增大压实功能，必将出现弹簧现象，压实效果很差，造成返工浪费。所以，土基压实施工中，控制最佳含水量，是首要关键。各种土的最佳含水量和所获得的最大干密度，可由击实试验取得。

3. 铺土厚度的影响

土在压实功的作用下，压应力随深度增加逐渐减小，其影响深度与压实机械、土的性质和含水量有关。铺土厚度应小于压实机械压土时的作用深度，但其中还有最优土层厚度问题，铺得过厚，要压多遍才能达到规定的密实度。铺得过薄，则也要增加机械的总压实遍数。恰当的铺土厚度能使土方压实而机械的功耗费最少。

实践经验证实：土基压实时，在机具类型、土层厚度及行程遍数已选定的条件下，压实操作时宜先轻后重、先慢后快、先边缘后中间。压实时，相邻两次的轨迹应重叠轮宽的1/3，保持压实均匀，不漏压，对于压不到的边角，应铺以人力或小型机具夯实。压实过程中，经常检查含水量和密实度，以达到符合规定压实度的要求。

四、土方工程的质量要求

柱基、基坑、基槽和管沟基底的土质，必须符合设计要求，并严禁扰动；填方的基底处理，必须符合设计要求或建筑地基基础工程施工质量验收规范规定；填方柱基、坑基、基槽、管沟回填的土料应按设计要求验收后方可填入；填方施工结束后，检查标高、边坡坡度、分层压实系数、分层厚度及含水量、压实程度、表面平整度等，检验标准应符合规定。

填方压实后，应具有一定的密实度。密实度应按设计规定控制干密度 ρ_{cd} 作为检查标准。土的控制干密度与最大干密度之比称为压实系数 D_y。对于一般场地平整，其压实系数为 0.9 左右，对于地基填土（在地基主要受力层范围内）为 0.93～0.97。

填方压实后的干密度，应有 90% 以上符合设计要求，其余 10% 的最低值与设计值的差，不得大于 0.08g/cm³，且应分散，不宜集中。

检查土的实际干密度，一般采用环刀取样法，或用小轻便触探仪直接通过锤击数来检验。其取样组数为：基坑回填每 30～50m³ 取样一组（每个基坑不少于一组）；基槽或管沟回填每层按长度 20～50m 取样一组；室内填土每层按 100～500m² 取样一组；场地平整填方每层按 400～900m² 取样一组。取样部位应在每层压实后的下半部。试样取出后，先称出土的湿密度并测定含水量，然后用式（1-4）计算土的实际干密度 ρ_d：

$$\rho_d = \frac{\rho}{1+\omega} \tag{1-55}$$

式中：ρ 为土的湿密度，g/cm³；ω 为土的含水量。

如用式（1-4）算得的土的实际干密度 $\rho_d \geqslant \rho_{cd}$，则压实合格；若 $\rho_d < \rho_{cd}$，则压实不够，应采取相应措施，提高压实质量。

小　结

1. 土方工程包括场地平整、基坑（槽、沟）或路基及地下工程等的开挖与填筑。土按开挖难易程度分为八类。土的工程性质包括土的含水量、天然密度和干密度、可松性和渗透性。

2. 土方量计算包括场地平整土方量和基坑（槽、沟）土方量计算。场地平整土方量计算步骤为确定场地设计标高和场地土方工程量计算。场地土方量计算方法有方格网法和断面法。土方调配方法是划分调配区、求出每对调配区之间的平均运距、画出土方调配图和列出土方平衡表。

3. 土方开挖包括开挖前的准备工作、基坑（槽、沟）降水、土方边坡与土壁支护、土方开挖机械和方法以及爆破工程。

降水方法分为明排水法（如集水井）和人工降低地下水位法（如轻型井点）两种。其他井点包括喷射井点、电渗井点、管井井点等。井点系统的涌水量计算有无压完整井、无压非完整井、承压完整井的涌水量的计算，主要步骤为涌水量的计算、确定井点管数量及井管间距和选择抽水设备。井点管埋设一般用水冲法进行，分为冲孔与埋管两个过程。

土壁支撑有一般沟槽、浅基坑和深基坑支撑。主要采用横撑式、土钉、拉锚、板桩、重力式支护结构等。

土方工程施工包括土方开挖、运输、填筑与压实等过程。常用施工机械有推土机、铲运机、单斗挖土机等。

爆破工程包括爆破基本机理、炸药和装药量计算、起爆方法和起爆材料、爆破的基本方法、特殊爆破方法和爆破安全技术措施。

4. 土方填筑与压实包括填料选择与处理、填筑方法和影响土壤压实的因素等。填土的压实方法一般有碾压、夯实、振动压实以及利用运土工具压实。填土压实的主要影响因素为压实功、土的含水量以及每层铺土厚度。

复 习 思 考 题

1-1 土按开挖的难易程度分几类？各类的特征是什么？

1-2 试述土的可松性及其对土方施工的影响。

1-3 试述用方格网法计算土方量的步骤和方法。

1-4 土方调配应遵循哪些原则？调配区如何划分？

1-5 试分析土壁塌方的原因和预防塌方的措施。

1-6 试述一般基槽、一般浅基坑和深基坑的支护方法和适用范围。

1-7 试述常用中浅基坑支护方法的构造原理、适用范围和施工工艺。

1-8 试述流砂形成的原因以及因地制宜防治流砂的方法。

1-9 试述人工降低地下水位的方法及适用范围，轻型井点系统的布置方案和设计步骤。

1-10 试述推土机、铲运机的工作特点、适用范围及提高生产率的措施。

1-11 试述单斗挖土机有哪几种类型？各有什么特点？

1-12 试述正铲、反铲挖土机开挖方式有哪几种？挖土机和运土车辆配套如何计算？

1-13 土方挖运机械如何选择？土方开挖注意事项有哪些？

1-14 如何因地制宜选择基坑支护土方开挖方式？

1-15 试述填土压实的方法和适用范围。

1-16 影响填土压实的主要因素有哪些？怎样检查填土压实的质量？

1-17 某基坑底长 82m，宽 64m，深 8m，四边放坡，边坡坡度 1：0.5。

（1）画出平、剖面图，试计算土方开挖工程量。

（2）若混凝土基础和地下室占有体积为 24600m³，则应预留多少回填土（以自然状态的土体积计）？

（3）若多余土方外运，问外运土方（以自然状态的土体积计）为多少？

（4）如果用斗容量为 3m³ 的汽车外运，需运多少车（已知土的最初可松性系数 K_s＝1.14，最后可松性系数 K'_s＝1.05）？

1-18 按场地设计标高确定的一般方法（不考虑土的可松性）。

（1）计算图示场地方格中各角点的施工高度并标出零线（零点位置需精确算出），角点编号与天然地面标高如图所示，方格边长为 20m，i_x＝2‰，i_y＝3‰。

（2）分别计算挖填方区的挖填方量。

（3）以零线划分的挖填方区为单位计算它们之间的平均运距$\left[\text{提示利用公式 } X_o = \frac{\sum(x_i V_i)}{\sum V_i}、 Y_o = \frac{\sum(y_i V_i)}{\sum V_i}\right]$。

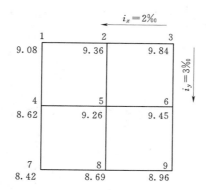

1-19 已知某场地的挖方调配区 W_1、W_2、W_3，填方调配区 T_1、T_2、T_3。其土方量和各调配区的运距见下表。

（1）用"表上作业法"求土方的初始调配方案和总土方运输量。

（2）用"表上作业法"求土方的最优调配方案和总土方运输量，并与初始方案进行比较。

挖方区 ＼ 填方区	T_1	T_2	T_3	挖方量（m³）
W_1	50	80	40	350
W_2	100	70	60	550
W_3	90	40	80	700
填方量 m³	250	800	550	1600

1-20 某基坑底面积为 22m×34m，基坑深 4.8m，地下水位在地面下 1.2m，天然地面以下 1.0m 为杂填土，不透水层在地面下 11m，中间均为细砂土，地下水为无压水，渗透系数 $k=15m/d$，四边放坡，基坑边坡坡度为 1：0.5。现有井点管长 6m，直径 38mm，滤管长 1.2m，准备采用环形轻型井点降低地下水位。

试进行井点系统的布置和设计，包含以下三项：

(1) 轻型井点的高程布置（计算并画出高程布置图）。

(2) 轻型井点的平面布置（计算涌水量、井点管数量和间距并画出平面布置图）。

(3) 选用离心水泵型号。

1-21 例题 3 中若现只有一台液压 WY100 反铲挖土机且无挖土工期限制，准备采取两班制作业，要求运土车辆数能保证挖土机连续作业，其他条件不变。

试求：(1) 挖土工期 T；(2) 运土车辆数 N_1。

第二章 地基与基础工程

【内容提要和学习要求】

本章主要讲述了局部地基处理、软土地基加固及施工要点和质量要求；浅基础构造要求及施工要点；预制桩和灌注桩的施工工艺、施工设备、施工工艺及质量要求。了解局部地基处理方法；掌握软土地基加固方法及施工要点；了解浅基础的构造，掌握浅基础的施工要点；了解预制桩的预制、起吊、运输及堆放方法；掌握锤击法施工的全过程和施工要点；掌握泥浆护壁灌注桩和干作业成孔灌注桩的施工要点；掌握套管成孔灌注桩施工工艺。

第一节 地 基 处 理

建筑物的地基主要包括强度及稳定性问题，压缩及不均匀沉降问题，地下水流失及潜蚀和管涌问题，动力荷载作用下的液化、失稳和震陷等问题。当天然地基发生上述情况时，需要采用适当的地基处理。地基处理的目的是改善地基的性质，提高承载力，达到满足建筑物对地基稳定性和变形的要求。

地基处理方法，主要视地基土的具体情况及上部结构类型要求不同而异，归纳为"挖、填、换、夯、压、挤、拌"七个字，有排水固结、振密挤密、夯实、置换及拌入、灌浆、加筋、冷热处理法等，包括局部地基处理与软土地基加固两部分。

一、局部地基处理

在基坑开挖施工中，有空洞、墓穴、枯井、暗沟等存在时，就应该进行局部处理，以保证上部建设物各部位沉降尽量趋于一致。

1. 古墓、坑穴的处理

在基槽范围内，当古墓、坑穴的范围较小时，可将坑中松散土挖除，使坑底及四壁均见天然土为止。然后采用与坑边天然土层压缩性相似的材料回填。天然土为砂土时，可采用砂或级配砂石回填。回填时应分层夯实或用平板振动器捣实。每层厚度不大于200mm。天然土为黏性土时，可用3∶7的灰土回填，并分层夯实，每层厚度不大于300mm。当范围较大时，可将该部分基础挖深，并做成1∶2的踏步。踏步多少根据坑深而定，但每步高不大于0.5m，长不小于1.0m。

如遇到地下水位较高或坑内积水无法夯实时，亦可用砂石或混凝土回填。寒冷地区冬季施工时，换土不得使用冻土，因为冻土不易夯实，且解冻后强度会明显降低，造成不均匀沉降。

对于较深的土坑处理后，还可考虑加强上部结构的强度，以抵抗由于可能发生的不均匀沉降而引起的内力。常用的方法有两种：一是在灰土基础上1~2皮砖处（或混凝土基础内）、防潮层下1~2皮砖处各配3~4根ϕ8~12mm的加强钢筋（图2-1）。二是在上述两位置处的任意一处增设钢筋混凝土圈梁，也可加大圈梁纵筋直径和根数或提高圈梁断面等措施。

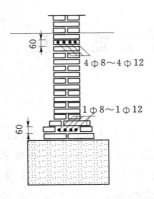

图 2-1　基础内配筋构造示意

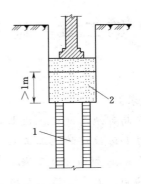

图 2-2　基槽下砖井处理方法
1—砖井；2—回填土

2. 土井、砖井的处理

当土井、砖井位于基槽（基坑）中间，井内填土已较密实，若为砖井，则应将砖圈拆除至槽（坑）底以下 1m，在此拆除范围内用 2：8 或 3：7 灰土分层夯实至槽（坑）底（图 2-2）。如井的直径大于 1.5m 时，则应考虑加强上部结构的强度，如在墙内配筋或做地基梁跨越砖井等。

当砖井位于房屋转角处，而基础压在井上部分不多，并且在井上部分所损失的承压面积，可由其余基槽承担而不引起过多的沉降时，可采用从基础中挑梁的办法解决（图 2-3）。

当井位于墙的转角处，而基础压在井上的面积较大且采用挑梁办法困难或不经济时，则可将基础沿墙长方向向外延长出去，使延长部分落在老土上。落在老土上的基础总面积应等于井圈内原有基础的面积（即 $A_1+A_2=A$），然后在基础墙内再采用配筋或钢筋混凝土梁来加强（图 2-4）。

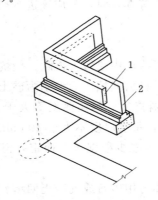
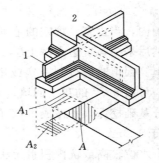

图 2-3　墙角下砖井处理方法（一）　　　图 2-4　墙角下砖井处理方法（二）
1—挑梁；2—墙基　　　　　　　　　　　1—挑梁；2—墙

如井已回填，但不密实，可用大块石将下面软土挤紧，若井内不能夯填密实时，可在井的砖圈上加钢筋混凝土盖封口，上部再回填处理。

3. 软、硬地基的处理

当基槽（或基坑）中，有过于坚硬的土质时，如基岩、旧墙基、化粪池、化灰池、砖窑底等，均应尽可能挖除，用灰土、级配砂石、素混凝土回填或落深基础。以防建筑物由于局部土质较硬造成不均匀沉降，而使上部建筑物开裂。

4. 橡皮土的处理

当地基为黏性土，且含水量较大并趋于饱和时，夯拍后会使地基土变成踩上去有种颤动感觉的"橡皮土"。因此，如发现地基土含水量较大趋于饱和时，要避免直接夯拍。这时，可采用晾槽或掺石灰粉的办法降低土的含水量。如出现橡皮土，可铺填一层碎砖或碎石将土挤紧，或将颤动部分的土挖除，填以砂土或级配砂石。

5. 流砂的处理

当发生流砂现象时，可采取抢挖法或打钢板桩法处理。抢挖法，就是对于仅有轻微流砂现象的基坑可组织分段抢挖，即使挖土速度超过冒砂速度，挖到标高后，立即抛入大石块填压，以平衡动水压力。打钢板桩法，就是将钢板桩打入地底以下一定深度，不仅可以支护坑壁，而且使地下水从坑外渗入坑内的渗流路程增长，从而降低水力坡度，减小了动水压力。

二、软土地基加固

当工程结构荷载较大，地基土质又较软弱（强度不足或压缩性大），不能作为天然地基时，可针对不同情况采取加固方法。常用的有换填法、灰土挤密桩法、振冲法、深层搅拌法、高压喷射注浆法等。

（一）换填法

换填法是将基础底面以下一定范围内的软弱层挖去，然后回填强度较高、压缩性较低、并且没有侵蚀性的材料，如砂、砂石、灰土等。再分层夯实至要求的密实度，作为地基的持力层。换填法适用于淤泥、淤泥质土、湿陷性黄土、素填土、杂填土等浅层的地基处理。

1. 材料要求

砂石应级配良好，不含植物残体、垃圾等杂质。灰土体积配合比宜为 2∶8 或 3∶7。

2. 施工要点

施工前应先验槽，清除松土，并打底夯两遍，要求平整干净，如有积水、淤泥应晾干。灰土垫层土料的施工含水量宜控制在最优含水量的范围内。对砂石垫层要求垫层底宜设在同一标高上，如深度不同，基坑底土面应挖成阶梯或斜坡搭接，并按先深后浅的顺序进行垫层施工，搭接处应夯压密实。垫层宽度确定，视材料不同按计算取用。

冬期施工，必须在垫层不冻的状态下进行，冻土及夹有冻块的土料不得使用，当日拌和灰土应当日铺填夯完，表面应用塑料薄膜覆盖，以防受冻。垫层竣工后，应及时进行基础施工与基坑回填。

3. 质量要求

施工过程中应检查分层铺设的厚度，分段施工时上下两层的搭接长度，夯实时加水量，夯压遍数和压实系数。对灰土和砂垫层可用贯入仪检验垫层质量，并均应通过现场试验以控制压实系数对应的贯入度为合格标准。压实系数的检验可采用环刀法或其他方法。

垫层的质量检验必须分层进行，每夯实完一层，应检验该层的平均压实系数，当压实系数符合设计要求后，才能铺填上层。当采用环刀法取样时，取样点应位于每层的 2/3 的深度处。

施工结束后，应检查灰土或石地基的承载力。灰土、砂及砂石地基质量检验的主控项目（地基承载力、配合比、压实系数）和一般项目（石灰粒径、涂料有机质含量、土颗粒粒径、含水量、分层厚度偏差）应符合规定。

（二）灰土挤密桩法

灰土挤密桩法是在基础底面形成若干个桩孔，然后将灰土填入并分层夯实，以提高地基的承载力或水稳性。灰土挤密桩法适用于处理地下水位以上的湿陷性黄土、素填土和杂填土等地基，处理深度宜为 5～15m。

1. 材料要求

土料宜用黏性土及塑性指数大于 4 的粉土，粒径不大于 15mm。石灰宜用新鲜的生石灰，其颗粒不得大于 5mm。

2. 构造要求

灰土挤密桩处理地基的宽度应大于基础的宽度。桩孔直径宜为 300～600mm，并可根据所选用的成孔设备或成孔方法确定，桩孔宜按等边三角形布置。灰土的体积配合比宜为 2：8 或 3：7，压实系数 λ_c 不应小于 0.97。

3. 施工要点

灰土挤密桩的施工，应按设计要求和现场条件选用沉管（振动、锤击）、冲击或爆扩等方法进行成孔，使土向孔的周围挤密。成孔施工时地基土宜接近最优含水量，当含水量低于 12％时，宜加水增湿至最优含水量。桩孔中心点的偏差不应超过桩距设计值的 5％，桩孔垂直度偏差不应大于 1.5％。

向孔内填料前，孔底必须夯实，然后用素土或灰土在最优水量状态下分层回填夯实，每层回填厚度为 250～400mm，其压实系数及填料质量应符合有关规范要求。基础地面以上应预留 200～300mm 厚的土层，待施工结束后，将表层挤松的土挖除或分层夯压密实。冬雨季施工，应采取防冻、防雨措施，防止灰土冻结或受雨水淋湿。

4. 质量要求

施工结束后，对灰土挤密桩处理地基的质量，应及时进行抽样检验，对一般工程，主要应检查桩和桩间土的干密度、承载力和施工记录，对重要或大型工程，除应检测上述内容外，尚应进行载荷试验或其他原位测试。抽样检查的数量不应少于桩孔总数的 2％，不合格处应采取加桩或其他补救措施。

灰土挤密桩地基质量检验的主控项目（桩体及桩间干密度、桩长、地基承载力、桩径）和一般项目（土料有机质含量、石灰粒径、桩位偏差、垂直度、桩径）应符合规定。

（三）振冲法

振冲法是利用振动和水冲加固土体的方法。振冲法又分为振冲置换法和振冲密实法两大类。振冲置换法适用于处理不排水抗剪强度不小于 20kPa 的黏性土、粉土、饱和黄土和人工填土等地基。振冲密实法适用于处理砂土和粉土等地基。

1. 材料要求

填料宜用碎石、卵石、角砾、圆砾、砾砂、粗砂、中砂等硬质材料，材料的最大粒径不宜大于 80mm，对于碎石常用的粒径为 20～50mm。

2. 构造要求

（1）振冲置换法。处理范围应根据建筑物的重要性和场地条件确定，通常都大于基底面积，对一般地基，在基础外缘宜扩大 1～2 排桩；对可液化地基，在基础外缘应扩大 2～4 排桩。桩位布置，对于大面积满堂处理，宜用等边三角形布置；对独立或条形基础，宜用正方形、矩形或等腰三角形布置。

桩的间距应根据荷载大小或原土的抗剪强度确定，可用 1.5～2.5m，对荷载大或原土强度低，或桩末端达相对硬层的短桩宜取小值，反之宜取较大的间距。桩长的确定，当相对硬层的埋藏深度不大时，应按相对硬层埋藏深度确定；当相对硬层的埋藏深度较大时，应按建筑物地基的变形允许值确定。桩长不宜短于 4m。在可液化的地基中，桩长应按要求的抗震处理深度确定。桩顶应铺设一层 200～500mm 厚的碎石垫层。桩的直径可按每根桩所用的填料计算，一般为 0.8～1.2m。

（2）振冲密实法。处理范围应大于建筑物基础范围，在基础外缘每边放宽不得少于 5m。当可液化土层不厚时，振冲深度应穿透整个可液化土层；当可液化土层较厚时，振冲深度应按要求的抗震处理深度确定。

振冲点宜按等边三角形或正方形布置。间距与土的颗粒组成、要求达到的密实程度、地下水位、振冲器功率、水量等有关，应通过现场试验确定，可取 1.8～2.5m。

3. 施工要点

（1）振冲置换法。振冲施工通常可用功率为 30kW 的振冲器。在既有建筑物邻近施工时，宜用功率较小的振冲器。

施工工艺：定位→成孔→清孔→填料→振实。

在施工场地上应事先开设排泥水沟系，将成桩过程中产生的泥水集中引入沉淀池。定期将沉淀池底部的厚泥浆挖出运送至预先安排的存放地点。沉淀池上部较清的水可重复使用，施工完毕后，应将桩顶部的松散桩体挖除，或用碾压等方法使之密实，随后铺设并压实垫层。

（2）振冲密实法。振冲施工可用功率为 30kW 的振冲器，有条件时也可用较大功率的振冲器。升降振冲器的机具同振冲置换法。

施工工艺：定位→成孔→边振边上提→振密。

填料与振料方法，一般采取成孔后，将振冲器提出少许，从孔口往下填料，填料从孔壁间隙下落，边填边振，直至该段振实，然后将振冲器提升 0.5m，再从孔口往下填料，逐段施工。加固区的振冲桩施工完毕，在振冲最上层 1m 左右时，由于土覆压力小，桩的密实度难以保证，故宜预挖除，另加碎石垫层，用振动碾压机进行碾压密实处理。

4. 质量要求

振冲施工结束后，除砂土地基外，应间隔一定时间方可进行质量检验。对黏性土地基，间隔时间可取 21～28d。对粉土地基，可取 15～21d。振冲桩的施工质量检验可用单桩载荷试验，试验用圆形压板的直径与桩的直径相等，可按每 200～400 根桩随机抽取一根进行检验，但总数不得少于 3 根。对砂土或粉土层中的振冲桩，除用单桩载荷试验检验外，尚可用标准贯入、静力触探等试验对桩间土进行处理前后的对比检验。

振冲地基质量检验的主控项目（填料粒径、密实电流、地基承载力）和一般项目（填料含泥量、振冲器喷水中心与孔径中心偏差、成孔中心与设计孔中心偏差、桩体直径、孔深）应符合规定。

（四）深层搅拌法

深层搅拌法是利用水泥、石灰等材料作为固化剂，通过特制的搅拌机械，在地基深处就地将软土和固化剂（浆液或粉体）强制搅拌。使软土硬结成具有整体性、水稳定性和一定强度的水泥（石灰）加固土，从而提高地基强度。根据施工方法不同，水泥土搅拌法分为水泥浆搅拌和粉体喷射搅拌两种。它适用于处理淤泥、淤泥质土、粉土和含水量较高，且地基承载力标准值不大于 120kPa 的黏性土等地基。

1. 构造要求

深层搅拌桩平面布置可根据上部建筑对变形的要求，采用柱状、壁状、格栅状、块状等处理形式，可只在基础范围内布桩，柱状处理可采用正方形或等边三角形布桩形式，其桩数根据设计计算确定。

2. 施工要点

深层搅拌法施工的场地应事先平整，清除桩位处地上、地下一切障碍物（包括大块石、树根和生活垃圾等）。场地低洼时应回填黏性土料，不得回填杂填土。基础底面以上宜预留500mm 厚的土层，搅拌桩施工到地面，开挖基坑时，应将上部质量较差桩段挖去。

施工工艺：深层搅拌机定位→预搅下沉→制配水泥浆（或砂浆）→喷浆搅拌、提升→重复搅拌下沉→重复搅拌提升直至孔口→关闭搅拌机、清洗→移至下→根桩、重复以上工序。

施工前应标定深层搅机械的灰浆泵输浆量、灰浆经输浆管到达搅拌机喷浆口的时间和起吊设备提升速度等施工参数，并根据设计要求通过成桩试验，确定搅拌桩的配比和施工工艺。

应保证起吊设备的平整度和导向架的垂直度，搅拌桩的垂直度偏差不得超过 1.5%，桩位偏差不得大于 50mm。搅拌机预搅下沉时不宜冲水，当遇到较硬土层下沉太慢时，方可适量冲水，但应考虑冲水成桩对桩身强度的影响。

3. 质量要求

施工前应检查水泥及外加剂的质量、桩位、搅拌机工作性能及各种计量设备完好程度。施工中应检查机头提升速度、水泥浆或水泥注入量，搅拌桩的长度及标高，并应随时检查施工记录，并对每根桩进行质量评定，对不合格的桩应根据其位置和数量等具体情况，分别采取补桩或加强邻桩等措施。

搅拌桩应在成桩后 7d 内用轻便触探器钻取桩身加固土样，观察搅拌均匀程度，同时根据轻便触探击数用对比法判断桩身强度。检验桩的数量不少于已完成桩的 2%。基槽开挖后，应检验桩位、桩数与桩顶质量，如不符合规定要求，应采取有效补救措施。

水泥土搅拌桩地基质量检验的主控项目（水泥及外掺剂质量、水泥用量、桩体强度、地基承载力）和一般项目（桩头提升速度、桩底与桩顶的标高、桩位偏差、桩径、垂直度、搭接）应符合规定。

（五）高压喷射注浆法

高压喷射注浆法是用钻机钻到预定深度，然后用高压泵把浆液通过钻杆端头的特殊喷嘴，以高压水平喷入土层。喷嘴在喷射浆液时，一面缓慢旋转，一面徐徐提升，借助高压浆液的水平射流不断切削土层并与切削下来的土充分搅拌混合，胶体硬化后即在地基中形成直径比较均匀，具有一定强度的圆柱体即旋喷桩。从而使地基得到加固。

高压喷射注浆法的注浆形式包括旋喷注浆、定喷注浆和摆喷注浆等三种类型。

1. 材料要求

高压喷射注浆的主要材料为水泥，宜采用 32.5MPa 或 42.5MPa 普通硅酸盐水泥，根据需要可加入适量的速凝、悬浮或防冻等外加剂及掺和料。

2. 构造要求

用旋喷桩处理的地基，宜按复合地基设计。当用作挡土结构或桩基时，可按加固独立承担荷载计算。

3. 施工要点

施工前先进行场地平整，挖好排浆沟，做好钻机定位。要求钻机安放保持水平，钻杆保持垂直，其倾斜度不得大于1.5%。

施工工艺：钻机就位→钻孔→插管→喷射注浆→拔管及冲洗。

钻机与高压注浆泵的距离不宜过远。当注浆管贯入土中，喷嘴达到设计标高时，即可喷射注浆。在喷射注浆参数达到规定值后，随即分别按旋喷、定喷或摆喷的工艺要求，提升注浆管，由上而下喷射注浆。当高压喷射注浆完毕，应迅速拔出注浆管。为防止浆液凝固收缩影响桩顶高程，必要时可在原孔位采用冒浆回灌或第二次注浆等措施。

4. 质量要求

施工前应检查水泥、外加剂的质量、桩位、压力表、流量表的精度和灵敏度，高压喷射设备的性能等。高压喷射注浆可采用开挖检查、钻孔取芯、标准贯入、载荷试验或压水试验等方法进行检验。

检验点应布置在下列部位：建筑荷载大的部位；帷幕中心线上；施工中出现异常情况的部位；地质情况复杂，可能对高压喷射注浆质量产生影响的部位。检验点的数量为施工注浆孔数的2%～5%，对不足20孔的工程，至少应检验2个点。不合格者应进行补喷。质量检验应在高压喷射注浆结束28d后进行。

高压喷射注浆地基质量检验的主控项目（水泥及外掺剂质量、水泥用量、桩体抗压强度或完整性检验、地基承载力）和一般项目（钻孔位置、垂直度、钻深、注浆压力）应符合规定。

（六）水泥粉煤灰碎石桩复合地基

水泥粉煤灰碎石桩（CFG桩）复合地基是用水泥、粉煤灰、碎石加水拌和后，用各种成桩机械制成的具有可变黏结强度的桩。CFG桩复合地基多采用长螺旋机成孔，泵压混合材料成桩的施工工艺，实质上是素混凝土桩。

1. 构造要求

CFG桩、桩间土和褥垫层一起构成CFG桩复合地基，CFG桩即可适用于条形基础、独立基础，也可用于筏形基础和箱形基础。褥垫层技术是CFG桩的核心技术，复合地基的许多特性都与褥垫层有关，褥垫层不是基础施工经常做的10cm厚的素混凝土垫层，而是由用碎石、级配砂石、粗砂、中砂组成的三体垫层。褥垫层厚度一般取10～30cm为宜。复合地基模量大、沉降量小，是CFG桩复合地基重要特点之一，建筑物沉降量一般在2～4cm。

2. 施工要点

施工工艺：平整场地→布置桩位→桩机就位→钻孔（沉管）→边提钻（拔管）边投料→压灌（灌注）混合料→养护→凿桩头及清理桩间土→检测验槽→铺设褥垫层。

桩机进入现场，根据设计桩长，钻杆入土深度确定机架高度和钻杆长度，并进行设备组装。移动桩机，使桩机钻头与桩位对正，调整液压支腿，保证垂直度偏差不大于1%。

启动动力头，开始成孔，钻进速度控制在1.5～2.5m/min以内，达到设计深度后，在原处空转清土，以清楚孔底和叶片上的土，防止孔底虚土过厚。成孔后立即用高压混凝土输送泵把搅拌好的混凝土通过导管和钻杆输送到孔底，同时启动主卷扬机提升钻杆，至桩体完成，提升速度一般为 2.0～3.0m/min。钻具提升过程中，施工人员应及时清除钻具上的泥渣土，防止钻具上的泥块掉入钻孔内，并便于下跟桩的施工。

施工过程中，抽样做混合料试块，一般一个台班做一组（3 块），试块尺寸为 15cm×15cm×15cm，测定 28d 抗压强度，现场抽测混凝土坍落度。桩体施工完成后进行自然养护。

3. 质量要求

施工现场事先应予平整，必须清除地上和地下的一切障碍物。对桩位防线进行检查，桩位放点精度：水平偏移≤2cm。在施工过程中，为控制钻孔深度，应在钻架画标记以便观察记录，并对孔径、孔深、桩（孔）垂直度、桩位偏差、原材料配比、提升速度、成桩长度及桩径等参数进行检查，保证各项指标均符合设计和规范要求。

CFG 桩成桩质量要求如下：垂直度<1%、孔径偏差≤±10mm、桩长偏差≤±100mm、桩位偏差≤0.25D（条形基础）、0.4D（满堂布桩基础）、60mm（单排布桩）（D 为桩径）。

施工结束，一般 28d 后，进行单桩静荷载实验来测定桩的承载力，试验数量为总桩数的 1%，且不少于 3 根，且抽取不少于总桩数的 10% 的桩作低应变动力试验，用来检测桩身完整性。

第二节 基 坑 验 槽

基坑（槽）挖至基底设计标高并清理好后，必须通知勘察、设计、监理、建设部门会同验槽，经处理合格后签证，再进行基础工程施工。这是确保工程质量的关键程序之一。验槽目的在于检查地基是否与勘察设计资料相符合。

一般设计依据的地质勘察资料取自于建筑物基础有限的几个点，无法反映钻孔之间的土质变化，只有在开挖后才能确切地了解。如果实际土质与设计地基土不符，则应由结构设计人员提出地基处理方案，处理后经有关单位签署后归档备查。

验槽主要靠施工经验观察为主，而对于基底以下的土层不可见部位，要辅以钎探、夯音配合共同完成。

一、观察

主要观察基槽基底和侧壁土质情况，土层构成及其走向，是否有异常现象，以判断是否达到设计要求的土层。由于地基土开挖后的情况复杂、变化多样，观察的主要项目和内容如下。

观察槽壁土层，看土层分布情况及走向是否正确；柱基、墙角、承重墙下及其他受力较大等重点部位，是否符合设计要求；整个槽底土质是否挖到老土层上（地基持力层），土的颜色是否均匀一致，有无异常，过干或过湿，土的软硬是否软硬一致，有无震颤、空穴声音等虚实现象。

若有上述与设计不相符的地质情况，应会同勘察、设计等有关部门制订相应的处理方案。

二、钎探

对基槽底以下 2～3 倍基础宽度的深度范围内，土的变化和分布情况，以及是否有空穴或软弱土层，需要用钎探明。钎探方法，将一定长度的钢钎打入槽底以下的土层内，根据每打入一定深度的锤击次数，间接的判断地基土质的情况（图 2-5）。打钎分人工和机械两种方法。

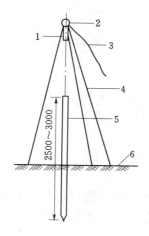

图 2-5 基坑钎探示意（单位：mm）
1—重锤；2—滑轮；3—操纵绳；4—三脚架；
5—钢钎；6—基坑底图

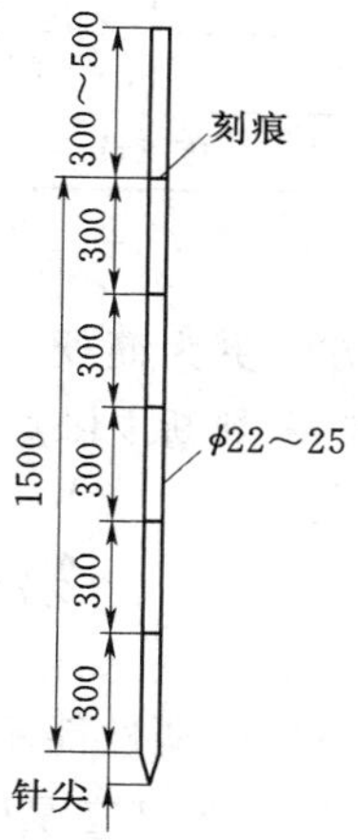

图 2-6 钢钎（单位：mm）

1. 钢钎的规格和数量

人工打钎时，钢钎用直径为 22～25mm 的钢筋制成，钎尖为 600 尖锥状，钎长为 1.8～2.0m（图 2-6）。打钎用的锤重为 3.6～4.5 磅，举锤高度约 50～70cm，将钢钎垂直打入土中，并记录每打入土层 30cm 的锤击数。用打钎机打钎时，其锤重约 10kg，锤的落距为 50cm，钢钎为直径 25mm，长 1.8m。

2. 钎孔布置和钎探深度

钎孔布置和钎探深度应根据地基土质的复杂情况和基槽宽度、形状而定（表 2-1）。

表 2-1　　　　　　　　　　　　　　钎 孔 布 置

槽宽（cm）	排列方式及图示	间距（m）	钎探深度（m）
小于 80	中心一排	1～2	1.2
80～200	两排错开	1～2	1.5
大于 200	梅花形	1～2	2.0
柱基	梅花形	1～2	大于或等于 1.5m，并不浅于短边宽度

注 对于较软弱的新近沉积黏性土和人工杂填土的地基，钎孔间距应不大于 1.5m。

3. 钎探记录和结果分析

先绘制基槽平面图，在图上根据要求确定钎探点的平面位置，并依次编号制成钎探平面图。钎探时按钎探平面图标定的钎探点顺序进行，最后整理成钎探记录表（表 2-2）。全部钎探完毕后，逐层的分析研究钎探记录，逐点进行比较，将锤击数显著过多或过少的钎孔在钎探平面图上做上记号，然后再在该部位进行重点检查，如有异常情况，要认真进行处理。

表 2-2　　　　　　　　　　　**钎 探 记 录 表**

探孔号	打入长度 (m)	每 30cm 锤击数								总锤击数	备注
		1	2	3	4	5	6	7	8		
打钎者		施工员					质量检查员				

三、夯探

夯探较之钎探方法更为简便，不用复杂的设备而是用铁夯或蛙式打夯机对基槽进行夯击，凭夯击时的声响来判断下卧后的强弱或有否土洞或暗墓。

第三节　浅　基　础

浅基础，根据使用材料性能不同分为无筋扩展基础（刚性基础）和扩展基础（柔性基础）。按构造形式不同分为独立基础、条形基础（包括墙下条形基础与柱下条形基础）、筏板基础、箱形基础等。

一、无筋扩展基础

无筋扩展基础又称刚性基础，一般由砖、石、素混凝土、灰土和三合土等材料建造的墙下条形基础，或柱下独立基础。其特点是抗压强度高，而抗拉、抗弯、抗剪性能差，适用于六层和六层以下的民用建筑和轻型工业厂房。

（一）构造要求

无筋扩展基础的截面尺寸有矩形、阶梯形和锥形等（图 2-7）。为保证无筋扩展基础内的拉应力及剪应力不超过基础的允许抗拉、抗剪强度，一般基础的刚性角及台阶宽高比应满足规范要求（表 2-3）。同时，基础底面宽度 b 应符合下式要求：

$$b \leqslant b_0 + 2H_0 \tan\alpha \tag{2-1}$$

式中：b 为基础底面宽度；b_0 为基础顶面的墙体宽度或柱脚宽度；H_0 为基础高度；b_2 为基础台阶宽度；$\tan\alpha$ 为基础台阶的宽高比 $b_2 : H_0$（表 2-3）。

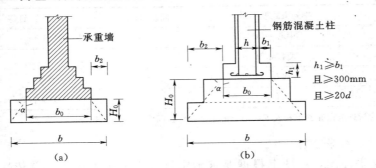

图 2-7　无筋扩展基础截面形式
(a) 墙下刚性基础；(b) 柱下刚性基础

采用无筋扩展基础的钢筋混凝土柱，其柱脚高度 h_1 不得小于 b_1 [图 2-7（b）]，并不应小于 300mm 且不小于 20_d（d 为柱中的纵向受力钢筋的最大直径）。当柱纵向钢筋在柱脚内的竖向锚固长度不满足锚固要求时，可沿水平方向弯折，弯折后的水平锚固长度不应小于 $10d$ 也不应大于 $20d$。

（二）施工要点

1. 砖基础

基础开挖、垫层施工完毕后，应根据基础平面图尺寸，用钢尺量出各墙的轴线位置及基础的外边沿线，并用墨斗弹出。基础放线尺寸的长度和宽度允许偏差应符合有关规定。砖基础砌筑方法、质量要求详见第三章砌体工程。

2. 毛石混凝土基础

混凝土中掺用的毛石应选用坚实、未风化的石料，其极限抗压强不应低于 $30N/mm^2$，毛石尺寸不应大于所浇筑部位最小宽度的 1/3，并不得大于 300mm，石料表面污泥、水锈应在填充前用水冲洗干净。毛石混凝土的厚度不宜小于 400mm。混凝土应连续浇筑完毕，如必须留设施工缝时，应留在混凝土与毛石交接处，使毛石露出混凝土面 1/2，并按有关要求进行接缝处理。

3. 混凝土基础

混凝土浇筑前应进行验槽，轴线、基坑（槽）尺寸和土质等均应符合设计要求。基坑（槽）内浮土、积水、淤泥、杂物等均应清除干净。基底局部软弱土层应挖去，用灰土或砂砾回填夯实至基底相平。混凝土浇筑方法可参见本书第四章内容。

混凝土主要包括施工过程中的质量检查和养护后的质量检查，质量要求应符合有关规定。

表 2-3　　　　　　　　　无筋扩展基础台阶宽高比的允许值

基础材料	质　量　要　求	台阶宽高比的允许值		
		$p_k \leqslant 100$	$100 < p_k \leqslant 200$	$200 < p_k \leqslant 300$
混凝土基础	C15 混凝土	1:1.00	1:1.00	1:1.25
毛石混凝土基础	C15 混凝土	1:1.00	1:1.25	1:1.50
砖基础	砖不低于 MU10、砖浆不低于 M5	1:1.50	1:1.50	1:1.50
毛石基础	砂浆不低于 M5	1:1.25	1:1.50	—
灰土基础	体积比为 3:7 或 2:8 的灰土，其最小干密度：粉土 1.55t/m³　　粉质黏土 1.50t/m³　　黏土 1.45t/m³	1:1.25	1:1.50	—
三合土基础	体积比为 (1:2:4) ～ (1:3:6)（石灰：砂：骨料），每层约虚铺 220mm，夯至 150mm	1:1.50	1:2.00	—

注　1. p_k 为荷载效应标准组合时基础底面处的平均压力值（kPa）。
　　2. 阶梯形毛石基础的每阶伸出宽度，不宜大于 200mm。
　　3. 当基础有不同材料叠合组成时，应对接触部分作抗压验算。
　　4. 基础底面处的平均压力值超过 300kPa 的混凝土基础，尚应进行抗剪验算。

二、扩展基础

扩展基础系指柱下钢筋混凝土独立基础和墙下钢筋混凝土条形基础。

1. 构造要求

（1）当柱下钢筋混凝土独立基础的边长和墙下钢筋混凝土条形基础的宽度大于或等于

2.5m 时，底板受力钢筋的长度可取边长或宽度的 0.9 倍，并宜交错布置 [图 2-8 (a)]。

(2) 钢筋混凝土条形基础底板在 T 形及十字形交接处，底板横向受力钢筋仅沿一个主要受力方向通常布置，另一方向的横向受力钢筋可布置到主要受力方向底板宽度 1/4 处 [图 2-8 (b)]。在拐角处底板横向受力钢筋应沿两个方向布置 [图 2-8 (c)]。扩展基础的基本构造要求（表 2-4）。

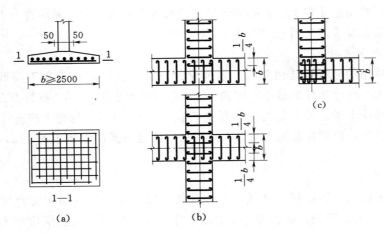

图 2-8 扩展基础底板受力钢筋布置示意
(a) 受力钢筋布置（一）；(b) 受力钢筋布置（二）；(c) 受力钢筋布置（三）

表 2-4 扩展基础的基本构造要求

序号	项 目	内 容 与 要 求
1	锥形基础边缘高度	边缘高度 h 不宜小于 200mm
2	阶梯形基础每阶高度	宜为 300～500mm
3	垫层厚度	不宜小于 70mm，一般采用 100mm
4	底板受力钢筋最小直径与间距	底板受力钢筋的最小直径不宜小于 10mm，间距不宜大于 200mm，也不宜小于 100mm；墙下钢筋混凝土条基纵向分布钢筋直径不小于 8mm，间距不大于 300mm
5	钢筋保护层厚度	当有垫层时钢筋保护层的厚度不宜小于 40mm，无垫层时不宜小于 70mm
6	垫层混凝土强度等级	应为 C10
7	基础混凝土强度等级	不应低于 C20
8	基础插筋	对于现浇柱的基础，如与柱子不同的浇灌时，其插筋的数目和直径与柱内纵向受力钢筋相同。插筋的锚固长度及与柱的纵向受力钢筋的搭接长度，应符合有关规定

2. 施工要点

基坑验槽后做混凝土垫层，弹线、支模与铺设钢筋网片，浇筑混凝土。钢筋混凝土条形基础可留设垂直和水平施工缝。但留设位置，处理方法必须符合规范规定。

基础上有插筋时，其插筋的数量、直径及钢筋种类应与柱内纵向受力钢筋相同，插筋的锚固长度，应符合设计要求。施工时，对插筋要加以固定，以保证插筋位置正确，防止浇捣混凝土时发生移位。混凝土浇灌完毕，外露表面应覆盖浇水养护，养护时间不少于 7d。

三、杯形基础

杯形基础也称为杯口基础，常用于装配式钢筋混凝土柱的基础，形式有一般杯口基础、双杯口基础、高杯口基础等（图 2-9）。

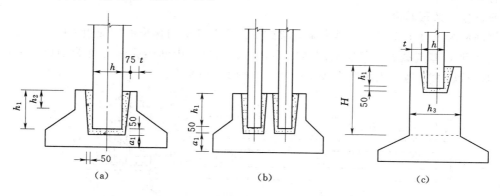

图 2-9 杯形基础形式和构造示意

（a）一般杯口基础；（b）双杯口基础；（c）高杯口基础

1. 构造要求

杯形基础的构造要求（表 2-5）。

表 2-5 杯形基础的构造要求

序号	项 目	内 容
1	柱的插入深度	柱的插入深度 h_1，应满足锚固长度的要求和吊装时柱的稳定性（即不小于吊装时柱长的 0.05 倍）
2	基础的杯底厚度和杯壁厚度	基础的杯底厚度和杯壁厚度，可按现行《建筑地基基础设计规范》选用
3	杯壁配筋规定	当柱为轴心或小偏心受压且 $t/h_2 \geqslant 0.65$ 时或大偏心受压且 $t/h_2 \geqslant 0.75$ 时，杯壁可不配筋；当柱为偏心或小偏心受压，且 $0.5 \leqslant t/h_2 < 0.65$ 时，杯壁可按现行《建筑地基基础设计规范》规定配筋
4	高杯口基础	预制钢筋混凝土柱（包括双支柱）与高杯口基础的连接，应符合上述规范规定

2. 施工要点

杯口模板可用木模板或钢模板，可作成整体式，也可作成两半形式，中间各加楔形板一块，拆模时，先取出楔形板，然后分别将两半杯口模板取出。为便于拆模，杯口模板外可包钉薄铁皮一层。支模时杯口模板要固定牢固。在杯口模板底部留设排气孔，避免出现空鼓（图 2-10）。

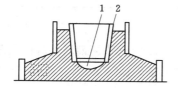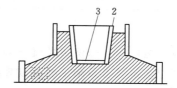

图 2-10 杯口内模板排气孔示意

1—空鼓；2—杯口模板；3—底板留排气孔

混凝土要先浇筑至杯底标高，方可安装杯口内模板，以保证杯底标高准确，一般在杯底均留有 50mm 厚的细石混凝土找平层，在浇筑基础混凝土时，要仔细控制标高。

四、柱下条形基础

钢筋混凝土柱下条形基础是由单向梁或交叉梁及其横向伸出的翼板组成的，其横断面一般呈倒 T 形，基础截面下部向两侧伸出部分称为翼板，中间梁腹部分称为肋梁，常用于上部结构荷载较大，地基土承载力较低的基础（图 2-11）。

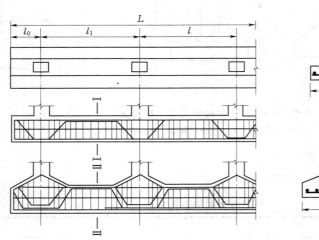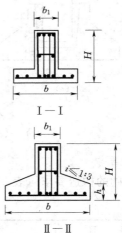

图 2-11　柱下条形基础

1. 构造要求

柱下条形基础的构造除满足一般扩展基础的构造要求外，还应符合其他规定（表 2-6）。现浇柱与条形基础梁的交接处，其平面尺寸不应小于规定（图 2-11）。

表 2-6　　　　　　　　　　　　　　柱下条形基础的构造要求

序号	项　目	内　容　与　要　求
1	基础梁的高度	宜为柱距的 $1/4\sim1/8$
2	翼板厚度	不小于 200mm，当翼板厚度大于 250mm 时，宜采用变厚度翼板，其坡度不小于或等于 1：3
3	端部向外伸出长度	宜为第一跨距的 0.25 倍
4	混凝土强度等级	不低于 C20
5	基础插筋	对于现浇柱的基础，如与不同时浇筑时其插筋的数目和直径与柱内纵向受力钢筋相同，插筋的锚固长度及与柱的纵向受力钢筋的搭接长度应符合有关规定

2. 施工要点

当基槽验收合格后，立即浇筑混凝土垫层，以保护地基。钢筋经验收合格后，应立即浇筑混凝土，混凝土浇筑要求及施工缝留设等同扩展基础。

五、筏形基础

筏形基础是由整板式钢筋混凝土板（平板式）或由钢筋混凝土底板、梁整体（梁板式）两种类型组成，适用于有地下室或地基承载能力较低而上部荷载较大的基础，筏形基础在外形和构造上如倒置的钢筋混凝土楼盖，分为梁板式和平板式两类（图 2-12）。

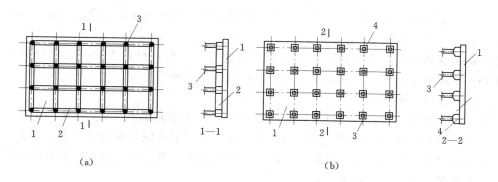

图 2-12 筏形基础

（a）梁板式；（b）平板式

1—底板；2—梁；3—柱；4—支墩

1. 构造要求

筏形基础一般构造要求（表 2-7）。

表 2-7 筏形基础的一般构造要求

序号	项 目	技 术 要 求
1	基础厚度	一般为等厚，平面应大致对称，尽量减少基础承受偏心力矩
2	底板厚度	不应小于 300mm，且板厚与板格的最小跨度之比不宜小于 1/20
3	梁截面	梁截面按计算确定，梁高处板的顶面一般不小于 300mm，梁宽不小于 250mm
4	配筋及保护层厚度	钢筋宜用 HPB235，HRB335，钢筋保护层厚度不宜小于 40mm
5	混凝土强度等级	垫层混凝土宜为 C15，厚度为 100mm，每边伸出基础底板不小于 100mm，筏形基础混凝土强度等级不应低于 C30

2. 施工要点

根据地质勘探和水文资料，当地下水位较高时，应采用降低水位的措施，使地下水位降低至基底以下不少于 500mm，保证在无水情况下，进行基坑开挖和钢筋混凝土筏体施工。根据筏体基础结构情况、施工条件等确定施工方案。混凝土筏形基础施工完毕后，表面应加以覆盖和洒水养护，以保证混凝土的质量。

第四节 桩 基 础

一、概述

当天然地基上的浅基础沉降量过大或地基的承载力不能满足设计要求时，往往采用桩基础。目前，桩基础是一种常用的深基础形式，主要由桩及桩承台组成。

桩基础是指用承台或梁将沉入土中的桩联系起来承受上部结构的一种基础形式。桩的作用是将上部结构的荷载传递到承载力较大的深处土层中，或使软弱土层挤密，以提高地基土的承载力、密实度。当上部结构荷载较大而地基软弱，天然地基承载能力、沉降量不能满足要求时，即可采用桩基础。

特点是承载力高，稳定性好，沉降量小而均匀，能承受竖向力、水平力、上拔力、振动力等，可应用于各种地质条件，可省去大量的土方开挖、支撑和排水、降水工作，施工速度快、质量好，经济效益好。

桩基础按承载情况分为摩擦型桩、端承型桩和复合受荷载桩；按成桩方法分为非挤土桩、部分挤土桩和挤土桩；按桩制作工艺分为预制桩和现场灌注桩。

二、钢筋混凝土预制桩施工

钢筋混凝土预制桩是我国广泛应用的桩型之一，它具有承载能力较大、坚固耐久、施工速度快、制作容易、施工简单等优点，但施工时易产生挤土效应，有振动、噪音较大、对周围环境影响较严重，在城市施工受到很大限制。钢筋混凝土预制桩分为方形实心断面桩和圆柱体空心断面桩两种，最常用的是前者。

（一）预制桩的制作、起吊、运输和堆放

1. 制作程序

制作程序：现场制作场地压实、整平→场地地坪作三七灰土或浇筑混凝土→支模→绑扎钢筋骨架、安设吊环→浇筑混凝土→养护至 30% 强度拆模→支间隔端头模板、刷隔离剂、绑钢筋→浇筑间隔桩混凝土→同法间隔重叠制作第二层桩→养护至 70% 强度起吊→达 100% 强度后运输、堆放。

2. 制作方法

混凝土预制桩可在工厂或施工现场预制。桩中的钢筋应严格保证位置的正确，桩尖应对准纵轴线，钢筋骨架主筋连接宜采用对焊或电弧焊，主筋接头配置在同一截面内的数量不得超过 50%，相邻两根主筋接头截面的距离应不大于 35d（d 为主筋直径），且不小于500mm。桩顶 1m 范围内不应有接头。

混凝土强度等级应不低于 C30，粗骨料用 5～40mm 碎石或卵石，用机械拌制混凝土，坍落度不大于 60mm，混凝土浇筑应由桩顶向桩尖方向连续浇筑，不得中断。

预制桩制作及钢筋骨架的允许偏差应符合规范规定。

3. 起吊、运输和堆放

预制桩达到设计强度 70% 后方可起吊，达到设计强度 100% 后方可进行运输。桩在起吊和搬运时，吊点应符合设计规定，如无吊环，设计又未作规定时，捆绑位置应符合起吊弯距最小原则—即正负弯矩相等原则（图 2-13）。钢丝绳与桩之间应加衬垫，以免损坏棱角。起吊时应平稳提升，吊点同时离地。经过搬运的桩，还应进行质量复查。

桩堆放时，地面必须平整、坚实、垫木间距应根据节点确定。各层垫木应位于同一垂直线上，最下层垫木应适当加宽，堆放层数不宜超过 4 层。不同规格的桩，应分别堆放。

（二）打桩前的准备

打桩前主要做好以下工作：按图纸要求平整场地，进行测量放线，定出桩基轴线；检查桩的质量，不合格的桩不能运至打桩现场；检查打桩机设备及起重工具；铺设水电管网；进行设备架立组装和试打桩；打桩场地建（构）筑物有防震要求时，应采取必要的防护措施；熟悉桩基施工图纸，并进行会审；做好技术交底，特别是地质情况、设计要求、操作规程和安全措施的交底；准备好桩基工程沉桩记录和隐蔽工程验收记录表格，并安排好记录和监理人员等。

（三）打（沉）桩方法

打（沉）桩的方法主要包括锤击法、振动法、静力压桩法和水冲沉桩法等。以锤击法应

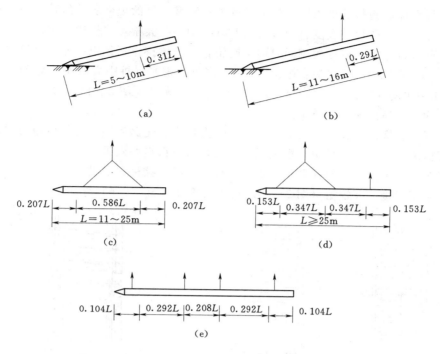

图 2-13 吊点的合理位置

(a)、(b) 一点吊法；(c) 二点吊法；(d) 三点吊法；(e) 四点吊法

用为最普遍。

1. 锤击沉桩法

锤击沉桩法，又称打入桩法，是利用桩锤下落产生的冲击能量，克服土体对桩的阻力，将桩沉入土中，它是钢筋混凝土预制桩最常用的沉桩方法。该方法施工速度快、机械化程度高，适应范围广。但施工时极易产生挤土、噪音和振动现象，应加以限制。

（1）打桩设备及选用。打桩所用的机具设备、主要包括桩锤、桩架及动力装置三部分。

桩锤主要有落锤、蒸汽锤、柴油锤、液压锤和振动锤等。桩架主要有滚筒式桩架、多功能桩架和履带式桩架等。其作用是支持桩身和桩锤，将桩吊到打桩位置，并在打入过程中引导桩的方向，保证桩锤沿着所要求的方向冲击（图 2-14）。动力装置主要有卷扬机、锅炉、空气压缩机等，其作用是提供桩锤的动力设施。

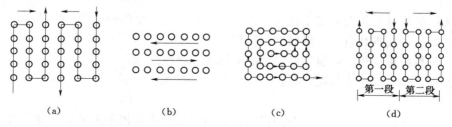

图 2-14 打桩顺序

(a) 由两侧向中间打设；(b) 逐排打设；(c) 由中部向四周打设；
(d) 由中间向两侧打设

（2）打桩顺序。施打群桩时，应根据桩的密集程度、桩的规格、桩的长短等正确选择打桩顺序，以保证施工质量和进度。当桩较稀时（桩中心距大于4倍桩边长或桩径）可采用一侧向单一方面逐排施打，或由两侧同时向中间施打，土体挤压不是很明显，打桩顺序可相对灵活 [图2-14（a）、（b）]，易保证施工质量。当桩较密时（桩中心距小于等于4倍桩边长或桩径），应由中间向两侧对称施打，或由中间向四周施打 [图2-14（c）、（d）]。这种方法土体挤压均匀，易保证施工质量。

当桩的规格、埋深、长度不同时，宜采用先大后小、先深后浅、先长后短的原则施打。

（3）沉桩工艺。打桩时采用"重锤低击"法，可取得良好效果。

施工工艺：定桩位、桩架移动、吊桩和定桩、打桩、接桩、截桩。

接桩可采用焊接、浆锚法（图2-15）和法兰接桩（图2-16）等。

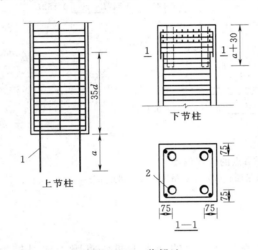

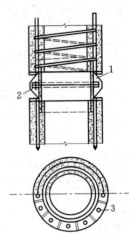

图2-15 浆锚法
1—锚筋；2—锚筋孔

图2-16 法兰接桩
1—法兰盘；2—螺栓；3—螺栓孔

打桩系隐蔽工程施工，应作好记录，作为工程验收时鉴定桩的质量的依据之一。打桩的质量要求包括两个方面：①能否满足贯入度或标高的设计要求，摩擦桩以设计标高为主，端承桩以贯入度为主，而其他指标作参考；②打入后的桩位偏差是否在施工及验收规范允许的范围以内。

打桩常见问题主要有桩顶、桩身破坏；打歪；滞桩；浮桩等。

2. 振动沉桩

振动沉桩的原理是借助固定于桩头上的振动沉桩机所产生的振动力，以减小桩与土壤颗粒之间的摩擦力，使桩在自重与机械力的作用下沉入土中。

振动沉桩机由电动机、弹簧支承、偏心振动块和桩帽组成。

主要原理：偏心块→力传桩→桩传土→土松→桩沉入。

3. 静力压桩法

静力压桩法是在软土地基上，利用静力压桩机或液压压桩机用无振动的静压力，将预制桩压入土中的一种沉桩工艺，可以消除噪音和振动的公害。

静力压桩机有顶压式、箍压式和前压式三种类型。

施工工艺：场地清理→测量定位→尖桩就位（包括对中和调直）→压桩→接桩→再压桩

→截桩等。最重要的是测量定位、尖桩就位、压桩和接桩四大施工过程，这是保证压桩质量的关键。

三、混凝土灌注桩施工

混凝土灌注桩是直接在施工现场桩位上成孔，然后在孔内安放钢筋笼，浇筑混凝土成桩。与预制桩相比，具有施工噪音低、振动小、挤土影响小、单桩承载力大、钢材用量小、设计变化自如等优点。但成桩工艺复杂，施工速度较慢，质量影响因素较多。灌注桩按成孔的方法分为干作业成孔、泥浆护壁成孔、套管成孔、爆扩成孔和人工挖孔灌注桩等。

（一）泥浆护壁成孔灌注桩

泥浆护壁成孔灌注桩是利用原土自然造浆或人工造浆浆液进行护壁，通过循环泥浆将被钻头切下的土块挟带出孔外成孔，然后安放绑扎好的钢筋笼，水下灌注混凝土成桩。适用于水位高低不同的各种土层。

1. 施工工艺

泥浆护壁成孔灌注桩施工工艺（图 2-17）。

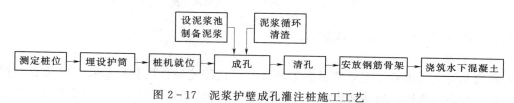

图 2-17 泥浆护壁成孔灌注桩施工工艺

2. 埋设护筒

护筒是大直径泥浆护壁成孔灌注桩特有的一种装置，常用 3～5mm 钢板制成的圆筒。其内径比钻头直径大 100～200mm。护筒中心与桩位中心的偏差不得大于 50mm，护筒与坑壁之间用黏土填实，以防漏水。护筒的埋设深度，在黏土中不宜小于 1.0m，在砂土中不宜小于 1.5m，护筒顶面应高于地面 0.5m 左右，并应保持孔内泥浆面高出地下水位 1～2mm。其上部宜开设 1～2 个溢浆孔。护筒的作用是固定桩孔位置，防止地面水流入，保护孔口，增高桩孔内水压力，防止塌孔。

3. 泥浆制备

泥浆是此种施工方法不可缺少的材料，具有稳固土壁、防止塌孔和携砂排土的作用，另外还有对钻机钻头冷却和润滑的作用。

4. 钻孔

泥浆护壁成孔灌注桩有潜水钻机、冲击钻机和回转钻机等钻孔方式。钻孔时，泥浆循环成孔工艺有正循环和反循环工艺两种（图 2-18）。

正循环工艺：泥浆或高压水由空心钻杆内部注入，从钻杆底部喷出，携带钻下的土渣沿孔壁向上流动，由孔口将土渣带出流入沉淀池，沉渣后的泥浆循环使用。该法依靠泥浆向上的流动排渣，其提升力较小，孔底沉渣较多。

反循环工艺：泥浆带渣流动的方向与循环工艺相反。启动砂石泵，在钻杆内形成真空，土渣被吸出流入沉淀池。反循环工艺由于泵吸作用，泥浆上升的速度较快，排渣能力大；但对土质较差或易坍孔的土层应谨慎使用。

5. 清孔

当钻孔达到设计深度后，应进行验孔和清孔，清孔的目的是清除孔底的沉渣和淤泥，以

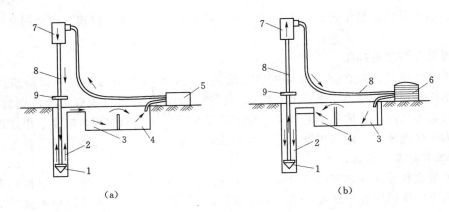

图 2-18　泥浆循环成孔工艺

(a) 正循环成孔工艺；(b) 反循环成孔工艺

1—钻头；2—泥浆循环方向；3—沉淀池；4—泥浆池；5—泥浆泵；6—砂石泵；

7—水龙头；8—钻杆；9—钻机回转装置

减少桩基的沉降量，从而提高承载能力。

6. 安放钢筋骨架

桩孔清孔符合要求后，应立即吊放钢筋骨架。钢筋笼制作应分段进行，接头宜采用焊接，主筋一般不设弯钩，加劲箍筋设在主筋外侧，钢筋笼的外形尺寸，应严格控制在比孔径小 110～120mm 以内。

7. 灌注混凝土

钢筋骨架固定之后，在 4h 之内必须浇注混凝土。混凝土选用的粗骨料粒径，不宜大于 30mm，并不宜大于钢筋间最小净距的 1/3，坍落度为 160～220mm，含砂率宜为 40%～50%，细骨料宜采用中砂。

混凝土灌注，通常采用导管法（图 2-19）。水下浇注混凝土要求混凝土流动性好，坍落度应控制在 160～220mm，用掺加木钙、糖蜜、加气剂等外加剂，改善其和易性和延长初凝时间。水泥用量一般达 350kg/m 以上，水灰比 0.50～0.60。

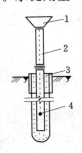

图 2-19　水下浇
筑混凝土示意

1—漏斗；2—导管；3—护筒；
4—隔水栓

灌筑混凝土前，先将导管吊入桩孔内，导管顶部高于泥浆面 3～4mm 并连接漏斗，底部距桩孔底 0.3～0.5m，导管内设隔水栓，用细钢丝悬吊在导管下口，隔水栓可用预制混凝土四周加橡皮封圈、橡胶球胆或软木球。

灌筑混凝土时，先在漏斗内灌入足够量的混凝土，保证下落后能将导管下端埋入混凝土 0.6～1m，然后剪断铁丝，隔水栓下落，混凝土在自重的作用下，随隔水栓冲出导管下口（用橡胶球胆或木球做的隔水栓浮出水面回收重复使用）并把导管底部埋入混凝土内，然后连续灌筑混凝土，当导管埋入混凝土达 2～2.5m 时，即可提升导管，提升速度不宜过快，应保持导管埋在混凝土内 1m 以上，这样连续灌筑，直到桩顶为止。

桩身混凝土必须留置试块，每浇注 50m³ 必须有一组试件，小于 50m³ 的桩，每根桩必须有一组试件。

泥浆护壁成孔灌注桩常遇到坍孔、吊脚桩和断桩等问题。

（二）套管灌注桩

套管灌注桩也是目前建筑工程常用的一种灌注桩（图2-20）。按其施工方法不同分为锤击沉管灌注桩、振动冲击沉管灌注桩、静压沉管灌注桩和沉管夯扩灌注桩等。

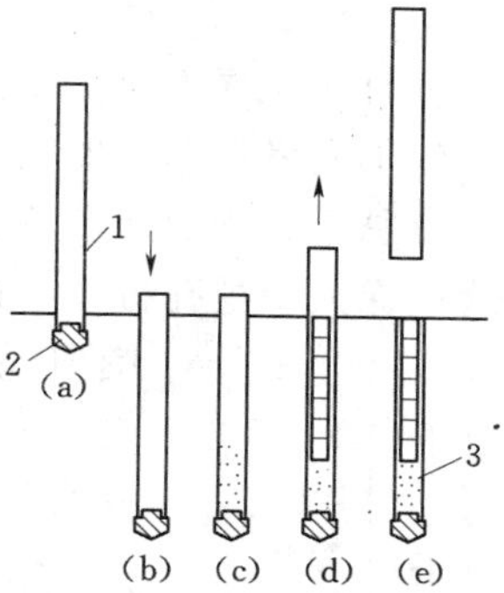

锤击沉管灌注桩适用于一般性黏性土、淤泥质土、砂土和人工填土地基。振动沉管灌注桩适用于软土、淤泥和人工填土地基。沉管夯扩灌注桩是在锤击沉管注桩的基础上发展起来的一种施工方法，适用于中低压缩性黏土、粉土、砂土、碎石土、强风化岩等土层。

施工工艺：就位→沉钢套管→放钢筋笼→浇注混凝土→拔钢套管。

图 2-20 套管成孔灌注桩工艺
（a）就位；（b）沉套管；（c）初灌
混凝土；（d）吊放钢筋笼，灌注
混凝土；（e）拔管成桩
1—钢管；2—混凝
土桩靴；3—桩

为了提高桩的质量或使桩径扩大，提高桩的承载能力，锤击沉管灌注桩常采用复打法。复打是在第一次灌注桩施工完毕（单打），拔出套管后，及时清除管外壁上的污泥和桩孔周围地面的浮土，立即在原桩位安好桩尖和套管，进行复打，使未凝固的混凝土向四周挤压扩大桩径，然后第二次浇注混凝土。要求是二次沉管的轴线应一致，必须在第一次灌注的混凝土初凝以前全部完成。可用吊砣检查管内有无泥浆或渗水，并测孔深，用测锤或浮标检查混凝土的下降。

振动冲击沉管灌注桩施工时，常采用反插法。反插法施工时，在套管内灌满混凝土后，先振动再开始拔管，每次拔管高度0.5～1.0m，向下反插深度0.3～0.5m。反复进行，始终保持振动，直至套管全部拔出。在拔管过程中，应分段添加混凝土，保持管内混凝土面高于地面或地下水位1.0～1.5m，拔管速度应小于0.5m/min。

套管灌注桩常见的问题有断桩、缩颈桩、吊脚桩和套管进水进泥等。

（三）干作业螺旋钻孔灌注桩

干作业螺旋钻孔灌注桩是利用长螺旋或短螺旋等成孔机具、在地下水位以上的土层中成桩的工艺。目前常用螺旋钻机成孔，利用动力旋转钻杆，使钻头的螺旋叶片旋转削土，土块沿螺旋叶片上升排出孔外（图2-21）。适用于地下水位较低，土质为填土、黏性土、粉土、砂土、粒径不大的砾砂和风化岩层等。

施工工艺：确定桩位→桩机就位→钻孔、清孔→放钢筋笼→浇混凝土。

螺旋钻孔直径一般为300～600mm，钻孔深度为8～20m。钻头的类型主要有锥式钻头、平底钻头和耙式钻头等。锥式钻头适用于黏性土；平底钻头适用于松散土层，耙式钻头适用于杂填土，其钻头边镶有硬质合金刀头，能将碎砖等硬块削成小颗粒。

图 2-21 履带式螺旋钻机

（四）人工挖孔灌注桩

人工挖孔灌注桩是指在桩位采用人工挖掘方法成孔，然后安放钢筋笼，灌注混凝土而成为桩基。人工挖孔灌注桩为干作业成孔，成孔方法简便，成孔直径大，单桩承载力高，施工时无振动、无噪音，施工设备简单，可同时开挖多根桩以节省工期，可直接观察土层变化情况，便于清孔和检查孔底及孔壁，可较清楚地确定持力层的承载力，施工质量可靠。但其劳动条件差，劳动力消耗大。适用于土质较好、地下水位较低的黏土、亚黏土、含少量砂卵石的黏土层等。

为确保人工挖孔桩施工过程的安全，必须考虑土壁支护措施。可采用现浇混凝土护壁、喷射混凝土护壁、钢套管护壁、沉井、型钢、波纹钢模板工具式护壁等。当采用现浇混凝土护壁时，人工挖孔灌注桩的构造（图 2-22）。同时作好井下通风、照明工作。施工中做好排水并应防止流砂等现象产生、人工挖孔灌注桩的桩身直径除了能满足设计承载力的要求外，还应考虑施工操作的要求，故桩径不宜小于 800mm，一般为 800～2000mm。

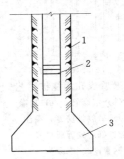

图 2-22 人工挖孔
灌注桩构造示意
1—护壁；2—钢筋笼；
3—桩端扩底

桩端可采用扩底或不扩底两种方法，扩底方法有人工挖孔扩底、反循环钻孔扩底、爆破法扩底等。施工机具主要有电动机、潜水泵、提土桶、鼓风机、输风管、挖掘工具、爆破材料、照明灯、对讲机、电铃等。

施工工艺：测量放线、确定桩位→分段挖土（每段 1m）→分段构筑护壁（绑扎钢筋、支模、浇筑混凝土、养护、拆模板）→重复分段挖土、构筑护壁至设计深度→孔底扩大头→清底验收→吊放钢筋笼→浇筑混凝土成桩。

（五）爆扩成孔灌注桩

爆扩成孔灌注桩是经钻孔或挖孔后，在孔底安放炸药，再灌入适量的混凝土，然后引爆，使孔底形成扩大头，清孔完吊放钢筋笼，浇注混凝土制成桩。适用于地下水位很少的黏性土、砂质土、碎石、风化岩石层等。

施工工艺：挖孔（钻孔）→确定炸药用量→安放炸药包→浇灌压爆混凝土及引爆→吊放钢筋笼→插入混凝土导管→浇筑混凝土。

四、桩基工程质量要求

1. 预制桩质量要求

（1）顶制桩施工结束后，由于施工偏差、打桩时挤土对桩位移的影响等，应对桩位进行验收，其桩位允许偏处应符合要求。

（2）钢筋混凝土预制桩在现场预制时，应对原材料、钢筋骨架、混凝土强度进行验收。采用工厂生产的成品桩时，要有产品合格证书，桩进场后应进行外观及尺寸检查。

（3）施工中应对桩体垂直度、沉桩情况、桩顶完整状况、接桩质量等进行检查，对电焊接桩，重要工程应做 10% 的焊缝探伤检查。

（4）施工结束后，应按建筑基桩检测技术规范（JGJI 06—2003）要求，对桩的承载力及桩体质量进行检验。

（5）预制桩的静载荷试验根数应不少于总桩数的 1%，且不少于 3 根；当总桩数少于 50 根时，试验数应不少于 2 根；当施工区域地质条件单一，又有足够的实际经验时，可根据实际情况由设计人员酌情而定。

（6）预制桩的桩体质量检验数量不应少于总桩数的 10%，且不得少于 10 根。每个柱子承台下不得少于 1 根。

（7）对长桩或总锤击数超过 500 击的锤击桩，应符合桩体强度及 28d 龄期的两项条件才能锤击。

（8）钢筋混凝土预制桩质量检验的主控项目（桩体质量、桩位偏差、承载力）和一般项目（原材料质量、混凝土配合比及强度、成品桩的外形、裂缝、尺寸和接桩方法、桩顶标高、停锤标准）应符合规定。

2. 灌注桩质量要求

（1）灌注桩桩顶标高至少要比设计标高高出 0.5m。

（2）当以摩擦桩为主时，沉渣厚度不得大于 150mm；当以端承力为主时，不得大于 50mm，套管成孔的灌注桩不得有沉渣。

（3）每灌注 50m³ 应有一组试块，小于 50m³ 的桩应每根桩有一组试块。

（4）在施工中，应对成孔、清孔、放置钢筋笼、灌注混凝土等进行全过程检查，人工挖孔桩尚应复验孔底持力层土（岩）性。嵌岩桩必须有桩端持力层的岩性报告。

（5）灌注桩应对原材料、钢筋骨架、混凝土强度进行验收。

（6）施工结束后，应按建筑基桩检测技术规范（JGJ106—2003）要求，对桩的承载力及桩体质量进行检验。

（7）对于地基基础设计等级为甲级或地质条件复杂，成桩质量可靠性低的灌注桩，应采用静载荷试验的方法进行检验，检验桩数不应少于总数的 1%，且不应少于 3 根，当总桩数不少于 50 根时，检验桩数不应少于 2 根。

（8）对于地基基础设计等级为甲级或地质条件复杂，成桩质量可靠性低的灌注桩，桩身质量检验抽检数量小应少于总数的 30%，且不应少于 20 根；其他桩基工程的抽检数量不应少于总数的 20%，且不应少于 10 根；对地下水位以上且终孔后经过核验的灌注桩，检验数量不应少于总桩数的 10%，且不得少于 10 根，每个柱子承台下不得少于 1 根。

小　　结

1. 地基处理方法，可归纳为"挖、填、换、夯、压、挤、拌"七个字，有排水固结、振密挤密、夯实、置换及拌入、灌浆、加筋、冷热处理法等。包括局部地基处理与软土地基加固两部分。软土地基加固常用的有换填法、灰土挤密桩法、振冲法、深层搅拌法、高压喷射注浆法等。

2. 基坑验槽有观察和钎探。

3. 浅基础，根据使用材料性能不同分为无筋扩展基础（刚性基础）和扩展基础（柔性基础）。按构造形式不同分为独立基础、杯形基础、条形基础（包括墙下条形基础与柱下条形基础）、筏形基础、箱形基础等。

4. 桩基础是一种常用的深基础形式，主要由桩及桩承台组成。桩基础按承载情况分为摩擦型桩、端承型桩和复合受荷载桩；按成桩方法分为非挤土桩、部分挤土桩和挤土桩；按桩制作工艺分为预制桩和现场灌注桩。

5. 预制桩沉桩方法主要包括锤击法、振动法、静力压桩法和水冲沉桩法等。以锤击法应用为最普遍。

6.混凝土灌注桩施工按成孔的方法分为干作业成孔、泥浆护壁成孔、套管成孔、爆扩成孔和人工挖孔灌注桩等。

复 习 思 考 题

2-1　试述基础下古墓、坑穴的处理方法？

2-2　指出换填法的材料要求及施工要点？

2-3　简述灰土挤密桩的构造要求及施工要点？

2-4　指出振冲法的分类及适用范围？

2-5　深层搅拌法的构造要求？

2-6　简述扩展基础的构造要求及施工要点？

2-7　简述杯口基础的施工要点？

2-8　简述柱下条形基础及墙下条形基础的施工要点？

2-9　简述筏形基础的构造及施工要点？

2-10　预制混凝土桩的制作、起吊、运输与堆放有哪些基本要求？

2-11　预制桩的沉桩方法有哪些？

2-12　如果确定打桩的顺序？打桩的质量要求有哪些？

2-13　预制桩和灌注桩各有什么优、缺点？

2-14　灌注桩施工中的泥浆有什么作用？

2-15　泥浆循环有哪两种方式，其效果如何？

2-16　套管成孔灌注桩的施工流程如何？复打法应注意哪些问题？

2-17　干作业螺旋钻成孔灌注桩有什么特点？

2-18　人工挖孔灌桩有什么特点？

第三章 砌 体 工 程

【内容提要和学习要求】

砌体工程是由砌筑砂浆和各类砖、石、砌块等块材构成，其承载能力主要取决于材料强度、砌体组砌方式和施工质量。本章讲述了砌筑材料，脚手架、垂直运输设备，砖、砌块砌体施工以及冬期的施工。重点掌握砖、砌块砌体的施工工艺、施工要点、质量要求和冬期施工方法；了解砌筑前的准备工作、砌筑工程脚手架和垂直运输设备。

第一节 砌 体 材 料

一、块材

1. 砖

砖包括烧结普通砖（黏土砖、页岩砖、粉煤灰砖）、烧结多孔或空心砖、蒸压灰砂砖、蒸压粉煤灰砖等。

烧结黏土砖、烧结页岩砖、烧结煤矸石砖、蒸压灰砂砖、蒸压粉煤灰砖的外形尺寸为 240mm×115mm×53mm（长×宽×高），均用于承重砌体结构。烧结多孔砖孔洞是竖向的，用于承重砌体结构，其长度有 290mm、240mm、190mm 等，宽度有 190mm、140mm、115mm 等，高度一般为 90mm。常用的多孔砖 M 型为 190mm×190mm×90mm，P 型为 240mm×115mm×90mm。烧结空心砖与砂浆的接合面上设有增加结合力的深 1mm 以上的凹线槽，孔大为水平方向，用于非承重砌体结构，其长度有 290mm、240mm 等，宽度有 240mm、190mm、115mm 等，高度为 115mm、90mm 等。

2. 砌块

砌块按形状分为实心砌块、空心砌块。按规格分为小型砌块、中型砌块，如小型砌块外形尺寸为 390mm×190mm×190mm，中型砌块的为 880mm×380mm×190mm、580mm×380mm×190mm。

常用的有普通混凝土小型空心砌块、轻骨料混凝土小型空心砌块、蒸压加气混凝土砌块和粉煤灰砌块等，后三种主要用于非承重砌体结构。

普通混凝土小型空心砌块和轻骨料混凝土小型空心砌块主规格尺寸为 390mm×190mm×190mm，有方形竖孔，孔有单排、双排和多排等，长度还有 290mm、190mm、90mm 等。蒸压加气混凝土砌块主规格尺寸为 600mm×250mm×250mm，宽度还有 100～240mm 等，高度有 200mm、250mm、300mm 等。粉煤灰砌块主规格尺寸为 880mm×380mm×240mm，880mm×430mm×240mm。

3. 石材

石材有毛石、料石。料石根据加工程度又分为细料石、半细料石、粗料石和毛料石。毛石又分为乱毛石和平毛石。石砌体常用于基础、墙体、挡土墙和桥涵工程。石材应质地坚实，无风化剥落和裂纹。用于清水墙、柱表面的石材，应色泽均匀。

二、砌筑砂浆

砌筑砂浆有水泥砂浆（水泥、砂、水）、混合砂浆（水泥、砂、石灰膏或黏土、水）。

水泥砂浆可用于潮湿环境中的砌体，混合砂浆宜用于干燥环境中的砌体。为便于操作，砌筑砂浆应有足够的强度、粘结力和良好的和易性（流动性即用稠度表示和保水性即用分层度表示）。为改善砂浆的和易性，常加入石灰膏、黏土膏、电石膏、粉煤灰、生石灰和微沫剂等。砂浆和易性好能保证砌体灰缝饱满、均匀、密实，提高砌体强度。砌筑砂浆的稠度一般为：烧结普通砖砌体 70～90mm，烧结多孔砖、空心砖砌体 60～80mm，轻骨料混凝土小型空心砌块砌体 60～90mm，普通混凝土小型空心砌块砌体、加气混凝土砌块砌体 50～70mm，石砌体 30～50mm。

1. 原材料要求

砌筑砂浆宜采用普通硅酸盐水泥或矿渣硅酸盐水泥。水泥砂浆中的水泥强度等级不宜大于 32.5 级，混合砂浆采用的水泥强度等级不宜大于 42.5 级。水泥进场应分批对强度、安定性进行复验。检验批次应以同一生产厂家、同一编号为一批次。当在使用中对水泥质量有怀疑或水泥出厂超过 3 个月（快硬硅酸盐水泥超过 1 个月）时，应复查试验，并按其结果使用。不同品种水泥不得混合使用。

砂宜用中砂，应过筛，其中毛石砌体宜用粗砂。砂的含泥量规定为：对水泥砂浆和强度等级不小于 M5 的混合砂浆不应超过 5%，小于 M5 的不应超过 10%。

生石灰熟化成石灰膏时，应用孔径不大于 3mm 的网过滤，熟化时间不得少于 7d。磨细生石灰粉的熟化时间不得小于 2d。沉淀池中储存的石灰膏，应防止干燥、冻结和污染，严禁使用脱水硬化的石灰膏。黏土膏应用粉质黏土或黏土制备。砂浆中可掺入少量粉煤灰取代水泥或石灰膏。凡在砂浆中掺入有机塑化剂、早强剂、缓凝剂、防冻剂等，应经检验和试配符合要求后使用。有机塑化剂应有砌体强度的形式检验报告。

2. 制备与使用

砌筑砂浆应通过试配确定配合比，各组分材料应采用重量计量。砌筑砂浆应采用砂浆搅拌机进行拌制。当采用水泥砂浆代替水泥混合砂浆时，应重新确定砂浆强度等级。搅拌时间应符合下列规定：水泥砂浆和混合砂浆不得小于 2min；水泥粉煤灰砂浆和掺用外加剂的砂浆不得少于 3min；掺有机塑化剂的砂浆为 3～5min。

砂浆应随拌随用，常温下，水泥砂浆和水泥混合砂浆应分别在 3h 和 4h 内使用完毕；当施工期间最高气温超过 30℃时，应分别在拌成后 2h 和 3h 内使用完毕。对掺用缓凝剂的砂浆，其使用时间可根据具体情况延长。

另外也可使用干拌砂浆（干粉砂浆、干混砂浆）。干拌砂浆是将水泥、砂、矿物掺和料和功能性添加剂按一定比例，在生产厂于干燥状态下均匀拌制，混合成的一种颗粒状或粉状状态混合物，然后以干粉包装或散装的形式运至工地，按规定比例加水拌和后即可直接使用的干粉砂浆材料。

第二节　脚手架及垂直运输设备

一、脚手架

脚手架是施工中为工人操作、堆放料具、安全防护和高空运输而临时搭设的架子平台或作业通道，一般搭设脚手架高度在 1.2m 左右，称为"一步架高度"，又称为墙体的可砌高度。

脚手架按材料分为木、竹和金属脚手架；按用途分为结构用、装修用、防护用和支撑用脚手架；按搭设位置分为里和外脚手架；按构造形式分为多立杆式（有扣件式、碗扣式，分单排、双排和满堂脚手架）、框组式（门式）脚手架、桥式、悬挑式、悬吊式、塔式、挂式、工具式及附墙升降降式等脚子架。常用的为扣件式和碗扣式钢管脚手架。

脚子架应满足使用、方便、安全和经济的基本要求，具有适当的宽度、步架高度、离墙距离，足够的强度、刚度和稳定性，构造简单、装拆搬运方便，便于周转使用，因地制宜，就地取材，尽量节省用料。

1. 扣件式钢管脚手架

扣件式钢管脚手架由钢管杆件用扣件连接而成，具有工作可靠、装拆方便和通用性强等特点，是我国目前使用最普遍的一种多立杆式脚手架，有单排、双排布置两种。

扣件式钢管脚手架由钢管杆件、扣件、底座、脚手板和安全网等组成（图 3-1）。

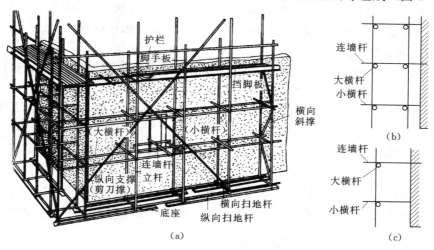

图 3-1 扣件式钢管外脚手架
(a) 立面；(b) 侧面（双排）；(c) 侧面（单排）

钢管杆件包括立杆、大横杆、小横杆、护栏、连墙杆、剪刀撑、纵向扫地杆、横向扫地杆等。钢管材料应采用外径 48mm、壁厚 3.5mm 的焊接钢管或无缝钢管。立杆横距为 1.2～1.5m，纵距为 1.2～2.0m，大横杆步距为 1.2～1.8m，相邻步架的大横杆应错开布置在立杆的里侧和外侧，以减少立杆偏心受力。剪刀撑每隔 12～15m 设一道，斜杆与地面夹角为45°～60°。在脚手板的操作层上设 2 道护栏，上栏杆高度 0.8～1.0m，下栏杆距脚手板面 0.2～0.4m。连墙杆应设置在框架梁、柱或楼板等具有可靠连接的结构部位，采用刚性连接，其垂直间距不大于 4m、水平间距不大于 6m。

扣件的基本形式有直角、回转和对接扣件（图 3-2）。直角扣件用于连接两根互相垂直交叉的钢管；回转扣件用于连接任意角度相交的钢管；对接扣件用于两根钢管的对接接长。

底座是设于立杆底部的垫座，用于承受脚手架立柱传递下来的荷载，用钢管套筒和钢板焊接而成（图 3-3）。

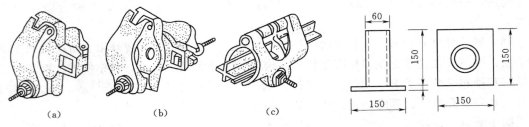

图 3-2 扣件形式
(a) 直角扣件；(b) 回转扣件；(c) 对接扣件

图 3-3 扣件钢管底座（单位：mm）

扣件式钢管脚手架搭设时，垫板、底座均应准确地放在定位的平整、坚硬地表面上。依次安装纵向扫地杆、立杆、横向扫地、大横杆、小横杆、连墙杆、剪刀撑、脚手板、护栏、安全网等，用扣件连接固定，要拧紧螺栓，满足扭力矩要求。自顶层操作层往下宜每隔12m高满铺一层脚手板。拆除时，与安装顺序相反，由上向下，逐层进行，严禁上下同时作业，所有固定件随脚手架逐层拆除。严禁先将连墙件整层或数层拆除后再拆除脚手架。分段拆除高差不应大于两步，大于两步应进行加固。拆卸下的材料应集中堆放，严禁乱扔。

2. 碗扣式钢管脚手架

碗扣式钢管脚手架是一种杆件连接处采用碗扣承插锁固式的钢管脚手架，采用带连接件的定型杆件，组装简便，具有比扣件式钢管脚手架更强的稳定性和承载能力。其主构件有立杆、顶杆、横杆、单排横杆、斜杆、底座，辅助构件有间横杆、架梯、连墙撑，专用构件有各种座、滑轮、悬爬挑架。

碗扣接头是脚手架的核心部件，由上、下碗扣等组成（图3-4）。安装横杆时，将上碗扣缺口对准限位销，即可将上碗扣沿立杆上下移动，把横杆接头插入下碗扣圆槽内，随后将上碗扣沿限位销滑下，并顺时针旋转以扣紧横杆接头（可用锤子敲打扣紧）与立杆牢固的连接在一起。立杆上每隔0.6m安装一个碗扣接头，可同时连接4根横杆，位置任意。

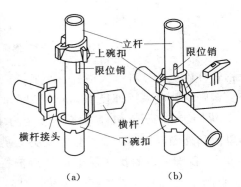

图 3-4 碗扣式钢管脚手架及碗扣接头
(a) 连接前；(b) 连接后

碗扣式钢管脚手架搭设时，依次安装底座、竖立杆、安横杆、安斜杆、接头锁紧、连墙撑、剪刀撑、脚手板、护栏、安全网等。根据建筑物结构、脚手架搭设高度及作业荷载等具体要求确定单排或双排搭设。搭设与拆除的要求同扣件式钢管脚手架。

3. 门式脚手架

门式脚手架由门架、水平梁架、剪刀撑、锁臂、底座和托架、连墙杆、脚手板、栏杆等构成（图3-5）。特点是尺寸标准、结构合理、承载力高、安全可靠、装拆容易并可调节高度，使用周期短、频繁周转。

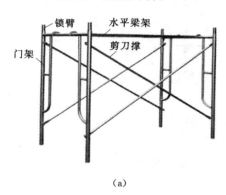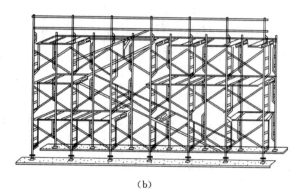

（a）　　　　　　　　　　　　　（b）

图3-5　门式脚手架

（a）基本单元；（b）门式外脚手架

搭设顺序：铺放垫木（板）→拉线、放底座→自一端起立门架并装剪刀撑→装水平梁架（或脚手板）→装梯子→需要时装加强用通长大横杆→装连墙杆→插上连接棒、按上一步门架、装上锁臂→逐层向上安装→装加强整体刚度的长剪刀撑→装设顶部栏杆。

4. 附着升降式脚手架

附着升降式脚手架（也称爬架）是指采用各种形式的架体结构及附着支承结构，依靠架体上或工程结构上的专用升降设备实现升降。主要有套框式、导轨式、导座式、挑轨式、套轨式、吊套式、吊轨式、互爬式等。特点是整体性好、升降快捷方便、机械化程度高、经济效益显著。适用于高层、超高层建筑物或高耸构筑物，同时，还可以携带施工模板。

导轨式由架体、附着支承、提升机构和设备、安全装置和控制系统（图3-6）。其爬升机构包括导轨、导轮组、提升滑轮组、提升挂座、连墙支杆、连墙支座、连墙挂板、限位锁、限位锁挡块及斜拉钢丝绳等定型构件。提升系统可采用手拉葫芦或电动葫芦。

5. 里脚手架

里脚手架是搭设在建筑内部的一种脚手架（图3-7），主要用在楼地层上砌筑或装饰装修等。主要有折叠式、支柱式、马凳式、梯式、门架式、平台架等，可用角钢或钢管制作，连接形式有套管式和承插式。特点是可随施工进度频繁装拆和转移，轻便灵活，使用方便。

二、垂直运输设备

垂直运输设备是担负运输施工材料、设备和

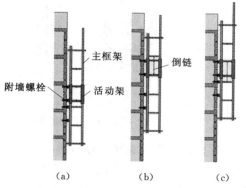

图3-6　导轨式附着升降脚
手架爬升示意

（a）爬升前；（b）活动架爬升（一个层高）；
（c）主框架爬升（一个层高）

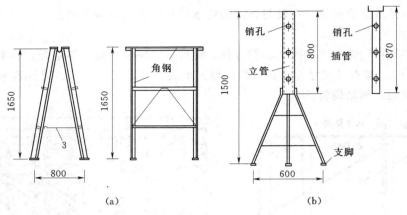

图 3-7 里脚手架 (单位: mm)

(a) 折叠式; (b) 支柱式

人员上下的提升机械设备。常用的有井架、龙门架、塔式起重机和施工电梯(升降机)等(图 3-8~图 3-11)。

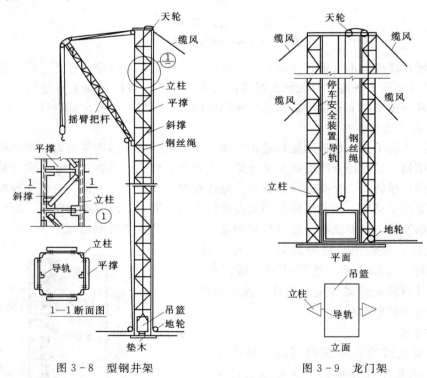

图 3-8 型钢井架   图 3-9 龙门架

井架、龙门架采用卷扬机提升,吊盘有可靠的安全装置,以防发生事故,广泛用于一般建筑工程。井架用型钢或钢管制作,也可用扣件式钢管搭设。龙门架由两根立柱及天轮梁(横梁)构成的门式架。塔式起重机具有提升、回转和水平输送等功能,满足垂直和水平运输要求,有固定式、移动式和自升式(附着式和内爬式),多用于大型、高层和结构安装工程。施工电梯是高层建筑中的垂直运输设备,附着在建筑物外墙或结构部位上,架设高度可达 200m 以上,可解决施工人员上下和材料垂直运输问题,广泛用于高层及超高层建筑中。

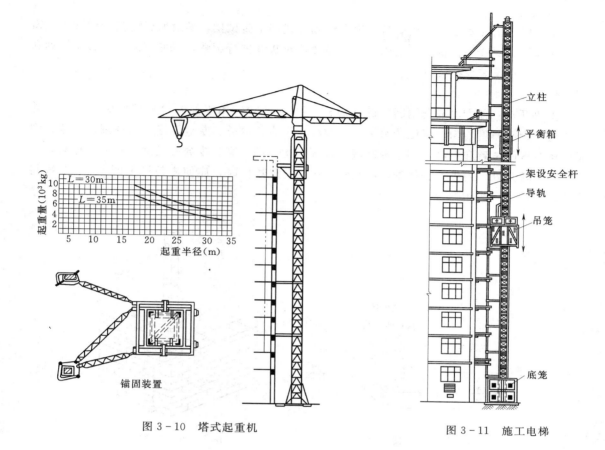

图 3-10 塔式起重机

图 3-11 施工电梯

第三节 砖砌体工程

一、材料准备工作

砖的品种、龄期、强度应满足要求。一般应提前 1~2d 将砖堆浇水润湿，以免因砖吸收砂浆中的水分，影响砂浆粘结力和强度。普通砖、多孔砖含水率宜为 10%~15%，灰砂砖、粉煤灰砖含水率宜为 8%~10%。其他砌筑材料均应有产品合格证书、产品性能检测报告。

二、砖砌体施工工艺及方法

施工工艺：抄平放线→摆砖样（撂底）→立皮数杆→盘角、挂线→砌筑、勾缝→各楼层轴线、标高引测与控制

1. 抄平

砌墙前应对基层或楼面抄平，如不平可用水泥砂浆或 C15 细石混凝土找平，并在建筑物四角外墙面上引测标高，并符号注明，使各层砖墙底部标高符合设计要求。

2. 放线

在龙门板上的轴线拉通线，并沿通线挂线锤，将墙轴线引测到基础面上，再以轴线为标准弹出墙边线，定出门窗洞口的平面位置线（图 3-12）。放完轴线并经复查无误后，将轴线引测到外墙面上并画上符号，作为各楼层轴线引测标准。

3．摆砖

摆砖样是指在基面上，按墙身长度和组砌方式用干砖试摆，核对所弹的门洞位置线及窗口、附墙垛的墨线是否符合所选用砖型的模数，对灰缝进行调整，以使每层砖的砖块排列和灰缝均匀，尽量减少砍砖。

4．立皮数杆

皮数杆是一种方木或角钢制作的标志杆（图3-13），用于控制每皮砖的竖向尺寸，并使灰缝、砌砖厚度均匀，保证砖水平。皮数杆上划有每皮砖、灰缝厚度、门窗洞、过梁、圈梁、楼板等的位置和标高，用于控制墙体各部位构件的标高。皮数杆长度应有一层楼高，一般立于墙转角处，内外墙交接处，间距≤15m。立皮数杆时，应使皮数杆上的±0.000线与房屋的设计标高线相吻合。

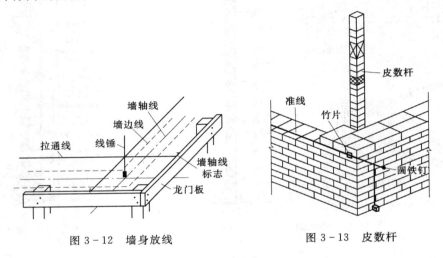

图3-12 墙身放线　　　　　　　　图3-13 皮数杆

5．盘角、挂线

砌墙前应先盘角，即对照皮数杆的砖层和标高，先砌墙角，保证转角垂直、平整。每次盘角不超过五皮，并应及时进行吊靠，发现偏差及时修整。然后将准线挂在墙侧面，每砌一皮，准线向上移动一次（图3-13）。砌筑一砖半厚及以上者，必须双面挂线，其余可单面挂线。每皮砖都要拉线看平，使水平缝均匀一致，平直通顺。

6．砌筑

砖砌体的组砌形式一般采用一顺一丁或三顺一丁、梅花丁形式（图3-14），各种组砌上下皮砖的竖缝应相互错开1/4砖长，多孔砖应错开1/2或1/4砖长。240mm厚承重墙的最上一皮砖或各挑出层，均应丁砌。填充墙、隔墙应采取措施与周边构件可靠连接，最上皮也用丁砌挤紧。

砌筑方法宜优先采用"三一"砌砖法，其次才是铺浆法。"三一"砌砖法，即一铲灰、一块砖、一揉压的砌筑方法，对抗震有利。砌砖时应上下错缝、内外搭砌。当采用铺浆法砌筑时，铺浆长度不得超过750mm，施工期间气温超过30℃时，铺浆长度不得超过500mm。砖墙每天砌筑高度以不超过1.8m为宜。砖墙分段砌筑时，分段位置宜设在变形缝、构造柱或门窗洞口处；相邻工作段的砌筑高度不得超过一个楼层高度，也不宜大于4m。如需勾缝可采用原浆勾缝或加浆勾缝。

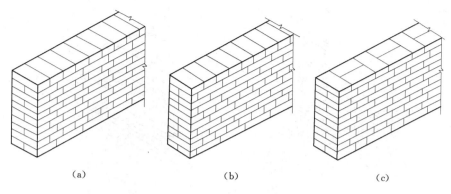

图 3-14 砖的组砌形式

（a）一顺一丁；（b）三顺一丁；（c）梅花丁

7. 轴线、标高引测与控制

当墙砌筑到各楼层时，可根据设在底层的轴线和标高引测点，利用经纬仪或线垂，把控制轴线和标高引测到各楼层外墙上，弹 500mm 线。以控制各层的过梁、圈梁及楼板的位置。

三、砖砌体质量要求与保证措施

1. 砖砌体质量要求

砖砌体质量的基本要求是：横平竖直、砂浆饱满、组砌得当（错缝搭接）、接槎可靠。

（1）横平竖直。要求砖砌体水平灰缝平直、厚薄均匀，缝厚宜为 10mm，不应小于 8mm，也不应大于 12mm。竖缝应垂直对齐，否则为游丁走缝。依靠挂线施工，勤吊勤靠（3 皮 1 吊，5 皮 1 靠）。

（2）砂浆饱满。水平灰缝的可用百格网检查，使砂浆饱满度应≥80%，以满足砌体抗压强度要求，保证砌体传力均匀和使砌体间的联结可靠。竖缝不得出现透明缝、瞎缝和假缝等，以免影响砌体的抗剪强度。因此，应选择和易性好的混合砂浆，避免干砖上墙，采用"三一"砌筑法。

（3）组砌得当（错缝搭接）。为保证砌体材料能均匀地传递荷载，提高砌体的整体性、稳定性和承载能力，必须上下错缝、内外搭砌，避免搭接长度小于 25mm 的通缝。不得采用包心砌法，应采用适宜的组砌形式。

（4）接槎可靠。相邻砌体不能同时砌筑时而应留设接槎，砖砌体的转角处和交接处应同时砌筑，严禁无可靠连接措施的内外墙分砌施工。对不能同时砌筑而又必须留置的临时间断处应砌成斜槎，斜槎水平投影长度不应小于高度的 2/3（图 3-15）。

非抗震设防及抗震设防烈度为 6 度、7 度地区的临时间断处，除转角处外，不能留斜槎时可留直槎，但必须做成凸槎（图 3-16），且应加设拉结钢筋，其数量为每 120mm 墙厚放置 1 根 $\phi 6$ 拉结钢筋，间距沿墙高不应超过 500mm，埋入长度从留槎处算起每边均不应小于 500mm。抗震设防烈度 6 度、7 度的地区，不应小于 1000mm，末端应有 90°弯钩。

砖强度等级、砂浆强度等级、斜槎留置、直槎拉结钢筋及接槎处理、砂浆饱满度、轴线位移、垂直度等主控项目和组砌方法、水平灰缝厚度、顶（楼）面标高、表面平整度、门窗洞口、窗口偏移、水平灰缝垂直度、清水墙游丁走缝等一般项目应满足要求。

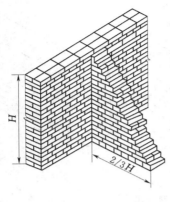

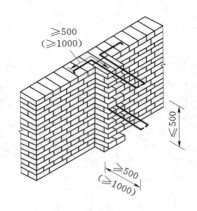

图 3-15 斜槎 图 3-16 直槎（单位：mm）

2. 砖砌体质量的保证措施

砖砌体除满足上述质量要求外，设置构造柱和圈梁是提高多层砖砌体抗震能力的一项重要措施和可靠保证（图 3-17）。

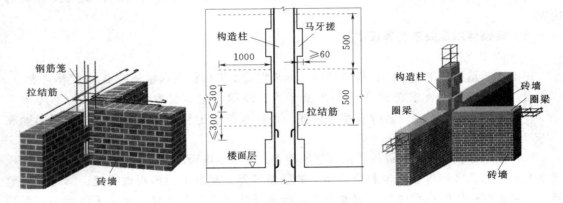

图 3-17 构造柱和圈梁（单位：mm）

砌体中的钢筋混凝土构造柱砌成马牙槎形式，能大幅度提高结构极限变形能力和抵抗水平地震作用的能力。构造柱与圈梁连接起来，形成约束边框，也可阻止裂缝发展，限制开裂后块体的错位，使墙体竖向承载力不致大幅度下降，从而防止墙体坍塌或失稳倒塌。

马牙槎采用先退后进、五退五进的砌筑方法。截面尺寸应不小于 240mm×180mm，纵向钢筋为 4Φ12～4Φ14，箍筋为 Φ6@200～250mm，沿墙高每 500mm 设置 2Φ6 水平拉结筋，每边深入墙内应不小于 1m，混凝土强度等级为 C15，坍落度为 50～70mm。构造柱应设置在墙体转角、内外墙交接处、门厅、楼梯间墙的端部。

层层设置的圈梁能提高结构的整体稳定性和抗震性，减少地基不均匀沉降引起的墙身开裂。施工时高度应不小于 120mm，宽度同墙厚，配置不小于 4Φ8 的纵向钢筋，接头的搭接长度按受拉钢筋考虑，箍筋为 Φ6@不大于 300mm，应形成封闭状。如洞口有断开处时，应在洞口上部或下部设置不小于圈梁截面的附加圈梁，其搭接长度 L 不小于 1m，并应大于两梁高差 H 的两倍，即不小于 $2H$ 且 $L \geqslant 1m$。

第四节 砌 块 砌 体 工 程

一、材料准备工作

施工时准备好各种砌块、砂浆、钢筋或钢筋网片。所用的砌块产品龄期不应小于 28d。砌筑时应清除表面污物和芯柱及砌块孔洞底部的毛边。普通混凝土小型空心砌块饱和吸水率低、吸水速度迟缓，一般可不浇水，炎热时可适当洒水湿润。轻骨料混凝土小型空心砌块吸水率较大，宜提前浇水湿润。砌块表面有浮水时不得施工。底层室内地面以下或防潮层以下的砌体，应采用强度等级不低于 C20 的混凝土灌实小砌块的孔洞。其他同砖砌体工程。

二、普通混凝土小型空心砌块砌体施工

普通混凝土小型空心砌块主要用于承重墙体，其施工工艺：摽底→立皮数杆→盘角、挂线→砌筑→楼层轴线标高控制。

砌筑时，应采取立皮数杆、挂线砌筑、随时吊线和用直尺检查与校正。尽量采用主规格砌块砌筑，墙体应对孔错缝搭砌，搭接长度应不小于 90mm。墙体个别部位不能满足上述要求时，应在灰缝中设置拉结钢筋（2ф6）或钢筋网片（2ф4@不大于 200mm），每边深入墙内应不小于 300mm，但竖向通缝仍不得超过两皮砌块（图 3-18）。

砌块墙体转角处和纵横交接处应相互搭接同时砌筑，并沿墙高每隔 400mm 在水平缝内设置拉结筋或钢筋网片。临时间断处应砌成斜槎，斜槎水平投影长度不应小于高度的 2/3。若留直槎，从墙面伸出 200mm 凸槎，沿墙高每 600mm（约 3 皮砌块）设拉结筋或钢筋网片，每边深入墙内应不小于 600mm。

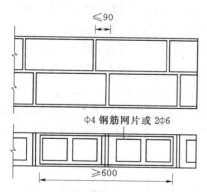

图 3-18 灰缝中设置拉结钢筋或网片（单位：mm）

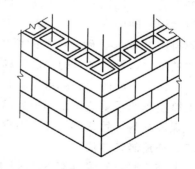

图 3-19 芯柱

转角和交接处应设置构造柱或芯柱。芯柱是在砌块的 3～7 个孔洞内插入钢筋并浇筑混凝土构成（图 3-19）。宜选用专用的砌块灌孔混凝土浇筑芯柱，当采用普通混凝土时，其坍落度应不小于 90mm。砌筑砂浆强度大于 1MPa 时，方可浇灌芯柱混凝土。浇灌时清除孔洞内的砂浆等杂物，并用水冲洗。先注入适量与芯柱混凝土相同的去石水泥砂浆，再浇灌混凝土。

砌块砌体的灰缝应横平竖直、灰浆饱满、错缝搭接、接槎可靠，水平灰缝应平直、表面平整，竖向灰缝应垂直。水平灰缝厚度和竖向灰缝宽度宜为 10mm，一般在 8～12mm 之间。水平灰缝的砂浆饱满度，按净面积计算应不小于 90%，竖向灰缝饱满度应不小于 80%，竖

缝凹槽部位宜采用加浆措施用砌筑砂浆填实，不得出现瞎缝、透明缝和假缝等。其他的同砖砌体施工。

三、填充墙砌体施工

框架结构的围护墙和隔墙常采用蒸压加气混凝土砌块、粉煤灰砌块、轻骨料混凝土小型空心砌块和烧结空心砖等轻质材料砌筑，因此也称为填充墙砌体。

施工工艺：筑坎台→排块撂底→立皮数杆→挂线砌筑→塞缝、收尾。

砌筑前，应绘制砌块排列图。墙底部应用混凝土、烧结普通砖等制作200mm以上的坎台，才能撂底和砌筑。在墙体转角处设置皮数杆，皮数杆上画出砌块皮数及砌块高度，并拉准线砌筑。粉煤灰砌块的砌筑面应适量浇水，可采用铺浆法铺设。砌块上下皮的竖向灰缝应相互错开，错开长度应不小于砌块长度的1/3。每一楼层内的砌块墙应连续砌完，尽量不留接搓。墙砌到接近上层楼板底时，应在7天后用烧结普通砖斜砌挤紧，以保证结合紧密。

墙的灰缝应横平竖直，砂浆饱满。水平灰缝厚度、竖向灰缝宽度宜为15mm和20mm。水平灰缝砂浆饱满度应不小于80%，竖向灰缝砂浆饱满度不应小于80%。其余的同砖砌体和普通混凝土小型空心砌块砌体施工。

第五节 砌体工程冬期施工

一、冬期施工规定

当室外日平均气温连续5d稳定低于5℃时，砌体工程应采取冬期施工措施。或当日最低气温低于0℃时，也应按冬期施工技术规定进行。

冬期施工总的原则是保证工程质量、节约能源、缩短工期、安全生产、经济合理。

冬期施工应优先采用普通硅酸盐水泥拌制砂浆。石灰膏、黏土膏或电石膏等遭冻结，应融化后使用。砂中不能含直径大于10mm冻结块或冰块。拌和砂浆的水温度不得超过80℃，砂的不得超过40℃。砂浆试块的留置，除按常温规定外，还应增留不少于一组与砌体同条件养护的试块，检验28d的强度。砌筑前清除表面污物、冰雪等，材料不得遭水浸冻。普通砖、多空砖和空心砖无法浇水润湿时，砂浆稠度较常温宜适当增大，无特殊措施不得砌筑。加气混凝土砌块承重墙体及围护外墙不宜在冬期施工。冬期施工每日砌筑后应及时在砌体表面覆盖保温材料。每日砌筑高度不宜超过1.2m。

二、冬期施工方法

冬期施工时，砂浆具有30%以上设计强度时，即达到了砂浆允许受冻的临界强度值，再遇到负温也不会引起强度的损失。因此，冬期施工宜按"三一"砌砖法进行，必须采取相应的施工方法和保护措施，减少冻害，以确保工程质量。冬期施工常用的方法有氯盐砂浆法、冻结法和暖棚法等。

1. 氯盐砂浆法

氯盐砂浆法是在拌和水中掺入一定数量的氯盐（氯化钠、氯化钙等），以降低冰点，使砂浆中的水分在负温条件下不冻结，强度继续保持增长。

掺入氯盐类的水泥砂浆、水泥混合砂浆或微沫砂浆称为氯盐砂浆，采用这种砂浆砌筑的方法称为氯盐砂浆法。具有施工简便，费用低，货源充足等特点，一般多采用氯盐砂浆法。但氯盐砂浆吸湿性大，有析盐现象等，对保温、潮湿（湿度大于80%）、地下水位变化、配筋、高压电路、绝缘、防腐、装饰等有特殊要求的工程，不得采用氯盐砂浆法，但可采用冻结法或其他施工方法。氯盐砂浆法的砂浆砌筑温度不应低于 5℃。当日最低气温等于或低于－15℃时，宜将砂浆强度等级提高一级。

2. 冻结法

冻结法是指采用不掺外加剂的砂浆砌筑墙体，允许砂浆遭受一定程度的冻结。当气温回到 0℃ 以上后，砂浆开始解冻，强度几乎为零，转入正温后强度会不断增长。强度在经过冻结、融化、硬化的过程，其强度以及与砌体的粘结力都有不同程度的下降。

混凝土小型空心砌块、承受侧压力的砌体、解冻期间可能受到振动或动力荷载以及不允许发生沉降的砌体等，不得采用冻结法施工。砂浆的使用温度不应低于 10℃，当日最低气温高于－25℃时，砌筑承重砌体的砂浆强度等级应提高 1 级；当日最低气温等于或低于－25℃时，应提高 2 级。砌体在解冻期内需进行观测、检查，发现裂缝、不均匀下沉、倾斜等情况，应采取加固措施。

3. 暖棚法

暖棚法是利用简易结构和廉价的保温材料，将砌筑工作面临时封闭起来，使砌体在正温条件下砌筑和养护。棚内温度不得低于 5℃，需经常采用热风机加热。因此，暖棚法成本高，一般用于较寒冷的地下工程、基础工程和局部性抢修工程的砌筑。

暖棚内砌体的养护时间应根棚内温度而定，以保证拆棚后砂浆强度能达到允许受冻临界强度值。棚内温度为＋5℃时养护时间不少于 6d，＋10℃时不少于 5d，＋15℃时不少于 4d，＋20℃时不少于 3d。

小　　结

1. 砌体材料包括砖、石、砌块等块材和砌筑用砂浆。

2. 脚手架有扣件式钢管脚手架、碗扣式钢管脚手架、门式脚手架、附着升降式脚手架、里脚手架。垂直运输设备常用的有井架、龙门架、塔式起重机和施工电梯（升降机）等。

3. 砖砌体施工工艺为抄平、放线、摆砖、立皮数杆、盘角、挂线、砌筑、轴线和标高引测与控制。砖砌体质量的基本要求是横平竖直、砂浆饱满、组砌得当（错缝搭接）、接搓可靠。砖砌体质量保证措施是应设置构造柱和圈梁。

4. 普通混凝土小型空心砌块砌体施工工艺为撂底、立皮数杆、盘角、挂线、砌筑、楼层轴线标高控制。填充墙砌体施工工艺为筑坎台、排块撂底、立皮数杆、挂线砌筑、塞缝、收尾。

5. 砌体冬期施工时，应使砂浆达到允许受冻的临界强度值，按"三一"砌砖法施工。施工方法有氯盐砂浆法、冻结法和暖棚法等。

复 习 思 考 题

3－1　砌筑砂浆有哪些种类和要求？

3－2　砌筑用脚手架的基本要求是什么？

3－3　常用的脚手架和垂直运输设备有哪些？

3-4 简述砖砌体的砌筑施工工艺？

3-5 砖墙组砌的形式有哪些？

3-6 什么是"三一"砌砖法？

3-7 砖墙临时间断处的接槎方式有哪几种？有何要求？

3-8 砖砌体的质量要求有哪些？

3-9 砌块砌体施工有哪些要求？

3-10 普通混凝土小型空心砌块砌体施工的主要工艺是什么？

3-11 填充墙砌体施工应注意哪些问题？

3-12 砌体冬季施工应注意哪些问题？施工方法有哪些？

第四章 钢筋混凝土工程

【内容提要和学习要求】

本章主要介绍了模板的构造、安装及拆除；钢筋种类、性能、加工方法和质量要求；钢筋对焊、点焊；钢筋的配料、加工及代换方法；混凝土的原材料、制备、运输、浇筑、养护和质量要求等。应掌握模板设计、安装、拆除的方法，了解模板的构造要求、受力特点；掌握钢筋冷拉、对焊工艺及配料、代换的计算方法，了解钢筋的种类、性能及加工工艺；掌握混凝土结构工程的特点、工艺原理及施工过程、钢筋与混凝土共同工作的原理、施工配料和质量要求。

以混凝土为主浇筑而成的结构称为混凝土结构，包括钢筋混凝土结构、预应力混凝土结构和素混凝土结构等。钢筋混凝土结构是按设计要求将钢筋和混凝土两种材料，利用模板浇筑而成的。在钢筋混凝土结构中，混凝土的抗压强度高而抗拉强度低（约为抗拉强度的1/10），受拉时容易产生断裂现象，因此在结构构件的受拉区配置适当的钢筋，充分利用钢筋的抗拉能力强的特点，使结构既能受压，也能受拉，以满足工程结构的使用要求。

钢筋和混凝土是两种不同性质的材料，为了使他们能协调工作，需要混凝土硬化后与钢筋之间有良好的粘结力，从而可靠的结合在一起，共同变形，共同受力。由于钢筋和混凝土两种材料的温度线膨胀系数十分接近（钢筋 1.2×10^{-5}/℃ ；混凝土 $1.0 \times 10^{-5} \sim 1.4 \times 10^{-5}$/℃），当温度变化时钢筋与混凝土之间不会产生由温度引起的较大的相对变形造成的粘结破坏。但能否保证钢筋与混凝土共同工作，关键仍在于施工，必须给予高度重视。本章主要介绍混凝土结构施工的主要工种工程：钢筋工程、模板工程和混凝土工程。

混凝土结构工程具有良好的耐久性、耐火性、整体性和可塑性，并且节约钢材，取材容易，因此在工程建设中应用极为广泛，我国在高层建筑和多层框架中大多采用混凝土结构，是使用混凝土结构最多的国家。但混凝土也存在一些缺点，主要是自重较大，抗裂性较差，现场浇筑受季节气候条件的限制，补强修复困难等。随着科学技术的发展，高强度钢筋、高强度及高性能混凝土的研制使用，混凝土施工工艺不断完善，混凝土应用领域将不断扩大。

第一节 模 板 工 程

由水泥、沙石、水及外加剂经过搅拌机搅拌出混凝土具有一定流动性，需要浇筑在与构件形状尺寸相同的模型内，经过凝结硬化，才能成为所需要的结构构件。模板的选择和构件的合理性，以及模板制作和安装的质量，都直接影响混凝土结构和构件的质量、成本和进度。现浇混凝土结构模板工程的造价的30%，约占总用工量的50%。因此，采用先进的模板技术，对于提高工程质量、加快施工进度、提高劳动生产率、降低工程成本和实现文明施工，都具有十分重要的意义。

一、模板的作用和基本要求

1. 模板的作用

模板是使混凝土结构或构件按设计要求的形状、尺寸和位置浇筑成型的模型板。

2. 模板的基本要求

钢筋混凝土结构或构件的模板有模板及支撑系统两部分组成。模板的形状和尺寸要与结构构件相同，同时，现浇混凝土土结构施工用的模板要承受混凝土结构施工过程中的水平荷载和竖向荷载，应具有一定的强度和刚度；支撑系统是保证模板形状、尺寸及空间位置的支撑体系。模板及其支架应根据工程结构形式、荷载大小、地基土类别、施工设备和材料供应等条件进行设计。模板及其支架应具有足够的承载能力、刚度和稳定性，能可靠地承受浇筑混凝土的质量、侧压力以及施工荷载。

在现浇钢筋混凝土结构施工中，对模板系统的基本要求包括：

(1) 要保证结构和构件各部分的形状、尺寸及相互间位置的正确性。

(2) 具有足够的强度、刚度及稳定性。

(3) 构造简单，装拆方便，能多次周转使用，并便于钢筋的绑扎与安装，符合混凝土的浇筑、养护等工艺要求。

(4) 接缝严密，不漏浆。

二、模板的类型和构造

（一）模板的类型

随着建设事业的飞速发展，现浇混凝土结构所用模板技术已向工具化、定型化、多样化、体系化方向发展，除模板外，已形成组合式、工具式、永久式三大系列工业化模板体系。

按所用的材料不同，模板以分为木模板、钢模板和其他材料的模板（胶合板、塑料、玻璃钢、铝合金、压型钢板、钢木（竹）组合、装饰混凝土模板和预应力混凝土薄板等模板）。

按施工方法不同，模板分为装拆式、活动式和永久性模板。装拆式模板有预制配件组成，现场组装，拆模后稍加清理和修理再周转使用，常用的木模板和组合钢模板以及大型的工具式定型模板，如大模板、壳模、台模、隧道模等均属于此类模板；活动式模板是指按结构的形状制作成工具模板，组装后按工程的进展而进行垂直或水平移动，直至工程结束后才拆除，如滑升模板、爬升模板等属于垂直移动式模板，用于水塔等构筑物及高层建筑现浇灌混凝土结构施工。永久性模板是和浇筑的混凝土成为一体的，如压型钢板、预应力混凝土薄板等。

按结构类型分为基础、柱、梁、楼板、楼梯、墙、壳、烟囱、桥梁墩台模板等。

按结构型式分为整体式、定型、滑升、工具式、台模等。

（二）模板的构造

1. 组合式模板

组合式模板是指实用性和通用性较强的模板，既可按照设计要求事先进行预拼装，整体安装、整体拆除，也可采取散支散拆的方法，工艺灵活简便。常用的组合模板包括组合钢模板、木模板与胶合板模板、钢框木（竹）胶合板模板以及无框模板等。

(1) 组合钢模板。组合钢模板通常也称为定型钢模板（图 4-1）。主要由钢模板、钢模板连接件和钢模板支承件所构成。钢模板由边框、面板和横肋组成，面板一般用厚度为 2.3～2.5mm 的钢板，边框及肋用 55mm×2.8mm 的扁钢，边框开有连接孔。定型钢模板主要有平面模板、阴角模板、阳角模板和连接角板，常见的规格（表 4－1）。

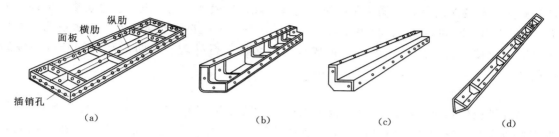

图 4－1 组合钢模板
（a）平面模板；（b）阴角模板；（c）阳角模板；（d）连接角模

表 4－1　　　　　　　　　　　　定型钢模板规格　　　　　　　　　　　　单位：mm

规 格	平面模板（P）	阴角模板（E）	阳角模板（Y）	连接模板（J）
宽度	300、250、200、150、100	150×150 100×150	100×100 50×50	50×50
长度	1500、1200、900、750、600、450			
肋高	55			

钢模板连接件主要有 U 形卡、L 形插销、钩头螺栓、紧固螺栓、对拉螺栓和扣件等。钢模板支承件有钢楞、支柱、斜撑、柱箍、平面组合式桁架、梁卡具和扣件式钢管支架等。

（2）木模板与胶合板模板。木模板通常由工厂或木工棚加工成拼板或定型板形式的基本构件，再拼装形成所需要的模板系统。拼板一般用宽度小于 200mm 的木板，再用 25mm×35mm 的拼条钉成，由于使用位置不同，荷载差异较大，拼板厚度也不一样。作为梁侧模板使用时，荷载较小，一般采用 25mm 厚的木板制作；作为承受较大荷载的梁底模板使用时，厚度应为 40～50mm。拼板尺寸应与混凝土构件尺寸相适应，同时考虑拼接时互相搭接情况，应对一部分拼板增加长度或宽度。胶合板模板主要有木或竹胶合板，对于木模板或胶合板模板，增加周转次数是非常重要的。

（3）钢框木（竹）胶合板模板。钢框木（竹）胶合板模板是以热轧异型钢为框架，以木、竹胶合板等做面板组合成的一种组合式模板。制作时，面板表面应作一定的防水处理，模板面板与边框的连接构造有明框型和暗框型两种。明框型的边框与面板齐平，暗框型的边框位于面板之下，其规格最长为 2400mm，最宽为 1200mm。其特点是自重轻（约为组合钢模板的 2/3）；用钢量少（约 1/2）；但块模板面积比相同重量的单块钢模板可增大 40%，故拼装工作量小、可以减少模板的拼缝，有利于提高混凝土机构浇筑后的表面质量；周转率高，板面材料的导热系数仅为钢模板的 1/400 左右，有利于冬季施工；模板维修方便，面板损伤后可用修补剂修补；施工效果好，模板钢度大，表面平整光滑，附着力小，支拆方便。

（4）无框模板。无框模板主要由面板、纵肋和边肋三种定型构件组成，属于大模板系列，可以灵活组合，适用于各种不同平面和高度的建筑物或构筑物的模板工程。

面板有覆膜胶合板、覆膜高强竹胶合板和复合板三种。基本面板带有固定拉杆孔位置，并镶嵌力 PVC 塑胶加强套，45 系列无框大模板纵肋高度 45mm（承受侧压力 60kN/m²），有 1200mm×2400mm、900mm×2400mm、600mm×2400mm、150mm×2400mm 四种规格。纵肋采用热轧钢板在专用设备上一次压制成型，是无框模板主要受力构件。为了提高纵肋的耐用性和便于清理，表面采用耐腐蚀的酸洗除锈后喷塑工艺。纵肋按建筑物不同高层需要，有 2700mm、3000mm、3300mm、3600mm、3900mm 五种不同长度。边肋是无框模板组合时的连接构件，用热轧钢板弯折成型，表面也进行处理。边肋的高度和长度与纵肋相同。

2. 早拆模板体系

早拆模板体系是早期拆除梁、板模板的一种支模装置和方法，即"拆板不拆柱"。早拆模板体系竖向支撑主要由可拆柱头（支撑头）、立柱和可调丝杠支座组成。在楼板混凝土强度达到设计强度的 50% 时即可拆除梁、板模板及部分支撑模板，而立柱仍保持支撑状态不动。当混凝土强度达到足以在全跨条件下承受自重和施工荷载时，方可拆去竖向支撑（图 4-2）。

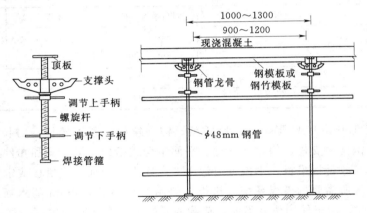

图 4-2 早拆模板体系

三、模板系统设计

模板设计包括模板结构型式及模板材料的选择、材料规格尺寸的确定、荷载计算、结构计算、拟订制作安装和拆除方案及绘制模板图等。其目的是经济合理地确定模板结构，并保证模板系统在新的浇筑混凝土及施工荷载的作用下，具有足够的强度、刚度和稳定性。模板系统是一种特殊的工程结构，模板系统的设计应符合有关结构设计规范的规定，又必须考虑工程的实际情况，符合施工实际的要求，包括应考虑工地材料供应情况，现有模板及支撑等的规格、数量以及模板的重复使用等。对一般通用的工业与民用建筑工程施工，若确有把握，可不进行具体结构材料截面的设计计算，但对新型体系的模板、特殊结构的模板系统仍应进行设计或验算，以确保施工安全。

（一）模板设计原则和步骤

1. 模板设计原则

（1）实用性。主要应保证混凝土结构的质量。具体要求是：接缝严密，不漏浆；保证构件的形状尺寸及相互位置的正确；力求构造简单、装拆方便，便于钢筋绑扎、安装和混凝土的浇筑、养护等。

（2）安全性。保证在施工过程中，模板不变形、不破坏、不倒塌。设计时，要使模板具有足够的强度、刚度和稳定性，能承受新浇混凝土的重量和侧压力及各种施工荷载。

（3）经济性。针对工程结构构件的具体情况，因地制宜，就地取材，在确保工期、质量的前提下，尽量减少一次性投入，增加模板周转，减少支拆用工，实现文明施工。

2. 模板设计步骤

主要确定模板系统的结构形式、荷载计算及组合、模板系统各组成构件的计算简图和构件的设计计算等。应注意以下问题。

（1）根据施工组织设计对施工区段的划分、施工工期和流水作业的安排，应先明确需要配置模板的层段数量。

（2）根据工程情况和现场施工条件决定模板的组装方法，比如是现场散装散拆，还是预拼装；支撑方法是采用钢楞支撑还是采用桁架支撑等。

（3）根据已经确定配模的层段数量，按照施工图纸中梁、柱、墙、板等构件尺寸，进行模板组配设计。

（4）进行夹箍和支撑件等的设计计算和选配工作。

（5）明确支撑系统的布置、连接和固定方法。

（6）确定预埋件的固定方法，管线埋设方法以及特殊部位的处理方法。

（7）根据所需钢模板、连接件、支撑及架设工具等列出统计表，以便于备料。

（二）模板的荷载及组合

计算模板及其支架时，其荷载的取值按有关规范的规定，应考虑下列荷载，并根据不同的情况进行荷载组合。

1. 模板及其支架的自重标准值

模板及其支架自重标准值应根据设计图纸确定。肋形楼板及无梁楼板模板的荷载取值（表4－2）。

表4－2 楼 板 模 板 自 重 标 准 单位：kN/m²

模板构件名称	木 模 板	组合钢模板	钢框胶合板模板
平板模板及小楞的自重	0.30	0.50	0.40
楼模板的自重（包括梁的模板）	0.50	0.75	0.60
钢模板及其支架的自重（楼层高度4m以下）	0.75	1.10	0.95

2. 新浇混凝土自重标准值

对普通混凝土采用24kN/m³，其他混凝土根据实际表观密度确定。

3. 钢筋自重标准值

应根据工程设计图确定。一般梁板结构，每立方米钢筋混凝土的钢筋自重标准值可采用下列数值：楼板为1.1kN/m³、梁为1.5kN/m³。

4. 施工人员及施工设备的荷载标准值

（1）计算模板及直接支撑模板的小楞结构时，均布荷载为2.5kN/m³，另应以集中荷载2.5kN再进行验算，比较两者所得弯矩值，按其中较大的采用。

（2）计算直接支撑小楞结构构件时，均布活荷载为1.5kN/m²。

（3）计算支撑立柱及其他支撑结构构件时，均布活荷载为1.0kN/m²。

对大型浇筑设备，如上料平台、混凝土输送泵等应按实际情况计算；混凝土堆集料高度超过 100mm 以上按实际高度计算；模板单块宽度小于 150mm 时，集中荷载可分布在相邻的两块板上。

5. 振捣混凝土产生的荷载标准值

对水平面模板为 $2.0kN/m^2$；对垂直面模板为 $4.0kN/m^2$（作用范围在新浇筑混凝土侧压力的有效压头高度之内）。

6. 新浇筑混凝土对模板的侧压力标准值

影响新浇筑混凝土对模板的侧压力的因素主要有混凝土表观密度、浇筑时的温度、浇注速度、振捣方法、坍落度和外加剂等。

采用内部振捣器时，当混凝土浇注速度在 6m/h 以下时，新浇筑的普通混凝土作用于模板的最大侧压力，可按式（4-1）、式（4-2）计算，并取其中的较小值。

$$F = 0.22\gamma_c t_o \beta_1 \beta_2 V^{\frac{1}{2}} \tag{4-1}$$

$$F = \gamma_c H \tag{4-2}$$

式中：F 为新浇筑混凝土对模板的侧压力，kN/m^2；γ_c 为混凝土的重力密度，kN/m^3；t_o 为

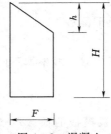

图 4-3 混凝土
侧压力分布图

新浇混凝土的初凝时间，h，可按实测确定。当缺乏试验资料时，可采用 $t_o = 200/(T+15)$ 计算（T 为混凝土的温度，℃）；V 为混凝土的浇筑速度，m/h；H 为混凝土侧压力计算位置处至新浇混凝土顶面的总高度（m）；β_1 为外加剂影响修正系数，不掺外加剂时取 1.0，掺具有缓凝作用的外加剂时取 1.2；β_2 为混凝土坍落度影响修正系数，当坍落度小于 30mm 时，取 0.85；50～90mm 时，取 1.0；110～150mm，取 1.15。

混凝土侧压力的计算分布图（图 4-3）。图中 h 为有效压头高度，m，可按 $h = F/\gamma_c$ 计算。

7. 倾倒混凝土时产生的荷载标准值

倾倒混凝土时对垂直面模板产生的水平荷载（表 4-3）。

表 4-3 　　　　　　　　　倾倒混凝土时产生的水平荷载 　　　　　　　单位：kN/m^2

项　　次	项模板中供料方法	水平荷载	项　　次	项模板中供料方法	水平荷载
1	用溜槽、串筒或导管输出	2	3	用容量为 $0.2～0.8m^3$ 的运输器具倾倒	4
2	用容量 $<0.2m^3$ 的运输器具倾倒	2	4	用容量 $>0.8m^3$ 的运输器具倾倒	6

注　作用范围在有效压头高度以内。

8. 风荷载标准值

对风压较大地区及受风荷载作用时易倾倒的模板还应考虑风荷载的作用。

除上述第 1～8 所述的七项荷载外，当水平模板支撑结构的上部继续浇筑混凝土时，还应考虑由上部传递下来的荷载。

计算模板及其支架时的荷载设计值，应采用荷载标准值乘以相应荷载分项系数（表 4-4），然后根据结构形式进行荷载效应的组合（表 4-5）。

表 4-4　　　　　　　　　　　荷载分项系数

项　次	荷　载　类　别	分项系数
1	模板及支架自重	
2	新浇筑混凝土自重	1.2
3	钢筋自重	
4	施工人员及设备荷载	
5	振捣混凝土产生的荷载	1.4
6	新浇筑混凝土对模板侧面的压力	1.2
7	倾倒混凝土时产生的荷载、风荷载	1.4

表 4-5　　　　　　参与模板及其支架荷载效应组合的各项荷载

项　目	荷　载　类　别	
	计算承载能力	验算刚度
平板和薄壳的模板及其支架	1，2，3，4	1，2，3
梁和拱模板的底板及其支架	1，2，3，5	1，2，3
梁、拱、柱（边长≤300mm）、墙（厚≤100mm）的侧面模板	5，6	6
大体积结构、柱（边长＞300mm）、墙（厚＞100mm）的侧面模板	6，7	6

对模板的设计，由于我国目前还没有临时性工程的设计规范，故荷载效应组合只能按正式结构规范进行。

（1）对钢模板及其支架的设计应符合现行国家标准《钢结构设计规范》（GB 50017—2003）的规定，其截面塑性发展系数取 1.0；其荷载设计值可乘以系数 0.85 予以折减。

（2）采用冷弯薄壁型钢应符合相应的现行国家标准规定，其荷载设计值不应折减。

（3）对木模板及其支架的设计，当木材含水率小于 25％时，其荷载设计值可乘以系数 0.90 予以折减。

（4）其他材料的模板及其支架的设计应符合有关的专门规定。

当验算模板及其支架的刚度时，其最大变形值不得超过下列允许值：

（1）对结构表面外露的模板，为模板构件计算跨度的 1/400。

（2）对结构表面隐蔽的模板，为模板构件计算跨度的 1/250。

（3）支架的压缩变形值或弹性挠度，为相应的结构计算跨度的 1/1000。

支架的立柱或桁架应保持稳定，并用撑拉杆固定。当验算模板及其支架在自重和风荷载作用下的抗倾倒稳定性时应符合有关部门的专门规定。

四、模板安装与拆除

（一）模板安装要求

模板安装应进行模板配板设计，进行测量放线，注意安装顺序，要保证强度、刚度和稳定性，模板要坐落在坚实的基土或承载体上，协调和处理好与其他工序的关系，并对全过程进行检查、校验和调整，发现问题应及时处理。

模板安装应符合下列要求：

（1）模板的接缝不应漏浆，在浇筑混凝土前，木模板应浇水湿润，但模板内不应有积水。

（2）模板与混凝土的接触面应清理干净并涂刷隔离剂，但不得采用影响结构性能或妨碍装饰工程施工的隔离剂。

（3）浇筑混凝土前，模板内的杂物应清理干净。

（4）对清水混凝土工程及装饰混凝土工程，应使用能达到装饰设计效果的模板。

为保证模板安装质量，模板及其支撑结构的材料、质量应符合规范规定和设计要求；模板安装时，为了便于模板的周转和拆卸，梁的侧模板应盖在底模的外面，次梁的模板不应伸到主梁模板的开口里面，梁的模板亦不应伸到柱模板的开口里面；固定在模板上的预埋件和预留洞口均不得遗漏；跨度超过 4m 的现浇混凝土梁、板模板，必须按设计要求起拱，当设计无具体要求时，起拱高度宜为跨度的 $1/1000 \sim 3/1000$；模板安装好后应卡紧撑牢，不得发生不允许的下沉与变形，安装必须牢固、位置准确。

（二）现浇混凝土结构的模板安装

模板经配板设计、构造设计以及强度、刚度验算后即可安装。可在施工现场拼装，也可在地面预拼装成扩大的模板再吊装就位。现浇混凝土结构的模板，一般包括基础模板、柱模板、梁板模板、墙模板和楼梯模板等。模板安装顺序：基础→柱或墙→梁、楼板。

1. 基础模板

基础模板的特点是体积大高度较小。基础模板常用形式（图4-4）。土质好时，阶梯型基础的最下一级可采用土模（原槽浇筑），不用模板。

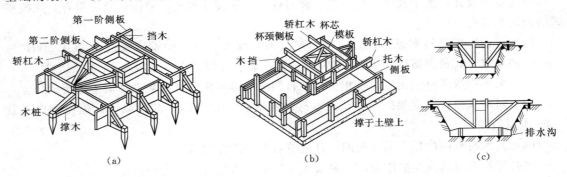

图 4-4 基础模板
(a) 阶梯形基础；(b) 杯形基础；(c) 条形基础

在安装基础模板前，应将地基垫层的标高及基础中心线核对，弹出基础边线。独立柱基，将模板中心线对准基础中心线；条形基础，将模板对准基础边线，再校正模板上口的标高，符合设计要求。经检查无误后将模板钉牢撑稳。在安装柱基础模板时，应与钢筋工配合进行。

2. 柱模板

柱的特点是高度大而截面积小。因此，柱模主要解决垂直度、施工时的侧向稳定及抵抗混凝土的侧压力问题。同时也应考虑方便浇筑混凝土、清理垃圾与钢筋绑扎等问题。

柱模板安装顺序：调安装标高→拼板就位→检查并纠偏→安装柱箍→设置支撑。

柱模板由两块相对的内拼板、两块相对的外拼板和柱箍组成，柱箍除使四块拼板梁固定保持柱的形状外，还要承受由模板传来的新浇筑混凝土的侧压力，因此柱箍的间距取决于侧压力的大小及拼板的厚度。柱模板顶部开有与梁模板连接的缺口，底部开有清理孔，必要时沿高度每隔 2m 开设混凝土浇筑口。模板底部设有木框，以固定模板的水平位置（图 4-5）。

在安装柱模板前，应先绑扎好钢筋，同时在基础面上或楼面上弹出纵横轴线和四周边线，固定小方盘；然后立模板，并用临时斜撑固定；再由顶部用垂球校正，检查其标高位置无误后，用斜撑卡牢固定。柱高超过 4m 时，一般应四面支撑；当柱高超过 6m 时，不宜单根柱支撑，宜用几根柱同时支撑连成构架。对通排柱模板，应先装两端柱模板，校正固定，再在柱模板上口拉通长线校正中间各柱模板。

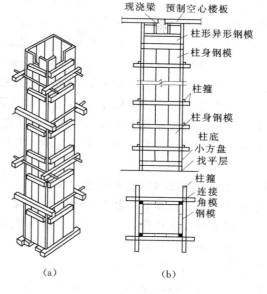

图 4-5 柱模板
（a）木模板；（b）钢模板

3. 梁模板

梁的特点是跨度大，宽度小，梁高可到 1m 左右，工业建筑中有的高达 2m 以上。梁的下面一般是架空的。因此混凝土对梁模板既有横向侧压力，又有垂直压力。要求梁模板及其支撑系统稳定性好，有足够的强度和刚度，不致发生超过规范允许的变形。

梁模板安装顺序：搭设模板支架→安梁底模板→梁底起拱→安侧模板→检查校正→安装梁口夹具。

梁模板一般由底模和侧模组成，梁底模下设支撑系统（或支柱），T 形梁模板（图 4-6）。

对圈梁，由于其断面小但很长，一般除窗洞口及其他个别地方架空外，其他均搁在墙上，故圈梁模板主要是由侧模和固定侧模的卡具组成（图 4-7）。

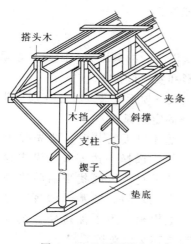

图 4-6 T 形梁模板

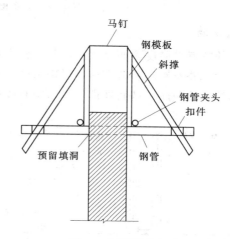

图 4-7 圈梁模板

梁模板应在复核梁底标高、校正轴线位置无误后进行安装。相关规范规定：当梁的跨度超过 4m 时，应按设计要求，使梁底模中部略起拱，以防止由于浇筑混凝土之后跨中梁底下垂。如设计无规定时，起拱高度宜为全跨长度的 1/1000～3/1000。支柱（琵琶撑）安装时应先将其下土面夯实，放好垫板（保证底部有足够的支撑面积）和楔子；支柱间距应按设计要求，当设计无要求时，一般不宜大于 2m；支柱之间应设水平拉杆、剪刀撑，使之互相拉撑成一整体，离地面 50cm 设一道，以上每隔 2m 设一道；当梁底距地面高度大于 6m 时，宜搭排架支撑，或满堂脚手架支撑；上下层模板的支柱，一般应安装在同一条竖向中心线上，或采取措施保证上层支柱的荷载能传递给下层的支撑结构，防止压裂下层构件。梁较高或跨度较大时，可留一面侧模，待钢筋绑扎完后再安装。

4. 楼板模板

板的特点是面积大而厚度一般不大，因此横向侧压力很小，板模板及其支撑系统主要用于抵抗混凝土的垂直荷载和其他施工荷载，保证板不变形下垂。

板模板安装顺序：复核板底标高→搭设模板支架→铺设模板。

楼板模板安装时，首先复核板底标高，搭设模板支架，然后用阴角模板从四周与墙、梁模板连接，再向中央铺设。为方便拆模，木模板宜在两端及接头处钉牢，中间尽量少钉或不钉；钢模板拼缝处采用最少的 U 形卡即可；支柱底部应设长垫板及木楔子找平。挑檐模板必须撑牢拉紧，防止向外倾覆，确保安全。

对现浇混凝土结构的梁模板和楼板模板可整体支设（图 4-8）。

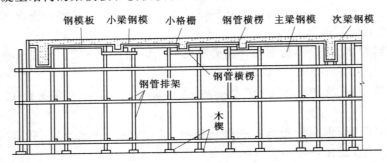

图 4-8 有梁楼板钢模板示意

5. 墙模板

墙体的特点是高度大而厚度小，其模板主要承受混凝土的侧压力。因此，必须加强墙体模板的刚度，并设置足够的支撑，以确保模板不变形和发生位移。

墙模板安装顺序：基底处理→弹出中心线和两边线→模板安装→校正→加撑头或对拉螺栓→固定斜撑。

墙体模板安装时，要先弹出中心线和两边线，选择一边安装，设支撑，在顶部用线锤吊直，拉线找平后将支撑固定；待钢筋绑扎好后，墙基础清理干净，再竖立另一边模板。为了保持墙体的厚度，墙板内应加撑头或对拉螺栓（图 4-9）。

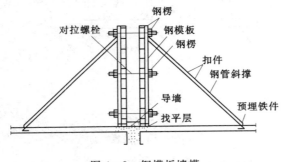

图 4-9 钢模板墙模

6. 楼梯模板

楼梯与楼板相似，但又有其支撑倾斜、

有踏步的特点，因此，楼梯模板与楼板模板既相似又有区别。

楼梯模板安装顺序：安平台梁及基础模板→安楼梯斜梁或梯段底模板→楼梯外帮侧模板→安踏步模板。

楼梯模板施工前应根据实际放样，先安装平台梁及基础模板，再安装楼梯斜梁或楼梯底模，然后安装楼梯外帮侧板。外帮侧板应先在其内侧弹出楼梯底板厚度线，用套板画出踏步侧板位置线，钉好固定踏步侧板的挡木，在现场装钉侧板。楼步高度要均匀一致，特别要注意每层楼梯最下一步及最上一步的高度，必须考虑到楼地面层抹灰厚度，防止由于抹灰面层厚度不同而形成梯步高度不协调（图4-10）。

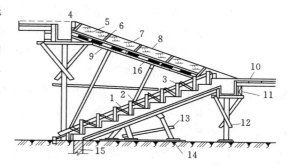

图4-10 板式楼梯模板

1—反扶梯基；2—斜撑；3—木吊；4—楼面；5—外帮侧板；6—挡板拼条；7—踏步侧板；8—挡木；9—搁栅；10—休息平台；11—托木；12—琵琶撑；13—牵杠撑；14—垫板；15—基础；16—楼梯底模板

（三）模板的拆除

1. 拆除要求

混凝土成型后，经过一段时间养护，当达到规定的强度时，即可拆除模板。模板的拆除日期，取决于混凝土硬化的快慢、结构的性质以及模板的周转要求。及时拆除，即可提高模板的周转率，也可为其他工作创造条件，加快工程进度。但如果拆除过早，混凝土因未达到一定强度而不能承受本身重量或外力而变形，甚至断裂，造成重大的质量事故。相关规范中对模板拆除的规定如下：

（1）底模及其支架拆除时的混凝土强度应符合设计要求；当设计无具体要求时，混凝土强度应符合规定方可拆除（表4-6），且应采用全数检查同条件养护试件的混凝土强度。

表4-6　　　　　　　　　　　底模拆除时的混凝土强度要求

构 件 类 型	构件跨度（m）	达到设计的混凝土立方体抗压强度标准值的百分率（%）
板	≤2	≥50
	>2、≤8	≥75
	>8	≥100
梁、拱、壳	≤8	≥75
	>8	≥100
悬臂构件	—	≥100

（2）侧模拆除时的混凝土强度应能保证其表面及棱角不受损伤。

（3）后浇带模板的拆除和支顶应制定专项方案，严格按施工方案执行。

（4）快速施工的高层建筑的梁和楼板模板，如图3-5（d）所示完成一层结构，其底模及支柱的拆除时间，应对所用混凝土的强度发展情况进行核算，确保下层楼板及梁能安全承载。

（5）模板拆除时，不应对楼层形成冲击荷载。拆模以后的结构，应在混凝土达到设计强度等级后，方准承受全部使用荷载。当施工荷载产生的效应比使用荷载效应更为不利时，必须经过验算，加设临时支撑，方可施加施工荷载。拆除的模板、配件和支架应分散堆放并及时清运。冬季拆模时，对混凝土应加以保护。

2. 拆模顺序

拆模应按一定的顺序进行，一般应遵循先支后拆、后支先拆、先非承重部位、后承重部位以及自上而下的原则。重大、复杂的模板，事先拟定拆模方案。

（1）柱模。单块组拼的应先拆除钢楞、柱箍和对拉螺栓等连接、支撑件，再由上而下逐步拆除；预组拼的则应先拆除两个对角的卡件，并作临时支撑后，在拆除另两个对角的卡件，待吊钩挂好，拆除临时支撑，方能脱模起吊。

（2）墙模。单块组拼的应先拆除对拉螺栓、大小钢楞和连接件后，从上而下逐步水平拆除；预组拼的应在挂好吊钩，检查所有连接件是否拆除后，方能拆除临时支撑，脱模起吊。对拉螺栓拆除时，可将对拉螺栓沿混凝土表面切断，也可在混凝土内加埋套管，将对拉螺栓从套管中抽出重复使用。

（3）梁、楼板模板。应先拆除梁侧模，再拆楼板底模，最后拆梁底模。拆除跨度较大的梁下支柱时，应先从跨中开始分别拆向两端。多层楼板底模支柱的拆除，应按下列要求进行：上层楼板正在浇筑混凝土时，下一层楼板的模板支柱不得拆除；再下一层楼板模板的支柱仅可拆除一部分；跨度超过 4m 的梁下均应保留支柱其间距不得大于 3m。

第二节　钢　筋　工　程

一、钢筋种类和验收

钢筋的种类很多，按化学成分分为碳素钢筋、普通低合金钢筋；按轧制外形分为光圆钢筋、变形钢筋（月牙、螺纹、人字形钢筋等）；按供应形式分为盘圆钢筋（不大于 $\phi10$）、直条钢筋（6～12m）；按生产工艺分为热轧钢筋、冷扎钢筋（带肋、扭钢筋）、精扎螺纹钢筋；按力学性能（强度等级）分为 300 级、335 级、400 级、500 级；按直径大小分为钢丝（$\phi3$～5）、细钢筋（$\phi6$～10）、中粗钢筋（$\phi12$～20）、粗钢筋（大于 $\phi20$）；按作用不同分为受力钢筋、架立钢筋和分布钢筋等。

钢筋进场时应按现行国家标准的规定抽取试件做力学试验，其质量必须符合有关标准的要求，对有抗震防设要求的框架构建，其纵向受力钢筋的强度应满足设计要求。设计无具体要求时，对一、二级抗震等级，检验所得的强度实测值应符合下列规定：钢筋的抗拉强度实测值与屈服强度的实测值的比值不应小于 1.25；钢筋的屈服强度实测值与强度标准值的比值不应大于 1.3。

钢筋出场时，应在每捆（盘）上都挂有标牌（品名、生产厂、生产日期、钢号、炉号、级别、直径等）同时，还应具有产品合格证、出厂检验报告，并按品种、批号及直径分批验收。每验收批由同一截面尺寸和同一炉号的钢筋组成，重量不大于 60t，验收内容包括观察和力学性能的试验等。

外观检查要求热轧钢筋应平直、无损伤，外表不得有裂纹、油污、颗粒状或片状老锈。钢筋表面允许有凸块，但不得超过横肋的最大高度，钢筋的外表尺寸应符合规定。

进行力学试验时，应从每批钢筋中选两根钢筋，每根取两个试样分别进行拉伸试验（包括屈服点，抗拉强度和伸长率）和冷弯试验。如有一项实验结果不符合要求，则从同一批中另取双倍数量的试样重做各项试验，如仍有一项试验不合格，则该批钢筋为不合格。

当钢筋在加工过程中发现断裂、焊接性能不良或力学性能显著不正常等现象时，应进行化学成分分析或其他专项检验。

进场后的钢筋在运输或储存时应注意不得损坏标志，并应根据品种、规格按批分别挂牌堆放，并标明数量。

二、钢筋配料

所谓钢筋的配料，就是根据构件的配筋图，计算构建中个钢筋的直线下料长度，总根数以及钢筋总重量，然后编制钢筋配料单，作为为备料加工的依据。

1. 钢筋下料长度计算

下料长度计算是配料中的关键，由于结构构造要求，钢筋外应有保护层，且不同结构、不同部位的保护层厚度（从混凝土外表面至钢筋外表面的距离）要求不同。受力钢筋混凝土保护层厚度应符合设计要求；当设计无具体要求时，不应小于受力钢筋的直径，且应符合规定（表4-7）。同时，由于受力方面的要求，多数钢筋需在中间弯曲和两端弯成弯钩（图4-11）。钢筋弯曲时，其外壁伸长，内壁缩短，而中心线长度不改变，但简图尺寸或设计图中注明的尺寸是外包尺寸（从钢筋外皮到外皮量得的尺寸），在钢筋加工时，也按外包尺寸进行验收。显然外包尺寸大于中心线长度，二者之间存在一个差值，称为"量度差值"。因此，钢筋的下料长度计算可采用下列公式：

$$直钢筋下料长度 = 构件长度 - 保护层厚度 + 弯钩增加长度$$

$$弯起钢筋下料长度 = 直段长度 + 斜段长度 - 弯曲量度差值 + 弯钩增加长度$$

$$箍筋下料长度 = 箍筋周长 + 箍筋调整值$$

上述钢筋需要搭接的，还应增加钢筋搭接长度。

表4-7　　　　　　　　　　受力钢筋的混凝土保护层最小厚度　　　　　　　　　　单位：mm

环 境 类 别	墙			梁			柱		
	≤C20	C25～C45	≥C50	≤C20	C25～C45	≥C50	≤C20	C25～C45	≥C50
室内正常	20	15	15	30	25	25	30	30	30
室内潮湿、非严寒地区露天	—	20	20	—	30	30	—	30	30
严寒露天	—	25	25	—	35	30	—	35	30
严寒地区冬季水位变动	—	30	30	—	40	35	—	40	35

注　机械连接接头连接件的混凝土保护层厚度应满足受力钢筋保护层最小厚度的要求，连接件之间的横向净距不宜小于25mm；基础有垫层时，保护层最小厚度为40mm，无垫层时，为70mm。

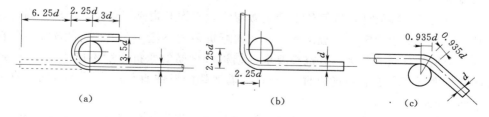

图4-11　钢筋弯曲及弯曲计算

(a) 半圆弯钩；(b) 直弯钩；(c) 斜弯钩

2. 弯起钢筋中间部位弯曲处的量度差值

钢筋弯曲量度差值为弯曲钢筋的外包尺寸和中心线长度之间的差值，公式为

$$2\left(\frac{D}{2}+d\right)\tan\frac{\alpha}{2}-\pi(D+d)\frac{\alpha}{360} \qquad (4-3)$$

式中：α 为钢筋弯曲角；d 为钢筋直径；D 为弯心直径。

当弯芯直径 D 为 2.5d 时，各种弯曲角度的量度差的计算方法如下：

弯曲 90°时的量度差：

外包尺寸：$2(D/2+d)=2(2.5d/2+d)=4.5(d)$

中心线尺寸：$(D+d)\times 3.14/4=(2.5d+d)\times 3.14/4=2.75(d)$

量度差：$4.5d-2.75d=1.75$ (d)，取 2d。

同理可得：弯曲 45°时的量度差值为 0.49d，取 0.5d。

在实际工作中，为了方便计算，钢筋弯曲量度差可按表中取值计算（表 4-8）。

表 4-8 钢筋弯曲量度差取值 单位：mm

钢筋弯曲角度	30°	45°	60°	90°	135°
钢筋弯曲量度差	0.35d	0.5d	0.85d	2d	2.5d

3. 钢筋末端弯钩或弯曲时下料长度的增加值

钢筋末端弯钩或弯曲的形式有半圆弯钩（末端 180°）、直弯钩（末端 90°）和斜弯钩（末端 135°）。

半圆弯钩的增加长度，当弯心直径 D 为 2.5d，平直段为 3d 时：

弯钩全长：$3d+3.5d\times 3.14/2=8.5(d)$

弯钩增加长度（扣除量度差）：$8.5d-2.25d=6.25(d)$

其余端部弯钩增加值的计算同理得：直弯钩为 3d；斜弯钩为 4.9d。

实际工作中可采用经验数据，半圆弯钩增长参考值（表 4-9）。

表 4-9 半圆弯钩增长参考值 单位：mm

钢筋直径 d	≤6	8~10	12~18	20~28	32~36
弯钩增加长度	40	6d	5.5d	5d	4.5d

4. 箍筋调整值

除焊接封闭环式箍筋外，箍筋的末端应做弯钩，弯钩形式应符合设计要求；当设计无具体要求时，应符合下列规定：一般结构，箍筋的弯折角度不应小于 90°，箍筋弯后平直部分长度不宜小于箍筋直径的 5 倍；有抗震要求的结构，箍筋的弯折角度不应小于 135°箍筋弯后平直部分长度不宜小于箍筋直径的 10 倍；箍筋弯钩的弯曲直径应大于受力钢筋直径，且不小于箍筋直径的 2.5 倍。

箍筋调整值，即为弯钩增加长度和弯曲量度差两项相加或相减（采用外包尺寸时相减，采用内包尺寸时相加），计算方法同上，只是弯心直径和端部弯钩平直段长度要根据规定有所调整，为简化计算，可直接按表中值查用（表 4-10）。

表 4-10 箍 筋 调 整 值 单位：mm

箍筋度量方法	箍 筋 直 径			
	4～5	6	8	10～12
量外包尺寸	40	50	60	70
量内包尺寸	80	100	120	150～170

5. 钢筋配料单与料牌

为了加工方便，把钢筋下料长度的计算结果填写在筋配料单与料牌上。料牌用 100mm×70mm 木板等材料制成，将每一编号的钢筋制作一块料牌，作为钢筋加工的依据。

钢筋配料单的编制步骤为：熟悉图纸（构件配筋表）→绘钢筋简图→计算下料长度→编写配料单→填写料牌。

【例 4-1】 某教学楼预制钢筋混凝土梁 L_1，梁长 6m，断面 $b \times h = 250\text{mm} \times 600\text{mm}$，钢筋简图（表 4-11）。试计算梁 L_1 中钢筋的下料长度。

解： ①号钢筋下料长度为

$$(5950 + 2 \times 6.25 \times 20)\text{mm} = 6200(\text{mm})$$

②号钢筋下料长度为

$$[(250 + 400 + 778) \times 2 + 4050 - 4 \times 0.5 \times 20 - 2 \times 2 \times 20 + 2 \times 6.25 \times 20]\text{mm} = 7036(\text{mm})$$

③号钢筋下料长度为

$$(5950 + 2 \times 6.25 \times 12)\text{mm} = 6100(\text{mm})$$

④号钢筋下料长度为

$$[(550 + 200) \times 2 + 100]\text{mm} = 1600(\text{mm})$$

计算结果填入配料单（表 4-11）。

表 4-11 钢 筋 配 料 单

构件名称	钢筋编号	钢筋简图	钢筋符号	直径（mm）	下料长度（mm）	数量（根）
L_1 梁	①	5950	Φ	20	6200	2
	②	400 778 4050 778 400 / 250 250	Φ	20	7036	2
	③	5950	Φ	12	6100	2
	④	550 / 200	Φ	6	1600	21

三、钢筋代换

为了确保结构安全，施工中如果供应的钢筋品种、级别或规格与设计不符，需做变更时，应办理设计变更文件，进行钢筋代换。

如果在现场进行代换，根据具体情况可选择的代换方法有等强度代换与等面积代换。选择的依据是：当构件受强度控制时，钢筋可按强度相等原则进行代换；当构件按最小配筋率配筋时，钢筋可按面积相等原则进行代换；当构件受裂缝宽度或挠度控制时，代换后应进行裂缝宽度或挠度验算。

1. 等强度代换

$$n_2 \geqslant n_1 \frac{d_1^2 f y_1}{d_2^2 f y_2} \qquad (4-4)$$

式中：n_2、d_2、$f y_2$ 分别为代换钢筋根数、直径、抗拉强度设计值；n_1、d_1、$f y_1$ 分别为原设计钢筋根数、直径、抗拉强度设计值。

式（4-4）有两种特例，即设计强度相同、直径不同的钢筋代换直径相同、设计强度不同的钢筋代换。

2. 等面积代换

代换时应满足式（4-5）：

$$As_1 = As_2 \qquad (4-5)$$

式中：As_1 为原设计钢筋的计算面积；As_2 为拟代换钢筋的计算面积。

钢筋代换后，有时由于钢筋直径加大或根数增加，而需要增加排数，则构件截面的有效高度 h_0 减小，截面强度降低，此时需复核截面强度。对矩形截面的受弯构件，可根据弯矩相等，按式（4-6）复核截面强度：

$$N_2 \left(h_{02} - \frac{N_2}{2 f_{cm} b} \right) \geqslant N_1 \left(h_{01} - \frac{N_1}{2 f_{cm} b} \right) \qquad (4-6)$$

式中：N_1、N_2 为原设计钢筋拉力和拟代换钢筋的拉力；h_{01}、h_{02} 为代换前、后钢筋的合力作用点到构件截面受压边缘的距离（截面的有效高度）；f_{cm} 为混凝土的弯曲抗压强度计值；b 为构件截面宽度。

3. 钢筋代换的注意事项

（1）对某些重要构件或抗裂性要求较高的构件，不宜用光圆钢筋代换变形钢筋，以免裂缝开展过大。

（2）钢筋代换后，应满足配筋构造规定，如钢筋的最小直径、间距、根数、锚固长度等；且不宜改变构件中的有效高度；同时，代换后的钢筋用量不宜大于原设计用量的 5%，也不宜低于 2%。

（3）同一截面内，可同时配有不同种类的和直径的代换钢筋，但每根钢筋的拉力差不应过大（如同品种钢筋的直径差值一般不大于 5mm），以免构件受力不均。

（4）梁的纵向受力钢筋与弯起钢筋应分别代换，以保证正截面与斜截面强度。

（5）偏心受压构件或偏心受拉构件作构件代换时，不取整个截面配筋计算，应按受力（受压或受拉）分别代换。

（6）当构件受抗裂、裂缝宽度或挠度控制时，代换后应进行抗裂、裂缝宽度或挠度验算。

四、钢筋的加工

钢筋的加工作业主要包括除锈、调直、切断、连接和弯曲成型等。

1. 钢筋除锈

钢筋的表面应洁净。油渍、浮皮、铁锈等应在使用前清除干净。钢筋除锈可在冷拉、冷拔或调直中完成，也可人工除锈（钢丝刷、砂盘）、除锈机除锈、喷砂和酸洗等。在除锈过程中发现钢筋表面的氧化铁浮皮鳞落现象严重并已损伤钢筋截面，或在除锈后钢筋表面有严重的麻坑、斑点伤蚀截面时，应降级使用或剔除不用。

钢筋在常温下，经拉、拔或扎等加工，使其产生塑性变形，而调整其性能的方法称为冷加工。对钢筋冷加工可节约钢材和满足预应力要求。钢筋冷加工的方法有冷拉和冷拔。

（1）冷拉。冷拉是钢筋的拉力超过屈服点，产生塑性变形，强度提高，可以使钢筋调直或除锈。钢筋冷拉的控制应力和冷拉率是影响钢筋冷拉质量的两个主要参数，钢筋冷拉控制方法有控制冷拉率法和控制应力法两种。控制应力法既能控制应力，也能控制冷拉率，质量高，常用于制作预应力筋；控制冷拉率法施工效率高，设备简单。不论采用哪种方法，均不能超过规范所规定的冷拉应力最大值和冷拉率最大值，使钢筋保持一定的塑性和强度储备。

采用控制冷拉率法时，只需将钢筋拉长到一定的长度即可。钢筋冷拉伸长值 ΔL 可按式（4-7）计算：

$$\Delta L = \delta L \qquad (4-7)$$

式中：δ 为试验所得的冷拉率，%；L 为钢筋冷拉前的长度，m。

采用控制应力法冷拉钢筋时，如钢筋已达到规定的控制应力，而冷拉率未达到最大冷拉率则为合格。若钢筋已经达到最大冷拉率，而冷拉应力未达到控制应力值，则仍为不合格。用控制应力法冷拉钢筋时，其冷拉力 N 为

$$N = \sigma A_s \qquad (4-8)$$

式中：σ 为钢筋冷拉时的控制应力，MPa；A_s 为钢筋冷拉前的截面面积，mm²。

钢筋冷拉设备主要由拉力装置、承力结构、钢筋夹具和测量装置等组成。卷扬机的拉力 Q（kN），可按式（4-9）计算：

$$Q = Tm\eta - F \qquad (4-9)$$

式中：Q 为卷扬机的拉力，kN；T 为卷扬机牵引力，kN；m 为滑轮组工作线数；η 为滑轮组总效率（表4-12）；F 为设备阻力，由冷拉小车与地面摩擦力及回程装置阻力组成，一般可取 5～10kN。

表 4-12　　　　　　　　　　　　滑轮组总效率 η

滑 轮 组 数	3	4	5	6	7	8
工作线数	7	9	11	13	15	17
总效率	0.88	0.85	0.83	0.80	0.77	0.74

选择卷扬机时，设备拉力 Q 应大于钢筋冷拉力所需最大拉力的 1.2～1.5 倍。

钢筋冷拉速度 V，可按式（4-10）计算：

$$V = \frac{\pi D n}{m} \qquad (4-10)$$

式中：V 为钢筋冷拉速度，m/min；D 为卷扬机卷筒的直径，m；n 为卷扬机卷筒的转数，r/min；m 为滑轮组工作线数。

钢筋冷拉速度，应不大于 1m/min 为宜，以使钢筋变形充分。在冷拉过程中，若钢筋焊

接接头被拉断，可重新焊接后再拉，但不得超过两次。在负温下冷拉钢筋时，其温度不得低于-20℃，其冷拉控制应力比常温提高 30N/mm² 为了安全，钢筋应防止斜拉，并缓缓放松；卷扬机前面、固定端后应设置防护设备，以防止钢筋拉断、夹具滑脱飞出伤人；冷拉时正对钢筋断头不许站人或跨越钢筋。

冷拉适用于Ⅰ～Ⅳ级热轧钢筋。冷拉钢筋主要用作受拉钢筋。在冲击荷载的动力设备基础、吊环及付温条件下，不得使用冷拉钢筋。当冷拉钢筋是多根焊接时，应分别测定每根钢筋的分段冷拉率不应超过规定的限值。冷拉后的钢筋应放置一段时间（至少 24h），使提高的屈服点稳定后再使用。

冷拉钢筋应分批验收，每批由不大于20t的同级别、同直径的冷拉钢筋组成。冷拉钢筋的质量检验也包括外观检查和力学性能试验两部分。冷拉钢筋的表面不得由裂纹和局部缩颈，作预应力筋时应逐根检查。从每批冷拉钢筋中抽取两根钢筋，每根取两个试样分别进行拉力试验和冷弯试验，其质量应符合各项指标规定。冷弯试验时不得有裂纹，鳞落和断裂现象，如有一项不合格，则该批冷拉钢筋为不合格品。

【例 4-2】 某冷拉设备，采用牵引力为 50kN 的慢速电动卷扬机，卷筒直径为 400mm，转速为 8.7rad/min。工作线数为 13，实测设备阻力为 10kN。求当采用控制应力冷拉直径为 20 的钢筋时，设备拉力、冷拉速度是否满足要求？已知：冷拉控制应力 $\sigma = 450N/mm^2$。

解：由 $m=13$ 查表得：$\eta = 0.80$

钢筋的冷拉力：　　　　　$N = \sigma As = 450 \times 314 / 1000 = 141.3(kN)$

设备拉力：　　　　　　　$Q = Tm\eta - F = 50 \times 13 \times 0.8 - 10 = 510(kN)$

$Q > 1.2N$，满足要求。

冷拉速度：　　　　　　　$V = \pi Dn/m = 3.14 \times 0.4 \times 8.7 / 13 = 0.84(m/min)$

$V < 1m/min$，满足要求。

（2）冷拔。钢筋的冷拔原理与冷拉相似，只不过冷拉是纯拉伸线应力，而冷拔是拉伸与压缩兼有的立体应力。是以强力拉拔的方法，用直径为 6～10mm 的Ⅰ级钢筋，在常温下通过比其直径小 0.5～1.0mm 的特制的钨合金拔丝模孔而拔成比原钢筋直径小的钢丝，叫冷拔低碳钢丝。冷拔低碳钢丝呈硬钢性质，塑性降低，没有明显的屈服阶段，属于硬钢。

冷拔钢筋的工艺：剥壳（除锈）→轧头→润滑 →拔丝。

由于钢筋表面常有一层氧化铁锈渣硬壳，易使膜孔损坏，并能使钢筋表面产生沟纹，造成断丝现象，因此，在拔丝前应用除锈剥皮机或永久拔丝模进行清除，俗称剥壳，将剥壳钢筋端头放在扎头机上面压细后，再通过润滑剂进行拔丝模，进行拔丝工作。

冷拔低碳钢丝经数次反复冷拔而成。冷拔次数应选择适宜，次数过多，易使钢筋变脆，且降低冷拔机的生产率；次数过少，每次压缩过大，不仅拔丝模损耗增加，而且产生断丝和安全事故。所以冷拔次数主要取决于拔丝机拉力的大小及钢筋是否会被拉断。

冷拔后的抗裂强度，随冷拔总压缩率的增大而成比例地提高，与冷拔次数关系不大。但压缩率越大，冷拔次数越多，钢筋塑性越低。为保证冷拔低碳钢丝强度和塑性的相对稳定，必须控制总压缩率 β，一般在 0.4 左右。影响冷拔质量的因素除钢筋质量外，还有模孔孔型及润滑剂质量等。实践证明：模孔工作区角度宜为 14°～18°，定径区的长度应小于所拔钢丝的直径，润滑剂常用生石灰、动植物油、肥皂水，按一定配合比（1：0.2：2）制成。

冷拔低碳钢丝分为两种，即甲级和乙级钢丝。甲级适用于预应力筋，乙级适用于非预应力筋。首先应对钢丝作外观检查，要求表面无锈蚀、伤痕、裂纹和油污。外观检查合格后，再作抗拉强度、伸长率和冷弯试验。甲级钢丝应逐盘取样检验；乙级钢丝可采用同直径钢丝每 5t 为一批，抽样检验；冷弯时不得有裂纹、鳞落或断裂现象。

2. 钢筋调直

钢筋调直可以利用冷拉调直、机械调直和人工调直。机械调直是采用钢筋调直机、双头钢筋调直联动机、数控钢筋调直切断机等，常用的机型有：GJ 4—4/14（TQ—14）和 GJ 6—4/8（JQ 4—8）两种，具有钢筋除锈、调直和切断等三项功能。人工调直是用小锤敲打锤直、用扳手（柱）扳扳直和绞磨拉直等。经调直的钢筋应平直、无局部曲折。冷拔低碳钢丝表面不得有明显擦伤，抗拉强度不得低于设计要求。

3. 钢筋切断

钢筋下料时必须按下料长度切断。钢筋切断可采用钢筋切断机或手动液压切断器。后者一般只用于切断直径小于 12mm 的钢筋，前者可切断 40mm 的钢筋；大于 40mm 的常用氧乙炔焰、电弧切割或锯断等。钢筋切断机有电动和液压两种，其切断刀片以圆弧形刀刃为好，确保钢筋断面垂直轴线，无马蹄形翘曲，便于钢筋进行机械连接或焊接。钢筋的长度应力求准确，其允许偏差为 10mm。在切断过程中，如发现钢筋有劈裂、缩头或严重的弯头等必须切除，如发现钢筋的硬度与该钢种有较大的出入，应及时向有关人员反映，查明情况。

4. 钢筋弯曲成型

钢筋下料后，应按弯曲设备特点、钢筋直径及弯曲成设计所要求的尺寸。如弯曲钢筋两边对称，划线工作宜从钢筋中线开始向两边进行，当弯曲形状比较复杂时，可先放出实样，再进行弯曲。钢筋弯曲宜采用弯曲机和弯箍机。弯曲机可弯直径 40mm 以下的钢筋，对于小直径的钢筋，也可采用扳钩、扳手、卡盘或扳头等进行弯曲。钢筋弯曲成型后，形状、尺寸必须符合设计要求，平面上没有翘曲不平现象；钢筋弯曲点处不得有裂缝。

五、钢筋的连接

钢筋的连接方法有焊接、机械和绑扎连接三种。

（一）钢筋焊接连接

焊接是钢材连接的主要方法，与绑扎搭接的连接方法相比，焊接可节约钢材，改善结构受力性能、提高功效、降低成本。并且当钢筋直径大于 28mm 时，不宜采用绑扎搭接。钢筋的焊接效果与可焊性有关。包括工艺焊接性和使用焊接性。

工程中钢筋焊接常用的方法有：电弧焊、电渣压力焊、闪光对焊、电阻点焊、埋弧压力焊和气压焊等。

1. 电弧焊

电弧焊的主要设备是弧焊机，工作原理（图 4－12），有交流和直流两种。常用的交流弧焊机有 BX3/BX－500 型，直流弧焊机有 AX－300/AX－500 型，弧焊所用焊条其直径有 1.6～5.8mm，长度为 215～400mm。焊条直径和焊接电流的选用可参考施工手册。电焊时，弧焊机送出低压的强电流，使焊条与焊件之间产生高温弧焊，将焊条与焊件金属熔化，凝固后形成一条焊缝。电弧焊应用较广，如现浇钢筋混凝土中钢筋的接长，装配式钢筋接头、钢筋骨架焊接及钢筋与钢板的焊接等。

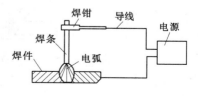

图 4－12　电弧焊示意

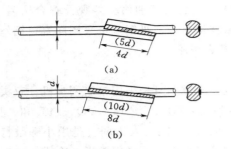

图 4－13 搭接焊
(a) 双面焊缝；(b) 单面焊缝

（1）钢筋电弧焊的接头形式。接头形式有搭接焊、帮条焊和坡口焊等。

搭接焊适用于直径 $10\sim40$mm 的 $1\sim3$ 级钢筋（图 4－13）。焊接时，先将主钢筋的端部按搭接长度预弯，使被焊接的两钢筋的轴线在同一直线上，并采用两端电焊定位，定位焊缝应离搭接端面 20mm 以上。搭接焊宜采用双面焊，确有困难时，也可采用单面焊。括弧内的数字适用于Ⅱ级以上的钢筋。

帮条焊适用范围与搭接焊接头相同（图 4－14）。帮条钢筋宜与主钢筋同级别、同直径，如帮条与被焊钢筋的级别不相同时，还应按钢筋的计算强度进行换算。所采用帮条的总截面面积应满足：当焊接钢筋为Ⅰ级时，应不小于被焊接钢筋截面的 1.2 倍；为Ⅱ、Ⅲ级时应不小于 1.5 倍。两主钢筋端面之间的间隙应为 $2\sim5$mm；帮条和主筋之间用四点对称定位焊加以固定。

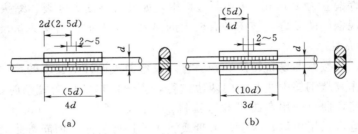

图 4－14 帮条焊
(a) 双面焊缝；(b) 单面焊缝

钢筋搭接和帮条焊接时，从钢筋内侧打弧，引弧应在帮条或搭接钢筋的一端开始，收弧应在帮条或搭接钢筋端头上，弧坑应填满。焊缝长度不应小于帮条或搭接长度，焊缝高 $h\geqslant 0.3d$，且不小于 4mm；焊缝宽度 $b\geqslant 0.7d$，且不小于 10mm；钢筋与钢板接头采用搭接焊时，焊接缝高度 $h>0.35d$，且不小于 6mm；焊接缝宽度 $b>0.5d$，且不小于 8mm。

坡口焊分为平焊和立焊（图 4－15）。施焊前钢筋坡口面平顺，凹凸不平度不得超过 1.5mm，切口边缘不得有裂纹和较大的钝边。平焊时，V 形角度为 $55°\sim65°$，立焊时，坡口

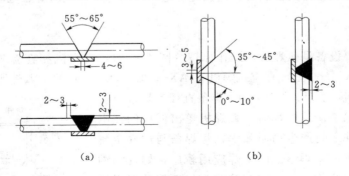

图 4－15 坡口焊
(a) 坡口平焊；(b) 坡口立焊

角度为 45°～55°，其中下钢筋为 0°～10°，上钢筋为 35°～45°，钢垫板长度为 40～60mm，厚度为 4～6mm，立焊时钢垫板宽度为钢筋直径加 10mm，立焊时，其宽度为钢筋直径；钢筋根部间隙，平焊时为 4～6mm；立焊时为 3～5mm，最大间隙不超过 10mm。

钢筋与预埋件 T 形接头的焊接形式分为对接和搭接两种，对接分为贴角焊和穿孔塞焊两种（图 4-16），当钢筋直径为 6～25mm 时，可采用贴角焊；当钢筋直径为 20～30mm 时，宜采用穿孔塞焊。角焊缝焊脚 K 对于 Ⅰ、Ⅱ 级钢筋分别不小于钢筋直径的 0.5～0.6 倍。

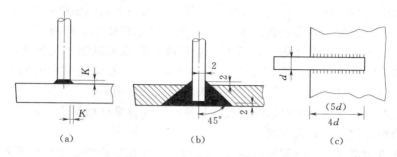

图 4-16 钢筋与预埋件焊接
(a) 贴角焊；(b) 穿孔塞焊；(c) 搭接焊

（2）质量要求。在钢筋母材以及焊接材料等符合有关标准规定的前提下，电弧焊接头的检查包括外观检查和力学性能试验。

进行强度检查时，按取样数量要求，从成品中每批切取三个接头进行拉伸试验。钢筋电弧焊接头拉力试验结果，应符合下列要求：三个试件的抗拉强度均不得低于该级别钢筋的抗拉强度值；至少有两个试件呈塑形断裂。当检查结果有一个试件的抗拉强度值低于规定指标，或有两个试件发生脆性断裂时，应取双倍数量的试件进行复检。复检结果如仍有一个试件的抗拉强度低于规定指标，或有三个时间呈脆性断裂时，则该批接头即为不合格。

钢筋电弧焊接头的外观检查应在接头清查后逐个进行目测或量测。焊缝表面应平整，不得有凹陷；接头区域不得有裂纹；没有明显的咬边、夹渣及气孔；用小锤敲击焊缝时，应发生与其金属母体同样的声音，坡口焊等的焊缝余高不得大于 3mm。

2. 电渣压力焊

电渣压力焊时利用电流通过渣池产生的电阻热将钢筋端部融化，然后施加力使钢筋焊合。主要用于现浇结构中异径差 9mm 以内，直径为 14～40mm 的各级钢筋竖向或斜向接长。这种焊接方法操作简单，工作条件好，功效高，成本低，比电弧焊接头节电 80%，比绑扎连接和绑条搭接节约钢筋 30%，提高 6～10 倍。

电渣压力焊设备包括焊接电源、焊接夹具和焊剂盒等（图 4-17）。焊接参数主要包括渣池电压、焊接电压、焊接通电时间等。焊接电源采用 BX 2—1000 型焊接变压器。焊接夹具应具有一定刚度，使用灵巧，坚固耐用，上下钳口

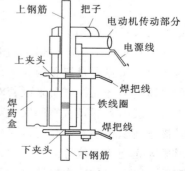

图 4-17 焊接机头示意

同心。焊剂盒的直径为 80～100mm，与所焊接钢筋的直径大小相适应。电渣压力焊用的焊剂，一般采用 431 焊药，该焊药使用前必须在 250℃烘烤 2h，以保证焊剂融化，形成渣池。

（1）电渣压力焊焊接工艺。施焊前先将钢筋端部 120mm 范围内的铁锈、污物等杂质清除干净；将夹具的下夹头夹牢下钢筋，再将上钢筋扶直并在活动电极中夹牢，使上下钢筋在同一轴线上，然后再在上下钢筋间安装引弧导电铁线圈，再放焊剂盒，用石棉布塞封焊剂盒下口，同时装满焊剂。

竖向钢筋电渣压力焊工艺过程包括引弧、造渣、电渣和挤压过程。分为手工和自动两种。手工电渣压力焊，可采用直接引弧法。先将上钢筋与下钢筋接触，通电后，即将上钢筋提升 2～4mm 引弧；然后，缓慢提升 5～7mm 使电弧稳定燃烧。随着钢筋的融化，上钢筋逐渐插入电池中，此时，电弧熄灭，转为电渣过程，焊接电流通过渣池而产生大量的电阻热，使钢筋端部继续融化，钢筋端部融化到一定程度后，在切断电源的同时，迅速进行挤压。持续几秒钟，方可松开操纵杆，以免接头偏斜或结合不良。

（2）质量要求。在钢筋母材以及焊接材料符合有关标准的前提下，电渣压力焊的质量检验包括外观检查和拉力试验两方面。

钢筋电渣压力焊接头的外观检查应逐个进行，其外观检查结果应符合下列要求：接头焊包四周均匀，凸出钢筋表面的高度应大于等于 4mm；不得有裂纹，钢筋表面无明显烧伤等缺陷；接头处钢筋轴线的偏移不得超过 0.1 倍钢筋直径，同时不得大于 2mm；接头处弯折不得大于 4°。对外观检查不合格的接头，应将其切除重焊。

强度检验时，从每批成品中切取三个试件，进行拉力试验。三个接头试件的拉力试验结果，均不得低于该级别钢筋的抗拉强度标准值。如有一个试件的抗拉强度低于规定数值，应取双倍数量的试件进行复验；复验结果，如仍有一个试件的强度达不到上述要求，则该批接头即为不合格。

电渣压力焊的取样数量，在一般建筑物中，每 300 个同类型接头作为一批；在现浇钢筋混凝土结构中，每一楼层中以 300 个同类型接头作为一批；不足 300 个时仍作为一批。

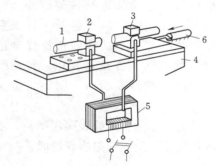

图 4-18 钢筋对焊原理
1—钢筋；2—固定电极；3—可动电极；
4—机座；5—变压器；6—顶压机构

3. 闪光对焊

钢筋闪光对焊是利用对焊机使两段钢筋接触，通以低压的强电流，把电能转化为热能，当钢筋加热到接近熔点时，施加压力顶锻，使两根钢筋焊接在一起，形成对焊接头（图 4-18）。

（1）对焊工艺。根据钢筋的品种、直径和所用的对焊机功率大小，闪光对焊可分为连续闪光焊、预热闪光焊、闪光-预热-闪光和焊后通电热处理等。对可焊性差的钢筋，对焊后采取通电热处理的方法来改善对焊接头的塑性。

连续闪光焊是将钢筋夹入对焊机的两级中，闭合电源，然后使两钢筋端部轻微接触，此时接触面积很小，电流通过时电流密度和电阻很大，接触点很快融化，产生金属蒸汽飞溅，形成闪光现象，故称闪光焊。闪光后，徐徐移动钢筋，形成连续闪光。当钢筋烧化到对顶长度后，以一定的压力迅速进行顶锻。先带电顶锻，再断电顶锻到一定长度，焊接完成。连续闪光焊一般用于直径 22mm 以内的Ⅰ～Ⅲ级钢筋以及直径 16mm 以内的Ⅳ级钢筋。

预热闪光焊是在连续闪光前增加一个钢筋预热过程；闪光－预热－闪光是在预热闪光前增加一次闪光过程，将钢筋端部闪平。使两根钢筋端面轻微接触和分开，发出闪光使钢筋预热，当钢筋烧化到预热留量后随即进行连续闪光和顶锻。一般用于直径较大的钢筋焊接。

焊后通电热处理是在钢筋对焊完毕稍冷却后松开夹具，放大钳口距离并重新加紧钢筋，当对焊接头温度降至暗黑色以后，进行低频脉冲式通电加热。钢筋加热至表面呈橘红色时，通电结束。通电热处理可以改善对焊接头的塑性，用于可焊性较差的Ⅳ级钢筋。

（2）闪光对焊参数。闪光对焊的焊接参数主要有调伸长度、闪光留量、闪光速度、预热留量、顶锻留量、顶锻速度、顶锻压力及变压器级次等。

调伸长度是指焊接前两钢筋端部从电极钳伸出的长度，应使钢筋接头区域得以均匀加热，顶锻时不会旁弯。调伸长度的选择与钢筋的品种和直径有关。

闪光留量是指闪光过程中由于闪出金属所消耗的钢筋长度，应使闪光过程结束时，钢筋端部能均匀加热，并达到足够温度。钢筋直径越大，闪光留量越大。

闪光速度是指闪光过程进行的快慢，随着钢筋直径的加大而降低。开始慢，后来快，闪光终止时比较强烈，以保护焊缝金属免受氧化。

预热留量是指在闪光结束、顶锻压紧时，由于接头处挤出金属而使钢筋长度缩短的值。包括有电顶锻和无电顶锻。顶锻留量的选择应使顶锻结束时，焊接接头整个断面紧密接触并具有适当的塑性变形。

顶锻速度越快越好，顶锻开始应将钢筋压缩 2～3mm，以使焊口迅速闭合以免氧化。

顶锻压力大小与钢筋直径有关，随着直径增大而增大。顶锻压力过小会使熔渣和氧化的金属离子粒子留在焊口内，且焊口断面不能压紧；顶锻压力过大，焊口会被压裂。

变压器级次用来调节焊接电流的大小，根据钢筋的直径来选择。

（3）质量要求。钢筋对焊完毕应对全部接头进行外观检查，并抽样进行机械性能检验。对焊接头具有适当的墩粗和均匀的金属毛刺；钢筋表面没有明显的裂纹和烧伤；接头如有弯折，其角度不得大于 4°；接头轴线偏移不大于 0.1d，且不大于 2mm。进行机械性能试验时应按要求取样，达到相应的国家标准要求方为合格。

4. 电阻点焊

在各种预制构件中，利用点焊机进行交叉钢筋的焊接，使单根钢筋成型为各种网片和骨架，以代替人工绑扎。而且采用焊接骨架或焊接网片，可使钢筋在混凝土中能更好的锚固，提高构件的刚度和抗裂性。因此，钢筋骨架成型应优先采用点焊。

（1）点焊原理。点焊的原理是将已经除锈的钢筋交叉点放在点焊机的两电极间，使钢筋通电发热至一定温度后，加压使焊接点金属焊合。当圆钢筋交叉点焊时，由于接触只有一点，而在接触处有较大的接触电阻。因此，在接触的瞬间，全部热量都集中在这一点上，使金属很快的受热达到融化连接的温度。

（2）点焊接参数。点焊的主要参数有电流强度、通电时间和电极压力等。根据焊接电流大小和通电时间长短，点焊参数分为强参数和弱参数。强参数的通电时间短而电流强度大（时间为 0.1～0.5s，电流为 120～360A/mm²）。这种电焊工艺能减少电能消耗，但需要大功率焊机。弱参数的通电时间长而所需的电流强度小（时间为 0.5s 至数秒，电流为 80～120A/mm²）。除因钢筋直径较大而焊机功率不足采用弱参数外，一般采用强参数。电极压力大小取决于钢筋直径。钢筋直径越大，电极压力也随之增大。不同钢筋直径点焊接施工时，应根据小钢筋直径选择上述参数。

（3）质量要求。点焊的质量检验包括外观检查和强度检查。外观抽样检查包括焊接骨架焊点处熔化金属应均匀；压入深度等应该符合要求；检查焊点有无脱落、漏焊、开焊，其数量不得超出规程规定；焊点应无裂纹、多孔性缺陷及明显的烧伤现象；焊接网片钢筋表面不得有裂纹、折叠、结疤、凹坑、油污等。强度检验应抽样做剪力试验。

5. 气压焊

钢筋气压焊是利用氧气和乙炔气，按一定的比例混合燃烧的火焰，将被焊钢筋端部加热到塑性状态，并施加一定压力使两根钢筋焊合。这种焊接工艺具有设备简单、操作方便、质量好、成本低等优点。适用于各种位置的 $\phi16 \sim \phi40$ 的 Ⅰ、Ⅱ 级钢筋焊接，但对焊工要求严，焊前对钢筋端面处理要求高。

气压焊设备包括氧、乙炔供气设备、加热器、加压器及钢筋夹具等。

（1）气压焊的工艺。钢筋气压焊工艺包括预压、加热与压接过程。先用加压器对两根待焊钢筋施加 $5 \sim 10 N/mm^2$ 的初压力，使钢筋端面密实，间隙不超过 3mm，然后在钢筋压接面的间隙未闭合前，用强炭化焰加热，且火焰中心不离开钢筋焊接部位，使钢筋内外温度均匀并防止钢筋端面氧化；当钢筋端面间隙闭合后改用中性火焰加热，在以焊缝为中心的两倍钢筋直径范围内均匀摆动。待钢筋端面加热到所需温度时，对钢筋轴向加压到 $30 \sim 40 N/mm^2$，直到焊缝对称均匀变粗，其直径为钢筋直径的 1.4～1.6 倍，变形长度为钢筋直径的1.3～1.5 倍，即可停止加热和加压，待接点的红色消失后方能取下夹具，以免钢筋接头弯曲。

（2）质量要求。同其他焊接方法一样，在母材、焊接材料合格的前提下，应对接头进行力学性能式样和外观检查。力学性能试样应符合相应的标准要求，接头处弯折角度不大于 4°；接头偏心量不大于 0.15 倍钢筋直径，且不大于 4mm；气压焊墩粗直径不小于 1.4 倍钢筋直径，墩粗长度不小于 1.2 倍钢筋直径，突起部分应平整光滑；气压焊的压焊面偏移不大于钢筋直径的 0.2 倍。

6. 埋弧压力焊

埋弧压力焊是将钢筋与钢板安放成 T 形的连接形式。当焊接电流通过，在焊剂层下产生电弧，将两焊件相邻部位熔化，然后加压顶锻使两焊件焊合的一种压焊方法。具有焊后钢板变形小、抗拉强度高的特点。

（二）钢筋机械连接

钢筋机械连接是通过机械手段将两端钢筋进行对接。近年来在一些大型现浇混凝土结构工程中广泛用于粗钢筋的连接。常用的方法有套筒挤压连接、螺纹套筒连接（锥螺纹、直螺纹）、套筒灌浆连接等。

1. 套筒挤压连接

钢筋冷挤压是将两根待接钢筋插入一个金属套筒，然后采用冷挤压机和压模在常温下对金属筒管加压，是两根钢紧紧固成一体。冷压连接具有操作简单、容易掌握、对中度高、钢筋连接质量优于钢筋母材的力学性能、连接速度快、安全可靠、无明火作业、无着火隐患、不污染环境、实现文明施工等优点。冷挤压连接又分为径向挤压和轴向挤压套筒连接两种。

（1）径向挤压套筒连接。径向挤压套筒连接是沿套筒直径方向从套筒中间依次向两端挤压套筒，使之塑性变形把插在套筒里的两根钢筋紧紧咬合成一体（图4-19）。适用于带肋钢筋连接，可连接Ⅱ、Ⅲ级直径12～40mm钢筋。

（2）轴向挤压套筒连接。轴向挤压套筒连接是沿钢筋轴线挤压金属套筒，把插入套筒的两根钢筋紧固连成一体（图4-20）。适用于一、二级抗震设防的地震区和非地震区的钢筋混凝土结构工程的钢筋连接施工，可连接Ⅱ、Ⅲ级直径12～32mm竖向、斜向和水平钢筋。套筒的材料和几何尺寸应符合接头规程的技术要求，并应有出厂合格证。套筒的标准屈服承载力和极限承载力应比钢筋大10%以上，套筒的保护层厚度不宜小于15mm，净距不宜小于25mm。

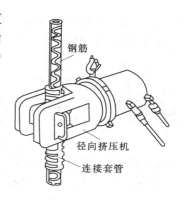

图4-19 径向挤压套筒连接

（3）质量要求。冷挤压接主要进行外观检查，钢筋连接端花纹要完好无损，不准打磨花纹，连接处不准有油污、水泥等杂物；钢筋端头离套管中线不应超过10mm；压痕间距宜为1～6mm挤压后的套筒接头长度为套筒原长度的1.1～1.15倍，挤压后套筒外径用量规测量应能通过，压痕处最小外径为套筒原外径的0.85～0.90倍；挤压接头处不得有裂纹，接头弯折处角度不得大于4°。挤压接头的力学性能应符合有关规定。

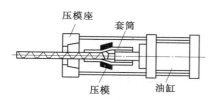

图4-20 轴向挤压套筒连接

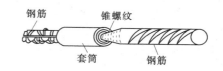

图4-21 锥螺纹套筒连接

2. 锥螺纹钢筋连接

锥形螺纹钢筋连接是将两根待连接钢筋的端部和套筒预先加工成锥形螺纹，然后用手和力矩扳手将两根钢筋端部旋入套筒形成机械式钢筋接头（图4-21）。能在施工现场连接Ⅰ、Ⅲ级直径16～40mm的同径或异径的竖向、水平或任何倾角的钢筋，不受钢筋有无花纹及含碳量的限制。当连接异径钢筋时，所连接钢筋直径之差不应超过9mm。锥形螺纹钢筋连接速度快、对中性好、工艺简单、安全可靠、无明火作业、不污染环境、节约钢材和能源、可全天候施工，有利于工业化文明施工，有明显的技术、经济和社会效益，适用于一、二级抗震设防的一般工业与民用房屋及构筑物的现浇混凝土结构的梁、板、柱、墙、基础的钢筋连接施工。但不得用于预应力钢筋或经常承受反复动荷载及承受高应力疲劳荷载的结构。

锥形螺纹加工套筒的抗拉强度必须大于钢筋的抗拉强度，锥形螺纹可用锥形螺纹旋切机加工；钢筋用套丝，可在施工现场或钢筋加工厂进行预制。套丝完成或用牙形规和卡规对钢筋端部螺纹按3%比例抽样检查，如有不合格品，对该批端部螺纹进行逐个检查，不合格者应切去重新套丝。对达到质量要求的丝头，拧上塑料保护帽和按规定的力矩值拧上连接套筒。在进行钢筋连接时，先取下钢筋连接端的塑料保护帽，检查丝扣牙形是否完好无损、清洁，钢筋规格与连接规格是否一致；确认无误后，把拧上连接套筒的一头钢筋拧到被连接钢筋上，并用力矩扳手按规定的力矩值拧紧钢筋接头，当听到扳手发出"咔哒"声时，钢筋接头已被拧紧，并做好标记，以防钢筋接头漏拧。钢筋拧紧的力矩值（表4-13）。

表 4-13　　　　　　　　　　　　钢 筋 拧 紧 的 力 矩 值

钢筋直径（mm）	16	18	20	22	25～28	32	36	36～40
拧紧力矩值（N·m）	118	145	177	216	275	314	343	343

接头质量应符合以下要求：钢筋套丝牙形质量必须与牙形规吻合；其完整牙形必须满足要求；钢筋锥形螺纹小端直径必须在规卡误差范围内，连接套筒规格必须与钢筋规格一致；钢筋接头的拧紧力矩值，按每根梁、柱构件抽验一个接头；板、墙、基础底板构件每100根统一规格接头作为一批，每批抽检三个接头，要求抽检的钢筋接头100%到达规定的力矩值。如发现一个接头不合格，则必须加倍抽检，发现一个接头达不到规定的力矩值，则要求构件的全部接头中心复拧到符合质量要求。如复验仍发现不合格接头，则该接头必须采取贴角焊缝补强，将钢筋与连接套筒焊在一起，焊缝不小于5mm；连接好的钢筋接头丝扣，不准有一个完整丝扣外漏，如发现这样的钢筋接头，必须查明原因重新拧紧到规定的力矩值，且无一个完整丝扣外漏。

3. 直螺纹钢筋连接

直螺纹钢筋连接是将钢筋端部镦粗，再切削成直螺纹，然后用带直螺纹的套筒将两根钢筋连接并拧紧的连接方法（图4-22）。

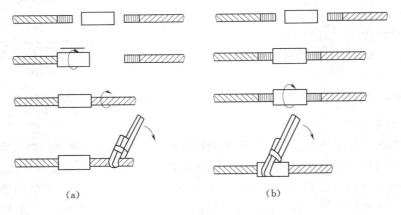

(a)　　　　　　　　　　　　　　　　(b)

图 4-22　直螺纹套筒连接
（a）标准型接头连接；（b）正反丝扣型接头连接

（三）钢筋绑扎连接

钢筋绑扎连接，其工艺简单、不需要连接设备，目前仍是一种施工中常用的钢筋连接方法。下面以常见的结构构件或部位为例，介绍钢筋的绑扎要求。

（1）准备工作。钢筋绑扎前，首先要核对成品钢筋的钢号、直径、形状、尺寸和数量等是否与料单相符，如有错漏，应纠正增补。其次，准备绑扎用的、绑扎工具等。钢筋绑扎用的铁丝可用20～22号铁丝或镀锌铁丝，其中22号铁丝用于绑扎直径在12mm以下的钢筋。最后，准备控制混凝土保护层用的水泥砂浆垫块或塑料卡。

钢筋的绑扎工艺：画线→摆筋→穿箍→绑扎→安装垫块。

（2）基础钢筋绑扎。绑扎钢筋网时，四周两行钢筋交叉点应每点扎牢，中间部分可相间交错扎牢，但必须记住保证受力钢筋不位移。双向主筋的钢筋网，则需要将全部钢筋相交点扎牢。绑扎时应注意相邻绑扎点的丝扣要成八字形，以免网片歪斜变形。基础底板采用双层钢筋网时，在上层钢筋网下面应设置钢筋撑，以保证钢筋位置正确。钢筋的弯钩应朝上，不要倒向一边，但双层钢筋网的上层钢筋弯钩应朝下。独立柱基础为双向弯曲，其底面短边的钢筋应放在长边钢筋的上面。现浇柱与基础连接的插筋，其箍筋缩小一个直径，以便连接。插筋位置一定要固定牢靠，以免造成轴线偏移。

（3）柱钢筋绑扎。柱中的竖向钢筋搭接时，角部钢筋的弯钩应与模板成45°，中间钢筋的弯钩应与模板成90°，如果用插入式振捣器浇筑小截面柱时，弯钩与模板的角度不得小于15°。箍筋的接头应交错布置在四角纵向钢筋上，交叉点均应扎牢，箍筋平直部分与纵向钢筋交叉点可间隔扎牢，绑扎钢筋时绑扣相互间应呈八字形。下层柱的钢筋露出楼面部分，应用工具式柱箍将其收进一个柱箍直径，以利于上层柱的钢筋搭接。当截面有变化时，其下层柱钢筋的露出部分必须在绑扎梁的钢筋前，先行收缩准确。框架梁、牛腿、柱帽等钢筋，应放在柱的纵向钢筋内侧。

（4）墙钢筋绑扎。墙的垂直钢筋每段长度不宜超过4m或6m，水平钢筋每段长度不宜超过8m，以利绑扎，墙的钢筋网绑扎应设置撑铁，以固定钢筋间距。撑铁可用直径6～10mm的钢筋制成，长度等于两层网片的净距，间距为1m，相互错开排列。

（5）梁板钢筋绑扎。纵向受力钢筋采用双层排列时，两排钢筋之间应垫以直径大于25mm的短钢筋，以保证其设计距离。箍筋的接头应交错布置在两根架力筋上，其余同柱。板的钢筋网绑扎与基础相同，但应注意板上部的负筋，要采取措施，防止被踩下；特别是雨篷、挑檐、阳台的等悬臂板，要严格控制负筋位置，以免拆模后板断裂。板、次梁与主梁交叉处，板的钢筋在上，次梁的钢筋居中，主梁的钢筋在下，当有圈梁时，主梁的钢筋在上。框架节点处钢筋穿插十分稠密时，应特别注意梁顶面主筋间的净距以利于混凝土的浇筑。

对于轴心受拉及小偏心受拉杆件（如桁架和拱的拉杆）的纵向受力钢筋不得采用绑扎搭接接头。当 $d>28mm$ 的受拉钢筋和 $d>32mm$ 时的受压钢筋，不宜采用绑扎搭接接头。接头应尽量设置在受力较小处，在接头的搭接长度范围内，至少绑扎三点以上。采用绑扎的焊接骨架和焊接网的搭接接头不宜位于构件的最大弯矩处，受拉时应满足搭接长度要求。

六、植筋施工

为解决工程结构加固及与旧混凝土之间的连接问题，可采用植筋的方法，即在混凝土结构上先钻孔洞，注入胶粘剂，再把钢筋放入洞中，待其固化后完成植筋施工。

施工工艺：钻孔→清孔→注胶粘剂→插入钢筋→凝胶固化。

施工时，孔径与孔深应满足植筋要求，清孔采用吹气泵，不得用水冲洗，注喜利得（Hit－Hy150）胶粘剂时勿将空气封入孔内，胶粘剂凝胶反应时间一般为15min，插入钢筋固化1h后，才能受外力作用。

七、钢筋工程质量要求

1. 钢筋加工的质量要求

钢筋应在加工车间或加工棚加工，但对于多数现浇结构，因条件不具备，不得不在现场直接成型安装。加工前对钢筋进行外观检查，钢筋表面不允许有油渍、漆污和片状老锈。钢筋调直宜采用机械方法，也可用冷拉方法。受力钢筋的弯钩和弯折应符合规定，除焊接封闭环式箍筋外，箍筋的末端应做弯钩，并符合规定。钢筋的品种、级别、规格（钢号、直径、形状、尺寸）、数量与料牌要相符，钢筋加工的形状、尺寸偏差应符合要求。

2. 钢筋连接的质量要求

纵向受力钢筋的连接方式符合设计要求。机械连接接头、焊接接头试件应做力学性能检验。钢筋的接头宜设置在受力较小处。当受力钢筋采用机械连接接头或焊接接头时，设置在同一构件内的接头宜相互错开。纵向受力筋机械接头及焊接接头连接区段的长度为 $35d$（d 为纵向受力钢筋较大直径）且不小于 500mm。同一连接区段内，纵向受力筋接头面积百分率应符合设计要求，或下列规定：①受拉区不宜大于 50%；②接头不宜设置在有抗震设防要求的框架梁端、柱端的箍筋加密区；当无法避开时，对等强度高质量机械连接接头，不应大于 50%；③直接承受动力荷载结构构件中，不宜采用焊接接头，采用机械连接接头时，不应大于 50%。

同一构件相邻纵向受力钢筋绑扎搭接接头宜相互错开。绑扎搭接接头中钢筋的横向净距不应小于钢筋直径，且不应小于 25mm。绑扎搭接接头连接区段的长度为 $1.3l_1$（l_1 为搭接长度）。同一连接区段内，纵向受拉钢筋搭接接头面积百分率应符合设计要求，或下列规定：对梁、板及墙类构件，不宜大于 25%。柱类构件不宜大于 50%。当工程中确有必要增大接头面积百分率时，对梁类构件不应大于 50%；对其他构件，可根据实际情况放宽。

在梁、柱类构件的纵向受力钢筋搭接长度范围内，应按设计要求配置箍筋。应符合下列规定：箍筋直径不应小于搭接钢筋较大直径的 0.25 倍；受拉搭接段的箍筋间距不应大于搭接筋较小直径的 5 倍，且不应大于 100mm；受压搭接段的箍筋间距不应大于搭接筋较小直径的 10 倍，且不应大于 200mm；当柱中纵向受力钢筋直径大于 25mm 时，应在搭接接头两个端面外 100mm 范围内各设置两个箍筋，其间距宜为 50mm。

3. 钢筋安装的质量要求

钢筋经配料、加工后好后直接运至现场安装就可以进行安装。对于钢筋网片分块面积宜为 6～20m²、钢筋骨架分段长度宜为 6～12m，运输中要临时加固。吊点位置应根据尺寸、重量、刚度确定，宽度大于 1m 网片四点吊，跨度小于 6m 骨架两点吊，再大的采用横吊梁四点吊起。钢筋安装前，应先熟悉试图纸，认真核对配料单，研究与相关工种的配合，确定施工方法。安装时，必须检查手中钢筋的品种、级别、规格和数量是否符合设计要求。钢筋的安装位置偏差应满足要求。钢筋安装完后，还应进行检查并作好隐蔽工程记录，以便查证。

根据设计图检查钢筋的牌号、直径、根数、间距是否正确，特别要注意检查负筋的位置；检查钢筋的接头位置、接头数量、搭接长度、连接方式、钢筋间距和构造要求以及混凝土保护层厚度是否符合规定；检查预埋件的规格、数量、位置是否符合要求；检查钢筋绑扎是否准确、牢固，有无松动变形现象，搭接长度及绑扎点位置是否符合规定。

第三节 混 凝 土 工 程

混凝土工程包括配料、搅拌、运输、浇筑、振捣和养护等工序，在整个施工过程中，各工序紧密联系又相互影响，如其中任意一道工序处理不当，都会影响混凝土工程的最终质量。对混凝土的质量要求，不但要有正确的外形，而且要获得良好的强度、密实性、均匀性和整体性，因此，在施工中如何确保混凝土强度、变形和耐久性等工程质量是一个很重要的问题。

一、混凝土配制

（一）混凝土施工配制强度确定

混凝土的施工配合比，应保证结构设计对混凝土强度等级以及施工对混凝土和易性的要求，并应符合合理使用材料，节约水泥的原则。必要时，还应符合抗冻性、抗渗性等要求。混凝土制备之前按下式确定混凝土的施工配置强度，以达到 95％的保证率。

$$f_{cu,o} \geq f_{cu,k} + 1.645\sigma \tag{4-11}$$

式中：$f_{cu,o}$ 为混凝土的施工配置强度，N/mm^2；$f_{cu,k}$ 为设计的混凝土强度标准值，N/mm^2；σ 为施工单位的混凝土强度标准差，N/mm^2。

当施工单位具有近期的同一品种混凝土强度的统计资料时，可按式（4-12）计算

$$\sigma = \sqrt{\frac{\sum_{i=1}^{n} f_{cu,i}^2 - N\mu^2 f_{cu}}{N-1}} \tag{4-12}$$

式中：$f_{cu,i}$ 为统计周期内同一品种混凝土第 i 组试件的强度，N/mm^2；μf_{cu} 为统计周期内同一品种混凝土 N 组试件强度的平均值，N/mm^2；N 为统计周期内同一品种混凝土试件的总组数，$N \geq 25$。

当混凝土强度等级为 C20 或 C25 时，如计算得到的 $\sigma < 2.5N/mm^2$，取 $\sigma = 2.5N/mm^2$；当混凝土等级等于或高于 C30 时，如计算得到的 $\sigma < 3.0N/mm^2$ 时，取 $\sigma = 3.0N/mm^2$。

对预拌混凝土工厂和预制混凝土构件厂，其统计周期可取 1 个月；对现场拌制混凝土的施工单位，其统计周期可根据实际情况确定，但不宜超过 3 个月。

施工单位如无近期同一品种混凝土强度统计资料时，σ 可按表中取值（表 4-14）。

表 4-14 混凝土强度标准差

混凝土强度等级	<C15	C20～C35	>C35
σ（N/mm^2）	4.0	5.0	6.0

注　表中 σ 值，反映我国施工单位混凝土施工技术和管理的平均水平，采用时可根据本单位情况作适当调整。

（二）混凝土施工配合比及施工配料

混凝土施工配料时，首先是原材料（水泥、粗细骨料、水）、矿物掺和料以及外加剂（减水剂、引气剂、泵送剂、早强剂、速凝剂、缓凝剂、防冻剂、阻锈剂、膨胀剂等）必须满足要求；其次是施工配料必须加以严格控制。因为影响混凝土质量的因素主要有两方面：一是称量不准；二是未按砂、石骨料实际含水率的变化进行施工配合比的换算。这样必然会改变原理论配合比的水灰比，砂石比（含砂率）及浆骨比。当水灰比增大时，混凝土粘聚性，保水性差，而且硬化后多余的水分残留在混凝土中形成气泡，或水分蒸发留下气孔，使混凝土密实性差，强度低。若水灰比减少时，则混凝土流动性差，甚至影响成型后的密实，造成混凝土结构内部松散、表面产生蜂窝、麻面现象。同样，含砂率过大，在水泥浆用量一定的情况下，混凝土流动性差；含砂率减少时，则砂浆量不足，不仅会降低混凝土的流动性，更严重的是影响其粘聚性及保水性，产生粗骨料离析，水泥浆流失，甚至溃散等不良现象。而浆骨比是反映混凝土中水泥浆的用量多少（即每立方米混凝土的用水量和水泥用量），

如控制不准，也直接影响混凝土的水灰比和流动性。所以，为了确保混凝土的质量，在施工中必须及时进行施工配合比的换算和严格控制称量。

《规范》规定：首次使用的混凝土配合比应进行开盘鉴定，其工作性应满足配合比的设计要求，开始生产时应至少留置一组标准养护试件，作为验证配合比的依据。

1. 施工配合比换算

混凝土实验室配合比是根据完全干燥的砂、石骨料确定的，但实际使用的砂、石骨料一般都含有一些水分，而且含水量又会随气候条件发生变化。所以，施工时应及时测定现场砂、石骨料的含水量，并将混凝土的实验室配合比换算成在实际含水量情况下的施工配合比。

设实验室配合比为：水泥∶砂子∶石子 $=1∶S∶G$，水灰比 W/C，并测得砂子的含水量为 W_s，石子的含水量为 W_g，则施工配合比应为：$1∶S(1+W_s)∶G(1+W_g)∶(W-SW_s-GW_g)$。

【例 4-3】　设混凝土实验室配合比为：$1∶2.56∶5.50$，水灰比为 0.64，每立方米混凝土的水泥用量为 275kg，测得砂子含水量为 4%，石子含水量为 2%，计算每立方米混凝土材料的实际用量。

解： 施工配合比为

$$1∶2.56×(1+4\%)∶5.50×(1+2\%)=1∶2.66∶5.61$$

$1m^3$ 混凝土材料用量为

水泥：275kg（不变）

砂子：$S(1+W_s)=275×2.56×(1+4\%)=275×2.66=731.5(kg)$

石子：$G(1+W_g)=275×5.50×(1+2\%)=275×5.61=1542.8(kg)$

水：$W-SW_s-GW_g=275×0.64-275×2.56×4\%-275×5.50×2\%=117.6(kg)$

2. 施工配料

求出每立方米混凝土材料用量后，还必须根据工地现有搅拌机出料容量确定每次需要用几袋水泥，然后按水泥用量来计算砂石的每次拌用量。

【例 4-4】　如采用 JZ250 型搅拌机，出料容量为 $0.25m^3$，则每搅拌一次的装料数量为多少？

解： 水泥：$275×0.25=68.75(kg)$，实际选用 75 kg（1.5 袋水泥）

砂子：　　　　　　　　　$731.5×75/275=199.5(kg)$

石子：　　　　　　　$1542.8×75/275=420.8(kg)$

水：　　　　　　　　　$117.6×75/275=32.1(kg)$

为严格控制混凝土配合比，原料的数量应采用质量（重量）计量，必须准确。其质量（重量）偏差不得超过以下规定：水泥，混合材料±2%；粗，细骨料为±3%；水，外加剂溶液±2%。各种衡量器定期校验，经常保持准确。骨料含水量应经常测定，雨天施工时，应增加测定次数。

二、混凝土拌制

混凝土的搅拌是指将水、水泥和粗细骨料以及外加剂等进行拌和及混合的过程，使混凝土拌和物获得良好的和易性，同时，通过搅拌可使材料达到强化，塑化的作用。

（一）搅拌机的选择

常用的混凝土搅拌机按其搅拌原理主要分为自落式搅拌机和强制性搅拌机两类（表 4-

15)。

（1）自落式搅拌机的搅拌鼓筒是垂直放置的。随着鼓筒的转动，叶片不断将混凝土拌和物提高，然后利用物料的自重自由下落，达到均匀拌和的目的。适用于搅拌塑型混凝土和低流动性混凝土。筒体和叶片磨损较小、易于清理，但动力消耗大、效率低。搅拌时间一般为90～120s，目前逐渐被强制式搅拌机所取代。

（2）强制式搅拌机的鼓筒是水平放置的，其本身不转动。筒内有两组叶片，搅拌时叶片绕竖轴旋转，将材料强行搅拌，直至搅拌均匀。搅拌机的搅拌作用强烈，适宜于搅拌干硬性混凝土和轻骨料混凝土，具有搅拌质量好、速度快、生产效率高、操作简便及安全等优点。

表 4 - 15   混 凝 土 搅 拌 机 类 型

自 落 式			强 制 式			
鼓 筒 式	双锥式		涡桨式 （JW）	立轴式		卧轴式 （单轴 JD、双轴 JS）
	反转出料 （JZ）	倾翻出料 （JF）		行星式（JX）		
				定盘式	盘转式	

（二）搅拌制度的确定

为了获得均匀优质的混凝土拌和物，除合理选择搅拌机的型号外，还必须正确地确定搅拌制度，包括搅拌机的转速，搅拌时间，装料容积及投料顺序等。

1. 搅拌机转速

对于自落式搅拌机，如果转速过高，混凝土拌和料会在离心力的作用下吸附于筒壁不能自由下落；如果转速过低，既不能充分拌和，又将降低搅拌机的生产率。

2. 搅拌时间

从原材料全部投入筒内起到混凝土拌和物卸出所经历的全部时间称为搅拌时间，是影响混凝土质量及搅拌机生产率的重要因素之一。搅拌时间过短，混凝土拌和物不均匀，强度及和易性都将降低；搅拌时间过长，不仅降低生产率，而且会使混凝土的和易性又重新降低或产生分层离析现象。搅拌时间的确定与搅拌机型号、骨料品种和粒径以及混凝土的和易性等有关。混凝土搅拌的最短时间（表 4 - 16）。

表 4 - 16   混凝土搅拌的最短时间   单位：s

混凝土坍落度（mm）	搅拌机机型	搅拌机出料容积（L）		
		＜250	250～500	＞500
≤30	强制式	60	90	120
	自落式	90	120	150
＞30	强制式	60	60	90
	自落式	90	90	120

3. 装料容积

装料容积是指搅拌一罐混凝土所需要各种原材料松散体积之和。一般来说，装料容积是搅拌机筒几何容积的 $1/3\sim1/2$，强制式搅拌机可取上限，自落式搅拌机取下限。若实际装料容积超过额定装料容积的一定数值，则各种原材料不易搅和均匀，势必延长搅拌时间，反而降低搅拌机工作效率，也不易保证混凝土的质量。当然装料容积也不必过少，否则会降低搅拌机的工作效率。

搅拌完毕混凝土的体积称为出料容积，一般为搅拌机装料容积的 $0.5\sim0.75$（即出料系数，一般取 0.65）。如 J_1—400 搅拌机装料容积 400L，出料容积则为 $400\times0.65=260（L）$。目前，搅拌机上标明的容积一般为出料容积。

4. 投料顺序

在确定混凝土各种原材料的投料顺序时，应考虑到如何保证混凝土的搅拌质量，减少机械磨损、水泥飞扬和混凝土的粘罐现象，降低能耗和提高劳动生产率等。混凝土可采用人工拌和或机械搅拌。用人工拌和时的加料顺序是将水泥加入砂中干拌两遍，再加入石子干拌一遍，然后加水湿拌至颜色均匀即可。人工拌和质量差，水泥消耗量多，故在小工程上用。

机械搅拌时采用的投料顺序有一次投料法和二次投料法。

(1) 一次投料法。一次投料法是目前施工现场广泛使用的一种方法，也就是将砂、水泥、石等依次放入搅拌筒后再加水进行搅拌。这种方法工艺简单，操作方便。其投料顺序是：先倒砂子，再到水泥，然后倒入石子，水泥位于砂石之间。生料无论在料斗内或进入筒体，首先接触搅拌机内表面或搅拌叶片的是砂或石，不会引起粘结现象，而且水泥不会飞扬。最后加水搅拌，就不会使水泥吸水成团，产生"夹生"现象。由于最初开始搅拌时，筒壁要粘附一部分水泥浆，许多工地在拌第一盘混凝土时，只加规定石子质量的一半，成为"减半石混凝土"。当使用粉状掺和料时，掺和料应和水泥同时进入搅拌机，搅拌时间相应增加 $50\%\sim100\%$；当使用外加剂时，为保证混凝土拌和物的匀质性，必须用水先稀释，与水一起同时间、同方向加入搅拌筒内，搅拌时间也应增加 $50\%\sim100\%$。

(2) 二次投料法。二次投料法又可分为预拌水泥砂浆法和预拌水泥净浆法。预拌水泥砂浆法是指先将水泥、砂和水投入搅拌筒搅拌 $1\sim1.5min$ 后，加入石子再搅拌 $1\sim1.5min$。预拌水泥净浆法是先将水和水泥投入搅拌筒搅拌 $1/2$ 的搅拌时间，再加入砂、石搅拌到规定时间。实验表明：由于预拌水泥砂浆法或水泥净浆对水泥有一种活化作用，因此搅拌质量明显高于一次投料法。若水泥用量不变，混凝土强度可提高 15% 左右，或在混凝土强度相同的情况下，减少水泥用量约 $15\%\sim20\%$。当采用强制式搅拌机搅拌轻骨料混凝土时，若轻骨料在搅拌前已经预湿，则合理的加料顺序是：先加粗细骨料和水泥搅拌 30s，再加水继续搅拌到规定的时间；若在搅拌前轻骨料未经润湿，则先加粗、细骨料和总用水量的 $1/2$ 搅拌 60s 后，再加水泥和剩余水搅拌到规定时间。

另外还有水泥裹砂法，在砂子表面造成一层水泥浆壳，即 SEC 法，也称为造壳混凝土。主要采用两项工艺措施：①对砂子表面湿度进行处理，湿度控制在一定范围（$4\%\sim6\%$）内；②进行两次加水搅拌。第一次加水为造壳搅拌，使砂子周围形成粘着性很高的水泥糊包裹层；第二次加水及石子搅拌，部分水泥浆均匀分散在已经被造壳的砂子及石子周围。第一次加水 $20\%\sim26\%$，效果最佳。

三、混凝土运输

混凝土自搅拌机卸出后应及时送到浇筑地点。其运输方案的选择，应根据建筑结构特点、混凝土工程量、运输距离、地形、道路和气候条件以及现有设备等综合进行考虑。

1. 运输混凝土的基本要求

（1）混凝土在运输过程中，应保持其匀质性，做到不分层，不离析，不漏浆。混凝土运到浇筑地点时，应具有规定的坍落度，并保证具有充足的时间进行浇筑和振捣。若混凝土到达浇筑地点是已经出现离析或初凝时，必须在浇筑前进行二次搅拌均匀后方可入模。对已经凝结的混凝土应作为废品，不得用于工程中。

（2）运输混凝土的容器应平整光洁、不吸水、不漏浆，装料前应先用水湿润；在炎热天气或风雨天气，容器上应加遮盖，防止进水或减少水分蒸发，冬季运输应考虑保温措施。

（3）混凝土应以最少的转运次数和最短的时间从搅拌地点运至浇筑现场，使混凝土在初凝之前浇筑完毕。混凝土从搅拌机卸出后到浇筑完毕的延续时间不宜超过规定（表4-17）。

表4-17　　　　　混凝土从搅拌机卸出后到浇筑完毕的延续时间　　　　　单位：min

气　温	采用搅拌运输车		其他运输设备	
	≤C30	>C30	≤C30	>C30
≤25℃	120	90	90	75
>25℃	90	60	60	45

（4）混凝土从运输工具中自由倾倒时，由于骨料的重力克服了物料间的粘聚力，大颗粒骨料明显集中于一侧或底部四周，从而与砂浆分离，即出现离析。当自由倾落高度超过2m时，这种现象尤其明显，混凝土将严重离析。为保证混凝土的质量，应根据施工实际情况，采取相应措施（图4-23）。《规范》规定：混凝土自高处倾落的自由高度不应超过2m，否则，应使用串筒、溜槽或振动溜管等工具协助下落，并应保证混凝土出口的下落方向垂直。溜槽运输的坡度不宜大于30°，混凝土移动速度不宜大于1m/s。如果溜槽的坡度太小，混凝土移动太慢，可在溜槽底部加装小型振动器；当溜槽太斜，或用皮带运输机运输，混凝土流动太快时，应在末端设置串筒和挡板，以保证垂直下落和落差高。当混凝土浇筑高度超过3m时，应采用成组串筒，串筒的向下垂直输送距离可达8m。当混凝土浇筑高度超过8m时，则应采用带接管的振动串筒，即在串筒上每隔2~3根节管安置一台振动器。

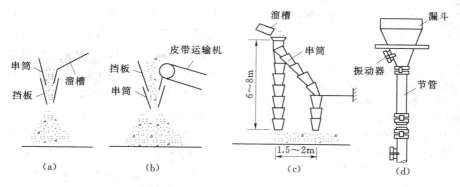

图4-23　防止混凝土离析的措施
（a）溜槽运输；（b）皮带运输；（c）串筒；（d）振动串筒

2. 运输机具

混凝土的运输包括水平运输和垂直运输，运输机具的种类很多，一般可分为间歇式运输机具（如手推车、自卸汽车、机动翻斗车、混凝土搅拌运输车、井架、塔式起重机等）和连续式运输机具（如皮带运输机、混凝土泵等）两类，可根据施工条件进行选用。

（1）手推车和机动翻斗车。主要用于短距离水平运输，具有轻巧、方便的特点。手推车容量为 0.07～0.1m³；机动翻斗车容量为 0.4m³，一般与出料容积为 400L 的搅拌机配套使用。

（2）混凝土搅拌运输车。主要用于长距离运送，是将搅拌筒安装在汽车底盘上，在运输途中混凝土搅拌筒始终在不停地做慢速转动，从而使混凝土在长途运输后仍不会出现离析现象，以保证混凝土的质量。混凝土搅拌运输车既可以运送拌和好的混凝土拌和料，也可以将混凝土干料装入筒内，在运输途中加水搅拌，以减少长途运输引起的混凝土坍落度损失。

（3）井架和塔式起重机。井架主要用于多层或高层建筑施工中混凝土的垂直运输，由井架、卷扬机、吊盘、自动倾卸吊斗、拔杆和缆风绳组成。具有构造简单、安拆方便、投资少等优点，起重高度 25～40m。塔式起重机是高层建筑施工中垂直和水平运输的主要机械，把它和其他的一些浇筑工具配合起来，可很好地完成混凝土的运输任务。

（4）混凝土泵。利用混凝土泵输送混凝土是混凝土施工中的一项先进技术，也是今后的发展趋势。其工作原理是利用泵体的挤压力将混凝土挤压进管路系统并到达浇筑地点，同时完成水平和垂直运输。具有可连续浇筑、加快施工进度、缩短施工周期、保证工程质量，适合狭窄施工场所施工，有较高的技术经济效果（可降低施工费用 20%～30%）等优点，在高层、超高层建筑、桥梁、水塔、烟囱、隧道和各种大型混凝土结构的施工中应用广泛。

混凝土泵有活塞泵、气压泵和挤压泵等几种类型，而活塞式应用较多。根据其构造原理不同活塞泵又分为机械式和液压式两种，常采用液压式。液压式活塞泵按推动活塞的介质不同又分为油压式和水压式两种，而以油压式居多。液压泵可进行逆运转，迫使混凝土在管路中作往返运动，有助于排除管道堵塞和处理长时间停泵等问题。

液压活塞泵基本上是液压双缸式（图 4 -24）。工作时，搅拌好的混凝土拌和料装入料斗 6，吸入端阀门 7 开启，排出端阀门 8 关闭，液压活塞 4 在液压作用下通过活塞杆 5 带动活塞 2 后移，料斗内的混凝土在自重和真空吸引力作用下进入混凝土缸 1。然后，液压系统中压力油的进出方向相反，使活塞 2 向前推压，同时吸入端阀门 7 关闭，压出端阀门 8 打开，混凝土缸中的混凝土在压力作用下通过 Y 形管 9 进入输送管道，输送到浇筑地点。由于两个缸交替进料和出料，因

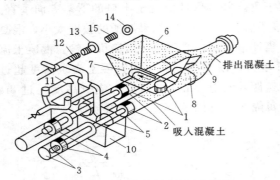

图 4-24　液压活塞泵的工作原理

1—混凝土缸；2—推压混凝土活塞；3—液压缸；4—液压活塞；5—活塞杆；6—料斗；7—吸入阀门；8—排出阀门；9—Y 形管；10—水箱；11—水洗装置换向阀；12—水洗用高压软管；13—水洗用法兰；14—海绵球；15—清洗活塞

而能达到混凝土连续输送的目的。

活塞式混凝土泵的规格很多，性能各异，一般以最大泵送距离和单位时间最大输送量作为其主要指标。按泵体能否移动，混凝土泵还可分为固定式和移动式。固定式混凝土泵使用时需用其他车辆将其拖至现场，具有运输能力大，输送高度高等特点。一般最大水平输送距离为 250～600m，最大垂直输送高度为 150m，输送能力为 60m³/h 左右。适用于高层建筑

的混凝土工程施工。移动式混凝土泵车（汽车泵）是将混凝土泵安装在汽车底盘上，根据需要可随时开至施工地点进行作业。此种泵车一般附带装有全回转三段折叠臂架式布料杆（布料装置）在其回转范围内进行浇筑。移动式混凝土泵车的输送能力一般为 80m³/h，在水平输送距离为 520m 和垂直输送高度为 110m 时，输送能力为 30m³/h。目前，混凝土泵的最大输送距离，水平运输可达到 800m，垂直可达到 300m。

混凝土输送管道一般用钢管制成，常用的管径主要有 100mm、125mm、150mm 等几种。标准管长 3m，另有 2m 和 1m 长的配套管。并配有 90°、45°、30°、15° 等不同角度的弯管，以便管道转折处使用。管径选择主要根据混凝土骨料的最大粒径、输送距离、输送高度及其他工程条件来决定。泵送混凝土的粗骨料最大粒径与输送管径之比要求是：泵送高度 H 在 <50m，碎石为 $1:3$，卵石为 $1:2.5$；H 在 $50\sim100$m，碎石 $1:4$，卵石 $1:3$；$H\geqslant$ 100m，碎石 $1:5$，卵石 $1:4$。采用中砂，通过 0.315 筛孔的砂不少于 15%；砂率宜为 35%～45%；水泥用量不宜小于 300kg/m³，坍落度宜为 10～18cm；宜掺适量的外加剂（泵送剂、减水剂、引气剂）以改善混凝土的流动性。

管道布置时应符合"路线短、弯道少、接头密"的原则。布置水平管道时，应由远到近，将管道布置到最远的浇筑地点，然后再浇筑过程中逐渐向泵的方向拆管。地面水平管一般是固定的，楼面水平管则需每浇筑一层就重新铺设一次。垂直管可以沿建筑物外墙或外柱铺接，也可以利用塔吊的塔身设置，垂直管道应在底部设置机座，以防止管道因重力和冲击下沉，并在竖管下部设逆止阀，防止停泵时混凝土倒流。

混凝土泵性能表中标明的垂直与水平距离指的是输送管道全为水平管或全为垂直管的最大输送距离，而实际输送管道是由直管、弯管、锥形管、软管等组成，各种管的阻力不同，计算输送距离时，一般需先将这些管道换算成水平直管状态。换算后得到的最大长度应小于该混凝土泵性能表中标明的最大水平输送距离，才能满足施工需要。

四、混凝土浇筑

（一）浇筑前的准备工作

根据工程对象、结构特点，结合具体条件，研究制定混凝土浇筑施工方案；准备、检查材料、运输道路和混凝土施工机具，如搅拌机、运输车、料斗、串筒、振捣器等机具设备要按需要准备充足，并考虑发生故障时的修理时间；混凝土浇筑期间，为防备临时停水停电，事先应在浇筑地点储备一定数量的原材料和人工拌和用的工具以防止出现意外的施工停歇；在混凝土施工阶段，要保证水、电、照明不中断，同时应掌握天气变化情况，不宜在雨雪天气浇筑混凝土；对模板及其支架进行检查，应确保标高、位置尺寸正确，强度、刚度、稳定性及严密性满足要求；模板中的垃圾、泥土和钢筋上的油污等应加以清除；木模板应浇水润浸，但不允许留有积水；检查钢筋与预埋件的规格、数量、安装位置以及构件接点连接焊缝是否符合设计和规范要求，并认真做好隐蔽工程记录；做好施工组织工作，安全、技术交底。

（二）混凝土浇筑的一般要求

（1）混凝土运至现场后应立即浇筑或在初凝前浇筑，如发生离析或初凝现象或坍落度问题，须重新搅拌，恢复流动性后才能浇筑。

（2）为防止混凝土浇筑时产生离析，混凝土的自由倾落高度，对于素混凝土或少筋混凝土，由料斗、漏斗进行浇筑，不应超过 2m，对竖向结构（如柱、墙等）浇筑混凝土的高度不超过 3m，对于配筋较密或不便捣实的结构，不宜超过 600mm，否则应采用串筒（振动串筒）、斜槽、溜槽、溜管等下料，采取交错式和行列式布置，间距不大于 3m。

（3）浇筑竖向结构混凝土前，底部应先浇入 50～100mm 与混凝土成分相同的水泥砂浆，以避免构件下部由于砂浆含量减少而出现蜂窝、麻面、露石等质量缺陷。

（4）混凝土浇筑时的坍落高度应符合要求的数值范围（表 4-18），为了使混凝土振捣密实，混凝土必须分层浇筑，其浇筑层的厚度应符合规定（表 4-19）。

（5）为保证混凝土的整体性，浇筑工作应连续进行。当由于技术或施工组织上的原因必须间歇时，其间歇时间应尽可能缩短，并应在上层混凝土凝结之前，将下层混凝土浇筑完毕。规范规定：混凝土运输、浇筑和间歇的全部时间应按所用水泥品种及混凝土条件确定，且不超过规定（表 4-20），当超过时在该部位应留施工缝。

（6）浇筑及静止、沉降和干缩时产生的裂缝，终凝前修补完。

表 4-18　　　　　　　　　　混凝土浇筑时的坍落度　　　　　　　　　　单位：mm

结　构　种　类	坍落度
基础或地面等的垫层、无配筋和大体积结构（挡土墙、基础等）或配筋稀疏的结构	10～30
板、梁和大型及中型截面的柱子等	30～50
配筋密列的结构（薄壁、斗仓、筒仓、细柱等）	50～70
配筋特密的结构	70～90

注　1. 本表系采用机械振捣混凝土时的坍落度，当采用人工振捣时，其值可适当增大。

　　2. 当需要配制大坍落度混凝土时，应掺入外加剂。

表 4-19　　　　　　　　　　混 凝 土 浇 筑 层 厚 度　　　　　　　　　　单位：mm

捣实混凝土的方法		浇筑层的厚度
插入式振动		振捣器作用部分长度的 1.25 倍
表面振动		200
人工捣实	在基础、无筋混凝土或配筋稀疏的结构中	250
	在梁、墙板、柱结构中	200
	在配筋密列的结构中	150
轻骨料混凝土	插入式振捣	300
	表面振动（振动时需加荷）	200

表 4-20　　　　　　　　　　混凝土运输、浇筑和间歇的允许时间　　　　　　　　　　单位：min

混凝土强度等级	气　温	
	≤25℃	>25℃
≤C30	210	180
>C30	180	150

（7）施工缝的设置。由于施工技术和组织上的原因，不能连续将结构整体浇筑完成，并且间歇时间预计将超过规定的时间，应预先选定适当的部位设置施工缝。施工缝就是指先浇筑混凝土已凝结硬化，再继续浇筑混凝土的新旧混凝土间的结合面，是结构的薄弱部位。因此，施工缝的位置应设置在结构受剪力较小且便于施工的部位。柱应留水平缝，梁、板、墙

应留垂直缝；施工缝留置位置应符合下列规定：柱子留在基础的顶面、梁或吊车梁牛腿的下面、吊车梁的上面、无梁楼板柱帽的下面（图4-25）；梁板宜同时浇筑，与板连成整体的大截面梁（梁高＞1m时），施工缝留在板底面以下20～30mm处。当板下有梁托时，留在梁托的下面；单向板的施工缝留置在平行于板的短边的任何位置；有主次梁的楼板，应顺着次梁方向浇筑，施工缝应留在次梁跨度的中间1/3范围内（图4-26）。若沿主梁方向浇筑，应留在主梁跨度中间2/4与板跨度中间的2/4相重合范围内（应尽量少留）；墙体的施工缝留置在门洞口过梁跨度中1/3范围内，也可留置在纵横墙的交接处；双向受力楼板、大体积混凝土结构、拱、穹拱、薄壳、蓄水池、斗仓、多层刚架及复杂结构工程，施工缝位置应按设计要求留置；承受动力作用的设备基础，不宜留置施工缝，并必须留置时，应征得设计单位同意；在设备基础的地脚螺栓范围内，水平施工缝必须留在低于地脚螺栓低端处，其距离应大于150mm；当地脚螺栓直径小于30mm时，水平施工缝可以留在不小于地脚螺栓埋入混凝土部分总长度的3/4处。垂直施工缝应留在距地脚螺栓中心线大于250mm处，并不小于5倍螺栓直径。

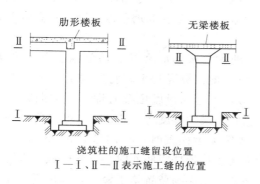

图4-25　柱施工缝留设位置

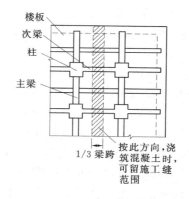

图4-26　有主次梁楼板施工缝留设位置

　　在施工缝处继续浇筑混凝土的时间不能过早，以免使已凝固的混凝土受到振动而破坏，必须待已浇筑混凝土的抗压强度不小于1.2N/mm^{2}时才可进行。达到该强度所需的时间，根据水泥品种、外加剂的种类，混凝土配合比及外界的温度而不同，可通过试块试验确定。

　　在施工缝处继续浇筑前，为解决新旧混凝土的结合问题，应对已硬化的施工缝表面清理凿毛（清除表层水泥薄膜、松动石子、软弱混凝土层），钢筋上的油污、水泥砂浆及浮锈等杂物应加以清除；然后用水冲洗干净，保持充分湿润，且不得积水；在浇筑前，宜先在施工缝处铺一层水泥砂浆或与混凝土成分相同的水泥砂浆10～15mm厚；施工缝处混凝土振捣时，宜向施工缝处逐渐推进，并距80～100cm处停止振捣，细致捣实，使新旧混凝土紧密结合。

　　（三）混凝土结构的浇筑方法

　　1. 现浇混凝土结构的浇筑

　　混凝土结构（如框架结构等）的主要构件有基础、柱、梁和楼板等。其中梁、板、柱等构件是沿垂直方向重复出现的，因此，一般按结构层分层施工。如果平面面积较大，还应分段进行（一般以伸缩缝划分施工段），以便各工序流水作业。在每层每段中，浇筑顺序为先浇筑柱、墙，后浇梁、板。

（1）基础浇筑。柱基础形式多为台阶式，施工时一般按台阶分层一次浇筑完毕，不允许留设施工缝。浇筑时混凝土应先边角后中间，务必使混凝土充满模板各个角落，防止一侧倾倒混凝土挤压钢筋造成柱钢筋的位移；各台阶之间最好留有一定时间间隔，以给下面台阶混凝土一段初步沉实的时间，避免上下台阶之间出现裂缝，也便于上一台阶混凝土的浇筑。

而对于其他基础，如杯形基础，应注意杯口底部标高和杯口模板的位置，防止模板上浮和倾斜；锥形基础，应注意斜坡部位混凝土的捣固密实；现浇柱下基础，应注意柱子插筋位置的准确，防止移位和倾斜；条形基础，应根据高度分段（2～3m）分层连续浇筑，一般不留施工缝；设备基础，应分层（20～30cm）浇筑，保证上下层间不出现施工缝。

（2）柱的浇筑。梁、板模板安装后钢筋未绑扎前浇筑，以便利用梁、板模板做横向支撑稳定柱模，并用作浇筑柱子混凝土的操作平台。一排柱子的浇筑顺序应从两端同时向中间推进，以防柱模板在横向推力下向另一方倾斜；柱高在 3.5m 以下时，可直接从柱顶浇筑混凝土，如果柱高超过 3.5m，断面小于 400mm×400mm，并有交叉箍筋时，可在柱模侧面每段不超过 2m 的高度开口（不小于 300mm 高），插入斜溜槽分段浇筑；开始时应先在底部填 50～100mm 厚与所浇混凝土成分相同的砂浆，以免底部产生蜂窝等现象。随着柱子浇筑高度的上升，混凝土表面将积聚大量浆水，因此混凝土的水灰比和坍落度应随浇筑高度上升予以递减。

（3）梁、板的浇筑。与柱或墙连成整体的梁、板，应在柱、墙浇筑完毕后停歇 1～1.5h，使其初步沉实，排除泌水后，再继续浇筑梁、板混凝土。肋形楼板的梁、板应同时浇筑，其顺序是先根据梁高分层浇筑成阶梯形，当达到板底位置时即与板的混凝土一起浇筑；而且倾倒混凝土的方向应与浇筑方向相反；当梁的高度大于 1m 时，可先单独浇梁，并在板底以下 20～30mm 处留设水平施工缝。浇筑无梁楼盖时，在柱帽下 50mm 处暂停，然后分层浇筑柱帽，下料应对准柱帽中心，待混凝土接近楼板底面时再连同楼板一起浇筑。

（4）楼梯的混凝土浇筑。自下而上依次浇筑，当必须留置施工缝时，其位置应在楼梯长度中间的 1/3 范围内。对于钢筋较密集处，可改用细石混凝土，并加强振捣以保证混凝土密实。应采取有效措施保证钢筋保护层厚度及钢筋位置和结构尺寸的准确，注意施工中不要踩倒负弯矩钢筋。

（5）剪力墙浇筑。剪力墙浇筑除按一般规定进行外，当高度大于 3m 时应分段浇筑，还应注意门窗洞口应两侧对称同时浇筑，浇筑高差不能太大，以免门窗洞口发生位移或变形。同时，应先浇筑窗台下部，后浇窗间墙，以防窗台下部出现蜂窝孔洞。

2. 大体积混凝土浇筑

大体积混凝土是指厚度大于或等于 1.5m，长、宽较大，施工时水化热引起混凝土内的最高温度与外界温度之差不低于 25℃ 的混凝土结构。一般多为建筑物、构筑物的基础，如高层建筑中常用的整体钢筋混凝土筏板基础、箱型基础、高炉设备基础等。

大体积混凝土结构的施工特点：一是整体性要求较高，一般要求混凝土连续浇筑，不允许留施工缝；二是结构的体量较大，浇筑后的混凝土产生较大的水化热且不易散发，从而形成内外较大的温差，引起较大的温差应力，导致混凝土形成温度裂缝。因此，大体积混凝土施工时，为保证结构的整体性应合理确定混凝土浇筑方案，为保证施工质量应采取有效的技术措施降低混凝土内外温差。

（1）浇筑方案的选择。保证混凝土浇筑工作能连续进行，避免留设施工缝，应在下一层混凝土初凝之前将上一层混凝土浇筑完毕。因此，在组织施工时，首先应按下式计算每小时需要浇筑混凝土的数量也称浇筑强度。

$$V = BLH/(t_1 - t_2)$$

式中：V 为每小时混凝土浇筑量，m^3/h；B、L、H 分别为浇筑层的宽度、长度、厚度，m；t_1 为混凝土初凝时间，h；t_2 为混凝土运输时间，h。

根据混凝土浇筑量，计算所需要的搅拌机、运输工具和振动器的数量，并据此拟定浇筑方案和进行劳动组织。大体积混凝土浇筑方案需根据整体性要求、结构大小、钢筋疏密、混凝土供应等具体情况确定，一般有全面分层、分段分层和斜面分层三种方案（图4-27）。

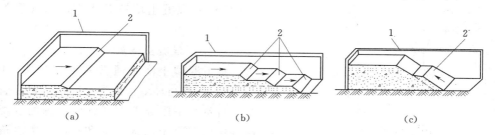

图4-27 大体积混凝土浇筑方案
(a) 全面分层；(b) 分段分层；(c) 斜面分层
1—模板；2—新浇筑的混凝土

1) 全面分层。在整个结构内全面分层浇筑混凝土，要求做到第一层全面浇筑完毕回来浇筑第二层时，第一层浇筑的混凝土还未初凝，如此逐层进行，直至浇筑完。适用于平面尺寸不太大的结构，施工时从短边开始，沿长边进行较适宜。必要时也可分两段，从中间向两端或从两端向中间同时进行。

2) 分段分层。如采用全面分层浇筑方案，混凝土的浇筑强度太高，施工难以满足时，则可采用分段分层浇筑方案。将结构从平面上分成几个施工段，厚度上分成几个施工层，混凝土从底层开始浇筑，进行一定距离后回来浇筑第二层，如此依次向前浇筑以上各分层。适用于厚度不太大而面积或长度较大的结构。

3) 斜面分层。斜面坡度为1:3，施工时应从浇筑层的下端开始逐渐上移，以保证混凝土施工质量。适用于结构的长度超过厚度3倍的情况。

分层的厚度取决于振捣器的长度，也考虑混凝土的供应量大小和可能浇筑量的多少，一般为200~300mm。浇筑混凝土所采用的方法，应使混凝土在浇筑时不发生离析现象。

(2) 大体积混凝土温度裂缝产生的原因及防治措施。大体积混凝土结构截面大，浇筑过程中产生大量的水化热且不能及时散发，导致内部温度升高，形成较大的内外温差，从而形成初期的表面裂纹。养护后期，混凝土随着散热而收缩，但由于受到基底的约束，从底部开始混凝土内部受拉，产生内部裂纹，向上发展，贯穿整个基础，其危害更大。因此，必须采取有效的措施。降低水化热措施有：选用水化热较低的水泥，如矿渣水泥等；选用粒径较大、级配良好的粗细骨料，尽量减少水泥用量；减少用水量；在混凝土中掺入粉煤灰等适量的矿物掺料；掺缓凝剂或缓凝型减水剂型。降低内外温差措施有：降低混凝土的入模温度，扩大浇筑面和散热面，减少浇筑层厚度和适当放慢浇筑速度，必要时在混凝土内部埋设冷却水管，用循环水来降低混凝土温度；在浇筑完毕后，应及时排除泌水，必要时要进行二次振捣；加强混凝土保温、保湿养护，严格控制大体积混凝土的内外温差（设计无要求时，温差不宜超过 25℃）；在混凝土表层以及内部设置若干个温度观测点，加强观测，一旦出现温差大的情况，便于及时处理。

此外，为避免温度变化对大体积和大面积浇筑混凝土的影响，产生收缩裂缝，在某些情况下可留后浇带，即将整块混凝土分成两块或若干块浇筑，以削减温度收缩应力。待所浇筑的混凝土经一段时间的养护收缩后，再在后浇带中浇筑收缩补偿混凝土，将分块的混凝土连成一个整体。在正常施工条件下，后浇带的间距一般为 20～30m，宽度为 700～1000mm。

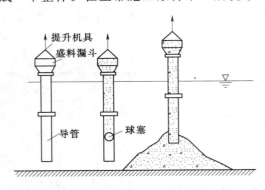

图 4-28 导管法浇筑水下混凝土示意

混凝土浇筑 30～40d 后用比原强度等级提高 1～2 个等级的混凝土填筑后浇带，潮湿下养护不少于 15d。

3. 水下混凝土浇筑

水下混凝土浇筑通常采用导管法（图 4-28），并使其与环境水或泥浆隔离，依靠管中混凝土自重，挤压导管下部管口周围的混凝土在已浇筑的混凝土内部流动和扩散，边浇筑边提升导管，直至混凝土浇筑完毕。水下混凝土浇筑的主要设备有金属导管（钢管制成，管径为 200～300mm，每节管长 1.5～2.5m）、盛料漏斗、提升机具（卷扬机、起重机、电动葫芦等）等。导管内部设有软木、橡胶、泡沫塑料等制成的球塞，直径比导管内径小 15～20mm。

施工时，先将导管沉入水中距底部 100mm，将球塞用铁丝或麻绳悬于导管内在水位以上 200mm 处，再浇筑混凝土。当导管和盛料漏斗装满后，立即剪断吊绳。随着混凝土的不断上升，导管也开始提升，每次提升导管高度控制在 150～200mm，保证导管下部始终埋在混凝土内，其最小埋深（表 4-21），最大埋深小于 5m。

表 4-21　　　　　　　　　　　导管埋入混凝土中的最小深度　　　　　　　　　　　单位：m

混凝土水下浇筑深度	最小深度	混凝土水下浇筑深度	最小深度
≤10	0.8	15～20	1.3
10～15	1.1	>20	1.5

为保证混凝土的浇筑质量，导管作用半径应小于 4m，多根导管浇筑时，导管间距应小于 6m，每根导管建筑面积应小于 30m²，相邻导管下口标高差值不应超过导管间距的 1/20～1/15。浇筑完后，表面的混凝土软弱层应清除掉（清水中浇筑的取 0.2m，泥浆中浇筑的取 0.4m）。

五、混凝土振捣密实

混凝土入模时呈疏松状，含有大量的空洞与气泡，必须采用适当的方法在其初凝前振捣密实完毕，才能使构件或结构满足使用要求。振捣密实方法主要有人工捣实、机械振捣、离心法、真空抽吸法、自流浇筑成型等。最常用的方法是机械振捣法。

1. 人工捣实

人工振捣是利用捣棒、插钎等工具的冲击力来使混凝土密实成型。振捣时必须分层浇筑混凝土，每层厚度宜在 150mm 左右，并应注意布料均匀，每层确保捣实后才能浇筑上一层混凝土。插捣要插匀插全，主钢筋的下面、钢筋密集处、石子较多处、模析阴角处及施工缝处应特别注意捣实，而且增加振捣次数比加大振捣力效果更好，用木锤敲击模板时，用力要适当，避免造成模板位移。

2. 机械振捣

机械振捣是将振动器的振动力以一定的方式传给混凝土，使之发生强迫振动破坏水泥浆的凝胶结构，降低水泥浆和骨料之间的摩擦力，提高混凝土拌和物的流动性，使混凝土密实成型。机械振捣效率高、密实度大、质量好，且能振实低流动性或干硬性混凝土。因此，一般应尽可能使用机械振捣。

机械振捣按其工作方式不同分为内部振动器、表面振动器、外部振动器和振动台等（图4-29），构造原理基本相同。

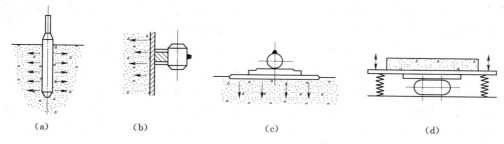

图4-29　振动器原理
（a）内部振动器；（b）外部振动器；（c）表面振动器；（d）振动台

（1）内部振动器。内部振动器又称作插入式振动器，由电动机、软轴和振动棒三部分组成（图4-30），主要是依靠偏心振子使振动设备因离心力而产生振动。工作时将振动棒插入混凝土产生振动力而捣实混凝土。插入式振动器是目前用的最多一种，常用于振实基础、柱、梁、墙、厚度较大的板等构件和体积较大的混凝土。

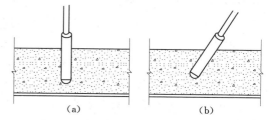

图4-30　插入式振动器的振捣方法
（a）直插；（b）斜插

插入式振动器的振捣方法有垂直振捣和斜向振捣两种。可根据具体情况采用，一般以采用垂直振捣为多。垂直振捣容易掌握插点距离，控制插入深度（不应超过振动棒长度的1.25倍）；不易产生漏振，不易触及钢筋和模板；混凝土受振后能自然沉实、均匀密实。而斜向振捣是将振动棒与混凝土表面成40°～45°插入，操作省力、效率高、出浆快，易排出空气，不会发生严重的离析现象，振动棒拔出时不会形成孔洞。

使用插入式振动器垂直振捣宜直上直下、快插慢拔、插点布匀、切勿漏点、上下振动、层层扣搭，掌握好时间，获得密实的混凝土质量。

快插是为了防止先将混凝土表面振实，与下面混凝土产生分层离析现象；慢拔是为了使混凝土填满振动棒抽出时形成的空洞。振动器插点要均匀排列，可采用"行列式"或"交错式"的次序移动，防止漏振（图4-31）。每次移动两个插点的间距不宜大于振动器作用半径的1.5倍（振动器的作用半径一般为300～400mm）；振动棒与模板的距离不应大于其作

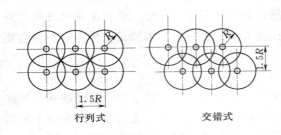

行列式　　　　　交错式

图 4 - 31　插入式振动器的插点排列

用半径的 0.5 倍，并应避免碰撞钢筋、模板、芯管、吊环、预埋件等。为了保证每一层混凝土上下振捣均匀，应将振动棒上下来回抽动 50～100mm；同时还应将振动棒插入下一层未初凝的混凝土中，深度不应小于 50mm。混凝土振捣时间要掌握好，振动时间过短，不能使混凝土充分捣实；过长，则可能产生分层离析；一般每点振捣时间为 20～30s，使用高频振动器时也应大于 10s，以混凝土不下沉、气泡不上升、表面泛浆为准。

（2）外部振动器。外部振动器又称附着式振动器，是直接安装在模板外侧的横挡或竖挡上，利用偏心块旋转时产生的振动力通过模板传递给混凝土，使之振实。其体积小，结构简单、操作方便，可以改装成平板式振动器。缺点是震动作用的深度小（约 250m），因此，仅适用于钢筋较密、厚度较小以及不宜使用插入式振动器的结构的构件中，并要求模有足够的刚度。一般要求混凝土的水灰比应比用内部振动器时大一些。

使用附着式振动器，其间距应通过试验确定，一般间距为 1～1.5m；对结构尺寸较厚时，可在结构两侧同时安装振动器，待混凝土入模后方可开动振动器；混凝土浇筑高度要高于振动器安装部位；振动时间以混凝土振成一个水平面并不再出现气泡时，即可停止振动，必要时应通过试验确定时间；振动器开动后应随时观察模板的变化，以防位移或漏浆。

（3）表面振动器。表面振动器又称平板振动器，是将一个带有偏心块的电动振动器固定在一块平板上，通过平板与混凝土表面接触而将振动力传给混凝土达到振实的目的。平板一般用钢板制成，尺寸依需要而定。平板振动器放在混凝土表面进行振捣，作用深度比较小（150～250mm），适用于表面积大而平整、厚度小的结构构件或预制构件，如楼地面、路面、屋面等。

在振捣中，平板必须与混凝土充分接触，以保证振动力的有效传递。一般在无筋或单筋平板中振实厚度约为 200mm，在双筋平板中约为 120mm；表面振动器在每一位置应连续振动一定的时间，在正常情况下约为 25～40s，并以混凝土表面均匀出现浆液为准；移动时应有一定的路线，并保证前后左右相互搭接 30～50mm，防止漏振；振动倾斜混凝土表面时，振动路线应由低向高处推进。

（4）振动台。振动台是一个支承在弹性支座上的工作平台，在平台下面装有振动机构。当振动机构运转时，即带动工作台做强迫振动，从而使在工作台上制作构件的混凝土得到振实。振动台是生产效率较高的一种设备，是预制构件常用的振动机械。

3. 离心法

离心法是在装有混凝土模板的离心机（如滚轮式离心机或车床式离心机）上旋转，使混凝土由于离心力的作用而远离纵轴，均匀分布在模板内壁，形成空腔，再加大转速，使混凝土密实成型。适用于制作混凝土管道、管桩、电线杆等管状结构。

4. 真空抽吸法

真空抽吸法是利用真空负压，将水分从初步成型的混凝土中吸出而使混凝土密实成型。主要有表面真空作业和内部真空作业两种。适用于预制平板和现浇楼板、道路、薄壳、墙壁桥墩、水池等结构。

5. 自流浇筑成型（免振捣混凝土）

在基本不用振捣的条件下通过自重实现自由流淌，充满模板内及钢筋之间的空间，形成密实且均匀的结构。

六、混凝土养护

混凝土成型后应及时进行养护，以保证水泥水化作用正常进行，达到设计要求的强度。养护的目的是为混凝土硬化创造必需的温度和湿度条件，防止水分过早蒸发或冻结，防止混凝土强度降低和出现收缩裂缝、剥皮、起砂等现象。

混凝土养护方法主要有自然养护、蒸汽养护、蓄热养护、热拌混凝土热模养护、太阳能养护、远红外线养护等。大部分属于加热养护，其中蓄热养护多用于冬季施工，而蒸汽养护常用于预制构件养护。这里重点介绍自然养护和蒸汽养护两种方法。

1. 自然养护

自然养护是指在自然气温条件下（平均气温≥5℃），对混凝土采取材料覆盖、浇水润湿、挡风、保温等适当的养护措施，使其在规定的时间内保持足够的润湿状态。自然养护成本低、效果好，但养护期长。自然养护又分为覆盖浇水养护和塑料薄膜养护两种。

（1）覆盖浇水养护。根据外界气温，一般应在混凝土浇筑完毕后 3～12h 内用草帘、芦席、麻袋、锯末、湿土和湿砂等适当材料将混凝土予以覆盖，并经常浇水（当日平均气温低于 5℃时不得浇水）保持湿润。混凝土浇水养护的时间，对硅酸盐水泥、普通水泥和矿渣水泥拌制的混凝土不得少于 7 昼夜；掺用缓凝型外加剂或有抗渗性要求的混凝土，不得少于14 昼夜；当采用其他品种水泥时，养护时间应根据所采用水泥的技术性能确定；浇水次数以能保持足够的湿润状态为宜，养护用水应与拌制用水相同。一般气温在 15℃ 以上时，在混凝土浇筑后最初 3 昼夜中，白天至少每 3h 浇水一次，夜间也应浇水两次；在以后的养护中，每昼夜应浇水 3 次左右；在干燥气候条件下，浇水次数应适当增加。混凝土强度达到1.2MPa 前，不得在其上踩踏或安装模板及支架，确保混凝土质量。

对大体积混凝土的养护，应根据气候条件按施工技术方案采取控温措施；对大面积结构，如地坪、楼屋面板等可采用覆盖湿土、湿砂或构件周边用黏土封住，中部蓄水养护；对于贮水池一类工程可在拆除内模、混凝土达到一定强度后注水养护；对于一些地下结构或基础，可在其表面涂刷沥青乳液或用土回填以代替洒水养护。

（2）塑料薄膜养护。以塑料薄膜为覆盖物，使混凝土与空气隔绝，水分不被蒸发，水泥靠混凝土中的水分完成水化作用而凝结硬化。采用塑料薄膜养护的混凝土，其敞露的全部表面应覆盖严密，保持塑料布内有凝结水。塑料薄膜养护分为直接覆盖法和喷洒塑料薄膜养护液法。直接覆盖法是将塑料薄膜直接覆盖在混凝土构件上，最好是用两层薄膜，下层用黑色，上层用透明的，周围压严，以达到不用浇水也能保持湿度并提高养护温度的目的。这种方法比覆盖浇水养护可提高温度 10～20℃。喷洒塑料薄膜养护液法是将过氯乙烯树脂塑料溶液喷洒在混凝土表面上，待溶液挥发后，在混凝土表面形成一层塑料薄膜，使混凝土表面与空气隔绝，封闭混凝土中的水分不再被蒸发，而完成水化作用。其缺点是 28d 混凝土强度偏低 8% 左右，同时由于成膜很薄，起不到隔热防冻作用，故夏季薄膜成型后要加防晒措施（不少于 24h），否则易发生丝状裂缝。这种养护方法一般适用于表面积大的混凝土施工或浇水养护困难的情况。

喷洒主要设备有空压机、高压容罐，喷具可用喷漆枪或农药枪。喷洒时压力以空压机工作压力 0.4～0.5MPa 为宜。压力过小不易形成雾状，过大则会破坏混凝土表面，喷洒时喷头应离混凝土表面 50cm 为宜。喷洒时间应使混凝土泌水蒸发情况而定，以表面不浮水，手指轻按无指痕时即可喷洒。喷洒过早会影响塑料薄膜与混凝土表面结合；过迟则会影响混凝土强度。喷洒厚度以 2.5m²/kg 为宜，厚度应均匀一致。薄膜形成后严禁在上面行走或划破表面薄膜，如有损坏应立即补救。

2. 蒸汽养护

蒸汽养护是通过对混凝土加热来加速混凝土的强度增长。常用的方法有蒸汽室养护、热模养护等。蒸汽室养护是蒸汽与混凝土构件直接接触，而热模养护不与构件直接接触，是通过蒸汽加热的模板上的热量与混凝土进行热交换完成的。

蒸汽室养护是将构件放在充满饱和蒸汽或蒸汽与空气混合物的养护室内，使混凝土在高温高湿条件下，迅速达到要求的强度。养护过程分为静停、升温、恒温和降温四个阶段。

静停阶段是将成型的混凝土放在室温条件下一段时间，普通水泥一般静停 2～6h，以增强混凝土对升温阶段结构破坏作用的抵抗力，避免养护时在构件表面出现裂缝和疏松现象。

升温阶段（吸热阶段）是通入蒸汽，使混凝土原始温度上升到恒温温度的过程。升温速度不宜太快，以免混凝土内外温差过大产生裂缝，一般控制在 10～25℃/h。薄型构件不超过 25℃/h，其他不超过 20℃/h，干硬性混凝土制作的构件，不超过 40℃/h。

恒温阶段是升温到要求的温度后，保持温度不变的持续养护时间。恒温阶段是混凝土强度增长最快的阶段。恒温的温度与水泥品种有关，对普通水泥一般不超过 80℃，矿渣水泥和火山灰水泥可提高到 90～95℃。如温度再高，虽然可使混凝土硬化速度加快，但会降低其后期强度。因此，恒温时间一般为 5～8h，且应保持 90%～100% 的相对湿度。

降温阶段（散热阶段）是指构件由恒温降至常温的时间。降温温度也不宜过快，否则混凝土会产生表面裂缝。一般情况下，构件厚度在 100mm 左右时，降温速度为 20～30℃/h；构件出室时的温度与室外气温相差不得大于 40℃；当室外气温为负温时，不得大于 20℃。

目前常用的蒸汽养护室形式有坑式、折线形隧道式和立式等几种。

七、混凝土的质量检查要求和缺陷处理

建筑结构的质量，是保证建筑物有效使用的重要条件；而建筑结构的缺陷和事故则会使建筑物受到损伤、失效、破坏甚至倒塌，给人民生命和社会财富带来巨大损失。

凡由人为的（勘察、设计、施工、使用等）或自然的（地质、大风、冰冻等）原因，使建筑结构出现不符合规范和标准要求的一些问题和现象，统称为建筑结构的缺陷。建筑结构的临近破坏、破坏和倒塌，统称为质量事故。可见，建筑结构的缺陷和事故是两个不同的概念，事故表现为建筑结构局部或整体的临近破坏、破坏和倒塌，而缺陷为发展到临近破坏、破坏和倒塌的程度，仅表现为具有影响正常使用、承载能力、耐久性和整体稳定性的种种隐患或显露的不足。但建筑结构的缺陷和事故却是同一类事物的两种程度的不同表现，缺陷往往是产生事故的直接和间接原因，而事故往往是缺陷的质变或对缺陷经久不加处理的发展。

1. 混凝土的质量检查要求

混凝土的质量检查包括施工过程中的质量检查和施工后的质量检查。

（1）施工过程中混凝土的质量检查。混凝土拌制中应检查所用原材料的质量和用量的，每工作班至少一次；原材料每盘称量允许偏差是：水泥、掺和料为 ±2%；粗、细骨料为 ±3%；水、外加剂为 ±2%；遇到雨天和含水率变化时，应增加检测次数并及时调整水和骨料用量。混凝土拌制和浇筑地点的坍落度，每工作班至少检查两次，允许偏差：坍落度小于50mm，±10mm；50～90mm，±20mm；大于90mm，±30mm。混凝土配合比由于外界影响有变动时，应及时检查。混凝土的搅拌时间，应随时检查。

（2）施工后混凝土的质量检查。主要包括混凝土的强度、耐久性、外观质量和构件尺寸。混凝土强度必须符合要求，取样与试件留置应符合下列规定：每拌 100 盘且不超过 100m³ 的同配合比的混凝土，取样不得少于一次；每工作班拌的同一配合比的混凝土不足 100 盘时，取样不得少于一次；当一次连续浇筑超过 1000m³ 时，同一配合比的混凝土每 200m³ 取样不得少于一次；每一楼层、同一配合比的混凝土，取样不得少于一次；每次取样应至少留置一组（3 个）标准养护试件，同条件养护试件的留置组数应根据实际需要确定。

当混凝土强度评定不合格时，可采用非破损（回弹法、超声波和综合法）或局部破损（钻芯取样）检测方法对强度进行推定；有抗渗要求的，同一工程、同一配合比的混凝土，取样不得少于一次，留置组数可根据实际需要确定。

混凝土结构拆模后，应检查外观质量缺陷（露筋、蜂窝、孔洞、夹渣、疏松、裂缝、连接部位缺陷等）、外形缺陷（缺棱掉角、棱角不直、翘曲不平、飞边凸肋等）、外表缺陷（麻面、掉皮、起砂、沾污等）和外观尺寸（轴线坐标位置、中心距、深度、水平度、垂直度、标高、截面尺寸、外形尺寸、凸台凹穴尺寸、表面平整度、预埋设施中心线、预留洞中心线位置等）。对于已出现的严重缺陷和尺寸偏差，应由施工单位提出技术处理方案，经监理（建设）单位认可后实施，对处理的部位，还应重新检查验收。

2. 混凝土主要缺陷的技术处理

（1）小蜂窝、麻面。主要原因是模板接缝处漏浆、模板表面未清理干净、钢模板未满涂隔离剂、木模板湿润不够、振捣不够密实。处理方法是先用钢丝刷或压力水清洗表面，再用 1∶2～1∶2.5 水泥砂浆填满抹平并养护。

（2）蜂窝、露筋。主要原因是配合比不准确、浆少石多、搅拌不均匀、和易性较差、分层离析、配筋过密、石粒径过大使砂浆不能充满钢筋周围、振捣不够密实。处理方法是先去掉薄弱的混凝土和突出的骨料颗粒，用钢丝刷或压力水清洗表面，再用比原强度等级高一级的细石混凝土填满，仔细捣实并养护。

（3）大蜂窝、孔洞。主要原因是混凝土产生离析、石子成堆、漏振。处理方法是在彻底剔除松软的混凝土和突出的骨料颗粒，用压力水清洗干净并湿润72h，然后用水泥砂浆或水泥浆涂抹结合面，再用比原强度等级高一级的细石混凝土浇筑、振捣密实并养护。

（4）裂缝。主要原因是养护不好、表面失水过多、温差过大（冬季、夏季）、变形或局部沉降、受力过早、收缩和温度应力过大等。处理方法是细小裂缝先用水将裂缝冲洗干净，再用水泥浆抹补；裂缝较大较深（宽1mm以内），应沿裂缝凿成凹槽，用水冲洗干净，再用 1∶2～1∶2.5 的水泥砂浆或环氧树脂胶泥抹补；影响结构整体性和承载力的裂缝，应用化学灌浆和压力水泥灌浆补救。

第四节　混凝土的冬期施工

一、混凝土冬期施工的基本概念

我国规范规定：根据当地多年气温资料，当室外日平均气温连续 5d 稳定低于 5℃时，即进入冬期施工阶段，并及时采取冬期施工防冻措施。

1. 温度与混凝土硬化的关系

温度的高低对混凝土强度增长有很大影响。混凝土只有在正温下养护，才能保持强度不断增长，在湿度合适的条件下，温度越高，水泥水化作用就越迅速、完全，混凝土硬化速度快，强度就越高。在 0℃ 以下时，混凝土中的水会冻结，水化作用几乎停止，强度无法增长。

2. 冻结对混凝土质量的影响

混凝土在初凝后、本身强度很小时遭冻结，此时混凝土内部存在两种应力：一种是水泥水化作用产生的粘结应力，另一种是混凝土内部自由水结冰，体积膨胀（8%～9%）所产生的冻胀应力。由于粘结应力小于冻胀应力，很容易破坏刚形成水泥石的内部结构，产生一些微裂纹，混凝土的强度也不可能达到原设计的强度等级。因此，受冻龄期越早，混凝土强度损失越大；反之，损失越小。

3. 混凝土受冻临界强度

若混凝土在冻结前达到某一强度值后再遭受冻结，此时混凝土内部水化作用产生的粘结应力足以抵自由水结冰产生的冻胀应力时，解冻后强度还能继续增长，可达到原设计强度等级。因此，混凝土遭受冻结时，具有的足以抵抗冰胀应力的最低强度值即为混凝土受冻临界强度。硅酸盐水泥、普通硅酸盐水泥配制的混凝土，受冻临界强度为设计的混凝土强度标准值的 30%；矿渣硅酸盐水泥配制的混凝土为 40%；但对 C10 及 C10 以下的混凝土，不得小于 5.0MPa；掺防冻剂的混凝土，当室外最低气温不低于 −15℃ 时，不得小于 4MPa，气温不低于 −30℃ 时，不得小于 5MPa。

二、混凝土冬期施工方法

1. 冬期施工的工艺要求

（1）混凝土材料选择及要求。配制冬期施工的混凝土，应优先选用硅酸盐水泥或普通硅酸盐水泥，强度等级不低于 42.5，最小水泥用量不宜小于 300kg/m³，水灰比不大于 0.6。使用矿渣硅酸盐水泥，宜采用蒸汽养护；使用其他品种水泥，应注意其中掺合料对混凝土抗冻、抗渗等性能的影响。掺用防冻剂的混凝土，严禁使用高铝水泥。

混凝土所用骨料必须清洁，不得含有冰、雪等冻结物及易冻裂的矿物质。掺用含有钾、钠离子防冻剂的混凝土中，不得采用活性骨料或混有活性材料。

冬期浇筑的混凝土，宜使用无氯盐类防冻剂。对抗冻性要求高的混凝土，宜使用引气剂或引气减水剂。掺防冻剂、引气剂或引气减水剂的，应符合国家标准。非加热法施工采用的外加剂，优先选含引气剂成分的，含气量在 2%～4%。钢筋混凝土掺氯盐类防冻剂，不得大于 1%（水泥重量），不宜采用蒸汽养护。

（2）混凝土材料的加热。应优先采用加热水的方法，当水加热仍不能满足要求时，再对骨料进行加热。由于温度较高时会使水泥颗粒表面结成外壳，阻止水化作用，形成"假凝"现象，因此，水及骨料的加热温度应根据热工计算确定，但不得超过规定的最高温度。一般强度等级小于 52.5 的普通硅酸盐水泥、矿渣水泥，拌和水温为 80℃，骨料为 60℃，而大于或等于 52.5 的硅酸盐水泥、普通硅酸盐水泥，拌和水为 60℃，骨料为 40℃。

（3）混凝土的搅拌与运输。混凝土搅拌前，应用热水或蒸汽冲洗搅拌机，先投骨料和热的水，再投水泥，搅拌时间应较常温延长 50%。水泥不应与 80℃ 以上的水直接接触，避免水泥假凝。混凝土拌和物的出机温度不宜低于 10℃，入模温度不得低于 5℃。尽量减少运输时间和距离。

（4）混凝土的浇筑。混凝土在浇筑前，应清除模板和钢筋上的冰雪和污垢。并不得在冻胀性地基上浇筑混凝土；应注意冰雪、冻胀和温度应力；加热养护温度大于 40℃时，应征得设计单位同意；

当分层浇筑大体积结构时，为防止上层的热量被下层过多吸收，分层浇筑时间间隔不宜过长。已浇筑层的混凝土温度，在被上一层混凝土覆盖前，不得低于热工计算的温度，且不得低于 2℃。加热养护时，养护前的温度不得低于 2℃。

对加热养护的现浇混凝土结构，应合理安排混凝土的浇筑程序和施工缝的位置，以防在加热养护时产生较大的温度应力。对装配式结构，浇筑承受内力接头的混凝土或砂浆，宜先将结合处的表面加热到正温，浇筑后的接头混凝土或砂浆在温度不超过 45℃的条件下，应养护至设计要求强度。当设计无专门要求时，其强度不得低于设计的混凝土强度标准值的75％。浇筑接头的混凝土或砂浆，可掺用不致引起钢筋锈蚀的外加剂。

2. 混凝土冬期养护方法

冬期混凝土的养护方法主要有蓄热法、蒸汽加热法、掺外加剂法、暖棚法和电热法等。

（1）蓄热法。蓄热法是利用原材料预热的热量及水泥水化热，通过适当的保温材料覆盖，延缓混凝土的冷却速度，保证混凝土能在冻结前达到所要求强度的一种冬期施工方法。适用于室外最低温度不低于－15℃的地面以下工程或构件表面系数（指结构冷却的表面积与其全部体积的比值）不大于 15m^{-1} 的结构。

蓄热法养护的三个基本要素是混凝土的入模温度、围护层的总传热系数和水泥水化热值。若使浇筑的混凝土温度由浇筑完的温度降至 0℃，而混凝土强度则由 0 达到其临界强度，应选用强度高、水化热大的硅酸盐水泥或普通硅酸盐水泥；掺用早强型外加剂；提高入模温度；采用保温材料（草帘、草袋、锯末、谷糠、炉渣、聚苯乙烯泡沫塑料和岩棉）或土壤覆盖、生石灰与湿锯末拌和覆盖和太阳能等措施。

（2）蒸汽加热法。蒸汽加热养护分为湿热养护和干热养护两类。湿热养护是让蒸汽与混凝土直接接触，利用蒸汽的湿热作用来养护混凝土，常用的有棚罩法（蒸汽室法）、蒸汽套法以及内部通汽法。干热养护则是将蒸汽作为热载体，通过某种形式的散热器，将热量传导给混凝土使其升温，毛管法和热模法就属此类。

（3）掺外加剂法。掺外加剂是指在冬期施工的混凝土中加入一定剂量的外加剂，以降低混凝土中的液相冰点，保证水泥在负温条件下能继续水化，从而使混凝土在负温下能达到抗冻害的临界强度。混凝土冬期施工中常用的外加剂有防冻剂、早强剂、引气剂、减水剂等。

（4）暖棚法。在所要养护的建筑结构或构件周围用保温材料搭起暖棚，棚内设置热源，以维持棚内的正温环境，使混凝土浇筑和养护如同在常温中一样。宜采用热风机加热，棚内温度不得低于 5℃，并应保持混凝土表面湿润。暖棚法一般只用于建筑物面积不大而混凝土工程又很集中的工程。

（5）电热法。电热法主要有电极法、电热毯法、工频涡流加热法、远红外线养护法等。

小 结

1. 模板是使混凝土结构或构件按设计要求的形状、尺寸和位置浇筑成型的模型板。

常用的组合模板包括组合钢模板、木模板与胶合板模板、钢框木（竹）胶合板模板以及无框模板等。早拆模板体系是早期拆除梁、板模板的一种支模装置和方法，主要由可拆柱头（支撑头）、立柱和可调丝杠支座组成。

2. 模板设计包括模板结构型式及模板材料的选择、材料规格尺寸的确定、荷载计算、结构计算、拟订制作安装和拆除方案及绘制模板图等。模板设计步骤主要确定模板系统的结构形式、荷载计算及组合、模板系统各组成构件的计算简图和构件的设计计算等。

3. 模板安装顺序是：基础、柱或墙、梁、楼板。

4. 模板的拆除应按一定的顺序进行，一般应遵循先支后拆、后支先拆、先非承重部位、后承重部位以及自上而下的原则。重大、复杂的模板，事先拟定拆模方案。

5. 钢筋检验包括外观检查和力学试验。

6. 钢筋配料是根据构件的配筋图，计算构建中个钢筋的直线下料长度，总根数以及钢筋总重量，然后编制钢筋配料单，作为备料加工的依据。

直钢筋下料长度＝构件长度－保护层厚度＋弯钩增加长度

弯起钢筋下料长度＝直段长度＋斜段长度－弯曲量度差值＋弯钩增加长度

箍筋下料长度＝箍筋周长＋箍筋调整值

7. 钢筋代换有等强度代换和等面积代换。

8. 钢筋的加工作业主要包括除锈、调直、切断、连接和弯曲成型等。钢筋除锈可在冷拉、冷拔或调直中完成，也可人工除锈（钢丝刷、砂盘）、除锈机除锈、喷砂和酸洗等。钢筋调直是利用冷拉调直、机械调直和人工调直。钢筋切断采用钢筋切断机或手动液压切断器。钢筋弯曲宜采用弯曲机和弯箍机，也可采用扳钩、扳手、卡盘或扳头等进行弯曲。钢筋连接有机械、焊接和绑扎连接。钢筋焊接有电弧焊、电渣压力焊、闪光对焊、电阻点焊、埋弧压力焊和气压焊等。钢筋机械连接有套筒挤压连接、螺纹套筒连接（锥螺纹、直螺纹）、套筒灌浆连接等。钢筋绑扎连接工艺：画线、摆筋、穿箍、绑扎、安装垫块。

9. 钢筋工程质量要求包括加工、连接和安装的质量要求。

10. 混凝土工程包括配料、搅拌、运输、浇筑、振捣和养护等工序。

11. 混凝土施工配合比换算及施工配料。

12. 常用的混凝土搅拌机主要分为自落式搅拌机和强制性搅拌机两类。搅拌制度包括的确定包括搅拌机的转速，搅拌时间，装料容积及投料顺序等。

13. 混凝土运输包括运输的基本要求和运输机具的选择。运输包括水平运输和垂直运输，一般分为手推车、自卸汽车、机动翻斗车、混凝土搅拌运输车、井架、塔式起重机、皮带运输机、混凝土泵等。

14. 混凝土浇筑的要求、施工缝的设置和混凝土结构的浇筑方法。主要有基础、柱、梁、楼板、大体积混凝土和水下混凝土的浇筑。大体积混凝土浇筑一般有全面分层、分段分层和斜面分层三种方案。注意大体积混凝土温度裂缝产生的原因及防治措施。水下混凝土浇筑通常采用导管法。

15. 混凝土振捣密实方法主要有人工捣实、机械振捣、离心法、真空抽吸法等。最常用的方法是机械振捣法。机械振捣分为内部振动器、表面振动器、外部振动器和振动台等。

16. 混凝土养护方法主要有自然养护、蒸汽养护、蓄热养护、热拌混凝土热模养护、太阳能养护、远红外线养护等。

17. 混凝土的质量检查包括施工过程中的质量检查和施工后的质量检查。注意小蜂窝、麻面、蜂窝、露筋、大蜂窝、孔洞和裂缝等混凝土主要缺陷的技术处理。

18. 混凝土的冬期施工，混凝土遭受冻结时具有的足以抵抗冰胀应力的最低强度值即为混凝土受冻临界强度。冬期混凝土的养护方法主要有蓄热法、蒸汽加热法、掺外加剂法、暖棚法和电热法等。

复习思考题

4-1　混凝土工程对模板有何要求？常用的模板有哪些？

4-2　试述组合钢模板的特点及组成？

4-3　简述现浇混凝土结构的各种构件的模板构造特点？

4-4　模板设计的原则有哪些？模板设计时应考虑哪些荷载？

4-5　现浇结构拆模时应注意哪些问题？

4-6　试述钢筋混凝土的种类及其主要性能？施工现场如何控制钢筋的质量？

4-7　试述钢筋冷拉原理和冷拉控制方法？

4-8　试述常用的钢筋焊接方法？如何检验钢筋焊接的质量？

4-9　简述钢筋的机械连接方法？

4-10　试述钢筋代换的原则和方法以及各种方法的适用条件？

4-11　混凝土配料时为什么要进行施工配合比的换算？如何换算？

4-12　如何确定混凝土的搅拌强度？

4-13　混凝土运输时的基本要求有哪些？如何避免混凝土在运输和浇筑工程中产生离析现象？

4-14　混凝土运输工具有哪些？如何选择混凝土泵运输混凝土？

4-15　混凝土浇筑时的一般要求有哪些？

4-16　什么叫"施工缝"？施工缝的留设原则？常见构件施工缝的留设位置？施工缝处混凝土浇筑方法？

4-17　如何选择大体积混凝土的施工方法？

4-18　如何进行水下混凝土的施工方法？

4-19　混凝土成型方法有哪些？如何使混凝土振捣密实？

4-20　常用的振动器有哪些？各自的适用范围是什么？

4-21　使用插入式振动器时，如何保证混凝土振捣质量？

4-22　混凝土的养护方法有哪些？各自的适用范围是什么？

4-23　引起混凝土质量缺陷的主要因素有哪些？

4-24　混凝土质量缺陷有哪些？不同类型缺陷应如何处理？

4-25　一根长 30m 的 III 级钢筋，直径为 18mm，冷拉采用应力控制，试计算伸长值及拉力。

4-26　一根直径为 20mm、长 24m 的 IV 级钢筋，经冷拉后，已知拉长值为 980mm，此时拉力为 200kN，试判断钢筋是否合格。

4-27　自选一简支梁配筋图，编制钢筋配料单并计算钢筋用量。

4-28 某主梁主筋设计为 5 根直径为 25mm 的 Ⅱ 级钢筋，现在无此钢筋，仅有直径为 28mm、25mm 的 Ⅱ 级钢筋，已知梁宽为 300mm，应如何代换？

4-29 某梁采用 C30 混凝土，原设计纵筋为 6 根直径为 20mm 的 Ⅱ 级钢筋（$f_y =$ 310N/mm^2），已知梁断面为 300mm×600mm。试用 Ⅰ 级钢筋代换（$f_y = 210$N/mm^2）。

4-30 设混凝土水灰比为 0.6，已知设计配合比（质量比）为水泥：砂：石子＝260kg：650kg：1380kg，现测得工地砂含水率为 3％，石子含水率为 1％，试计算施工配合比。若搅拌机的装料容积为 400L，每次搅拌所需各种材料为多少？

4-31 某设备基础长、宽、高分别为 20m、8m、3m，要求连续浇筑混凝土，搅拌站设有 3 台 400L 搅拌机，每台式机生产率为 5m/h，若混凝土运输时间为 24min，初凝时间为 2h，每浇筑层厚度为 300mm。试确定：混凝土浇筑方案、每小时混凝土的浇筑量和完成整个浇筑工作所需的时间。

第五章 预应力混凝土工程

【内容提要和学习要求】

本章主要介绍预应力混凝土的特点，先张法、后张法有粘结和无粘结预应力混凝土施工工艺，主要张拉设备与机具，预应力建立和传递的原理，施工的技术措施。掌握先张法、后张法有粘结和无粘结预应力混凝土施工工艺以及预应力筋下料长度的计算；了解预应力混凝土的概念及特点、施工中各类锚具和夹具的选择。

第一节 概　述

为了充分利用高强度钢筋和高强度混凝土，避免钢筋混凝土结构裂缝的过早出现，在混凝土结构或构件承受使用荷载前，预先对受拉区施加压应力的混凝土就是预应力混凝土。预压应力用来减小或抵消荷载所引起的混凝土拉应力，从而将结构构件的拉应力控制在较小范围，甚至处于受压状态，以推迟混凝土裂缝的出现和开展，从而提高构件的抗裂性能和刚度。

一、预应力混凝土的现状

预应力混凝土广泛用于屋架、吊车梁、屋面板、空心板等大中小型预应力混凝土构件的制作，并且成功用于多高层建筑（现浇框架结构、楼板结构体系、整体预应力装配式板柱结构体系、大柱网结构）、大型桥梁、电视塔、筒仓、水池、大跨度薄壳、水工结构、海洋工程、核电站等整体或特种结构中。另外还可用于结构加固、旧房改造、土坡支护等。随着结构计算理论的日益成熟，预应力混凝土在现代结构中具有广阔的应用和发展前景。

二、预应力混凝土的特点

（1）抗裂性好，刚度大。由于对构件施加预应力，大大推迟了裂缝的出现，在使用荷载作用下，构件不出现裂缝，或裂缝推迟出现，所以提高了构件的刚度，增加了结构的耐久性。

（2）节省材料，减小自重。其结构由于必须采用高强度材料，因此可减少钢筋用量和构件截面尺寸，节省钢材和混凝土，降低结构自重，对大跨度和重荷载结构有着明显的优越性。

（3）提高构件的抗剪能力。试验表明，纵向预应力钢筋起着锚栓的作用，阻碍构件斜裂缝的出现与开展，又由于预应力混凝土梁的曲线钢筋（束）合力的竖向分力部分地抵消剪力。

（4）提高受压构件的稳定性。当受压构件长细比较大时，在受到一定的压力后便容易被压弯，以致丧失稳定而破坏。如果对钢筋混凝土柱施加预应力，使纵向受力钢筋张拉得很紧，不但预应力钢筋本身不容易压弯，而且可以帮助周围的混凝土提高抵抗压弯的能力。

（5）提高构件的耐疲劳性能。具有强大预应力的钢筋，在使用阶段因加荷或卸荷所引起的应力变化幅度相对较小，故可提高抗疲劳强度，对承受动荷载的结构来说是非常有利的。

（6）能扩大结构的使用功能（预制装配化程度），综合效益好。

但预应力混凝土施工工艺较复杂，是技术较强的工种，对质量要求高；需要专门的设备，如张拉机具、灌浆设备等；预应力混凝土结构开工费用较大，对构件数量少的工程成本较高。

三、预应力混凝土的分类

预应力混凝土按施加预应力的大小分为全预应力混凝土、部分预应力混凝土；按施工方法分为预制预应力混凝土、现浇预应力混凝土、叠合预应力混凝土；按施加预应力的方法分为先张法预应力混凝土、后张法预应力混凝土；按预应力筋与混凝土的粘结状态分为有粘结预应力混凝土、无粘结预应力混凝土；按施加预应力的方式分为机械张拉预应力混凝土、电热张拉预应力混凝土。

全预应力混凝土是在使用荷载作用下，不允许截面上混凝土出现拉应力的构件，属严格要求不出现裂缝的构件。部分预应力混凝土允许出现裂缝，但最大裂缝宽度不超过允许值的构件，属允许出现裂缝的构件。无粘结预应力混凝土是将预应力钢筋的外表面涂以沥青、油脂或其他润滑防锈材料，以减小摩擦力和防锈蚀，并用塑料套管或纸带、塑料带包裹，防止施工中碰坏涂层，使之与周围混凝土隔离，而在张拉时可沿纵向发生相对滑移的后张法预应力混凝土。特点是不需预留孔道，不必灌浆、施工简便、快速、造价较低、易于推广应用。

第二节　先张法预应力混凝土施工

先张法是在浇筑混凝土前先将预应力筋张拉到设计控制应力，用夹具临时固定在台座或钢模上，然后浇筑混凝土；待混凝土达到一定强度后，放松预应力筋，靠预应力筋与混凝土之间的粘结力或锚具使混凝土构件获得预压应力。主要分为长线台座法（墩式和槽式）、短线台模法（机组流水和传送带生产法）两种，广泛用于中小型预制构件生产（图 5-1）。

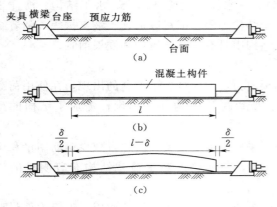

图 5-1　先张法生产示意
(a) 张拉预应力筋；(b) 浇筑混凝土构件；
(c) 放张施加预应力筋

一、先张法预应力筋和张拉设备

（一）预应力筋

先张法预应力筋主要有钢丝（螺旋肋钢丝、刻痕钢丝）和钢绞线（1×3 钢绞线、1×7 钢绞线、标准型钢绞线、刻痕钢绞线）。

（二）台座

台座是先张法生产的主要设备之一，承受预应力筋的全部张拉力。因此，台座应有足够的强度、刚度和稳定性。承载力要大，以免台座变形、倾覆、滑移而引起预应力值的损失。台座按构造不同分为墩式和槽式两类。选用时应根据构件的种类、张拉吨位和施工条件而定。

1. 墩式台座

墩式台座主要由承力台墩、台面、横梁构成，一般用于平卧生产的中小型构件，如屋架、空心板、平板等。台座尺寸由场地大小、构件类型和产量等因素确定。一般长度为 100～150m，这样可利用预应力钢丝长的特点，张拉一次可生产多根构件，减少张拉及临时固定工作，又可减少因钢丝混动或台座横梁变形引起的应力损失。台座宽度约 2m，主要取决于构件的布筋宽度及张拉和浇筑是否方便。台座的承力大小每米宽为 200～500kN。

在台座的端部应留出张拉操作用地和通道，两侧要有构件运输和堆放的场地。

（1）承力台墩。一般由现浇钢筋混凝土做成。台墩应有适合的外伸部分，以增大力臂而减少台墩自重。台墩应具有足够的强度、刚度和稳定性。稳定性验算一般包括抗倾覆验算与抗滑移验算。

台墩的抗倾覆验算（图 5-2），可按式（5-1）进行计算：

$$K = \frac{M_1}{M} = \frac{GL + E_p e_2}{N e_1} \geqslant 1.50 \qquad (5-1)$$

式中：K 为抗倾覆安全系数，一般不小于 1.50；M 为倾覆力矩，由预应力筋的张拉力产生；N 为预应力筋的张拉力；e_1 为张拉力合力作用点至倾覆点的力臂；M_1 为抗倾覆力矩，由台墩自重力和主动土压力等产生；G 为台墩的自重；L 为台墩重心至倾覆点的力臂；E_p 为台墩后面的主动土压力的合力，当台墩埋置深度较浅时，可忽略不计；e_2 为主动土压力合力重心至倾覆点的力臂。

为了改善台墩的受力状态，提高台座承受张拉力的能力，可采用与台面共同工作的台墩。此时台墩倾覆点的位置，按理论计算应在混凝土台面的表面处，但考虑到台墩的倾覆趋势使得台面端部顶点出现局部应力集中和混凝土面抹面层的施工质量，因此，倾覆点的位置宜取在混凝土台面往下 40～50mm 处。

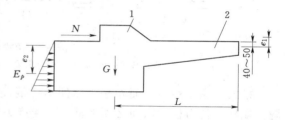

图 5-2　承力台墩的稳定性验算简图
1—牛腿；2—台座

台墩的抗滑移验算，可按式（5-2）进行计算：

$$K_c = \frac{N_1}{N} \geqslant 1.30 \qquad (5-2)$$

式中：K_c 为抗滑移安全系数，一般不小于 1.30；N_1 为抗滑移力，对独立的台墩，由右侧壁土压力和底部摩阻力产生。

对于与台面共同工作的台墩，以往在抗滑移验算中考虑台面的水平力、侧壁土压力和底部摩阻力共同工作。通过分析认为混凝土的弹性模量（C20 混凝土 $E_c = 2.6 \times 10^5 \text{N/mm}^2$）和土的压缩模量（低压缩土 $E_s = 20 \text{N/mm}^2$）相差极大，两者不可能共同工作；而底部摩阻力也较小（约占 5%），可略去不计；实际上台墩的水平推力几乎全部传给台面，不存在滑移问题。因此，台墩与台面共同工作时，可不做抗滑移计算，而应验算台面的承载力。台墩的牛腿和延伸部分，分别按钢筋混凝土和牛腿的偏心受压构件计算。

（2）台面。台面一般是在夯实的碎石垫层上浇筑一层厚度为 60～100mm 的混凝土而成，是预应力混凝土构建成型的胎模。当其与台墩共同工作时，其水平承载力 F 可按式（5－3）计算：

$$F=\frac{\varphi A f_c}{K_1 K_2}\geqslant N \tag{5－3}$$

式中：φ 为轴心受压构件稳定系数，取 1；A 为台面截面面积；f_c 为混凝土轴心抗压强度设计值；K_1 为超载系数，取 1.25；K_2 为考虑台面截面不均匀和其他影响因素的附加安全系数，取 1.5。

台面伸缩缝可根据当地温差和经验设置，一般约 10m 设置一道，也可采用预应力混凝土滑动台面，不留施工缝。

（3）横梁。台墩横梁一般用型钢制成，其挠度不应大于 2mm，并不得产生翘曲。预应力筋的定位板必须安装准确，其挠度不大于 1mm。

2. 槽式台座

槽式台座由端柱、传力柱（钢筋混凝土压杆）、柱垫、上下横梁和台面等组成，即可承受张拉力，又可作蒸气养护槽，适用于张拉吨位较高的大型构件，如吊车梁、屋架等。槽式台座构造（图 5－3）。

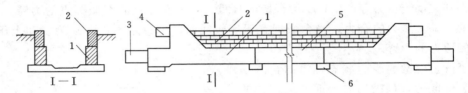

图 5-3　槽式台座构造示意

1—张拉端柱；2—砖墙；3—下横梁；4—上横梁；5—中间传力柱；6—柱垫

槽式台座一般与地面相平，以便运送混凝土和蒸气养护但需考虑地下水位和排水等问题。端柱、传力柱的断面必须平整，对接接头必须紧密；柱与柱垫连接必须牢靠。台座的长度一般不大于 50m，宽度随构件外形及制作方式而定，一般不小于 1m。

槽式台座需进行强度和稳定性计算，即抗倾覆性和承载力计算。端柱和传力柱的强度按钢筋混凝土节后偏心受压构件计算，端柱抗倾覆力矩由端柱、横梁自重力及部分张拉力组成。

（三）张拉夹具及设备

1. 夹具

在先张法中，夹具是进行预应力筋张拉和临时锚固在台座上保持预应力筋张拉的工具，有张拉端夹具（称张拉夹具，简称夹具）和锚固端夹具（称锚固夹具，简称锚具）。根据工作方式不同分为支承式夹（锚）具和楔紧式夹（锚）具。

这里需要指出的是先张法中的锚固夹具是作临时锚固用的，而后张法中的锚固夹具，即通常所说的锚具是张拉并永久固定在预应力混凝土结构上传递预应力的工具。

（1）镦头夹具。镦头夹具适用于具有镦粗头（热镦）的 Ⅱ、Ⅲ、Ⅳ 级单根带肋钢筋，也可用于冷镦的钢丝。常用于固定端用，夹持 $\phi 7mm$ 钢丝。带肋钢筋镦头夹具的外形（图 5－4）。夹具材料采用 45 号钢，热处理硬度 30～35HRC。另外，需要一个可转动的抓钩式连接头（材料采用 45 号钢，40～45HRC）。

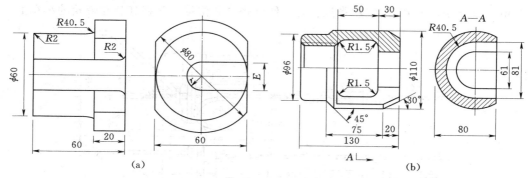

图5-4 单根墩头夹具及张拉连接头
(a) 单根墩头夹具；(b) 抓钩式连接头

（2）夹片夹具。夹片夹具由套筒与夹片组成，夹片有二片、三片等。夹片夹具有固定端和张拉端夹具。圆套筒三片式夹具（图5-5），夹持直径为12mm与14mm的单根冷拔Ⅱ、Ⅲ、Ⅳ级钢筋，也可用于夹持单根的钢绞线，二片的多用于夹持单根 $\phi5$mm钢丝。套筒与夹片均采用45号钢。套筒热处理硬度为35~40HRC，夹片为40~45HRC。

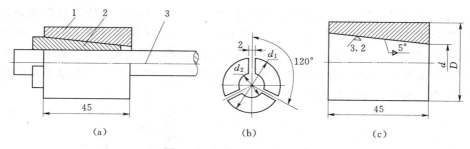

图5-5 圆套筒三片式夹具
1—套筒；2—夹片；3—预应力钢筋

（3）圆锥齿板式夹具。即锥销夹具，用于夹持单根 $\phi4$~5mm的冷拔低碳钢丝和碳素钢丝，由套筒和锚塞（圆锥形带齿销子）组成（图5-6）。

2. 张拉设备

预应力筋张拉设备有电动螺杆张拉机、电动卷扬张拉机和液压千斤顶等，并应进行定期维护和标定。在先张法中，单根张拉可采用电动螺杆张拉机与电动卷扬张拉机。单根钢绞线张拉常用穿心式液压千斤顶。

（1）电动螺杆张拉机。电动螺杆张拉机主要适用于预制厂在长线台座上，张拉冷拔低碳钢丝。DL_1型电动螺杆张拉机构造（图5-7），其工作原理为：电动机正向旋转时，通过减速箱带动螺母旋转，螺

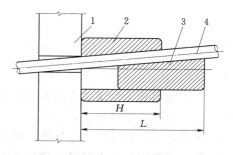

图5-6 圆锥齿板式夹具
1—定位板；2—套筒；3—齿板；4—钢丝

母即推动螺杆沿轴向向后运动张拉钢丝。弹簧测力计上装有计量标尺和微动开关，当张拉力达到要求数值时，电动机能够自动停止转动，锚固好钢丝后，使电动机反向旋转，螺杆机向前运动放松钢丝，完成张拉操作。其最大张拉力为10kN，最大张力行程780mm，张拉速度

2m/min。适于ϕ3～ϕ5的钢丝张拉。为了便于张拉和位移，常将其装在带轮的小车上。

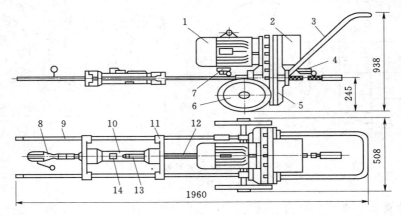

图5-7 DL₁型电动螺杆张拉机构造（单位：mm）

1—电动机；2—配电箱；3—手柄；4—前限位开关；5—减速箱；6—胶轮；7—后限位开关；8—钢丝钳；
9—支撑杆；10—弹簧测力计；11—滑动架；12—梯形螺杆；13—计量标尺；14—微动开关

（2）电动卷扬张拉机。电动卷扬张拉机主要用在长线台座上张拉冷拔低碳钢丝，常用LYZ—1型电动卷扬机最大张拉力10kN，张拉行程5m，张拉速度2.5/min，电动机功率0.75kW。该机型号分为LYZ—1A型（支撑式）和LYZ—1B（夹轨式）两种，B型适用于固定式大型预制场地，左右移动轻便、灵活、动作快、生产效率高。A型适用于多处预制场地，移动变换场地方便（图5-8）。

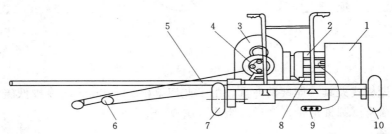

图5-8 LYZ—1A型张拉机

1—电气箱；2—电动机；3—减速箱；4—卷筒；5—撑杆；6—夹钳；7—前轮；
8—测力计；9—开关；10—后轮

（3）穿心式千斤顶。穿心式千斤顶有一个穿心孔，是利用双液压缸张拉预应力筋和顶压锚具的双作用式千斤顶。既适用于张拉带JM型锚具的钢筋束或钢绞线束，配上撑脚与拉杆后，也可作为拉杆式穿心千斤顶。YC20穿心式千斤顶构造（图5-9）。

二、先张法预应力混凝土施工工艺

先张法预应力混凝土施工的一般工艺流程（图5-10）。

（一）预应力筋铺设

为了便于预应力构件的脱模，台座的台面和模板应涂刷隔离剂。同时在台面上每隔一定距离放一根定位钢筋或相当于保护层厚度的其他垫块，以防止预应力筋因自重而下垂，破坏隔离剂，沾污预应力筋。预应力钢丝可用牵引车铺设，钢丝需要接长，可借助钢丝拼接器用

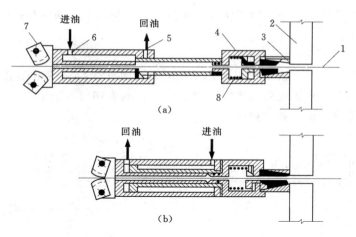

图 5-9 YC20 穿心式千斤顶构造

1—钢筋；2—台座；3—锚具；4—顶压头；5、6—油嘴；7—夹具；8—弹簧

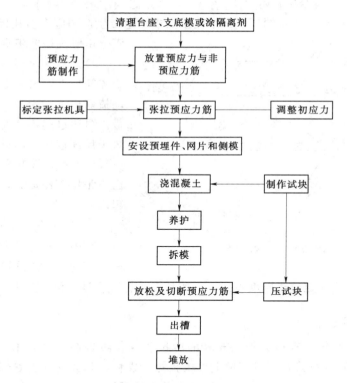

图 5-10 先张法施工工艺流程

20～22 号铁丝密排绑扎搭接。绑扎长度：螺旋肋钢丝不小于 45d（d 为钢丝直径）、刻痕钢丝不小于 80d，钢丝搭接长度应比绑扎长度大 10d。

（二）预应力筋的张拉

预应力筋的张拉通常采用单根或多根成组张拉的方法，并严格按照张拉顺序和张拉程序进行。对于预制空心板的张拉顺序是先中间一根，后向两边对称张拉；梁左右对称进行张拉，若梁顶预拉区有预应力筋，应先张拉。张拉程序是指预应力筋由初始应力达到控制应力的加载过程和方法。

1. 预应力钢丝张拉

（1）单根钢丝张拉。冷拔钢丝可采用 10kN 电动螺杆张拉机或电动卷扬张拉机单根张拉，弹簧测力计侧力，锥销式夹具锚固（图 5-11）。刻痕钢丝可采用 20～30kN 电动卷扬张拉机单根张拉，优质锥销式夹具锚固。

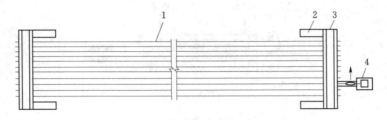

图 5-11　电动卷扬机张拉单根钢丝

1—冷拔低碳钢丝；2—台墩；3—钢横梁；4—电动卷扬张拉机

（2）成组钢丝张拉。在预制厂以机组流水法或传送带生产预应力多孔板时，还可以在钢模上用墩头梳筋板夹具成批张拉（图 5-12）。钢丝两端镦粗，一端卡在固定梳筋板上，另一端卡在张拉端的活动梳筋板上。用张拉钩钩住活动梳筋板，再通过连接套筒将张拉钩和拉杆式千斤顶连接，即可张拉。

（3）钢丝张拉程序。预应力钢丝由于张拉工作量大，宜采用一次张拉程序：

$$0 \rightarrow (1.03 \sim 1.05)\sigma_{con} 锚固$$

其中，σ_{con} 为张拉控制应力，1.03～1.05 是考虑弹簧测力计的误差、温度影响、台座横梁或定位板刚度不足、台座长度不符合设计取值、工人操作影响等的修正系数。

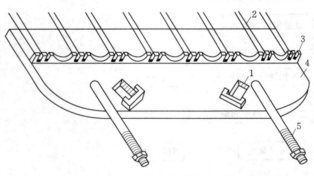

图 5-12　墩头梳筋板夹具

1—张拉沟槽口；2—钢丝；3—钢丝墩头；
4—活动梳筋板；5—锚固螺栓

2. 预应力钢筋张拉

（1）单根钢筋张拉。直径大于 12mm 的冷拉 Ⅱ～Ⅳ 级钢筋，可采用 YC20D、YC60 或 YL60 型千斤顶在双横梁式台座或钢模上单根张拉，螺杆夹具或夹片夹具锚固。热处理钢筋或钢绞线宜采用 YC20D 型千斤顶或 YCN23 型前卡千斤顶张拉，夹片锚具锚固。

（2）成组钢筋张拉。大型预制构件生产时，可采用三横梁装置（图 5-13）。千斤顶与活动横梁组装在一起。张拉前应调整初应力，使每根预应力筋的初应力均匀一致。张拉时，台座式千斤顶推动活动横梁带动预应力筋成组张拉然后用螺母或 U 形垫块逐步锚固。

（3）钢筋张拉程序。为了减少应力松弛损失，预应力钢筋宜采用超张拉程序：

普通松弛钢绞线：超张拉　$0 \rightarrow 1.05\sigma_{con}$ 持荷 2min $\rightarrow \sigma_{con}$ 锚固

低松弛钢绞线：一次张拉　$0 \rightarrow \sigma_{con}$ 锚固

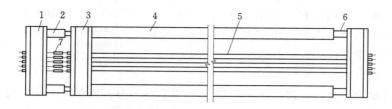

图 5-13　三横梁式成组张拉装置

1—活动横梁；2—千斤顶；3—固定横梁；4—槽式台座；

5—预应力筋；6—放张装置；7—连接器

超张拉是指张拉应力超过规范规定的控制应力值，目的是为了减少应力松弛损失。因为钢筋在常温、高应力下由于塑性变形而使应力随时间的延续而降低，持荷 2min 可减少 50％以上的松弛应力损失。

3. 张拉注意事项

张拉时，张拉机具与预应力筋应在一条直线上。顶紧锚塞时，用力不要过猛，以防止钢丝折断；在拧紧螺母时，应注意压力表度数始终保持所需要的张拉力。预应力筋张拉完毕后，与设计位置的偏差不得大于 5mm，也不得大于构建截面最短边长的 4％。在张拉过程中发生断丝或滑脱时，应予以更换。台座两段应有防护措施。张拉时沿台长度方向每隔 4～5m 放一个防护架，两端严禁站人，也不准许进入台座。

4. 预应力值校核

预应力钢筋的张拉力，一般用伸长值校核。张拉时预应力筋的理论伸长值与实际伸长值的误差在 －5％～＋10％ 范围内是允许的。钢绞线的实际伸长值与理论伸长值的相对允许偏差为 ±6％。预应力钢丝张拉时伸长值不作校核。钢丝张拉锚固后应采用钢丝内力测定仪检查钢丝的预应力值，其偏差不得大于或小于设计规定相应阶段预应力值的 5％。

使用 2CN—1 型双控钢丝内力测定仪（图 5-14）时，将测钩勾住钢丝，扭转旋钮，待测头与钢丝接触，指示灯亮，此时即为挠度的起点（记下挠度表上度数），继续扭转旋钮，在钢丝跨中施加横向力，将钢丝压弯，当挠度表上的度数表明钢丝的挠度为 2mm 时，内力

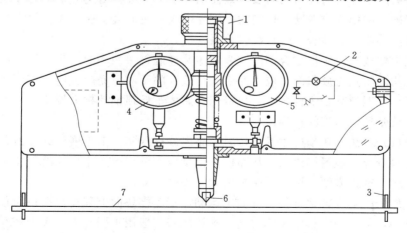

图 5-14　2CN—1 型双控钢丝内力测定仪

1—旋钮；2—指示灯；3—测钩；4—内力表；5—挠度表；6—测头；7—钢丝

表上的度数即为钢丝的内力值（百分表上每 0.01mm 为 10N）。一根钢丝要反复测定 4 次，取后 3 次的平均值为钢丝内力。预应力钢丝内力的检测，一般在张拉锚固 1h 后进行。此时，锚固损失已完成，钢筋应力松弛损失也部分完成。

（三）混凝土的浇筑与养护

混凝土应一次浇筑完，混凝土强度等级不低于 C30。为了防止较大徐变和收缩，应选择收缩变形小的水泥，水灰比不大于 0.5，级配应良好。浇筑时，防止碰撞和踩踏钢丝。振捣应密实，特别是端部的混凝土。为减少应力损失，可采用自然养护或湿热养护。对非钢模台座生产，采取二次升温养护（开始温差与张拉时温差不超过 20℃，混凝土达到 7.5～10MPa 后按正常速度升温）。

（四）预应力筋放张

（1）放张要求。预应力筋放张时，混凝土强度应符合设计要求；如设计无规定时，不应低于强度等级的 75％。

（2）放张顺序。预应力筋的放张顺序应符合设计要求；如设计无规定，对轴心受预压力的构件（如拉杆、桩等），所有预应力筋应同时放张；对偏心受预压力的构件（如梁等），应先同时放张预压力较小区域的预应力筋，再同时放张预压力较大区域的预应力筋；如不能满足上述要求时，应分阶段、对称、交错的放张，以防止在放张过程中构件产生弯曲、裂纹和预应力筋断裂等现象。

（3）放张方法。放张前，应拆除侧模，使放张时构件能自由压缩，否则将损坏模板或使构件开裂。预应力筋的放张工作，应缓慢进行，防止冲击。

对预应力筋为钢丝或细钢筋的板类构件，放张时可直接用钢丝钳或氧—乙炔焰切割，并宜从生产线中间处切断，以减少回弹量，且有利于脱模。对每一块板，应从外向内对称放张，以免构件扭转两端开裂。对预应力筋为数量较少的粗钢筋的构件，可采用氧—乙炔焰在烘烤区轮换加热每根粗钢筋，使其同步升温，此时钢筋内力徐徐下降，外形慢慢伸长，待钢筋出现颈缩，即可切断。此法应采取隔热措施，防止烧伤构件端部混凝土。

对预应力筋配置较多的构件，不允许采用剪断或割断等方法突然放张，以避免最后放张的几根预应力筋产生过大的冲击而断裂，致使构件端部开裂。为此应采用千斤顶或在台座与横梁之间设置砂箱和楔块或在准备切割的一端先浇筑一块混凝土块（作为切割时冲击力的缓冲体，使构件不受或少受冲击）进行缓慢放张。

用千斤顶逐根放张，应拟定合理的放张顺序并控制每一循环的放张力，以免构件在放张过程中受力不均。防止先放张的预应力筋引起后放张的预应力筋内力增大，而造成最后几根拉不动或拉断。在四横梁长线台座上，也可用台座式千斤顶推动拉力架逐步放大螺杆上的螺母，达到整体放张预应力筋的目的。

采用砂箱放张方法，在预应力筋张拉时，箱内砂被压实，承受横梁的反力，预应力筋放张时，将出砂口打开，砂慢慢流出，从而使整批预应力筋徐徐放张。此放张方法能控制放张速度，工作可靠、施工方便，可用于张拉力大于 1000kN。

采用楔块放张时，旋转螺母使螺杆向上运动，带动楔块向上移动，钢块间距变小，横梁向台座方向移动，从而同时放张预应力筋。楔块放张一般用于张拉力不大于 300kN 的情况。

为了检查构件放张时钢丝与混凝土的粘结是否可靠，切断钢丝时应测定钢丝往混凝土内的回缩情况。钢丝回缩值的简易测试方法是在板端贴玻璃片和在靠近板端的钢丝上贴胶带纸用游标卡尺读数，其精度可达 0.1mm。钢丝回缩值：对冷拔低碳钢丝不应大于 0.6mm，对碳素钢丝不应大于 1.2mm。

第三节 后张法预应力混凝土施工

后张法预应力混凝土分为有粘结预应力混凝土和无粘结预应力混凝土两种。后张法有粘结预应力混凝土是指先制作构件（或块体），并在放置预应力筋的位置预留出相应的孔道，待混凝土达到一定强度（不小于 75%），将预应力筋穿入孔道中并进行张拉，然后用锚具将预应力筋锚固在构件上，最后进行孔道灌浆。将预应力筋承受的张拉力通过锚具直接传递给混凝土构件，使混凝土产生预压应力。而后张法无粘结预应力混凝土是不留孔道，直接铺设无粘结预应力筋，无需孔道灌浆。

后张法不需要台座设备，大型构件可分块制作，运到现场拼装，利用预应力筋连成整体（图 5-15）。因此，后张法灵活性大，但工序较多，锚具耗量较大。

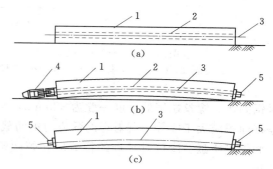

图 5-15 后张法生产示意图
（a）制作混凝土构件；（b）张拉预应力筋；
（c）锚固和孔道灌浆
1—混凝土构件；2—预留孔道；3—预应力筋；4—千斤顶；5—锚具

一、后张法预应力筋和张拉设备

（一）预应力筋

后张法无粘结预应力筋采用消除应力光面钢丝、1×7 钢绞线、精轧螺纹钢筋和热轧 HRB400、RRB400 级钢筋等。预应力钢丝有普通松弛钢丝和低松弛钢丝。预应力钢绞线有标准型钢绞线和模拔型钢绞线。可归纳为三种类型，即钢丝束、钢绞线束（钢筋束）和单根粗钢筋。钢丝束是由 10 余根或几十根钢丝组成一束。钢绞线束（钢筋束）是由直径 $\phi12mm$，3～6 根组成。单根粗钢筋一般是 $\phi12～\phi40mm$，HRB335、HRB400、RRB400 级钢筋。

（二）锚具

锚具是后张法结构或构件中为保持预应力筋拉力并将其传递到混凝土上用的永久性锚固装置。通常由若干个机械部件组成。锚具的类型很多，按锚固方式分为夹片式（单孔或多孔）、支承式（镦头、螺母锚具）、锥塞式（钢质锥形）、握裹式（挤压、压花锚具）等；按锚固预应力筋不同分为，单根钢筋锚具、钢绞线（或钢筋束）锚具和钢丝束锚具。

锚具应有良好的自锚和自锁功能。所谓自锚是指锚具锚固后，使预应力筋在拉力作用下回缩时能带动锚塞（或夹片）在锚环中自动楔紧而达到可靠锚固预应力筋的能力。所谓自锁是指锚具锚固时，将锚塞（或夹片）顶压塞紧在锚环内而不致自行回弹脱出的能力。

锚具的锚固性能按使用要求分为 Ⅰ类锚具和 Ⅱ类锚具。Ⅰ类锚具适用于承受动载、静载的预应力混凝土结构；Ⅱ类锚具仅适用于有粘结预应力混凝土结构中预应力筋应力变化不大的部位。锚具的好坏可用锚具效率系数衡量。锚具效率系数是指预应力筋与锚具组装件的实际拉断力与预应力筋的理论拉断力之比，表示锚具的静载锚固性能。Ⅰ类锚具效率应不小于 0.95，Ⅱ类应不小于 0.90。

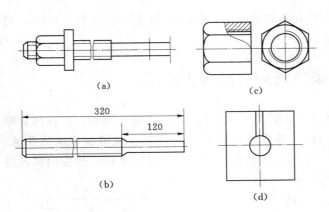

图 5－16 螺丝端杆锚具

（a）装配图；（b）螺丝端杆；（c）螺母；（d）垫板

1. 单根钢筋锚具

（1）螺丝端杆锚具。由螺丝端杆、螺母及垫板组成（图 5－16）。是单根预应力粗钢筋张拉端常用的锚具。此锚具也可作先张法夹具使用，电热张拉时也可采用。

螺丝端杆锚具的特点是将螺丝端杆与预应力筋对焊成一个整体，用张拉设备张拉螺丝杆，用螺母锚固预应力钢筋。螺丝端杆锚具的强度不得低于预应力钢筋的抗拉强度实测值。螺丝端杆可采用与预应力钢筋同级冷拉钢筋制作，也可采用冷拉或热处理 45 号钢制作。螺丝端杆的长度一般为 320mm，当构件长度超过 30m 时，一般采用 370mm；其净截面积应大于或等于所对焊的预应力钢筋截面面积。对焊应在预应力钢筋冷拉前进行，以检验焊接质量。冷拉时螺母的位置应在螺丝端杆的端部，经冷拉后螺丝端杆不得发生塑性变形。

（2）帮条锚具。由衬板和三根帮条焊接而成（图 5－17），是单根预应力粗钢筋固定端用锚具。帮条采用与预应力钢筋同级别的钢筋。帮条安装时，三根帮条应互成 120°。其与衬板相接触的截面应在一个垂直平面上，以免受力时产生扭曲。帮条的焊接可在预应力钢筋冷拉前或冷拉后进行，施焊方向应由里向外，引弧及熄弧均应在帮条上，严禁在预应力钢筋上引弧和将地线搭在预应力钢筋上。

（3）精轧螺纹钢筋锚具。由螺母和垫板组成，并配有连接器，螺母和垫板有锥面和平面形式。适用于直接锚固直径 25mm 和 32mm 的高强精轧螺纹钢筋。

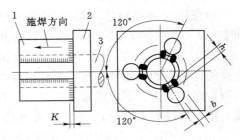

图 5－17 帮条锚具

1—帮条；2—衬板；3—预应力筋

2. 预应力钢绞线（或钢筋束）锚具

（1）单根钢绞线锚具。由锚环与夹片组成。夹片的形状为三片式（图 5－5），斜角度为 4°～5°。夹片的尺寸为"短牙三角螺纹"，这是一种齿顶较宽，齿高较矮的特殊螺纹，强度高、耐腐性强。适用于锚固直径 12mm 和 15mm 的钢绞线，也可用作先张法夹具。锚具尺寸按钢绞线直径而定。

（2）KT—Z 型锚具（可锻铸铁锥形锚具）。由锚环与锚塞组成（图 5－18）。适用于锚固 3～6 根直径 12mm 的冷拉螺纹钢筋与钢绞线束。锚环与锚塞均用可锻铸铁铸造成型。

（3）JM 锚具。由锚环和夹片组成（图 5－19）。锚环是单孔的，夹片属于分体组合型，组合起来形成一个整体锥形楔块，可以锚固多根预应力筋。锚固时，用穿心式千斤顶张拉钢筋后随即顶紧夹片。其特点是尺寸小、端部不需扩孔，锚具构造简单，但对吨位较大的锚固

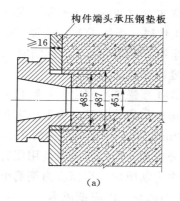
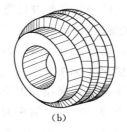

图 5 - 18　KT—Z 型锚具

(a) 装配图；(b) 锚环；(c) 锚塞

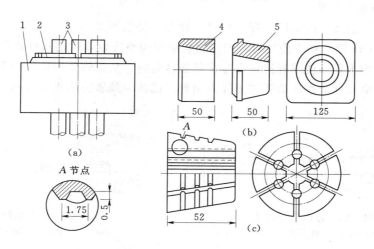

图 5 - 19　JM 型锚具

(a) 装配图；(b) 锚板；(c) 夹片

1—锚环；2—夹片；3—预应力筋或钢绞线；4—圆锚环；5—方锚环

不能使用。其中，JM—12 锚具主要用于锚固 3～6 根直径为 12mm 钢筋束与 4～6 根直径 12
～15mm 钢绞线束，也可兼做工具锚使用，但以使用专用工具锚为好。JM 型锚具根据所锚固的预应力筋的种类、强度及外形的不同，其尺寸、材料、齿形及硬度等有所差异，使用时应注意。

（4）XM 型锚具。由锚板和夹片组成（图 5 - 20）。锚板尺寸由锚孔数确定，锚孔沿锚板圆周排列，中心线倾角 1∶20，与锚板顶面垂直。夹片均分斜开缝二片式。沿轴向的偏转角与钢绞线的扭角相反。适用于锚固 1～12 根直径为 15 钢绞线，也可用于锚固钢丝束。其特点

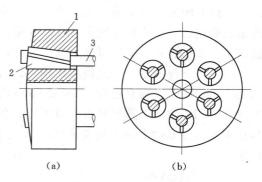

图 5 - 20　XM 型锚具

(a) 装配图；(b) 锚板

1—锚板；2—夹片（三片）；3—钢绞线

是每根钢绞线都是分开锚固的，任何一根钢绞线的锚固失效（如钢绞线拉断、夹片碎裂等），不会引起整束锚固失效。XM 型锚具可用作工具锚和工作锚，当用于工具锚时，在夹片和锚板之间涂抹一层固体润滑剂（如石墨、石蜡等），以利夹片松脱。用于工作锚时，具有连续反复张拉的功能，可用行程不大的千斤顶张拉任意长度的钢绞线。

（5）QM 型锚具。也是由锚板与夹片组成，但与 XM 型锚具不同之点是锚孔是直的，锚板顶面是平的，夹片垂直开缝，备有配套喇叭形铸铁垫板与弹簧圈等。由于灌浆孔设在垫板上，锚板尺寸可稍小。适用于锚固 4～31 根直径为 12mm 和 3～19 根直径为 15mm 钢绞线束。QM 型锚具备有配套自动工具锚，张拉和退出十分方便，但张拉时要使用配套限位器。

（6）固定端用墩头锚具。由锚固板和带墩头的预应力筋组成。当预应力钢筋束一端张拉时，在固定端可用这种锚具代替 KT—Z 型锚具或 JM 型锚具，以降低成本。

另外，固定端锚具还可用挤压锚具和压花锚具等。

3. 预应力钢丝束锚具

（1）锥形螺杆锚具。由锥形螺杆、套筒、螺母、垫板组成（图 5-21）。适用于锚固 14～28 根直径为 5mm 钢丝束。使用时，先将钢丝束均匀整齐地紧贴在螺杆锥体部分，然后套上套筒，用拉杆式千斤顶使端杆锥体通过钢丝挤压套筒，从而锚紧钢丝。由于锥形螺杆锚具不能自锚，必须事先加力顶压套筒才能锚固钢丝。锚具的预紧力取张拉力的 120%～130%。

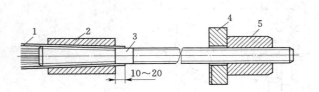 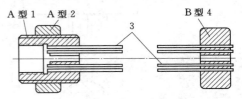

图 5-21　锥形螺杆锚具　　　　　　图 5-22　钢丝束墩头锚具
1—碳素钢丝；2—套筒；3—锥形螺杆；4—垫板；5—螺母　　1—锚环；2—螺母；3—钢丝束；4—锚板

（2）墩头锚具。适用于锚固任意根数直径为 5mm 与 7mm 钢丝束。墩头锚具的型式与规格，可根据需要自行设计。常用的墩头锚具为 A 型和 B 型（图 5-22）。A 型由锚环与螺母组成，用于张拉端；B 型为锚板，用于固定端，利用钢丝两端的墩头进行锚固。锚环与锚板采用 45 号钢制作，螺母采用 30 号钢或 45 号钢制作。锚环与锚板上的孔数由钢丝根数而定，孔洞间距应力求准确，尤其要保证锚环内螺纹一面的孔距准确。钢丝墩头要在穿入锚环或锚板后进行，墩头采用墩头机冷墩成型。墩头的头型分为鼓型和蘑菇型两种。墩头锚具构造简单、加工容易、锚固可靠、施工方便，但对下料长度要求较严。

（3）钢质锥型锚具（又称弗氏锚具）。由锚环和锚塞组成（图 5-23）。适用锚固 6 根、12 根、18 根与 24 根直径为 5mm 或 7mm 的钢丝束。锚环采用 45 号钢制作，锚塞采用 45 号钢或 T7、T8 碳素工具钢制作。锚环与锚塞的锥度应严格保证一致。锚环与锚塞配套时，锚环锚形孔与锚塞的大小头只允许同时出现正偏差或负偏差。钢质锥形锚具尺寸按钢丝数量确定。

（三）张拉设备

在后张法预应力混凝土施工中，采用液压千斤顶进行张拉，并配有高压油泵和外接油管。液压千斤顶按机型不同分为拉杆式千斤顶、穿心式千斤顶、锥锚式千斤顶和台座式千斤

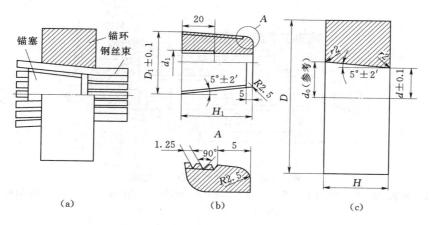

图 5-23 钢质锥型锚具（单位：mm）
(a) 装配图；(b) 锚塞；(c) 锚环

顶；按功能分为单作用式和双作用式千斤顶。按张拉吨位大小分为小吨位（不大于250kN）、中吨位（大于250kN，小于1000kN）和大吨位（不小于1000kN）千斤顶。此外，还有前置内卡式千斤顶和大孔径穿心式千斤顶。

（1）拉杆式千斤顶。拉杆式千斤顶适用于张拉以螺丝端杆锚具的粗钢筋，张拉以锥形螺杆锚具为张拉锚具的钢丝束，张拉式千斤顶的构造及工作过程（图 5-24）。

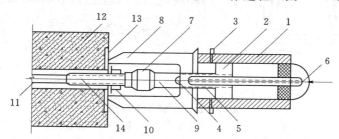

图 5-24 拉杆式千斤顶

1—主缸；2—主缸活塞；3—主缸油嘴；4—副缸；5—副缸活塞；6—副缸油嘴；7—连接器；8—顶杆；9—拉杆；10—螺母；11—预应力筋；12—混凝土构件；13—预埋钢板；14—螺丝端杆

拉杆式千斤顶张拉预应力筋时，首先使连接器与预应力筋的螺丝端杆连接，顶杆支撑在构件端部的预埋钢筋板上。高压油进入主缸时，则推动主缸活塞向右移动，并带动拉杆和连接器以及螺丝端杆同时向右移动，对预应力筋进行张拉。达到张拉力时，拧紧预应力筋的螺母，将预应力筋锚固在构件的端部。高压油再进入副缸，推动副缸使主缸活塞和拉杆向左移动，使其恢复初始位置。此时主缸的高压油流回到高压泵中区，完成一次张拉过程。

（2）穿心式千斤顶。穿心式千斤顶是双作用式千斤顶，主要有 YC20、YC20D、YC60与 YC120 型千斤顶等。YC60 型穿心式千斤顶适用于张拉各种形式的预应力筋，是目前预应力混凝土施工中应用最为广泛的张拉机械（图 5-25）。YC60 型穿心式千斤顶加装撑脚、张拉杆和连接器后，可以张拉以螺丝端杆为张拉锚具的张拉粗钢筋，也可张拉以锥形螺杆锚具和 DM5A 型镦头锚具为张拉锚具的钢丝束。YC60 型穿心式千斤顶增设顶压分束器，可以张拉以 KT—Z 型锚具为张拉锚具的钢筋束和钢绞线束。

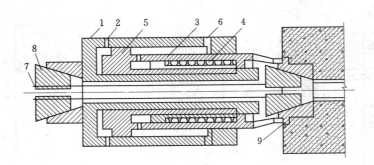

图 5-25　YC60 型穿心式千斤顶

1—张拉油缸；2—张拉油缸油嘴；3—顶压活塞；4—弹簧；5—顶压油缸；6—顶压油缸油嘴；

7—预应力筋；8—工具锚；9—锚环

（3）锥锚式千斤顶。锥锚式千斤顶是双作用式千斤顶（图 5-26），具有张拉、顶锚和退楔功能的三作用式千斤顶。适用于张拉以 KT-Z 型锚具为张拉锚具的钢筋束和钢筋绞线束，也可张拉以钢制锥形锚具为张拉锚具的钢丝束。

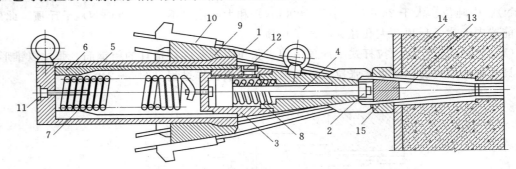

图 5-26　锥锚式千斤顶

1—预应力筋；2—预压头；3—副缸；4—副缸活塞；5—主缸；6—主缸活塞；7—主缸拉力弹簧；

8—副缸压力弹簧；9—锥形卡环；10—楔块；11—主缸油嘴；12—副缸油嘴；

13—锚塞；14—构件；15—锚环

二、后张法有粘结预应力混凝土施工工艺

后张法有粘结预应力混凝土施工的一般工艺流程（图 5-27）。

（一）预留孔道

预应力筋的孔道形状有直线、曲线和折线三种。孔道的直径与布置，主要根据预应力混凝土构件或结构的受力性能，并参考预应力筋张拉锚固体系特点与尺寸确定。

对粗钢筋，孔道的直径应比预应力筋直径、钢筋对焊接头处外径或需穿过孔道的锚具或连接器外径大 10~15mm。对钢丝或钢绞线，孔道的直径应比预应力束外径或锚具外径大 6~10mm，且孔道面积应大于预应力筋面积的两倍。预应力筋孔道之间的净距离不应小于50mm，孔道至构件边缘的净距离不应小于 40mm，凡需起拱的构件，预留孔道宜随构件同时起拱。

预应力筋孔道可采用预埋金属螺旋（波纹）管法、钢管抽芯法和胶管抽芯法等方法成型。对孔道成型基本要求是：孔道的尺寸与位置应正确，孔道应平顺，接头不漏浆，端部预

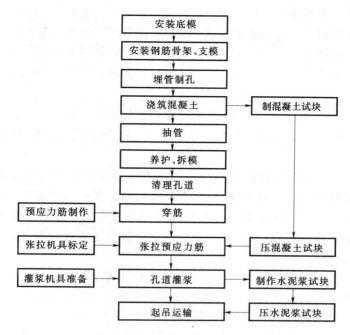

图 5-27 后张法施工工艺流程

埋钢板应垂直于孔道中心线等。孔道成型的质量,对孔道磨阻损失的影响较大,应严格把关。

（1）预埋螺旋（波纹）管法。预埋螺旋（波纹）管有金属和塑料两种,是采用薄钢带经压波后螺旋咬合或由塑料而成。具有重量轻、刚度好、弯折方便、连接容易、与混凝土粘结良好等优点,可做成直线、曲线和折线等各种形状的预应力筋孔道,是现代后张预应力筋孔道成型用的理想材料。金属螺旋管（波纹管）按波纹数量分为单波和双波;按截面形状分为圆形和扁形;按径向刚度分为标准型和增强型。圆形的内径为 40～120mm,长 4～6m,用接头管（长 200～300mm）接长,密封胶带或塑料热缩管封裹。安装固定时,将钢筋支托焊在箍筋上支托间距 0.8～1.2m,箍筋底部用垫块垫牢,用铁丝绑牢螺旋管。

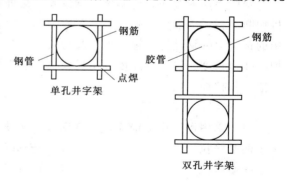

图 5-28 固定钢管或胶管位置用的井字架

（2）钢管抽芯法。钢管抽芯用于直线孔道留设。钢管表面必须圆滑,预埋前应除锈、刷油,如用弯曲的钢管,转动时会沿孔道方向产生裂缝,甚至塌陷。在构件中每隔 1.0～1.5m 用钢筋井字架将钢管固定（图 5-28）,并与钢筋骨架扎牢。两根钢管接头处可用0.5mm 厚铁皮做成长 300～400mm 的套管进行连接,套管内表面要与钢管外表面紧密结合,以防漏浆堵塞孔道。钢管一端钻 16mm 的小孔,以备插入钢筋棒,转动钢管。抽管前应每隔 10～15min 转管一次。如发现表面混凝土产生裂纹,应用铁抹子压实抹平。

抽管时间与水泥的品种、气温和养护条件有关。抽管宜在混凝土初凝之后、终凝前进行，用手指按压混凝土表面不显指纹时为宜。抽管过早，会造成坍孔事故；过迟，混凝土与钢管粘结牢固，抽管困难，甚至抽不出来。常温下抽管时间约在混凝土灌筑后 3～5h。抽管顺序宜先上后下。抽管方法可用人工或卷扬机。抽管时必须速度均匀、边抽边转，并与孔道保持在一直线上。抽管后，应及时检查孔道情况，并做好孔道清理工作，防止以后穿筋困难。

采用钢丝束镦头锚具时，张拉端的扩大孔也可用钢管抽芯成型。留孔时应注意，端部扩大孔应与中间孔道同心。抽管时应先抽中间钢管，后抽扩孔钢管，以免碰坏扩孔部分并保持清洁和尺寸准确。

（3）胶管抽芯法。留孔用胶管采用 5～7 层帆布夹层、壁厚 6～7mm 的普通橡皮管，可用于直线、曲线或折线孔道。使用前，把胶管一头密封，勿使漏水漏气。密封的方法是将胶管一端外表面削去 1～3 层胶皮及帆布，然后将外表面带有粗丝扣的钢管（钢管一端用铁板密封焊牢）插入胶管端头孔内，再用 20 号铅丝在胶管外表面密缠牢固，铅丝头用锡焊牢，胶管另一端接上阀门，其接法与密封基本相同。

短构件留孔，可用一根胶管对弯后穿入两个平行孔道。长构件留孔，必要时可将两根胶管用铁皮套管接长使用，套管长度以 400～500mm 为宜，内径应比胶管外径大 2～3mm。固定胶管位置用的钢筋井字架，一般每隔 600mm 放置一个，并与钢筋骨架扎牢。然后充水（或充气）加压到 0.6～0.8MPa，此时胶皮管直径可增大约 3mm。浇捣混凝土时，振动棒不要碰胶管，并应经常检查水压表的压力是否正常，如有变化必须补压。在没有充气或冲水设备的地方，也可在胶皮管内满塞细钢筋，能收到同样效果。

抽管前，先放水降压，待胶管断面缩小与混凝土自行脱离即可抽管。抽管时间比抽钢管略迟。抽管顺序一般为先上后下，先曲后直。

（二）预应力筋制作

预应力筋的制作，对钢丝、钢绞线、热处理钢筋及冷拉Ⅳ级钢筋一般采用砂轮锯或切断机切断下料，不能用电弧切割。预应力筋下料在冷拉后进行。预应力的下料长度主要根据所用的预应力钢材品种、锚（夹）具形式及生产工艺等确定，并经计算确定。计算时应考虑结构的孔道长度、锚夹具厚度、千斤顶长度、焊接接头或镦头的预留量、冷拉伸长率、弹性回缩值、张拉伸长值等。

1. 钢丝束下料长度

（1）采用钢质锥形锚具，以锥锚式千斤顶张拉（图 5-29）时，钢丝的下料长度 L 为

两端张拉 $$L = l + 2(l_1 + l_2 + 80) \tag{5-4}$$

一端张拉 $$L = l + 2(l_1 + 80) + l_2 \tag{5-5}$$

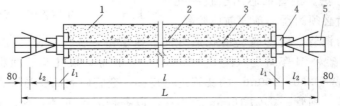

图 5-29 采用钢质锥形锚具时钢丝下料长度计算简图

1—混凝土构件；2—孔道；3—钢丝束；

4—钢质锥形锚具；5—锥锚式千斤顶

式中：l 为构件孔道长度；l_1 为锚环厚度；l_2 为千斤顶分丝头至卡盘外端距离，对 YZ85 型千斤顶为 470mm。

（2）采用墩头锚具，以拉杆式或穿心式千斤顶在构件上张拉（图 5-30）时，钢丝下料长度 L 为

$$L=l+2(h+\delta)-k(H-H_1)$$
$$-\Delta L-c \qquad (5-6)$$

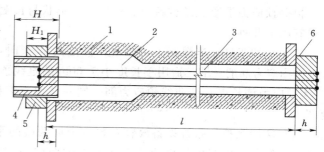

式中：l 为构件孔道长度，按实际丈量；h 为锚环底部厚度或锚板厚度；δ 为钢丝镦头预留量，对 ϕ^p5 取 10mm；k 为系数，一端张拉取 0.5，两端张拉取 1.0；H 为锚环高度；H_1 为螺母高度；ΔL 为钢丝束张拉伸长值；c 为张拉时构件混凝土的弹性压缩值。

图 5-30　采用墩头锚具时钢丝下料长度计算简图
1—混凝土构件；2—孔道；3—钢筋束；4—锚环；5—螺母；6—锚板

采用墩头锚具时，同一束中各根钢丝必须等长下料，下料长度的相对偏差值，应不大于钢丝束长度的 $L/5000$，且不得大于 5mm。为了达到这一要求，钢丝下料可用钢管限位法或牵引索在拉紧状态下进行。钢管限位法是将钢丝穿入钢管（直径比钢丝大 3～5mm）调直并固定在工作台上进行下料。矫直回火钢丝放开后是直的，可直接下料。

钢丝束下料完即可进行钢丝束制作。钢丝束制作工序是调直、下料、编束和安装锚具。编束是为了保证穿入构件孔道中的预应力筋束不发生扭结。

2. 钢绞线（束）的下料长度

当采用夹片式锚具，以穿心式千斤顶在构件上张拉（图 5-31）时，钢绞线束的下料长度 L 为

两端张拉　　　　$L=l+2(l_1+l_2+l_3+100)$ 　　　(5-7)
一端张拉　　　　$L=l+2(l_1+100)+l_2+l_3$ 　　　(5-8)

式中：l 为构件孔道长度；l_1 为夹片式工作锚厚度；l_2 为穿心式千斤顶长度；l_3 为夹片式工具锚厚度。

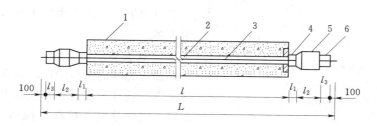

图 5-31　钢绞线（束）下料长度计算简图
1—混凝土构件；2—孔道；3—钢绞线；4—夹片式工作锚；5—穿心式千斤顶；6—夹片式工具锚

钢绞线在出厂前经过低温回火处理，因此在进场后无需预拉。钢绞线下料前应在切割口两侧各 50mm 处用 20 号铁丝绑扎牢固，以免切割后松散。钢绞线（束）制作工序为张拉、下料、编束和安装锚具。

（三）预应力筋张拉

1. 张拉方式

根据预应力混凝土结构特点、预应力筋形状与长度以及施工方法的不同，预应力筋张拉方式有以下几种。

（1）一端张拉。当混凝土达到设计强度的 75% 时，即可进行张拉。张拉时，张拉设备放置在预应力筋的一端。适用于长度小于 30m 的直线预应力筋与锚固损失影响长度 $L_f \geq L/2$（L 为预应力筋长度）的曲线预应力筋。同一截面有多根筋时，张拉端宜分别设置在结构的两端。

（2）两端张拉。张拉设备放置在预应力筋两端的张拉方式。适用于长度大于 30m 的直线预应力筋与锚固损失影响长度 $L_f < L/2$ 的曲线预应力筋。可在结构两端安置设备同时张拉同一束筋，先一端固定，另一端补足张拉力后锚固。当张拉设备不足或由于张拉顺序安排关系，也可以在一端张拉锚固后，再移至另一端张拉，补足张拉力后锚固。

（3）分批张拉。对配有多束预应力筋的构件或结构分批进行张拉的方式。由于后批预应力筋张拉所产生的混凝土弹性压缩对先批张拉的预应力筋造成预应力的损失，所以先批张拉的预应力筋张拉力应加上该弹性压缩损失值或将弹性压缩损失平均值统一分配到每根预应力筋的张拉力内。

（4）分段张拉。在多跨连续梁板分段施工时，通长的预应力筋需要采用逐段进行张拉力的方式。对大跨度多跨连续梁，在第一段混凝土浇筑与预应力筋张拉锚固后，第二段预应力筋利用锚头连接器接长，以形成通长的预应力筋。

（5）分阶段张拉。在后张传力梁等结构中，为了平衡各阶段的荷载，采取分阶段逐步施加预应力的方式。所加荷载不仅是外载（如楼层重量），也包括由内部体积变化（如弹性压缩、收缩与徐变）产生的荷载。梁在跨中处下部与上部应力控制在允许范围内。这种张拉方式具有应力、挠度与反拱容易控制、材料省等优点。

（6）补偿张拉。在早期预应力损失基本完成后，再进行张拉的方式。采用这种补偿张拉，可克服弹性压缩损失，减少钢材应力松弛损失、混凝土收缩徐变损失等，以达到预期的预应力效果。此法在水利工程与岩土锚杆中应用较多。

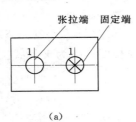
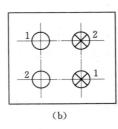

图 5-32 屋架下弦杆预应力筋张拉顺序
（a）两束；（b）四束
1、2—预应力筋分批张拉顺序

2. 张拉顺序

预应力筋的张拉顺序，应使混凝土不产生超应力、构件不偏心、不扭转与侧弯、结构不变位，因此分批、对称张拉是一项重要原则，尽量减少张拉设备的移动次数。预应力混凝土屋架下弦杆钢丝束的张拉顺序（图 5-32）。钢丝束的长度不大于 30m，采用一端张拉方式。预应力筋为两束时，用两台千斤顶分别设置在构件两端对称张拉，一次完成。预应力筋为四束时，需要分两批张拉，用两台千斤顶分别张拉对角线上的两束，然后张拉另两束。分批张拉引起的预应力损失，统一增加到张拉力内。

后张法预应力混凝土屋架等构件一般在施工现场平卧重叠制作，重叠层数为 3~4 层。

其张拉顺序宜先上后下逐层进行。为了减少上下层之间因摩擦引起的预应力损失，可逐层加大张拉力。根据层数和隔离剂的不同，增加的张拉力约为 $1\%\sim5\%$。

3. 张拉操作程序

预应力筋张拉操作程序，主要根据构件类型、张拉锚固体系、松弛损失取值等因素确定。

（1）采用低松弛钢丝和钢绞线时，按一次张拉程序取值：$0\rightarrow\sigma_{con}$ 锚固

（2）采用普通松弛预应力筋时，按超张拉程序取值：

对镦头等可拆卸锚具：$0\rightarrow1.05\sigma_{con}$ 持荷 2min$\rightarrow\sigma_{con}$ 锚固。

对夹片、锥销等不可拆卸锚具：$0\rightarrow1.03\sigma_{con}$ 锚固

以上各种张拉操作程序，均可分级加载。对于曲线束，一般以 $0.2\sigma_{con}$ 为起点，分级加载（$0.6\sigma_{con}$、$1.0\sigma_{con}$）或四级加载（$0.4\sigma_{con}$、$0.6\sigma_{con}$、$0.8\sigma_{con}$、$1.0\sigma_{con}$），每级加载均应量测伸长值。

4. 张拉伸长值校核

预应力筋张拉时，通过伸长值的校核，可以综合反映张拉力是否足够、孔道磨阻损失是否偏大，以及预应力筋是否有异常现象等。因此，对张拉伸长值的校核，要引起重视。采用应力控制法控制，应校核伸长值，实际伸长值与设计计算理论伸长值的误差为 $\pm6\%$。

预应力筋张拉设计计算理论伸长值为

$$\Delta L=\frac{PL_T}{A_P E_s} \tag{5-9}$$

式中：P 为预应力筋的平均张拉力（扣除孔道摩擦损失后的拉力平均值）；L_T 为预应力筋的实际长度；A_P 为预应力筋的截面面积；E_s 为预应力筋的弹性模量。

预应力的实际张拉伸长值，应在初应力为 10％控制应力时量测。其实际伸长值 $\Delta L'$应为：

$$\Delta L'=\Delta L_1+\Delta L_2-(A+B+C) \tag{5-10}$$

式中：ΔL_1 为从初应力至最大张拉力之间的实测伸长值；ΔL_2 为初应力以下的推算伸长值，可根据弹性范围内张拉力与伸长值成正比例的关系，用计算法或图解法确定；A 为张拉过程中锚具楔紧引起的预应力筋内缩值；B 为千斤顶体内预应力筋的张拉伸长值；C 为施加应力时，后张法混凝土构件的弹性压缩值（其值微小时可略去不计）。

规范规定：如实际伸长值比计算伸长值大于 10％或小于 5％应暂停张拉，在采取措施予以调整后，方可继续张拉。此外，在锚固时应检查张拉预应力筋的内缩值，以免由于锚固引起的预应力损失超过设计值。如实测的预应力筋内缩量大于规定值，则应改善操作工艺，更换锚具或采取超张拉办法弥补。

（四）孔道灌浆和封锚

预应力筋张拉后，孔道应及时灌浆。目的是防止预应力筋锈蚀，增加结构的耐久性。同时也使预应力筋与混凝土结构粘结成整体，提高结构的抗裂性和承载能力。大量研究证明，在预应力筋张拉后立即灌浆，可减少预应力松弛损失 20％～30％。因此，对孔道灌浆的质量必须重视。

（1）灌浆材料。灌浆所用的水泥浆，应有足够强度和粘结力，也应有较大的流动性和较小的干缩性及泌水性。故配制灌浆用水泥浆应采用强度等级不低于 42.5MPa 的普通硅酸盐

水泥，水灰比宜为 0.4～0.45，流动度为 120～170mm。搅拌后 3h 泌水率宜控制在 2%，最大不超过 3%；当需要增加孔道灌浆的密实性时，水泥浆中可掺入对预应力筋无腐蚀作用的外加剂，如掺入占水泥重量 0.25% 的木质素磺酸钙等。对空隙大的孔道，可采用砂浆灌浆。水泥及砂浆强度，均不应小于 30MPa，起吊或拆底模时，不应小于 15MPa。

（2）灌浆施工。灌浆前应检查孔道、灌浆孔、泌水孔、排气孔。灌浆孔、排气孔可留在端部或中部，间距不大于 12m，孔径 20 mm。对抽芯孔用压力水冲洗湿润，预埋孔道用压缩空气清孔。灌浆水泥浆用电动或手动灰浆泵搅拌，且应过筛（网眼小于 5mm），置于贮浆桶内，并不断搅拌，以防泌水沉淀。灌浆顺序应先下后上，以免上层孔道漏浆把下层孔道堵塞；直线孔道灌浆，应从构件的一端到另一端；在曲线孔道中灌浆，应从孔道低处开始向两端进行。用连接器连接的多跨连接预应力筋的孔道灌浆，应张拉完一跨随即灌注一跨，不得在各跨全部张拉完毕后，一次性灌注。

灌浆工作应缓慢均匀地进行，不得中断，并应排气通顺；在孔道两端冒出浓浆并封闭排气孔后，宜再继续加压至 0.5～0.7N/mm²，稳压 2min 后再封闭灌浆孔。孔径较大且水泥浆中不掺微膨胀剂或减水剂时，用二次压浆法，二次灌浆时间要掌握恰当，一般在水泥泌水基本完成、初凝尚未开始时进行（夏季约 30～40min，冬季约 1～2h）。

预应力混凝土的孔道灌浆，应在常温下进行。在低温灌浆前，宜通入 50℃ 的温水，洗净孔道并提高孔道周边的温度（应在 5℃ 以上）；灌浆时水泥的温度宜在 10～25℃；水泥浆的温度在灌浆后至少在 5d 保持在 5℃ 以上，且应养护到强度不小于 15MPa。此外在水泥浆中加适量的引气剂、减水剂、甲基酒精以及采取二次灌浆工艺，都有助于免除冻害。

（3）端头封锚。孔道灌满后应及时将锚具封闭保护，锚具保护层厚度不应小于 50mm。预应力筋锚固后的外露长度不应小于 30mm，且钢绞线不应小于直径的 1.5 倍，多余部分切割掉。封锚混凝土应用比构件设计强度高一等级的细石混凝土，其尺寸应大于预埋钢板的尺寸。

三、后张法无粘结预应力混凝土施工工艺

无粘结预应力混凝土结构是在构件中配置无粘结筋的一种现浇预应力混凝土结构体系。无需留孔与灌浆，使用灵活、施工方便，张拉摩阻力小，预应力筋易弯成曲线形状，但锚固要求高。广泛用于单、双向大跨度连续平板和密肋板、多跨连续梁等结构。

1. 无粘结预应力筋

无粘结预应力筋是指施加预应力后沿全长与周围混凝土不粘结的预应力筋，主要由钢绞线、涂料层和外包层（护套层）组成（图 5-33）。

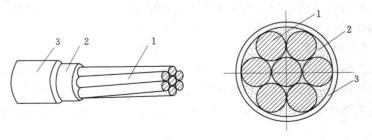

图 5-33 无粘结预应力筋
1—钢绞线或钢丝束；2—油脂；3—外包层（塑料护套）

钢绞线采用 1×7 结构，直径有 φ9.5、φ12.7、φ15.2 和 φ15.7 等，其力学性能经检验合格后，方可制作无连接预应力筋。涂料层具有隔离、减少摩擦力和防止腐蚀的作用，一般采用防腐润滑油脂。涂料层应具有良好的化学稳定性，对周围材料无侵蚀作用；不透水，不吸湿，抗腐蚀性能强；润滑性能好，摩擦阻力小；在规定温度范围内（−20℃～+70℃）高温不流淌，低温不脆化，并有一定韧性。油脂涂饰应饱满均匀，不漏涂。外包层宜采用高密度聚乙烯塑料管，应圆滑和光滑，松紧恰当，具有足够的韧性，抗磨性、抗冲击性，保证预应力筋在运输、储存、铺设、浇筑中不发生破坏。外包层厚度在正常环境不小于 0.8mm，在腐蚀环境不小于 1.2mm。

无粘结预应力筋制作是在工厂连续生产，一次性完成，并整盘供应，盘内径不宜小于 2000mm。钢绞线或钢丝束中的每根钢丝应由整根钢丝组成，不得有接头与死弯。一般采用挤塑机挤出成型，称为挤压涂层工艺，其工艺设备主要有放线盘、给油装置、塑料挤出机、水冷装置、牵引机、收线机等组成。钢绞线（或钢丝束）经给油装置涂油后，通过塑料挤出机的机头出口处，塑料融物被挤成管状包覆在钢绞线上，经冷却水槽塑料套管硬化，即形成无粘结预应力筋；牵引机继续将钢绞线牵引至收线装置，自动排列成盘卷。该生产线涂包质量好、生产效率高，适用于单根钢绞线或 7 根直径 5mm 钢丝束的专业化生产。

无粘结预应力筋在出厂时，每盘上挂有标牌，附有出厂说明书。且每批质量不大于 30t。对外观，应逐盘检查，每批抽样三根，每根长 1m。称重后，用刀破开塑料外包层，分别同柴油清洗擦净，分别计量预应力筋、外包层和油脂重，再用千分卡尺量取塑料每段端口最薄和最厚处，取两个厚度的平均值。

2. 无粘结预应力筋的铺设与固定

（1）铺设顺序。在单向板中，无粘结预应力筋的铺设与非预应力筋铺设基本相同。在双向板中，无粘结预应力筋需要配置成两个方向的悬垂曲线，两个方向的筋相互穿插，施工操作较为困难，必须事先编出无粘结筋的铺设顺序。其方法是将各向无粘结预应力筋各搭接点的标高标出，对各搭接点相应的两个标高分别进行比较，若一个方向某一无粘结筋的各点标高均分别低于与其相交的各筋相应点标高时，则此筋通常是先铺设。

（2）就位固定。无粘结预应力筋应严格按设计要求的曲线形状就位并固定牢靠。竖向曲率位置宜用支撑钢筋或钢筋马凳控制，其间距为 1～2m。板类中其矢高的允许偏差±5mm。无粘结筋的水平位置应保持顺直。钢丝束就位后，标高及水平位置经调整、检查无误后，用铁丝与非预应力钢筋绑扎牢固，防止预应力筋在浇筑混凝土中位移和变形。在双向连续平板中，各无粘结筋曲线高度的控制点用马凳垫好并扎牢。在支座部位，可直接绑扎在梁或墙的顶部钢筋上。在跨中部位，可直接绑扎在板的底部钢筋上。

（3）端部固定。张拉端的承压板应用点焊固定在钢筋上。无粘结预应力筋曲线或折线筋张拉端的末端切线应与承压钢板垂直，固定端挤压锚具与承压钢板贴紧。曲线段的起始点至张拉锚固点应有不小于 300mm 的直线段。当张拉端采用凹入式作法时，可采用塑料穴模（图 5-34）或泡沫塑料、木块等形成凹口。无粘结预应力筋铺设固定完毕后，应进行隐蔽工程验收，确认合格后，方可浇筑混凝土。混凝土浇筑时，严禁踏压撞碰无粘结预应力筋、支撑钢筋及端部预埋件；张拉端与固定端混凝土必须振捣密实。

3. 无粘结预应力筋张拉与锚固

无粘结预应力筋张拉时，应清理承压板面，并检查板面后的混凝土质量。如有空鼓现

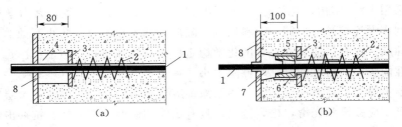

图 5-34 无粘结筋张拉端凹口作法
（a）泡沫穴模；（b）塑料穴模
1—无粘结筋；2—螺旋筋；3—承压钢板；4—泡沫穴模；5—锚环；
6—带杯口的塑料套管；7—塑料穴模；8—模板

象，应在无粘结预应力筋张拉前修补。无粘结预应力混凝土楼盖结构的张拉顺序，宜先张拉楼板，后张拉楼面梁。板中的无粘结筋，可依次单根张拉。张拉机具宜采用前置内卡式千斤顶和单孔夹片式锚具。梁中的无粘结筋宜对称张拉。当筋长小于 35m 时，宜采取一端张拉，张拉端交错设置在结构的两端。当筋长超过 35m 时，宜采取两端张拉。先一端锚固，另一端补足张拉力后锚固。为减少摩擦损失，张拉中先用千斤顶往复抽动 1～2 次，再张拉到所需的张拉力。当筋长超过 70m 时宜采取分段张拉。如遇到摩擦损失较大，则宜先松动依次再张拉。

在梁板顶面或墙壁侧面的斜槽内张拉无粘结预应力筋时，宜采用变角张拉装置。变角张拉装置是由顶压器、变角块和千斤顶等组成。其关键部位是变角块，变角块有单孔变角块和多孔变角块；变角块可以是整体的或分块的，前者仅为某一特定工程用，后者通用性强。分块式变角块的搭接，采用阶梯式定位方式。每一变角块的变角量为 5°，通过叠加不同数量的变角块，可满足 5°～60°的变角要求。安装变角块时要注意块与块之间的槽口搭接，一定要保证变角轴线向结构外侧为弯曲。

无粘结预应力筋张拉伸长值校核与有粘结预应力筋相同；对超长无粘结筋由于张拉初期的阻力大，初拉力以下的伸长值比常规推算伸长值小，应通过试验修正。无粘结预应力筋张拉完毕后，应及时对锚固区进行保护。锚固区必须有严格的密封防腐措施，严防水汽进入锈蚀预应力筋和锚具。锚固后的外露长度不小于 30mm，多余部分宜用手提砂轮锯切割，不得采用电弧切割。

为了使无粘结筋端头全封闭，在锚具与承压垫板表面涂以防水涂料。在外露的筋和锚具端头涂防腐润滑油脂后，罩上封端塑料盖帽。对凹入式锚固区，经上述处理后，再用微胀混凝土或低收缩防水砂浆密封。对凸出式锚固区，用外包钢筋混凝土圈梁封闭。锚固区混凝土或砂浆净保护层最小厚度是梁为 25mm，板为 20mm。

小　结

1. 先张法是先将预应力筋张拉固定在台座或钢模上，然后浇筑混凝土；待混凝土达到一定强度后，放松预应力筋，靠预应力筋与混凝土之间的粘结力或锚具使混凝土构件获得预压应力。包括先张法预应力筋、台座、夹具和张拉设备。台座按构造不同分为墩式和槽式两类。夹具有镦头夹具、夹片夹具、锥销夹具。张拉设备有电动螺杆张拉机、电动卷扬张拉机和液压千斤顶等。

2. 先张法施工工艺包括预应力筋铺设、张拉、混凝土的浇筑与养护和放张。张拉通常采用单根或多根成组张拉。

3. 后张法预应力混凝土分为有粘结预应力混凝土和无粘结预应力混凝土两种。后张法是指先制作构件（或块体），并预留出相应的孔道，待混凝土达到一定强度，将预应力筋穿入孔道中并进行张拉，然后用锚具将预应力筋锚固在构件上，最后进行孔道灌浆。而后张法无粘结预应力混凝土是不留孔道，直接铺设无粘。包括后张法预应力筋、锚具和张拉设备。锚具的类型很多，按锚固方式分为夹片式、支承式、锥塞式、握裹式等；按锚固预应力筋不同分为，单根钢筋锚具、钢绞线（或钢筋束）锚具和钢丝束锚具。张拉设备有拉杆式千斤顶、穿心式千斤顶、锥锚式千斤顶等。

4. 后张法有粘结预应力混凝土施工工艺主要包括预留孔道、预应力筋制作、预应力筋张拉、孔道灌浆和封锚。预应力筋的孔道形状有直线、曲线和折线三种。预留孔道方法有预埋螺旋（波纹）管法、钢管抽芯法和胶管抽芯法。预应力筋的制作包括钢丝束下料长度和钢绞线（束）的下料长度。

5. 无粘结预应力混凝土结构是在构件中配置无粘结筋的一种现浇预应力混凝土结构体系。无粘结预应力筋主要由钢绞线、涂料层和外包层（护套层）组成。

复习思考题

5-1　预应力混凝土的主要优点是什么？

5-2　预应力钢筋张拉与钢筋冷拉的作用有何区别？

5-3　先张法与后张法的施工工艺？

5-4　什么是超张拉、持荷 2min？建立张拉程序的依据是什么？

5-5　预应力混凝土孔道留设的几种方法？应注意哪些问题？

5-6　后张法施工时，预应力筋张拉应注意哪些问题？

5-7　为什么要进行孔道灌浆？对孔道灌浆有何要求？如何进行？

5-8　什么叫无粘结预应力？施工中应注意哪些问题？

第六章　结构安装工程

【内容提要和学习要求】

本章主要讲述了常用起重机械的类型、型号、技术性能；单层工业厂房结构安装前的准备工作，构件安装工艺，结构安装方案；钢结构和大跨度结构安装方法及基本要求。掌握柱、屋架、吊车梁等主要构件的绑扎、吊升、就位、临时固定、校正、最后固定方法以及结构的吊装方案；掌握钢结构吊装的一般方法及大跨度结构安装方法；了解各种起重机械及索具设备的类型、主要构造和技术性能；了解单层混凝土结构工业厂房结构安装的工艺过程。

第一节　索　具　设　备

一、滑轮组

滑轮组由一定数量的定滑轮和动滑轮组成，既能省力又可以改变力的方向。

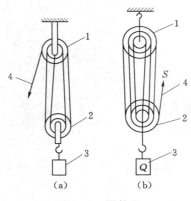

图 6-1　滑轮组
(a) 绳头从定滑轮引出；(b) 绳头从动滑轮引出
1—定滑轮；2—动滑轮；
3—重物；4—钢丝绳

滑轮组中共同负担构件重量的绳索根数称为工作线数，也就是在动滑轮上穿绕的绳索根数。滑轮组起重省力的多少，主要取决于工作线数和滑动轴承的摩阻力大小。滑轮组的绳索跑头可分为从定滑轮引出 ［图 6-1 (a)］ 和从动滑轮上引出 ［图 6-1 (b)］ 两种。滑轮组引出绳头（又称跑头）的拉力，可用式 (6-1) 计算：

$$N = KQ \qquad (6-1)$$

式中：N 为绳头拉力；Q 为计算荷载，等于吊装荷载与动力系数的乘积；K 为滑轮组省力系数。

当绳头从定滑轮引出时：

$$K = \frac{f^n(f-1)}{f^n-1} \qquad (6-2)$$

当绳头从动滑轮引出时：

$$K = \frac{f^{n-1}(f-1)}{f^n-1} \qquad (6-3)$$

式中：f 为单个滑轮组的阻力系数，滚动轴承 $f=1.02$；青铜轴套轴承 $f=1.04$；无轴套轴承 $f=1.06$；n 为工作线数。

二、卷扬机

卷扬机的起重能力大，速度快，且操作方便。因此，在建筑工程施工中被广泛应用于吊装、垂直运输、水平运输、打桩、钢筋张拉等作业的动力设备。

卷扬机按其速度分为快速和慢速两种。快速卷扬机又分单向和双向，主要用于打桩、垂直与水平运输作业；慢速卷扬机多为单向，主要用于结构吊装和钢筋冷加工作业等。

卷扬机必须用地锚予以固定，以防止工作时产生滑动造成倾覆。根据受力大小，固定卷扬机方法有四种：螺栓锚固法、水平锚固法、立桩锚固法和压重物锚固法（图 6-2）。

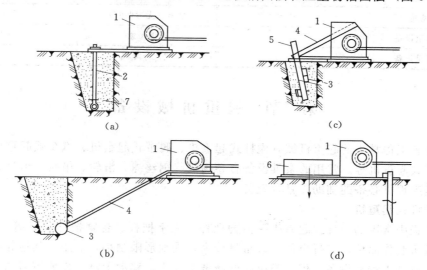

图 6-2　卷扬机的固定方法

（a）螺栓锚固法；（b）水平锚固法；（c）立桩锚固法；（d）压重物锚固法

1—卷扬机；2—地脚螺栓；3—横木；4—拉索；5—木桩；6—压重；7—压板

三、钢丝绳

钢丝绳是吊装中的主要绳索，具有强度高、韧性好、弹性大、耐磨等优点，且磨损后外部产生毛刺，容易检查，便于预防事故。

1. 钢丝绳构造和种类

结构吊装中常用的钢丝绳是由 6 股钢丝绳围绕一根绳芯（一般为麻芯）捻成。每股钢丝绳由许多高强钢丝捻成（图 6-3）。常用的结构种类有 $6×19+1$、$6×37+1$ 和 $6×61+1$。

钢丝绳按其捻制方法分四种：右交互捻，左交互捻，右同向捻，左同向捻。

2. 钢丝绳的允许拉力

钢丝绳的允许拉力按式（6-4）计算：

$$[F_g] = \frac{\alpha F_g}{k} \tag{6-4}$$

式中：$[F_g]$ 为钢丝绳的允许拉力（kN）；F_g 为钢丝绳的钢丝破断拉力总和（kN）；α 为换算系数（表 6-1）；k 为钢丝绳的安全系数（表 6-2）。

图 6-3　普通钢丝绳（$6×19+1$）截面

表 6-1　　　　钢丝绳破坏拉力换算系数

钢丝绳结构	α
$6×19$	0.85
$6×37$	0.82
$6×61$	0.80

表6-2   钢丝绳安全系数

用　途	安全系数 k	用　途	安全系数 k
缆风绳	3.5	吊索（无弯曲时）	6～7
手动起重设备	4.5	捆绑吊索	8～10
电动起重设备	5～6	载人升降机	14

第二节　起重机械设备

　　结构安装工程常用的起重机械有桅杆式起重机、履带式起重机、汽车式起重机、轮胎式起重机、塔式起重机等。常用的索具设备有卷扬机、钢丝绳、滑轮、吊钩、卡环、吊索、横吊梁等，是起重机必备的辅助工具及设备。

一、桅杆式起重机

　　建筑工程中常用的桅杆式起重机有独脚把杆、人字把杆、悬臂把杆和牵缆式起重机等。桅杆式起重机制作简单，装拆方便，起重量较大，受地形限制小，能用于其他起重机械不能安装的一些特殊工程和设备；但这类机械的服务半径小，移动困难，需要较多的缆风绳。

　　1. 独脚把杆

　　独脚把杆是由把杆、起重滑车组、卷扬机、缆风绳和锚碇等组成［图6-4（a）］。它只能举升重物，不能够把重物做水平方向上的运动。使用时，β角应该保持不大于10°，以便吊装的构件不碰撞把杆，底部要设置拖子以便移动，缆风绳数量一般为6～12根，缆风绳与地面的夹角 α 为30°～45°。根据独脚把杆所用的材料，可以为木独脚把杆、钢管独脚把杆、金属格构式独脚把杆。三种独脚把杆的起重高度和起重量是不同的。木独脚把杆起重高度一

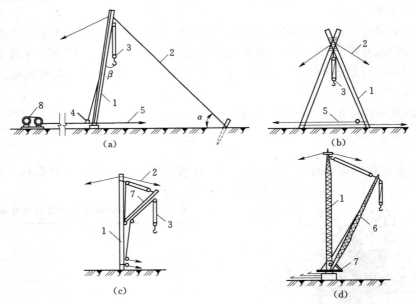

图6-4　桅杆式起重机

（a）独脚拔杆；（b）人字拔杆；（c）悬臂拔杆；（d）牵缆式桅杆起重机

1—拔杆；2—缆风绳；3—起重滑轮组；4—导向装置；5—拉索；6—起重臂；7—回转盘；8—卷扬机

般为 8～15m，起重量 10t 以下；钢管独脚把杆起重高度可达 30m，起重量可达 45t；金属格构式独脚把杆起重高度可达 70～80m，起重量可达 100t。

2. 人字把杆

人字把杆一般是由两根圆木或者两根钢管用钢丝绳绑扎或者铁件铰接而成，两杆夹角一般为 20°～30°，底部设有拉杆或拉绳，以平衡水平推力，把杆下端两脚的距离约为高度的 1/3～1/2 [图 6-4 (b)]。其中一根把杆的底部装有一导向滑轮，起重索通过它连到卷扬机，另用一根丝绳连接到锚碇，以保证在起重时底部稳定。人字把杆是前倾的，每高 1m，前倾不超过 10cm，并在后面用两根缆风绳拉结。

人字把杆的特点是侧向稳定性比独脚把杆好，但是构件起吊活动范围小，缆风绳的数量较少。人字把杆的缆风绳的数量由把杆的起重量和起重高度决定，一般不少于 5 根。人字把杆一般用于安装重型构件或者作为辅助设备以吊装厂房屋盖体系上的构件。

3. 悬臂把杆

在独脚把杆的中部或者 2/3 高度处装上一根可以回转和起伏的起重臂，即成悬臂把杆。由于悬臂起重杆铰接于把杆中部，起吊重量大的构件会使把杆产生较大的弯矩。为了使把杆在铰接处得到加强，可用撑杆和拉条（或者钢丝绳）进行加固。悬臂把杆的主要特点是能够获得较大的起重高度，起重杆能够在左右摆动 120°～270°，但是起重量比较小，一般用于吊装轻型构件，但能够获得较大的起重高度，宜于吊装高炉等构筑物 [图 6-4 (c)]。

4. 牵缆式桅杆起重机

在独脚把杆下端装上一根可以回转和起伏的起重臂，即成牵绳式桅杆起重机 [图 6-4 (d)]。起重臂可以起伏，机身可以回转 360°，起重半径大，而且灵活，可以把构件吊到工作范围内任何位置上。

牵缆式桅杆起重机所用的材料不同，其性能和作用是不相同的。用角钢组成的格构式截面杆件的牵缆式起重机，桅杆高度可达 80m，起重量可达 60t 左右，大多用于重型工业厂房的吊装，化工厂大型塔罐或者高炉的安装。起重量在 5t 以下的牵缆式桅杆起重机，大多数用圆木制作，用于吊装一般小型构件。起重量在 10t 左右的牵缆式桅杆起重机，大多数用无缝钢管制作，桅杆高度可达 25m，用于一般工业厂房的吊装。牵缆式桅杆起重机要设较多的缆风绳，比较适用于构件多且集中的工程。

二、自行杆式起重机

自行杆式起重机包括履带式起重机，轮胎式起重机、汽车式起重机等。

（一）履带式起重机

1. 履带式起重机的构造及特点

履带式起重机由四部分组成：行走装置、回转机构、机身和起重臂。为减小对地面的压力，行走装置采用链条履带，回转机构装在底盘上可使机身回转 360°，机身内部有动力装置和操纵系统。

起重臂为角钢组成的格构式杆件，下端铰接在机身上，随机身回转。起重臂可分节接长，设置有起重滑轮组与变幅滑轮组，钢丝绳通过起重臂顶端连到机身内的卷扬机上。

履带式起重机的特点是操纵灵活，使用方便，机身可回转 360°，可以负荷行驶，在一般平整坚实的场地上行驶与工作，是结构安装中的主要起重机械。缺点是稳定性较差，不宜超负荷吊装，在需要起重臂接长或超负荷吊装时，要进行稳定性验算并采取相应的技术措施。

结构安装工程中常用的履带式起重机,主要有以下几种型号:W1-100、QU20~QU40、QUY50、W200A 和 KH180-3 等。履带式起重机外形(图 6-5)。

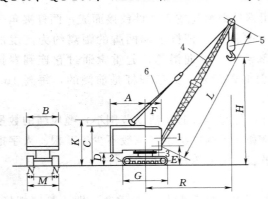

图 6-5 履带式起重机

1—机身;2—履带;3—回转机构;4—起重臂;

5—起重滑轮组;6—变幅滑轮组

A、B、C、…为外形尺寸符号

2. 履带式起重机的主要技术性能

履带式起重机主要技术性能取决于起重量 Q、起重半径 R 和起重高度 H。

起重量 Q 是指起重机安全工作所允许的最大起重重物的质量;起重半径 R 是指起重机回转中心至吊钩的水平距离;起重高度 H 是指起重钩至停机面的距离。

起重量 Q、起重半径 R、起重高度 H 三个参数间存在着相互制约的关系。其数值的变化取决于起重臂长 L 及其仰角 α 的大小。当臂长 L 一定时,随着仰角 α 的增大,起重量 Q 和起重高度 H 随之增大,而起重半径 R 减小,当起重仰角 α 不变时,随着起重臂长 L

的增加,起重半径 R 和起重高度 H 也增加,而起重量 Q 减少。

履带式起重机主要技术性能及外形尺寸(表 6-3)。

表 6-3　　　　　　W₁-100 型履带式起重机的主要技术性能及外形尺寸

名　　　称	外形尺寸(mm)	工作幅度(m)	臂长 13m		臂长 23m	
			起重量(kN)	起升高度(m)	起重量(kN)	起升高度(m)
机身尾部到回转中心	3300	4.5	150	11	—	—
机 身 宽 度	3120	5	130	11	—	—
机身顶部到地面高度	3675	6	100	11	—	—
机身底部距地面高度	1045	7.5	90	10.9	80	19
起重臂下铰点中心距地面高度	1700	7	80	10.8	72	19
起重臂下铰点中心至回转中心距离	1300	8	65	10.4	60	19
履 带 长 度	4005	9	55	9.6	49	19
履 带 架 宽 度	3200	10	48	8.8	42	18.9
履 带 板 宽 度	675	11	40	7.8	37	18.6
行走底架距地面高度	275	12	37	7.5	32	18.6
机身上部支架距地面高度	4170	13	—	—	29	17.8
		14	—	—	24	17.5
		15	—	—	22	17
		17	—	—	17	16

3. 履带式起重机的稳定性验算

起重机稳定性是指整个机身在起重作业时的稳定程度。起重机在正常条件下工作,一般可以保持机身稳定,但在超负荷吊装或接长起重臂时,需进行稳定性验算,以保证起重机在吊装作业中不发生倾覆事故。履带式起重机在机身与行驶方向垂直的情况下,稳定性最差

（图6-6），此时，以履带的轨链中心A为倾覆中心，当荷载仅考虑吊装荷载时，起重机的稳定条件为

$$稳定性安全系数 K = \frac{稳定力矩}{倾覆力矩} = \frac{M_稳}{M_倾} \geq 1.4$$

（6-5）

对A点取力矩可得：

$$K = \frac{G_1 L_1 + G_2 L_2 + G_0 L_0 - G_3 L_3}{Q(R - L_2)} \geq 1.4$$

（6-6）

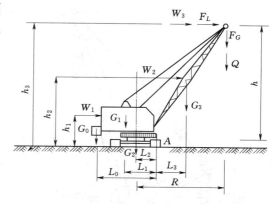

图6-6 履带式起重机稳定性验算示意

式中：G_0 为平衡重量；G_1 为起重机机身可转动部分的重量；G_2 为起重机机身不转动部分的重量；G_3 为起重臂重量；Q 为吊装荷载（包括构件重和索具重）；L_1 为 G_1 重心至A点的距离；L_2 为 G_2 重心至A点的距离；L_0 为 G_0 重心至A点的距离；L_3 为 G_3 重心至A点的距离；R 为起重机最小回转半径。

验算后如满足不了抗倾覆要求，应考虑增加配重或在起重臂上增加缆风等措施。

（二）汽车式起重机

汽车式起重机是把机身和起重作业装置安装在汽车通用或专用底盘上、汽车的驾驶室与起重的操纵室分开，具有载重汽车行驶性能的轮式起重机。根据吊臂的结构可分为定长臂、接长臂和伸缩臂三种；前两种多采用桁架结构臂，后一种采用箱形结构臂。根据动力传动，可分为机械传动、液压传动和电力传动三种。

汽车式起重机的特点是灵活性好，能够迅速地转换场地，所以广泛地应用在建筑工地。汽车式起重机的品种和产量近年来得到极大的发展，我国生产的汽车式起重机型号有QY5、QY8、QY12、QY16、QY40、QY65、QY100型等。QY16型汽车式起重机（图6-7），最大起重量为16t，臂长为20m，可用在一般单层工业厂房的结构吊装。

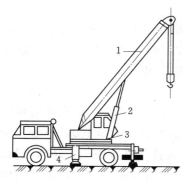

图6-7 汽车式起重机

1—可伸缩的起重机；2—变幅液压千斤顶；3—可回转的起重平台；4—可伸缩的支脚

汽车式起重机在作业时，不能负荷行驶。汽车式起重机在作业时，必须先打好支腿，增大机械的支承面积，增加汽车式起重机作业时的稳定性。

（三）轮胎式起重机

轮胎式起重机的构造基本上与履带式起重机相同，但其行驶装置系轮胎。轮胎式起重机不采用汽车底盘，而另行设计轴距较小的专门底盘。轮胎式起重机在底盘上装有可伸缩的支腿，起重时可使用支腿以增加机身的稳定性，并保护轮胎，必要时支腿下面可以加垫，以扩大支承面（图6-8）。

轮胎式起重机的优点是行驶速度快，能够迅速转移工作地点的场地，不破坏路面，便于城市道路上作业。轮胎式起重机的缺点是不适合在松软或者泥泞的地面上作业。

国产轮胎式起重机分为机械传动和液压传动两种。常用的轮胎式起重机的型号有

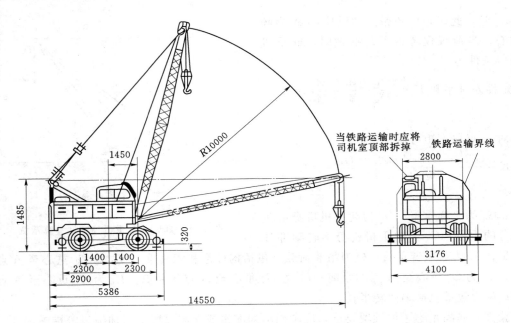

图 6 - 8　QL3 - 16 型轮胎起重机（单位：mm）

QL2 - 8、QL3 - 16、QL3 - 25、QL3 - 40、QL1 - 16 等，多用于工业厂房结构安装。

三、塔式起重机

塔式起重机具有竖直的塔身，其起重臂安装在塔身顶部与塔身组成"Γ"形，使塔式起重机具有较大的工作空间。它的安装位置能靠近施工的建筑物，有效工作幅度较其他类型起重机大。塔式起重机种类繁多，广泛应用于多层及高层建筑工程施工中。

行走式塔式起重机的旋转方式有塔顶回转式和塔身回转式，自升式塔式起重机的旋转方式均为塔顶回转式。行走式塔式起重机起重臂变幅方式一般为动臂变幅式，自升式塔式起重机起重臂变幅方式一般为小车变幅式。

（一）轨道式塔式起重机

轨道式塔式起重机是一种在轨道上行驶的自行式塔式起重机。其中，有的只能在直线轨道上行驶，有的可沿"L"形或"U"形轨道行驶。作业范围在两倍幅度的宽度和走行线长度的矩形面积内，并可负荷行驶。常用的轨道式塔式起重机有以下几种：

1. QT1 - 2 型塔式起重机

QT1 - 2 型塔式起重机是一种塔身回转式轻型塔式起重机，主要由底盘、塔身和起重臂组成（图 6 - 9）。这种起重机可以折叠，能整体运输。轨距 2.8m，起重力矩 160kN·m，最大起重量 20kN，最大起重高度 28.30m，最大起重半径 16m。其特点是重心低、转动灵活、稳定性好、运输和安装方便。但回转平台较大，起重高度小。适用于五层以下民用建筑结构安装及预制构件厂装卸作业。

2. QT1 - 6 型塔式起重机

QT1 - 6 型塔式起重机是塔顶回转式中型塔式起重机，由底座、塔身、起重臂、塔顶及平衡重物等组成（图 6 - 10）。起重机底座有两种，一种有四个行走轮，只能直线行驶；另一种有八个行走轮，能转弯行驶，内轨半径不小于 5m。此起重机的最大起重力矩为 510kN·m，最大起重量 60kN，最大起重高度 40.60m，最大起重半径 20m。其特点是能转弯行驶，可根据需要适当增加塔身节数以增加起重高度，故适用面较广。但重心高，对整机稳定及塔身受力不利，装拆费工时。

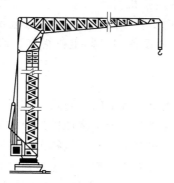

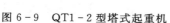

图 6 - 9　QT1 - 2 型塔式起重机　　　　图 6 - 10　QT1 - 6 型塔式起重机

3. QT - 60/80 型塔式起重机

QT - 60/80 型塔式起重机也是塔顶回转式中型塔式起重机，起重量及起重高度比 QT1 - 6 型塔式起重机大。低塔（塔高 30m）最大起重力矩为 800kN·m，最大起重量为 104kN，最大起重高度 48m，最大起重半径 30m；中塔（塔高 40m）最大起重力矩为 700kN·m，最大起重量为 90kN，最大起重高度 58m，最大起重半径 30m；高塔（塔高 50m）最大起重力矩为 600kN·m，最大起重量为 78kN，最大起重高度 68m，最大起重半径 30m。适用于层数较多的工业与民用建筑结构安装，尤其适合装配式大板房屋施工。

（二）爬升式塔式起重机

爬升式塔式起重机的爬升过程（图 6 - 11）。首先，起重小车回至最小幅度，下降吊钩并用吊钩吊住套架的提环；然后，放松固定套架的地脚螺栓，将其活动支腿收进套架梁内，将套架提升两层楼高度，摇出套架活动支腿，用地脚螺栓固定；最后，松开底座地脚螺栓，收回其活动支腿，开动爬升机构将起重机提升两层楼高度，摇出底座活动支腿，用地脚螺栓固定。

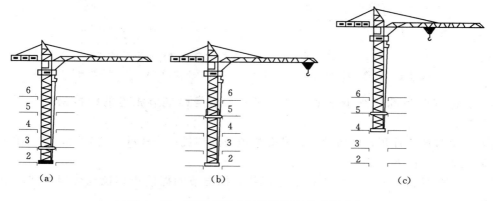

图 6 - 11　爬升式塔式起重机的爬升过程示意
（a）准备状态；（b）提升状态；（c）提升起重机

爬升式塔式起重机是自升式塔式起重机的一种，它由底座、套架、塔身、塔顶、行车式起重臂、平衡臂等部分组成。它安装在高层装配式结构的框架梁或电梯间结构上，每安装1～2层楼的构件，便靠一套爬升设备使塔身沿建筑物向上爬升一次。这类起重机主要用于高层（10层）框架结构安装及高层建筑施工。其特点是机身小、重量轻、安装简单、不占用建筑物外围空间；适用于现场狭窄的高层建筑结构安装。但是，采用这种起重机施工，将增加建筑物的造价；司机的视野不良；需要一套辅助设备用于起重机拆卸。起重机型号有QT5－4/40型、QT3－4型等。

（三）附着式塔式起重机

附着式塔式起重机是固定在建筑物近旁钢筋混凝土基础上的自升式塔式起重机。随建筑物的升高，利用液压自升系统逐步将塔顶顶升、塔身接高。为了保证塔身的稳定，每隔一定高度将塔身与建筑物用锚固装置水平连接起来，使起重机依附在建筑物上。锚固装置由套装在塔身上的锚固环、附着杆及固定在建筑结构上的锚固支座构成。第一道锚固装置设于塔身高度的30～50m处，自第一道向上每隔20m左右设置一道，一般锚固装置设3～4道。这种塔身起重机适用于高层建筑施工。

附着式塔式起重机的型号有：QT4－10型（起重量30～100kN）、ZT－1200（起重量40～80kN）、ZT－100型（起重量30～60kN）、QT1－4型（起重量16～40kN）、QT（B）－（3～5）型（起重量30～50kN）。

QT4－10型附着式起重机的自升系统包括顶升套架、长行程液压千斤顶、承座顶升横梁、定位销等。起重机自升及塔身接高过程（图6－12）。

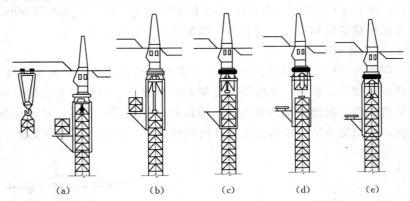

图6－12 附着式塔式起重机的自升过程示意
(a) 准备状态；(b) 顶升塔顶；(c) 推入标准节；(d) 安装标准节；(e) 塔顶与塔身连成整体

（1）将标准节吊到摆渡小车上，将过渡节与塔身标准节相连的螺栓松开［图6－12 (a)］。

（2）开动液压千斤顶，将塔顶及顶升套架顶升到超过一个标准节的高度，然后用定位销将顶升套架固定［图6－12 (b)］。

（3）液压千斤顶回缩，借助手摇链轮将装有标准节的摆渡小车拉到套架中间的空间里［图6 12 (c)］。

（4）用液压千斤顶稍微提升标准节，退出摆渡小车，然后将标准节落在塔身上，并用螺栓加以连接［图6－12 (d)］。

（5）拔出定位销，下降过渡节，使之与新标准节联成整体［图 6 - 12 （e）］。

第三节　钢筋混凝土单层工业厂房结构安装工程

单层工业厂房结构的主要承重构件，一般由杯形基础、柱子、吊车梁、屋架、连系梁、天窗架、屋面板等组成。其中除杯形基础为现场浇筑外，大型构件如柱、屋架等一般在施工现场预制，而中小型构件可在预制加工厂制作，然后运到施工现场进行安装。

一、构件安装前的准备工作

准备工作的内容包括场地清理、道路修筑、基础准备、构件的检查、清理、运输、堆放及拼装与加固、弹线、编号、放样以及吊装机具的准备等。

（一）场地清理和道路修筑

（1）把施工场地清理，使得有一个平整的舒适的作业场所。

（2）道路修筑是指运输车辆和起重机械能够很方便地进出施工现场。

（3）符合施工现场要求的三通一平。

（二）构件的检查

为保证工程质量，对所有构件安装前均需进行全面质量检查，主要内容包括：

（1）构件强度检查，混凝土强度是否达到设计要求，预应力混凝土构件孔道灌浆的强度不低于 15MPa。

（2）构件的外形尺寸、钢筋的搭接、预埋件的位置等是否满足设计要求。

（3）构件的外观有无缺陷、损伤、变形、裂缝等，不合格构件，不允许使用。

（三）构件的弹线与编号

构件经过检查，质量合格后，可在构件表面弹出安装中心线，作为构件安装、对位、校正的依据。对形状复杂的构件，要标出其重心的绑扎点位置。

（1）柱子弹线。在柱身的三面弹出安装中心线（两个小面，一个大面）。矩形截面柱，按几何中心弹线；工字形截面柱，除在矩形截面部位弹出中心线外，还应在工字形柱的两冀缘部位各弹出一条与中心线平行的线，以便于观测及避免误差。在柱顶与牛腿面上还要弹出屋架及吊车梁的安装中心线。

（2）屋架弹线。屋架上弦顶面应弹出几何中心线，并从跨中向两端分别弹出天窗架、屋面板的安装中心线，在屋架的两端弹出安装准线。

（3）梁弹线。梁的两端及顶面应弹出安装中心线。

（四）基础准备

钢筋混凝土柱基础在现场浇筑时应保证定位轴线及杯口尺寸准确，柱子安装之前，对杯底标高要抄平，以保证柱子牛腿面及柱顶面标高符合要求。

测量杯底标高时，先在杯口内弹出比杯口顶面设计标高低 100mm 的水平线，然后用钢尺对杯底标高进行测量（小柱测中间一点，大柱测四个角点），得出杯底实际标高，再量出柱底面至牛腿的实际长度，根据制作长度的误差，计算出杯底标高调整值，在杯口内作出标志，用水泥砂浆或细石混凝土将杯底垫平至标志处，标高的允许误差为 ±5mm。

为便于柱的安装与校正，在杯形基础顶面应弹出建筑物的纵横轴线和柱子的吊装准线，作为柱在平面位置安装时对位及校正的依据。

（五）构件的运输、堆放及拼装与加固

1. 构件的运输

一些重量不大而数量很多的构件，可在预制厂制作，用汽车运到工地。构件在运输过程中要保证构件不变形、不损坏。构件的混凝土强度达到设计强度的 75％时方可运输。构件的支垫位置要正确，要符合受力情况，上下垫木要在同一水平线上。构件的运输顺序及下车位置应按施工组织设计的规定进行，以免构件造成二次运输而致的损伤。

2. 构件的堆放

构件的堆放场地应先行平整压实，并按设计的受力情况搁置好垫木或支架，构件按设计的受力情况搁置在上。重叠堆放时一般可堆放 2～3 层；大型屋面板不超过 6 块；空心板不宜超过 8 块。构件吊环要向上，标志要向外。

3. 拼装与加固

对大型屋架或天窗架等构件可制成两个半榀，运到现场后拼装成整体，一般要采用立杆或横杆加固。

二、构件安装工艺

预制构件的安装过程包括绑扎、起吊、对位、临时固定、校正及最后固定等工序。下面介绍单层工业厂房主要结构构件的安装工艺。

（一）柱的安装

柱的安装施工工艺：绑扎→起吊→就位→临时固定→校正和最后固定。

柱子的安装方法，按柱起吊后柱身是否垂直分为直吊法和斜吊法；按吊升过程中柱身的运动特点分为旋转法和滑行法。

1. 柱的绑扎

柱的绑扎方法、绑扎点数与柱的重量、形状及几何尺寸、配筋和起重机性能等因素有关。柱的绑扎工具有吊索、卡环、柱销等。一般中小型柱（自重在 130kN 以下）多为一点绑扎，重型柱或配筋少而细长的柱多为两点或多点绑扎。一点绑扎时，绑扎点应在柱的重心以上，保持柱起吊后在空间的稳定；有牛腿的柱，绑扎点常选在牛腿以下，工字形断面的柱和双肢柱，应选在矩形断面处，否则应在绑扎点处用方木加固翼缘，防止翼缘在起吊中受损。常用的绑扎方法有：

（1）一点绑扎斜吊法。当柱平卧起吊的抗弯强度满足要求时，可采用此法。起吊柱子不需要将柱子翻身，起吊后柱呈倾斜状态，吊索在柱的一侧，起重钩可低于柱顶，需要的起重高度较小，起重机的起重臂可短些 ［图 6-13 (a)］。

（2）一点绑扎直吊法。当柱平卧起吊的抗弯强度不足时，需将柱子先翻身成侧立，然后起吊，柱子翻身后刚度大，抗弯能力强，不易产生裂缝；起吊后柱身与基础杯口垂直，容易对位，但需用铁扁担（横吊梁），起重吊钩要超过柱顶，需要的

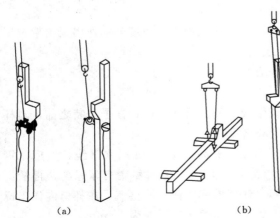

(a)　　　　　　　　　　　(b)

图 6-13　柱的绑扎（一）

(a)—一点绑扎斜吊法；(b)—一点绑扎直吊法

起重高度比斜吊法大，起重臂要比斜吊法长［图6-13（b）］。

（3）两点绑扎斜吊法。当柱较长时，一点绑扎抗弯强度不够可用两点绑扎。两点绑扎斜吊法，适用于两点绑扎平放起吊，柱的抗弯强度满足要求的情况下采用。绑扎点的位置应选在使下绑扎点距重心的距离小于上绑扎点距柱重心的距离处，以保证柱子起吊后能自行回转直立［图6-14（a）］。

（4）两点绑扎直吊法。当柱较长，用两点绑扎斜吊法抗弯强度不足时，可先将柱翻身，然后起吊［图6-14（b）］。

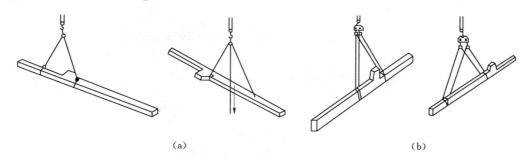

（a）   （b）

图6-14　柱的绑扎（二）
（a）两点绑扎斜吊法；（b）两点绑扎直吊法

2. 柱的起吊

柱子的吊升方法有旋转法和滑行法。根据柱子的重量、长度和现场施工机械条件，又分单机吊装或双机（多机）抬吊。

（1）单机旋转法起吊（图6-15）。柱吊升时，起重机边升钩边回转，使柱身绕柱脚（柱脚不动）旋转直到竖直，起重机将柱子吊离地面后稍微旋转起重臂使柱子处于基础正上方，然后将其插入基础杯口。为了操作方便和起重臂不变幅，柱在预制或排放时，应使柱基中心、柱脚中心和柱绑扎点均位于起重机的同一起重半径的圆弧上，该圆弧的圆心为起重机的回转中心，半径为圆心到绑扎点的距离，并应使柱脚尽量靠近基础。这种布置方法称为"三点共弧"。

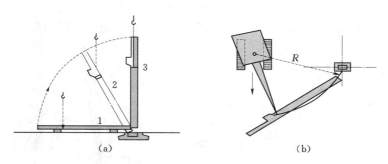

（a）   （b）

图6-15　单机旋转法
（a）柱身旋转过程；（b）平面布置

若施工现场条件限制，不可能将柱的绑扎点、柱脚和柱基三者同时布置在起重机的同一起重半径的圆弧上时，可采用柱脚与基础中心两点共弧布置，但这种布置时，柱在吊升过程中起重机要变幅，影响工效。旋转法吊升柱受振动小，生产效率较高，但对平面布置要求高，对起重机的机动性要求高。当采用自行杆式起重机时，宜采用此法。

（2）单机滑行法起吊（图6-16）。柱吊升时，起重机只收钩不转臂，使柱脚沿地面滑行柱子逐渐直立，起重机将柱子吊离地面后稍微旋转起重臂使柱子处于基础正上方，然后将其插入基础杯口。

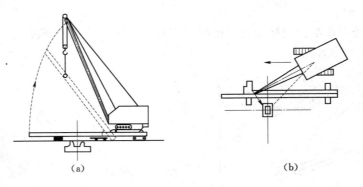

（a）　　　　　　　　　　　　　　　　（b）

图6-16　单机滑行法

（a）柱身旋转过程；（b）平面布置

采用滑行法布置柱的预制或排放位置时，应使绑扎点靠近基础，绑扎点与杯口中心均位于起重机的同一起重半径的圆弧上，即"二点共弧"。

滑行法吊升柱受振动大，但对平面布置要求低，对起重机的机动性要求低。滑行法一般用于：柱较重、较长而起重机在安全荷载下回转半径不够时；或现场狭窄无法按旋转法排放布置时；以及采用桅杆式起重机吊装柱时等情况。为了减小柱脚与地面的摩阻力，宜在柱脚处设置托木、滚筒等。

（3）双机抬吊旋转法（图6-17）。重型柱由于柱的体型大、重量大，当一台起重机不能满足要求时，可用两台起重机抬吊。柱为两点绑扎，一台起重机抬上吊点，另一台起重机抬下吊点，吊装时双机并立在杯口的同一侧，柱的平面布置要求，使柱的绑扎点与基础杯口中心在以相应的起重机起重半径 R 为半径的圆弧上，起吊时，两台起重机同时升钩，柱离地面一定高度，两台起重机的起重臂同时向杯口方向旋转，下绑扎点处起重机只旋转不升钩，上绑扎点处起重机边升钩边旋转，直至柱竖直在杯口上面，最后两机同时缓慢落钩，将

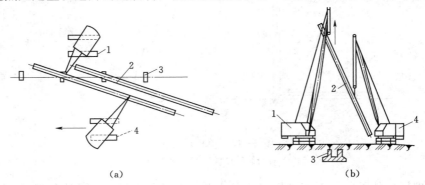

（a）　　　　　　　　　　　　　　　　（b）

图6-17　双机抬吊旋转法

（a）平面布置；（b）递送过程

1—主机；2—柱；3—基础；4—副机

柱插入杯口。

(4) 双机抬吊滑行法（图6-18）。柱应斜向布置，一点绑扎，且绑扎点靠近基础杯口，起重机在柱基的两侧，两台起重机在柱的同一绑扎点抬吊。

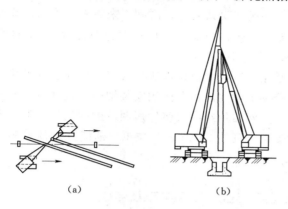

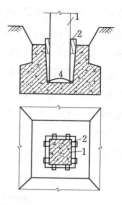

图6-18 双机抬吊滑行法
(a) 平面布置；(b) 将柱吊离地面

图6-19 柱的临时固定
1—柱；2—楔子

3. 柱的就位和临时固定

柱插入杯口后，柱底离杯口底30～50mm时先悬空对位，用八个楔块从柱的四边插入杯口，用撬棍拨动柱脚，使柱的吊装准线对准杯口顶面的吊装准线，略打紧楔块，使柱身保持垂直，放松吊钩将柱沉至柱底，复查吊装准线，然后打紧楔块（两边对称进行，以免吊装准线偏移），将柱临时固定，起重机脱钩（图6-19）。当柱较高或柱具有较大的牛腿仅靠柱脚处的楔块不能保证临时固定的稳定时，可增设缆风绳或斜撑来加强临时固定。

4. 柱的垂直度校正

柱的校正包括平面位置、标高和垂直度。平面位置、标高分别在基础抄平和对位过程中完成。柱临时固定后用两台经纬仪从柱的相邻两面观测柱子吊装准线的垂直度，其偏差应在允许范围以内，当柱高 $H<5m$，为5mm，柱高 $H=5\sim10m$ 时，为10mm，柱高 $H>10m$ 时为1/1000，最大不超过20mm。

校正时可用千斤顶校正法、钢管撑杆法和缆风绳等。

5. 柱的最后固定

柱校正完毕后，应立即进行最后固定。其方法是在柱子与杯口间的空隙内灌筑细石混凝土。灌筑前，将杯口空隙内的木屑、垃圾清扫干净，并用水湿润柱脚和杯口壁。分两次浇筑，第一次浇筑到楔块底部；第二次在第一次浇筑的细石混凝土强度达到设计强度的25%时，拔去楔块，将杯口混凝土灌满。

（二）吊车梁的安装

吊车梁的安装施工工艺：绑扎→起吊→就位→校正和固定。

吊车梁安装时应两点对称绑扎，吊钩垂线对准梁的重心，起吊后吊车梁保持水平状态。在梁的两端设溜绳控制，以防碰撞柱子。对位时应缓慢降钩，将梁端吊装准线与牛腿顶面吊装准线对准。吊车梁的自身稳定性较好，用垫铁垫平后，起重机即可脱钩，一般不需采用临时固定措施。当梁高与底宽之比大于4时，为防止吊车梁倾倒，可用铁丝将梁临时绑在柱子上。

　　吊车梁的校正工作一般应在厂房结构校正和固定后进行，以免屋架安装时，引起柱子变位，而使吊车梁产生新的误差。对较重的吊车梁，由于脱钩后校正困难，可边吊边校。但屋架固定后要复查一次。校正包括标高、垂直度和平面位置。标高的校正已在基础杯底调整时基本完成，如仍有误差，可在铺轨时，在吊车梁顶面抹一层砂浆来找平。平面位置的校正主要检查吊车梁纵轴线和跨距是否符合要求（纵向位置校正已在对位时完成）。垂直度用锤球检查，偏差应在 5mm 以内，可在支座处加铁片垫平。

　　吊车梁平面位置的校正方法，通常用通线法（拉钢丝法）或仪器放线法（平移轴线法）。通线法是根据柱的定位轴线，在厂房跨端地面定出吊车梁的安装轴线位置并打入木桩。用钢尺检查两列吊车梁的轨距是否符合要求，然后用经纬仪将厂房两端的四根吊车梁位置校正正确。在校正后的柱列两端吊车梁上设支架（高约 200mm），拉钢丝通线并悬挂悬物拉紧。检查并拨正各吊车梁的中心线（图 6－20）。

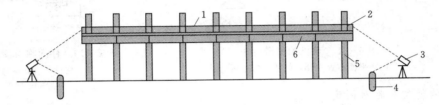

图 6－20　通线法校正吊车梁示意图
1—通线；2—支架；3—经纬仪；4—木桩；5—柱子；6—吊车梁

　　仪器放线法适用于当同一轴线上的吊车梁数量较多时，如仍采用通线法，使钢丝过长，不宜拉紧而产生较大偏差之时。此法是在柱列外设置经纬仪，并将各柱杯口处的吊装准线投射到吊车梁顶面处的柱身上（或在各柱上放一条与吊车梁轴线等距离的校正基准线），并做出标志（图 6－21）。若标志线至柱定位轴线的距离为 a，则标志到吊车梁安装轴线的距离应为 $\lambda - a$，依此逐根拨正吊车梁的中心线并检查两列吊车梁间的轨距是否符合要求，吊车梁校正后，立即电焊作最后固定，并在吊车梁与柱的空隙处灌筑细石混凝土。

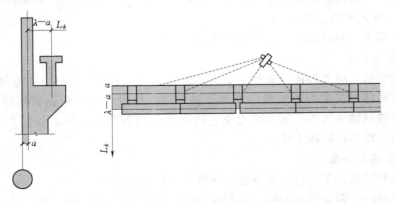

图 6－21　仪器放线法校正吊车梁示意图

（三）屋架的安装

　　屋架的安装施工工艺：绑扎→翻身扶直与就位→吊升→对位→临时固定→校正和最后固定。

1. 屋架的绑扎

屋架的绑扎点，应选在上弦节点处或靠近节点。吊索与水平线的夹角，翻身或起立屋架时，不宜小于 60°，吊装时不宜小于 45°，绑扎中心（各支吊索内力的合力作用点）必须在屋架重心之上，防止屋架晃动和倾翻。

屋架绑扎吊点的数目及位置与屋架的形式、跨度、安装高度及起重机的吊杆长度有关，一般须经验算确定。当屋架跨度小于 18m 时，两点绑扎；屋架跨度大于 18m，而小于 30m 时，用两根吊索四点绑扎；屋架跨度大于或等于 30m 时，可采用 9m 跨度的横吊梁（也称铁扁担），以减少吊索高度（图 6-22）。钢屋架的纵向刚度差，在翻身扶直与安装时，应绑扎几道杉木杆，作为临时加固措施，防止侧向变形。

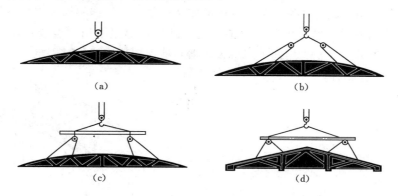

图 6-22　屋架绑扎方法

（a）跨度≤18m；（b）跨度＞18m；（c）跨度≥30m；（d）三角形组合屋架

2. 屋架扶直与就位

钢筋混凝土屋架或预应力混凝土屋架多在施工现场平卧叠浇，吊装前先翻身扶直，然后起吊运至预定位置就位。屋架的侧向刚度较差，扶直时需要采取加固措施，以免屋架上弦挠曲开裂。扶直屋架有以下两种方法（图 6-23）。

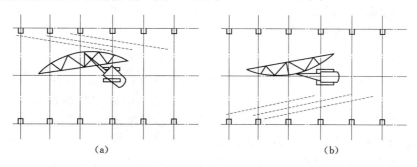

图 6-23　屋架的扶直

（a）正向扶直；（b）反向扶直

（1）正向扶直。起重机位于屋架下弦一边，吊钩对准屋架上弦中点，收紧起重钩，起重臂稍稍抬起使屋架脱模，接着升臂并同时升钩，使屋架以下弦为轴心缓缓转为直立状态。

（2）反向扶直。起重机位于屋架上弦一边，吊钩对准屋架上弦中点，然后升钩，降臂使屋架绕下弦转动而直立。

3. 屋架的吊升，对位与临时固定

单机吊装时，先将屋架吊离地面约 500mm，将屋架转至吊装位置下方，起重钩将屋架吊至柱顶以上，然后将屋架缓缓放至柱顶，使屋架两端的轴线与柱顶轴线重合，对位正确后，立即临时固定，固定稳妥后，起重机才能脱钩。

双机抬吊时，应将屋架立于跨中。起吊时，一机在前，一机在后，两机共同将屋架吊离地面约 1.5m，后机将屋架端头从起重臂一侧转向另一侧（调档），然后同时升钩将屋架吊起，送至安装位置（图 6-24）。

双机抬吊屋架最好用同类型起重机，若起重机类型不同，必须合理地进行负荷分配，同时注意统一指挥，两机配合协调，第一榀屋架安装就位后，用四根缆风绳在屋架两侧拉牢临时固定。若有抗风柱时，可与抗风柱连接固定。其他各榀屋架用屋架校正器（即工具式支撑）临时固定，每榀屋架至少用两个屋架校正器与前榀屋架连接临时固定。

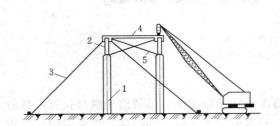

图 6-24 屋架的临时固定
1—柱；2—屋架；3—缆风绳；4—工具
式支撑；5—屋架垂直支撑

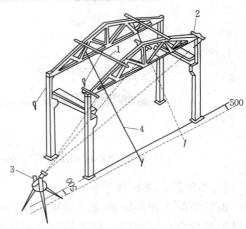

图 6-25 屋架的校正与临时固定
1—屋架校正器；2—卡尺；3—经纬仪；4—缆风绳

4. 屋架校正及最后固定

屋架经对位、临时固定后，主要检查并校正垂直度，可用经纬仪或垂球检查，用屋架校正器校正。用经纬仪检查垂直度时，在屋架上弦的中央和两端各安装一个卡尺，自上弦几何中心线量出 500mm，在卡尺上作出标志，然后距屋架中线 500mm 的跨外设一经纬仪，用经纬仪检查三个卡尺上的标志是否在一垂面上（图 6-25）。用锤球检查屋架垂直度时，在两端卡尺标志间连一通线，从中央卡尺的标志处向下挂锤球，检查三个卡尺的标志是否在同一垂面上。屋架垂直度的偏差，不得大于屋架高度的 1/250。屋架垂直度校正后，应立即电焊，进行最后固定。要求在屋架两端的不同侧面同时施焊，以防因焊缝收缩导致屋架倾斜。

（四）屋面板的安装

屋面板四周一般有预埋吊环，用四根等长的带吊钩的吊索吊起，使四根吊索拉力相等，屋面板保持水平。在屋架上安装屋面板时，应自跨边向跨中对称进行。安装天窗架上的屋面板时，在厂房纵轴线方向应一次放好位置，不可用撬杠撬动，以防天窗架发生倾斜。屋面板在屋架或天窗架上的搁置长度应符合规定，四角要座实，每块屋面板至少有三个角与屋架或天窗架焊牢，并保证焊缝质量符合要求。

（五）天窗架的安装

天窗架常采用单独吊装，也可与屋架拼装成整体同时吊装。天窗架单独吊装时，应待两侧屋面板安装后进行，最后固定的方法是用电焊将天窗架底脚焊牢于屋架上弦的预埋件上。

三、结构安装方案

单层厂房结构安装工程施工方案内容包括：结构吊装方法、起重机的选择、起重机的开行路线及构件的平面布置等。确定施工方案时应根据厂房的结构形式、跨度、构件的重量及安装高度、吊装工程量及工期要求，并考虑现有起重设备条件等因素综合确定。

（一）结构吊装方法

单层厂房结构吊装方法有分件吊装法和综合吊装法。

（1）分件吊装法。起重机每开行一次，仅吊装一种或几种同类构件（图6-26）。根据构件所在的结构部位的不同，通常分三次开行吊装完全部构件。第一次吊装，安装全部柱子，经校正、最后固定、及柱接头施工。当接头混凝土强度达到70%的设计强度后可进行第二次吊装；第二次吊装，安装全部吊车梁、连系梁及柱间支撑，经校正、最后固定、及柱接头施工之后可进行第三次吊装；第三次吊装，依次按节间安装屋架、天窗架、屋面板及屋面支撑等。

分件吊装法由于每次是吊装同类型构件，索具不需经常更换，操作方法基本相同，所以吊装速度快，能充分发挥起重机效率，构件可以分批供应和现场平面布置比较简单，也能给构件校正、接头焊接、灌筑混凝土、养护提供充分的时间。缺点是不能为后续工序及早提供工作面，起重机的开行路线较长。但本法仍是目前国内装配式单层工业厂房结构安装中广泛采用的一种方法。

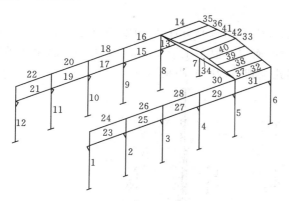

图6-26 分件吊装时的构件吊装顺序

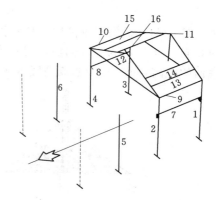

图6-27 综合吊装时的构件吊装顺序

（2）综合吊装法。起重机在厂房内一次开行中（每移动一次）就安装完一个节间内的各种类型的构件。综合吊装法是以每节为单元，一次性安装完毕（图6-27）。即先安装4~6根柱子，并加以校正和最后固定；随后吊装这个节间内的吊车梁、连系梁、屋架、天窗架和屋面板等构件。一个节间的全部构件安装完后，起重机移至下一节间进行安装，直至整个厂房结构吊装完毕。优点是起重机开行路线短，停机点少，能持续作业；吊完一个节间，其后续工种就可进入节间内工作,使各工种进行交叉平行流水作业,有利于缩短工期。缺点是由于同时安装不同类型的构件,需要更换不同的索具,安装速度较慢;使构件供应紧张和平面布置复杂;构件的校正困难、最后固定时间紧迫。综合安装法需要进行周密的安排和布置,施工现场需要很强的组织能力和管理水平,目前这种方法很少采用。

（二）起重机的选择

1. 起重机类型的选择

起重机的类型主要是根据厂房的结构特点、跨度、构件重量、吊装高度、吊装方法及现有起重设备条件等来确定。要综合考虑其合理性、可行性和经济性。一般中小型厂房跨度不大,构件的重量及安装高度也不大,厂房内的设备多在厂房结构安装完毕后进行安装,所以多采用履带式起重机、轮胎式起重机或汽车式起重机,以履带式起重机应用最普遍。缺乏上述起重设备时,可采用桅杆式起重机（独脚拔杆、人字拔杆等）。重型厂房跨度大,构件重,安装高度大,厂房内的设备往往要同结构吊装穿插进行,所以一般采用大型履带式起重机、轮胎式起重机、重型汽车式起重机,以及重型塔式起重机与其他起重机械配合使用。

2. 起重机型号的选择

确定起重机的类型以后,要根据构件的尺寸、重量及安装高度来确定起重机型号。所选定的起重机的三个工作参数起重量 Q、起重高度 H、起重半径 R 要满足构件吊装的要求。

（1）起重量。起重机的起重量必须大于或等于所安装构件的重量与索具重量之和,即

$$Q \geqslant Q_1 + Q_2 \tag{6-7}$$

式中：Q 为起重机的起重量,kN；Q_1 为构件的重量,kN；Q_2 为索具的重量（包括临时加固件重量）,一般取 2kN。

（2）起重高度。起重机的起重高度必须满足所吊装的构件的安装高度要求（图 6-28）,即

$$H \geqslant h_1 + h_2 + h_3 + h_4 \tag{6-8}$$

式中：H 为起重机的起重高度（从停机面算起至吊钩）,m；h_1 为安装支座顶面高度（从停机面算起）,m；h_2 为安装间隙,视具体情况而定,但不小于 0.3m；h_3 为绑扎点至起吊后构件底面的距离,m；h_4 为索具高度（从绑扎点到吊钩中心距离）,m。

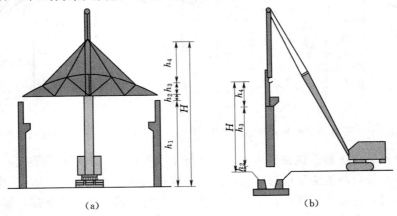

(a)　　　　　　　　　(b)

图 6-28　起重高度计算示意图

（3）起重半径。

1）当起重机可以不受限制地开到吊装位置附近时，对起重机的起重半径没有要求。

2）对起重机的起重半径有要求的情况有：起重机需要跨越地面上某些障碍物吊装构件时，如跨过地面上已预制好或就位好的屋架吊装吊车梁时；吊柱子等构件时，开行路线已定的情况下；吊装屋架等构件时，开行路线及构件就位位置已定的情况下。

（4）最小臂长。下述情况下对起重机的臂长有最小臂长的要求：吊装平面尺寸较大的构件时，应使构件不与起重臂相碰撞（如吊屋面板）；跨越较高的障碍物吊装构件时，应使起重臂不碰到障碍物，如跨过已安装好的屋架或天窗架，吊装屋面板、支撑等构件时，应使起重臂不碰到已安装好的结构。最小臂长要求实质是一定的起重高度下的起重半径要求。确定起重机的最小臂长的方法有数解法和图解法。

1）数解法。数解法［图 6-29（a）］所示的几何关系，起重臂长 L，可分解为长度 l_1 及 l_2 两段所组成，可表示为其仰角 α 的函数。即

$$L=l_1+l_2=\frac{h}{\sin\alpha}+\frac{a+g}{\cos\alpha} \tag{6-9}$$

$$\alpha\geqslant\alpha_0=\arctan\frac{H-h_1+d_0}{a+g} \tag{6-10}$$

式中：L 为起重臂的长度，m；h 为起重臂下铰点至吊装构件支座顶面的高度，$h=h_1-E$，m；h_1 为停机面至构件吊装支座顶面的高度，m；E 为初步选定的起重机的臂下铰点至停机面的距离，可由起重机外型尺寸确定，m；a 为起重钩需跨过已安装好的结构构件的水平距离，m；g 为起重臂轴线与已安装好的屋架构件轴线间的水平距离（至少取1m），m；H 为起重高度，m；d_0 为吊钩中心至定滑轮中心的最小距离，视起重机型号而定，一般 2.5～3.5m；α_0 为满足起重高度等要求的起重臂最小仰角。

确定最小起重臂长度，就是求 L 的极小值，进行一次微分并令 $\mathrm{d}L/\mathrm{d}\alpha=0$ 得：

$$\frac{\mathrm{d}L}{\mathrm{d}\alpha}=\frac{-h\cos\alpha}{\sin^2\alpha}+\frac{(a+g)\sin\alpha}{\cos^2\alpha}=0 \tag{6-11}$$

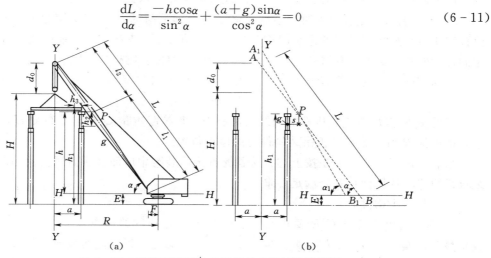

图 6-29 吊装屋面板时起重机最小臂长计算简图

（a）数解法；（b）图解法

解式（6-11），可得：

$$\alpha = \arctan \sqrt[3]{\frac{h}{a+g}} \qquad (6-12)$$

将 α 值代入，即得最小起重臂长 L。

为了使所求得的最小臂长顶端至停机面的距离不小于满足吊装高度要求的臂顶至停机面的最小距离，要求 $\alpha \geqslant \alpha_0$；若 $\alpha < \alpha_0$，则取 $\alpha = \alpha_0$。

2）图解法。图解法 [图6-29（b）]，可按以下步骤求最小臂长：

第一步，按一定比例画出欲吊装厂房一个节间的从剖面图，并画出起重机吊装屋面板时起重钩位置处的垂线 Y—Y；画平行于停机面的线 H—H，该线距停机面的距离为 E（E 为初步选定的起重机的臂下铰点至停机面的距离）。

第二步，自屋架顶面中心线向起重机方向量出水平距离 $g=1m$ 得 P 点；按满足吊装要求的起重臂上定滑轮中心线的最小高度，在垂线 Y—Y 定出 A 点。

第三步，连接 A、P 两点，其延长线与 H—H 相交于一点 B，线段 AB 即起重臂的轴线长度。然后，以 P 点为圆心，向顺时针方向略旋转与 Y—Y、H—H 相交后得线段 A_1B_1。比较 AB 与 A_1B_1，若 $A_1B_1 < AB$ 则应继续旋转，以找到其最小值 A_iB_i，所得的最小值 A_iB_i 即为最小起重臂长度 L_{min}。若 $A_1B_1 > AB$，则 AB 即为最小起重臂长度 L_{min}。

3. 起重机型号、臂长的选择

（1）吊一种构件时。

1）起重半径 R 无要求时。根据起重量 Q 及起重高度 H，查阅起重机性能曲线或性能表，来选择起重机型号和起重机臂长 L，并可查得在选择的起重量和起重高度下相应的起重半径，即为起吊该构件时的最大起重半径，同时可作为确定吊装该构件时起重机开行路线及停机点的依据。

2）起重半径 R 有要求时。根据起重量 Q、起重高度 H 及起重半径 R 三个参数查阅起重机性能曲线或性能表，来选择起重机型号和起重机臂长 L。并确定吊装该构件时的起重半径，作为确定吊装该构件时起重机开行路线及停机点的依据。

3）最小臂长 L_{min} 有要求时。根据起重量 Q 及起重高度 H 初步选定起重机型号，并根据由数解法或图解法所求得的最小起重臂长的理论值 L_{min}，查起重机性能曲线或性能表，从规定的几种臂长中选择一种臂长 $L > L_{min}$，即为吊装构件时所选的起重臂长度。

根据实际选用的起重臂长 L 及相应的 α 值，可求出起重半径：

$$R = F + \cos\alpha \qquad (6-13)$$

然后按 R 和 L 查起重机性能曲线或性能表，复核起重量 Q 及起重高度 H，如能满足要求，即可按 R 值确定起重机吊装构件时的停机位置。

吊装屋面板时，一般是按上述方法首先确定吊装跨中屋面板所需臂长及起重半径。然后复核最边缘一块屋面板是否满足要求。

（2）吊多个构件时。

1）构件全无起重半径 R 要求时。首先列出所有构件的起重量 Q 及起重高度 H 要求，找出最大值 Q_{max}、H_{max}，根据最大值 Q_{max}、H_{max} 查阅起重机性能曲线或性能表，来选择起重机型号和起重机臂长 L，然后确定吊装各构件时的起重半径，作为确定吊装该构件时起重机开行路线及停机点的依据。

2）有部分构件有起重半径 R（或最小臂长 L_{min}）要求时。在根据最大值 Q_{max}、H_{max} 选择起重机型号和起重机臂长时，尽可能地考虑有起重半径 R（或最小臂长 L_{min}）要求的构件的情况，然后对有起重半径 R（或最小臂长 L_{min}）要求的构件逐一进行复核。起重机型号和臂长选定后，根据各构件的吊装要求，确定其吊装时采用的起重半径，作为确定吊装该构件时起重机开行路线及停机点的依据。

（三）起重机开行路线及构件平面布置

起重机开行路线及构件平面布置与结构吊装方法、构件吊装工艺、构件尺寸及重量、构件的供应方式等因素有关。构件的平面布置不仅要考虑吊装阶段，而且要考虑其预制阶段。一般柱的预制位置即为其吊装前的就位位置；而屋架则要考虑预制和吊装两个阶段的平面布置；吊车梁、屋面板等构件则要按供应方式确定其就位堆放位置。

构件平面布置时应根据下列基本原则：

（1）各跨构件宜布置在本跨内，如确有困难时，也可布置在跨外便于吊装的地方。

（2）要满足吊装工艺的要求，尽可能布置在起重机的工作幅度内，减少起重机"跑吊"（负重行走）的距离及起重臂起伏的次数。

（3）应首先考虑重型构件（如柱等）的布置，尽量靠近安装地点。

（4）应便于支模及混凝土的浇筑工作，对预应力构件尚应考虑抽管、穿筋等操作所需的场地。

（5）各种构件布置均应力求占地最少，应保证起重机和运输道路畅通，起重机回转时不与构件相碰。

（6）构件均应布置在坚实的地基上，新填土要分层夯实，防止地基下沉，以免影响构件质量。

1. 柱吊装起重机开行路线及构件平面布置

（1）起重机开行路线。吊装柱时视厂房跨度大小、柱的尺寸和重量及起重机的性能，起重机开行路线有跨中开行、跨边开行及跨外开行三种（图 6-30）。

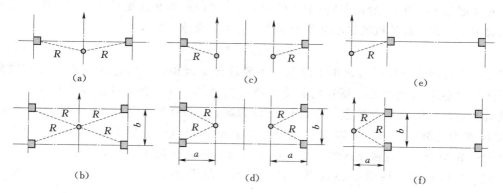

图 6-30 吊装柱时起重机的开行路线及停机位置
(a)、(b) 跨中开行；(c)、(d) 跨边开行；(e)、(f) 跨外开行

1）跨中开行。要求 $R \geqslant L/2$（L 为厂房跨度），每个停机点可吊 2 根柱，停机点在以基础中心为圆心 R 为半径的圆弧与跨中开行路线的交点处；当 $R = \sqrt{\left(\dfrac{L}{2}\right)^2 + \left(\dfrac{b}{2}\right)^2}$ 时（b 为厂

房柱距），则一个停机点可吊装四根柱，停机点在该柱网对角线交点处。

2）跨边开行。起重机在跨内沿跨边开行，开行路线至柱基中心距离为 a，$a \leqslant R$ 且 $a <$ $L/2$，每个停机点吊一根柱；当 $R = \sqrt{a^2 + \left(\dfrac{b}{2}\right)^2}$ 时，则一个停机点可吊 2 根柱。

3）跨外开行。起重机在跨外沿跨边开行，开行路线至柱基中心距离为 $a \leqslant R$，每个停机点吊一根柱；当 $R = \sqrt{a^2 + \left(\dfrac{b}{2}\right)^2}$ 时，则一个停机点可吊 2 根柱。

（2）柱的平面布置。柱子的布置方式与场地大小、安装方法有关，一般有斜向布置、纵向布置和横向布置三种（图 6-31）。

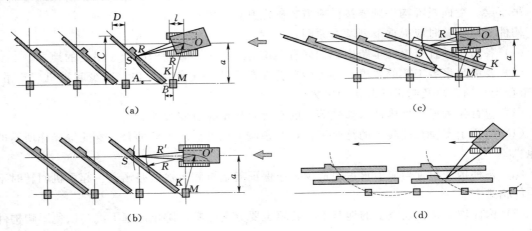

图 6-31 柱的平面布置

采用旋转法吊装时，柱可按三点共弧斜向布置，其预制位置采用作图法确定，其步骤如下：

首先确定起重机开行路线到柱基中线的距离 a，这段距离和起重机吊装柱子时与起重机相应的起重半径 R、起重机的最小起重半径 R_{min} 有关，要求

$$R_{min} < a \leqslant R \qquad\qquad (6-14)$$

同时，开行路线不要通过回填土地段，不要过分靠近构件，防止起重机回转时碰撞构件。以柱基中心点 M 为圆心，所选的起重半径 R 为半径，画弧交开行路线于 O 点，O 点即为起重机安装该柱的停机点位置。以停机点 O 为圆心，OM 为半径画弧，在靠近柱基的弧上选点 K 作为柱脚中心点，再以 K 点为圆心，柱脚到吊点的长度为半径画弧，与 OM 半径所画的弧相交于 S，连接 KS 线，得出柱中心线，即为柱的预制位置，并可画出柱的模板图。同时量出柱顶、柱脚中心点到柱列纵横轴线的距离 A、B、C、D，作为支模时的参考。

柱的布置应注意牛腿的朝向，避免安装时在空中调头，当柱布置在跨内时，牛腿应面向起重机；布置在跨外时，牛腿应背向起重机。

若场地限制或柱过长，难于做到三点共弧时，可按两点共弧布置。一种是将杯口、柱脚中心点共弧，吊点放在起重半径 R 之外 [图 6-31（b）]。安装时，先用较大的工作幅度 R'，吊起柱子，并抬升起重臂，当工作幅度变为 R 后，停止升臂，随后用旋转法吊装。另一种

是将吊点与柱基中心共弧，柱脚可斜向任意方向［图6-31（c）］，吊装时，可用旋转法，也可用滑行法。

对一些较轻的柱起重机能力有富余，考虑到节约场地，方便构件制作可顺柱列纵向布置［图6-31（d）］。柱纵向布置时，起重机的停机点应安排在两柱基的中点，每个停机点可吊两根柱子。柱可两根叠浇生产，层间应涂刷隔离剂，上层柱在吊点处需预埋吊环；下层柱则在底模预留砂孔，便于起吊时穿钢丝绳。

2. 吊车梁吊装起重机开行路线及构件平面布置

吊车梁吊装起重机开行路线一般是在跨内靠边开行，开行路线至吊车梁中心线距离为 $a \leqslant R$。若在跨中开行，一个停机点可吊两边的吊车梁。吊车梁一般在场外预制，有时也在现场预制；吊装前就位堆放在柱列附近，或者随吊随运。

3. 屋盖系统吊装起重机开行路线及构件平面布置

（1）屋架预制位置与屋架扶直就位起重机开行路线。屋架一般在跨内平卧叠浇预制，每叠3～4榀。布置方式有正面斜向、正反斜向、正反纵向布置三种（图6-32）。上述三种布置中虚线表示预应力屋架抽管及穿筋所需留设的距离，相邻两叠屋架间应留1m间距以便支模及浇筑混凝土。正面布置扶直时为正向扶直，反面布置则扶直时为反向扶直。应优先选用正面斜向布置，以利于屋架的扶直。屋架预制位置的确定应与柱子的平面布置及起重机开行路线和停机点综合考虑。

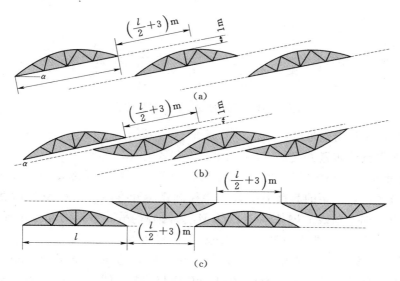

图6-32 屋架现场预制布置方式
（a）正面斜向布置；（b）正反斜向布置；（c）正反纵向布置

屋架吊装前应先扶直并排放到吊装前就位位置准备吊装。屋架扶直就位时，起重机跨内开行，必要时需负重行走。

（2）屋架就位位置与屋盖系统吊装起重机开行路线。屋架吊装前先扶直就位再吊装，可以提高起重机的吊装效率并适应吊装工艺的要求。屋架的就位排放位置有靠柱边斜向就位（图6-33）和靠柱边成组纵向就位两种（图6-34）。

吊装屋架及屋盖结构中其他构件时，起重机均跨中开行。屋架的斜向排放方式，用于重

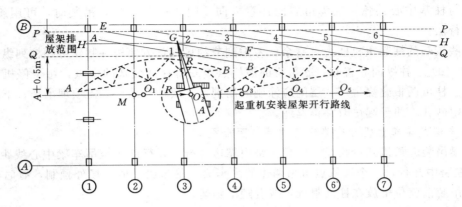

图 6-33 屋架的成组斜向就位位置

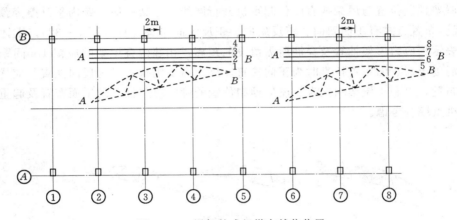

图 6-34 屋架的成组纵向就位位置

量较大的屋架，起重机定点吊装。

屋架斜向布置具体布置方式如下：

1）确定起重机开行路线及停机点。起重机跨中开行，在开行路线上定出吊装每榀屋架的停机点，以选择吊装屋架的起重半径 R 为半径画弧交开行路线与 O 点，该点即为吊装该屋架时的停机点。如②轴线的屋架以中心点 M_2 为圆心、吊装屋架的起重半径 R 为半径画弧，交开行路线于 O_2；O_2 即为安装②轴线屋架时的停机点。

2）确定屋架排放范围。先定出 P—P 线，该线距柱边缘不小于 200mm；再定 Q—Q 线，该线距开行路线不小于 $A+0.5m$；在 P—P 线与 Q—Q 线之间定出中线 H—H 线；屋架在 P—P、Q—Q 线之间排放，其中点均应在 H—H 线上。

3）确定屋架排放位置。一般从第二榀开始，以停机点 O_2 为圆心，以 R 为半径画弧交 H—H 于 G，G 即为屋架就位中心点。再以 G 为圆心，以 1/2 屋架跨度为半径画弧交 P—P、Q—Q 于 E、F，连接 E、F 即为屋架吊装位置，依此类推。第一榀因有抗风柱，可灵活布置。

屋架的纵向排放方式用于重量较轻的屋架，允许起重机吊装时负荷行驶。纵向排放一般以 4 榀为一组，靠柱边顺轴线排放，屋架之间的净距离不大于 200mm，相互之间用铁丝及支撑拉紧撑牢。每组屋架之间预留约 3m 间距作为横向通道。为防止在吊装过程与已安装屋架相碰，每组屋架的跨中要安排在该组屋架倒数第二榀安装轴线之后约 2m 处。

4）屋面板就位堆放位置（图 6-35）。屋面板的就位位置，跨内跨外均可。根据起重机吊装屋面板时的起重半径确定。一般情况下，当布置在跨内时，大约后退 3～4 个节间；当布置在跨外时，应后退 1～2 个节间开始堆放。

某单跨车间采用分件吊装时的起重机开行路线和停机点的位置（图 6-36）。

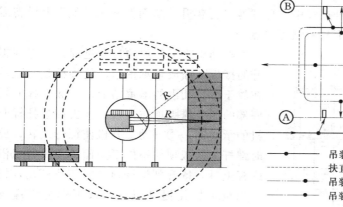

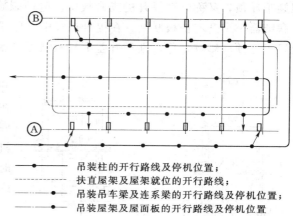

●————— 吊装柱的开行路线及停机位置；

----------- 扶直屋架及屋架就位的开行路线；

●————— 吊装吊车梁及连系梁的开行路线及停机位置；

————●— 吊装屋架及屋面板的开行路线及停机位置

图 6-35 屋面板就位堆放位置　　　　图 6-36 起重机开行路线和停机点位置

四、升板法施工

升板法施工是多层钢筋混凝土无梁楼盖结构的一种施工方法。基本原理是先吊装柱再浇筑室内地坪，然后以地坪为胎模就地叠浇各层楼板和屋面板，待混凝土达到一定强度后，再用装在柱上的提升设备，以柱为支承通过吊杆将屋面板及各层楼板逐一交替提升到设计标高，并加以固定（图 6-37）。升板法施工的优点是：各层板叠层浇筑制作，可节约大量模板；高空作业少，施工安全；工序简便，施工速度快；不需大型起重设备；节约施工用地，特别适用于狭小场地或山区；柱网布置灵活；结构单一，装配整体式节点数量少。但存在着耗钢量大等问题。

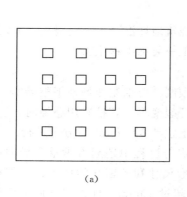

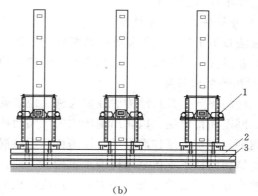

（a）　　　　　　　　　　　　　　（b）

图 6-37 升板法施工示意

（a）平面图；（b）立面图

1—提升机；2—屋面板；3—楼板

（一）提升设备

升板结构提升设备主要有提升机、吊杆和连接件等。提升机分为电动提升机和液压机提升两大类。电动提升机利用异步电机驱动，通过链条和蜗轮蜗杆旋转螺帽使螺杆升降，从而带动提升杆升降。液压提升机有电动液压千斤顶、穿心式液压提升机等，都是通过液压千斤进油、回油的往复动作带动提升杆或沿提升杆爬升。目前在我国使用最广泛的是自升式电动螺旋千斤顶，又称电动提升机或升板机。电动螺旋千斤顶沿柱自升装置（图 6-38），是借助联结器，吊杆与楼板联结，在提升过程中千斤顶能自行爬升，从而消除了其他提升设备需设置于柱顶而影响柱稳定性和升差不易控制等缺点。

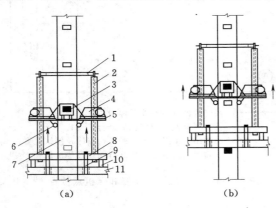

图 6-38　电动螺旋千斤顶自升装置
(a) 提升屋面板；(b) 千斤顶爬升
1—螺杆固定架；2—螺杆；3—承重销；4—电动螺旋千斤顶；5—提升机底盘；6—导向轮；7—柱；8—提升架；9—吊杆；10—提升架支腿；11—屋面板

电动螺旋千斤顶的自升过程是：①在提升的楼板下面放置承重销，使楼板临时支承在放于休息孔内的承重销上；②放下提升机底部的四个撑脚顶住楼板；③去掉悬挂提升机的承重销；④开动提升机使螺母反转，此时螺杆为楼板顶住不能下降而迫使提升机沿螺杆上升，待到螺杆顶端时停止开动，插入承重销挂住提升机；⑤取下螺杆下端支承，抽去板下承重销继续升板。

全部提升机采用电路控制箱集中控制，控制箱可根据需要使一台、几台或全部提升机启闭。起重螺杆和螺母应与提升机配套使用，起重螺杆用经过热处理 45 号钢、冷拉 45 号钢、调质 40Cr 钢等制成，螺母宜采用耐磨性能好的 QT60-2 球墨铸铁，并用二硫化钼作润滑剂，可减少螺母磨损，延长其使用寿命。电动螺旋千斤顶适用于柱网为 6m×6m、板厚 20cm 左右的升板结构。如超过上述范围，需用自动液压千斤顶。

（二）升板法施工工艺过程

升板法施工工艺：施工基础→预制柱→吊装柱→浇筑地坪混凝土→叠浇板→安装提升设备→提升各层板→永久固定→后浇板带→围护结构施工→装饰工程施工。

1. 柱的预制和吊装

（1）柱的预制。升板结构的柱多为施工现场就地预制。要求制作场地平整竖实，有足够的强度、刚度和稳定性，以防出现不均匀沉陷而使柱开裂变形。若柱采用叠浇时，应在柱间涂刷隔离剂，浇筑上层柱混凝土时，需待下层柱混凝土达到 5N/mm² 后方可进行。

升板结构的柱子不仅是结构的承重构件，而且在提升过程中还起着承重和导向的作用。因此对柱子除了满足设计强度要求外，还应对柱的外形尺寸和预留孔的位置进行严格控制，一般柱的截面尺寸偏差不应超过 ±5mm，侧向弯曲不超过 10mm。柱顶与柱底表面要平整，并垂直于柱的轴线。柱的预埋件位置要准确，中心线偏差不应超过 5mm，标高允许偏差为 ±3mm。柱上的预留就位孔位置是保证板正确就位的关键。孔底标高偏差不应超过 ±5mm，孔的大小尺寸偏差不应超过 10mm。柱上除了预留就位孔外，还应根据需要按提升程序预留停歇孔，停歇孔的间距，主要应根据起重螺杆一次提升高度确定，一般为 1.8m 左右，停歇孔应尽量与就位孔统一，否则，两者净距一般不宜小于 30mm，停歇孔的尺寸与质量要求与就位孔相同。

（2）柱的吊装。升板结构的柱一般较细长，吊装时要防止产生过大的弯矩。吊装前要逐一检查柱截面尺寸、预留孔位置与尺寸，以及总长度和弯曲情况并进行必要调整，以免在提升时卡住板孔。吊装后，要保证柱底中线与轴线偏差不应超过 5mm，标高偏差不超过±5mm，柱顶竖向偏差不应超过柱长的 1/1000，且不大于 20mm。

2. 板的制作

（1）地坪的处理。柱安装后，先做混凝土地坪，再以地坪为胎模依次叠浇各层楼板及屋面板，要保证板的浇筑质量，要求地坪地基必须密实，防止不均匀沉降；地坪表面要平整，特别是柱的周围部分，更应严格控制，以确保板底在同一平面上，减少搁置差异；地坪表面要光滑，减少与板的粘结。若地坪有伸缩缝时，应采取有效的隔离措施，以防止由于温度收缩而造成板开裂。

（2）板的分块。当建筑物平面尺寸较大时，可根据结构平面布置和提升设备数量，将板划分为若干块，每块板为一提升单元。每一单元宜在 20～24 根柱范围，形状应尽量方正，避免阴角以防提升时开裂。提升单元间应留有宽度 1.0～1.5m 的后浇板带，后浇板带的底模可悬挂在两边楼板上。

（3）板的类型。升板结构板的类型一般可分为：平板式、密肋式和格梁式。平板的厚度，一般不宜小于柱网长边尺寸的 1/35。这种板构造简单、施工方便，且能有效利用建筑空间，但刚度差、抗弯能力弱，耗钢量大。密肋板由于肋间放置混凝土空盒或轻质填充材料，故能节约混凝土，并且加大了板的有效高度而能显著降低用钢量。若肋间无填充物，施工时其肋间空隙用特制的箱形模板或预制混凝土盒子，前者待楼板提升后可取下重复使用，后者即作为板的组成部分之一。若肋间有填充物，施工时肋间以空心砖，煤渣砖或其他轻质混凝土材料填充。格梁式结构是先就地叠层灌筑格梁，而将预制楼板在各层格梁提升前铺上，也可浇筑一层格梁即铺一层预制楼板，待格梁提升固定后，再在其上整浇面层。这种结构具有刚度大，适用于荷载、柱网大或楼层有开孔和集中荷载的房屋。但施工较复杂，需用较多的模板，且要起重能力较大的提升设备。

3. 板的提升

提升准备和试提升板在提升时，混凝土应达到设计所要求的强度，并要准备好足够数量的停歇销、钢垫片和楔子等工具。然后，在每根柱和提升环上测好水平标高，装好标尺；板的四周准备好大线锤，并复查柱的竖向偏差，以便在提升过程中对照检查。

为了脱模和调整提升设备，让提升设备有一个共同的起点，在正式提升前要进行试提升。其具体方法是：在脱模前先逐一开动提升机，使各螺杆具有相等的初应力。脱模方法有两种（图 6-39），首先开动 1、4、13、16 四个角处的提升机，使板离地 5～8mm，再开动四周其余的 2、3、8、12、15、14、9、5 八个点的提升机，同样使板脱模，离地 5～8mm；最后，开动中间的

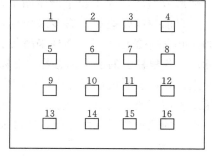

图 6-39　楼板脱模顺序

提升机使楼板全部脱模，离地 5~8mm。另一种是从边排开始，依次逐排使楼板脱模离地 5~8mm。脱模后，起动全部提升机，提升到 30mm 左右停止，接着调整各点提升高度，使楼板保持水平或形成盆状，并观察各提升点上升高度的标尺定至零点，同时检查提升设备的工作情况，准备正式提升。

4. 提升程序的确定及吊杆长度的排列

提升程序即是各层板的提升顺序，它关系到柱在施工阶段的稳定性，升板过程中由于柱的稳定性要求及操作方便等因素，一般不能将楼板一次提升到设计位置，而是采用各层楼板依次交替提升的方法。因此，确定提升程序必须考虑下列原则：①提升中间停歇时，尽可能缩小板间的距离，使上层板处于较低位置时将下层板在设计位置上固定，以减少柱的自由长度；②螺杆和吊杆拆卸次数少，并便于安装承重销；③提升机安装位置应尽量压低，以提高柱的稳定性。

由于起重螺杆长度有限，各层板在交替提升过程中，吊杆所需长度不一，因此要按照提升顺序，作出吊杆排列图。排列吊杆时，其总长度应根据提升机所在标高、螺杆长度、所提升板的标高与一次提升高度等因素确定。自升式电动提升机的螺杆长度为 2.8m，有效提升高度为 1.8~2.0m，除螺杆与提升架连接处及板面上第一吊杆采用 0.3~0.6m 及 0.9m 短吊杆外，穿过楼板的连接吊杆以 3.6m 为主，个别也有采用 4.2m、3.0m、1.8m 等。板与板之间的距离不应超过两个休息孔，插承重销较方便；吊杆规格少，除短吊杆外，均为 3.6m，吊杆接头不通过提升孔；屋面板提升到标高 12.6m，底层板就位固定；提升机自升到柱顶后，需加工具式短钢柱，才将屋面板提升到设计标高。

5. 提升差异的控制

升板结构在提升过程中产生升差的原因主要有三个方面：①调紧丝杆所产生的初始差异；②由于群机共同工作不可能完全同步而产生的提升差异；③板就位和中间搁置由承重销支承，由于提升积累误差和孔洞水平误差等导致承重销不在一个基准线上而产生的就位差异。规范规定，升板结构作一般提升时，板在相邻柱间的提升差异不应超过 10mm，搁置差异不超过 5mm。

为了避免板在提升过程中由于提升差异过大而产生开裂现象，同时减小附加弯矩，以降低耗钢量，近来在升板施工中已广泛采用盆式提升或盆式搁置的方法。所谓盆式提升和盆式搁置，即是在板的提升和搁置时，使板的四个角点和四周的点都比中间各点高（图 6-41），若板在提升和搁置时，使 1、4、16、13 四个角点比板中央 6、7、11、10 四个点高 15mm；使四边的 2、4、8、12、15、14、9、5 八个点比 6、7、11、10 四个点高 10mm，这样板便自然形成盆状，而不至于产生附加弯矩而增大用钢量。

目前控制升差的方法多采用标尺法，在柱上划好各层楼板和屋面板的标高及每隔 200~300mm 划一条标志线（在柱未吊装前划好），并统一抄平；在柱边板面立上一个 1m 左右长的标尺；各根柱上的箭头标志若对准标尺上的同一读数时，则板是水平的；若在各标尺上的读数产生差异，表明板在提升过程中产生了升差。此方法简单易行，但精确度低，不能集中控制，施工管理不便。其他控制方法有机械同步控制，主要是控制起重螺帽的旋转圈数或控制起重螺杆上升的螺距数。除此之外，还可采用液位控制、数字控制、激光控制等控制方法。

6. 板的固定

板的固定方法，取决于板柱节点的构造，目前常用的有后浇柱帽、剪力块、承重销节点等。后浇柱帽节点，是目前升板结构中常用的一种。板搁置在承重销上就位，通过板面灌浆孔灌混凝土（一般为 C30 混凝土），构成后浇柱帽。

剪力块节点（图 6-40）是一种无柱帽节点，先在柱面上预埋加工成斜口的承力钢板，待板提升到设计位置后，在钢板与板的提升环之间用楔形钢板楔紧。该节点耗钢量大，铁杆加工要求较高，节点耗钢量大，仅在荷载较大且要求不带柱帽的升板结构中的应用。

承重销节点（图 6-41），也是一种无柱帽节点。该节点用加强的型钢或焊接工字钢插入柱的就位孔内作承重销，销的悬臂部分支承板，板与柱之间用楔块楔紧焊牢，使之传递弯矩。这种节点用钢量比剪力块少，且施工方便。

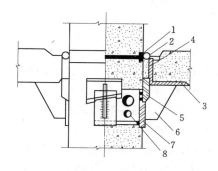

图 6-40　剪力块节点

1—预埋件；2—钢筋焊接；3—预埋钢板；4—细石混凝土；
5—剪力块；6—钢牛腿；7—承剪预埋件；
8—打洞便于混凝土浇筑

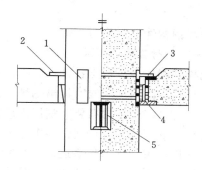

图 6-41　承重销节点

1—预埋件；2—钢板焊接；3—混凝土；
4—钢楔块；5—承重销

7. 围护结构施工

围护结构施工除可采用一般施工方法外，还可采用提模施工。屋面板提升一步后，在外围安装浇筑墙板用的钢模板。在浇筑外墙混凝土并达到规定强度后松开模板，并随屋面板提升一步。以后，在浇筑外墙混凝土的同时，升板机仍可按规定顺序提升下层楼板。施工时，楼板与外墙之间一般留出约 400mm 宽的间隔，以便安装内钢模板。外墙在每层处应向内伸出钢筋与以后就位的楼板外伸钢筋相连，然后浇筑混凝土。该方案不需要大型吊装机械，但墙体稳定性较差，因此，应使第一层板尽快就位与墙体连接。

（三）提升阶段群柱的稳定

升板结构在使用阶段类似现浇无梁楼盖结构，柱与板之间为刚接，其计算简图按等代框架确定。但在提升阶段，板通过承重销搁置在柱上，板与销之间的摩阻力只传递横向荷载，不能传递弯矩，因此，板柱节点在提升阶段只能视为铰接。柱在提升阶段成为一根独立而细长的构件，除承受全部结构自重与施工荷载外，还要承受水平风荷载。在提升阶段各层板就位临时固定后，群柱之间即由刚度很大的平板联系在一起，可以视作铰接排架结构。所以，升板结构在使用阶段和提升阶段的计算简图有着本质的差异，柱的长细比在提升阶段要比使用阶段大得多，而柱的截面和配筋则又主要根据使用阶段和吊装验算确定，因此稳定问题在提升阶段变得非常突出，必须对提升阶段柱进行稳定验算。

在提升阶段，一般中柱受荷载较大而边角柱受荷载较小，从单根柱来分析，中柱会先于边角柱达到临界状态。但由于平板在平面内的刚度极大，承重销的摩擦力相当于与柱铰接的水平联杆，因此中柱的失稳要受到荷载较小的边角柱的约束，由于这种强大的平板联系，可以认为中柱和边角柱被迫同时失稳。由此可见，升板结构的柱在提升阶段不可能是单柱失稳，而总是群柱失稳。因此升板结构在提升阶段应分别按各个提升单元进行群柱稳定性验算。其计算简图可取一等代悬臂柱，其惯性矩为该提升单元内所有单柱惯性矩的总和，并承受单元内的全部荷载。理论证明，一个多层铰接排架用稳定齐次方程组计算的结果和按等代悬臂柱计算的结果十分近似，因此在工程实践中用等代悬臂柱进行稳定性验算是简单而可行的一种方法。

第四节 钢结构安装工程

一、钢构件的制作与运输

（一）钢材验收、堆放

钢构件制作前应对钢材进行验收，钢结构制造厂以设计文件中对钢构件材料，如钢材、焊条、焊丝、焊剂、螺栓等提出钢种、钢号、规格、机械力学指标、化学成分极限含量等进行验收，对这些进厂材料要有钢厂出厂证明书，若无证明书，则应按有关标准进行取样、试验和分析，证明符合设计文件要求，才可使用。

钢材进厂时，常因长途运输和装卸不慎而产生变形，给加工造成困难，且影响制造的精确度，故在加工前必须进行矫正。验收的钢材，应妥善堆放、保管，保持清洁，避免雨水和污物侵蚀。制造前所有铁锈、鳞片、污泥、油渍等，应彻底清除干净。

（二）钢构件制作

因钢材强度高、硬度大、钢构件制作必须在具有专门机构设备的钢构件制造厂进行。钢构件制作工艺流程如下（图6-42）。

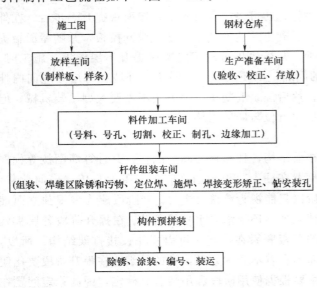

图6-42 钢构件制作工艺流程

钢结构制造厂首先应以钢构件设计图为依据，绘制其施工详图。绘制前，须对设计图中构件数量、各构件的相互关系、接头的细部尺寸、栓孔的排列、焊缝的布置等进行核对，对质量要求、设备及工艺水平是否能达到、运送方法是否明确等问题进行审核。

1. 放样、号料与切割

（1）放样。核对构件各部分尺寸及安装尺寸和孔距，以1：1的大样放出节点，制作样板和样杆作为切割、弯制、铣制、制孔等加工的依据，样板一般用0.5～0.75mm的铁皮或塑料板制作，样杆一般用钢皮或扁铁制作，较短时可用木尺杆。放样可在专门的钢平台上，且要求平台平整。

（2）号料。检查核对材料，在材料上划出切割、铣制、弯曲、钻孔等加工位置，打冲孔,标出零件编号。号料应统筹安排,长短搭配,先大后小,对焊缝较多、加工量大的构件应先号料。

(3)切割。切割方法对碳素结构钢、低合金结构钢可采用机械切割、砂轮切割、气割或等离子切割等,切割前应清除钢材表面的铁锈、污物、气割后应清除熔渣和飞溅物。

钢材切割要求切割面或剪切面应无裂纹、夹渣、分层和大于1mm的缺棱。采用气割或机械剪切的允许偏差应符合规定(表6-4)。

表6-4　　　　　　　**气割、机械剪切的允许偏差**　　　　　　　单位:mm

气　割		机　械　剪　切	
项　目	允许偏差	项　目	允许偏差
零件宽度、长度	±3.0	零件宽度、长度	±3.0
切割面平面度	$0.05t$,且不应大于2.0		
割纹深度	0.3	边缘缺棱	1.0
局部缺口深度	1.0		
型钢端部垂直度	2.0		

注　t 为切割面厚度。

2. 原材料矫正、成形及加工

(1)矫正、成形。钢材变形值超过允许规定值应进行平直、矫正。矫正后的钢材表面,不应有明显的凹面或损伤,划痕深度不得大于0.5mm。

(2)边缘加工。气割或机械剪切的零件,需要进行边缘加工时,其刨削量不应小于2.0mm。

3. 制孔

构件上的螺栓孔,应用钻孔或冲孔方法。构件钻孔前应进行试钻,经检查认可,方可正式钻孔。碳素结构钢在环境温度低于−20℃、低合金结构钢在环境温度低于−15℃时,不得进行冲孔。螺栓孔孔距的允许偏差应符合规定(表6-5),当超过规定时,不得采用钢块填塞,可采用与母材材质相匹配的焊条补焊后重新制孔。

表6-5　　　　　　　**螺栓孔孔距的允许偏差**　　　　　　　单位:mm

螺栓孔孔距范围	≤500	501~1200	1201~3000	>3000
同一组内任意两孔间距离	±1.0	±1.5	—	—
相邻两组的端孔间距离	±1.5	±2.0	±2.5	±3.0

注　1. 在节点中连接板与一根杆件相连的所有螺栓孔为一组。

　　2. 对接接头在拼接板一侧的螺栓孔为一组。

　　3. 在两相邻节点或接头间的螺栓孔为一组,但不包括上述两款所规定的螺栓孔。

　　4. 受弯构件翼缘上的连接螺栓孔,每米长度范围内的螺栓孔为一组。

(三)钢构件的组装

组装是把制备完成的半成品和零件按图纸规定的运输单元,装成构件或其部件,然后连接成为整体。具体要求如下:

(1)组装前,零件、部件应经检查合格,连接接触面和沿焊缝边缘每边30~50mm范围内的铁锈、毛刺、污垢、冰雪应清除干净。

(2)组装顺序应根据结构型式、焊接方法和焊接顺序等因素确定,当有隐藏焊缝时,必须先预施焊，经检验合格方可覆盖。当复杂部位不易施焊时，亦须按工艺规定分别先组装后施焊。

（3）为减少变形，尽量采取小件组焊，经矫正后再大件组装。胎具及装出的首件必须经过严格检验，方可大批进行装配工作。

（4）桁架结构杆件轴线交点的允许偏差不得大于 3.0mm；

（5）当采用夹具组装时，拆除夹具时不得损伤母材，对残留的焊疤应修磨平整；

（6）顶紧接触面应有 75％ 以上的面积紧贴，用 0.3mm 塞尺检查，其塞入面积应小于 25％，边缘间隙不应大于 0.8mm。

（7）对高层钢结构组装必须按工艺流程规定的次序进行。严格检查零件、部件的加工质量。编制组装工艺，确定组装次序、收缩量的分配、定位点及偏差要求，制作必要的工装胎具。箱形管柱内隔板、柱翼缘板与焊接垫板要紧密贴合，装配缝隙大于 1mm 时，应采取措施进行修整和补救。十字形柱子上牛腿较多、伸出较长时，牛腿的孔应在总装前钻好，组装时必须做好定位点，然后进行定位装配，逐个检查牛腿位置的正确与否。

（8）钢构件外形尺寸应满足设计要求，其主控项目的允许偏差应符合规定（表6-6）。

表 6-6　　　　　　　　　　钢构件外形尺寸主控项目的允许偏差　　　　　　　　　单位：mm

项　　　目	允　许　偏　差
单层柱、梁、桁架受力支托（支承面）表面至第一个安装孔距离	±1.0
多节柱铣平面至第一个安装孔距离	±1.0
实腹梁两端最外侧安装孔距离	±3.0
构件连接处的截面几何尺寸	±3.0
柱、梁连接处的腹板中心线偏移	2.0
受压构件（杆件）弯曲矢高	1/1000，且不应大于 10.0

（9）焊接连接制作组装的允许偏差应符合表6-5的规定。

（10）组装好的构件应立即用油漆在明显部位编号，写明图号、构件号和件数，以便查找。

（四）钢构件的连接

钢构件的连接是通过一定方式将各个杆件连接成整体。杆件间要保持正确的相互位置，以满足传力和使用要求，连接部位应有足够的静力强度和疲劳强度。因此，连接是钢结构设计和施工中的重要环节，必须保证连接符合安全可靠，构造简单，节省钢材和施工方便的原则。

钢构件的连接多采用焊接连接和螺栓连接，也有铆接。螺栓连接分普通螺栓和高强度螺栓连接等。

1. 焊接连接

焊接连接是钢结构的主要连接方法。优点是构造简单，加工方便，构件刚度大，连接的密封性好，节约钢材，生产效率高。缺点是焊件易产生焊接应力和焊接变形，严重的甚至造成裂纹，导致脆性破坏。可通过改善焊接工艺，加强构造措施等方法予以解决。

（1）常用的几种焊接方法。建筑施工中常用的焊接方法有电弧焊、电渣焊、气压焊、接触焊与高频焊，其特点及适用范围（表6-7）。

表6-7   各种焊接方法的特点、适用范围

焊接类别			特 点	适 用 范 围
电弧焊	手工焊	交流焊机	设备简单，操作灵活，可进行各种位置的焊接。是建筑工地应用最广泛的焊接方法	焊接普通结构
		直流焊机	焊接技术与交流焊机相同。成本比交流焊机高，但焊接时电弧稳定	焊接要求较高的钢结构
	埋弧自动焊		效率高，质量好，操作技术要求低，劳动条件好，宜于工厂中使用	焊接长度较大的对接、贴角焊缝，一般是有规律的直焊缝
	半自动焊		与埋弧自动焊基本相同，操作较灵活，但使用不够方便	焊接较短的或弯曲的对接、贴角焊缝
	CO_2 气体保护焊		用 CO_2 气体或惰性气体保护的光焊条焊接，可全位置焊接，质量较好，焊时应避风	薄钢板和其他金属焊接
电渣焊			利用电流通过液态熔渣所产生的电阻热焊接，能焊大厚度焊缝	大厚度钢板、粗直径圆钢和铸钢等焊接
气压焊			利用乙炔、氧气混合燃烧火焰熔融金属进行焊接。焊有色金属、不锈钢时需气焊粉保护	薄钢板、铸铁件、连接件和堆焊
接触焊			利用电流通过焊件时产生的电阻热焊接，建筑施工中多用于对焊、点焊	钢筋对焊、钢筋网点焊、预埋件焊接
高频焊			利用高频电阻产生的热量进行焊接	薄壁钢管的纵向焊缝

（2）焊条的选择与应用。焊条的选择与焊件的物理、化学和力学性能及结构的特点密切相关。其选择要点主要是能满足母材力学性能，且其合金成分应符合或接近被焊的母材；处于低温或高温下的构件，能保证低温或高温力学性能；有较好的抗裂性能。

用手工电弧焊焊接时，焊条的焊接位置即焊条与焊件间的相对位置有平焊、立焊、仰焊与横焊四种（图6-43）。

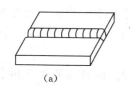   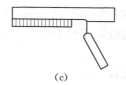

（a）   （b）   （c）   （d）

图6-43 焊条的焊接位置
(a) 平焊；(b) 立焊；(c) 仰焊；(d) 横焊

为保证焊接质量，在焊接以前，应将焊条烘焙。焊接时不得使用药皮脱落或焊芯生锈的焊条和受潮结块的焊剂及已熔烧过的渣壳。焊条的药皮和药芯同样都是影响焊接质量的主要因素。药皮的主要作用是：提高电弧燃烧的稳定性，形成保护性整体和熔渣、脱氧以及向焊缝金属中掺加必要的合金成分。

（3）焊接接头形式与构造。焊接接头可分为对接、搭接和顶接三种类型（图6-44）。焊缝按其构造可分为对接焊缝与角焊缝两种基本形式。

对接焊缝可以连接同一平面内的两个构件。用对接焊缝连接的构件常开成各种型式的坡

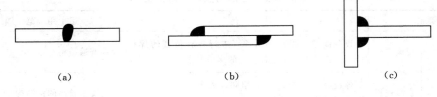

图 6-44 焊缝连接形式

(a) 对接；(b) 搭接；(c) 顶接

口，焊缝金属填充在坡口内，所以对接焊缝实际上就是被连接构件截面的组成部分。优点是传力均匀、平顺、无显著应力集中，比较经济。缺点是施焊时焊件应保持一定的间隙，板边需要加工，施工不方便。

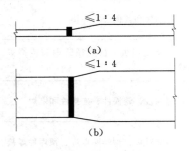

图 6-45 变截面的拼接

(a) 变厚度；(b) 变宽度

角焊缝是在相互搭接或丁字连接构件的边缘，所焊截面为三角形的焊缝。角焊缝分为直角角焊缝两边夹角为直角（图 6-45）和斜角角焊缝（夹角为锐角或钝角）。

钢结构中，最常用的是普通直角角焊缝。其他如平坡，凹面或深熔等形式主要是为了改变受力状态，避免应力集中，一般多用于直接承受动力荷载的结构。

（4）焊缝质量检验。钢结构焊缝质量检验分三级：一级检验的要求是全部焊缝进行外观检查和超声波检查。焊缝长度的 2% 进行 X 射线检查，并至少应有一张底片；二级检验的要求是全部焊缝进行外观检查，并有 50% 的焊缝长度进行超声波检查；三级检验的要求是全部焊缝进行外观检查。钢结构高层建筑的焊缝质量检验，属于二级检验。焊缝除全部进行外观检查外，有些工程超声波检查的数量可按层而定。

普通碳素结构钢焊缝的外观检查，应在焊缝冷却至工作地点温度后进行；无损检验是借助检测仪器探测焊缝金属内部缺陷，不损伤焊缝的一种检查方法。一般包括射线探伤和超声波探伤。射线探伤具有直观性、一致性，但成本高，操作过程复杂，检测周期长，且对裂纹、未熔合等危害性缺陷检出率低。而超声波探伤正好相反，操作程序简单、快速，对各种接头的适应性好，对裂纹，未熔合的检测灵敏度高，因此得到广泛使用。

2. 螺栓连接

螺栓连接分普通螺栓（A 级、B 级、C 级）和高强度螺栓连接两种。前者主要用于拆装式结构或在焊接、铆接施工时用作临时固定构件。优点是装诉方便，不需特殊设备，施工速度快。后者是近几年发展起来的具有强度高，承受动载安全可靠，安装简便迅速，成本较低，连接紧密不易松动，塑性韧性好，装拆方便，节省钢材，便于维护的一种连接方法，适用于永久性结构。

高强螺栓连接施工时，要求有初拧和终拧，对于大型节点还应增加复拧。初拧扭矩值宜为终拧扭矩的 50%。终拧是高强螺栓的最后拧紧步骤，可减小先拧与后拧的高强度螺栓预拉力的差别。复拧是为了减少初拧后过大的螺栓预拉力损失。

（五）成品表面处理、涂装、堆放和装运

1. 构件成品表面处理

（1）高度螺栓摩擦面的处理。摩擦面的加工是指使用高强度螺栓作连接节点处的钢材表面加工。高强度螺栓摩擦面处理后的抗滑移系数必须符合设计文件的要求。

摩擦面的处理一般有喷砂、喷丸、酸洗、砂轮打磨等几种方法，加工单位可根据各自的条件选择加工方法。在上述几种方法中，以喷砂、喷丸处理的过的摩擦面的抗滑移系数值较高。且离散率较小。处理好的摩擦面严禁有飞边、毛刺、焊疤和污损等，并不得涂装，在运输过程中防止摩擦面损伤。

构件出厂前应按批做试件检验抗滑移系数，试件的处理方法应与构件相同。检验的最小数值应符合设计要求，并附三组试件供安装时复验抗滑移系数。

（2）钢件表面处理。钢构件在涂层之前应进行除锈处理，锈除得干净则可提高底漆的附着力，直接关系到涂层质量的好坏，构件表面的除锈方法分为喷射、抛射除锈和手工或动力工具除锈两大类，构件的除锈方法与除锈等级应与设计文件采用的涂料相适应。

2. 钢结构的涂装

当钢构件制作完毕，经质量检验合格经防锈处理后，需进行涂料涂刷，以防锈蚀。

3. 钢结构成品堆放

成品验收后，在装运之前堆放在成品仓库，成品堆放应防止失散和变形。堆放时注意下述事项：

（1）堆放场地应平整干燥，并备有足够的垫木，使构件能放平，放稳。

（2）侧向刚度较大的构件可水平堆放，多层叠放时，必须使各层垫木在同一垂线上。

（3）大型构件的小零件，应放在构件的空挡内。用螺栓或铁丝固定在构件上。

（4）同一工程的构件应分类堆放在同一地区，以便发运。

4. 钢结构运输

运输钢构件时，应根据钢构件的长度、重量选用车辆及运输方式，钢构件在运输车辆上的支点、两端伸出长度及绑扎方法均应保证钢构件不产生变形，不损伤涂层。

二、钢结构安装与质量要求

钢结构安装分为单层工业厂房和高层建筑钢结构安装。下面主要讲述钢结构单层厂房的安装。

单层厂房钢结构构件包括柱、吊车梁、屋架（桁架）、天窗架、檩条、支撑及墙架等。构件的形式、尺寸、重量、安装标高不同，因此所采用的起重设备、吊装方法等也随之变化，应达到经济合理。

1. 安装前的准备

为保证钢结构安装质量、加快施工进度，在钢结构安装前应做好以下准备工作：

（1）编制钢结构工程的施工组织设计，选择吊装机械，确定构件吊装方法，规划钢构件堆场，确定流水作业程序及进度计划，制定质量标准和安全措施。

（2）基础准备。基础准备包括轴线误差测量，基础支承面准备、支承面和支座表面标高与水平度的检验、地脚螺栓位置和伸出支承长度的测量等。

柱子基础轴线和标高是否正确是确保钢结构安装质量的基础，应根据基础的验收资料复核各项数据。并标注在基础表面上。

施工时应保证钢柱基础顶面与锚栓位置准确，其误差在±2mm以内；基础顶面要垂直，倾斜度小于1/1000；锚栓在支座范围内的误差为±5mm，施工时，锚栓应安设在固定架上，以保证其位置准确。为保证基础顶面标高准确，施工中应采用一次浇筑法或二次浇筑法。

一次浇筑法是指基础浇筑混凝土时，先将混凝土浇到比设计标高低 40～60mm 处，然后用细石混凝土精确找平至设计标高（图 6-46）。

二次浇筑法是指基础分两次浇筑，第一次将混凝土浇筑到比设计标高低 40～60mm 处，待混凝土强度达到设计要求后上面放钢垫板，精确调整钢垫板的标高，然后安装钢柱，钢柱校正完毕后，在柱底钢板下再次浇筑细石混凝土。此法容易校正柱子，常用于重型钢柱（图 6-47）。

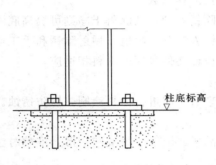

图 6-46　一次浇筑法

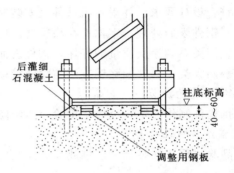

图 6-47　二次浇筑法

（3）钢构件检验。钢构件外形和几何尺寸正确，是保证结构安装顺利进行的前提。为此，在安装之前应根据钢结构工程施工质量验收规范中的有关规定，仔细检验钢构件的外形和几何尺寸，如有超出规定的偏差，在安装之前应设法消除，为便于校正钢柱的平面位置和垂直度、桁架和吊车梁的标高等，需在钢柱底部和上部标出两个方向的轴线。在钢柱底部适当高度处标出标高准线。同时，吊点也应标出，便于吊装时按规定吊点绑扎，以保证构件受力合理。

2. 钢柱安装与校正

单层工业厂房占地面积较大，多采用自行杆式起重机或塔式起重机吊装钢柱。钢柱的吊装方法与装配式钢筋混凝土柱子相似，也为旋转法及滑行法。对重型钢柱可采用双机抬吊的方法进行吊装，（图 6-48）起吊时，双机同时将钢柱平吊起来，离地一定高度后暂停，移去运输钢柱的平板车，然后双机同时打开回转刹车。由主机单独起吊，当钢柱吊装呈直立状态后，拆除辅机下吊点的绑扎钢丝绳，由主机单独将钢柱插进锚固螺栓固定。

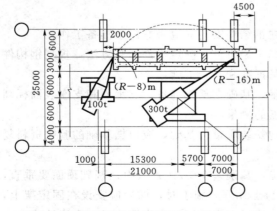

图 6-48　钢柱双机抬吊示意图（单位：mm）

钢柱经初校，垂直度偏差控制在 20mm 以内方可使起重机脱钩。常用校正工具有卡兰、槽钢加紧器、矫正夹具及拉紧器、正反丝扣推撑器和千斤顶等。钢柱的垂直度用经纬仪检验，如有偏差，用螺旋千斤顶进行校正（图 6-49）。在校正过程中，随时观察柱底部和标高控制块之间是否脱空，以防校正过程中造成水平标高的误差。

钢柱位置的校正，对于重型钢柱可用螺旋千斤顶加链条套环托座（图 6-50），沿水平方向顶校钢柱。校正后为防止钢柱位移，在柱四边用10mm厚的钢板定位,并用电焊固定。钢柱复校后再紧固锚固螺栓,并将承重块上下点焊固定,防止走动。钢柱安装的允许偏差应符合规定要求。

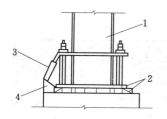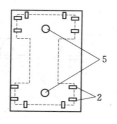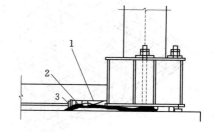

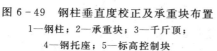

图6-49 钢柱垂直度校正及承重块布置   图6-50 钢柱位置校正

1—钢柱;2—承重块;3—千斤顶;   1—螺旋千斤顶;2—链条;3—千斤顶托座

4—钢托座;5—标高控制块

3. 钢桁架的安装与校正

钢桁架可用自行杆式起重机(履带式起重机)、塔式起重机和桅杆式起重机等进行吊装。由于桁架的跨度、重量和安装高度不同,适合的吊装机械和吊装方法亦随之而异。桁架多用悬空吊装,为使桁架在吊起后不致发生摇摆,和其他构件碰撞,起吊前在离支座的节点附近用麻绳系牢,随吊随放松,以此保证其正确位置。桁架的绑扎点要保证桁架的稳定性,否则就需在吊装前进行临时加固。

钢桁架要检验校正其垂直度和弦杆的正直度,桁架的垂直度可用挂线锤球检验,而弦杆的正直度则可用拉紧的测绳进行检验。钢桁架的最后固定,用电焊或高强度螺栓进行固定。其安装的允许偏差应符合规定。

第五节 大跨度结构安装工程

大跨度结构安装方法,不仅直接和结构的类型、起重机有关,而且对工程造价、施工进度也是一个决定因素。结构的体系分平面结构和空间结构两大类。平面结构有桁架、刚架与拱等结构;空间结构有网架、薄壳、悬索等结构。我国已经建成的工程,不仅对安装方案提供了很多有益的经验,也创造了许多独特的安装方法。下面就目前钢网架常用的安装方法做一扼要介绍。

钢网架根据其结构型式和施工条件的不同,可选用传统的安装技术,包括高空拼装法(散装法)和分条(或块)安装法,也可选用现代的安装技术,包括整体安装法(吊装法)、高空滑移法、整体提升法和整体顶升法进行安装。

一、高空拼装法

高空拼装法是指先在设计位置处搭设拼装支架,然后用起重机把杆件和节点(或拼装单元),分件(或分块)地吊至设计位置,在支架上进行拼装的施工方法(图6-51)。特点是网架在设计标高处一次拼装完成,但拼装支架用量较大,且高空作业多。

主要做好拼装前的准备工作、拼装支架搭设和吊装机械的选择。吊装机械选择主要根据结构特点、构件重量、安装标高以及现场施工与现有设备条件而定。

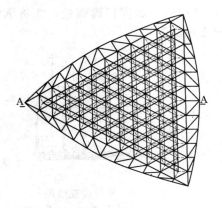
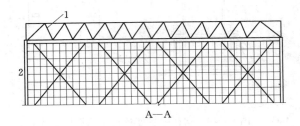

图 6-51 高空拼装网架

1—网架；2—拼装支架

二、分条（或块）安装法

分条（或块）安装法是为适应起重机械的起重能力和减少高空拼装工作量，用起重机把网架分割成条条状或块状单元，分别吊装就位拼装成整体的安装方法。

某四角锥网架采用分块安装法（图 6-52），网架平面尺为 45m×36m，从中间十字分开为四块（每块之间留出一节间），每个单元尺寸为 15.75m×20.25m，重约 12t，用一台悬臂式拔杆在跨外移动吊装就位，并利用网架中央搭设的拼装支架作临时支撑。

某双向正交方形网架采用分条安装法（图 6-53），该网架平面尺寸为 45m×45m，重约 52t，分成三条吊装单元，就地错位拼装后，用两台 40t 汽车式起重机抬吊就位。

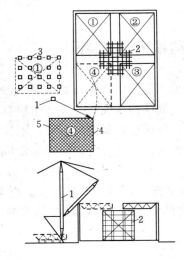

图 6-52 分块吊装法

1—悬臂把杆；2—拼装支架；3—拼装砖墩，①～④—网架分块编号；4—临时封闭杆件；5—吊点

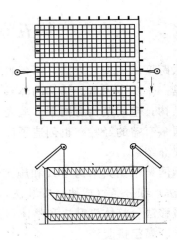

图 6-53 分条吊装

三、整体安装法

整体安装法是指先将网架在地面上错位拼装成整体后，然后直接用起重设备将其整体提升到设计位置上加以固定的方法。特点是不需要搭设高的拼装支架，高空作业少，易保证接

头焊接质量，但需要起重量大的设备，吊装技术复杂。因此，对球节点的钢管网架（尤其是三向网架等杆件较多的网架）较适宜。根据所用设备的不同，整体安装法分为多机抬吊法、拔杆提升法、电动螺杆提升法、千斤顶提升法与千斤顶顶升法等。

（1）多机抬吊法。适用于高度和重量不大的中、小型网架结构。安装前在地面上对网架进行错位拼装（即拼装位置与安装轴线错开一定的距离，以避开柱子的位置），再用多台起重机（多为履带式起重机或汽车式起重机）将拼装好的网架整体提升到柱顶以上，在空中移位后落下就位固定。

某 40m×40m 网架用四台履带式起重机抬吊（图 6-54）。该网架重 55t，连同索具等总重约 60t，用四台起重机抬吊，每台负荷 15t。所需起吊高度至少为 21m。施工时限于设备条件，选用两台 L-952、一台 W-1001 和一台 W-1252 型履带式起重机。L-952 型起重机 24m 长的起重杆，起重高度和起重量满足要求。

（2）拔杆提升法。球节点的大型钢管网架的安装，目前多用拔杆提升法。施工时，网架在地面上错位拼装，用多根独脚拔杆将网架整体提升到柱顶以上，空中移位，落位安装。

某圆形三向网架，直径为 124.6m，重 600 t，支承在周边 36 根钢筋混凝土柱上，采用 6 根拔杆整体吊装（图 6-55）。

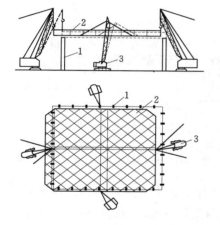

图 6-54　多机整体抬吊
1—柱；2—网架；3—履带式起重机

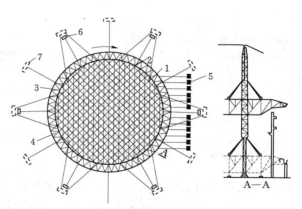

图 6-55　用 6 根扒杆整体吊装
1—柱；2—网架；3—扒杆；4—吊点；5—起重
卷扬机；6—校正卷扬机；7—地锚

（3）电动螺杆提升法。电动螺杆提升法与升板法相似，是利用升板工程施工使用的电动螺杆提升机，将地面上拼装好的钢网架整体提升至设计标高。优点是不需大型吊装设备，施工简便。

四、高空滑移法

高空滑移法是条状单元安装法的发展，是将网架条状单元组合体在建筑上空进行水平滑移对位总拼的一种施工方法。其拼装平台小，高空作业少，拼装质量易于保证，是近些年来采用逐渐增多的施工方法。按滑移方式分逐条滑移法和逐条积累滑移法；按摩擦方式分滚动式滑移和滑动式滑移。

施工时，网架多在建筑前厅顶板上的拼装平台进行拼装（也可在观众厅看台上搭设拼装平台进行拼装），待第一个拼装单元（或第一段）拼装完毕，将其下落至滑移轨道上，用牵引设备（多用人力绞磨）通过滑轮组将拼装好的网架向前滑移一定距离，接下来拼装第二个拼装单元（或第二段），拼好后连同第一个拼装单元（或第一段）一同向前滑移，如此逐段拼装不断向前滑移，直至整个网架拼装完毕并滑移至设计处就位。

某屋盖31.51m×23.16m的正方形四角锥网架，采用逐条滑移法（图6-56），用两台履带式起重机，将在地面拼装的条状单元分别吊至特制的小车上，然后用人工撬动逐条滑移至设计位置。就位时，先用千斤顶顶起条状单元，撤出小车，随即下落就位。

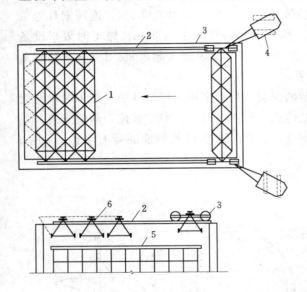

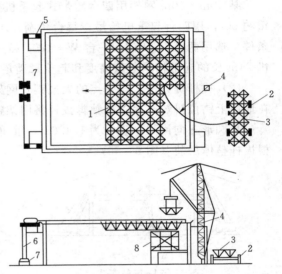

图6-56 逐条滑移法

1—网架；2—轨道；3—小车；4—履带式起重机；
5—拼装平台；6—后装的拼装单元

图6-57 逐条积累滑移

1—网架；2—拖车架；3—条状单元；4—扒杆；5—牵引滑轮组；6—反力架；7—卷扬机；8—支架

某斜放四角锥网架为45m×45m，采用逐条积累滑移法施工（图6-57）。在地面拼装成半跨的条状单元，用悬臂拔杆吊至拼装台上组成整跨的条状单元，再进行滑移。当前一单元滑出组装位置后，随即又拼装另一单元，再一起滑移，如此每拼装一个单元就滑移一次，直至滑移到设计位置为止。滑移的动力，由卷扬机牵引或用千斤顶。

五、整体提升法

整体提升法是将网架在地面上拼装后，利用提升设备将其整体提升到设计标高安装就位，属于整体安装法的一种。随着我国升板、滑模等施工技术的发展，已广泛采用升板机、液压千斤顶作为网架整体提升设备，创造了许多诸如升梁抬网、升网提模、滑模升网的新工艺，开创了利用小型设备安装大型网架的新途径。

某斜放四角锥网架为44m×60.5m，重116t，采用升板机整体提升法施工方案（图6-58），网架支承在38根钢筋混凝土柱的框架上，先将框架按结构平面位置分间在地面架空预制，网架支承于梁的中央，每根梁的两端各设置一个提升吊点，梁与梁之间用10号槽钢横向拉接，升板机安装在柱顶，通过吊杆与梁端吊点连接，在升梁的同时，梁也抬着网架上升。

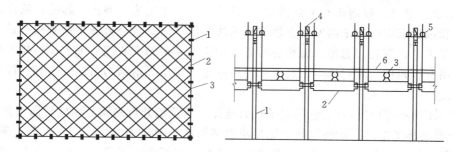

图 6-58 整体提升法

1一柱；2一框架梁；3一网架；4一工具柱；5一升板机；6一屋面板

六、整体顶升法

整体顶升法是将网架在地面拼装后，用千斤顶整体顶升就位，也属于整体安装法的一种。网架在顶升过程中，一般用结构柱作临时支承，但也有另设专门支架或枕木垛的。

某六点支撑的四角锥网架为 59.4m×40.5m，重 45t，结构柱作临时支承，采用六台液压千斤顶的整体顶升法（图 6-59），将网架顶高 8.7m。网架顶升时受力情况应尽量与设计的受力情况类似，每个顶升设备所承受的荷载尽可能接近。注意柱的稳定性和同步控制。

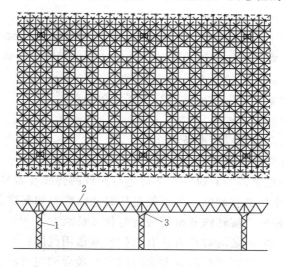

图 6-59 整体顶升法

1一结构柱；2一网架；3一支座

小 结

1. 常用的索具设备包括滑轮组、卷扬机、钢丝绳、滑轮、吊钩、卡环、吊索、横吊梁等。

2. 起重机械设备有桅杆式起重机、履带式起重机、汽车式起重机、轮胎式起重机、塔式起重机等。

3. 钢筋混凝土单层工业厂房结构安装工程包括构件安装前的准备工作、构件安装工艺

（柱、吊车梁、屋架、屋面板和天窗架等）。柱的安装施工工艺：绑扎、起吊、就位、临时固定、校正和最后固定。柱子的安装方法有直吊法和斜吊法，也分为旋转法和滑行法。吊车梁的安装施工工艺：绑扎、起吊、就位、校正和固定。屋架的安装施工工艺：绑扎、翻身扶直与就位、吊升、对位、临时固定、校正和最后固定。单层厂房结构吊装方法有分件吊装法和综合吊装法。

4. 单层厂房结构安装方法包括起重机的选择、起重机开行路线及构件平面布置。

5. 升板法施工是多层钢筋混凝土无梁楼盖结构的一种施工方法。施工工艺：施工基础、预制柱、吊装柱、浇筑地坪混凝土、叠浇板、安装提升设备、提升各层板、永久固定、后浇板带、围护结构施工、装饰工程施工。

6. 钢结构安装工程包括钢构件的制作与运输、钢结构安装与质量要求。

7. 钢结构安装工程方法有传统的安装技术，包括高空拼装法（散装法）和分条（或块）安装法，也有现代的安装技术，包括整体安装法（吊装法）、高空滑移法、整体提升法和整体顶升法进行安装。

复 习 思 考 题

6-1 起重机械和设备包括哪些？

6-2 指出建筑施工中常用的电动卷扬机的分类，其锚固方法有几种？

6-3 结构吊装中常用的钢丝绳有几种？如何计算钢丝绳的允许拉力？

6-4 试述桅杆式起重机的分类、构造及特点。

6-5 自行杆式起重机有哪几种类型？各有什么特点？

6-6 塔式起重机有哪几种类型？

6-7 构件安装前应作好哪些准备工作？

6-8 构件运输时应注意哪些事项？

6-9 构件的质量检查内容有哪些？如何进行构件的弹线和编号？

6-10 钢筋混凝土杯型基础的准备工作包括哪些内容？如何进行？

6-11 单机吊装柱时，旋转法和滑行法各有什么特点？

6-12 钢筋混凝土柱吊装时绑扎方法有几种？其适用范围？

6-13 钢筋混凝土柱如何进行对位和临时固定？最后固定方法？

6-14 如何检查和校正柱的垂直度？

6-15 试述吊车梁的绑扎、吊装、对位、临时固定、校正和固定方法。

6-16 屋架如何扶直就位、绑扎、吊装、临时固定、校正和最后固定。

6-17 什么是分件吊装法及综合吊装法？简述其优缺点及适用范围。

6-18 什么是升板法施工？简述其施工工艺。

6-19 什么是钢结构高强螺栓连接施工的终拧和复拧？有何要求？

6-20 网架结构的吊装方法有哪些？简述其施工工艺。

第七章 防 水 工 程

【内容提要和学习要求】

本章内容包括防水工程概述、屋面防水、地下防水和室内用水房间防水工程施工的方法。掌握卷材防水屋面、涂膜防水屋面和细石混凝土防水屋面的构造和施工要点；掌握地下工程卷材防水层的铺贴方法及防水混凝土、水泥砂浆防水层、冷胶料防水层的构造和施工要点；了解地下工程防水方案、厨浴厕间防水施工要点以及沥青胶、冷底子油的配制。

防水工程是为了防止雨水、地下水、工业与民用给排水、腐蚀性液体以及空气中的湿气、蒸汽等，对建筑某些部位的渗透侵入，而从建筑材料上和构造上所采取的措施。防水工程施工在建筑工程施工中占有重要地位。工程实践表明，防水工程施工质量的好坏，不仅关系到建（构）筑物的使用寿命，而且直接影响到人们生产、生活环境和卫生条件。因此，防水工程的施工必须严格遵守有关操作规程，切实保证工程质量。

防水工程按其构造做法分为两大类，即结构构件自防水和采用各种防水层防水。结构构件自防水主要是应用结构构件材料的密实性及其某些构造措施（坡度、埋设止水带等），使结构构件起到防水作用。防水层防水是在结构构件的迎水面或背水面或接缝处，附加防水材料做成防水层，起到防水作用。

防水工程按所用材料分为刚性防水和柔性防水两类。刚性防水是指主要采用砂浆和混凝土类的刚性材料；柔性防水采用的是柔性材料，如各类卷材和沥青胶结材料等。

防水工程按防水工程部位分为屋面防水、地下防水、厨房、卫生间或浴（厕）防水等。

第一节 屋面防水工程

根据建筑物的性质、重要程度、使用功能要求以及防水层耐用年限等，可将屋面防水分为四个等级（表 7-1）。

表 7-1   屋面防水等级和设防要求

项 目	屋 面 防 水 等 级			
	I	II	III	IV
建筑物类别	特别重要的民用建筑和对防水特殊要求的工业建筑	重要的工业与民用建筑	一般的工业与民用建筑	非永久性建筑
防水层耐用年限	25 年	15 年	10 年	5 年
设防要求	三道或三道以上防水设防，其中应有一道合成高分子防水卷材，且只能有一道合成高分子防水涂料（厚度不小于2mm）	二道防水设防，其中应有一道卷材。也可采用压型钢板进行一道设防	一道防水设防，或两种防水材料复合使用	一道防水设防

一、卷材防水屋面施工

卷材防水屋面适用于防水等级为Ⅰ～Ⅳ级的屋面防水。卷材防水屋面是用胶结材料粘贴卷材铺设在结构基层上而形成防水层，进行防水的屋面结构（图7-1）。

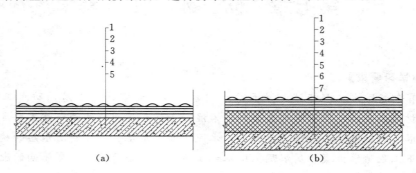

图 7-1　卷材防水屋面构造
(a) 不保温卷材屋面；(b) 保温卷材屋面
1—保护层；2—卷材防水层；3—结合层；4—找平层；5—保温层；6—隔气层；7—结构层

特点是具有重量轻、防水性能好的优点，其防水层（卷材）的柔韧性好，能适应一定程度的结构振动和胀缩变形。所用卷材有传统的沥青防水卷材、高聚物改性沥青防水卷材和合成高分子防水卷材等三大类若干品种。

（一）防水材料

1. 基层处理剂

基层处理剂的选择应与所用卷材的材性相容。

常用的基层处理剂有用于沥青卷材防水屋面的冷底子油，其作用是使沥青胶与水泥砂浆找平层更好的粘结，其配合比（质量比）一般为石油沥青40%加柴油或者轻柴油60%（俗称慢挥发性冷底子油），涂刷后12～48h干；也可用快挥发性的冷底子油，配合比一般为石油沥青30%加汽油70%，刷后5～10h就可干。

涂刷冷底子油的施工要求为：在找平层完全干燥后方可施工，待冷底子油干燥后，立即做油毡防水层，否则，冷底子油粘灰尘后，应返工重刷。

用于高聚物改性沥青防水卷材屋面的基层处理剂是聚氨酯煤焦油系的二甲苯溶液、氯丁胶乳溶液、氯丁胶沥青乳胶等。

用于合成高分子防水卷材屋面的基层处理剂，一般采用聚氨酯涂膜防水材料的甲料、乙料、二甲苯按1:1.5:3的比例配合搅拌，或者采用氯丁胶乳。

2. 胶粘剂

沥青卷材可选用玛琋脂或纯沥青（不得用于保护层）作为胶粘剂。沥青常采用10号和30号建筑沥青以及60号道路石油沥青，一般不使用普通沥青。这是因为普通沥青含蜡量较多，降低了石油沥青的粘结力和耐热度。通常在熬化的沥青中掺入适当的滑石粉（一般为20%～30%）或石棉粉（一般为5%～15%）等填充材料拌和均匀，形成沥青胶（俗称玛琋脂）。填入的填料可改善沥青胶的耐热度、柔韧性等性能。

高聚物改性沥青卷材可选用橡胶或再生橡胶改性沥青的汽油溶液或水乳液作胶粘剂，其粘结剪切强度应大于0.05MPa，粘结剥离强度应大于8N/10mm；常用的胶粘剂为氯丁橡胶改性沥青胶粘剂。

合成高分子防水卷材可选用以氯丁橡胶和丁基酚醛树脂为主要成分的胶粘剂（如 CX -404 胶等）或以氯丁橡胶乳液制成的胶粘剂，其粘结剥离强度不应小于 15N/10mm，其用量为 $0.4\sim0.5\mathrm{kg/m^2}$。施工前亦应查明产品的使用要求，与相应的卷材配套使用。

3. 卷材

主要防水卷材的分类，见表 7 - 2。

表 7 - 2　　　　　　　　　　主要防水卷材的分类表

类　　别		防 水 卷 材 名 称
沥青基防水卷材		纸胎、玻璃胎、玻璃布、黄麻、铝箔沥青卷材
高聚物改性沥青防水卷材		SBS、APP、SBS - APP、丁苯橡胶改性沥青卷材；胶粉改性沥青卷材、再生胶卷材、PVC 改性煤焦油沥青卷材
合成高分子防水卷材	硫化型橡胶或橡塑共混卷材	三元乙丙卷材、氯磺化聚乙烯卷材、丁基橡胶卷材、氯丁橡胶卷材、氯化聚乙烯—橡胶共混卷材等
	非硫化型橡胶或橡塑共混卷材	丁基橡胶卷材、氯丁橡胶卷材、氯化聚乙烯—橡胶共混卷材等
	合成树脂系防水卷材	氯化聚乙烯卷材、PVC 卷材等
特种卷材		热熔卷材、冷自粘卷材、带孔卷材、热反射卷材、沥青瓦等

各种防水材料及制品均应符合设计要求，具有质量合格证明，进场前应按规范要求进行抽样复检，严禁使用不合格产品。卷材要存放在阴凉通风的室内，严禁接近火源；运输、堆放时竖直搁置，高度不超过两层，避免存放变质。

（二）卷材防水层施工的一般要求

卷材防水层施工工艺：基层准备→涂刷粘接剂→节点处理→铺贴。

1. 基层处理

基层处理得好坏直接影响屋面防水的施工质量。要求基层有足够的强度和刚度，承受荷载时不至于产生显著的变形。通常采用水泥砂浆找平层、细石混凝土找平层或沥青砂浆找平层作为基层。找平层表面应压实平整，排水坡度应符合设计要求。找平层宜留设 20mm 宽的分格缝嵌填密封材料，其最大间距不宜大于 6m（水泥砂浆或细石混凝土）或 4m（沥青砂浆）。找平层施工前应对基层洒水湿润，并在铺浆前 1h 刷素水泥浆一度。找平层铺设按由远到近、由高到低的程序进行。在铺设时、初凝时和终凝前，均应抹平、压实，并检查平整度。待找平层无松动、翻砂和起壳现象，并且强度达到 5MPa 以上时，允许铺贴卷材。基层处理剂可采用喷涂法或涂刷法施工。待前一遍喷、涂干燥后方可进行后一遍喷、涂或铺贴卷材。喷、涂基层处理剂前，应用毛刷对屋面节点、周边、拐角等处先行涂刷。

2. 卷材铺设

卷材铺设方向应符合下列规定：当屋面坡度小于 3% 时，卷材宜平行于屋脊铺贴；屋面坡度在 3%～15% 时，卷材可平行或垂直屋脊铺贴；当屋面坡度大于 15% 或屋面受振动时，沥青防水卷材应垂直屋脊铺贴。高聚物改性沥青防水卷材和合成高分子防水卷材可平行或垂直屋脊铺贴。在铺设卷材时，上下层卷材不得相互垂直铺贴。

屋面防水层施工时，应先做好节点、附加层和屋面排水比较集中部分的处理，一般采用增强处理或干铺（附加层1～2层），然后由屋面最低标高处向上施工。

铺贴卷材应采用搭接法，上下层及相邻两幅卷材搭接缝应错开。平行于屋脊铺设时，由檐口开始，两幅卷材的长边的搭接缝应顺水流方向搭接；垂直于屋脊铺设时，由屋脊开始向檐口进行，搭接缝应顺年最大频率风向搭接。各种卷材的搭接宽度应符合要求（表7－3）。搭接缝处必须用沥青胶仔细封严。

表7－3　　　　　　　　　　卷 材 搭 接 宽 度　　　　　　　　　单位：mm

搭接方向			短边搭接宽度		长边搭接长度	
铺贴方法			满粘法	空铺法 点粘法 条粘法	满粘法	空铺法 点粘法 条粘法
卷材种类	沥青防水卷材		100	150	70	100
	高聚物改性沥青防水卷材		80	100	80	100
	合成高分子防水卷材	粘结法	80	100	80	100
		焊接法	50			

沥青卷材一般采用热沥青粘结剂法，卷材的铺贴，通常用浇油法、刷油法、刮油法和撒油法四种。浇油法（俗称赶油法）是将沥青浇在基层上，然后推着卷材向前滚动来铺平压实卷材。刷油法师用毛刷降沥青胶在基层上刷开，然后快速铺压卷材。铺贴时，油毡要展平压实，使之与下层紧密粘结，卷材的接缝应用玛琋脂赶平封严。对容易渗漏水的薄弱部位（如天沟、赡口、泛水、水落口处等）均应加铺1～2层卷材附加层。在铺贴的第一层卷材时为了保证足够的粘结力，在赡口、屋脊屋面和转交处及突出屋面的连接处，至少有800mm宽的卷材涂满粘胶剂。待各层铺贴完后，再在上层表面浇一层（2～4mm厚）的沥青胶，均匀铺撒热绿豆砂（预热到100℃）粒径为3～5mm。并滚压使其嵌入沥青胶内1/3～1/2粒径，形成绿豆砂保护层。

对于高聚物改性沥青卷材采用热熔法、冷粘法和自粘法，合成高分子卷材采用冷粘法、自粘法、热风焊接法。通常在卷材上涂刷胶结剂之后，铺撒膨胀蛭石保护层均匀涂刷银色或绿色涂料做保护层，以屏蔽或反射阳光辐射，延长卷材的使用年限。

二、涂膜防水屋面施工

涂膜防水是采用高分子合成料为主体的防水涂料，在常温下呈无定型液态，涂刷后能在基层表面结成坚韧的防水膜，形成防水层，以达到防水目的防水方式。涂膜防水屋面适用于防水等级为Ⅲ、Ⅳ级的屋面防水，也可作为Ⅰ、Ⅱ级屋面多道防水设防中的一道防水层。主要防水涂料的分类（表7－4），各种防水涂料的质量均应符合规定要求。

表7－4　　　　　　　　　　　主要防水涂料的分类

类　别		材　料　名　称
沥青防水涂料		乳化沥青、水水性石棉沥青涂料、膨膨润土沥青涂料、石灰乳化沥青涂料
高聚物改性沥青 防水卷材	溶剂型	再生橡胶沥青涂料、氯丁橡胶沥青涂料
	乳液性	再生橡胶沥青涂料、丁苯胶如沥青涂料、氯丁胶如沥青涂料、PVC煤焦油涂料
合成高分子防水涂料	乳液型	硅橡胶涂料、丙烯酸酯涂料、AAS隔热涂料
	反应性	聚氨酯防水涂料、环氧树脂防水涂料

当屋面结构层为装配式钢筋混凝土板时，在又高嵌缝前，板缝下不应浇灌细石混凝土（不小于C20），并应掺微膨胀剂。板缝常用构造形式（图7-2），上口留又20～30mm深凹槽，嵌填密封材料，通常用油膏或胶泥进行灌缝，为了加强防水效果，表面增设250～350mm宽的带胎体增强材料的加固保护层。

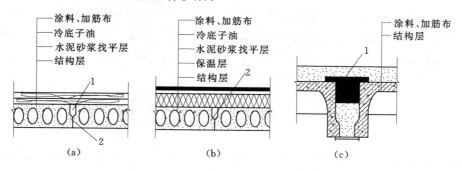

图 7-2 涂膜防水屋面构造

1—嵌缝油膏；2—细石混凝土

（a）无保温涂料防水屋面；（b）有保温涂料防水屋面；（c）槽形板涂料防水屋面

涂膜防水层施工工艺：清理、验收基层→涂刷基层处理剂→缓冲层及附加层施工→涂膜防水层施工→淋（蓄）水试验→屋面保护层施工→检查验收。

基层处理剂常用涂膜防水材料稀释后使用，其配合比应根据不同防水材料按要求配置。

涂膜防水必须由两层以上涂层组成，每层应刷2～3遍，两层之间涂刮方向应垂直。其总厚度必须达到设计要求。施工时，可采用刮涂或喷涂方法，分层进行。应先做节点、附加层，再进行大面积施工。涂料的涂布顺序为先高跨后低跨，先远后近，先立面后平面。涂层应厚薄均匀、表面平整，待前遍涂层干燥后，在涂刷后遍。

涂膜防水层面应设置保护层，可采用细砂、云母、蛭石、浅色涂料、水泥砂浆或块材等材料。当采用细砂、云母、蛭石时，应在最后一遍涂料涂刷后随即撒上，并用扫帚清扫均匀、轻拍粘牢。浅色涂料施工与涂膜防水相同。但一般要求涂覆黑色涂料表层，可采用人工涂刷两遍或机械喷涂两遍。

三、刚性防水屋面施工

刚性防水是以水泥、砂、石为原料，掺入少量的外加剂、高分子聚合物等材料，通过调整配合比，抑制或减少孔隙，增加材料密实性等方法配制的具有一定抗渗能力的水泥砂浆、混凝土作为防水材料，已达到防水目的。

刚性防水屋面适用于防水等级Ⅲ级的屋面防水，也可用作Ⅰ、Ⅱ级屋面多道防水设防中的一道防水层，不适用于设有松散材料保温层的屋面以及受较大冲击或振动的建筑屋面。

刚性防水层面一般是在屋面上现浇一层厚度不少于40mm的细石混凝土（图7-3），水灰比不大于0.55，C不小于$330kg/m^3$，强度等级不低于C20的细石混凝土作为屋面防水层。为了使其受力均匀，有良好的抗裂和抗渗能力，在混凝土内配置$\phi4\sim\phi6@100\sim200mm$的双向钢筋网片（在分格缝处应断开），并应采用结构找坡，坡度宜为2%～3%。保护层厚

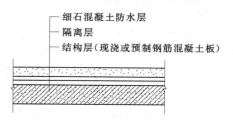

图 7-3 刚性防水屋面构造

度不小于 10mm。

刚性防水屋面的防水层与基层间宜设置隔离层。细石混凝土内宜掺膨胀剂、减水剂、防水剂等，并设纵横间距均不大于 6m 的分格缝，分格缝内应嵌填密封材料。当采用补偿收缩防水层时，可不做隔离层。

混凝土浇筑应按先远后近、先高后低的原则进行，一个分格缝内的混凝土必须一次浇筑完毕，不得留施工缝。钢筋网片应放置在混凝土中的上部，混凝土虚铺厚度为 1.2 倍压实厚度。先用平板振动器振实，然后用滚筒滚压至表面平整、泛浆，由专人抹光，在混凝土初凝时进行第二次压光。混凝土终凝后养护 7～14d。

第二节 地 下 防 水 工 程

当建造的地下结构超过地下常水位时，必须选择合理的防水方案，采取有效措施以确保地下结构的正常使用。地下防水工程分为四级。目前，常用的有以下几种方案。

（1）采用防水混凝土结构。以地下结构本身的密实性来实现防水功能的，使结构承重和防水合为一体，目前应用广泛。

（2）在地下结构表面设防水层防水，常用的有砂浆防水层、卷材防水层、涂膜防水层等。

（3）"防排结合"防水。即采用防水加排水措施，排水方案可采用盲沟排水、渗排水、内排水等。此方法多用于重要的、面积较大的地下防水工程。为增强防水效果，必要时采取"防""排"结合的多道防水方案。

一、防水混凝土结构施工

防水混凝土是以调整混凝土配合比、掺加外加剂或使用新品种水泥等方法，提高混凝土的密实性、憎水性和抗渗性而配制的不透水性混凝土。具有材料来源丰富、施工简便、工期短、造价低、耐久性好等特点，是我国地下结构防水的一种主要形式。常用的防水混凝土有普通防水混凝土、外加剂防水混凝土（如掺三乙醇胺、氯化铁、加气剂或减水剂的防水混凝土）和膨胀水泥防水混凝土。

普通防水混凝土是使用调整配合比的方法，提高混凝土的密实性和抗渗能力的防水混凝土。适用于一般工民建结构及公共建筑的地下防水工程。普通防水混凝土的配合比应通过试验选定。选定配合比时，应按设计要求的抗渗等级提高 0.2MPa，其各项技术指标应符合下列规定：每立方米混凝土的水泥用量不少于 320kg；含砂率以 35%～45% 为宜；灰砂比应为 1：2～2.5；水灰比不大于 0.55；坍落度不大于 50mm，如掺用外加剂或用泵送混凝土时，不受此限。膨胀水泥防水混凝土因密实性和抗裂性均较好而适用于地下工程防水和地上防水构筑物的后浇缝。

外加剂防水混凝土是在混凝土中加入一定量的减水剂、加气剂、防水剂及膨胀剂等外加剂，以改善混凝土性能和结构的组成，提高其密实性和抗渗性，达到防水要求。使用时，应按地下防水结构的要求及具体条件选用，其外加剂掺量、特点及其适用范围（表 7-5）。

防水混凝土结构的施工要点如下：

（1）模板。模板应表面平整，拼缝严密不漏浆，吸水性小，有足够的承载力和刚度。一

表 7-5　　　　　　　　　　　　防水混凝土常用外加剂

种　类		特　点	适　用　范　围	掺量（外加剂/水泥量）
三乙醇胺防水混凝土		早强、抗渗标号高	工期紧迫、要求早强、抗渗要求高的工程	0.05%左右
加气剂防水混凝土		抗冻性好	有抗冻要求、低水化热要求的工程（$f_{cu} \leqslant$ 20MPa）	0.03%～0.05%
减水剂防水混凝土	木钙、糖密	混凝土流动性好、抗渗标号高	钢筋密集、薄壁结构、泵送混凝土、滑膜结构等，或有缓凝与促凝要求的工程	0.2%～0.3%
	NNO，MF			0.5%～1.0%
氧化铁防水混凝土		抗渗性最好	水中结构，无筋、少筋结构，砂浆修补抹面	3%左右

般情况下模板固定仍采用对拉螺栓，为防止在混凝土内形成引水通路，应在对拉螺栓或套管中部加焊（满焊）$\phi 70 \sim 80mm$ 的止水环或方形止水片。如模板上钉有预埋小方木，则拆模后将螺栓贴底割去，再抹膨胀水泥砂浆封堵，效果更好。

（2）混凝土浇筑。混凝土应严格按配料单进行配料，为了增强均匀性，应采用机械搅拌，搅拌时间至少 2min，运输时防止漏浆和离析。混凝土浇筑时应分层连续浇筑，其自由倾落高度不得大于 1.5m，并采用机械振捣，不得漏振、欠振。

（3）养护。防水混凝土的养护条件对其抗渗性影响很大，终凝后 4～6h 即应覆盖草袋，12h 后浇水养护，3d 内浇水 4～6 次/d，3d 后 2～3 次/d，养护时间不少于 14d。

（4）拆模。防水混凝土不能过早拆模，一般在混凝土浇筑 3d 后，将侧模板松开，在其上口浇水养护 14d 后方可拆除，拆模时混凝土必须达到 70% 的设计强度，应控制混凝土表面温度与环境温度之差不大于 15℃。

（5）缝处理。包括施工缝、后浇带接缝、变形缝和穿墙管、穿墙螺栓、预埋件、预留洞口等处的缝。施工缝是防水混凝土的薄弱环节，施工时应尽量不留或少留。底板混凝土必须连续浇筑，不得留施工缝；墙体一般不应留垂直施工缝，如必须留应设在变形缝处，水平施工缝应留在距底板面不小于 300mm 的墙身上。墙体有孔洞时，施工缝距离孔洞边缘不宜小于 300mm；不应留在剪力与弯矩最大处或底板与侧壁交接处。施工常用接缝形式有凸缝、凹缝或平直缝加止水带等。继续浇筑混凝土前，应将施工缝处松散的混凝土凿去，清理浮粒和杂物，用水冲净并保持湿润，先铺一层 20～25mm 厚与混凝土中砂浆相同的水泥砂浆后再浇混凝土，并采取安放橡胶止水带、膨胀止水条或金属止水板等防水措施。水泥砂浆所用的材料和灰砂比应与混凝土的材料和灰砂比相同。

后浇带接缝是为了防止大面积混凝土结构施工时产生有害裂缝而留设的刚性接缝，适用于不允许设置柔性变形缝、且后期变形趋于稳定的结构，后浇带宽一般为 700～1000mm，两条后浇带的间距为 30～60m。补缝时应与原浇混凝土间隔不少于 42d，施工期的温度宜低于缝两侧混凝土施工时的温度，在缝处应加遇水膨胀止水条。

二、水泥砂浆防水层施工

水泥砂浆防水层是一种刚性防水层，主要依靠特定的施工工艺要求或掺加防水剂来提高水泥砂浆的密实性或改善其抗裂性，从而达到防水抗渗的目的。水泥砂浆防水层分为刚性多层抹面防水层和掺外加剂的水泥砂浆防水层两大类。

1. 刚性多层抹面的水泥砂浆防水层

刚性多层抹面的水泥砂浆防水层是利用不同配合比的水泥砂浆和水泥浆分层分次施工，相互交替抹压密实，以充分切断各层次水泥砂浆凝结中的毛细孔网，达到防水目的。通常在工程实践中，刚性防水层的背水面基层的防水层采用四层抹面法施工，迎水面采用五层做法。

施工应连续进行，尽可能不留施工缝。一般顺序为先平面后立面。分层做法是：第一层，在浇水润湿的基层上，先抹 1mm 厚素灰（用铁抹子用力刮抹 5～6 遍），再抹 1mm 找平。第二层，在素灰层初凝后终凝前进行，使砂浆压入素灰层 0.5mm 并扫横纹。第三层，在第二层凝固后进行，做法同第一层。第四层，同第二层做法，抹后在表面用铁抹子抹压 5～6 遍，最后压光。第五层，在第四层抹压二遍后刷水泥浆一遍，随第四层压光。

为防止防水层开裂并提高不透水性，在终凝后约 8～12h 盖湿草包浇水养护，养护 14d。

2. 掺外加剂的水泥砂浆防水层

掺防水剂水泥砂浆又称防水砂浆，是在水泥砂浆中掺入占水泥重量的 3%～5% 的各种防水剂配制而成的，常用的防水剂有氯化物金属盐类防水剂和金属皂类防水剂。氯化物金属盐类防水剂又称防水浆，主要的外加剂为氯化钙、氯化铝、氯化铁等金属盐类，通过发生化学反应生成含水氯硅酸钙、氯铝酸钙、氢氧化铁等胶体或化合物，填充砂浆空隙，密实砂浆的作用，从而达到防水的目的。金属皂类防水剂又称避水浆，是采用碳酸钠或氢氧化钾等碱金属化合物、氨水、硬脂酸和水混合加热皂化配制而成的乳白色浆状液体。具有塑化作用，可降低水灰比，可使水泥质点和浆料间形成憎水化吸附层并生成不溶性物质，起填充砂浆中小空隙和堵塞毛细通道、切断和减少渗水孔道作用，增加砂浆密实性，起到防水作用。

水泥砂浆防水层适用于埋深不大，不会因结构沉降、温度和湿度变化及受振动等产生有害裂缝的地下防水工程。

三、卷材防水层施工

卷材防水层属柔性防水层，具有较好的韧性和延伸性，防水效果较好。其基本要求与屋面卷材防水层相同。

将卷材防水层铺贴在地下结构的外侧（迎水面）称为外防水，外防水卷材防水层的铺贴方法，按其与地下结构施工的先后顺序分为外防外贴法（简称外贴法）和外防内贴法（简称内贴法）两种。

1. 外防外贴法

外贴法是在垫层上铺好底层防水层后，先进行底板和墙体结构的施工，再把底面防水卷材延伸贴在墙体结构的外侧表面上，最后在防水层外侧砌筑保护墙（图 7-4）。其施工顺序是：首先在垫层四周砌筑保护墙，其下部分为永久性的保护墙，高度不小于 $B+200$（B 为底板厚），一般为 300～600mm；上部为临时性的高度为 150（$n+1$）mm（n 为卷材层数），一般为 450～600mm，并在保护墙下部干铺油毡条一层。然后铺设混凝土底板垫层上的卷材防水层，并留出墙身的接头。在墙上抹石灰砂浆找平层并将接头贴于墙上，然后进行底板和墙身施工，在做墙身防水层前，拆临时保护墙，在墙面上抹找平层、刷基层处理剂，将接头清理干净后逐层铺贴墙面防水层，最后砌永久性保护墙。

外贴法的优点是建筑与保护墙有不均匀沉陷时，对防水层影响较小；防水层做好后即可进行漏水实验，修补也方便。缺点是工期较长，占地面积大；底板与墙身接头处卷材易受损。在施工现场条件允许时，多采用此法施工。

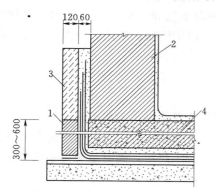

图 7-4　外贴法施工示意（单位：mm）
1—永久性保护墙；2—基础外墙；
3—临时保护墙；4—混凝土底板

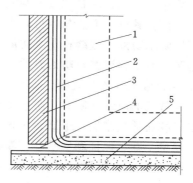

图 7-5　内贴法施工示意
1—尚未施工的地下室墙；2—卷材防水层；3—永久
性保护墙；4—干铺油毡一层；5—混凝土垫层

2. 外防内贴法

内贴法是墙体未做前，在垫层边缘先砌筑保护墙，然后将卷材防水层铺贴在垫层和保护墙上，再进行底板和墙体结构的施工（图 7-5）。施工顺序是：首先在垫层四周砌永久性保护墙，然后再垫层和保护墙上抹找平层，干燥后涂刷基层处理剂，在铺贴卷材防水层。铺设原则：先贴立面，后贴水平面，先贴转角，后贴大面，铺贴完毕后做保护层（砂或散麻丝加10～20mm 厚 1：3 水泥砂浆），最后进行构筑物底板和墙体施工。

内贴法的优点是防水层的施工比较方便，不必留接头，且施工占地面积小。缺点是建筑与保护墙发生不均匀沉降时，对防水层影响很大；保护墙稳定性差；竣工后如发现漏水较难修补。这种方法只有当施工场地受限制，无法采用外贴法时才采用。

四、涂膜防水层施工

地下防水工程常用的防水涂料主要有沥青基防水涂料和高聚物改性沥青防水涂料等。下面以水乳型再生橡胶沥青防水涂料（冷胶料）为例。

水乳型再生橡胶沥青防水涂料是以沥青、橡胶和水为主要材料，掺入适量的增塑剂及抗老化剂，采用乳化工艺制成。其粘结、柔韧、耐寒、耐热、防水、抗老化能力等均优于纯沥青和沥青胶，并具有质量轻、无毒、无味、不易燃烧、冷施工等特点。而且操作简便，不污染环境，经济效益好，与一般卷材防水层相比可节约造价 30%，还可在较潮湿的基层上施工。

水乳型再生橡胶沥青防水涂料由水乳型 A 液和 B 液组成。A 液为再生胶乳液，呈漆黑色，细腻均匀，稠度大，粘性强，密度约 1.1g/cm³。B 液为液化沥青，呈浅黑黄色，水分较多，粘性较差，密度约 1.04g/cm³。当两种溶液按不同配合比（质量比）混合时，其混合料的性能各不相同。若混合料中沥青成分居多时，则可减小橡胶与沥青之间的内聚力，其粘结性、涂刷性和浸透性能良好，此时施工配合比可按 A 液：B 液＝1：2；若混合料中橡胶成分居多时，则具有较高的抗裂性和抗老化能力，此时施工配合比可按 A 液：B 液＝1：1。所以在配料时，应根据防水层的不同要求，采用不同的施工配合比。水乳型再生橡胶沥青防水涂料即可单独涂布形成防水层，也可衬贴玻璃丝布作为防水层。当地下水压不大时，做防水层或地下水压较大时做加强层，可采用二布三油一砂做法；当在地下水位以上做防水层或防潮层，可采用一布二油一砂做法，铺贴顺序为先铺附加层和立面，再铺平面；先铺贴细部，再铺贴大面，其施工方法与卷材防水层相类似。适用于屋面、墙体、地面、地下室等部位及设备管道防水防潮、嵌缝补漏、防渗防腐工程。

五、地下防水工程渗漏及防治方法

1. 卷材层面常见的质量缺陷

卷材屋面常见的质量缺陷有：防水层起鼓、开裂、沥青流淌、老化等。

防水层起鼓通常是基层不干燥，应该使基层干燥，含水率在 6％ 以内；避免在潮湿天气施工，防止卷材受潮。保证基层平整，卷材铺贴均匀，封闭严实，同时潮湿基层宜做成排汽屋面，所谓排气屋面，就是在铺贴第一层卷材（各种卷材）时，采用条粘、点粘、空铺等方法使卷材与基层之间留有纵横相互贯通的空隙作排汽通道，对于有保湿层的屋面，也可在保温层上的找平层上留槽作排汽通道，并在屋面或屋脊上设置一定的排气孔（每 $36m^2$ 左右一个）与大气相通，这样就能使潮湿基层中的水分蒸发排出，防止油毡起鼓。排汽屋面适用于气候潮湿，雨水充沛，夏季阵雨多，保温层或找平层含水率大，且干燥有困难的地区。为防止沥青胶流淌，要求沥青胶有足够的耐热度和较高的软化点，并且涂刷均匀，其厚度不超过 2mm，屋面坡度不宜过大。

防水层破裂的主要原因有：结构变形、找平层开裂，屋面刚度不够；建筑物不均匀沉降；沥青受热流淌或受冻开裂；卷材接头错动；防水层起鼓后内部气体受热膨胀等。

2. 地下室防水混凝土常见的质量问题

（1）防水混凝土的配合比不准，坍落度大小不均。操作时应按配合比通知单位认真过磅计量，坍落度应按施工标准始终保持一致。

（2）振捣不密实，出现蜂窝、麻面及个别孔洞现象。施工时，应选派有经验、技术好、责任心强的混凝土工进行振捣。一旦出现蜂窝孔洞时，应认真检查孔洞的深浅，把不牢固的石子剔掉，凿出新茬，用高标号的砂浆抹严压实，抹前应刷好结合层。孔洞较大较深的应当用细石混凝土抹实。

（3）施工缝留置的位置不对，做法不符合要求。地下室底板与墙连接，施工缝应留置在底板往上 300mm 处的墙上，并在墙的上口预埋 10～15cm 宽的铁板作为止水带，也可以把混凝土做成凸形、凹形或企口形。

（4）外围灰土层不密实。分层夯实，既起隔水作用，又能保证室外工程不至下沉。

第三节　室内用水房间防水工程

一、概述

室内用水房间防水工程主要指住宅和公共建筑等的厨房、卫生间、公共浴室、开水间以及各种用水房间的防水。这些地方用水频繁、环境潮湿；管道错综、贴角穿墙；防水施工复杂困难。经常出现积水、渗漏。

二、厨浴厕间防水施工

施工工艺：基层准备→ 涂刷底层胶 →涂刷局部加强层 →大面积施工→ 涂面层冷胶料→蓄水实验 →抹砂浆保护层→ 铺贴面层。

对于无特殊防潮、防水要求的楼层，通常采用厚40mm的C18细石混凝土垫层，再于其上做面层即可。对于有防潮、防水要求的厨卫厕间，其构造做法有二：其一，对于只是有普通防潮、防水要求的楼层，采用C18细石混凝土，从四周向地漏处找坡0.5%（最薄处不少于30mm厚）即可；其二，应在垫层或结构层与面层之间设防水层。常见的防水材料有卷材、防水砂浆、防水涂料等，有水房间地面常采用水泥地面、水磨石地面、马赛克地面或缸砖地面等。为防止水沿房间四周侵入墙身，应将防水层沿房间四周墙边向上深入踢脚线内100～150mm，当遇到开门处，其防水层应铺出门外至少250mm。为便于排水，楼面需有一定坡度，并设置地漏，引导水流入地漏。排水坡一般为1%～1.5%。为防止室内积水外溢，对有水房间的楼面或地面标高应比其他房间与走廊低20～30mm，若有水房间楼地面标高与走廊或其他房间楼地面标高相平时，也可在门口做出20～30mm的门槛。

对于穿楼板立管的防水处理一般采用两种办法：一是在管道穿过的周围用C20号干硬性细石混凝土捣固密实，再以两布两油橡胶酸性沥青防水涂料作密封处理（图7-6）；二是对某些暖气管、热水管穿过楼板层时，为防止由于温度变化，出现胀缩变形，致使管壁周围漏水，常在楼板走管的位置埋设一个比热水管径稍大的套管，以保证热水管能自由伸缩而不致引起混凝土开裂。套管比楼面高出的30mm。

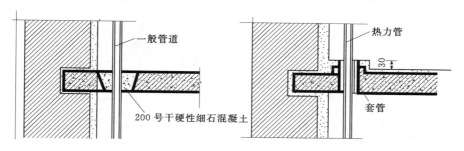

图7-6 管道穿过楼板时的处理

小 结

1. 屋面防水工程包括卷材防水屋面施工、涂膜防水屋面施工、刚性防水屋面施工。

卷材防水层施工工艺：基层准备、涂刷粘接剂、节点处理、铺贴。沥青卷材一般采用热沥青粘结剂法，通常用浇油法、刷油法、刮油法和撒油法四种。高聚物改性沥青卷材采用热熔法、冷粘法和自粘法，合成高分子卷材采用冷粘法、自粘法、热风焊接法。

涂膜防水层施工工艺：清理、验收基层、涂刷基层处理剂、缓冲层及附加层施工、涂膜防水层施工、淋（蓄）水试验、屋面保护层施工、检查验收。

2. 地下防水工程常采用防水混凝土结构、在地下结构表面设防水层和"防排结合"防水。

主要有防水混凝土结构施工、水泥砂浆防水层施工、卷材防水层施工、涂膜防水层施工。

卷材防水层铺贴分为外防外贴法（简称外贴法）和外防内贴法（简称内贴法）两种。

3. 室内用水房间防水工程主要包括厨浴厕间防水施工。

施工工艺：基层准备、涂刷底层胶、涂刷局部加强层、大面积施工、涂面层冷胶料、蓄水实验、抹砂浆保护层、铺贴面层。

复 习 思 考 题

7-1 试述卷材屋面的组成及对材料的要求。

7-2 在沥青胶结材料中加入填充料的作用是什么？

7-3 什么叫冷底子油？作用是什么？如何配制？

7-4 卷材防水屋面找平层为何要留分格缝？如何留设？

7-5 如何进行屋面卷材铺贴？有哪些铺贴方法？

7-6 屋面卷材防水层最容易产生的质量问题有哪些？如何防治？

7-7 细石混凝土防水层的施工有何特点？如何预防裂缝和渗漏？

7-8 试述地下卷材防水层的构造及铺设方法，各自特点是什么？

7-9 水泥砂浆防水层的施工特点是什么？

7-10 试述防水混凝土的防水原理、配制方法及其适用范围。

第八章 装 饰 工 程

【内容提要和学习要求】

本章讲述抹灰、饰面板（砖）、幕墙、涂饰、裱糊、楼地面、吊顶、隔墙、隔断与门窗工程的施工。重点掌握一般抹灰、板块面层、玻璃幕墙、门窗、涂料等工程的组成、要求、作用、施工做法和质量的监控方法；了解一般装饰工程的施工程序。

装饰工程是指采用各种饰材或饰物，对建筑内外表面及空间进行的各种处理，一般分室外装饰和室内装饰。主要包括抹灰、饰面、油漆、涂料、刷浆、裱糊、楼地面、吊顶、隔墙、隔断、门窗、玻璃、幕墙、罩面板和花饰安装等工程内容，是建筑工程的最后一个施工过程。装饰工程能保护主体结构，延长其使用寿命，还能改善清洁卫生条件、美化建筑物及周围生活环境，增强和改善建筑物的保温、隔热、防潮、防腐、隔音等使用功能，从而保护建筑免受侵蚀和污染，提高结构的耐久性。

装饰工程项目繁多、涉及面广、工序复杂、工程量多、劳动量大、造价高、工期长，一般都约占 30%～50%，质量要求又高，但手工作业量大、机械化施工程度和生产效率低。因此，为加快施工进度、降低成本、满足装饰功能、增强装饰效果，应大力发展新型装饰功能材料，协调结构、设备与装饰的关系，实现结构与装饰合一，多采用干法作业，优化施工工艺、技术和方法，不断地提高装饰工程工业化、机械化和专业化施工水平。

第一节 抹 灰 工 程

抹灰工程是指用各种灰浆涂抹在建筑表面，起找平、装饰和保护墙面的作用，主要分室内抹灰和室外抹灰。按工种部位可分为内外墙面抹灰、地面抹灰和顶棚抹灰；按使用材料和装饰效果可分为一般抹灰和装饰抹灰。

一、一般抹灰工程

一般抹灰是指采用石灰砂浆、水泥砂浆、水泥混合砂浆、聚合物水泥砂浆、膨胀珍珠岩水泥砂浆、麻刀灰浆、纸筋石灰浆和石膏灰等抹灰材料进行的涂抹施工。

（一）材料要求

抹灰常用材料有水泥、石灰、石膏、砂、石、麻刀、纸筋、稻草、麦秸等。

胶凝材料宜用强度等级不小于 32.5 的普通硅酸盐水泥、矿渣硅酸盐水泥以及白水泥等。不同品种水泥不得混用，出厂超过 3 个月的水泥经试验合格后方可使用。石灰膏应用块状生石灰淋制，淋制时必须用孔径不大于 3mm 的筛过滤，并贮存沉淀池中，常温下熟化时间不少于 15d，用于罩面的磨细生石灰粉，则不少于 3d。石膏用乙级建筑石膏，应磨成细粉并无杂质。

骨料宜采用中砂，粗中砂混合也可使用。使用前应过筛（5mm 筛孔），不得含泥土及杂质。石子可采用大八厘石粒（粒径 8mm），中八厘（粒径 6mm），小八厘（粒径 4mm），如坚硬的石英石颗粒、彩色石粒和瓷粒等，使用前必须冲洗干净。

纤维材料纸筋应洁净、捣烂，并用清水浸透。麻刀应均匀、坚韧、干燥、不含杂质，长度以 20～30mm 为宜。稻草、麦秸应切成长度不大于 30mm 的段，经石灰浸泡 15d 后使用。

（二）一般抹灰的分级、组成及质量要求

按建筑物的装饰标准和质量要求，一般抹灰有普通抹灰和高级抹灰两级。

普通抹灰：一底层、一中层、一面层，三遍成活。主要工序为分层赶平、修理和表面压光。要求表面光滑、洁净、接搓平整、分格缝清晰。

高级抹灰：一底层，数中层，一面层，多遍成活，主要工序为阴阳角找方，设置标筋、分层赶平、修整和表面压光。要求抹灰表面光滑、洁净颜色均匀、无抹纹，线角和灰线平直方正，分格缝清晰美观。

图 8-1 抹灰层组成
1—底层；2—中层；3—面层；4—基层

为保证抹灰质量，一般抹灰工程是分层进行施工，应做到粘结牢固、表面平整、避免裂缝。如一次涂抹太厚，内外收水快慢不同会产生裂缝、起鼓或脱落。

抹灰层一般由底层、中层和面层组成（图 8-1）。

底层主要起与基层粘结和初步找平作用，5～7mm 厚，用材与基层有关。基层吸水性强，砂浆稠度应较小，一般 10～20cm。若有防潮、防水要求，应采用水泥砂浆抹底层。

中层主要起保护墙体和找平作用，5～12mm 厚，根据质量要求，可一次或分次涂抹。采用材料基本与底层相同，稠度可大一些，一般 7～8cm。

面层亦称罩面，2～5mm 厚，主要起装饰作用，须仔细操作，保证表面平整、光滑细致、无裂痕。砂浆稠度一般为 10cm 左右。

各抹灰层厚度应根据具体部位、基层材料、砂浆类型、平整度、抹灰质量以及气候、温度条件而定。抹水泥砂浆每遍厚度宜为 5～7mm。抹石灰砂浆和水泥混合砂浆每遍厚度宜为 7～9mm。麻刀灰、纸筋灰和石膏灰等罩面，赶平压实后，其厚度一般不大于 3mm。水泥砂浆面层和装饰面层不大于 10mm。

抹灰层平均总厚度，一般为 15～20mm，最厚不超过 25mm，特殊情况不超过 35mm，均应符合规范要求。顶棚是现浇混凝土、板条的为 15mm，预制混凝土板为 18mm，金属网为 20mm；内墙普通抹灰为 18～20mm，高级的为 25mm；外墙抹灰砖墙面为 20mm，勒脚及突出墙面部分为 25mm，石材墙面为 35mm。

（三）一般抹灰施工

为保护成品，应按先室外后室内、先上面后下面、先顶棚后墙地面的施工顺序抹灰。

先室外后室内是指完成室外抹灰后，拆除外脚手，堵上脚手眼再进行室内抹灰。室内抹灰应在屋面防水完工后进行，以防漏水造成抹灰层损坏和污染，可按房间、走廊、楼梯和门厅等顺序施工。先上面后下面是指在屋面防水完工后室内外抹灰最好从上层往下进行。如高层建筑采用立体交叉流水作业施工时，也可从下往上施工，但必须注意成品保护。先顶棚后墙地面是指室内可采取先顶棚和墙面抹灰，再开始地面抹灰。外墙由屋檐开始自上而下，先抹阳角线、台口线，后抹窗和墙面，再抹勒脚、散水坡和明沟等。

一般抹灰的施工工艺：基层处理→润湿基层→阴阳角找方→设置标筋→做护角→抹底层灰→抹中层灰→检查修整→抹面层灰并修整→表面压光。

1. 基层处理

为使抹灰砂浆与基体表面粘结牢固，防止灰层产生空鼓，抹灰前应对基层进行处理。

表面的灰尘、污垢和油渍等应清除干净（油污严重时可用10％浓度的碱水洗刷），并提前1～2d洒水湿润（渗入8～10mm）。砖石、混凝土、加气混凝土等凹凸的基层表面，应剔平或用1：3水泥砂浆补平，封闭基体毛细孔，使底灰不过早脱水，以增强基体与底层灰的粘结力。表面太光滑要凿毛或用掺10％108胶的1：1水泥砂浆薄抹一层。对水暖、通风穿墙管道及墙面脚手孔洞和楼板洞、门窗口与立墙交接缝处均应用1：3水泥砂浆或水泥混合砂浆（加少量麻刀）嵌缝密实。在不同基层材料（如砖石与木、砌块、混凝土结构）交接处应先铺钉一层金属网或纤维布，塔接宽度从缝边起每边不得小于100mm，以防抹灰层因基层温度变化而胀缩不一产生裂缝。在门洞口、墙、柱易受碰撞的阳角处，宜用1：2的水泥砂浆抹出护角，其高度应不低于2m，每侧宽度不小于50mm。对砖砌体基层，应待砌体充分沉降后，方可抹底层灰，以防砌体沉降拉裂抹灰层。

室内砖墙墙面基层一般用石灰砂浆或水泥混合砂浆打底，室外用水泥砂浆或水泥混合砂浆打底；混凝土基层，宜先刷素水泥浆一道，用水泥砂浆和混合砂浆打底，高级装修顶板宜用乳胶水泥浆打底；加气混凝土基层宜先刷一遍胶水溶液，再用水泥混合砂浆、聚合物水泥砂浆或掺增稠粉的水泥砂浆打底；硅酸盐砌块基层宜用水泥混合砂浆或掺增稠粉的水泥砂浆打底；平整光滑的混凝土基层，如装配式混凝土大板和大模板建筑的内墙面和大楼板基层，如平整度好，垂直偏差小，可不抹灰，采用粉刷石膏或用腻子（乳胶：滑石粉或大白粉：2％甲基纤维素溶液＝1：5：3.5）分遍刮平，待各遍腻子粘结牢固再进行表面刮浆即可，总厚度为2～3mm。板条基层宜用麻刀灰和纸筋灰。

2. 抹灰施工

为控制抹灰层的厚度和平整度，在抹灰前还须先找好规矩，即四角规方、横线找平、竖线吊直、弹出准线和墙裙、踢脚板线，并在墙面用1：3水泥砂浆抹成50mm见方的标志（灰饼）和标筋（冲筋、灰筋）（图8-2），以便找平。

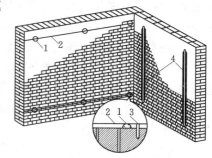

图8-2　灰饼、标筋的作法
1—灰饼（标志块）；2—引线；
3—钉子；4—标筋

抹灰层施工采用分层涂抹，多遍成活。分层涂抹时，应使底层水分蒸发、充分干燥后再涂抹下一层。刮尺操作不致损坏标筋时，即可抹底层灰。底层砂浆的厚度为冲筋厚度2/3，用铁抹子将砂浆抹上墙面并进行压实，并用木抹子修补、压实、搓平、搓粗。抹完底层后，应间隔一定时间，让其干燥，再抹中层灰。如用水泥砂浆或混合砂浆，应待前一抹灰层凝结后再抹后一层。如用石灰砂浆，则应待前一层达到七八成干后，用手指按压不软，但有指印和潮湿感，方可抹后一层。中层砂浆抹灰凝固前，应在层面上每隔一定距离交叉划斜痕，以增强与面层的粘结。室外墙面的面层常用水泥砂浆。

采用水泥砂浆面层，应注意接搓，表面压光应不少于两遍，罩面后次日洒水养护。纸筋或麻刀灰罩面应在 1∶(2.5～3) 石灰砂浆或 1∶2∶9 混合砂浆底灰五六成干后进行，若底灰过干应浇水湿润，罩面灰一般分两遍抹平压光。石灰膏罩面宜在石灰砂浆或混合砂浆底灰尚潮湿下刮抹石灰膏（6∶4 或 5∶5），灰浆稠度 80mm 为宜，刮抹后约 2h 待石灰膏尚未干时压实抹平，使表面光滑不裂。各种砂浆抹灰层，在凝结前应防止快干、水冲、撞击和振动，在凝结后应采取措施防止玷污和损坏。水泥砂浆的抹灰层应在湿润的条件下养护。

顶棚抹灰时应先在墙顶四周弹水平线，以控制抹灰层厚度，然后沿顶棚四周抹灰并找平。顶棚面要求表面平顺，无抹灰接搓，与墙面交角应成一直线。如有线脚，宜先用准线拉出线脚，再抹顶棚大面，罩面应两遍压光。

冬期抹灰施工时，应采取保温防冻措施。室外抹灰砂浆内应掺入能降低冰点的防冻剂，其掺量应由实验确定。室内抹灰的温度不应低于 5℃。抹灰层可采取加温措施加速干燥，如采用热空气回温时，应注意通风，排除湿气。

3. 机械喷涂抹灰

机械喷涂抹灰能提高功效，减轻劳动强度和保证工程质量。其工作原理是利用灰浆泵与空气压缩机把灰浆和压缩空气送入喷枪，在喷嘴前造成灰浆射流，将灰浆喷涂在基层上，再经过抹平搓实。因此，也称喷毛灰，是抹灰施工的发展方向。

施工时，根据所喷涂部位、材料拟定喷涂顺序和路线，一般可按先顶棚后墙面，先室内后过道、楼梯间的顺序进行喷涂。机械喷涂亦需设置灰饼和标筋。喷涂顶棚宜先在周边喷涂一个边框，再按"S"形路线由内向外巡回喷涂，最后从门口退出。当顶棚宽度过大时，应分段进行，每段喷涂宽度不宜大于 2.5mm。喷涂室内墙面宜从门口一侧开始，另侧退出。喷涂室外墙面，应由上向下按"S"线形巡回喷涂。喷涂厚度一次不宜超过 8mm，当超过时应分遍进行。喷射时喷嘴的正常压力宜控制在 0.15～0.2MPa。持喷枪姿势应正确。喷嘴与基层的距离、角度和气量应视墙体材料性能和喷涂部位按规范规定选用。喷涂墙面时喷嘴应距墙面 100～450mm，喷涂干燥、吸水性强、标筋较厚墙面宜为 100～350mm，并与墙面成 90°角，喷枪移动速度应稍慢，压缩空气量宜小些。喷涂较潮湿、吸水性差、标筋较薄墙面宜为 150～450mm，与墙面成 65°角，喷枪移动稍快，空气量宜大些，这样喷射面较大，灰层较薄，灰浆不易流淌。喷涂砂浆时，应注意成品保护。

目前机械喷涂抹灰可用于底层和中层，但喷涂后的搓平修补、罩面、压光等工艺性较强的工序仍需用手工操作。

一般抹灰的质量要求是：抹灰的品种、厚度及配合比等应符合设计要求。各抹灰层之间及抹灰层与基层之间应粘结牢固，不得有空鼓、脱层、面层不得有爆灰和裂缝，表面接搓平整、光滑、洁净、颜色均匀、无抹纹，分格缝与灰线应清晰、顺直美观。

二、装饰抹灰工程

装饰抹灰是指用普通材料模仿某种天然石花纹抹成的具有艺术装饰效果和色彩的抹灰。其种类很多，但底层做法与一般抹灰基本相同（均为 1∶3 水泥砂浆打底），仅面层材料和做法不同。面层一般有水刷石、水磨石、斩假石、干粘石、假面砖、拉条灰、拉毛灰、洒毛灰、扒拉石、喷毛灰、喷砂、喷涂、滚涂、弹涂、仿石和彩色抹灰等。

（一）水刷石

水刷石是一种饰面人造石材，多用于外墙面。

施工工艺：基体处理→湿润墙面→设置标筋→抹底层砂浆→抹中层砂浆→弹线和粘贴分

格条→抹水泥石子浆→洗刷→养护。

施工时，在已硬化 12mm（一般为 10～13mm）厚 1∶3 水泥砂浆底层上按设计弹线分格，用水泥浆粘结固定分格条（8mm×10mm 的梯形木条），然后浇水湿润刮一道 1mm 厚水泥浆（水灰比 0.37～0.4），以增强与底层的粘结。随即抹 8～12mm 厚、稠度为 50～70mm、配合比为 1∶（1.25～1.5）水泥石子浆抹平压实，使石子密实且分布均匀，待其达到一定强度（用手指按无指痕）时，再用棕刷蘸水自上而下刷掉面层水泥浆，使表面石子完全外露。然后用喷雾器喷水冲洗干净。水刷石可以现场操作，也可以工厂预制。

水刷石的质量要求是：石粒清晰、分布均匀、色泽一致、平整密实，不得有掉粒和接槎痕迹。

（二）干粘石

在水泥砂浆上面直接干粘石子的做法，也称干撒石或干喷石，多用于外墙面。

施工工艺：清理基层→湿润墙面→设置标筋→抹底层砂浆→抹中层砂浆→弹线和粘贴分格条→抹面层砂浆→撒石子→修整拍平→养护。

施工时，将底层浇水润湿后，再抹上一层 6mm 厚 1∶（2～2.5）水泥砂浆层，随即将配有不同颜色或同色的粒径 4～6mm 石子甩在水泥砂浆层上，并拍平压实。拍时不得把砂浆拍出来，以免影响美观，要使石子嵌入深度不小于石子粒径的一半，待达到一定强度后洒水养护。有时也可用喷枪将石子均匀有力地喷射于粘结层上，用铁抹子轻轻压一遍，使表面平整。

干粘石的质量要求是：石粒粘结牢固、分布均匀、颜色一致、不掉石粒、不露浆、不漏粘、线条清晰、棱角方正、阳角处无明显黑边。

（三）斩假石

斩假石，又称剁假石、剁斧石，是一种由硬化后的水泥石屑浆经斩剁加工或划出有规律的槽纹而成的人造假石饰面，能显示出较强的琢石质感，就像石砌成的墙，多用于外墙面。

施工工艺：清理基层→湿润墙面→设置标筋→抹底层砂浆→抹中层砂浆→弹线和粘贴分格条→抹水泥石子浆面层→养护→斩剁→清理。

施工时，将底层浇水润湿后，薄刮一道素水泥浆（水灰比 0.3～0.4），随即抹 10mm 厚 1∶1.25 水泥石子浆罩面两遍，与分格条齐平，并用刮尺赶平。收水后用木抹子从上往下顺势溜直并打磨压实。抹完面层须采取防晒或冰冻措施，洒水养护 3～5d 后试剁，剁后石子不脱落即可用剁斧将面层剁毛。在柱、墙角等边棱处，宜横向剁出边条或留 15～20mm 的窄条不剁。斩剁完后，拆除分格条、去边屑。此外还可用仿斩假石的做法，即待 8mm 厚面层收水后，用钢箆子（木柄夹以锯条制成）沿导向的长木引条方向轻轻划纹，随划随移动引条。面层终凝后再按原纹路自上而下拉刮几次，即形成与斩假石相似效果的表面。

斩假石的质量要求是：剁纹或划纹间距均匀、顺直，深浅一致、线条清晰，不得有漏剁处，阳角处横剁和留出不剁的边条，应宽窄一致、棱角分明无损，最后洗刷掉面层上的石屑，不得蘸水刷浇。

（四）假面砖

假面砖又称仿釉面砖，是用水泥、石灰膏配合一定量的矿物颜料制成彩色砂浆涂抹面层而成，多用于外墙面。

面层砂浆涂抹前，要浇水湿润底层，并弹出水平线，然后抹 3mm 厚 1∶1 水泥砂浆垫层，随即抹 3～4mm 厚砂浆面层。面层稍收水后，用铁梳子沿靠尺板由上向下竖向划纹，不超过 1mm 深。再按假面砖宽度，用铁钩子沿靠尺板横向划沟，深度以露出垫层砂浆为准，最后清扫墙面。

假面砖的质量要求是：表面平整、沟纹清晰、留缝整齐、色泽一致，应无掉角、脱皮、起砂等缺陷。

（五）拉毛灰和洒毛灰

拉毛灰是将底层用水湿透，抹上 1：0.5：1 水泥石灰砂浆，然后用硬棕刷或铁抹子拉毛。洒毛灰又称甩毛灰或撒云片，是往墙面上洒罩面灰。拉毛灰和洒毛灰多用于外墙面。

拉毛灰用棕刷蘸砂浆往墙上连续垂直拍拉，拉出毛头，或用铁抹子不蘸砂浆，粘结在墙面上随即抽回，拉得快慢要一致、均匀整齐、色彩一样、不露底，在一个平面上要一次成活，避免中断留搓。洒毛灰用竹丝刷蘸 1：2 水泥砂浆或 1：1 水泥砂浆或石灰砂浆，由上往下洒在湿润的墙面底层上，洒出的云朵须错乱多变、大小相称、纵横相间、空隙均匀，或在未干底层上刷颜色，再不均匀地洒上罩面灰，并用抹子轻轻压平，部分露出带色的底子灰，使洒出的云朵具有浮动感。

拉毛灰和洒毛灰的质量要求是：表面花纹、斑点大小分布均匀，颜色深浅一致，不显接搓。

（六）喷涂、滚涂与弹涂

1. 喷涂饰面

喷涂饰面是用挤压式灰浆泵或喷斗将聚合物水泥砂浆经喷枪均匀喷涂在墙面底层上而成的面层装饰。根据砂浆稠度和喷射压力大小，可喷成砂浆饱满、波纹起伏的波面喷涂，或表面不出浆而布满细碎颗粒的粒状喷涂，也可在表面涂层上再喷以不同色调砂浆点，形成花点套色喷涂等。

喷涂前先喷或刷一道胶水溶液 1：3（108 胶即聚乙烯醇缩甲醛：水），以保证涂层粘结牢固。然后喷涂 3～4mm 厚罩面层，喷涂必须连续操作，粒状喷涂应三遍成活，喷至全部泛出水泥浆但又不致流淌为好。饰面层收水后，按分格位置用铁皮刮子沿靠尺刮出分格缝，缝内可涂刷聚合物水泥浆。面层干燥后，喷罩一层有机硅憎水剂，以提高涂层的耐久性和减少对饰面的污染。喷涂饰面的质量要求是表面平整，颜色一致，花纹均匀，无接搓痕迹。

采用水性或油性丙烯树脂、聚氨酯等塑料涂料做喷涂饰材的外墙喷塑是今后建筑装饰的发展方向，其具有防水、防潮、耐酸和耐碱等性能，面层色彩可任意选定，对气候适应性强，施工方便，工期短等优点。

2. 滚涂饰面

滚涂饰面是将带颜色的聚合物砂浆均匀涂抹在底层上，随即用带不同花纹的橡胶或塑料滚子滚出所需的各种图案和花纹，最后喷涂有机硅水溶液憎水剂。滚涂分干滚和湿滚两种。

施工时，在底层上先抹一层厚 3mm 的聚合物砂浆，配合比为水泥：骨料（砂子、石屑或珍珠岩）＝1：（0.5～1），再掺入占水泥 20％量的 108 胶和 0.25％的木钙减水剂。干滚时不蘸水、滚出花纹较大，工效较高。湿滚要反复蘸水，滚出花纹较小。滚涂应一次成活，否则易产生翻砂现象。滚涂比喷涂工效低，但便于小面积或局部应用。

3. 弹涂饰面

弹涂饰面是在底层喷或涂刷一遍掺有 108 胶的聚合物水泥色浆涂层，再用弹涂器分几遍将聚合物水泥色浆弹到涂层上，形成 1～3mm 大小的扁圆花点。不同的色点（一般由 2～3 种颜色组合）在墙面上所形成的质感，相互交错、互相衬托，类似于水刷石、干粘石的效果。也可做成单色光面、细麻面、小拉毛拍平等多种花色。该法既可在墙面上抹底灰后直接做弹涂饰面，也可直接弹涂在基层较平整的混凝土板、加气板、石膏板、水泥石棉板等板材上。弹涂器有手动和电动两种，后者工效高，适合大面积施工。

施工时，洒水润湿底层，待六七成干时弹涂。先喷刷掺 108 胶底色浆一道，弹分格线，贴分格条，弹头道色点，稍干后弹第二道色点，进行个别或局部修整补弹找均匀，最后喷射或涂刷树脂罩面防护层。

喷涂、滚涂、弹涂的质量要求是：表面平整、颜色一致，花纹、色点大小均匀，无接槎痕迹，无漏涂、透底和流坠。

第二节 饰面板（砖）工程

饰面板（砖）工程是将天然或人造的饰面板（砖）安装或粘贴在基层上的一种装饰方法。常用的饰面板有天然石饰面板、人造石饰面板、金属饰面板、塑料饰面板以及饰面混凝土墙板等装饰墙板。饰面砖有釉面瓷砖、面砖、陶瓷锦砖等。

一、常用材料及要求

（一）天然石饰面板

常用的天然石饰面板有大理石和花岗石饰面板。大理石饰面板用于高级装饰，如门头、柱面、内墙面等。要求表面平整，棱角齐全，石质细密、光洁度好，无腐蚀斑点，色泽美丽。表面不得有隐伤、风化等缺陷。要轻拿轻放，保护好四角，存放要覆盖好。花岗石饰面板用于台阶、地面、勒脚、柱面和外墙等。要求棱角方正，颜色一致，不得有裂纹、砂眼、石核等隐伤。板面颜色如有不同时，应注意和谐过渡。

（二）人造石饰面板

人造石饰面板主要有人造大理石、人造花岗石和预制水磨石，可用于室内外墙面、柱面等。要求几何尺寸准确，表面平整，面层石粒均匀、洁净、颜色一致。

（三）金属饰面板

金属饰面板有铝合金、不锈钢、镀锌钢板、塑铝板、彩色压型钢板和铜板等。具有轻质高强、表面光亮、颜色多样，可反射太阳光、耐候性好、防火、防潮、耐腐蚀，易加工成型，便于运输和施工，安装简便、经久耐用、典雅庄重、质感丰富等特点，是一种高挡次的建筑装饰，装饰效果别具一格，应用广泛。

（四）塑料饰面板

塑料饰面板常用的有聚氯乙烯塑料板（PVC）、三聚氰胺塑料板、塑料贴面复合板、有机玻璃饰面板，如镜面、岗纹和彩绘塑料板等。具有板面光滑、色彩鲜艳，花纹图案多样，质轻、耐磨、防水、耐腐蚀，硬度大，吸水性小，品种繁多，新颖美观等特点，应用范围广。

（五）饰面墙板

饰面墙板是将墙板制作与饰面结合于一体，一次成型，可加快装饰工程的施工进度，是结构与装饰合一的具体表现，也是装饰工程的重要发展方向。如露石、印花、压花或模塑混凝土等饰面板以及将天然大理石、人造美术石、陶瓷锦砖、瓷砖、面砖等直接粘贴在混凝土墙板表面制成预制墙板等。

（六）饰面砖

常用的饰面砖有釉面瓷砖、面砖、陶瓷锦砖和玻璃锦砖等。要求表面光洁、质地坚固，尺寸、色泽一致，不得有暗痕和裂纹，吸水率不得大于 10%。釉面瓷砖也称釉面砖、瓷砖、瓷片、釉面陶土砖，是薄片状精陶上釉材料，有白色、彩色和带花纹图案等多种，有正方形和长方形两种形状，还有阳角、阴角、压顶条等，常用于卫生间、浴室、厨房、游泳池等内墙饰面。室内瓷砖可分为墙砖和地砖，墙砖多属于釉面陶底制品，地砖通常是瓷底制品，墙砖吸水率为 10% 左右，而地砖为 1% 左右。面砖有毛面和釉面两种，颜色有米黄、深黄、乳白、淡蓝等多种，规格也有多种，广泛用于外墙、柱、窗间墙和门窗套等饰面。陶瓷锦砖（马赛克或纸皮砖）的形状有正方形、长方形、六角形等多种，产品按各种图案组合反贴在纸上，每张大小约 300mm×300mm。玻璃锦砖是半透明的玻璃质材料，单块尺寸 20mm×20mm。每张纸板粘 225 块，标准尺寸为 325mm×325mm。陶瓷锦砖和玻璃锦砖常用于室内浴厕、地坪和外墙装饰。

二、饰面板（砖）施工

饰面板采用传统法（粘贴法、安装法）和胶粘法施工，饰面砖采用传统的粘贴法和胶粘法施工，其中胶粘法施工是今后的发展方向。

（一）饰面板传统法施工

1. 粘贴法

边长小于 400mm×400mm、厚度小于 12mm 的小规格石材饰面板一般采用粘贴法施工。

施工工艺：基层处理→抹底灰→弹线定位→粘贴饰面板→嵌缝。

施工时用 1：3 水泥砂浆打底划毛，待底子灰凝固后找规矩，厚约 12mm，弹出分格线，按粘贴顺序，将已湿润的板材背面抹上厚度为 2～3mm 的素水泥浆进行粘贴，用木锤轻敲，并注意随时用靠尺找平找直，最后嵌缝并擦干净。使缝隙密实、均匀、干净、颜色一致。

2. 安装法

边长大于 400mm 或安装高度超过 1m 的大规格板石材饰面板，常用安装法施工。安装法有挂贴法（湿法工艺）、干挂法（干法工艺）和 G·P·C 法。

（1）挂贴法。施工工艺：基层处理→绑扎骨架、钻孔、剔槽、挂丝或钻孔、剔槽、挂钉→安装饰面板→灌浆→嵌缝。

板材安装前，应检查基层平整情况，如凹凸过大可进行平整处理。墙面、柱面抄平后，分块弹出水平线和垂直线进行预排，确保接缝均匀。在基层表面绑扎钢筋网骨架，并在饰面板材周边侧面钻孔、剔槽，以便与钢筋网连接（图 8-3）。安装时由下往上，每层从中间或一端开始依次将饰面板用钢丝或铜丝与钢筋网绑扎固定。板材与基层间留 20～50mm 缝隙（即灌浆厚度）。灌浆前，应先在缝内填塞石膏或泡沫塑料条以防漏浆，然后用 1：2.5 水泥砂浆（稠度 80～120mm）分层灌缝，每层高度为 200～300mm，待下层初凝后再灌上层，直到距上口 50～100mm 处为止。安装完的饰面板，其接缝处用与饰面相同颜色的水泥浆或油腻子填抹，嵌缝要密实、色泽要一致，并将表面清理干净，如饰面层光泽受影响，可重新打蜡出光。

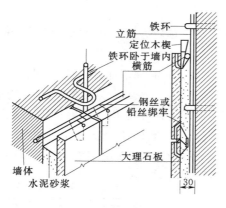

图 8-3 挂贴法（一）

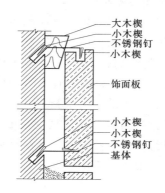

图 8-4 挂贴法（二）

此外，也可在板材上钻直孔，用冲击钻在对应于板材上下直孔的基体位置上钻 45°的斜孔，孔径 6mm，深 40～50mm。用 ϕ5mm 不锈钢钉一端钩进板材直孔中，随即用硬小木楔楔紧，另一端钩进基体斜孔中，校正板面准确无误后用小木楔将钉楔紧，再用大木楔把基体和饰面板间楔紧，最后进行分层灌浆（图 8-4）。

湿法安装的缺点是易产生回潮、返碱、返花等现象，影响美观。

（2）干挂法。施工工艺：基层处理→弹线→板材打孔→固定连接件→安装饰面板→嵌缝。

干挂法是直接在板上打孔、剔槽，然后用不锈钢连接件与埋在混凝土墙体内的膨胀螺栓相连，或与金属骨架连接，板与连接件用环氧树脂结构胶密封，板与墙体间形成 80～90mm 空气层（图 8-5）。安装完进行表面清理，用中性硅酮耐候密封胶嵌缝，缝宽一般为 8mm 左右。此工艺一般多用于 30m 以下的钢筋混凝土结构，不适用砖墙或加气混凝土基层，可有效地防止板面回潮、返碱、返花等现象，是目前应用较多的方法。

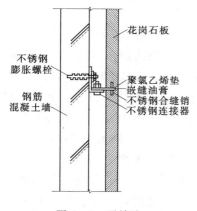

图 8-5 干挂法

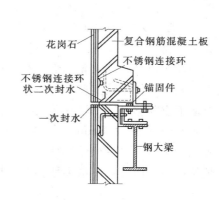

图 8-6 G·P·C 法

另外，G·P·C 法是干挂法工艺的发展（图 8-6），是用不锈钢连接环将钢筋混凝土衬板与饰面板连接起来并浇筑成一体的复合板，再通过连接器悬挂到钢筋混凝土结构或钢结构上的做法，衬板与结构的连接部位厚度大，其柔性节点可用于超高层建筑，以满足抗震要求。

（二）饰面砖粘贴法施工

施工工艺：基层处理、湿润基体表面→抹底灰→选砖、浸砖→弹线→预排→粘贴→勾缝→清洁面层。

釉面砖或面砖粘贴时，基层应平整且粗糙，粘贴前清理干净并洒水湿润，用 7～15mm 厚的 1:（2～3）水泥砂浆打底，抹后找平划毛，养护 1～2 天方可粘贴。挑选规格一致、形状方正平整、无缺陷的面砖，应至少浸泡 2h 以上，阴干备用。粘贴前按要求弹线定位，校核方正，进行预排，接缝宽度一般为 1～1.5mm。内墙面砖的常见排列方式（图 8-7），外墙面砖排缝方式（图 8-8）。预排后用废面砖按粘结层厚度用混合砂浆贴灰饼，找出标准，其间距一般为 1.5m 左右。

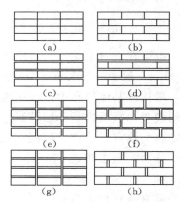

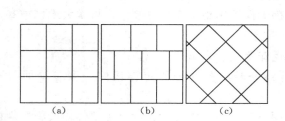

图 8-7　内墙面排砖示意

（a）直缝；（b）错缝；（c）菱形缝

图 8-8　外墙面砖排缝示意

（a）直缝；（b）错缝；（c）横通缝；（d）横通错缝；
（e）通缝；（f）错缝；（g）竖通缝；（h）竖通错缝

铺贴前先洒水湿润墙面，根据弹好的水平线，在最下面一皮面砖的下口放好垫尺板，作为贴第一皮砖的依据，由下往上逐层粘贴。粘贴釉面砖用 5～7mm 厚 1:2 的水泥砂浆，面砖用 12～15mm 厚 1:0.2:2（水:石灰膏:砂）的混合砂浆或 10:0.5:2.6（水泥:108 胶:水）的聚合物水泥浆。施工时一般从阳角开始，使非整砖留在阴角。先贴阳角大面，后贴阴角、凹槽等部位。将砂浆满涂于砖背面粘贴于底层上，逐块进行粘贴，用小铲把、橡皮锤轻敲或用手轻压，使之贴实粘牢，要注意随时将缝中挤出的浆液擦净。凡遇粘结不密实、缺灰时，应取下重新粘贴，不得在砖缝处塞灰，以防空鼓。砖面应平整，砖缝应横平竖直，横竖缝宽必须控制在 1～1.5mm 范围内，做到随时检查修整，贴后用 1:1 同色水泥擦缝。最后根据不同污染情况，用棉纱清理或稀盐酸刷洗，并用清水冲洗干净。

锦砖粘贴前应按图案和图纸尺寸要求，核实墙面实际尺寸，根据排砖模数和分格要求，绘出施工大样图，加工好分格条，并对锦砖统一编号，以便对号入座。基层上用 12～15mm 厚 1:3 水泥砂浆打底，找平划毛，洒水养护。粘贴前弹出水平、垂直分格线，找好规矩。然后在湿润底层上刷素水泥浆一道，再抹一层 2～3mm 厚 1:0.3 水泥纸筋灰或 3mm 厚 1:1 水泥砂浆（砂过窗纱筛，掺 2% 乳胶）粘结层，用靠尺刮平，抹子抹平。同时将锦砖底面朝上铺在木垫板上，缝里撒灌 1:2 干水泥砂，并用软毛刷刷净底面浮砂，涂上薄薄一层粘结水泥纸筋灰浆（水泥:石灰膏＝1:0.3）。然后逐张拿起，清理四边余灰，按平尺板上口沿线由下往上对齐接缝粘贴于墙上，并仔细拍实，使其表面平整并贴牢。待水泥砂浆初凝后，用软毛刷将护砖纸刷水润湿，半小时后揭掉，并检查缝的平直大小，校正拔直拍实。全部铺贴完、粘结层终凝后，用白水泥稠浆嵌缝，并用力推擦，使缝隙饱满密实并擦净。待嵌缝料硬化后，用稀盐酸溶液刷洗，并随即用清水冲洗干净。

（三）饰面板（砖）胶粘法施工

胶粘法施工即利用胶粘剂将饰面板（砖）直接粘贴于基层上，该法具有工艺简单、操作方便、粘结力强、耐久性好、施工速度快等特点，是实现装饰工程干法施工、加快施工进度的有效措施。

1. AH-03 大理石胶粘剂

此种胶粘剂系由环氧树脂等多种高分子合成材料组成基材，增加适量的增稠剂、乳化剂、增粘剂、防腐剂、交联剂及填料配制而成的单组分膏状的胶粘剂，具有粘结强度高、耐水、耐气候等特点。适用于大理石、花岗石、陶瓷锦砖、面砖、瓷砖等与水泥基层的粘结。

施工要求基层坚实、平整、无浮灰及污物，大理石等饰面材料应干净、无灰尘、污垢。粘贴时先用锯齿形的刮板或腻子刀将胶粘剂均匀涂刷于基层或饰面板上，厚度不宜大于 3mm，然后轻轻将饰面板的下沿与水平基线对齐粘合，用手轻轻推拉饰面板，定位后使气泡排出，并用橡皮锤敲实。粘贴时应由下往上逐层粘贴，并随即清除板面上的余胶。粘贴完毕 3～4d 后便可用白水泥浆擦缝，并用湿布将饰面表面擦干净。

2. SG-8407 内墙瓷砖粘结剂

适用于在水泥砂浆、混凝土基层上粘贴瓷砖、面砖和陶瓷锦砖。

施工要求基层必须洁净、干燥、无油污、灰尘。可用喷砂、钢丝刷或以 3∶1（水∶工业盐酸）的稀酸酸洗处理，20min 后将酸洗净，干燥。将 325 及以上普通硅酸盐水泥和通过 $\phi2.5mm$ 筛孔的干砂以 1∶（1～2）比例干拌均匀，加入 SG-8407 胶液拌和至适宜施工稠度即可，不允许加水；当粘结层厚度小于 3mm 时，不加砂，仅用纯水泥与 SG-8407 胶液调配。粘贴瓷砖、陶瓷锦砖时，先在基层上涂刷浆料，然后立即将瓷砖、陶瓷锦砖敲打入浆料中，24h 后即可将陶瓷锦砖纸面撕下，瓷砖吸水率大时，使用前应浸泡。

3. TAM 型通用瓷砖胶粘剂

该胶粘剂系以水泥为基料，经聚合物改性的粉末，使用时只需加水搅拌，便可获得粘稠的胶浆。具有耐水、耐久性良好的特点。适用于在混凝土、砂浆墙面、地面和石膏板等基层表面粘贴瓷砖、陶瓷锦砖、天然大理石、人造大理石等饰面。施工时，基层表面应洁净、平整、坚实，无灰尘。胶浆按水∶胶粉＝1∶3.5（质量比）配制，经搅拌均匀静置 10min 后，再一次充分拌和即可使用。使用时先用抹子将胶浆涂抹在基层上，随即铺贴饰面板，应在 30min 内粘贴完毕，24h 后便可勾缝。

4. TAS 型高强耐水瓷砖胶粘剂

此种胶粘剂为双组分的高强度耐水瓷砖胶，具有耐水、耐候、耐各种化学物质侵蚀等特点。适用于在混凝土、钢铁、玻璃、木材等表面粘贴瓷砖、墙面砖、地面砖，尤其适用于长期受水浸泡或其他化学物侵蚀的部位。胶料配制与粘贴方法同 TAM 型胶粘剂。

5. YJ-Ⅱ型建筑胶粘剂

此种胶粘剂系双组分水乳型高分子胶粘剂，具有粘结力强、耐水、耐湿热、耐腐蚀、低毒、低污染等特点，适用于混凝土、大理石、瓷砖、玻璃锦砖、木材、钙塑板等的粘结，配胶按甲组分为 100，乙组分为 130～160，填料为 650～800（质量比）。配制时先将甲、乙组分胶料称量混合均匀，再加入填料拌匀即可。墙面粘贴玻璃砖时，将胶粘剂均匀涂于砖板或基层上（厚 1～2mm）进行粘贴。注意施工及养护温度在 5℃以上，以 15～20℃为佳。施工完毕，自然养护 7d，便可交付使用。

6. YJ-Ⅲ型建筑胶粘剂

与 YJ—Ⅱ型建筑胶粘剂属于同一系列。配胶按甲组分 100，乙组分 240～300，填料为 800～1200 的比例配制。配制时先将甲、乙组分胶料称量混合均匀，然后加入填料拌匀即可。填料可用细度为 60～120 目的石英粉，为加速硬化，也可采用石英、石膏混合粉料，一般石膏粉用量为填料总量的 1/5～1/2，如需用砂浆，则以石英粉、石英砂（0.5～2mm）各一半为填料，填料比例也应适当增加。

施工时要求基层应平整、洁净、干燥、无浮灰、油污。在墙面粘贴大理石、花岗石块材时，先在基层上涂刷胶粘剂，然后铺贴块材，揉挤定位，静置待干即可，勿需钻孔、挂钩。在石膏板上粘贴瓷砖时，先用抹子将胶料涂于石膏板上（厚 1～2mm），再用梳形泥刀梳刮胶料，然后铺贴瓷砖。墙面粘贴玻璃锦砖时，先在基层涂一层薄薄的胶粘剂，再进行粘贴，并用素水泥浆擦缝。

（四）金属饰面板安装施工

金属饰面板常用的安装方法：一种是用胶粘剂把薄金属板粘贴在以大芯板为衬板的木板上，多用于室内墙面装饰。粘贴时应注意衬板表面质量，衬板安装要牢固、平整和垂直，胶粘剂涂刷应均匀，掌握好金属板粘贴时间。

另一种是用型钢、铝合金或木龙骨固定金属饰面板，即将条板或方板用螺钉或铆钉固定到支承骨架上的固结法，钉的间距一般为 100～150mm，多用于外墙安装，或是将饰面板做成可卡件形式，与冲压成型的镀锌钢板龙骨嵌插卡接，再用连接件将龙骨与墙体锚固的嵌卡法，多用于室内安装。

施工工艺：定位放线→安装连接件→安装骨架→安装金属饰面板→收口构造处理→板缝处理。

按照设计要求进行放线，将骨架位置一次弹在基层上，有偏差及时调整。骨架横竖杆件应作防腐处理并通过预埋件焊接或打膨胀螺栓等连接件与基层固定，下端与骨架横竖杆相连，位置要准确、牢固、不锈蚀，横杆标高一致，骨架表面平整。金属饰面板之间的间隙一般为 10～20mm，用密封胶或橡胶条等弹性材料封缝。饰面板安装完应采用配套专用的成型板对水平部位的压顶、端部的收口、变形缝以及不同材料交接处进行处理。安装后验收前，要注意成品保护，对易被碰撞或易受污染的部位，应设置临时安全栏杆或用塑料薄膜覆盖。

饰面板（砖）的质量要求是：饰面板（砖）工程所用材料的品种、规格、颜色、图案应符合设计要求。安装或粘贴必须牢固，湿作业法施工的石材应进行防碱背涂处理，表面应无泛碱等污染。与基体之间的灌浆应饱满、密实。表面应平整、洁净、色泽一致，无裂痕、缺损、空鼓、翘曲与卷边，不得有变色、起碱、污点、砂浆流痕和显著光泽受损处。嵌缝应密实、连续、平直、光滑，宽度与深度应符合设计要求，嵌缝料色泽应一致。

第三节 幕 墙 工 程

建筑幕墙是由支撑结构体系与玻璃、金属、石材等面板组成大片连续的建筑外围护装饰结构，也是一种饰面工程，且不承受主体结构的荷载，相对主体结构有一定的位移变形能力，自重小、安装速度快、装饰效果好，是建筑外墙轻形化、装配化的较好形式，在现代建筑业中得到广泛的应用。

幕墙结构的主要结构（图8-9），由面板构成的幕墙构件连接在横梁上，横梁连接在立柱上，立柱悬挂在主体结构上。为了使立柱在温度变化和主体结构侧移时有变形的余地，立柱上下由活动接头连接，使立柱各段可以上下相对移动。

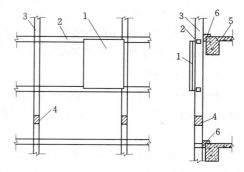

图8-9 幕墙组成示意

1—幕墙构件；2—横梁；3—立柱；4—立柱
活动接头；5—立体结构；6—立柱悬挂点

建筑幕墙按面板种类可分为玻璃、铝合金板、石材、钢板、预制彩色混凝土板、塑料板、建筑陶瓷、铜板及组合幕墙等。建筑中用得较多的幕墙是玻璃、铝合金板和石材幕墙。

一、玻璃幕墙

（一）玻璃幕墙分类

按结构形式和骨架的显露情况不同，分为明框、全隐框、半隐框（横隐竖不隐和竖隐横不隐）、点支承（挂架式）和全玻璃幕墙（无金属骨架）等；按施工方法不同，分为现场组合的分件式玻璃幕墙和工厂预制后再在现场安装的单元式玻璃幕墙。

明框玻璃幕墙用型钢作骨架，玻璃镶嵌在铝合金框内，再与骨架固定，或用特殊断面铝合金型材作骨架，玻璃直接镶嵌在骨架的凹槽内。玻璃幕墙的立柱与主体结构用连接板固定，幕墙构件连接在横梁上，形成横梁、立柱均外露，铝框分隔明显的立面。安装玻璃时，先在立柱的内侧上安铝合金压条，然后将玻璃放入凹槽内，再用密封材料密封。支承玻璃的横梁略有倾斜，目的是排除因密封不严而流入凹槽内的雨水，外侧用一条盖板封住。明框玻璃幕墙是最传统的形式，工作性能可靠，相对于隐框玻璃幕墙更容易满足施工技术水平的要求，应用广泛。

全隐框玻璃幕墙是将玻璃用硅酮结构密封胶（也称结构胶）预先粘结在铝合金玻璃框上，铝合金框固定在骨架上，铝框及骨架体系全部隐蔽在玻璃面板后面，形成大面积全玻璃镜面。这种幕墙的全部荷载均由玻璃通过胶传给铝合金框架，因此，结构胶是保证隐框玻璃幕墙安全的最关键因素。

半隐框玻璃幕墙是将玻璃两对边用胶粘结在铝框上，另外两对边镶嵌在铝框凹槽内，铝框固定在骨架上。其中，立柱外露、横梁隐蔽的称横隐竖不隐玻璃幕墙；横梁外露、立柱隐蔽的称竖隐横不隐玻璃幕墙。

点支承式玻璃幕墙，一般采用四爪式不锈钢挂件与立柱相焊接，每块玻璃四角钻4个$\phi20$孔，每个爪与一块玻璃的1个孔相连接，即1个挂件同时与4块玻璃相连接，或1块玻璃固定于4个挂件上。

全玻璃幕墙是由玻璃肋和玻璃面板构成的,骨架除主框架用金属外,次骨架是用玻璃肋,采用胶固定,玻璃板既是饰面材料,又是承受荷载的结构构件。高度不超过 4.5m 的全玻璃幕墙,可采用下部支承式,超过 4.5m 的宜采用上部悬挂式,以防失稳。常用于建筑物首层,顶层及旋转餐厅的外墙。

（二）玻璃幕墙材料

玻璃幕墙常用的材料有骨架材料、面板材料、密封填缝材料、粘结材料和其他配件材料等。幕墙作为建筑物的外围护结构,经常受自然环境不利因素的影响。因此,要求幕墙材料要有足够的耐候性和耐久性。

幕墙所使用的用于构件或结构之间粘结的硅酮结构密封胶,应有较高的强度、延性和粘结性能。用于各种嵌缝的硅酮耐候密封胶,应有较强的耐大气变化、耐紫外线、耐老化性能。

幕墙所采用的玻璃通常有中空玻璃、钢化玻璃、防火玻璃、热反射玻璃、吸热玻璃、夹层玻璃、夹丝（网）玻璃、透明浮法玻璃、彩色玻璃、防阳光玻璃、镜面反射玻璃等。玻璃厚度为 3～10mm,有无色、茶色、蓝色、灰色、灰绿色等数种。玻璃幕墙的厚度有 6mm、9mm 和 12mm 等几种规格。玻璃应具备防风雨、防日晒、防盗、防撞击和保温隔热等功能。

（三）玻璃幕墙安装施工

玻璃幕墙现场安装施工有单元式和分件式两种方式:单元式是将立柱、横梁和玻璃板材在工厂拼装成一个安装单元（一般为一层楼高度）,然后在现场整体吊装就位;分件式是将立柱、横梁、玻璃板材等材料分别运到工地,在现场逐件进行安装。

分件式施工工艺:放线→框架立柱安装→框架横梁安装→幕墙玻璃安装→嵌缝及节点处理。

1. 测量放线定位

即将骨架的位置弹到主体结构上。放线工作应根据施工现场的结构轴线和标高控制点进行。对于由横梁、立柱组成的幕墙骨架,一般先弹出立柱的位置,然后再确定立柱的锚固点,待立柱通常布置完毕,再将横梁弹到立柱上。全玻璃幕墙安装,则应首先将玻璃的位置弹到地面上,再根据外缘尺寸确定锚固点。

2. 检查预埋件

幕墙与主体结构连接的预埋件应按设计要求的数量、位置和防腐处理事先进行埋设。安装骨架前,应检查各连接位置预埋件是否齐全,位置是否准确。预埋件遗漏、倾斜、位置偏差过大,应采取补救措施。

3. 安装骨架

骨架依据放线位置安装。常采用连接件将骨架与主体结构相连。骨架安装一般先安装立柱,再安装横梁。立柱与主体之间应采用柔性连接,先用螺栓与连接件连接,然后连接件再与主体结构通过预埋件或打膨胀螺栓固定。横梁与立柱的连接可采用焊接、螺栓、穿插件连接或用角钢连接等方法。

4. 安装玻璃

玻璃安装一般采用人工在吊篮中进行,用手动或电动吸盘器配合安装。玻璃幕墙类型不同,固定玻璃方法也不同。型钢骨架没有镶嵌玻璃的凹槽,多用窗框过渡,将玻璃安装在铝合金窗框上，再将窗框与骨架相连。铝合金型材框架，在成型时已经有固定玻璃的凹槽，可直接安装玻璃。玻璃与硬性金属之间，应避免直接接触，要用填缝材料过渡。对隐框玻璃幕墙，在安装前应对玻璃及四周的铝框进行必要的清洁，保证可靠粘结。安装前玻璃的镀膜面应粘贴保护膜，交工前再全部揭去。

5. 密缝处理及清洗维护

玻璃面板或玻璃组件安装完毕后，必须及时用耐候密缝胶嵌缝密封，以保证玻璃幕墙的气密性、水密性等性能。玻璃幕墙安装完前后，应从上到下用中性清洁剂对幕墙表面及外露构件进行清洁维护，清洁剂用前应进行腐蚀性检验，证明对铝合金和玻璃无腐蚀作用后方可使用。

二、金属幕墙

金属幕墙主要有金属饰面板和骨架组成，骨架的立柱、横梁通过连接件与主体结构固定。铝合金板幕墙是金属幕墙中应用较多的一种。其强度高、质量轻、易加工成型、精度高、生产周期短、防火防腐性能好、装饰效果典雅庄重、质感丰富，是一种高挡次的外墙装饰。铝合金板有各种定型产品，也可根据设计要求与厂家定做，常见断面（图8-10）。承重骨架由立柱和横梁拼成，多为铝合金型材或型钢制作。铝合金板与骨架采用螺钉或卡具等连接件连接，其施工工艺同金属饰面板安装施工。

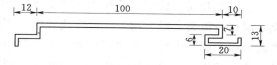

图 8-10 铝板断面示意（单位：mm）

铝板幕墙安装要控制好安装高度、铝板与墙面的距离、铝板表面垂直度。施工后的幕墙表面应做到表面平整、连接可靠、牢固，无翘起、卷边等现象。

三、石材幕墙

石材幕墙采用干挂法施工工艺，即用不锈钢挂件直接固定或通过金属骨架固定石材，石材之间用密封胶嵌缝，每块石材单独受力，各自工作，能更好的适应温度和主体结构位移变化的影响。直接固定法是指石材通过金属挂件直接与钢筋混凝土结构墙体连接。骨架固定法是指石材通过挂件与骨架的横梁和立柱连接后再与框架结构的梁、柱连接。干挂石材的尺寸一般在1m² 以内，厚度20～30mm，常用25mm。骨架也是型钢或铝合金型材，其施工工艺同金属幕墙。

幕墙的质量要求是：所用各种材料、构件和组件均应符合设计要求及产品标准和工程技术规范的规定。结构胶和密封胶缝打注应饱满、密实、连续、均匀、无气泡、宽度和厚度满足要求。幕墙表面应平整、洁净，无明显划痕、碰伤，整幅玻璃的色泽应均匀一致，不得有污染和镀膜损坏。幕墙与主体结构的连接必须安装牢固，各种预埋件、连接件、紧固件其数量、规格、位置、连接方法和防腐处理（不锈钢除外）应符合设计要求。幕墙的密封胶缝应横平竖直、深浅一致、宽窄均匀，光滑顺直。

第四节 涂 饰 工 程

涂饰工程包括油漆涂饰和涂料涂饰。是将涂料通过刷、喷、弹、滚、涂敷在物体表面与基层粘结，形成一层完整而坚韧的保护膜，以保护涂物免受外界侵蚀，达到建筑装饰、美化的效果。

一、油漆涂饰

油漆主要由胶粘剂、稀释溶剂、颜料和其他填充料或辅助料（催干剂、增塑剂、固化剂等）组成的胶体溶液。胶粘剂漆膜主要成分，有桐油、梓油和亚麻仁油及树脂等。溶剂有松香水或溶剂油、酒精、汽油等。颜料是各种色彩，能减小收缩，起充填、密实、耐水、稳定作用。加入少量催干剂可加速油漆干燥。选择涂料应注意配套使用，即底漆、腻子、面漆、罩光漆彼此之间的附着力不致有影响和胶起等。

（一）建筑中常用油漆

（1）清油。又称鱼油、熟油。多用于调配厚漆、红丹防锈漆以及打底及调配腻子，也可单独涂刷于金属、木材表面，干燥后漆膜柔软，易发粘。

（2）厚漆。厚漆又称铅油，有红、白、淡黄、深绿、灰、黑等色。使用时需加清油、松香水等稀释。漆膜柔软，与面漆粘结性能好，但干燥慢，光亮度、坚硬性较差。可用于各种涂层打底或单独作表面涂层，也可用来调配色油和腻子。

（3）调和漆。分油性和瓷性两类。油性调和漆漆膜附着力强，有较高的弹性，不易粉化、脱落及龟裂，经久耐用，但漆膜较软，干燥缓慢，光泽差，适用于室内外金属及木材、水泥表面涂刷。瓷性调和漆膜较硬，颜色鲜明，光亮平滑，能耐水洗，但耐气候性差，易失光、龟裂和粉化，故仅用于室内面层涂刷。调和漆有大红、奶油、白、绿、灰、黑等色，不需调配，使用时只需调匀或配色，稠度过大时可用溶剂稀释。

（4）清漆。分油质清漆（凡立水）和挥发性清漆（泡立水）两类。油质清漆常用的有酯胶清漆、酚醛清漆、醇酸清漆等。漆膜干燥快，光泽透明，适用于木门窗、板壁及金属表面罩光。挥发性清漆常用的有漆片，漆膜干燥快、坚硬光亮，耐水、耐热、耐气候性差，易失光，多用于室内木材面层的油漆或家具罩面。

（5）聚醋酸乙烯乳胶漆。是一种性能良好的涂料和墙漆，以水做稀释剂，无毒安全，适合于作高级建筑室内抹灰面、木材面和混凝土面层的涂刷，也可用于室外抹灰面。漆膜坚硬平整，表面无光，色彩明快柔和，附着力强，干燥快，耐暴晒和水洗，新墙面稍干燥即可涂刷。

（6）防锈漆。常用的有红丹油性和铁红油性防锈漆，主要用于各种金属表面防锈。

此外，尚有硝基外用、内用清漆、硝基纤维漆（即腊克）、丙烯酸磁漆、防腐油漆、耐热漆及耐火漆等。

（二）油漆涂饰施工

油漆施工工艺：基层处理→打底子→抹腻子→涂刷油漆。

1. 基层处理

为使油漆和基层表面粘结牢固，节省材料，必须对涂刷的基层表面进行处理。木材基层表面应平整光滑、颜色协调一致、无污染、裂缝、残缺等缺陷，灰尘、污垢清除干净，缝隙、毛刺、节疤和脂囊修整后腻子填平刮光，砂纸打磨光滑，不能磨穿油底和磨损棱角。金属基层应防锈处理，清除锈斑、尘土、油渍、焊渣等杂物。纸面石膏板基层应对板缝、钉眼处理后，满刮腻子、砂纸打光。水泥砂浆抹灰层和混凝土基层应满刮腻子、砂纸打光，表面干燥、平整光滑、洁净、线角顺直，不得有起皮和松散等，粗糙表面应磨光，缝隙和小孔应用腻子刮平。基层如为混凝土和抹灰层，涂刷溶剂型涂料时，含水率不得大于 8%；涂刷水性涂料时，含水率不得大于 10%。基层为木质时，含水率不得大于 12%。

2. 打底子

在处理好的基层表面上刷底子油一遍（可适当加色），厚薄应均匀，使其能均匀吸收色料，以保证整个油漆面色泽均匀一致。

3. 抹腻子

腻子是由油料、填料（石膏粉、大白粉）、水或松香水拌制成的膏状物。高级油漆施工需要基层上全部抹一层腻子，待其干后用砂纸打磨，再抹腻子，再打磨，直到表面平整光滑为止，有时还要和涂刷油漆交替进行。腻子磨光后，清理干净表面，再涂刷一道清漆，以便节约油漆。所用腻子应按基层、底漆和面漆性质配套选用。

4. 涂刷油漆

油漆施工按操作工序和质量要求不同分为普通、中级和高级三级。表面常涂刷混色油漆，木材面、金属面涂刷分三级，一般金属面多采用普通或中级；混凝土和抹灰面只分为中、高级二级油漆。涂饰方法有喷涂、滚涂、刷涂、擦涂及揩涂等多种。

喷涂是用喷雾器或喷浆机将油漆喷射在物体表面上，每层应纵横交错往复进行，两行重叠宽度宜控制在喷涂宽度的 1/3 范围内，一次不能喷得过厚，需分几次喷涂。喷涂时喷枪匀速平行移动，与墙面保持垂直，距离控制在 500mm 左右，速度为 10～18m/min，压力为 0.4～0.8MPa。此法工效高，漆膜分散均匀，平整光滑，干燥快，但油漆消耗量大，需喷枪、空气压缩机等设备，施工时还应注意通风、防火、防爆等。

滚涂是用羊皮、橡皮或其他吸附材料制成的毛辊蘸上漆液后，按 W 形将涂料涂在基层上，然后用不蘸漆液毛辊紧贴基层上下、左右滚动，使漆液均匀展开，最后用蘸漆液毛辊按一定方向满滚一遍。阴角及上下口可采用排笔刷涂找齐。此法漆膜均匀，可使用较稠的油漆涂料，适用于墙面滚花涂饰。

刷涂是用棕刷蘸油漆涂刷在物体表面上。宜按左右、上下、难易、边角面的顺序施工。其设备简单、操作方便，用油省，不受物件形状大小的影响，但工效低，不适于快干和扩散性不良的油漆施工。

擦涂是用纱布包棉花团蘸油漆擦涂在物体表面上，待漆膜稍干后再连续转圈揩擦多遍，直到均匀擦亮为止。此法漆膜光亮、质量好，但工效低。

揩涂用于生漆涂刷施工，是用布或丝团浸油漆在物体表面上来回左右滚动，反复搓揩使漆膜均匀一致。

在涂刷油漆整个过程中，应待前一遍油漆干燥后方可涂刷后一遍油漆。每遍油漆应涂刷均匀，各层结合牢固，干燥得当，达到均匀密实。油漆不得任意稀释，最后一遍油漆不宜加催干剂。如干燥不好，将造成起皱、发黏、麻点、针孔、失光和泛白等。一般油漆施工环境的适宜温度为 10～35℃，相对湿度不宜大于 60%，应注意通风换气和防尘，遇大风、雨、雾天气不可施工。

二、涂料涂饰

涂料品种繁多，主要分类如下：按成膜物质分为油性（也称油漆）、有机高分子、无机高分子和复合涂料；按分散介质分为溶剂型（传统的油漆）、水溶性（聚乙烯醇水玻璃涂料，即 106 涂料）和乳液型涂料；按功能分为装饰、防火、防水、防腐、防霉和防结露涂料等；按成膜质感分为薄质（用刷涂法施工）、厚质（用滚、喷、刷涂法施工）和复层建筑涂料

（用分层喷塑法施工，包括封底、主层和罩面涂料）；按装饰部位分为内墙、外墙、顶棚、地面和屋面防水涂料等。

涂料涂饰施工与油漆涂饰施工基本一样，其施工工艺：基层处理→刮腻子→涂刷涂料。

1. 新型外墙涂料

（1）JDL - 82A 着色砂丙烯酸系建筑涂料。该涂料由丙烯酸系乳液人工着色石英砂及各种助剂混合而成。特点是结膜快、耐污染、耐褪色性能良好，色彩鲜艳、质感丰富、粘结力强，适用于混凝土、水泥砂浆、石棉水泥板、纸面石膏板、砖墙等基层。

施工时处理好基层，将涂料搅拌均匀，加水量不超过涂料质量的 5%，采用孔径为 5～7mm 的喷嘴，距墙面 300～400mm，压力为 0.5～0.7MPa。喷涂时厚度要均匀，待第一遍干燥后再喷第二遍。

（2）彩砂涂料。彩砂涂料是丙烯酸树脂类建筑涂料的一种，是用着色骨料代替一般涂料中的颜料和填料，根本上解决了褪色问题，且着色骨料由于高温烧结、人工制造，做到了色彩鲜艳、质感丰富。具有优异的耐候性、耐水性、耐碱性和保色性等，将取代 106 涂料等一些低劣涂料产品。从耐久性和装饰效果看，属于中、高挡建筑涂料。彩砂涂料所用的合成树脂乳液使涂料的耐水性、成膜温度与基层的粘结力、耐候性等都有所改进，从而提高了涂料的质量。

施工时基层要求平整、洁净、干燥，应用 107 或 108 胶水泥腻子（水泥：胶＝100：20，加适量水）找平。大面积墙面上喷涂彩砂涂料，应弹线做分格缝，以便涂料施工接搓。彩砂涂料的配合比为 BB - 01（或 BB - 02）乳液：骨料：增稠剂（2% 水溶液）：成膜助剂：防霉剂和水＝100：400～500：20：4～6：适量。单组分或双组分包装的彩砂涂料，都应按配合比充分搅拌均匀，不能随意加水稀释，以免影响涂层质量。喷涂时喷斗要平稳，出料口与墙面垂直，距离约 400～500mm，压力保持在 0.6～0.8MPa，喷嘴直径以 5mm 为宜。喷涂后用胶辊滚压两遍，把悬浮石粒压入涂料中，使饰面密实平整，观感好。然后隔 2h 左右再喷罩面胶两遍，使石粒粘结牢固，不致掉落，风雨天不宜施工。

（3）丙烯酸有光凹凸乳胶漆。该涂料以有机高分子材料苯乙烯、丙烯酸酯乳液为主要胶粘剂，加入不同颜料、填料和集料而制成的厚质型和薄质型两部分涂料。厚质型涂料是丙烯酸凹凸乳胶底漆；薄质型涂料是各色丙烯酸有光乳胶漆。

丙烯酸凹凸乳胶漆具有良好的耐水性和耐碱性。施工温度要求在 5℃ 以上，不宜在大风雨天施工。施工方法一种是在底层上喷一遍凹凸乳胶底漆，经过辊压后再喷 1～2 遍各色丙烯酸有光乳胶漆；另一种是在底层上喷一遍各色丙烯酸有光乳胶漆，等干后再喷涂丙烯酸凹凸乳胶底漆，然后经过辊压显出凹凸图案，等干后再罩一层苯丙乳液。这样便可在外墙面显示出各种各样的花纹图案和美丽的色彩，装饰质感甚佳。

2. 新型内墙涂料

（1）双效纳米磁漆。是一种大力推广的绿色新型装饰材料，利用纳米材料亲密无间的结构特点，采用荷叶双疏（疏水、疏油）滴水成珠机理研制的双效纳米磁漆，用于外墙刮底，解决了开裂、脱漆难题，可替代传统腻子粉及乳胶漆。广泛用于室内各种墙体壁面的装饰。其施工工艺简单，只需加清水调配均匀成糊状，刮涂两遍（第二遍收光）打底做面一次完成，墙面干后涂刷一遍耐污剂既可。耐水耐脏污性能好、硬度强、粘结度高、附着力强，墙面用指甲或牙签刮划不留痕迹。

（2）乳胶漆。乳胶漆是以合成树脂乳液为主要成膜物质，加入颜料、填料以及保护胶体、增塑剂、耐湿剂、防冻剂、消泡剂、防霉剂等辅助材料，经过研磨或分散处理而制成的乳液型涂料。乳胶漆作为内外墙涂料可以洗刷，易于保持清洁，安全无毒，操作方便，涂膜透气性和耐碱性好，适于混凝土、水泥砂浆、石棉水泥板、纸面石膏板等各种基层，可采用喷涂和刷涂等施工。

（3）喷塑涂料。喷塑涂料是以丙烯酸酯乳液和无机高分子材料为主要成膜物质的有骨料的建筑涂料（又称"浮雕涂料"或"华丽喷砖"）。它是用喷枪将其喷涂在基层上，适用于内、外墙装饰。

喷塑涂层结构分为底油、骨架、面油三部分。底油是涂布乙烯－丙烯酸酯共聚乳液，抗碱、耐水，能增强骨架与基层的粘结力；骨架是喷塑涂料特有的一层成型层，是主要构成部分，用特制的喷枪、喷嘴将涂料喷涂在底油上，再经过滚压形成主体花纹图案；面油是喷塑涂层的表面层，面油内加入各种耐晒彩色颜料，使喷塑涂层带有柔和的色彩。

喷塑涂料可用于水泥砂浆、混凝土、水泥石棉板、胶合板等面层上，按喷嘴大小分为小花、中花和大花，施工时应预先做出样板，经选定后方可进行。其施工工艺：基层处理→贴分格条→喷刷底油→喷点料（骨架层）→压花→喷面油→分格缝上色。

涂饰的质量要求是：油漆、涂料的品种、型号、性能和涂饰的颜色、光泽、图案应符合设计要求。涂饰应均匀一致、粘结牢固，无漏涂、透底、起皮、反锈、裂缝、掉粉等现象。

第五节　裱　糊　工　程

裱糊工程是将壁纸或墙布用胶粘剂裱糊在室内墙面、柱面及顶棚的一种装饰。该法施工进度快、湿作业少，多用于高级室内装饰。从表面效果看，有仿锦缎、静电植绒、印花、压花、仿木和仿石等。

一、常用材料及质量要求

裱糊工程常用材料有壁纸、墙布和胶粘剂等。

1. 壁纸

塑料壁纸是目前应用较为广泛的壁纸。主要以聚氯乙烯（PVC）为原料生产。

普通壁纸是以 $80g/m^2$ 的木浆纸作为基材，表面再涂以 $100g/m^2$ 左右高分子乳液，经印花、压花而成。这种壁纸花色品种多，适用面广，价格低廉，耐光、耐老化、耐水擦洗，便于维护、耐用，广泛用于一般住房，公共建筑的内墙、柱面、顶棚的装饰。

发泡壁纸，亦称浮雕壁纸，是以 $100g/m^2$ 的纸作基材，涂塑 $300\sim400g/m^2$ 掺有发泡剂的聚氯乙烯糊状料，印花后，再经加热发泡而成。壁纸表面呈凹凸花纹，立体感强，装饰效果好，并富有弹性。这类壁纸又有高发泡印花、低发泡印花、压花等品种。其中，高发泡纸发泡率较大，表面呈现突出的、富有弹性的凹凸花纹，是一种装饰、吸声多功能壁纸。适用于影剧院、会议室、演讲厅、住宅天花板等装饰。低发泡是在发泡平面印有图案的品种，适用于室内墙裙、客厅和内廊的装饰。印花壁纸的套色偏差不大于 1mm，且无漏印。压花壁纸的压花深浅一致，不允许出现光面。此外，其褪色性、耐磨性、湿强度、施工性均应符合现行材料标准的有关规定。

特种壁纸是指具有特殊功能的塑料面层壁纸，如耐水壁纸、抗腐蚀壁纸、抗静电壁纸、健康壁纸、吸声壁纸等。

金属壁纸面层为铝箔，由胶粘剂与底层贴合。金属壁纸有金属光泽，金属感强，表面可以压花或印花。其特点是强度高、不易破损、不会老化、耐擦洗、耐污、是一种高档壁纸。

草席壁纸以天然的、席纺织物作为面料。草席预先染成不同的颜色和色调，用不同的密度和排列编织，再与底纸贴合，可得到各种不同外观的草席面壁纸。这种壁纸形成的环境使人贴近大自然，顺应了人们返朴归真的趋势，并有温暖感，缺点是较易受机械损失，不能擦洗，保养要求高。

2. 墙布

墙布没有底纹，为便于粘贴施工，要有一定的厚度，才能挺括上墙。墙布有玻璃纤维墙布、合成纤维无纺墙布、纯棉墙布、化纤墙布等。

3. 胶粘剂

胶粘剂应有良好的粘结强度和耐老化性，以及防潮、防霉和耐碱性，干燥后也要有一定的柔性，以适应基层和壁纸的伸缩。壁纸胶粘剂有液状和粉状两种。液状的大多为聚乙烯醇溶液或其部分醛产物的溶液及其他配合剂，使用方便，可直接使用。粉状的多以淀粉为主，需按说明配制。

二、裱糊工程施工

裱糊工程施工工艺：基层处理→墙面分幅和弹线→裁料→湿润和刷胶→裱糊（搭接、拼接和推帖法）→整理拼缝→擦净挤出的胶液→清理修整。

1. 基层处理

各种基层要具有一定强度，表面平整光洁，不疏松掉面都可接粘贴塑料壁纸，例如水泥白灰浆、白灰砂浆、石膏砂抹灰、纸筋灰、石膏板、石棉水泥板等。

对基层总要求是表面坚实、平滑、基本干燥，不松散、起粉脱落。无毛刺、砂粒、凸起物、剥落、起鼓和大裂缝，否则应进行基层处理。为防止基层吸水过快，引起胶粘剂脱水而影响壁纸粘结，可在基层表面刷一道用水稀释的 108 胶作底胶进行封闭处理。刷底胶时，应做到均匀、稀薄、不留刷痕。

2. 弹垂直线

为使壁纸粘贴的花纹、图案、线条纵横连贯，应根据房间的大小、门窗位置、壁纸宽度和花纹图案进行弹线，从墙的阴角开始，以壁纸宽度弹垂直线，作为裱糊时的操作准线。

3. 裁纸

裱糊用壁纸，纸幅必须横平竖直，以保证花纹、图案纵横连贯一致。裁纸应根据实际弹线尺寸统筹规划，纸幅编号并按顺序粘贴。分幅拼花裁切时，要照顾主要墙面花纹对称完整。裁切时只能搭接，不能对缝。裁切应平直整齐，不得有纸毛、飞刺等。

4. 湿润

以纸为底层的壁纸遇水会潮膨胀，约 5～10min 后胀足，干燥后又会收缩，因此壁纸应浸水湿润，充分膨胀后粘贴上墙，可以使壁纸贴得平整。

5. 刷胶

胶结剂要求涂刷均匀、不漏刷。在基层表面涂刷应比裱糊材料宽 20～30mm，涂刷一段，裱糊一张。裱糊顶棚时，基层和壁纸背面均应涂刷胶粘剂。除纯棉墙布外，玻璃纤维墙布、无纺墙布和化纤墙布只需在基层表面涂刷胶粘剂。

6. 裱糊

裱糊施工时，应先贴长墙面，后贴短墙面，每个墙面从显眼的墙角以整幅纸开始，将窄条纸的现场裁切边留在不显眼的阴角处。裱糊第一幅壁纸前，应弹垂直线，作为裱糊时的准线。第二幅开始，先上后下对称裱糊，花纹图案对缝必须吻合，用刮板由上向下赶平压实。挤出的多余胶用湿棉丝及时揩擦干净，不得有气泡和斑污，上下边多出的料用刀切齐。每次裱糊 2～3 幅后，要吊线检查垂直度，以防误差累积。阳角转角处不得留拼缝，基层阴角若不垂直，一般不做对接缝，改为搭缝。裱糊过程中和干燥前，应防止穿堂风劲吹和温度的突然变化。

7. 清理修整

整个房间贴好后，应进行全面细致的检查，对未贴好的局部进行清理修整，要求修整后不留痕迹。

裱糊的质量要求是：材料品种、颜色、图案要符合设计要求。裱糊后应表面平整、横平竖直、图案清晰、色泽一致，粘贴牢固，不得有漏贴、补贴、脱层、波纹起伏、气泡、裂缝、空鼓、翘边、皱折和斑污，斜视无胶痕。边缘应平直整齐，不得有纸毛、飞刺。拼接不离缝，不搭接，不显接缝，拼接处图案和花纹应吻合。阴角处搭接应顺光，阳角处应无接缝。

第六节　楼　地　面　工　程

楼地面（或称楼地层）是指房屋建筑地坪层和楼板层（或楼板）的总称。其实地面包括底层地面（地面）和楼层地面（楼面）。主要由面层、垫层和基层等部分构成。

按面层结构和施工的不同分整体地面（如水泥砂浆、细石混凝土、现浇水磨石等）、块材地面（如陶瓷锦砖即马赛克、陶瓷地砖、缸砖、砖石等）、卷材地面（如地毯、软质塑料、橡胶、涂料、涂布无缝地面等）和木地面（条木地板、拼花木地板、复合地板、强化地板）。

一、整体地面

1. 水泥砂浆地面

水泥砂浆地面适用于一般建筑，面层厚 15～20mm，一般用强度等级不低于 32.5 的硅酸盐水泥与中砂或粗砂配制，配合比 1∶2～1∶2.5。

面层施工前应清理基层，测定地坪面层标高，在墙壁上弹离楼地面 500 mm 的水平标高线作基准，同时洒水湿润基层后，刷一道素水泥浆作粘结层，紧接着铺水泥砂浆，用刮尺赶平并用木抹子压实，待砂浆初凝后终凝前，用铁抹子反复压光三遍为止，不允许撒干灰砂收水抹压。大面积施工时需设分格缝。砂浆终凝后（一般 12h）覆盖草袋或锯末，浇水养护不少于 7d。

水泥砂浆地面的质量要求是：结合牢固、无空鼓、裂纹，表面光洁、无裂纹，脱皮、麻面和起砂。

2. 细石混凝土地面

细石混凝土地面的厚度一般 40 mm，混凝土强度不低于 C20，坍落度 30mm，水泥不低于 32.5，中砂或粗砂，石子粒径不大于 15mm，且不大于面层厚度的 2/3。

混凝土铺设时，先在地面四周弹尺水平线，以控制面层厚度。基层用水冲刷干净后，先刷一层水泥浆，随刷随铺混凝土，用刮尺赶平，用表面振动器振捣密实或采用滚筒交叉来回滚压 3～5 遍，至表面泛浆为止，然后进行抹平和压光。面层应在初凝前完成抹平工作，终凝前完成压光三遍工作，最后进行浇水养护。面层也可用水泥砂浆压光，大面积施工时也需设分格缝。质量要求同水泥砂浆地面。

3. 水磨石地面

水磨石花纹美观、润滑细腻、耐磨、耐久、防水、防火、表面光洁，不起尘、易清洁等，适用于清洁要求较高或潮湿的场所等。地面面层应在完成顶棚和墙面抹灰后再开始施工。

施工工艺：基层清理→浇水冲洗湿润→设置标筋→做水泥砂浆找平层→养护→弹线和粘贴分格条→抹水泥石子浆面层→养护，试磨→两浆三磨并养护→冲洗打蜡。

在 12～18mm 厚的 1：3 水泥砂浆底层上洒水湿润并养护 2～3 天后，刮水泥浆一层（厚 1.5～2mm）作为粘结层，为防止地面变形开裂，找平后按设计要求布置分格嵌条（铜条、铝条、不锈钢条或玻璃条，宽约 8mm，用 1：1 水泥砂浆固定，应比分格条低 3mm），将地面分隔成若干块（一般为 1000mm×1000mm）或各种花纹图案（图 8-11）。然后再刮一层素水泥浆，随后将不同色彩的粒径为 8～10mm 水泥石子浆（水泥：石子＝1：1.5～2.5）12mm 厚填入分格中，厚度要比嵌条高出 1～2mm，抹平压实。为使水泥石子浆罩面平整密实，可均匀补撒一些小石子。待收水后用滚筒滚压，再浇水养护，面层达到一定强度后，应根据气温、水泥品种，2～5d 后开磨，以石子不松动、不脱落，表面不过硬为宜。头遍磨用 60～90 号粗金刚石，边磨边加水，磨匀磨平，使全部分格条外露。磨后将泥浆冲洗干净，干燥后用同色水泥浆涂抹细小孔隙和凹痕，洒水养护 2～3d 再磨，二遍磨用 90～120 号金刚石，磨至表面光滑为止，其他同头遍。三遍磨用 180～200 号金刚石，磨至表面石子颗粒显露，平整光滑，无砂眼细孔，用水冲洗后，涂抹溶化冷却的草酸溶液（热水：草酸＝1：0.35）一遍，四遍磨用 240～300 号细油石，磨至砂浆表面光滑为止，用水冲洗凉干。上蜡时先将蜡在地面上薄涂一层，待干后再用打蜡机研磨，直至光滑洁亮为止，上蜡后铺锯末进行养护。水磨石可以现场制作，也可以工厂预制。另外也可用白水泥替代普通水泥，并掺入颜料，做成美术水磨石地面，但造价较高。

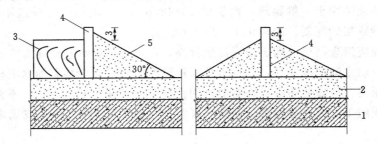

图 8-11 水磨石地面镶嵌条示意（单位：mm）
1—混凝土基层；2—底、中层抹灰；3—靠尺板；
4—嵌条；5—素水泥浆灰埂

水磨石地面的质量要求是：结合牢固、无空鼓、裂纹，表面光滑、无裂纹、砂眼、磨纹，石粒密实均匀、颜色图案一致、不混色，分隔条牢固、顺直和清晰。

二、块材地面

1. 陶瓷地砖地面

陶瓷地砖又称墙地砖，分有釉面和无光釉面、无釉防滑及抛光等多种，且色彩图案丰富，抗腐耐磨，施工方便，装饰效果好。其地面具有强度高、致密坚实、抗腐耐磨、耐污染、易清洗、平整光洁、规格与色泽多样等特点，其装饰效果好，施工方便，广泛应用于室内地面的装饰。

施工工艺：基层处理→板块浸水阴干→作灰饼、冲筋→做找平（坡）层或作防水层→弹线→铺结合层砂浆→铺板块→压平拨缝→嵌缝→养护。

铺设陶瓷地砖采用强度等级不低于 32.5 的硅酸盐、普通硅酸盐或矿渣硅酸盐水泥，砂采用中砂或粗砂。铺设前应对地砖规格尺寸、外观质量、色泽等进行选配，并在水中浸泡或淋水湿润晾干后用。铺设时应清理基层，浇水湿润，抄平放线。结合层宜采用厚 10～15 mm、1:3 或 1:4 干硬性水泥砂浆，表面拍实并抹成毛面。铺贴地砖应紧密、坚实，砂浆饱满，可用 3～4mm 厚水泥胶（水泥：108 胶：水～1:0.1:0.2）粘贴。注意控制地砖的标高、缝宽和检测泛水。密铺时缝宽不宜大于 1mm，离缝铺时一般为 5～10mm。大面积铺时应进行分段和顺序铺贴，按要求拉线，控制方正，做好铺砖、砸平、拔缝、修整等各道工序的检查和复验工作。铺贴后 24h 内，应采用同品种、同等级、同颜色的素水泥浆擦缝或勾缝，并注意清理干净。全部铺设完后，表面应覆盖、湿润，养护时间不应少于 7d。

陶瓷地砖地面的质量要求是：粘结应牢固、无空鼓。表面洁净、图案清晰，色泽一致，接缝平整，深浅一致，周边顺直。板块无裂纹、掉角、缺楞，边角整齐、光滑。

2. 花岗石和大理石地面

花岗石和大理石地面质地坚硬、密度大、抗压强度高、耐磨性和耐久性好、吸水率小、抗冻性强，其色泽和花纹丰富艳丽，装饰效果好，广泛应用于高等级的公共场所和民用建筑以及耐化学反应的生产车间等。但有些天然花岗石含有微量放射性元素，选材时应严格按照有关标准进行控制。对天然石材饰面板，应进行防碱背涂处理，避免产生泛碱现象，影响装饰效果。

施工工艺：基层清理→弹线→试拼、试铺→板块浸水→扫浆→铺水泥砂浆结合层→铺板→灌缝、擦缝→上蜡。

铺设花岗石和大理石采用水泥和砂时结合层厚度宜为 20～30mm，水泥：砂＝1:4～1:6，铺设前应淋水拌和均匀。采用水泥砂浆时宜为 10～15mm。对水泥和砂的要求与陶瓷地砖相同。

铺设前应弹线找中、找方，将相连房间的分格线连接起来，弹出控制楼地面平整度的标高线。根据石材颜色、花纹、图案、纹理等试拼编号，使楼地面整体图案与色调和谐统一，然后浸湿板材，阴干或擦干后备用。放线后，应先铺干线作为基准或标筋作用。一般由房间中部向两侧退步铺设，凡有柱子的大厅，应先铺柱子之间的部分，然后向两边展开。结合层与板材应分段同时铺设，先进行试铺，合适后将板材揭起，再在结合层上均匀撒布一层干水泥面并淋水一遍，也可采用 2mm 厚水泥浆作粘结，同时在板材背面洒水，正式铺设。铺设时板材要四角同时下落，并用木锤或橡皮锤敲击平实，注意找平、找直，四角平整，纵横缝隙对齐。接缝严密，其缝宽不大于 1mm 或符合设计要求。地面铺设后 1～2d 内进行灌浆和擦缝，应根据板材的颜色选择相同颜色的矿物颜料与水泥拌和均匀，调成稀水泥浆灌入板材之间缝隙中。灌浆 1～2h 后，用原稀水泥浆擦缝，与板面擦平，同时将板面上水泥浆擦净。铺设完后，表面应进行养护和保护。待结合层（含灌缝）的水泥砂浆强度达到要求后，进行打蜡，以达到光滑洁亮。

花岗石和大理石地面的质量要求是：粘结应牢固、无空鼓。表面应洁净、平整、无磨痕，图案清晰、色泽一致、接缝均匀、周边顺直、镶嵌正确，板块无裂纹、掉角、缺楞等缺陷。

3. 预制水磨石板地面

预制水磨石板地面具有强度高、花色品种多、美观适用，与整体水磨石地面相比湿作业量小、施工方便和速度快等特点，适用于建筑地面以及有防潮要求的地面。其施工工艺同花岗石和大理石地面。

铺设预制水磨石板地面的水泥砂浆结合层厚度宜为 10～15mm，可采用 1:2 的普通水泥砂浆，也可采用 1:4 干硬性水泥砂浆。对水泥和砂的要求与陶瓷地砖相同。

铺设前应用水浸湿，待表面无明水方可铺设。基层处理后，应分段同时铺砌，找好标高，挂好线，一般从中线开始向两边分别铺砌，随浇水泥浆随铺砌。铺砌时应进行试铺，对好纵横缝，用橡皮锤或木锤敲击板块中间，振实砂浆，锤击至铺设高度。试铺合适后掀起板块，用砂浆填补空虚处，满浇水泥浆粘结层。再铺板块时要四角同时落下，并敲结实，随时用水平尺和直线板找平、找直。板间的缝宽不应大于 2mm。铺砌后 2d 内，用稀水泥浆或 1:1 稀水泥细砂浆灌缝 2/3 高度，再用同色水泥浆擦缝。然后用覆盖材料保护，至少养护 3d。待缝内的水泥浆或水泥砂浆凝结后，应将面层擦拭干净。

预制水磨石板地面的质量要求是：结合牢固、无空鼓。表面应无裂缝、掉角、翘曲等明显缺陷。面层应平整洁净，图案清晰，色泽一致，接缝均匀，周边顺直，镶嵌正确。边角整齐、光滑。

三、木地板地面

木地板分类较多，主要有实木地板（普通木、硬木）、实木复合地板和木质纤维（或粒料）中密度（强化）复合地板（也称强化木地板），是一种理想的建筑地面，广泛用于高级装饰工程中。

实木地板是由纯木材加工而成，具有良好的弹性、传热系数小、干燥、不起尘、易清洁、高雅豪华和自然美观等特点。其地面是采用条材和块材或拼花实木地板铺设而成。

实木复合地板是采用优质硬木配以芯板板材加工而成，调整了木材之间的内应力，具有普通实木地板优点，且不易翘曲开裂或变形，特别适合有地热采暖的地板铺设。其地面是采用条材和块材或采用拼花式实木复合地板铺设而成。

强化木地板是以一层或多层专用纸浸渍热固性氨基树脂，铺装在中密度纤维板基材表面，背面加平衡层，正面加耐磨层经热压而成，也具有普通实木地板优点，表面耐磨、阻燃、耐污染、耐腐蚀，有浮雕图案装饰效果，但其脚感较生硬，可修复性差。其地面是采用条材和块材强化木地板铺设或拼装而成。

木地板施工方法有空铺式、实铺式和浮铺式（也称悬浮式）。

空铺式是指木地板通过地垄墙或砖墩等架空再安装，一般用于平房、底层房屋或较潮湿地面以及地面敷设管道需要将木地板架空等情况。

施工工艺：基层处理→砌地垄墙→干铺油毡→铺垫木（沿缘木）、找平→弹线、安装木搁栅→钉剪刀撑→钉硬木地板→钉踢脚板→清洁表面或擦地板漆。

实铺式是指木地板通过木搁栅与基层相连或用胶粘剂直接粘贴于基层上，实铺式一般用于2层以上的干燥楼面。木地板拼缝用得较多是企口缝、截口缝、平缝等（图8-12），其中以企口缝最为普遍。

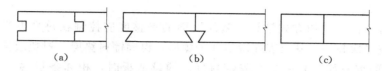

图 8-12 木板的拼缝
(a) 企口缝；(b) 截口缝；(c) 平缝

施工工艺：①搁栅式：基层处理（修理预埋铁件或钻孔打木塞）→安装木搁栅、撑木→钉毛地板→（找平、刨平）→弹线、钉硬木地板→钉踢脚板→清洁表面或擦地板漆；②粘贴式：基层清理→弹线定位→涂胶→粘贴地板和踢脚板→清洁表面或擦地板漆。

浮铺式是指在板块企口咬接处施以粘结胶或配件卡接连接，整体地铺覆在设有3～5mm厚聚乙烯泡沫塑料缓冲褥垫层的基层上。

施工工艺：基层清理→弹线、找平→铺垫层→试铺预排→铺地板→安装踢脚板→清洁表面或擦地板漆。

1. 实木地板地面

实木地板地面可空铺、实铺或浮铺，也可采用单层和双层铺设。单层铺设木地板是指企口长条木板直接铺钉在木搁栅上，适用于中高档民用建筑和高洁度实验室。双层铺设木地板是指长条或块形企口木板，或将拼花木板铺钉或粘贴于毛板上，毛板再铺钉在木搁栅（或木龙骨）上。毛板上也可铺一层油粘（缓冲层），毛板与木地板可成45°或90°交叉铺钉。适用于高级民用建筑，特别是拼花木地板可用于室内体育比赛、训练用房和舞厅、舞台等公共建筑。

铺设地板的木搁栅截面尺寸、间距和固定方法等应符合设计要求。木搁栅垫实钉牢，与墙面之间留出30mm的缝隙，表面平直。毛板铺设时，木材髓心向上，与木搁栅成30°或45°斜角方向铺钉，其板间缝隙不大于3mm，与墙面之间应留8～12mm的空隙，表面刨平。地板铺设时，板与墙面之间应留有8～12mm的缝隙，铺设单层条状木板时，每块长条木板在每根木搁栅上钉牢。铺设单层或双层的企口板时，应从靠门较近的一边开始铺钉，每铺设宽600～800mm时应弹线找直修正，再依次向前铺钉。铺钉时应与木搁栅成垂直并钉牢，板端接缝应间隔错开。铺设拼花木板前，应在毛板上从房间中央起弹线、分格、定位，并距墙面留出200～300mm宽以作镶边，接缝可采用企口、截口或平缝等，缝隙不应大于0.3mm。在毛板上铺钉拼花地板，应结合紧密。

粘贴木地板时应先在基层上采用沥青砂浆找平，刷冷底子油一道，热沥青一道，然后用2mm厚沥青胶、环氧树脂乳胶或专用胶粘剂等随涂随铺贴木地板。用胶粘剂铺贴薄型拼花木板时，应随铺贴随挤压，使之粘结牢固，防止翘曲。粘贴木地板结构高度小，经济性好，但木地板弹性差，维修困难，应注意基层平整和粘贴质量。

2. 实木复合地板地面

实木复合地板可空铺、实铺或浮铺，也可采用整贴法和点贴法直接粘结在水泥类基层上。粘结材料应具有耐老化、防水、防菌、无毒等性能。地板下铺设防潮隔声衬垫时，两幅拼缝之间结合处不得显露出基层。铺设地板时，相邻板材接头位置应错开不小于 300mm 的距离，与墙面之间留出不小于 10mm 的空隙。铺设前将板边缘多余的油漆处理干净，保证板接缝口处平整严密。长度大于 10m 的大面积铺设时，应分段铺设，分段缝的处理应符合设计要求。

3. 强化地板地面

强化地板可浮铺或锁扣方式铺设。基层表面的平整度应控制在每平方米不超过 2mm，如不满足要求应二次找平。基层表面清洁并干燥后，再满铺衬垫层。衬垫层接口处宜搭接不小于 200mm 宽的重叠面，并用防水胶带封好。铺设地板时，相邻条板端头应错开不小于 300mm 的距离。衬垫层及地板与墙之间应留出不小于 10mm 宽的缝隙。铺设时将胶水均匀连续地涂在板材两边的企口内，以确保具紧密粘结，并将挤压拼缝处溢出的多余胶水立即擦掉，保持地板洁净。铺设面积达 70m² 或房间长度达 8m 时，宜在每间隔 8m 宽处放置铝合金条，以防止整体地板受热变形。铺设完毕后，应保持房间通风，夏季 24h、冬季 48h 后方可正式使用。

木地板地面的质量要求是：木材含水率、地板料、图案、颜色、技术等级及质量必须符合设计要求。木搁栅、垫木和毛板等必须做防腐防蛀处理。安装铺设牢固、平直，粘结无空鼓。图案清晰、颜色均匀一致、无翘曲，接头位置应错开、缝隙严密、表面洁净。实木地板应刨光、磨平，无刨痕毛刺。拼花地板接缝对齐、粘钉严密、缝隙宽度均匀一致、胶粘无溢胶。

四、地毯地面

地毯按材质分为纯毛地毯（即羊毛地毯）、混纺地毯、化纤地毯和塑料地毯等。

纯毛地毯图案优美，色彩鲜艳，质地厚实，经久耐用，广泛用于宾馆、会堂、舞台及其他公共建筑物的楼地面。混纺地毯常以毛纤维和各种合成纤维混纺，也可与聚丙烯晴纤维等合成纤维混纺。化纤地毯品种极多，如长毛多元醇酯地毯、防污的聚丙烯地毯等。塑料地毯采用聚氯乙烯树脂、增塑剂等多种辅助材料，经均匀混炼、塑制而成的一种新型轻质地毯材料，质地柔软、色彩鲜艳、舒适耐用、不燃烧、污染后可用水洗刷，可以代替羊毛毯或化纤地毯使用。

地毯铺设方法分为固定式与不固定式两种，可满铺或局部铺设。

不固定式是将地毯裁边、粘结成整片，直接铺在地上，不与地面粘结，四周沿墙修齐；固定式是将地毯四周与房间地面加以固定，一般在木条上钉倒刺钉固定。

铺设时，基层打扫干净，若有油污等须用丙酮或松节油擦楷干净，不平处用水泥砂浆填平。在室内四周装宽 20～25mm、厚 7～8mm 的倒刺木板（钉长 40～50mm，钉尖露出 3～4mm），其厚度应比衬垫材料厚度小 1～2mm，在离墙 5～7mm 处，将倒刺木条用胶或膨胀螺栓固定在地面上，略倾向墙一侧，与水平面成 60°～75°。将地毯按房间净面积放线裁剪，裁剪时应扣除伸长量，裁好后卷起备用。地毯也可拼装，拼缝用尼龙线缝合，在背面抹接缝胶并贴麻布条。将地面清扫干净，将泡沫塑料或橡胶衬垫层（不够长也可拼接），用胶结料将其摊平、粘牢，铺在倒刺木板之内。从房间一边开始，将裁好地毯卷向另一边展开，注意不要使衬垫起皱移位。用撑平器双向撑开地毯，在墙边用木锤敲打，使木条上倒刺钉刺入地毯。四周钉好后，将地毯边掖入木条与墙的间隙内，使地毯不致卷曲翘条。门口处地毯的敞边装上门口压条（厚度 2mm 左右的铝合金），并与地面用螺丝固定。最后用吸尘器清洁地毯的灰尘。

地毯地面的质量要求是：地毯品种、规格、颜色、花色、材质、胶料、辅料及基层处理应符合设计要求。地毯应固牢、密实平整挺括、毯面不应起鼓、起皱、翘边、卷边，拼缝处对花对线拼接吻合，不显拼缝、不露线，绒面毛顺光一致，花纹顺直端正、图案吻合，裁割合理、收边平正、无毛边，表面干净、无污物和损伤，交接处和收口顺直、压紧、压实，接口处地面要齐平、脚感舒适。

第七节 吊顶、隔墙、隔断与门窗工程

吊顶、隔墙、隔断与门窗工程应在室内抹灰、饰面（砖）、涂料及裱糊之前完成，主要是以安装为主。

一、吊顶工程

吊顶是室内顶棚装饰的重要组成部分，直接影响建筑室内空间的装饰风格和效果，起着保温、隔热、吸声、照明、通风、防火和报警等作用。吊顶主要由吊杆、龙骨和饰面板三部分组成。

施工工艺：固定吊杆→安装龙骨→安装饰面板。

1. 固定吊杆

吊杆又称吊筋，一般采用 $\phi 8 \sim 10mm$ 钢筋或螺杆或型钢制成，通过膨胀螺栓、预埋件、射钉固定。吊筋间距一般为 1.2～1.5m。各种金属件应作防腐处理。

2. 安装龙骨

吊顶龙骨有木质、轻钢和铝合金等材料制作，采用较多的是轻钢和铝合金。龙骨由主龙骨、次龙骨与横撑龙骨等组成。轻钢龙骨和铝合金龙骨的断面型式有 U 形、T 形、L 形等数种，每根长 2～3m，可在现场用拼接件拼接加长，接头应相互错开。U 形轻钢龙骨吊顶主要用于暗装（图 8-13），LT 形铝合金龙骨吊顶多用于明装（图 8-14）。

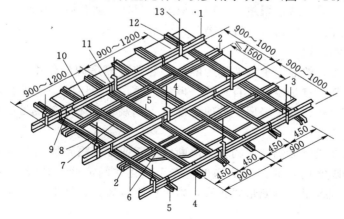

图 8-13 U 形龙骨吊顶示意（单位：mm）

1—BD 大龙骨；2—UZ 横撑龙骨；3—吊顶板；4—UZ 龙骨；5—UX 龙骨；6—UZ₃ 支托连接；7—UZ₂ 连接件；
8—UX₂ 连接件；9—BD₂ 连接件；10—UZ₁ 吊挂；11—UX₁ 吊挂；12—BD₁ 吊件；13—吊杆 $\phi 8 \sim 10$

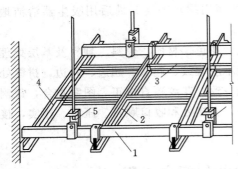

图 8-14　LT形铝合金龙骨吊顶示意
1—主龙骨；2—次龙骨；3—横撑龙骨；
4—角条；5—大吊挂件

轻钢与铝合金龙骨安装工艺：弹线定位→固定吊杆→安装主龙骨→安装次龙骨→安装横撑龙骨。

首先沿墙柱四周弹出顶棚标高水平线，并在墙上划好龙骨的中心线。将吊杆固定在顶板预埋件上，主龙骨通过吊挂件与吊杆连接。以房间为单元，拉线调整高度成平直，较大房间的中间起拱高度不小于房间短跨的 1/300～1/200。将次龙骨通过吊挂件垂直吊挂在主龙骨上，间距应按饰面板的接缝要求准确确定。横撑龙骨连入次龙骨上，间距应由饰面板尺寸而定。组装好的次龙骨和横撑龙骨底面应平齐，四周墙边的龙骨用射钉固定在墙上，间距为 1m。轻型灯具应吊在主龙骨或次龙骨上，重型灯具或电扇，应另设吊钩。

3. 安装饰面板

饰面板主要有石膏板、矿棉板、木板、塑料板、玻璃板、金属板等，应按规格、颜色等预先进行选配。安装前，吊顶内所有通风、水电管道、通道、消防管道等设备应安装验收合格。安装时应对称于顶棚的中心线，由中心向四面推进，不可由一边推向另一边安装。当吊顶上设有灯具孔和通风排气孔时，应组成对称排列图案。

饰面板的安装方法很多，主要有搁置法、嵌入法、粘贴法、卡固法、钉固法、压条固定法等。搁置法是采用直接搁置在 T 形龙骨组成的格框内，并用木条卡子固定。嵌入法是用企口暗缝与 T 形龙骨插接。粘贴法或卡固法是用胶粘剂或配套卡件直接粘贴或卡在在龙骨上。钉固法是将饰面板用螺钉、自攻螺钉、射钉等固定在龙骨上。压条固定法是采用木、铝、塑料等压条固定饰面板于龙骨上。

吊顶的质量要求是：吊顶的标高、尺寸、起拱、造型、材质、品种、规格、图案、颜色、安装间距、连接方式及防腐处理等应符合设计要求。安装必须牢固，板与龙骨联接紧密，表面平整洁净，接缝均匀、色泽一致、无翘曲，裂缝及缺损。压条应平直、宽窄一致。搁置的饰面板不得有漏、透、翘角等。饰面板上的灯具、烟感器、喷淋头、封口篦子等设备的位置应合理、美观，与饰面板交接应吻合、严密。

二、隔墙、隔断工程

将室内完全分隔开的非承重内墙称为隔墙，起着分隔房间的作用，应满足隔声、防火、防潮与防水要求。其特点是墙薄、自重轻、拆装方便、节能环保，有利于建筑工业化。隔墙按材料分为石膏板、砖、骨架轻质、玻璃、混凝土预制板和木板等隔墙。常见隔墙有砌筑、骨架和板材等隔墙。

局部分隔且上部或侧面仍连通的称为隔断，隔断通常不隔到顶，顶棚与隔断保持一段距离。隔断是用来分隔室内空间的装饰构件，在于变化空间或遮挡视线，增加空间层次和深度，产生丰富的意境效果。隔断形式很多，常见的有屏风式、镂空式、玻璃墙式、移动式和家具式隔断等。

（一）隔墙

1. 骨架隔墙

骨架隔墙是指在隔墙骨架（或龙骨）两侧安装墙面板所形成的轻质隔墙，用于墙面的石膏板有纸面石膏板、防水纸面石膏板、纤维石膏板和石膏空心条板等。

石膏板隔墙的安装工艺：墙基（垫）施工→安装墙面（沿地、沿顶、竖向）龙骨→固定好洞口、门窗→安装一侧石膏板→安装管线→安装另一侧石膏板→接缝处理。

采用水泥、水磨石、陶瓷地砖、花岗石等踢脚板时，墙下端应作混凝土墙垫。采用木质或塑料踢脚板时，则下端可直接与地面连接。用射钉或膨胀螺栓，按中距 0.6～1.0m 布置，将铺有橡胶条或沥青泡沫塑料条的沿地、沿顶轻钢龙骨固定于地面和顶面上，然后将竖向龙骨，推入横向沿顶、沿地龙骨内。安装石膏板材时，由中部向四周进行，缝应错开，贴在龙骨上，用自攻螺钉固定（图 8-15）。板间接

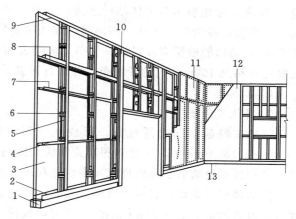

图 8-15 石膏板轻钢龙骨隔墙安装示意
1—混凝土墙垫；2—沿地龙骨；3—石膏板；4、7、8—横撑龙骨；5—贯通孔；6—支撑卡；9—沿顶龙骨；10—加强龙骨；11—石膏板；12—塑料壁纸；13—踢脚板

缝有明缝和暗缝，公共建筑的大房间可采用明缝，一般建筑的房间可采用暗缝，其构造做法（图 8-16）。

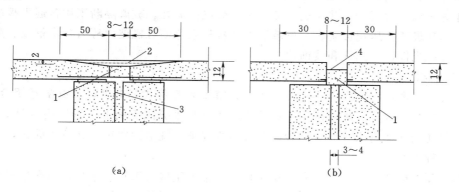

图 8-16 石膏板接缝做法示意
（a）暗缝做法；（b）明缝做法
1—石膏腻子；2—接缝纸带；3—108 胶水泥砂浆；4—明缝

2. 板材隔墙

板材隔墙是指采用各种轻质材料制成的薄型板材，不依靠骨架，直接装配形成的隔墙。目前，大多采用自重轻，安装方便的条板，故又称为条板隔墙。常用的有加气混凝土板、增强石膏条板、增强水泥条板、轻质陶粒混凝土条板、泰柏板（GJ 板）、玻璃纤维增强水泥（GRC）复合墙板等。

板材隔墙的安装工艺：清理→放线→配板→安装钢卡→接口粘接→立板→板缝处理→取木楔、封楔口→贴玻璃纤维布带。

安装方法主要有刚性连接和柔性连接。刚性连接是用砂浆将板材顶端与主体结构粘结，下端与地面间先用木楔楔紧，空隙中嵌填 1：2 水泥砂浆或细石混凝进行固定，适合于非抗

震地区。柔性连接是在板材顶端与主体结构缝隙间垫以弹性材料，并在两块板材顶端拼缝处设 U 形或 L 形钢板卡与主体结构连接，适合于抗震地区。当有门洞口时，应从门洞处向两侧依次安装，没有时，可从一端向另一端顺序安装。板间的拼缝以粘结砂浆连接，缝宽不大于 5mm，挤出的砂浆应及时清除干净。板缝表面应粘贴 50~60mm 宽的纤维布带，阴阳角处每边各粘贴 100mm 宽的纤维布，并用石膏腻子刮平，总厚度控制在 3mm 以内。

（二）隔断

1. 屏风式隔断

屏风式隔断空间通透性强，形成大空间中的小空间，高一般为 1050mm、1350mm、1500mm、1800mm 等，主要有固定式和活动式两种。固定式又可分为立筋骨架式和预制板式。预制板式隔断借预埋铁件与周围墙体和地面固定；立筋骨架式隔断则与隔墙相似，可在骨架两侧铺钉罩面板，也可镶嵌磨砂玻璃、彩色玻璃和压花玻璃等，骨架与地面可用螺栓、焊接等方式固定。活动式屏风隔断可以移动放置，支承方式为屏风扇面下安装一个金属支承架，直接放在地上，也可在支架下安装橡胶滚动轮或滑动轮。

2. 镂空花格式隔断

该隔断是公共建筑门厅、客厅等处分隔空间常用的一种形式，有竹、木、铁和混凝土等多种形式。隔断与地面、顶棚的固定可用钉子或焊接等方式。

3. 玻璃隔断

玻璃隔断有玻璃砖隔断和玻璃隔断两种。玻璃砖隔断采用玻璃砖砌筑而成，既分隔空间，又能透光线，常用于公共建筑的接待室、会议室等处。玻璃隔断采用普通平板玻璃、磨砂玻璃、刻花玻璃、压花玻璃、彩色玻璃以及各种颜色的有机玻璃等嵌入木框或金属框的骨架中，具有透光性、遮挡性和装饰性。

4. 其他隔断

有拼装式、滑动式、折叠式、悬吊式、卷帘式和起落式等多种，具有随意闭合、开启、灵活多变的特点。家具式隔断是利用各种适用的家具来分隔空间的一种室内设计处理方式，把空间分隔使用功能与家具配套巧妙地有机结合起来，既节约费用，又节省面积，是现代室内设计的一种手段。

隔墙、隔断的质量要求是：安装连接牢固、位置正确、垂直、平整，表面平整光滑、色泽一致、洁净，无裂缝、脱层、翘曲、折裂及缺损，接缝均匀、顺直。

三、门窗工程

门窗工程是装饰工程的重要组成部分。常用的有木门窗、钢门窗、铝合金门窗、塑料门窗或塑钢门窗等形式。目前内墙多用木门窗，外墙多用铝合金门窗和塑钢门窗。

施工工艺：检查门窗洞口→组拼、安装门窗框→填塞四周灰缝→安装门窗扇→安装玻璃→校正检查。

1. 木门窗

木门窗宜在木构件厂制作，成批生产时，应先制作一樘实样。木门窗框安装采用后塞口法。即将门窗框塞入墙体预留的门窗洞口内，用木楔临时固定。同一层门窗应拉通线控制调整水平，上下层门窗位于一条垂线上，再用钉子将其固定在预埋木砖上，上下横框用木楔楔紧。

木门窗扇的安装应先量好门窗框裁口尺寸，然后在门窗扇上划线，刨去多余部分，刨光、刨平直，再将门窗扇放入框内试装。试装合格后，剔出合页槽，用螺钉将合页与门窗扇和边框相连接。门窗扇开启应灵活，留缝应符合规定，门窗小五金应安装齐全、位置适宜，固定可靠。

木门窗的质量要求是：安装必须牢固，开关灵活，关闭严密，无倒翘，表面洁净，无刨痕、锤印，防腐处理、固定点的数量、位置及固定方法应符合设计要求。

2. 铝合金门窗

铝合金门窗一般也采用后塞口法安装，门窗框安装应在主体结构基本结束后进行，门窗扇安装应在室内外装修基本结束后进行。

安装时，先将铝合金框用木楔临时固定，检查其垂直度、水平度及上下左右间隙符合要求后，再将镀锌锚板连接件固定在门窗洞口内。其固定方法有：钢筋混凝土墙采用预埋铁件连接法、射钉固定法、膨胀螺栓固定法，砖墙采用膨胀螺栓固定法或预留孔洞埋设燕尾铁脚。框与墙体间的缝隙用石棉条或玻璃棉毡条分层填塞，使之弹性连接，缝隙表面留 5～8mm 深的槽，嵌填密封材料。安装门窗扇时，先撕掉门窗上的保护膜，再安装门窗扇。然后进行检查，使之达到缝隙严密均匀、启闭平稳自如，扣合紧密。

铝合金门窗的质量要求是：安装必须牢固。预埋件的数量、位置、埋设、与框的连接方式必须符合设计要求。开启灵活、关闭严密、无倒翘，表面洁净、平整、光滑，大面无划痕、碰伤。

3. 塑料或塑钢门窗

塑料或塑钢门窗运到现场后，存放在有靠架的室内，并避免受热变形。安装前进行检查，不得有开焊、断裂等损坏。

安装时，先在门窗框连接固定点的位置安装镀锌连接件。门窗框放入洞口后，用木楔将门窗框四角塞牢临时固定，并调整平直，然后将镀锌连接件与洞口四周固定。连接件的固定方法有：钢筋混凝土墙采用塑料膨胀螺栓固定或焊在预埋铁件上，砖墙采用塑料膨胀螺钉或水泥钉固定，并固定在胶粘圆木楔上，设有防腐木砖的墙面，可用木螺钉固定。门窗框与墙体的缝隙内采用软质闭孔弹性保温材料如泡沫塑料条填嵌饱满，表面应采用密封胶密封。塑料门窗安装节点（图 8-17）。

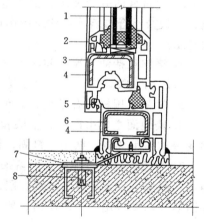

图 8-17　塑钢门窗安装节点示意
1—玻璃；2—玻璃压条；3—内扇；
4—内钢衬；5—密封条；6—外框；
7—地脚；8—膨胀螺栓

塑料或塑钢门窗的质量要求是：安装必须牢固，固定片或膨胀螺栓的数量与位置应正确，连接方式应符合设计要求。开关灵活、关闭严密、无倒翘，表面洁净、平整、光滑，大面无划痕、碰伤。

4. 玻璃工程安装

门窗玻璃应集中裁割，边缘不得有缺口和斜曲等缺陷。安装前应将门窗裁口内的污垢清除干净，畅通排水孔，接缝处的玻璃、金属或塑料表面必须清洁、干燥。木门窗的玻璃可用钉子或钢丝卡固定，安装长边大于 1.5m 或短边大于 1.0m 的玻璃时，应采用橡胶垫并用压条和螺钉镶嵌固定，玻璃镶嵌入框、扇内后再用腻子填实抹光。安装铝合金、塑料或塑钢门窗的玻璃时，其边缘不得和框、扇及其连接件直接接触，所留间隙应符合规定，并用嵌条或橡胶垫片固定，中空玻璃或面积大于 $0.65m^2$ 的玻璃安装时，应将玻璃搁置在定位垫块上用嵌条固定，玻璃镶嵌入框、扇内后用密封条或密封胶封填饱满。

门窗玻璃的质量要求是：玻璃裁割尺寸应正确。安装后的玻璃应平整、牢固，不得有裂纹、损伤和松动。木门窗玻璃的腻子应填抹饱满、粘结牢固；腻子边缘与裁口应平齐；固定玻璃的卡子不应在腻子表面显露。铝合金、塑料或塑钢门窗玻璃的密封条与玻璃、玻璃槽口的接触应紧密、平整，密封胶与玻璃、玻璃槽口的边缘应粘结牢固、接缝平齐。玻璃表面应洁净，不得有腻子、密封胶、涂料等污渍。中空玻璃内外表面均应洁净，玻璃中的空层内不得有灰尘和水蒸气。

小　　结

1. 抹灰包括一般抹灰和装饰抹灰。一般抹灰有普通抹灰和高级抹灰两级，抹灰层一般由底层、中层和面层组成。装饰抹灰一般有水刷石、斩假石、干粘石、假面砖、拉条灰、拉毛灰、洒毛灰、扒拉石、喷毛灰、喷砂、喷涂、滚涂、弹涂、仿石和彩色抹灰等。

2. 饰面板（砖）包括天然石、人造石、金属、塑料、饰面混凝土墙板等饰面板及釉面瓷砖、面砖、陶瓷锦砖等饰面砖。饰面板采用粘贴法、安装法及胶粘法施工，饰面砖采用粘贴法和胶粘法施工。

3. 建筑幕墙分为玻璃、铝合金板、石材、钢板、预制彩色混凝土板、塑料板、建筑陶瓷、铜板及组合幕墙等。建筑中用得较多是玻璃、金属（铝合金板）和石材幕墙，采用安装法施工。

4. 涂饰包括油漆涂饰和涂料涂饰，常用的有内墙、外墙、顶棚、地面和屋面防水涂料等，采用刷、喷、弹、滚、涂法施工。

5. 裱糊常用材料有壁纸、墙布和胶粘剂等，采用粘贴法施工。

6. 楼地面主要由面层、垫层和基层等部分构成，包括整体地面、块材地面、木地面和地毯等，采用现浇、粘贴、钉固、铺设法施工。

7. 吊顶、隔墙、隔断与门窗采用安装法施工。吊顶主要由吊杆、龙骨和饰面板三部分组成。隔墙有骨架和板材隔墙。隔断常见的有屏风式、镂空式、玻璃墙式、移动式和家具式隔断等。门窗常用的有木门窗、铝合金门窗、塑料门窗或塑钢门窗等形式。

复 习 思 考 题

8-1 装饰工程主要包括哪些内容、作用和特点各是什么？

8-2 一般抹灰的分类、组成以及各层的作用是什么？

8-3 抹灰工程在施工前应做哪些准备工作？

8-4 试述一般抹灰施工的分层做法及施工要点。

8-5 常见的装饰抹灰有哪几类？如何施工？

8-6 常用的饰面板（砖）有哪些？简述饰面板（砖）常用施工方法。

8-7 建筑幕墙幕墙有哪些？其特点如何？如何施工？

8-8 涂饰的常用材料有哪些？涂饰施工包括哪些工序，施工应注意什么问题？

8-9 简述常用建筑涂料及施工作法。

8-10 裱糊工程常用的材料有哪些？裱糊施工需注意些问题？

8-11 楼地面的做法有哪些？其施工要点。

8-12 试述实木、实木复合、强化地板的施工做法。

8-13 试述铝合金、轻钢龙骨吊顶的构造及安装过程。

8-14 隔断与隔墙有何不同？隔断的类型有哪些？

8-15 石膏板隔墙的安装方法有哪些？

8-16 木门窗、铝合金门窗、塑料或塑钢门窗安装方法及应注意事项如何？

8-17 玻璃安装的技术要求是什么？

第九章 道 路 工 程

【内容提要和学习要求】

本章讲述内容主要有路基施工和路面施工。路基施工包括一般路基施工、特殊路基施工；路面施工包括路面基层施工、沥青路面施工和水泥混凝土路面施工。应掌握路堤填筑、路堑开挖的各种方法、沥青路面和水泥混凝土路面的施工方法；熟悉土基压实的影响因素、压实标准和基层的施工方法；了解特殊路基的施工特点。

第一节 路 基 施 工

路基是使用土石填筑或在原地面开挖而成的道路主体结构。路基是路面的基础，路基工程涉及范围广、土石方工程数量大、分布不匀、耗费劳力多、工期长、投资高、影响因素多，尤其是岩土内部结构的复杂多变。路基施工不仅与路基排水、防护与加固等因素相关，而且同公路的其他工程项目，如桥涵、隧道、路面及附属设施相互交错，同时，路基施工中还存在场地布置难、临时排水难、用土处置难、土基压实难等不利的因素。路基的隐蔽工程较多，质量不合标准会给路面及自身留下隐患，一旦产生病害，不仅损坏道路使用品质，导致妨碍交通及经济损失，而且往往后患无穷，难以根治。因此，要求路基除断面尺寸应符合设计标准外，还应具有足够的强度、水稳性、冻稳性、温稳性和整体稳定性。

路基施工主要有土质路基施工、石质路基爆破施工和软土地基路基施工，包括路堑挖掘成型、土的转移、路堤填筑压实，以及与路基直接有关的各项附属工程。施工方法主要有人工及简易机械化、综合机械化、水力机械化和爆破方法等。路基施工基本内容概括起来主要包括进行现场调查，研究和核对设计文件。编制施工组织计划，确定施工方案，选择施工方法，安排施工进度。完成施工前的组织、物质和技术准备工作；开挖路堑，填筑路堤，修建排水及防护加固结构物，进行路基主体工程及其他工程的施工；按照设计要求，对各项工程进行检查验收，绘制路基施工竣工图。

组织准备工作主要是建立和健全施工队伍和管理机构，明确施工任务，制定必要的规章制度，确立施工所应达到的目标等。物质准备工作包括各种材料与机具设备的购置、采集、加工、调用与储存以及生活后勤供应等。技术准备工作是路基开工前，施工单位应在全面熟悉设计文件和设计交底的基础上进行施工现场的勘察，核对并在必要时修改设计文件，发现问题应及时根据有关程序提出修改意见并报请变更设计，编制施工组织计划，恢复路线，施工放样与清除施工场地，搞好临时工程的各项工作等。

一、一般路基施工

路基用土有巨粒土（漂石土、卵石土）、粗粒土（砾类土、砂类土）、细粒土（粉质土、黏质土、有机质土）、特殊土（黄土、膨胀土、红黏土、盐渍土）等。由于土石的性质和状态不同，因此应尽量选用强度高、稳定性好的土石作为路基施工的填料。一般路基用土石的选择原则依次是不易风化的岩石土、碎（砾）石土、砂土、砂性土、粉性土、黏性土、重黏土、有机质土、膨胀土、湿陷性黄土、泥岩和盐质土等。应注意用土石不应含有害杂质（草木、有机物等）及未经处治的细粒土、膨胀土、盐渍土及腐殖土等劣质土。

一般路基施工包括土质路基和石质路基，石质路基一般采用爆破施工（详见第一章有关章节）。土质路基施工方法如下。

（一）路堤填筑

路堤填筑应处理好路堤基底、选择填料和填土的压实。土质路堤（包括石质土），按填土顺序可分为水平分层填筑、竖向填筑和混合填筑方案。

1. 水平分层填筑

水平分层平铺，有利于压实，可以保证不同用土按规定层次填筑（图9-1）。其中正确方案要点是：不同用土水平分层，以保证强度均匀；透水性差的用土，如黏性土等，一般宜填于下层表面成双向横坡，有利于排除积水，防止水害；同一层次有不同用土时，接搭处成斜面，透水性差的土应放在透水性好的土下面，以保证在该层厚度范围内便于压实和衔接，强度比较均匀，防止产生明显变形。不正确的填筑方案主要是：未水平分层，有反坡积水，夹有动土块和粗大石块，以及有陡坡斜面等，其主要是在于强度不均匀和排水不利。桥涵、挡土墙等构筑物的回填土，以砂性土为宜，防止产生不均匀沉降，并按有关操作规程堆积回填和夯实。

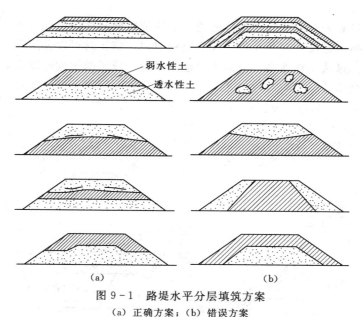

弱水性土
透水性土

图9-1 路堤水平分层填筑方案
（a）正确方案；（b）错误方案

2. 竖向填筑

竖向填筑是指沿路中心线方向逐步向前深填（图9-2）。路线跨越深谷或池塘时，地面高差大，填土面积小，难以水平分层卸土，以及陡坡地段上半挖半填路基，局部路段横坡较陡或难以分层填筑等，均可采用竖向填筑方案。竖向填筑的质量在于密实程度，可选用沉陷量较小及粒径均匀的砂石填料，也可用振动式或锤式夯击机击实。路堤全宽一次成型，容许短期内的自然沉落。

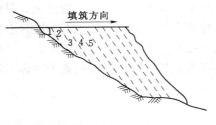

图9-2 路堤竖向填筑方案

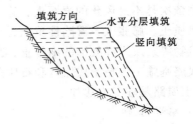

图9-3 路堤混合填筑方案

3. 混合填筑法

混合填筑方案，即下层竖向填筑，上层水平分层（图9-3）。填筑时，下层压实、检验合格后再填上一层；不同性质的材料要分层填筑，不得混填，防止出现水囊和薄弱层；水稳性、冻稳性好的材料填在路堤上部（或水浸处），必要时可考虑参照地基加固的注入、扩孔或强夯等措施，以保证填土具有足够的密实度。

（二）路堑开挖

路堑开挖必须充分重视路堑地段的排水，设置必要而有效的排水设施。土质路堑开挖，根据挖方数量大小及施工方法不同，按掘进方向可分为横向全宽掘进（横挖法）、纵向掘进（纵挖法）和纵横混合掘进等，同时又在高度上分单层或双层。

1. 横向全宽掘进

横向全宽掘进是先在路堑纵向挖出通道，然后分段同时横向掘出（图9-4）。此法可扩大施工面，加速施工进度，在开挖长而深的路堑时用。施工时可以分层和分段，层高和段长视施工方法而定。该法工作面多，但运土通道有限制，施工的干扰性增大，必须周密安排以防出现质量或安全事故。

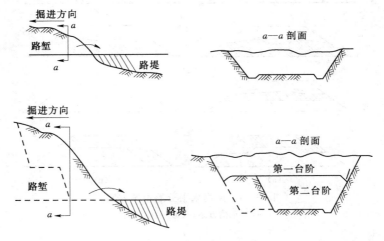

图9-4 路堑横向全宽掘进方案

2. 纵向掘进

纵向掘进是在路线一端或两端，沿路线纵向向前开挖（图9-5）。其中又包括分层纵挖法、通道纵挖法和分段纵挖法。单层掘进的高度等于路堑设计深度。掘进时逐段成型向前推进，运土由相反方向送出。单层纵向掘进的高度，受到人工操作安全及机械操作有效因素的限制，如果施工紧迫，对于较深路堑，可采用双层掘进，上层在前，下层在后，下层施工面上留有上层操作的出土和排水通道。

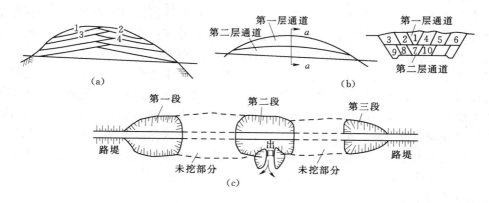

（a）

（b）

（c）

图9-5 路堑纵向掘进方案

（a）分层纵挖法（图中数字为挖掘顺序）；（b）通道纵挖法（图中数字为拓宽顺序）；（c）分段纵挖法

3.纵横混合掘进

为了扩大施工面，加快施工进度，对土路堑的开挖，还可以考虑采用双层式纵横通道的混合掘进方案，同时沿纵横的正反方向，多施工面同时掘进（图9-6）。混合掘进方案的干扰性更大，一般仅限于人工施工，对于深路堑，如果挖方工程数量大及工期受到限制时可考虑采用。

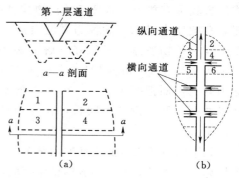

图9-6 路堑纵横混合掘进方案

（a）平面和剖面；（b）平面纵横通道

4.路基压实

路基的压实工作，是路基施工过程中的一个重要工序，主要用机械压实来改变土的结构，以达到提高路基强度和稳定性的目的。路基土受压时，土中的空气大部分被排除土外，土粒则不断靠拢，重新排列成密实的新结构。路基压实能提高土体的密实度，降低土体的透水性，减少毛细水的上升高度，以防止水分积聚和侵蚀而导致土体软化，或因冻胀而引起不均匀变形。保证路基在全年各个季节内，都具有足够的力学强度，从而为路面的正常工作和减薄路面厚度创造有利的条件。

影响路基压实效果的主要因素有内因和外因。内因包括含水量和土质，外因是指压实功能（如机械性能、压实遍数与速度、土层厚度）、压实机具和方法。具体影响因素内容可详见第一章有关章节。路基压实的质量标准是以压实度来衡量。压实度是指路基经压实后实际达到的干密度与标准击实试验方法测定的土的最大干密度的比值。压实度的确定，要考虑土基的受力状态，路基路面设计要求，施工条件、公路所在地区的气候等因素。土质路基的压实度试验方法可采用灌砂法、环刀法、灌水法（水袋法）或核子密度湿度仪法。

二、特殊路基施工

1.潮湿地段路基施工

潮湿地段路基是指经常受到大气降水、地面水、地下水、毛细水、水蒸气及其凝结水和薄膜移动水影响的路基。路基的水温状况对路基稳定性影响非常大。路基稳定性是指路基在各种外界因素作用下保持其强度的性质。土基在水作用下保持其强度的性质称为水稳性，在温度作用下保持其强度的性质称为温度稳定性。路基稳定性包括两层含义：一是指路基整体在车辆荷载及自然因素作用下，不致产生过大的变形和破坏，称为路基整体稳定性；二是指路基在水温等自然因素的长期作用下保持其强度，称为路基的强度稳定性。

保证潮湿地段路基的强度和稳定性，施工时要注意排水和换填好的土石方。选择合理的路基断面形式，正确确定边坡坡度。选择强度和水温稳定性良好的土填筑路堤，并采取正确的施工方法。充分压实土基，提高土基的强度和水稳定性。搞好地面排水，保证水流畅通，防止路基过湿或水毁。保证路基有足够高度，使路基工作区保持干燥状态。设置隔离层或隔温层，切断毛细水上升，阻止水分迁移，减少负温差的不利影响。采取边坡加固与防护措施，以及修筑支挡结构物。

2. 软土路基施工

软土是指在水下沉积饱水的软弱黏性土或以淤泥为主的地层，有时也夹有少量的腐泥或泥炭层。软土地层与泥沼沉积物相比，其形成年代一般比较老，沉积厚度比较大，表面常有可塑的硬壳层。软土地区地表已不再为水所浸漫，但地下水位仍接近地表。

软土可划分为软黏性土、淤泥、淤泥质土、泥炭、泥炭质土。把经生物化学作用形成的含较多有机物（大于5%）的软黏性土称为淤泥类土，其中孔隙比大于1.5的称为淤泥，孔隙比小于1.5的称为淤泥质土。把有机物含量大于50%的泥炭类土称为高有机质土，其中植物遗体未经很好分解的称为泥炭，经过充分分解的称为腐泥或黑泥，有机物含量为10%～50%的泥炭类土称为泥炭质土。习惯上常把软黏性土、淤泥、淤泥质土总称为软土，而把有机物含量很高的泥炭、泥炭质土总称为泥沼。软土强度低、压缩性大、透水性差、变形持续时间长，在外荷载作用下沉降量很大，要经过很长时间才能完成沉降固结。

施工时应解决可能出现的路基沉降、失稳和路桥沉降差等问题，对地基滑动破坏进行稳定计算，必要时应采取相应的稳定措施；施工前应做好设计，并报送有关部门批准后开工；根据需要修筑地基处理试验路段；路堤填筑前，应有效地排除地表水，保持基底干燥；淹水部位填土应由路中心向两侧填筑，高出水面后，按规定要求分层填筑并压实；正确选择处治方法，各种方法措施可配合使用；下层路堤，应采用透水性土；路堤沉陷到软土泥沼部分，不得采用不透水材料填筑，其中用于砂砾垫层的最大粒径不应大于5cm，含泥量不大于5%；路堤用土宜设置集中取土场，必须在两侧取土时，取土坑内缘距坡脚距离，填高2m以内的路堤，不得小于20m；填高5m以上的路堤，宜大于40m；路基与锥坡填土应同步填筑；碾压不易到位的边角处，宜用小型夯实机械按规定要求夯压密实，分层碾压厚度控制为15cm；分层及接茬宜做成错台形状，台宽不宜小于2m；软土地段路基应安排提前施工，路堤完工后应留有沉降期，如设计未规定，不应少于6个月，沉降期内不应进行任何后续工程；应计算软土地基的总沉降量和沉降速度，必要时应考虑变更工期或采取减小沉降、加速固结等措施。修筑路面结构之前，路基沉降应基本趋于稳定，地基固结度应达到设计规定要求；应做好必要的沉降和稳定监测，并严格控制施工填料和加载速度。

施工处理方法很多，如开挖换填法、抛石挤淤法、爆破排淤法、反压护道法、砂垫层法、砂井排水法、袋装砂井排水法、塑料板排水法、路堤荷载压重法、石灰桩法、搅拌桩法、电渗法、侧向约束法、土工织物加固地基法和塑料板排水预压固结法等，可根据需要选择。

爆破排淤法是利用炸药爆炸时的张力作用，把淤泥或泥炭抛出，然后回填强度较高的透水性土。反压护道法是通过在路堤两侧填筑一定宽度和高度的护道，使路堤下的淤泥或泥炭向两侧隆起的趋势得到平衡，从而保证路堤稳定。砂垫层法是通过在软土层顶面铺设排水砂层，以增加排水面，使软土地基在填土荷载的作用下加速排水固结，提高其强度，满足稳定性要求。砂井排水法是通过在软土地基中钻成一定孔径的孔眼，灌以粗砂或中砂，并在砂井顶部与砂沟或砂垫层连通，构成排水系统，利用上部荷载的作用，加速排水固结，以提高强度，保证路堤的稳定性。袋装砂井排水法的基本原理与砂井排水法相同，是先将砂装入长条形透水性好的编织袋内，再用专门的机具设备打入软土地基内，既有大直径砂井的作用，又可保证砂井的连续性，避免缩颈的现象。塑料板排水法的基本原理与砂井排水法相同，是将塑料排水板打入或用插板机插入土中，作为垂直排水通道。侧向约束法是在路堤两侧坡脚附近打入木桩、钢筋混凝土桩等设施，限制基底软土移动，从而保持基底稳定。土工织物加固地基法是在地基表层铺设一层或多层土工织物，具有排水、隔离、应力分散、加筋补强的特点。塑料板排水预压固结法是在软基表面施加等于或大于设计使用荷载，经施工期的预压后，软基完成大部分或绝大部分的沉降，预压完成后卸去预压荷载，地基有些回弹，交付使用后，地基承受使用荷载再次沉降，但沉降的量很小，达到减少地基沉降和提高地基承载力目的。

3. 盐渍土路基施工

盐渍土是指地表 1m 内易溶盐含量超过 0.5％时的土层。盐渍土路基容易形成溶蚀、盐胀、冻胀、翻浆等病害，可针对性地采取有效的处治方法，以确保施工质量。在路基施工中可设置隔离层法、提高路基法、降低地下水位法和化学处理盐渍土法等修筑。选择好填料，注意季节的影响，控制含水量，进行路基压实和排水等。

路基填料的含盐量不得超出规定的允许值，不得夹有盐块和其他杂物。在盆地干旱地区，如当地无其他填料，用易溶盐含量超过规定的土、砾等作填料时，应通过试验确定填筑措施。对填料的含盐量及其均匀性应加强施工控制检测，路床以下每 1000m³ 填料、路床部分每 500m³ 填料应至少作一组测试，每组取 3 个土样。取土不足上列数量时，也应做一组试件。用石膏土作路堤时，应先破坏其蜂窝状结构，石膏含量一般不予限制，但应控制其压实度。

路基应分层铺填分层压实，每层松铺厚度不大于 20cm，砂类土松铺厚度不大于 30cm。碾压时应严格控制含水量，不应大于最佳含水量 1 个百分点。雨天不得施工。路堤施工前应测定其基底（包括护坡道）表土的含盐量和含水量及地下水位，根据测得的结果，按设计规定处理。在地表为过盐渍土的细粒土地区或有盐结皮或松散土层时，应将其铲除。铲除的深度，应通过试验确定。如地表盐渍土过厚，也可铲除一部分，并设置封闭隔水层。高速公路、一级公路的盐渍土路基的路肩及坡面，应采用防护措施或加宽路基措施。其他等级公路，也宜采用防护措施。

盐渍土路基的施工，应从基底清除开始，连续施工。在设置隔水层的地段，至少一次做到隔水层的顶部。在地下水位高的黏性土盐渍土地区，以夏季施工为宜；砂性土盐渍土地区，以春季和夏初施工为宜；强盐渍土地区，在表层含盐量较低的春季施工为宜。

4. 多年冻土路基施工

多年冻土路基施工应注意冰害、融沉和冻胀，加强排水疏导，对基底进行压实处理，路基高度应选择合理，取土和填料应满足要求，加强侧向保护。

三、涵洞施工

涵洞类型主要有钢筋混凝土圆管涵、石拱涵、石盖板涵、钢筋混凝土盖板涵和钢筋混凝土箱涵等。施工方法一般有现场浇筑和工地预制现场安装。应注意涵管节的预制、运输与装卸、基础修筑和安装等环节。对涵洞附属工程的施工，如防水层、沉降缝、涵洞的进出水口（端墙、翼墙）和回填等，必须选择合理的施工措施和方法。

四、路基排水设施施工

路基排水有地面排水和地下排水。地面排水常采用边沟、截水沟、排水沟、跌水和急流槽以及拦水带等，地下排水常采用明沟与排水槽、盲沟、渗沟、渗井等。以上排水设施可用砖、石砌筑或混凝土浇筑，并采用相应的加固措施，确保地面排水和地下排水的顺利和畅通。

五、路基边坡防护与加固施工

为了防止路基边坡或风化的岩石在雨水冲刷和大风作用下，发生滑坡、剥落、掉离土石块、冲沟或冲蚀等现象，对路基边坡应进行防护和加固。

坡面防护可采用植物防护、工程（封面、抹面、砌石）防护等。植物防护一般可采用种草、铺草皮和植树等。工程防护可采用矿料进行，如砂、石、水泥、混凝土等进行抹面、喷浆、勾缝、灌浆、砌筑等。冲刷防护有直接防护（抛石、石笼等）和间接防护（丁坝、潜坝、顺坝及格坝等）。加固方法很多，如换填法、排水固结、碾压与夯实、化学加固法和挤密法等。另外，也可采用挡土墙进行支挡防护。

第二节 路 面 施 工

路面施工是指在路基上面用各种筑路材料铺筑而成的一种层状结构物。路面结构层次一般可划分为面层和基层，有时也有垫层。根据面层材料类型、设计年限、承载能力和单车道流量，可将路面分为高级路面、次高级路面、中级路面和低级路面等级。路面分为柔性路面、刚性路面和半刚性路面。路面类型有沥青路面、水泥混凝土路面和其他类型路面。

一、路面基层施工

在路面结构中，将直接位于路面面层之下用高质量材料铺筑的主要承重层称为基层。用质量较次材料铺筑在基层下的次承重层（即辅助层）称为底基层。基层、底基层可以是一层或两层以上，也可以是一种或两种材料。基层和底基层一般统称为基层。根据材料组成及使用性能的不同，可将基层分为有结合料稳定类（包括有机结合料类和无机结合料类）和无结合料的粒料类。

无机结合料类属于半刚性基层，是用由无机结合料与集料或土组成的混合料铺筑的、具有一定厚度的路面结构层，又称为稳定土基层，如水泥、石灰、沥青等稳定土基层和石灰工业废渣基层等。无结合料的粒料类属于柔性基层，如碎（砾）石基层、级配碎（砾）石基层、填隙碎石等。有机结合料类，如沥青碎石、沥青混凝土等属于柔性类。

(一)材料质量要求

(1)集料和土。对集料和土的一般要求是能被粉碎,满足一定级配要求,便于碾压成型。

(2)无机结合料:常用的无机结合料为石灰、水泥、粉煤灰及煤渣等。普通硅酸盐水泥、矿渣硅酸盐水泥和火山灰质硅酸盐水泥均可用于稳定集料和土,不应使用快硬水泥、早强水泥或受潮变质的水泥,应选用终凝时间较长(6h 以上)的水泥。石灰质量应符合三级以上消石灰或生石灰的质量要求。使用石灰应尽量缩短存放时间,以免有效成分损失过多,若存放时间过长则应采取措施妥善保管。粉煤灰的主要成分是 SiO_2、Al_2O_3、Fe_2O_3,三者总含量应超过 70%,烧失量不应超过 20%;若烧失量过大,则混合料强度将明显降低,甚至难以成型。煤渣是煤燃烧后的残留物,主要成分是 SiO_2 和 Al_2O_3,其总含量一般要求超过 70%,最大粒径不应大于 30mm,颗粒组成以有一定级配为佳。人、畜用水均可使用。

(3)混合料组成设计。通过试验检验拟采用的结合料、集料和土的各项技术指标,初步确定适宜的稳定土基层原材料。然后确定混合料中各种原材料所占比例,制成混合料后通过击实试验测定最大干密度和最佳含水量,并在此基础上进行承载比试验和抗压强度试验。

(二)稳定土基层施工

水泥稳定土是在粉碎的或松散的土中掺入适量的水泥和水,经拌和后得到的混合料在压实和养护后所得到的结构层。石灰稳定土基层是在粉碎的或松散的集料或土中掺入适量的石灰和水,经拌和、压实及养护所得到的路面结构层。沥青稳定土是以沥青为结合料,与粉碎的土拌和均匀,经摊铺平整、碾压密实成型所得到的结构层。石灰工业废渣稳定土是用一定数量的石灰与粉煤灰或石灰与煤渣等混合料与其他集料或土配合,加入适量的水,经拌和、压实及养护后得到的混合料结构层。

稳定土基层施工方法有厂拌法和路拌法。厂拌法施工是在固定的中心拌和厂(场)或移动式拌和站用拌和设备将原材料拌和成混合料,然后运至施工现场进行摊铺、碾压、养护等工序作业的施工方法。路拌法施工是在路上或沿线就地将集料或土、结合料按一定顺序均匀平铺在施工作业面上,用路拌机械拌和均匀并使混合料含水量接近最佳含水量,随后进行碾压等工序的施工方法。

1. 厂拌法施工

稳定土基层厂拌法施工工艺(图 9-7)。其中与施工质量有关的重要工序是混合料拌和、摊铺和碾压。石灰稳定土基层应注意干缩和温缩等缩裂缝,沥青稳定土关键在拌和和碾压。

(1)准备下承层。稳定土基层施工前应对下承层(底基层或土基)按施工质量验收标准进行检查验收,验收合格后方可进行基层施工。下承层应平整、密实、无松散、"弹簧"等不良现象,并符合设计标高、横断面宽度等几何尺寸要求。注意采取措施搞好基层施工的临时排水工作。

(2)施工放样。施工放样主要是恢复路的中线,在直线段每隔 20m、曲线段每隔 10~15m 设一中桩,并在两侧路肩边缘设置指示桩,在指示桩上明显标记出基层的边缘设计标高及松铺厚度的位置。

(3)备料。稳定土基层的原材料应符合质量要求。料场中的各种原材料应分别堆放,不得混杂。

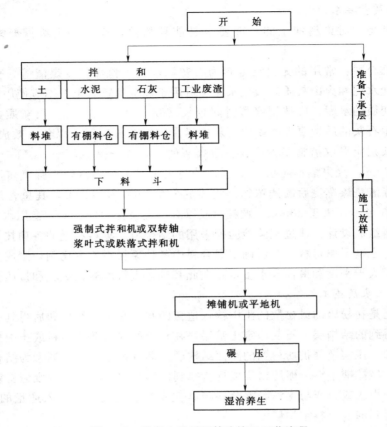

图 9 - 7　稳定土基层厂拌法施工工艺流程

（4）拌和。拌和时应按混合料配合比要求准确配料，使集料级配、结合料剂量等符合设计要求，并根据原材料实际含水量及时调整向拌和机内的加水量。沥青稳定土拌和时不洒水。

（5）摊铺与整型。高速公路及一级公路的稳定土基层应用沥青混合料摊铺机、水泥混凝土摊铺机或专用稳定土摊铺机摊铺，保证基层的强度及平整度、路拱横坡、标高等几何外形的质量指标符合设计和施工规范要求。摊铺过程中严格控制基层的厚度和高程，禁止用薄层贴补的办法找平，确保基层的整体承载能力。

（6）碾压。摊铺整平的混合料应立即用12t以上的振动压路机、三轮压路机或轮胎压路机碾压。每层的最小压实厚度为10cm；当采用12～15t三轮压路机时，每层的压实厚度不应超过15cm；采用18～20t三轮压路机时，每层的压实厚度不应超过20cm；用质量更大的振动压路机、三轮压路机每层的压实厚度应根据试验确定。碾压时应遵循先轻后重、先慢后快的方法逐步碾压密实。在直线段由两侧向路中心碾压，在平曲线范围内由弯道内侧逐步向外侧碾压。碾压过程中若局部出现"弹簧"、松散、起皮等不良现象时，应将这些部位的混合料翻松，重新拌和均匀再碾压密实。基层压实质量应符合规定的压实度要求。

水泥稳定类混合料从加水拌和开始到碾压完毕的时间称为延迟时间。混合料从开始拌和到碾压完毕的所有作业必须在延迟时间内完成，以免混合料的强度达不到设计要求。厂拌法施工的延迟时间为2～3h。

施工中如有接缝，当天施工的接缝可采用搭接处重新拌和后进行碾压的方式；工作缝的处理是沿已压实的接缝处长度方向垂直挖一条宽约 30cm 的槽，一直挖到下承层顶面。在槽内放入两根方木（长度为稳定土层宽度的 1/2、厚度与其压实厚度相同），并紧靠已完成的稳定土一面，再用挖出的素土回填满。第二天施工摊铺时除去方木，用混合料回填，靠近方木不能拌和的部分，应人工补充拌和，整平压实并刮平接缝处即可。

（7）养护与交通管制。稳定土基层碾压完毕，应进行保湿养护，养护期不少于 7d。水泥稳定土混合料在碾压完成后立即养护，石灰或工业废渣稳定土混合料可在碾压完成后 3d 内开始养护；养护期内应使基层表面保持湿润或潮湿，一般可洒水或用湿砂、湿麻布、湿草帘、低黏质土覆盖，基层表面还可采用沥青乳液做下封层进行养护。水泥稳定土混合料需分层铺筑时，下层碾压完毕，待养护 1d 后即可铺筑上层；石灰或工业废渣稳定土混合料需分层铺筑时，下层碾压完即可进行铺筑，下层无须经过 7d 养护。养护期间应尽量封闭交通，若必须开放交通时，应限制重型车辆通行并控制行车速度，以减少行车对基层的扰动。

2. 路拌法施工

稳定土基层路拌法施工工艺：准备下承层→施工放样→备料→摊铺→拌和及洒水→整型→碾压→接缝处理→养护。其中，准备下承层、施工放样、碾压、接缝处理及养护的施工方法和要求与厂拌法施工相同。备料时，应计算各路段的材料用量、车辆数、堆放距离和摊铺面积；摊铺时，应根据松铺厚度确定每日的用量；拌和用稳定土拌和机；整型用平地机整平，并整出路拱。

（三）碎（砾）石基层的施工

1. 级配碎（砾）石基层施工

级配碎（砾）石基层是由一定级配的矿质集料经拌和、摊铺、碾压，强度符合规定要求的基层。级配碎石基层由粗、细碎石和石屑按一定比例配制的级配符合要求的碎石混合料铺筑而成，适用于各级公路的基层和底基层，还可用作较薄沥青面层与半刚性基层之间的中间层。级配砾石基层是用粗、细砾石和砂按一定比例配制的级配符合要求的混合料铺筑的具有规定强度的路面结构层，适用于二级及二级以下公路的基层及各级公路的底基层。其施工方法也有路拌法和厂拌法。

级配碎（砾）石基层路拌法施工工艺：准备下承层→施工放样→运输和摊铺主要集料→洒水湿润→运输和摊铺石屑→拌和并补充洒水→整型→碾压→干燥。

（1）准备下承层。下承载层的平整度和压实度弯沉值应符合规范的规定，不论是路堑或路堤，必须用 12～15t 三轮压路机或等效的碾压机械进行碾压检验（压 3～4 遍），若发现问题，应及时采取相应措施进行处理。

（2）施工放样。在下承层上恢复中线，直线段上每 10～20m 设一桩，曲线上每 10～15m 设一桩，并在两侧路肩边缘外 0.3～0.5m 设指示桩。进行水平测量，并在两侧指示桩上用明显标记标出基层或底基层边缘的设计高程。

（3）计算材料用量。根据各路段基层或底基层的宽度、厚度及预定的干压实密度，并按确定的配合比分别计算。

（4）运输和摊铺集料。集料装车时，应控制每车料的数量基本相等，卸料距离应严格掌握，避免料不足或过多。人工摊铺时，松铺系数约为 1.40～1.50，平地机摊铺时，松铺系数约为 1.25～1.35。

（5）拌和及整型。当采用稳定土拌和机进行拌和时，应拌和两遍以上，拌和深度应直到级配碎（砾）石层底，在进行最后一遍拌和前，必要时先用多铧犁紧贴底面翻拌一遍；当采用平地机拌和时，用平地机将铺好的集料翻拌均匀，平地机拌和的作业长度，每段宜为300～500m，并拌和5～6遍。

（6）碾压。混合料整形完毕，含水量等于或略大于最佳含水量时，用12t以上三轮压路机或振动压路机碾压。碾压时应按先轻后重、先慢后快、先边后中进行。在直线段，由路肩开始向路中心碾压；在平曲线段，由弯道内侧向外侧碾压，碾压轮应重叠1/2轮宽，后轮必须超过施工段接缝处。后轮压完路面全宽即为一遍，一般应碾压6～8遍，直到符合规定的密实度，表面无轨迹为止。压路机碾压头两遍的速度为1.5～1.7km/h，然后为2.0～2.5km/h。路面外侧应多压2～3遍。

级配碎（砾）石基层厂拌法施工是用强制式拌和机、卧式双转轴桨叶式拌和机普通水泥混凝土拌和机等进行集中拌和，然后运输、摊铺、整型和碾压。

2. 填隙碎石基层（底基层）施工

填隙碎石基层是用单一粒径的粗碎石作主骨料，用石屑作填隙料铺筑而成的结构层。填隙碎石适用于各级公路的底基层和二级以下公路的基层，颗粒组成等技术指标应符合要求。填隙碎石基层以粗碎石作嵌锁骨架，石屑填充粗碎石间的空隙，使密实度增加，从而提高强度和稳定性。填隙碎石基层施工有干压碎石法（干法施工）和水结碎石法（湿法施工）。

填隙碎石基层施工的工序为：准备下承层→施工放样→运输和摊铺粗集料→初压→撒布石屑→振动压实→第二次撒布石屑→振动压实→局部补撒石屑并扫匀→振动压实，填满空隙→洒水饱和（湿法）或洒少量水（干法）→碾压→干燥。

初压时，用8t两轮压路机碾压3～4遍，终压时，用12～15t三轮压路机碾压1～2遍。

（四）基层施工质量要求

1. 施工质量控制

施工过程中各工序完成后应进行相应指标的检查验收，上一道工序完成且质量符合要求方可进入下一道工序的施工。

（1）原材料与混合料质量技术指标试验。基层施工前及施工过程中原材料出现变化时，应对所采用的原材料进行规定项目的质量技术指标试验，以试验结果作为判定材料是否适用于基层的主要依据。

（2）试验路铺筑。在正式施工前应铺筑一定长度的试验路作为施工方法的标准，以便考查混合料的配合比是否适宜，确定混合料的松铺系数、施工方法及作业段的长度等，并根据试验铺筑路的实际过程优化基层的施工组织设计。

（3）施工过程中的质量控制与外形管理。基层施工质量控制是在施工过程中对混合料的含水量、集料级配、结合料剂量、混合料抗压强度、拌和均匀性、压实度、表面回弹弯沉值等项目进行检查。外形管理包括基层的宽度、厚度、路拱横坡、平整度等，施工时应按规定的要求和质量标准严格进行检查。

2. 检查验收

基层施工完毕应进行竣工检查验收，内容包括基层的外形、施工质量和材料质量。判定路面结构层质量是否合格，是以1km长的路段为评定单位，当采用大流水作业时，也可以每天完成的段落为评定单位。检查验收过程中的试验、检验应做到原始记录齐全、数据真实可靠，为质量评定提供客观、准确的依据。

二、沥青路面施工

沥青路面是用沥青材料作结合料粘结矿料修筑面层与各类基层或垫层所组成的路面结构。沥青路面以其表面平整、无节缝、行车舒适、耐磨、振动小、噪声低、施工期短、养护维修简便、适宜于分期修建等优点，因而在国内外得到广泛应用。

（一）沥青混合料路面的分类

沥青混合料是由适当比例的粗集料、细集料及填料组成的矿质混合料与粘结材料沥青经拌和而成的混合材料。

沥青混合料按表层材料分为沥青混凝土、热拌沥青碎石、乳化沥青碎石混合料、沥青贯入式和沥青表面处治。

按强度形成机理分为密实类和嵌挤类。密实型是指沥青混合料的矿料具有连续级配、沥青用量较大，则形成密实骨架结构，强度主要由沥青与矿料的粘附力及沥青自身的粘聚力组成，矿料间的摩阻力次之。这种沥青混合料的剩余空隙率较小，防渗性能较好，但强度受温度影响也随之增大，沥青混凝土即属于此类混合料。嵌挤型是指沥青混合料的矿料颗粒较粗、尺寸较均匀，沥青混合料形成骨架空隙结构，强度主要由矿料间的嵌挤力和内摩阻力组成，沥青与矿料的粘附力及沥青自身的粘聚力次之。这种沥青混合料的剩余空隙率较大，但高温稳定性较好，矿料为半开级配或开级配的沥青碎石即属于此类沥青混合料。

按施工工艺不同分为层铺法（洒铺法）、路拌法和厂拌法，目前多用厂拌法。层铺法是指集料与结合料分层摊铺、洒布、压实的路面施工方法，适用于沥青表面处治路面、沥青贯入式路面。厂拌法适用于沥青混凝土、热拌沥青碎石和乳化沥青碎石混合料。

（二）材料质量要求

（1）沥青。路用沥青材料包括道路石油沥青、煤沥青、乳化石油沥青、液体石油沥青等。高速公路、一级公路的沥青路面，应选用符合"重交通道路石油沥青技术要求"的沥青以及改性沥青；二级及二级以下公路的沥青路面可采用符合"中、轻交通道路石油沥青技术要求"的沥青或改性沥青；乳化石油沥青应符合"道路乳化石油沥青技术要求"的规定；煤沥青不宜用于沥青面层，一般仅作为透层沥青使用。

（2）矿料。矿料主要包括粗集料、细集料及填料。粗、细集料形成沥青混合料的矿质骨架，填料与沥青组成的沥青胶浆填充于骨料间的空隙中并将矿料颗粒粘结在一起，使沥青混合料具有抵抗行车荷载和环境因素作用的能力。

粗集料形成沥青混合料的主骨架，对沥青混合料的强度和高温稳定性影响很大。沥青混合料的粗集料有碎石、筛选砾石、破碎砾石、矿渣，粗集料不仅应洁净、干燥、无风化、无杂质，还应具有足够的强度和耐磨耗能力以及良好的颗粒形状。

细集料是指粒径小于5mm的天然砂、机制砂、石屑。热拌沥青混合料的细集料宜采用天然砂或机制砂，在缺少天然砂的地区，也可使用石屑。高速公路和一级公路的沥青混凝土面层及抗滑表层的石屑用量不宜超过天然砂及机制砂的用量，以确保沥青混凝土混合料的施工和易性和压实性。细集料应洁净、干燥、无风化、无杂质并有一定级配，与沥青有良好的粘附能力。

填料是指采用石灰岩或岩浆岩中的强基性岩石（憎水性石料）经磨细而得到的矿粉。矿粉应干燥、洁净，无团粒和泥土。与沥青粘结良好的碱性粉煤灰可作为填料的一部分，但应具有与矿粉同样的质量。由于填料的粒径很小，比表面积很大，使混合料中的结构沥青增加，从而提高沥青混合料的粘结力，因此填料是构成沥青混合料强度的重要组成部分。

（三）热拌沥青混合料路面施工

热拌沥青混合料包括沥青混凝土和热拌沥青碎石。热拌沥青混合料适用于各种等级道路的沥青面层。高速公路、一级公路和城市快速路、主干路的沥青面层的上面层、中面层及下面层应采用沥青混凝土铺筑。热拌沥青碎石混合料适用于基层、过渡层及整平层。其他等级道路的沥青面层的上面层宜采用沥青混凝土铺筑。

选择沥青混合料类型应综合考虑公路所在地区的自然条件、公路等级、沥青层位、路面性能要求、施工条件及工程投资等因素。对于双层式或三层式沥青混凝土路面，其中至少应有一层是Ⅰ型密级配沥青混凝土。多雨潮湿地区的高速公路和一级公路，上面层宜选用抗滑表层混合料；干燥地区的高速公路和一级公路，宜采用Ⅰ型密级配沥青混合料作上面层；高速公路的硬路肩也宜采用Ⅰ型密级配沥青混合料作表层。

热拌沥青混合料路面采用厂拌法施工，集料和沥青均在拌和机内进行加热与拌和，并在热的状态下摊铺碾压成型。

热拌沥青混合料路面施工工艺：砌筑路缘石或培路肩→清扫基层→浇洒粘层或透层沥青→摊铺→碾压→接缝处理→开放交通。

1. 施工准备

（1）原材料质量检查及热拌沥青混合料施工温度的确定。沥青、矿料的质量，集料与沥青混合料的取样应符合现行试验规程要求。生产添加纤维的沥青混合料时，纤维必须在混合料中充分分散，拌和均匀，施工温度应视纤维品种和数量、矿粉用量的不同，在改性沥青混合料的基础上作适当提高。石油沥青加工及沥青混合料施工温度应根据沥青标号及粘度、气候条件、铺装层的厚度确定。

（2）施工机械的选型和配套。施工机械主要有沥青洒布机、沥青混合料拌和设备（连续式、间歇式、滚筒式）和沥青混合料摊铺机。应根据工程量大小、工期、施工现场条件和工程质量的要求，确定合理的机械类型、数量及组合匹配方式，使沥青路面的施工连续、均衡施工。

施工前应检修各种施工机械，以便在施工时能正常运行。沥青混合料可采用间歇式拌和机或连续式拌和机拌制。高速公路和一级公路宜采用间歇式拌和机拌和。连续式拌和机使用的集料必须稳定不变，一个工程从多处进料、料源或质量不稳定时，不得采用连续式拌和机。沥青混合料拌和设备的各种传感器必须定期检定，周期不少于每年一次。冷料供料装置需经标定得出集料供料曲线。间歇式拌和机总拌和能力必须满足施工进度要求。拌和机除尘设备完好，能达到环保要求。冷料仓的数量满足配合比需要，通常不宜少于5～6个。具有添加纤维、消石灰等外掺剂的设备。拌和机的矿粉仓应配备振动装置以防止矿粉起拱。添加消石灰、水泥等外掺剂时，宜增加粉料仓，也可由专用管线和螺旋升送器直接加入拌和锅，若与矿粉混合使用时应注意二者因密度不同发生离析。拌和机必须有二级除尘装置，经一级除尘部分可直接回收使用，二级除尘部分可进入回收粉仓使用（或废弃）。对因除尘造成的粉料损失应补充等量的新矿粉。间歇式拌和机的振动筛规格应与矿料规格相匹配，最大筛孔宜略大于混合料的最大粒径，其余筛的设置应考虑混合料的级配稳定，并尽量使热料仓大体均衡，不同级配混合料必须配置不同的筛孔组合。

（3）拌和厂选址与备料。由于拌和机工作时产生大量粉尘和噪声等，拌和厂内的各种油料及沥青为可燃物，因此拌和厂的设置必须符合国家有关环境保护、消防、安全等规定，一般应设置在空旷、干燥和运输条件良好的地方。拌和厂与工地现场距离应充分考虑交通堵塞的可能，确保混合料的温度下降不超过要求，且不致因颠簸造成混合料离析。拌和厂应配备实验室及足够的试验仪器和设备，并有可靠的电力供应和完备的排水设施。拌和厂内的沥青应分品种、分标号密闭储存。各种集料必须分隔贮存，不得混杂，细集料应设防雨顶棚以防矿粉等填料受潮。料场及场内道路应做硬化处理，严禁泥土污染集料。

（4）铺筑沥青层前，应检查基层或下卧沥青层的质量，不符要求的不得铺筑沥青面层。旧沥青路面或下卧层已被污染时，必须清洗或经铣刨处理后方可铺筑沥青混合料。

（5）试验路铺筑。高速公路和一级公路沥青路面在大面积施工前应铺筑试验路，其他等级公路在缺乏施工经验或初次使用重要设备时，也应铺筑试验路段。通过铺筑试验路段，主要研究合适的上料速度、拌和数量与时间及拌和温度，透层沥青的标号与用量、喷洒方式、喷洒温度、摊铺温度与速度、摊铺宽度与自动找平方式，压实方法、压实机械的合理组合、压路机的压实顺序、压实温度、碾压速度及遍数、接缝方法、松铺系数、松铺厚度，验证混合料配合比、提出生产用的矿料配比和沥青用量，建立用钻孔法及核子密度仪法测定密度的对比关系，确定粗粒式沥青混凝土或沥青碎石面层的压实标准密度，确定施工产量以及合适的作业段长度，指定施工进度计划，全面检查材料及施工质量，确定施工组织及管理体系、人员、通讯联络及指挥方式等，为大面积路面施工提供标准方法和质量检查标准。试验路的长度根据试验目的确定，通常在 $100\sim200$m，宜设在直线段上。

2. 沥青混合料拌和

热拌沥青混合料必须在沥青拌和厂（场、站）采用拌和机拌和。拌和机拌和沥青混合料时，先将矿料粗配、烘干、加热、筛分、精确计量，然后加入矿粉和热沥青，最后强制拌和成沥青混合料。集料进场宜在料堆顶部平台卸料，经推土机推平后，铲运机从底部按顺序竖直装料，减小集料离析。高速公路和一级公路施工用的间歇式拌和机必须配备计算机设备，拌和过程中逐盘采集并打印各个传感器测定的材料用量和沥青混合料拌和量、拌和温度等各种参数，每个台班结束时打印出一个台班的统计量，并进行沥青混合料生产质量及铺筑厚度的总量检验，如数据有异常波动，应立即停止生产，查明原因。沥青混合料的生产温度应符合要求，烘干集料的残余含水量不得大于 1%，每天开始几盘集料应提高加热温度，并干拌几锅集料废弃，再正式加沥青拌和混合料。

沥青混合料拌和时间根据具体情况经试拌确定，以沥青均匀裹覆集料为度。间歇式拌和机每盘的生产周期不宜少于 45s（其中干拌时间不少于 $5\sim10$s）。间隙式拌和机宜备有保温性能好的成品储料仓，储存过程中混合料温降不得大于 $10℃$、且不能有沥青滴漏，普通沥青混合料的储存时间不得超过 72h，改性沥青混合料的储存时间不宜超过 24h。生产添加纤维的沥青混合料时，纤维必须在混合料中充分分散，拌和均匀。拌和机应配备同步添加投料装置，松散的絮状纤维可在喷入沥青的同时或稍后采用风送设备喷入拌和锅，拌和时间宜延长 5s 以上。颗粒纤维可在粗集料投入的同时自动加入，经 $5\sim10$s 的干拌后，再投入矿粉。工程量很小时也可分装成塑料小包或由人工量取直接投入拌和锅。使用改性沥青时应随时检查沥青泵、管道、计量器是否受堵，堵塞时应及时清洗。沥青混合料出厂时应逐车检测沥青混合料的重量和温度，记录出厂时间，签发运料单。

拌和时应严格控制各种材料的用量和拌和温度，确保沥青混合料的拌和质量。拌和的沥青混合料应色泽均匀一致、无花白料、无结团块或严重粗细料离析现象，不符合要求的混合料应废弃并对拌和工艺进行调整。

3. 沥青混合料运输

热拌沥青混合料宜采用自卸汽车运输，运料车每次使用前后必须清扫干净，在车厢板上涂一薄层防止沥青粘结的隔离剂或防粘剂，但不得有余液积聚在车厢底部。从拌和机向运料车上装料时，应多次挪动汽车位置，平衡装料，以减少混合料离析。运料车运输混合料宜用篷布覆盖保温、防雨、防污染，夏季运输时间短于 0.5h 时可不覆盖。运输中不得超载，或急刹车、急弯掉头使透层、封层造成损伤。

运料车进入摊铺现场时，轮胎上不得沾有泥土等可能污染路面的脏物，否则宜设水池洗净轮胎后进入工程现场。沥青混合料在摊铺地点凭运料单接收，若混合料不符合施工温度要求，或已经结成团块、已遭雨淋的不得铺筑。运料车的运力应稍有富余，施工过程中摊铺机前方应有运料车等候。对高速公路、一级公路，宜待等候的运料车多于 5 辆后开始摊铺。从拌和机向运料车上放料时应每放一料斗混合料挪动一下车位，以减小集料离析现象。摊铺过程中运料车应在摊铺机前 100～300mm 处停车等候，由摊铺机推动前进开始缓缓卸料，避免撞击摊铺机。在有条件时，运料车可将混合料卸入转运车经二次拌和后向摊铺机连续均匀的供料。运料车每次卸料必须倒净，如有剩余，应及时清除，防止硬结。

4. 沥青混合料摊铺

摊铺沥青混合料前应按要求在下承层上浇洒透层、粘层或铺筑下封层。

透层是指为了使沥青面层与非沥青材料基层结合良好，直接在基层上浇洒低粘度的液体沥青（煤沥青、乳化沥青或液体石油沥青）而形成的透入基层表面的薄层。其作用是增进基层与沥青面层的粘结力、封闭基层表面的空隙和减少水分下渗。沥青路面下的级配砂砾、级配碎石基层以及水泥、石灰、粉煤灰等无机结合料稳定土或粒料的基层上必须浇洒透层沥青。高速、一级公路的透层沥青应采用沥青洒布车喷洒，二级及二级以下公路也可采用手工沥青洒布机喷洒。

粘层是为了加强沥青层与沥青层之间、沥青层与水泥混凝土面板之间的粘结而洒布的薄沥青材料层。当双层式或三层式热拌热铺沥青混合料路面在铺筑上层前，其下面的沥青混合料已被污染、旧沥青路面上加铺沥青层及水泥混凝土路面上铺筑沥青面层或当与新铺沥青混合料接触的路缘石、雨水井井口、检查井的侧面等应浇洒粘层沥青。粘层沥青宜用沥青洒布车喷洒。

封层是修筑在面层或基层上的沥青混合料薄层。铺筑在面层表面的称为上封层，铺筑在面层下面的称为下封层。其主要作用是封闭表面空隙、防止水分侵入面层或基层、延缓面层老化和改善路面外观。当沥青面层的空隙较大透水严重，有裂缝或已修补的旧沥青路面，需加铺磨耗层或者改善抗滑性能的旧沥青路面，需铺筑磨耗层或保护层的新建沥青路面，均应在沥青层上铺筑上封层；当位于多雨地区且沥青的面层空隙较大、渗水严重，在铺筑基层后不能及时沥青面层，且需开放交通，均应在沥青面层下铺筑下封层。采用乳化沥青稀浆封层作为上、下封层时，其厚度宜为 3～6mm，其混合料的类型及矿料级配，应根据处治的目的、道路等级选择，铺筑厚度，集料尺寸及摊铺用量选用。

基层表面应平整、密实，高程及路拱横坡符合要求。下承层表面的泥土应清理干净。热拌沥青混合料应采用沥青摊铺机摊铺，摊铺机的受料斗应涂刷薄层隔离剂或防粘结剂。铺筑高速公路、一级公路沥青混合料时，一台摊铺机的铺筑宽度不宜超过 6（双车道）～7.5m（3 车道以上），通常宜采用两台或更多台数的摊铺机前后错开 10～20m 成梯队方式同步摊铺，两幅之间应有 30～60mm 左右宽度的搭接，并躲开车道轨迹带，上下层的搭接位置宜错开 200mm 以上。摊铺机开工前应提前 0.5～1h 预热熨平板不低于 100℃。铺筑过程中应选择熨平板的振捣或夯锤压实装置具有适宜的振动频率和振幅，以提高路面的初始压实度。熨平板加宽连接应仔细调节至摊铺的混合料没有明显的离析痕迹。

摊铺机必须缓慢、均匀、连续不间断地摊铺，不得随意变换速度或中途停顿，以提高平整度，减少混合料的离析（图 9-8）。摊铺速度宜控制在 2～6m/min 的范围内。当发现混合料出现明显的离析、波浪、裂缝、拖痕时，应分析原因，予以消除。沥青路面施工的最低气温应符合现行规范的要求，寒冷季节遇大风降温，不能保证迅速压实时不得铺筑沥青混合料。热拌沥青混合料的最低摊铺温度根据铺筑层厚度、气温、风速及下卧层表面温度按规范执行。每天施工开始阶段宜采用较高温度的混合料。摊铺过程中应随时检查摊铺层厚度及路拱、横坡，由使用的混合料总量与面积校验平均厚度。摊铺机的螺旋布料器应相应于摊铺速度调整到保持一个稳定的速度均衡地转动，两侧应保持有不少于送料器 2/3 高度的混合料，以减少在摊铺过程中混合料的离析。

用机械摊铺的混合料，不宜用人工反复修整。当不得不由人工作局部找补或更换混合料时，需仔细进行，特别严重的缺陷应整层铲除。在路面狭窄部分、平曲线半径过小的匝道或加宽部分，以及小规模工程不能采用摊铺机铺筑时可用人工摊铺混合料。已摊铺的沥青层因遇雨未行压实的应予铲除。

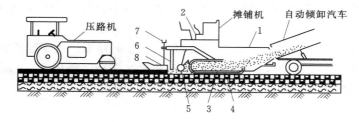

图 9-8 沥青混合料摊铺机操作示意

1—料斗；2—驾驶台；3—送料器；4—履带；5—螺旋摊铺器；
6—振捣器；7—厚度调节螺杆；8—摊平板

5. 碾压

碾压是热拌沥青混合料路面施工的最后一道工序，沥青混合料的分层压实厚度不得大于 10cm。碾压时，压路机不得在未碾压成型路段上转向、调头、加水或停留。在当天成型的路面上，不得停放各种机械设备或车辆，不得散落矿料、油料等杂物。碾压轮在碾压过程中应保持清洁，有混合料沾轮应立即清除。对钢轮可涂刷隔离剂或防粘结剂，但严禁刷柴油。当采用向碾压轮喷水（可添加少量表面活性剂）方式时，必须严格控制喷水量且成雾状，不得漫流，以防混合料降温过快。轮胎压路机开始碾压阶段，可适当烘烤、涂刷少量隔离剂或防粘结剂，也可少量喷水，并先到高温区碾压使轮胎尽快升温，之后停止洒水。当压路机来回交错碾压时，前后两次停留地点应相距 10m 以上；并应使出压实起始线 3m 以外。在压路机压不到的其他地方，应采用振动夯板把混合料充分压实。已经完成碾压的路面，不得修补表皮。

碾压程序包括初压、复压和终压三个工序。初压的目的是整平和稳定混合料。常用轻型钢筒压路机或关闭振动装置的振动压路机碾压 2 遍，碾压时必须将驱动轮朝向摊铺机，以免使温度较高处摊铺层产生推移和裂缝。初压应在紧跟摊铺机后碾压，并保持较短的初压区长度，以尽快使表面压实，减少热量散失。对摊铺后初始压实度较大，经实践证明采用振动压路机或轮胎压路机直接碾压无严重推移而有良好效果时，可免去初压直接进入复压工序。通常宜采用钢轮压路机静压 1~2 遍。碾压时应将压路机的驱动轮面向摊铺机，从外侧向中心碾压，在超高路段则由低向高碾压，在坡道上应将驱动轮从低处向高处碾压。初压后应检查平整度、路拱，有严重缺陷时进行修整乃至返工。

复压是使混合料密实、稳定、成型，是使混合料的密实度达到要求。复压应紧跟在初压后开始，且不得随意停顿。压路机碾压段的总长度应尽量缩短，通常不超过 60~80m。采用不同型号的压路机组合碾压时宜安排每一台压路机作全幅碾压，防止不同部位的压实度不均匀，一般碾压 4~6 遍。密级配沥青混凝土的复压宜优先采用重型的轮胎压路机进行搓揉碾压，以增加密水性，其总质量不宜小于 25t，吨位不足时宜附加重物，使每一个轮胎的压力不小于 15kN，冷态时的轮胎充气压力不小于 0.55MPa，轮胎发热后不小于 0.6MPa，且各个轮胎的气压应相同，相邻碾压带应重叠 1/3~1/2 的碾压轮宽度，碾压至要求的压实度为止。对粗集料为主的较大粒径的混合料，尤其是大粒径沥青稳定碎石基层，宜优先采用振动压路机复压。厚度小于 30mm 的薄沥青层不宜采用振动压路机碾压。相邻碾压带重叠宽度为 100~200mm。振动压路机折返时应先停止振动。当采用三轮钢筒式压路机时，总质量不宜小于 12t，相邻碾压带宜重叠后轮的 1/2 宽度，并不应少于 200mm。对路面边缘、加宽及港湾式停车带等大型压路机难于碾压的部位，宜采用小型振动压路机或振动夯板作补充碾压。

终压的目的是消除碾压产生的轮迹，最后形成平整的路面。终压应紧接在复压后用双轮钢筒式压路机或 6~8t 的振动压路机（关闭振动装置）进行，碾压 2~4 遍，直至无明显轮迹为止。压实成型的沥青路面应符合压实度及平整度的要求。

6. 接缝处理

沥青路面施工中应尽可能避免出现接缝，如必须有接缝时，要求接缝紧密、连接平顺，不得产生明显的接缝离析。上下层的纵缝应错开 150mm（热接缝）或 300~400mm（冷接缝）以上。相邻两幅及上下层的横向接缝均应错位 1m 以上。接缝施工应用 3m 直尺检查，确保平整度符合要求。高速公路和一级公路的表面层横向接缝（即工作缝）应采用垂直的平接缝，以下各层可采用自然碾压的斜接缝，沥青层较厚时也可作阶梯形接缝。其他等级公路的各层均可采用斜接缝。斜接缝的搭接长度与层厚有关，宜为 0.4~0.8m。搭接处应洒少量沥青，混合料中的粗集料颗粒应予剔除，并补上细料，搭接平整，充分压实。阶梯形接缝的台阶经铣刨而成，并洒粘层沥青，搭接长度不宜小于 3m。

摊铺时采用梯队作业的纵缝应采用热接缝，将已铺部分留下 100~200mm 宽暂不碾压，作为后续部分的基准面，然后作跨缝碾压以消除缝迹。当半幅施工或因特殊原因而产生纵向冷接缝时，宜加设挡板或加设切刀切齐，也可在混合料尚未完全冷却前用镐刨除边缘留下毛茬的方式，但不宜在冷却后采用切割机作纵向切缝。加铺另半幅前应涂洒少量沥青，重叠在已铺层上 50~100mm，再铲走铺在前半幅上面的混合料，碾压时由边向中碾压留下 100~

150mm，再跨缝挤紧压实。或者先在已压实路面上行走碾压新铺层 150mm 左右，然后压实新铺部分。

7. 开放交通

压实的沥青路面在冷却前，任何机械不准在其上停放或行驶，并防止矿料、油料等杂物的污染。热拌沥青混合料路面应待摊铺层完全自然冷却，混合料表面温度不高于 50℃（石油沥青）或不高于 45℃（煤沥青）后开放交通。需提早开放交通时可洒水冷却降低混合料温度。

（四）乳化沥青碎石混合料路面施工

乳化沥青碎石混合料是的指采用乳化沥青与矿料在常温状态下拌和而成，压实后剩余空隙率在 10％以上的常温冷却混合料。用这类沥青混合料铺筑而成的路面称为乳化沥青碎石混合料路面。具有填充、防水、耐磨、抗滑、恢复路面使用品质和延长路面使用寿命等作用。

乳化沥青碎石混合料适用于三级及以下公路面层、二级公路罩面以及各级公路沥青路面的整平层或联结层，厚度一般为 3～6mm。乳化沥青碎石混合料路面宜采用双层式，下层采用粗粒式沥青碎石混合料，上层采用中粒式或细料式沥青碎石混合料。单层式只宜在少雨干燥地区或稳定土基层上使用。在多雨潮湿地区必须做上封或下封层。乳化沥青的品种、规格、标号应根据混合料用途、气候条件、矿料类别等按规定选用，混合料配合比可按经验确定。

乳化沥青碎石混合料路面施工工艺：砌筑路缘石或培路肩→清扫基层→浇洒粘层或透层沥青→摊铺→碾压→接缝处理→开放交通。

1. 施工准备

基层符合规定要求。对各种材料进行调查试验。经选择确定的材料在施工过程中应保持稳定，不得随意变更。对施工机具进行全面检查，并经调试证明处于性能良好、数量足够、施工能力配套，重要机械宜有备用设备。可采用现行沥青路面施工规范推荐的矿料级配，并根据已有道路的成功经验试拌确定配合比。乳液用量应根据当地实践经验以及交通量、气候、石料情况、沥青标号、施工机械条件等确定，也可以按热拌沥青碎石混合料的沥青用量折算。实际的沥青用量宜较同规格热拌沥青混合料的沥青用量减少之量 10％～20％。

2. 施工要点

乳化沥青碎石混合料宜采用拌和厂机械拌和。缺乏厂拌条件时也可采用现场路拌及人工摊铺方式。乳化沥青碎石混合料施工应注意防止混合料离析。当采用阳离子乳化沥青时，矿料在拌和前需先用水湿润，使集料含水量达 5％左右，气温较高时可多加水，低温潮湿时少加水。矿料与乳液应充分拌和均匀，若湿润后仍难于与乳液拌和均匀时，应改用破乳速度更慢的乳液，或用 1％～3％浓度的氯化钙水溶液代替水润湿集料表面。拌和时间应根据集料级配情况、乳液裂解速度、拌和机性能、气候条件等通过试拌确定。机械拌和时间不宜超过 30s，人工拌和时间不宜超过 60s。

拌和的混合料应具有良好的和易性，以免在摊铺时出现离析。已拌好的混合料应立即运至现场进行摊铺，并在乳液破乳前结束。在拌和与摊铺过程中已破乳的混合料，应予废弃。混合料宜用沥青摊铺机摊铺，也可人工摊铺时。机械摊铺的松铺系数为 1.15～1.20，人工摊铺时松铺系数为 1.20～1.45。

混合料摊铺完毕，厚度、平整度、路拱横坡等符合设计和规范要求，即可进行碾压。乳化沥青冷拌混合料摊铺后宜采用 6t 左右的轻型压路机初压 1～2 遍，使混合料初步稳定，再用轮胎压路机或钢筒式压路机碾压 1～2 遍。当乳化沥青开始破乳、混合料由褐色转变成黑色时，改用 12～15t 轮胎压路机碾压，将水分挤出，复压 2～3 遍后停止，待晾晒一段时间，水分基本蒸发后继续复压至密实为止。当压实过程中有推移现象时应停止碾压，待稳定后再碾压。当天不能完全压实时，可在较高气温状态下补充碾压。当缺乏轮胎压路机时，也可采用钢筒式压路机或较轻的振动压路机碾压。

乳化沥青混合料路面应在压实成型、路面水分完全蒸发后加铺上封层。施工结束后宜封闭交通 2～6h，并注意做好早期养护。开放交通初期，应设专人指挥，车速不得超过 20km/h，不得刹车或掉头。

（五）沥青灌入式路面施工

沥青灌入式路面是在初步压实的碎石（砾石）层上，分层浇洒沥青、撒布嵌缝料后经压实而成的路面，厚度一般为 4～8cm。根据沥青的灌入深度不同，分为深灌入式（6～8cm）和浅贯入式（4～5cm）。属于次高级路面，适用于二级及二级以下公路。

1. 材料准备

沥青灌入式路面的集料应选择有棱角、嵌挤性好的坚硬石料作集料。其规格和用量应符合要求。沥青灌入层的主层集料最大粒径宜与灌入层厚度相当。当采用乳化沥青时，主层集料最大粒径可采用厚度的 0.8～0.85 倍，数量宜按压实系数 1.25～1.30 计算。沥青灌入式路面的结合料可采用道路石油沥青、煤沥青或乳化沥青。灌入式路面各层次沥青用量应根据施工气温及沥青标号等在规定范围内选用，在寒冷地带或当施工季节气温较低、沥青针入度较小时，沥青用量宜用高限。在低温潮湿气候下用乳化沥青灌入时，应按乳液总用量不变的原则进行调整，上层较正常情况适当增加，下层较正常情况适当减少。

2. 施工要点

沥青灌入式路面施工工艺：放样和砌筑路缘石→清理基层→浇洒透层或粘层沥青→撒布主层集料→碾压主层集料→浇洒第一层沥青→撒布第一层嵌缝料→碾压→浇洒第二层沥青→撒布第二层嵌缝料→碾压→再浇洒第三层沥青→撒布封层料→终压。

（1）主层集料应避免颗粒大小不均匀，用碎石摊铺机、平地机或人工摊铺完成后检查松铺厚度并严禁车辆通行。

（2）撒布主层集料后应采用 6～8t 的轻型钢筒式压路机自路两侧向路中心碾压主层集料，碾压速度宜为 2km/h，每次轨迹重叠约 30cm，碾压一遍后检验路拱和纵向坡度，当不符合要求时，应调整找平后再压。然后用 10～12t 重型的钢轮压路机碾压，每次轨迹重叠 1/2 左右，宜碾压 4～6 遍，直至主层集料嵌挤稳定，无显著轨迹为止。

（3）主层集料碾压完毕后，应浇洒第一层沥青。采用乳化沥青灌入时，为防止乳液下漏过多，可在主层集料碾压稳定后，先撒布一部分上一层嵌缝料，再浇洒主层沥青。

（4）主层沥青浇洒后，用撒布机或人工均匀撒布第一层嵌缝料。撒布后尽量扫匀，不足处应找补。当使用乳化沥青时，石料撒布必须在乳液破乳前完成。

（5）嵌缝料扫匀后，立即用 8～12t 钢筒式压路机碾压，轨迹重叠轮宽的 1/2 左右，宜碾压 4～6 遍，直至稳定为止。碾压时随压随扫，使嵌缝料均匀嵌入。如因气温较高使碾压过程中发生较大推移现象时，应立即停止碾压，待气温稍低时再继续碾压。按上述方法浇洒第二层沥青、撒布第二层嵌缝料，然后碾压，再浇洒第三层沥青。

（6）撒布封层料。施工同撒布嵌缝料。如不撒布封层料而加铺沥青混合料拌和层时，拌和层应紧跟灌入层施工，使上下成为一整体。灌入部分采用乳化沥青时应待其破乳、水分蒸发且成型稳定后方可铺筑拌和层，当拌和层与灌入部分不能连续施工，且要在短期内通行施工车辆时，灌入层部分的第二遍嵌缝料应增加用量 $2\sim3m^3/1000m^2$，在摊铺拌和层沥青混合料前，应作补充碾压，并浇洒粘层沥青。

（7）采用 $6\sim8t$ 压路机作最后碾压，宜碾压 $2\sim4$ 遍，然后开放交通。

（六）沥青表面处治路面施工

沥青表面处治（也称沥青表处）是早期沥青路面的主要类型，广泛使用于砂石路面提高等级、解决晴雨通车而作的简易式沥青路面。沥青表面处治路面是指用沥青和集料用拌和法或层铺法施工，厚度不大于 $3cm$ 的一种薄层路面面层，主要用于抵抗车轮磨耗，增强抗滑和防水能力，提高平整度，改善路面的行车条件，属于中低级路面，适用于三级及以下的地方性公路，也适用于二级以下公路、高速公路和一级公路的施工便道的面层，也可作为旧沥青路面的罩面和防滑磨耗层。

沥青表面处治面层可采用道路石油沥青、煤沥青或乳化沥青作结合料，其用量根据气温、沥青标号、基层等情况确定。沥青表面处治路面所用集料的最大粒径应与处治层厚度相等。

1. 层铺法施工

层铺法施工时一般采用先油后料法，单层式沥青表面处治层的施工工艺：清理基层→浇洒第一层沥青→撒布第一层集料→碾压。

双层式或三层式沥青表面处治层的施工方法即重复上述施工工序一遍或两遍。

2. 拌和法

拌和法是将沥青材料与集料按一定比例拌和摊铺、碾压的方法。

路拌法施工工艺：清扫放样→沿路分堆备料→人工干拌（集料）→掺加沥青拌匀→摊铺成型→碾压→初期养护。

厂拌法施工工艺：熬油→定量配料→机械拌和→运料→清扫放样→卸料→摊铺整型→碾压→初期养护。

（七）沥青路面施工质量要求

沥青路面施工质量要求的内容包括材料的质量检验、铺筑试验路、施工过程的质量控制及工序间的检查验收。

（1）沥青路面施工过程中应进行全面质量管理，建立健全行之有效的质量保证体系。实行严格的目标管理、工序管理及岗位质量责任制度，对各施工阶段的工程质量进行检查、控制、评定，从制度上确保沥青路面的施工质量。

（2）沥青路面施工前应按规定对原材料的质量进行检验。在施工过程中逐班抽样检查时，沥青材料可根据实际情况可作针入度、软化点、延度的试验。检测粗集料的抗压强度、磨耗率、磨光值、压碎值、级配等指标和细集料的级配组成、含水量、含土量等指标。矿粉应检验其相对密度和含水量并进行筛析。材料的质量以同一料源、同一次购入并运至生产现场为一"批"进行检查。

（3）实行监理制度的工程项目，材料试验结果及据此进行的配合比设计结果、施工机械及设备检查结果，在使用前规定的期限内均向监理工程师或工程质量监管部门提出正式报告，待取得正式认可后，方可使用。

（4）施工单位应做好铺筑试验段路的记录和分析，监理工程师或质量监督部门应监督、检查试验段的施工质量，及时与施工单位商定有关试验结果的采用。

（5）铺筑结束后，施工单位应就各项试验内容提出试验总结报告，并取得主管部门的批复。

（6）施工过程中沥青面层外形尺寸和交工检查与验收质量标准应满足要求。

三、水泥混凝土路面施工

水泥混凝土路面是指以素混凝土或钢筋混凝土板与基（垫）层所组成的路面。水泥混凝土板作为主要承受荷载的结构层，而板下的基（垫）层和路基起支撑作用。水泥混凝土路面包括素混凝土、钢筋混凝土、连续配筋混凝土、预应力混凝土、装配式混凝土、钢纤维混凝土和混凝土小块铺砌等面层板和基（垫）层所组成的路面。

水泥混凝土路面与其他类型的路面相比具有强度高、刚度大、抗滑性能好、耐久性和稳定性好、有利于夜间行车、使用寿命长、养护费用少、经济效益高等优点，但也存在有接缝、开放交通迟、水泥和水用量大、对超载敏感、噪声大及损坏后修复困难等缺点。

（一）材料质量要求

水泥混凝土路面的材料主要有水泥、粗集料（碎石）、细集料（砂）、水、外加剂、接缝材料及局部使用的钢筋。

（1）水泥。为了保证水泥混凝土具有足够的强度、良好的抗磨耗、抗滑及耐久性能，通常选用强度高、干缩性小、抗磨性能及耐久性能好的水泥。

（2）粗集料。选用质地坚硬、洁净、具有良好级配的粗集料（粒径＞5mm）。最大粒径不应超过40mm，粗集料的颗粒组成可采用连续级配，也可采用间断级配。

（3）细集料。细集料（粒径为 0.15～5mm）应尽量采用天然砂，无天然砂时也可用人工砂。要求颗粒坚硬耐磨，具有良好的级配，表面粗糙有棱角，清洁和有害杂质含量少，细度模数在 2.5 以上。

（4）水。用于清洗集料、拌和混凝土及养护用的水，不应含有影响混凝土质量的油、酸、碱、盐类及有机物等。

（5）外加剂。在混凝土拌和过程中可加入适宜的外加剂，常用的有流变剂（改善流变性能）、调凝剂（调节凝结时间）和引气剂（提高抗冻、抗渗、抗蚀性能）。

（6）接缝材料。用于填塞混凝土路面板的各类接缝，主要有接缝板和填缝料。接缝板应适应路面板的膨胀与收缩，施工时不变形，耐久性好，如木材类、塑料泡沫类和纤维类等。填缝料应与路面板缝壁粘附力强，回弹性好，能适应路面的胀缩，不溶于水，高温不挤出，低温不脆裂，耐久性好。常用的填缝料有聚氯乙烯类、沥青玛蹄脂、聚氨酯和氯丁橡胶条等。

（7）钢筋。接缝需要设置钢筋拉杆和传力杆，在板边、板端及角隅需要设置边缘和角隅补强钢筋，钢筋混凝土路面和连续配筋混凝土路面则要使用大量的钢筋。钢筋应符合设计规定的品种和规格要求，应顺直，无裂缝、断伤、刻痕及表面锈蚀和油污等。

拉杆是防止因混凝土面板的相对位移产生接缝变宽、拉住接缝两边的板块，而不是分布车轮荷载，拉杆设置在纵缝处。传力杆是为保证接缝的传荷能力和路面的平整度，防止产生错台等设置的，应采用光面钢筋，主要用于横向接缝。

（二）施工准备工作

（1）选择施工机械。水泥混凝土路面施工机械主要有搅拌设备和摊铺设备。搅拌设备包括搅拌机（自落式、强制式）和搅拌楼（站）；摊铺机具和摊铺方式包括滑模摊铺、轨道摊铺、碾压摊铺、三辊轴摊铺、手工摊铺等。高速公路、一级公路应安排滑模摊铺机和混凝土搅拌楼进入主体工程施工。其他等级公路也尽可能提高机械化施工水平。

（2）选择混凝土拌和场地。根据施工路线的长短和所采用的运输工具，混凝土可集中在一个场地拌制，也可以在沿线选择几个场地，随工程进展情况迁移或采用商品混凝土。选择拌和场地应有足够的面积，以供堆放砂石材料和搭建水泥库房，使运送混合料的运距最短，还要接近水源和电源。

（3）配合比设计。根据技术设计要求与当地材料供应情况，做好混凝土各组成材料的试验，进行混凝土各组成材料的配合比设计。

（4）基层的检查与整修。混凝土路面施工前，应对混凝土路面板下的基层进行强度、密实度及几何尺寸等方面的质量检验。基层质量检查项目及其标准应符合基层施工规范要求。基层宽度应比混凝土路面板宽 30～35cm 或与路基同宽。

基层的宽度、路供与高程、表面平整度和压实度，均应检查其是否符合要求。否则，将使面层厚度变化过大，增加造价或减少使用寿命。稳定土基层整修时机很重要，过迟难以修整且费工。在旧砂石路面上铺筑混凝土路面时，所有旧路面的坑洞、松散等破坏以及路供横坡或宽度不符合要求之处，均应事先翻修调整压实。在高速公路和一级公路的稳定土基层表面应铺筑热沥青封层或乳化沥青稀浆封层。贫混凝土基层应锯切与面板接缝位置和尺寸完全对应的纵横向接缝，切缝深度约为 1/4 板厚。

（5）施工放样工作。首先根据设计图纸恢复路中心线和路面边线，在中心线上每隔 20m 设一中心桩，同时布设曲线主点桩及纵坡变坡点、路面板胀缝等施工控制点，并在路边设置相应的边桩，重要的中心桩要进行拴桩。每隔 100m 左右设置一临时水准点，以便复核路面标高。测量放样必须经常复核，在浇捣过程中也要随时进行复核，做到勤测、勤核、勤纠偏，确保路面的平面位置和高程符合设计要求。

（三）混凝土路面板的施工

混凝土路面板施工工艺因摊铺机具而异，不同机具和不同方式各有要求和特点，其施工工艺：施工准备→安装模板→设置传力杆→混凝土的拌制与运输→混凝土摊铺和振捣→接缝施工→表面修整与防滑处理→混凝土养护和填缝。

1. 模板安装

模板安装前，先进行定位测量放样，核对路面标高，面板分块，接缝和构造物位置。公路混凝土路面、桥面铺装层的施工模板应采用刚度足够的槽钢、轨模或钢制边侧模板。钢模板的高度与面板的设计厚度相等，长度一般为 3～5m。轨道摊铺机采用专用钢轨模，轨道顶部高于模板 20～40mm。模板纵向每隔 1m 设置支撑固定装置。

曲线路段应设置短模板，每块模板的中点应设在曲线的切点上。模板应安装稳固、顺直、平整、无扭曲，相邻模板连接应紧密平顺，底部不得漏浆，不得有前后错位、高低错台现象。

2. 传力杆设置

模板安装完成后，可设置各种接缝的传力装置，包括传力杆及其套筒、胀缝板、滑移端等。通常采用传力杆钢筋架安装固定。当摊铺机装备有传力杆插入装置时，缩缝传力杆可不提前装置，但应在基层表面标明传力杆的位置，以便于驾驶员准确定位压入传力杆。

3. 制备与运送混凝土

混凝土混合料可采用搅拌机拌制，也可在搅拌楼（站）制备，然后运至施工现场。应随时检验用量与质量是否合格，检验搅拌楼（站）的总供应量是否满足需求，应计算每小时混凝土混合料的需要量。混合料拌和物应均匀一致，有生料、干料、离析或外加剂、粉煤灰成团现象的非均质拌和料应废弃，不得用于摊铺路面。

机械摊铺混凝土路面应有系统配套的运输车，通常配置载重量 50～100kN 的自卸卡车。运输时不得漏浆、撒料，车厢底板应平滑。远距离运送或摊铺钢筋混凝土路面和桥面铺装时应选配混凝土罐车。为保证混合料在运送过程中不凝固、不离析，必须严格控制混合料出料至路面铺筑完毕的最长时间，若不能满足要求，应加大缓凝剂或保塑剂的剂量。

4. 摊铺及振捣

（1）滑模摊铺机施工。滑模摊铺机是机械化、自动化程度较高的摊铺机具，其侧向模板随着施工进程不断地向前移动，无需另设模板。摊铺机按一次摊铺的宽度分为三车道滑模摊铺机（摊铺最大宽度为 16m）、双车道滑模摊铺机（为 9.7m）、单车道滑模摊铺机（为 6.0m）以及路缘石滑模摊铺机（制作路缘石专用）。铺筑混凝土路面最大厚度可达到 500mm，对于公路和城市道路混凝土路面板均可一次摊铺成型。滑模摊铺机可一次完成布料、摊铺、平整、振捣和抹平等。

若滑模摊铺机未设置传力杆自动压入装置，可采用前置钢筋支架法设置缩缝传力杆，此时混合料运输车辆不能直接在基层上行驶，必须加设侧面通道，加设侧向上料的布料机，并配备挖掘机加料由侧向供料。对于钢筋混凝土路面、桥面铺装等也应设置侧向进料装置。用滑模摊铺机施工时，另行配置拉毛养护机制作抗滑沟槽，配置锯缝机完成纵横向接缝的锯割。滑模摊铺机摊铺路面的准确位置（平、纵、横）以及路面板的厚度是通过事先架设的基准线实施自动控制的，基准线长度不大于 450m，拉力不小于 1000N。

滑模式摊铺机施工混凝土路面作业过程（图 9-9）。铺筑混凝土时，首先由螺旋式摊铺器 1 将堆积在基层上的混凝土拌和物横向铺开，刮平器 2 进行初步刮平，然后振捣器 3 进行捣实，刮平板 4 进行振捣后整平，形成密实而平整的表面，再用搓动式振捣板 5 对混凝土层进行振实和整平，最后用光面带 6 进行光面。

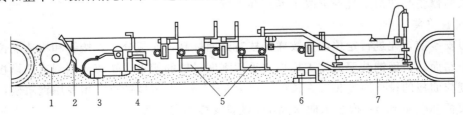

图 9-9　滑模式摊铺机摊铺过程示意

1—螺旋摊铺器；2—刮平器；3—振捣器；4—刮平板；
5—搓动式振捣板；6—光面带；7—混凝土面层

（2）三辊轴机组施工。三辊轴机组包括三辊轴整平机和振捣机两部分，三辊轴整平机装备三根直径相同的辊轴，轴距 500～600mm。三辊轴整平机通过辊压和振动，将混合料整平、振捣成型，振捣机装配有成排的振捣器、刮板与横向螺旋布料器。也专门配备单个插入式振捣器、传力杆压入器和振捣梁等。

三辊轴整平机的辊轴直径应与混凝土路面板的厚度相匹配。路面板厚度小于 20cm 时，可采用直径为 219mm 的辊轴；路面板厚度大于 20cm 时，可采用直径为 168mm 的辊轴。排式振捣器的振捣棒直径为 50～100mm，棒间距离不应大于有效作用半径的 1.5 倍，并不大于 500mm。振动频率取 50～100Hz，对于路面板厚度大，坍落度低的混合料，宜使用 100Hz 以上的高频率振捣棒。三辊轴机组铺筑水泥混凝土路面的工艺为：布料→密集排振→安装拉杆→人工补料→三辊轴整平→（真空脱水）→（精平饰面）→拉毛→切缝→养护→（硬刻槽）→填缝。

（3）轨道摊铺机施工。轨道摊铺机铺筑混凝土路面时集布料、刮平、振捣密实等于一机，工效高。摊铺方式有刮板式、箱式和螺旋式三种。

由于轨道摊铺机使用轨式模板，在施工过程中应注意模板的位置和标高。轨道摊铺机根据摊铺路面宽度不同分为三车道轨道摊铺机（摊铺最大宽度为 18.3m）、双车道轨道摊铺机（为 9.0m）和单车道轨道摊铺机（为 4.5m）。摊铺路面板最大厚度为 600mm。振捣机的构造（图 9-10），在振捣梁前方设置一道长度与铺筑宽度相同的复平梁，用于纠正摊铺机初平的缺陷并使松铺的拌和物在全宽范围内达到正确的高度，复平梁的工作质量对振捣密实度和路面平整度影响很大。复平梁后面是一道弧面振捣梁，以表面平板式振动将振动力传到全宽范围内。振捣机械的工作行走速度一般控制在 0.8m/min，但随拌和物坍落度的增减可适当变化，混凝土拌和物坍落度较小时可适当放慢速度。

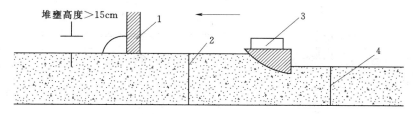

图 9-10　振捣机的构造
1—复平梁；2—松铺高度；3—弧面振捣梁；4—面层厚度

为完成辅助工序，摊铺机需配备挖掘机和装载机等，用于局部人工布料与补料。配备传力杆压入装置和表面抹平设备配合作业。摊铺机可以实现分层铺筑，若采用双层钢筋网混凝土路面，则三层混凝土、两层钢筋均可以逐层铺设。由于摊铺机在轨道上行走，不会扰动和影响钢筋和混凝土的正常作业。

（4）小型机具施工。小型机具主要适用于三、四级公路铺筑水泥混凝土路面。当运送混合料的车辆运达摊铺地点后，一般直接倒向安装好侧模的路槽内，并用人工找补均匀，摊铺过程中要注意防止出现离析现象。摊铺时应考虑混凝土振捣后的沉降量，虚高可高出设计厚度约 10％左右，使振实后的面层标高同设计相符。

振捣时，应由平板振捣器（2.2～2.8kW）、插入式振捣器和振动梁（各 1kW）配套作业。混凝土路面板厚在 0.22m 以内时，一般可以一次摊铺，用平板振捣器振实，凡振捣不到之处，如面板的边角部、窨井、进水口附近，以及设置钢筋的部位，可用插入式振捣器进行振实。当混凝土板厚较大时，可先插入振捣，然后再用平板振捣，以免出现蜂窝现象。平板振捣器在同一位置停留的时间，一般为 10～15s，以达到表面振出浆水，混合料不再沉落为宜。平板振捣后，再用带有振捣器、底面有符合路供横坡的振捣梁，两端搁在侧模上，沿摊铺方向振捣拖平。拖振过程中，多余的混合料将随着振捣梁的拖动而刮去，低陷处则应随时补足。随后再用直径 75～100mm 的无缝钢管，两端放在侧模上，沿纵向滚压一遍。当摊铺或振捣混合料时，不再碰撞模板和传力杆，以避免其移动变位。

5. 接缝施工

混凝土面层是由一定厚度的混凝土板组成，具有热胀冷缩的特性，温度变化时，会产生不同程度的膨胀和收缩，这些变形会受到板与基础之间的摩阻力和粘结力以及板的自重和车轮荷载的约束，致使板内产生过大的应力，造成板的断裂或拱胀等破坏。为了避免这些缺陷，混凝土路面必须设置横向接缝和纵向接缝。

(1) 横向接缝。横向接缝垂直于行车方向，有胀缝、缩缝和施工缝。胀缝是防止夏天高温混凝土膨胀造成路面破坏而预留的缝隙；缩缝是防止冬天气温降低，混凝土收缩造成路面被破坏而预留的缝隙，一般在板的上部 4～6cm 范围内有缝，因此又称假缝。

胀缝应与混凝土路面中心线垂直，缝壁必须垂直于板面，缝隙宽度均匀一致，缝中心不得有粘浆、坚硬杂物，相邻板的胀缝应设在同一横断面上。缝隙上部应灌填缝料，下部设置胀缝板。传力杆固定端可设在缝的一侧或交错布置。施工过程中固定传力杆位置的钢筋支架应准确、可靠地固定在基层上，使固定后的传力杆平行于板面和路中线，误差不大于 5mm。

设置胀缝、安装与固定传力杆和接缝板的方法（图 9-11）。先浇筑传力杆以下的混凝

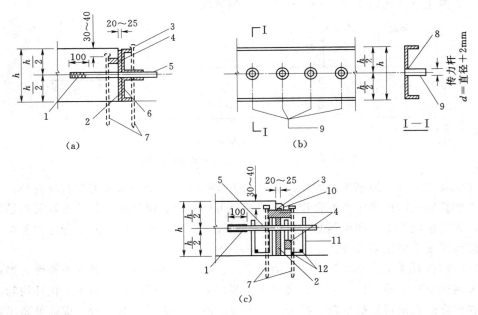

图 9-11 胀缝设置（单位：mm）

(a) 传力杆的固定装置；(b) 端头槽钢挡板；(c) 安装与固定传力杆和接缝板

1—套管；2—接缝板；3—临时插入物；4—方木；5—传力杆；6—端头槽钢挡板；7—钢钎；8—焊缝；
9—钢管；10—端头钢挡板；11—箍筋；12—架立筋

土，用插入式振捣器振捣密实，并校正传力杆的位置，然后再摊铺传力杆以上的混凝土。胀缝一侧混凝土浇筑后，取去胀缝模板，再浇筑另一侧混凝土，钢筋支架浇在混凝土内。摊铺机摊铺胀缝另一侧的混凝土时，先拆除端头钢挡板及钢钎，然后按要求铺筑混凝土。填缝时必须将接缝板以上的临时插入物清除。

胀缝两侧相邻板的高差应符合如下要求：高速公路和一级公路应不大于 3mm，其他等级公路不大于 5mm。

缩缝一般采用锯缝（切缝）的办法形成，也可采用压缝法。当混凝土强度达到设计强度的 25%～30% 时，用锯缝机切割，缝的深度一般为板厚的 1/4～1/3。合适的锯缝时间应控制在混凝土已达到足够的强度，而收缩变形受到约束时产生的拉应力仍未将混凝土面板拉断的时间范围内。经验表明，锯缝时间以施工温度与施工后时间的乘积为 200～300 个温度小时（如混凝土浇筑完后的养护温度为 20℃ 时，则锯缝的控制时间为 200/20～300/20＝10～15h）或混凝土抗压强度为 8～10MPa 较为合适。也可通过试锯确定适宜的锯缝时间。应注意锯缝时间不仅与施工温度有关，还与混凝土的组成和性质等因素有关。各地可根据实践经验确定。锯缝时应做到宁早不晚，宁深不浅。

施工缝是施工中不能连续浇筑混凝土形成的横向接缝。施工缝尽可能设置在胀缝处，也可在缩缝处，多车道路面的施工缝应避免设在同一横断面上。施工缝设在缩缝处应增设一半锚固、另一半涂刷沥青的传力杆，传力杆必须垂直于缝壁、平行于板面。

（2）纵向接缝。纵向接缝平行于行车方向，一般做成平缝，也有企口缝，一般按路宽 3～4.5m 设置。施工时在已浇筑混凝土板的缝壁上涂刷沥青，并注意避免涂在拉杆上。然后浇筑相邻的混凝土板。在板缝上部应压成或锯成规定深度（3～4cm）的缝槽（即假缝），并用填缝料灌缝。

假缝型纵缝的施工应预先用门型支架将拉杆固定在基层上或用拉杆插入机在施工时置入。假缝顶面缝槽采用锯缝机切割，深 6～7cm，使混凝土在收缩时能从切缝处规则开裂。

6. 表面整修与防滑措施

（1）表面整平。振捣密实的混凝土表面用能纵向移动或斜向移动的表面修整机整平。纵向表面修整机工作时，整平梁在混凝土表面纵向往返移动，通过机身的移动将混凝土表面整平。斜向表面修整机通过一对与机械行走轴线成 10° 左右的整平梁作相对运动来完成整平作业，其中一根整平梁为振动梁。机械整平的速度决定于混凝土的易修整性和机械特性。机械行走的轨模顶面应保持平顺，以便修整机械能顺畅通行。整平时应使整平机械前保持高度为 10～15cm 的壅料，并使壅料向较高的一侧移动，以保证路面板的平整，防止出现麻面及空洞等缺陷。

（2）精光及纹理制作。精光是对混凝土路面进行最后的精平，使表面更加致密、平整、美观，此工序是提高路面外观质量的关键工序之一。路面修整机配有完善的精光机械，在施工过程中加强质量检查和校核，可保证精光质量。

在不影响平整度的前提下提高路面的构造深度，可提高表面的抗滑性能。路面的表面纹理是提高路面抗滑性能的有效措施之一。在路面上用纹理制作机进行拉毛、刻槽或压纹，纹理深度一般为 1～2mm。纹理应与行车方向垂直，相邻板的纹理应相互沟通以利排水。适宜的纹理制作时间以混凝土表面无波纹水迹开始，过早或过晚均会影响纹理制作质量。

7. 养护与填缝

混凝土表面修整完毕，应立即进行湿治养护，以防止混凝土板水分蒸发或风干过快而产生缩裂，保证混凝土水化过程的顺利进行。在养护初期，可用活动三角形罩棚遮盖混凝土，以减少水分蒸发，避免阳光照晒，防止风吹、雨淋等。混凝土泌水消失后，在表面均匀喷洒薄膜养护剂。喷洒时在纵横方向各喷一次，养护剂用量应足够，一般为 0.33kg/m³ 左右。在高温、干燥、大风时，喷洒后应及时用草帘、麻袋、塑料薄膜、湿砂等遮盖混凝土表面，并适时均匀洒水。养护时间由试验确定，以混凝土达到 28d 强度的 80% 以上为准。

填缝工作宜在混凝土初步结硬后进行。首先将缝隙内泥砂杂物清除干净，然后浇灌填缝料。填缝料应能长期保持弹性和韧性，热天缝隙缩窄时不软化挤出，冷天缝隙增宽时能胀大并不脆裂，同时还要与混凝土粘牢，防止土砂、雨水进入缝内，此外还要耐磨、耐疲劳、不易老化。实践表明，填料不宜填满缝隙全深，最好在浇灌料前先用多孔柔性材料填塞缝底，然后再加填料，这样夏天胀缝变窄时填料不致受挤而溢至路面。

8. 季节性施工

混凝土强度增长主要是依靠水泥的水化作用。水结冰时水泥的水化作用停止，混凝土强度不再增长，而且当水结冰时体积膨胀，使混凝土结构松散破坏。因此，混凝土路面应在气温高于 +5℃ 时施工。由于特殊情况必须在低温情况下（昼夜平均气温低于 +5℃ 和最低气温低于 -3℃ 时）施工时应采取相应措施。

（1）采用高等级（42.5 级以上）快凝水泥、掺入早强剂或增加水泥用量。

（2）加热水或集料。常用的方法是仅将水加热，因加热水的设备简单，水温容易控制，水的热容量比粒料热容量大，1kg 水升高 1℃ 所吸收的热量比同样重的粒料升高 1℃ 所吸收的热量多 4 倍左右。

（3）拌制混凝土时，先用温度超过 70～80℃ 的水同冷集料相拌和，使混合料在拌和时的温度不超过 50℃，摊铺后的温度不低于 10（气温为 0℃ 时）～20℃（气温为 -3℃ 时）。

（4）混凝土修整完后，表面应覆盖蓄热保温材料，必要时还应加盖养护暖棚。在持续 5 昼夜寒冷和昼夜平均气温低于 5℃，夜间最低温度低于 -3℃ 时，应停止施工。

（5）在气温超过 30℃ 时施工，应防止混凝土的温度超过 30℃，以免混凝土中水分蒸发过快，致使混凝土干缩而出现裂缝。混合料在运输中要加以遮盖，各道工序应衔接紧凑，尽量缩短施工时间。搭设临时性的遮光挡风设备，避免混凝土遭到烈日暴晒，并降低吹到混凝土表面的风速，减少水分蒸发。

（四）施工质量要求

应随时对施工质量进行检查，高速公路和一级公路应实行动态质量管理，检查结果应及时整理归档。

（1）施工质量控制。施工前应对各种原材料质量检验，按要求验收水泥、砂和碎石；测定砂、石的含水量，以调整用水量；测定坍落度，必要时调整配合比；搅拌楼（站）生产的混合料，除应满足机械的摊铺性之外，还应重点检查混合料的均匀性和各项质量参数的稳定性。施工过程中应及时测定 7d 龄期的试件强度，检查是否达到 28d 强度的 70%，否则应查明原因，并采取相应措施，使混凝土强度达到设计要求。施工现场对混凝土路面铺筑的主要机具设备的运行稳定性和各项工作质量参数应及时记录在案。

（2）竣工验收。主要项目包括路面外观应无露石、蜂窝、麻面、裂缝、啃边、掉角、翘起和轨迹等现象；路缘石应直顺，曲线应圆滑；各种水泥混凝土路面的工程质量指标必须满足要求。

小 结

1. 一般路基施工包括土质路基和石质路基，石质路基一般采用爆破施工。路堤填筑有水平分层填筑、竖向填筑和混合填筑方案。路堑开挖分为横向全宽掘进（横挖法）、纵向掘进（纵挖法）和纵横混合掘进。

2. 路基压实效果的主要影响因素有含水量、土质、压实功能（如机械性能、压实遍数与速度、土层厚度）、压实机具和方法。

3. 特殊路基施工包括潮湿地段路基、软土路基、盐渍土路基和多年冻土路基。

4. 路面施工包括路面基层、沥青路面和混凝土路面的施工。稳定土基层、级配碎（砾）石基层、填隙碎石基层（底基层）施工方法有厂拌法和路拌法。

5. 沥青路面有沥青混凝土、热拌沥青碎石、乳化沥青碎石混合料、沥青贯入式和沥青表面处治。施工方法有层铺法（洒铺法）、路拌法和厂拌法。

6. 水泥混凝土路面有素混凝土、钢筋混凝土、连续配筋混凝土、预应力混凝土、装配式混凝土、钢纤维混凝土和混凝土小块铺砌等面层板和基（垫）层所组成的路面。

7. 混凝土路面板的施工有滑模摊铺机施工、三辊轴机组施工、轨道摊铺机施工、小型机具施工。混凝土路面有横向接缝和纵向接缝。

复 习 思 考 题

9-1 简述路基施工的重要性。

9-2 路基施工前应做好哪些准备工作？

9-3 路堤填筑方法有哪些？各自使用条件是什么？

9-4 路堑开挖有哪些方式？各自适用条件是什么？

9-5 影响路基压实的因素有哪些，路基压实标准应根据哪些要求确定？

9-6 基层分哪几类？各类基层常采用哪些施工方法？

9-7 沥青路面分哪几种类型？各类沥青路面的施工工序是什么？

9-8 水泥混凝土路面常采用哪些施工方法？

第十章 桥 梁 工 程

【内容提要和学习要求】

本章内容主要包括桥梁基础与墩台、梁桥、拱桥、斜拉桥、悬索桥和钢桥施工。应掌握桥梁施工的一般方法。熟悉桥梁基础和桥梁墩台的施工方法，熟悉装配式梁桥施工的特点；掌握预应力混凝土梁桥悬臂浇筑施工法，掌握顶推法施工工艺及梁段施工方法，掌握拱桥施工的基本方法；了解斜拉桥索塔、主梁的构造及施工工艺，了解斜拉索的制作、安装方法和防护措施，了解悬索桥索塔、主梁构造及施工工艺，了解钢桥的施工方法。

第一节 概 述

桥梁是跨越障碍的通道，是铁路、公路和城市道路等庞大交通网络的重要组成部分。桥梁类型很多，可分为梁式桥、刚架桥、拱桥、斜拉桥、悬索桥和组合体系桥等，也可分为木桥、圬工桥、钢桥、钢筋混凝土桥、预应力混凝土桥等。

桥梁施工主要包括下部结构（基础、墩台）、上部结构和附属结构的施工。

施工工艺：施工组织设计→施工准备→施工测量（放样）→基坑开挖→基础施工→墩台施工→上部结构施工→附属结构施工。其施工方法种类繁多，现总结如下（图10-1）。

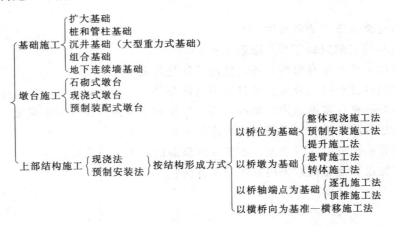

图10-1 桥梁主要施工方法

选择确定桥梁的施工方法，应充分考虑桥位的地形、地质、环境、安装方法以及安全性、经济性和施工速度等因素。因此，在桥梁设计时应对桥位条件进行详细的调查，掌握现场的地理环境、地质条件及气象条件。施工场地是否处在市区、平原、山区、跨河道、跨海湾等，各方面条件差别很大，运输条件和环境约束也不尽相同，这些条件除作为选择施工方法外，同时也作为考虑设计方案、桥跨及结构形式的选定依据。

在选择施工方法时，桥梁的类型、跨径、施工的技术水平、机具设备条件也是相当重要的因素。虽然桥梁的施工方法很多，但对于不同桥梁类型，有的适合，有的不适合，有的则在特定的条件下可以使用。典型桥梁上部结构的主要施工方法以及各施工方法对应的桥梁跨径范围，可供选择施工方法时参考（表 10-1）。

表 10-1　　　　　　各种类型桥梁可选择的主要施工方法　　　　　　单位：m

施工方法 \ 桥型	适用跨径	梁 桥			刚架桥	拱 桥			斜拉桥	悬索桥
		简支梁	悬臂梁	连续梁		坞工拱	标准及组合体系拱	桁架拱		
整体支架现浇、砌筑施工法	20～60	√	√	√	√	√	√		√	
大型构件预制安装施工法	20～50	√	√	√	√		√	√	√	√
逐孔施工法	20～60	√		√	√					
悬臂施工法	50～320		√	√			√	√	√	
转体施工法	20～140		√				√	√	√	
顶推施工法	20～70			√	√				√	
横移施工法	30～100	√		√			√			
提升施工法	10～80	√					√			

第二节　桥梁基础施工

桥梁基础作为桥梁整体结构的组成部分，其结构的可靠性影响着整体结构的力学性能。基础形式和施工方法的选用应针对桥跨结构的特点和要求，并结合现场地形、地质条件、施工条件、技术设备、工期、季节、水力水文等因素统筹考虑。

桥梁基础工程的形式可以归纳为明挖扩大基础、桩基础、管柱基础、沉井基础、组合基础和地下连续墙基础等几大类，其施工方法分类（图 10-2）。

一、明挖扩大基础施工

明挖扩大基础属直接基础，是将基础底板设在直接承载地基上，来自上部结构的荷载通过基础底板直接传递给承载地基。其施工工艺：基础的定位放样→基坑开挖→坑壁支撑→基底处理→砌筑（浇筑）基础结构物。

明挖扩大基础用于基础不深，土层稳定，有排水条件，对机具要求不高。根据水文资料和现场实际情况，选择排水挖基或水中挖基，同时根据土质情况和基坑深度选择相应的支撑方式，基底挖至设计高程时，及时进行检验。

1. 陆地基坑开挖

对有渗水土质的基坑坑底开挖尺寸，需按基坑

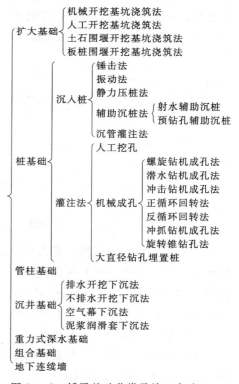

图 10-2　桥梁基础分类及施工方法

293

排水设计（包括排水沟、集水井、排水管网等）和基础模板设计而定，一般基底尺寸应比设计平面尺寸各边增宽 0.5～1.0m。基坑可采用垂直开挖、放坡开挖、支撑加固或其他加固的开挖方法，具体应根据地质条件、基坑深度、施工期限与经验，以及有无地表水或地下水等现场因素来确定。

（1）坑壁不加支撑的基坑。在干涸无水河滩、河沟中，或有水经改河或筑堤能排除地表水的河沟中；在地下水位低于基底，或渗透量少，不影响坑壁稳定；以及基础埋置不深，施工期较短，挖基坑时，不影响邻近建筑物安全的施工场所，可考虑选用坑壁不加支撑的基坑。

（2）坑壁有支撑的基坑。如基坑壁坡不易稳定并有地下水渗入，或放坡开挖场地受到限制，或基坑较深、放坡开挖工程数量较大，不符合技术经济要求时，可采取挡板支撑、钢木结合支撑、混凝土护壁及锚杆支护等加固坑壁措施。常用的坑壁支撑形式有直衬板式坑壁支撑、横衬板式坑壁支撑、框架式支撑、锚桩式支撑、锚杆式、锚锭板式支撑、斜撑式支撑等。根据土质情况不同，可一次挖成或分段开挖，每次开挖深度不宜超过 2m。

2. 水中基础的基坑开挖

桥梁墩台基础位于地表水位以下时，常用围堰法施工。围堰作用主要是防水和围水，有时还起着支撑施工平台和基坑坑壁的作用。围堰的结构形式和材料应根据水深、流速、地质情况、基础形式以及通航要求等条件进行选择。围堰根据材料和构造的不同分为土石围堰、木笼围堰或竹笼围堰、钢板桩围堰、套箱围堰及双壁钢围堰等几种。

（1）土石围堰。土石围堰用在水浅、流速不大、河床土层为不透水的情况。土围堰可用黏土或砂类黏土等筑成，其断面一般为梯形（图 10-3）。当水流速大于 0.7m/s 时，为保证堰堤不被冲刷和减少围堰工程量，可用草（麻）袋盛土码砌堰堤，称为草（麻）袋围堰（图 10-4）。土袋上下层和内外层应相互错缝，尽量堆码密实整齐，应自上游开始填筑，至下游合拢。

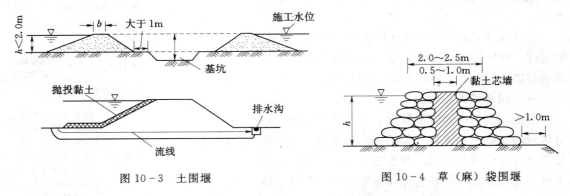

图 10-3 土围堰   图 10-4 草（麻）袋围堰

（2）木（竹）笼围堰。在岩层裸露河底不能打桩，或流速较大而水深在 1.5～4.0m 的情况下，可采用木（竹）笼围堰。木（竹）笼围堰是用方木、圆木或竹材叠成框架，内填土石构成的（图 10-5）。经过改进的木笼围堰称为木笼架围堰，减少了木料用量。在木笼架就位后，再抛填片石，然后在外侧设置板桩墙。

（3）钢板桩围堰。钢板桩是碾压成型的，断面形式多种多样，强度大，防水性能好，打入土层时穿透能力强，不仅能穿过砾石、卵石层，也能切入软岩层内，适用范围很广。钢板桩适合于 10～30m 深的围堰。常用的是德国拉森（Larssen）式槽型钢板桩。钢板桩的成品长度有几种规格，最大为 20m，还可接长，板桩之间用锁口形式连接。

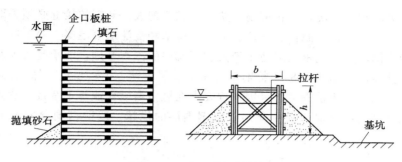

图 10-5 木（竹）笼围堰

当水深较大时，常用围囹（以钢或钢木构成框架）作为钢板桩定位和支撑 ［图 10-6 （a）］。一般在岸上或驳船上拼装围囹，运至墩位定位后，在围囹内插打定位桩，把围囹固定在定位桩上，然后在围囹四周的导框内插打钢板桩。在深水处，为了保证围堰不渗水或尽可能少渗水，也可采用双层钢板桩围堰 ［图 10-6 （b）］，或采用钢管式钢板桩围堰 ［图 10-6 （c）］。

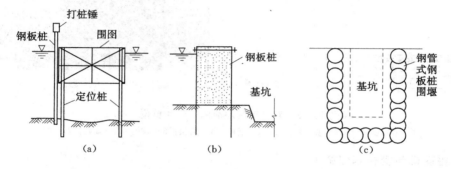

图 10-6 钢板桩围堰
（a）围囹；（b）双层钢板桩围堰；（c）钢管式钢板桩围堰

（4）套箱围堰。套箱围堰适用于埋置不深的水中基础，也可用做修建桩基承台。套箱系用木板、钢板或钢丝网水泥制成的无底围堰，内部设木、钢料支撑（图 10-7）。根据工地

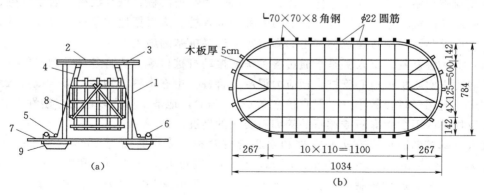

图 10-7 钢木套箱围堰（尺寸单位：cm）
（a）木笼吊放；（b）钢木套箱
1—木笼门架；2—组合梁；3—滑车；4—吊索；5—转向滑车；
6—手摇绞车；7—工作平台；8—木笼围堰；9—木船

起吊、运输能力和现场情况，套箱可制成整体式或装配式。套箱的接缝必须采取防止渗漏的措施。套箱施工分为准备、制作、就位、下沉、清基和浇注水下混凝土等工序。

（5）双壁钢围堰。双壁钢围堰适用于大型河流中的深水基础，能承受较大水压，保证基础全年施工安全渡洪（图 10-8）。特别是河床覆盖层较薄（0～2m），下卧层为密实的大漂石或岩层，不能采用钢板桩围堰，且因工程要求在坑内爆破作业等不宜设立支承，而单壁钢套箱又难以保证结构刚度时，就更显出双壁钢围堰的优越。双壁钢围堰的施工工序同套箱围堰。

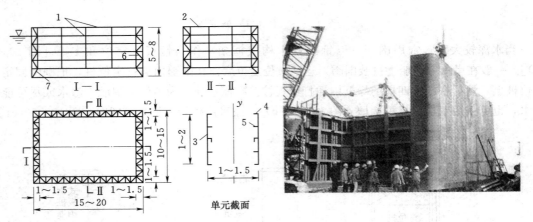

图 10-8 双壁钢围堰简图（尺寸单位：m）
1—基本板块 1；2—基本板块 2；3—钢板；4—角钢；5—扁钢；6—骨架；7—刃脚

二、桩基础与管柱基础施工

1. 桩基础

桩基础是桥梁常用的基础类型之一，当地基浅层土质较差，持力土层埋藏较深，需要采用深基础才能满足结构物对地基强度、变形和稳定性要求时，可用桩基础。基桩按材料分为木桩、钢筋混凝土桩、预应力混凝土桩与钢桩。桥梁基础应用较多的是中间两种。按制作方法分为预制桩和钻（挖）孔灌注桩；按施工方法分为锤击沉桩、振动沉桩、射水沉桩、静力压桩、就地灌注桩与钻孔埋置桩等，前四种称为沉入桩。应根据地质条件、设计荷载、施工设备、工期限制及对附近建筑物产生的影响等来选择桩基的施工方法。

（1）沉入桩基础。沉入桩是指通过各种锤或振动打桩机等方法将各种预制好的桩（主要是钢筋混凝土实心桩或空心管桩、预应力混凝土管桩，也有木桩或钢桩）沉入或打入地基中所需深度。适用于桩径较小（一般直径在 0.6～1.5m），地基土质为砂性土、塑性土、粉土、细砂以及松散的不含大卵石或漂石的碎卵石类土的情况。

沉入桩基桩断面形式有实心方桩和空心管桩两种，方桩断面为 30cm×30cm、30cm×35cm、35cm×35cm、35cm×40cm、40cm×40cm，桩长为 10～24m。管桩（包括普通和预应力）一般以离心成型法制成，管桩有外径 40cm、55cm 两种，分为上、中、下三节，管壁厚度为 8～10cm。近年来，PHC 高强预应力混凝土离心管桩在工程上广泛应用，如上海市延安东路高架道路与外环快速干道等工程。PHC 离心管桩具有混凝土强度高（C80）、施工可贯入性好、穿透力强、耐久性好及吨位承载造价低等特点，桩型、桩长可根据用户要求及施工情况灵活选配和拼接。同时 PHC 管桩的桩尖可按场地土质类型选用开口式或闭口式，其中开口式可减少打桩过程中外排土量，从而减轻对周围建筑物和地下管道、管线等挤压效应。

（2）现浇式混凝土桩基础（钻孔灌注桩）。现浇式混凝土桩基础是指采用不同的钻（挖）孔方法，在土中形成一定直径的孔，达到设计标高后，将钢筋骨架（笼）吊入井孔中，浇筑混凝土形成的桩基础。在欧洲大约 20 世纪 40 年代初期已开始使用。我国桥梁上使用钻孔灌注桩基础始于 50 年代末期，从河南省用人力转动锥头钻孔开始，逐渐在全国发展到冲抓锥、冲击锥、正反循环回转钻、潜水电钻及液压动力钻井机等多种钻孔工艺。钻孔直径由初期的 0.25m，到 70 年代的 2.0m 左右，目前最大桩径已达 4～6m，如安徽铜陵长江大桥、江西南昌新八一大桥相继采用了桩径为 4.0m 的钻孔桩基础。桩长也从十余米发展到百米以上。武汉白沙洲长江大桥，其主墩基础为 40 根桩径为 1.55m 的钻孔灌注桩，实际成孔深度达 102m。

2. 管柱基础

当水文地质条件较复杂，特别是深水岩面不平、无覆盖层或覆盖层很厚时，可采用管柱基础穿过覆盖层或溶洞、孤石，支承于较密实的土壤或新鲜岩面。管柱基础施工使用专用机械在水面上进行，不受季节性影响，能改善劳动条件，提高工作效率，加快工程进度。管柱基础是我国于 1953 年修建武汉长江大桥时首创的一种新型基础型式，随之在前苏联、日本与欧美等国先后应用。后来在长江、黄河等多座重要大桥上均成功应用。20 世纪 60 年代修建南京长江大桥时，曾将钢筋混凝土管柱改为预应力混凝土管柱，直径也增大到 3.6m。目前国内管柱基础深度已达 70m（其中穿过 45m 覆盖层），最大直径达 5.8m。国外的日本对管柱基础推广和提高最为有力，并将其命名为多柱式基础，大鸣门大桥管柱直径达 7.0m，横滨港湾大桥井柱直径达 10.0m，使管柱基础的适用范围由内河深水基础，走向海洋深水基础。

管柱基础主要由三部分组成，即承台、多柱式柱身和嵌岩柱基。管柱基础可采用单根或多根形式，按承台座板的高低分为低承台管柱基础和高承台管柱基础。施工时是否设置防水围堰，对施工技术要求差别很大。需要设置防水围堰的管柱基础，其施工较为复杂，技术难度较高。

管柱一般包括管柱体、连接法兰盘和管靴三部分。管柱体有钢筋混凝土、预应力混凝土和钢管柱三种。钢筋混凝土管柱适用于入土深度不大于 25m，下沉振动力不大的条件，制造工艺和设备较简单。预应力混凝土管柱下沉深度可超过 25m，能承受较大的振动荷载，管壁抗裂性强，但制造工艺较复杂，需要张拉设备等。管柱系装配式构件，分节制造，管节长度由运输设备、起重能力及构件情况而定。直径 1.55m，管节长度有 3m、4m、5m、6m、9m、12m 几种；直径 3.0m、3.6m、5.0m、5.8m，管节长度有 4m、5m、7.5m、10m 几种；钢管柱管节长度有 12～16m。预制的管柱管节属于薄壁构件，应提高混凝土的强度和密实度。预制管柱宜采用离心、强振或辊压以及高压釜蒸养等工艺。管节下沉前，应遵循施工规范要求，严格检验管柱成品的质量，根据成品管节检验资料及设计所需每根管柱长度，组合配套，做好标志，使整根管柱的曲折度满足设计要求。

管柱基础施工工艺：拼装围图及下沉→管柱下沉、插打钢板桩、管柱钻孔→管柱填充→围堰内吸泥、填充水下混凝土→抽水浇筑墩身。

管柱下沉应根据覆盖层土质和管柱下沉深度等采用不同的施工方法，主要有振动沉桩机振动下沉、振动与管内除土下沉、振动配合吸泥机吸泥下沉、振动配合高压射水下沉、振动配合射水与射风和吸泥下沉等。按照土质、管柱下沉深度、结构特点、振动力大小及其对周围建筑设施的影响等具体情况，规定振动下沉速度的最低限值，每次连续振动时间不宜超过5min。管柱下沉到设计标高后，钻岩与清孔等工序按钻孔桩有关规定进行。管柱内安装钢筋骨架、填充水下混凝土及质量检查应符合相关规定。

三、沉井基础和重力式深水基础施工

1. 沉井基础

当表层地基土的承载力不足，地下深处有较好的持力层，或山区河流中冲刷大，或河中有较大卵石不宜于桩基施工；或岩层表面较平坦，覆盖层不厚，但河水较深等条件下，即当水文地质条件不宜修筑天然地基和桩基时，根据经济比较分析，可考虑采用沉井基础。沉井基础特点是埋置深度很大、整体性强、稳定性好、刚度大、能承受较大的荷载作用。沉井本身既是基础，又是施工时的挡土、防水围堰结构物，且施工设备简单，工艺不复杂，可以几个沉井同时施工，场地紧凑，所需净空高度较低，故在桥梁工程中得到较广泛的应用。但沉井施工工期较长；对粉砂类土在井内抽水易发生流砂现象，造成沉井倾斜；下沉时如遇有大孤石、沉船、落梁、大树根或井底岩层表面倾斜过大，均会给施工带来很大困难。因此要求在施工前，应事先详细钻探，探明地层情况及获取有关资料，以利于制定沉井下沉方案。

南京长江大桥1号墩基础是用筑岛沉井修成，平面尺寸为20.2m×24.9m，沉井下沉深度为54.87m，是世界上著名的深置沉井之一。世界上最深的沉井已达70m以上，最大平面尺寸为64m×75m。已建成的江阴长江大桥北锚锭的沉井尺寸为51m×69m，下沉深度达58m。

在岸滩或浅水中修筑沉井时，可在墩位筑岛制造，井内取土靠自重下沉，并可采取辅助下沉措施，如采用射水吸泥、泥浆润滑套、空气幕等方法，以减小下沉的井壁阻力，减小井壁厚度；在水深流急，设置围堰困难的情况下，可采用自浮式沉井，我国南京长江大桥、枝城长江大桥等均采用带钢气筒的自浮式沉井。

沉井一般用钢筋混凝土制造，也有用钢制的，平面形状有方形、圆形、矩形、椭圆形、端圆形、多边形、多孔形等，剖面形状有圆柱形、阶梯形、锥形等。

一般沉井（旱地）施工工艺：平整场地→测量放线→制作第一节沉井→拆模及抽垫→挖土下沉→接高沉井→筑井顶围堰→地基检验和处理→封底、充填井孔及浇筑顶盖。

水中沉井施工有筑岛沉井和浮式（浮运）沉井施工。

（1）筑岛沉井。根据土质、水流和风浪情况，筑岛分为无围堰的土岛和有围堰的筑岛（图10-9）。土岛适用于浅水（水深3~4m以内）、流速不大的场所，其外侧边坡不应陡于1:2。筑岛所用材料一般为砂或砾石，周围用草袋围护，如水深较大可作围堰防护，岛面应比沉井周围宽出2m以上，作为护道，应该高出施工最高水位0.5m以上。

（2）浮式沉井。在水深（10m以上）流急、筑岛困难的情况下，可采用浮式沉井。此法是把沉井底节做成空体结构，或使其在水中漂浮，用船只将其拖运到设计位置，再逐步用混凝土或水灌注，增大自重，使其在水中徐徐下沉，直达河底。浮式沉井有木沉井、带有临时性井底的浮运沉井、带钢气筒的浮运沉井、钢筋混凝土薄壁浮运沉井、钢丝网水泥薄壁沉井、装配式钢筋混凝土薄壁沉井、钢壳底节浮式沉井等。一般在特大河流上多采用钢质的浮式沉井，在中小河流上则采用钢丝网水泥薄壁沉井等。浮式沉井在施工技术上比一般就地下

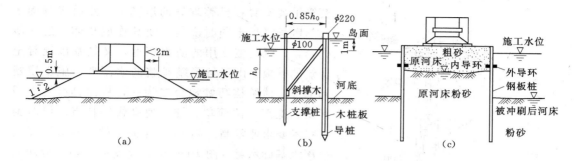

图 10-9 围堰筑岛类型

(a) 土岛；(b) 单层木板围堰筑岛；(c) 钢板桩围堰筑岛

沉沉井难度要大，只有在特殊条件下才被采用。

浮式沉井浮运或下水前，应掌握河床、水文、气象及航运等情况，并检查锚锭工作及有关施工设备（如定位船、导向船等）。沉井底节入水后的初步定位位置，应根据水深、流速、河床面高低及土质情况，沉井高度、大小及形状等因素，并考虑沉井在悬浮状态下接高和下沉中墩位处的河床面受冲淤的影响，综合分析确定，一般宜设在墩位上游适当位置。在施工中，尤其是在汛期，必须对锚锭设备，特别是导向船和沉井的边锚绳的受力状态进行检查，防止导向船左右摆动。沉井下落河床后，应采取措施尽快下沉，使沉井保持稳定，并随时观测沉井的倾斜、位移及河床冲刷情况，必要时采取调整措施。

（3）泥浆润滑套沉井。泥浆润滑套是在沉井外壁周围与土层间设置泥浆隔离层，以减小土壤与井壁的摩擦力（泥浆对井壁的摩擦力为 $3\sim5$kPa），从而可以减轻沉井自重，加大下沉深度，提高下沉效率。九江长江大桥用此法配合井内射水吸泥下沉，平均下沉速度为 0.27m/h，取得了良好效果。

施工实践证明，泥浆润滑套沉井施工进度快，可以减轻自重，同时下沉倾斜小，容易纠偏，在旱地或浅滩上应用效果较好。存在问题是当基底为一般土质，因井壁摩阻力小，致使刃脚对地基压力过大，容易造成边清基边下沉的情况。在卵石、砾石层中应用效果较差。

（4）空气幕沉井。空气幕沉井亦称壁后压气沉井。是在沉井井壁周围预埋若干层管路，每层管钻有许多小孔，接通压缩空气向井壁外面喷射，气流沿沉井外壁上升，带动砂粒翻滚，形成液化，黏土则形成泥浆，从而使土对井壁的摩擦力减小，沉井顺利下沉。适用于地下水位较高的细、粉砂类土及黏性土层中，特点是施工设备简单，经济效果较好，下沉中要停要沉容易控制，可以在水下施工，不受水深限制，井壁摩阻力较泥浆套法容易恢复，是一种先进的施工方法，今后应积极推广。

2. 重力式深水基础

重力式深水基础是指在陆地上先将基础结构预制好，然后在深水中设置的一种基础形式，适用于水深、潮急、航运频繁等修建基础困难的场合。施工时，必须将海底爆破取平，用挖泥船或抓斗式吊船把残渣清除，形成基底台面，然后用浮式沉井下沉或用大型浮吊吊装等方法，在深水中安置预制的桥梁基础和墩身。这种基础施工安全、质量有保障、速度快，对航运影响小。目前，重力式深水基础按形式分为两种：一是沉井基础；二是钟形基础。

钟形基础是一种类似套箱而形状像古代钟玲的基础。一般是先在岸边按基础和部分墩身的形状用钢板焊制或用钢筋混凝土、预应力钢筋混凝土预制一个钟形的薄壳套箱，然后将此

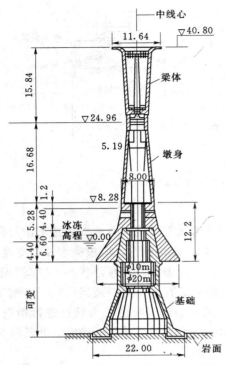

图 10 – 10　加拿大诺森伯兰海峡大桥
的预制桥梁基础（尺寸单位：m）

套箱吊装安置在已整理好的地基上。然后将基础承台与墩身混凝土同时浇筑，使其连成整体。这一薄壳套箱，既是施工用的防水围堰，又是基础混凝土浇筑的模板。由于钟形基础将防水围堰、施工模板和部分主体结构巧妙地合二为一，从而具有施工用料少、施工方法简单、施工速度快等特点。但对施工技术要求非常高。如 1997 年完工的加拿大联邦大桥深水基础示意（图 10 – 10），将基础和墩身分两大构件预制，预制构件分别重达 4500t、5400t，利用大型浮吊进行整体吊运施工，减少了海上施工作业时间。

四、地下连续墙基础施工

地下连续墙是一种新型的桥梁基础形式。地下连续墙施工最早见于欧洲的意大利、法国等用于土坝中建造防渗墙，或作为施工措施以代替板桩，后来在墨西哥、美国、日本等国相继用于地铁建造中，并因采用地下连续墙技术，创造了高速施工的新记录。20 世纪 70 年代日本把地下连续墙应用于桥梁基础，在结构形式、施工技术等方面得到了迅速发展。国内最早是在密云水库白河主坝中，采用壁板式素混凝土地下连续墙做防渗芯墙获得成功，其后相继推广到城建、工业与民用建筑与桥梁工程等项目，具体施工方法详见第十一章。

五、组合式基础施工

处于特大水流上的桥梁基础工程，墩位处往往水深流急，地质条件极其复杂，河床土质覆盖层较厚，施工时水流冲刷较深，施工工期较长，采用普遍常用的单一形式的基础已难以适应。为了确保基础工程安全可靠，同时又能维持航道交通，宜采用由两种以上形式组成的组合式基础。其功能要满足既是施工围堰、挡水结构物，又是施工作业平台，能承担所有施工机具与用料等，同时还应成为整体基础结构物的一部分，在桥梁营运阶段也有所作为。

组合基础的形式很多，常用的有双壁钢围堰钻孔桩基础、钢沉井加管柱（钻孔桩）基础、钟形基础加桩基础、浮运承台与管柱、井柱、钻孔桩基础以及地下连续墙加箱形基础等。

六、承台和系梁施工

如设有承台和系梁，还需进行施工。承台施工包括桩头破除、测量放样、钢筋安装和清理承台底面浇筑混凝土等。系梁施工包括测量放样、铺设底模、模板和钢筋安装、混凝土浇筑与养护和拆模等。

第三节　桥 梁 墩 台 施 工

墩台施工是桥梁施工中的一个重要部分，其质量的优劣，不仅关系到桥梁上部结构的制作与安装质量，而且对桥梁的使用功能也至关重要。因此，墩台的位置、尺寸和材料强度等都必须符合设计规范要求。在施工中，首先应准确地测定墩台位置，正确地进行模板制作与安装，采用经过检验的合格建筑材料，严格执行施工规范的规定，确保施工质量。

桥梁墩台施工方法通常分为两大类：一类是现浇或砌筑；另一类是拼装预制混凝土砌块、钢筋混凝土或预应力混凝土构件。多数采用前者，特点是工序简便、机具少、技术操作难度较小，但施工期限较长，需耗费较多的劳力和物力。

一、钢筋混凝土与混凝土墩台、石砌墩台施工

1. 钢筋混凝土与混凝土墩台

钢筋混凝土与混凝土墩台施工工艺：制作与安装墩台模板→绑扎钢筋→浇筑混凝土。

模板一般用木材、钢材或其他符合设计要求的材料制成。木模重量轻，便于加工成结构物所需要的尺寸和形状，但装拆时易损坏，重复使用少。对于大量或定型的混凝土结构物，则多采用钢模板。钢模板造价较高，但可重复多次使用，且拼装拆卸方便。常用的模板类型有拼装式模板、整体吊装模板、组合型钢模板、滑动模板和爬升模板。

墩台混凝土施工前，应将基础顶面冲洗干净，凿除表面浮浆，整修连接钢筋。浇筑混凝土时，应经常检查模板、钢筋及预埋件位置和保护层尺寸，确保位置正确，不发生变形。混凝土施工中，应切实保证混凝土的配合比、水灰比和坍落度等技术性能满足规范要求。

2. 石砌墩台

石砌墩台具有就地取材和经久耐用等优点，在石料丰富地区建造时，应优先考虑石砌墩台方案。石砌墩台用片石、块石及粗料石以水泥砂浆砌筑，石料与砂浆的规格应符合要求。砌筑方法是：同一层石料及水平灰缝的厚度要均匀一致，每层按水平砌筑，丁顺相间，砌石灰缝互相垂直。砌石顺序为先角石，再镶面，后填腹，填腹石的分层高度应与镶面相同。圆端、尖端及转角形的砌石顺序，应自顶点开始，按丁顺排列接砌镶面石（图 10-11），圆端形桥墩的圆端顶点不得有垂直灰缝，砌石应从顶端开始先砌石块，然后依丁顺相间排列，再砌四周镶面石；尖端桥墩的尖端及转角处不得有垂直灰缝，砌石应从两端开始，先砌石块，再砌侧面转角，然后丁顺相间排列，接砌四周的镶面石。

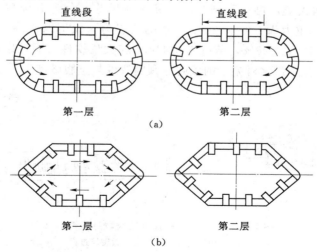

图 10-11　桥墩的砌筑
(a) 圆端形桥墩的砌筑；(b) 尖端形桥墩的砌筑

3. 墩台帽

墩台帽是用以支承桥跨结构的（桩柱墩帽称为盖梁），其位置、高程以及垫石表面平整度等，均应符合设计要求，以避免桥跨结构安装困难，或使顶帽、垫石等出现碎裂或裂缝，影响墩台的正常使用功能与耐久性。墩台帽施工主要工艺：铺设墩台帽模板→支座垫板安设→支座安设。支座主要有板式橡胶支座和盆式橡胶支座。

（1）墩台帽放样。墩台混凝土（或砌石）浇筑至离墩台帽底下约 30～50cm 高度时，即需测出墩台纵横中心轴线，并开始竖立墩台帽模板，安装锚栓孔或安装预埋支座垫板、绑扎钢筋等。台帽放样时，应注意不要以基础中心线作为台帽背墙线，浇筑前应反复核实，以确保墩、台帽中心、支座垫石等位置方向与水平标高等不出差错。

（2）墩台帽模板及混凝土浇筑。浇筑混凝土应从墩台帽下约 30～50cm 处至墩台帽顶面一次浇筑，以保证墩台帽底有足够厚度的紧密混凝土。

（3）钢筋和支座垫板的安设。墩台帽钢筋绑扎应符合规定。墩台帽上的支座垫板的安设一般采用预埋支座垫板和预留锚栓孔的方法。前者须在绑扎墩台帽和支座垫石钢筋时，将焊有锚固钢筋的钢垫板安设在支座的准确位置上，即将锚固钢筋和墩台帽骨架钢筋焊接固定，同时将钢垫板作一木架，固定在墩台帽模板上。此法在施工时垫板位置不易准确，应经常检查与校正。后者须在安装墩台帽模板时，安装好预留孔模板，在绑扎钢筋时注意将锚栓孔位置留出。此法安装支座施工方便，支座垫板位置准确。

二、装配式墩台施工

装配式墩台结构形式轻便，建桥速度快，圬工省，预制构件质量有保证。适用于山谷架桥、跨越平缓无漂流物的河沟或河滩等的桥梁，特别是在工地干扰多、施工场地狭窄，缺水与砂石供应困难地区，效果更为显著。常用的有砌块式、柱式和管节式或环圈式墩台等。

1. 砌块式墩台

砌块式墩台施工与石砌墩台相同，只是预制砌块的形式因墩台形状不同而有不同。如1975 年建成的兰溪大桥，主桥墩身采用预制的素混凝土壳块分层砌筑而成。壳块按平面形状分为Ⅱ型和工型两大类，再按其砌筑位置和具体尺寸又分为五种型号，每种块件等高，均为 35cm，块件单元重力为 900～1200N，每砌三层为一段落。该桥采用预制砌块建造桥墩，不仅节约混凝土数量约 26%，节省木材 50m³ 和大量铁件，而且砌缝整齐，外貌美观，加快了施工速度，避免了洪水对施工的威胁。预制块件与空腹墩施工示意（图 10-12）。

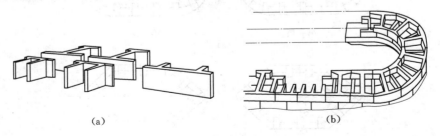

（a）　　　　　　　　　　　　　　　　　（b）

图 10-12　兰溪大桥预制砌块墩身施工示意
（a）空腹墩壳块；（b）空腹墩砌筑过程

2. 柱式墩台

柱式墩台将桥墩台分解成若干轻型部件，在工厂或工地集中预制，再运送现场装配成桥梁。其形式有双柱式、排架式、板凳式和刚架式等（图 10 - 13）。

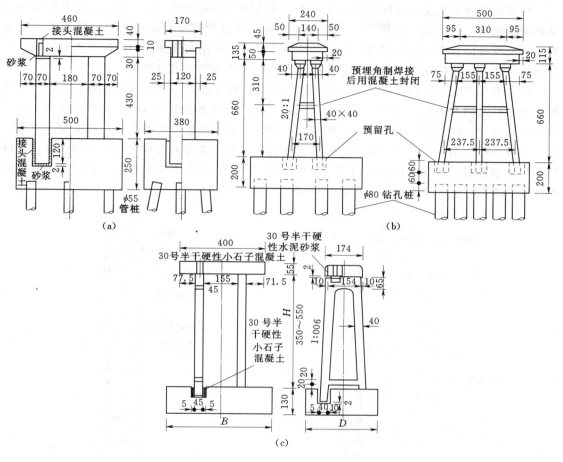

图 10 - 13 装配柱式墩示意图（尺寸单位：cm）
(a) 双柱式拼装墩；(b) 排架式拼装墩；(c) 刚架式拼装墩

施工工艺：预制构件→安装连接→混凝土填缝养护等。其中拼装接头是关键工序，既要牢固、安全，又要结构简单便于施工。常用的拼装接头有：

（1）承插式接头。将预制构件插入相应的预留孔内，插入长度一般为 1.2～1.5 倍的构件宽度，底部铺设 2cm 砂浆，四周以半干硬性混凝土填充，常用于立柱与基础的接头连接。

（2）钢筋锚固接头。构件上预留钢筋或型钢，插入另一构件的预留槽内，或将钢筋互相焊接，再灌注半干硬性混凝土，多用于立柱与顶帽处的连接。

（3）焊接接头。将预埋在构件中的铁件与另一构件的预埋铁件用电焊连接，外部再用混凝土封闭。这种接头易于调整误差，多用于水平连接杆与主柱的连接。

（4）扣环式接头。相互连接的构件按预定位置预埋环式钢筋，安装时柱脚先坐落在承台的柱芯上，上下环式钢筋互相错接，扣环间插入 U 形短钢筋焊牢，四周再绑扎钢筋一圈，立模浇注外围接头混凝土。要求上下扣环预埋位置正确，施工较为复杂。

（5）法兰盘接头。在相连接构件两端安装法兰盘，连接时用法兰盘连接，要求法兰盘预埋位置必须与构件垂直。接头处可不用混凝土封闭。

3. 后张法预应力混凝土装配式桥墩台

后张法预应力混凝土装配式墩台为基础、实体墩身和装配墩身。实体墩身是装配墩身和基础的连接段，其作用是锚固预应力筋，调节装配墩身的高度和抵御洪水时漂流物的冲击等。装配墩身由基本构件、隔板、顶板和顶帽等组成，并用高强预应力钢丝穿入预留的上下贯通的孔道内，张拉锚固。施工工艺：施工准备→构件预制→墩身装配。

墩台施工方法与装配式柱式墩台施工方法相似，除安装时的拼装接头处理技术之外，节段预制构件之间的连接方式主要依赖于预应力钢束。预应力筋主要有冷拉Ⅳ级粗钢筋、高强钢丝和钢绞线。高强度低松弛钢丝，强度高，张拉力大，预应力束数较少，施工时穿束较容易，但在预应力钢束连接处受预应力钢束连接器的影响，需要局部加大构件壁厚。冷拉Ⅳ级粗钢筋要求混凝土预制构件中的预留孔道精度高，以利冷拉Ⅳ级钢筋连接。预应力的张拉位置可设在墩顶，也可设在墩台底部的实体部位（图10-14）。

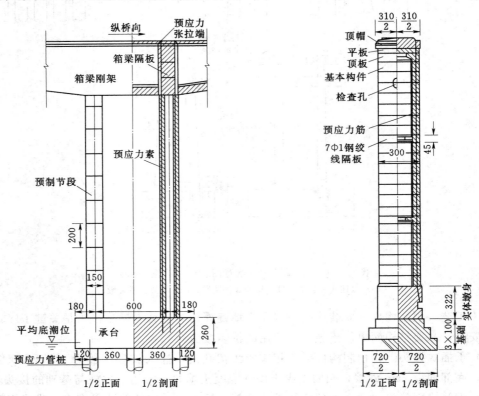

图10-14　装配式预应力混凝土桥墩

三、滑动模板施工

公路或铁路通过深沟宽谷或大型水库，桥梁采用高桥墩，比较经济合理，既可以缩短线路、节省造价，又可以提高营运效益和减少日常维护工作。高桥墩可分为实体墩、空心墩与钢架墩。自20世纪70年代以来，较高的桥墩一般均采用空心墩。

高桥墩施工设备与一般桥墩所用设备大体相同，但其模板不同。一般有滑动模板、爬升模板、翻升模板和提升模板等，模板均依附于已浇筑的混凝土墩壁，随着墩身的加高而升高。目前滑动模板的高度已达百米，其特点是施工进度快，在一般气温下，每昼夜平均进度可达 5～6m；混凝土质量好，采用干硬性混凝土，机械振捣，连续作业，可提高墩台质量，节约木材和劳力，可节省劳动力 30％，节约木材 70％。滑动模板可用于直坡墩身，也可用于斜坡墩身，模板本身附带有内外吊篮、平台与拉杆等，以墩身为支架，墩身混凝土的浇筑随模板缓慢滑升连续不断地进行，故而安全可靠。

1. 滑动模板构造

滑动模板将模板悬挂在工作平台的围圈上，沿着施工的混凝土结构截面的周界组拼装配，并随着混凝土的浇筑由千斤顶带动向上滑升。滑动模板的构造，由于桥墩类型、提升工具的类型不同，模板构造也略有差异，但其主要部件与功能则大致相同，主要由工作平台、内外模板、混凝土平台、工作吊篮和提升设备等组成。

2. 滑动模板提升工艺

滑动模板提升设备主要有提升千斤顶、支承顶杆及液压控制装置等几部分。螺旋千斤顶提升时，为转动手轮和向相反方向转动手轮两个步骤；液压千斤顶提升时，进油提升，排油归位。提升时，滑模与平台上的临时荷载全由支承顶杆承受。顶杆多用圆钢制作，直径 25mm，承载能力约为 10～12.5kN。顶杆一端埋入墩台结构的混凝土中，一端穿过千斤顶芯孔，每节长 2.0～4.0m，用工具式或焊接连接。为了节省钢材，使支承顶杆能重复使用，可在顶杆外安装套管，套管随同滑模整个结构一起上升，待施工完毕后，可拔出支承顶杆。

四、液压爬升模板施工

20 世纪 70 年代出现的爬升模板，特别适于空心高桥墩的施工。具有设备投资较省、节约劳动力、降低劳动强度、实际范围较广和易于保证质量等优点。

液压爬升模板的工艺：以空心墩的已凝固的混凝土墩壁为承力主体，以内爬支腿机构的上下爬架及液压顶升油缸为爬升设备的主体。先将上爬架的四个支腿（爬靴）收紧以缩小外轮廓尺寸，然后操作液压控制台开关，两顶升油缸活塞支撑在下爬架上，两缸体同时向上顶升，并通过上爬架、外套架带动整个爬模向上爬升。待行程达到要求高度时，停止爬升，调节专门杆件，伸出四个支腿，并使就位爬靴支在爬升支架上，然后操纵液压操作台，使活塞杆收回，带动下爬架、内套架上升就位，并把下爬架支腿支撑好。

爬升模板可在地面拼装成几组大件，利用辅助起重设备在基础上进行爬模组拼，也可将单构件在基础上拼装。施工时，配置两层大模板或组合钢模，按一循环一节模板施工。当上一节模板浇筑完毕，经过 10h 左右养护，便可开始爬升，爬升就位后拆除下部一节模板，同时进行钢筋绑扎，并把拆下的模板立在上节模板之上，再进行混凝土浇筑、养护、爬模爬升等工序。按此循环，两节模板连续倒用，直到浇筑完整个墩身。

当网架工作平台的上平面高于墩顶 30cm 时停止爬升。在墩壁的适当位置预埋连接螺栓，将墩壁内模拆除，并把 L 形外挂支架顶部杆件连接在预埋螺栓上，以此搭设墩帽外模板。将内爬井架的外套架的一节杆件嵌入桥墩帽里，并利用空心墩顶部内爬井架结构以及墩壁预埋螺栓支设实墩的底模，仍用爬模本身的塔吊完成墩顶实心段和墩帽的施工。爬模的拆卸是伴随着墩顶段施工完工而同时进行的。

五、V 形墩施工

V 形、Y 形及 X 形桥墩具有结构新颖轻巧、外形美观匀称。其桥墩的施工方法与桥梁结构体有密切相关。桂林漓江雉山大桥的 V 形墩（图 10－15）桥梁属刚架桥，其施工方法除了具有连续梁桥的施工特点外，还有着自身结构的施工特点。一般可分为 V 形墩结构、锚跨结构和挂孔部分三个施工阶段，其中 V 形墩结构是全桥的施工重点。V 形墩结构的施工方法与斜腿刚构相类似，由 2 个斜腿和其顶部主梁组成倒三角形结构。V 形墩可作成劲性预应力混凝土结构。根据该类型桥梁的结构特点，可将墩座和斜腿合为一部分，斜腿间的主梁为另一部分，先后分别施工。

(1) 将斜腿内的高强钢丝束、锚具与高频焊管联成一体，并和第一节劲性骨架一起安装在墩座及斜腿位置处，灌注墩座混凝土 [图 10-15 (a)]。

(2) 安装平衡架、角钢拉杆及第二节劲性骨架 [图 10-15 (b)]。

(3) 分两段对称灌注斜腿混凝土 [图 10-15 (c)]。

(4) 张拉临时斜腿预应力拉杆，并拆除角钢拉杆及部分平衡架构件 [图 10-15 (d)]。

(5) 拼装 V 形腿间墩旁膺架，灌筑主梁 0 号节段混凝土，张拉斜腿及主梁钢丝束或粗钢筋，最后拆除临时预应力拉杆与墩旁膺架，使其形成 V 形墩结构 [图 10-15 (e)]。

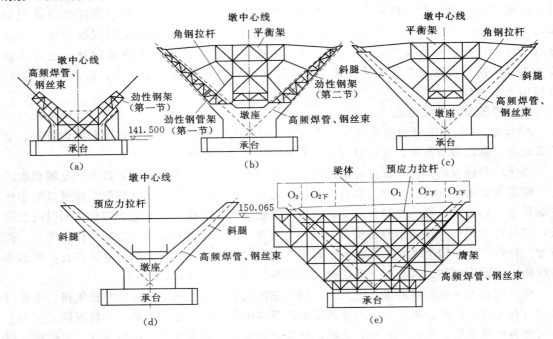

图 10-15 V 形墩施工步骤

为保证施工中结构自身的稳定和刚度，将两侧劲性骨架用角钢拉杆联结在平衡架上。施工中应十分重视斜腿混凝土的灌注与振捣，以确保其质量要求。两斜腿间主梁的施工，是在墩旁膺架上分三段浇筑，其大部分重力由膺架承受并传至承台上，只有在 V 形墩顶主梁合拢时，合拢段有 1/3 的重力由斜腿承受。

V 形墩类结构的施工工艺，还取决于工地现场条件、现有架设设备以及预制、架设构件的时间等。施工时选择架设拼装图式与程序，应尽可能地符合桥梁结构体的最终受力要求，以减小施工过程中的安装应力等。

六、墩台附属工程

墩台附属工程施工包括桥台翼墙、锥坡、台后填土、搭板和排水盲沟等。其施工方法一般有现浇、预制拼装和砌筑等，填土和排水应符合道路工程要求。

桥台锥体护坡施工时，石砌锥坡、护坡和河床铺砌层等工程，必须在坡面或基面夯实、整平后，方可开始铺砌，以保证护坡稳定。锥坡填土应与台背填土同时进行，填土应按高程及坡度填足。桥涵台背、锥坡、护坡及拱上等各项填土，宜采用透水性土分层填筑和夯实，每层厚度不得超过 0.30m，密实度应达到路基规范的要求。

护坡基础与坡脚的连接面应与护坡坡度垂直，以防坡脚滑走。片石护坡的外露面和坡顶、边口，应选用较大、较平整并略加修凿的石块。砌石时拉线要张紧，表面要平顺，护坡片石背后应按规定做碎石倒滤层，防止锥体土方被水侵蚀变形。护坡与路肩或地面的连接必须平顺，以利排水，并避免砌体背后冲刷或渗透坍塌。砌体勾缝除涉及规定外，一般可采用凸缝或平缝，且宜待坡体土方稳定后进行。浆砌砌体，应在砂浆初凝后，覆盖养生 7～14d。养护期间应避免碰撞、振动或承重。

台后泄水盲沟应以片石、碎石或卵石等透水材料砌筑，并按坡度设置，沟底用黏土夯实。盲沟应建在下游方向，出口处应高出一般水位 0.20m，平时无水的干河应高出地面 0.30m。如桥台在挖方内横向无法排水时，泄水盲沟在平面上可在下游方向的锥体填土内折向桥台前端排出，在平面上成 L 形。

导流建筑物应和路基、桥涵工程综合考虑施工，以避免在导流建筑物范围内取土、弃土破坏排水系统。砌筑用石料的抗压强度不得低于 20MPa；砌筑用砂浆强度等级，在温和及寒冷地区不低于 M5，在严寒地区不低于 M7.5。填土应达到最佳密度 90% 以上。坡面砌石按照锥体护坡要求办理。若使用漂石时，应采用裁砌法铺砌；若采用混凝土板护面，板间砌缝 10～20mm，并用沥青麻筋填塞。

抛石防护宜在枯水季节施工。石块应按大小不同的规格掺杂抛投，但底部及迎水面宜用较大石块。水下边坡不宜陡于 1:1.5。顶面可预留 10%～20% 的沉落量。石笼防护基底应铺设垫层，使其大致平整。石笼外层应用较大石块填充，内层则可用较小石块码砌密实，装满石块后，用铁丝封口。石笼间应用铁丝连成整体。在水中安置石笼，可用脚手架或船只顺序投放，铺放整齐，笼与笼间的空隙应用石块填满。石笼的构造、形状及尺寸应根据水流及河床的实际情况确定。

第四节　桥梁上部结构施工

一、梁桥施工

传统的梁桥施工方法是以搭设满堂支架现浇施工，随着预应力技术的发展，逐渐产生了悬臂法、预制安装法、顶推法、逐孔施工法和转体施工法等施工工艺。可以说，所有桥梁的施工方法都可以运用到梁式桥或刚架桥的施工中。梁桥施工包括简支梁桥和连续梁桥的施工，根据施工机具设备和结构的形成方式不同，现将施工方法归纳如下（图 10-16）。

预应力混凝土简支梁桥可采用现浇法和预制安装法，预制安装架设包括梁的起吊、运输（纵移、横移、落梁）和安装等过程。其特点是能保证工程质量，有利于提高劳动生产率；缩短工程进度及现场施工工期；节约支架、模板；减少混凝土收缩、徐变的影响。但需要大型的吊装设备。

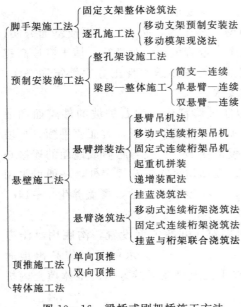

脚手架施工法 {
　固定支架整体浇筑法
　逐孔施工法 {
　　移动支架预制安装法
　　移动模架现浇法
}

预制安装施工法 {
　整孔架设施工法
　梁段—整体施工 {
　　简支—连续
　　单悬臂—连续
　　双悬臂—连续
}

悬壁施工法 {
　悬臂拼装法 {
　　悬臂吊机法
　　移动式连续桁架吊机
　　固定连续桁架吊机
　　起重机拼装
　　递增装配法
}
　悬臂浇筑法 {
　　挂篮浇筑法
　　移动式连续桁架浇筑法
　　固定式连续桁架浇筑法
　　挂篮与桁架联合浇筑法
}

顶推施工法 {
　单向顶推
　双向顶推
}

转体施工法

图 10-16　梁桥或刚架桥施工方法

预应力混凝土连续梁桥的施工方法有简支转连续施工（即梁段装配—整体施工法）、整体浇筑法施工、悬臂法施工、顶推法施工和移动式模架逐孔法施工。简支转连续施工即先简支施工（搭设临时支座支撑），然后在连续施工（撤除临时支座支撑变永久支座支撑）。这种简支变化为连续，使梁桥结构的受力体系也发生变化的称为结构体系转换。

（一）固定支架整体浇筑施工法

固定支架整体浇筑施工是指在支架上依据钢筋混凝土的施工原理完成梁体制作的方法，是一种古老的施工方法。由于施工需用大量的支架和模板，一般仅在小跨径桥或交通不便的地区采用。随着桥梁结构形式的发展，出现了一些变宽桥、弯桥等复杂的预应力混凝土结构，而且近年来临时钢构件、万能杆件和贝雷梁等大量应用，在其他施工方法都比较困难或经过比较，具有施工方便、费用较低时，在大、中桥梁也采用现浇法施工。

支架按其构造分为立柱式、梁式和梁—柱式支架；按材料分为木、钢和钢木混合支架。

（二）预制安装施工法

预制安装施工法一般是将梁段横向分片或纵向分片在预制场预制，合格后运到桥头，安装就位。预制安装法施工工艺：分片或分段构件的预制→运输→安装。桥梁的预制构件一般在预制场或预制工厂内进行，再由运输工具运至桥位，横向分片预制件可采用吊机或架桥机架设；纵向分段在桥头串联张拉后，用吊机或架桥机架设。

1. 装配式构件的预制工艺

（1）预制方法。按构件所处的状态分为立式和卧式预制。等高度 T 形梁和箱梁采用立式预制，预制后可直接运输和吊装，无需翻转作业。变高度的梁，宜采用卧式预制，在预制平台上放样后支模、绑扎钢筋、浇筑混凝土和翻身竖起，构件在起吊之后进行翻身，构件尺寸和混凝土质量易得到保证。卧式预制分为单片预制和多片叠浇。单片预制是在每一个构件预制的底座上先预制一片构件，待其出坑后再预制同规格的第二个构件。叠浇是在同一底座上预制数片，在前一片之上涂刷脱模剂后再浇筑后一片，以前一片作后一片的底模。

按作业线布置不同分为固定式和活动台车上预制。固定式预制是指构件始终在一个固定底座上预制，立模、扎筋、浇筑和养护等各个作业依次在同一地点进行，直至构件最后制成被吊离底座（即"出坑"）。适用于一般规模的桥梁构件预制；在活动台车上预制构件时，台车上具有活动模板（一般为钢模），当台车沿着轨道从一个地点移动到另一个地点时，作业也按顺序一个接一个地进行。预制场布置成一个流水作业线，构件分批地进入蒸养室进行养护。采用强有力的底模振捣和快速有效的养护，使构件的预制质量和速度大为提高。如果是后张式预应力构件，则从蒸养房出来后，即进入预应力张拉作业点。适用于大批量或永久性地制造构件的预制工厂。

按预制工艺不同分为先张法和后张法生产两种。先张法需张拉台座，一般在预制场（或厂）进行。后张法预应力构件可在现场进行制造。桥位现浇箱梁均采用后张法工艺。铁道部为了将梁体制造定型化、机械化，后张 T 形梁均在工厂预制，采用特种台车运输梁体。

（2）预制基本作业。模板一般采用钢、木或钢木组合模板。较小截面构件也可采用砖模或土木结合模制作。制作 T 形梁的模板包括底模、侧模和端模，底模支承在底座上。底座有木底座和混凝土底座。制作空心板构件，还需芯模。制作箱梁节段，另需内模。钢筋应进行整直、切断、除锈、弯钩、焊接和绑扎成型等工作。预制装配式桥梁构件预制时还需设置各种预埋件，包括构件的接缝和接头部位的预埋角钢、预埋钢板、预埋钢筋（伸出钢筋）等和吊点的吊环、预埋零件等。预埋件须与钢筋骨架牢固地连接。混凝土工作包括拌制、运输、浇筑、振捣和养护等工序。

（3）预应力构件制造工艺。先张法生产可采用台座法或流水机组法。采用台座法时，构件施工的各道工序全部在固定台座上进行。采用流水机组法时，构件在移动式的钢模中生产，钢模按流水方式通过张拉、浇筑、养护等各个固定机组完成每道工序。流水机组法可加快生产速度，但需要大量钢模和较高的机械化程度，且需配合蒸汽养护，因此适用于工厂内预制定型构件。

后张法工序较先张法复杂，需要预留孔道、穿筋、灌浆等工序，以及耗用大量的锚具和埋设件等，增加了用钢量和投资成本。后张法不需要强大的张拉台座，便于在现场施工，而且又适宜于配置曲线形预应力束（筋）的大型和重型构件制作，因此目前在铁路、公路桥梁上得到广泛的应用。后张法预应力混凝土桥梁常用高强碳素钢丝束、钢绞线和冷拉Ⅲ、Ⅳ级粗钢筋作为预应力筋。对于跨径较小的 T 梁桥，也可采用冷拔低碳钢丝作为预应力筋。

2. 装配式梁桥的安装

当钢筋混凝土构件在混凝土强度达到设计强度 70％以上，预应力混凝土构件在预应力筋张拉以后才可出坑。构件出坑一般采用龙门吊将预制梁起吊后移到存梁处或转运至现场，如简易预制场无龙门吊机时，可用吊机起吊出坑，也可用横向滚移出坑。

预制梁从预制场至施工现场的运输称为场外运输，常用大型平板车、驳船或火车运至桥位现场。预制梁在施工现场内运输称为场内运输，常用龙门轨道运输、平车轨道运输、平板汽车运输，也可采用纵向滚移法运输。

预制梁安装时，在岸上或浅水区预制梁的安装可采用龙门吊、汽车吊及履带吊安装。水中梁跨常采用穿巷吊机、浮吊及架桥机等安装方法。

（1）跨墩龙门吊安装。跨墩龙门吊安装适用于岸上和浅水滩以及不通航浅水区域安装预制梁。两台跨墩龙门吊分别设于待安装孔的前、后墩位置。预制梁由平车顺桥向运至安装孔的一侧，移动跨墩龙门吊上的吊梁平车，对准梁的吊点放下吊架，将梁吊起。当梁底超过桥墩顶面后，停止提升，用卷扬机牵引吊梁平车慢慢横移，使梁对准桥墩上的支座，然后落梁就位。接着准备架设下一根梁。在水深不超过 5m、水流平缓、不通航的中小河流上的小桥孔，也可采用跨墩龙门吊机架梁。这时必须在水上桥墩的两侧架设龙门吊机轨道便桥，便桥基础可用木桩或钢筋混凝土桩。在水浅流缓而无冲刷的河上，也可用木笼或草袋筑岛来作便桥的基础。便桥的梁可用贝雷组拼。

（2）穿巷吊安装（双导梁穿行式安装法）。是利用两组钢桁架导梁构成的穿巷吊安装桥跨上部构件。穿巷吊是以角钢制成的钢桁架片作为基本构件，其横向连接杆用钢制成，由承重、平衡和引导三部分组成。穿巷吊可支承在桥墩和已架设的桥面上，不需要在岸滩或水中另搭脚手与铺设轨道，适用于在水深流急的大河上架设水上桥孔、各种跨径和形式的预制梁。其设备简单，不受河水影响。根据穿巷吊的导梁主桁架间净距的大小，可分为宽、窄两种。宽穿巷吊机可以进行边梁的吊起并横移就位；窄穿巷吊机的导梁主桁净距小于两边 T 梁梁肋之间的距离，因此，边梁要先吊放在墩顶托板上，然后再横移就位。

（3）自行式吊车安装。中小跨径的陆地桥梁、城市高架桥预制梁安装常采用自行吊车安装。一般先将梁运到桥位处，采用一台或两台自行式汽车吊或履带吊直接将梁片吊起就位，方法便捷、安装迅速、工期短，不需其他动力或设备。履带吊机的最大起吊能力达 3MN。

（4）浮吊安装。预制梁由码头或预制厂直接由运梁驳船运到桥位，浮吊船宜逆流而上，先远后近安装。浮吊船吊装前应下锚定位，航道要临时封锁。采用浮吊安装预制梁，施工速度快，高空作业较少，施工比较安全，吊装能力也大，工效也高，是航运河道、海上或水深河道上架梁常用的方法。广东省在使用浮吊安装时，其最大起重能力达 5MN。

（5）架桥机安装。架桥机架设桥梁一般在长或大河道上，公路上采用贝雷梁构件拼装架桥机；铁路上采用 800kN、1300kN、1600kN 架桥机。20 世纪 50 年代采用悬臂式架桥机，需设桥头岔线，桥头路基压道要求较高，危险性较大。60 年代开始试制单梁式架桥机及双梁式架桥机，可使架梁作业比较安全，而且不设桥头岔线，解决了山区桥头地形狭窄，架梁困难的问题。公路斜拉式双导梁架桥机，50/150 型可架设跨径 50mT 梁，40/100 型架设 40mT 梁，XMQ 型架桥机可架设 30mT 梁，BX‒25 型号为贝雷轻型架桥机。目前国内架桥机最大起吊能力 3MN。

在桥很高，水很深的情况下，可选择由龙门架（即门式吊车）、托架（又称蝴蝶架）和钢导梁为主体构成的成套架梁设备联合架桥机进行预制梁的安装。在架梁前，首先要安装钢导梁，导梁顶面铺设供平车和托架行走的轨道。预制梁由平车运至跨径上，用龙门架吊起将其横移降落就位。当一孔内所有梁架好以后，将龙门架骑在蝴蝶架上，松开蝴蝶架，蝴蝶架挑着龙门架，沿导梁轨道，移至下一墩台上去。如此循环下去，直至全部架完（图 10‒17）。

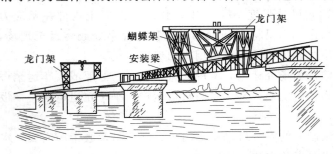

图 10‒17 用钢导梁、龙门架及蝴蝶架联合架梁

（6）扒杆（桅杆）悬吊安装（吊鱼架设法）。利用人字桅杆来架设梁桥上部结构构件，而不需要特殊的脚手架或木排架。安装方法有人字桅杆架设、人字桅杆两梁连接悬吊法和人字桅杆、托架架设三种。

（7）支架便桥安装。一般可采用摆动排架和移动支架安装。

（三）悬臂施工法

悬臂施工法也称为分段施工法。悬臂施工法是以桥墩为中心向两岸对称的、逐节悬臂拼装或现浇接长的施工方法，主要有悬臂拼装法及悬臂浇筑法两种。悬臂拼装法利用移动式悬拼吊机将预制梁段起吊至桥位，然后采用环氧树脂胶及钢丝束预施应力连接成整体。悬臂浇筑采用移动式挂篮为主要施工设备，从桥墩开始，对称向两岸逐段浇筑梁段混凝土，待混凝土达到要求强度后，张拉预应力束，再移动挂篮，进行下一节段的施工。悬臂施工的体系有连续体系和铰接体系。

1. 悬臂拼装法施工

悬臂拼装施工工艺：块件的预制→运输→拼装→穿束与张拉→合拢。

（1）块件预制。混凝土块件的预制方法有长线预制、短线预制和卧式预制等三种。而箱梁块件通常采用长线预制或短线预制，桁架梁段可采用卧式预制。长线预制是在预制厂或施工现场按桥梁底缘曲线制作固定的底座，在底座上安装底模进行块件预制工作。短线预制箱梁块件的施工，是由可调整外部及内部模板的台车与端模架来完成。卧式预制要有一个较大的地坪。地坪的高低要经过测量，并有足够的强度，不致产生不均匀沉陷。

（2）块件运输。箱梁块件自预制底座上出坑后，一般先存放于存梁场，拼装时块件由存梁场至桥位处的运输方式，一般可分为场内运输、块件装船和浮运三个阶段。

（3）悬臂拼装。预制块件的悬臂拼装可根据现场布置和设备条件采用不同的方法来实现。当靠岸边的桥跨不高且可在陆地或便桥上施工时，可采用自行式吊车、门式吊车来拼装。对于河中桥孔，也可采用水上浮吊进行安装。如果桥墩很高，或水流湍急而不便在陆上、水上施工时，就可利用各种吊机进行高空悬拼施工。

1）悬臂吊机拼装法。悬臂吊机由纵向主桁架、横向起重桁架、锚固装置、平衡重、起重系、行走系和工作吊篮等部分组成（图10-18），结构较简单，使用最普遍。

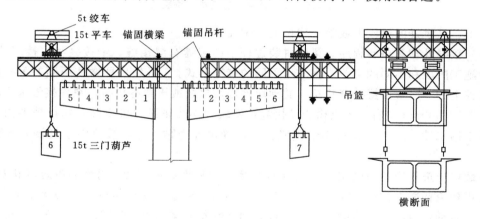

图 10-18 悬臂吊机构造

当吊装墩柱两侧附近块件时，往往采用双悬臂吊机的形式，当块件拼装至一定长度后，将双悬臂吊机改装成两个独立的单悬臂吊机。但在桥的跨径不太大，孔数也不多的情况下，可不拆开墩顶桁架而在吊机两端不断接长进行悬拼，以免每拼装一对块件就将对称的两个单悬臂吊机移动和锚固一次。

2）连续桁架（闸门式吊机）拼装法。连续桁架悬拼施工可分为移动式和固定式。移动式连续桁架的长度大于桥的最大跨径，桁架支承在已拼装完成的梁段和待拼墩顶上，由吊车在桁架上移运块件进行悬臂拼装（图10-19）。固定式连续桁架的支点均设在桥墩上，而不增加梁段的施工荷载。表示移动式连续桁架，其长度大于两个跨度，有三个支点。这种吊机每移动一次可以同时拼装两孔桥跨结构。

3）起重机拼装法。可采用伸臂吊机、缆索吊机、龙门吊机、人字扒杆、汽车吊、履带吊、浮吊等起重机进行悬臂拼装。根据吊机的类型和桥孔处具体条件的不同，吊机可以支承

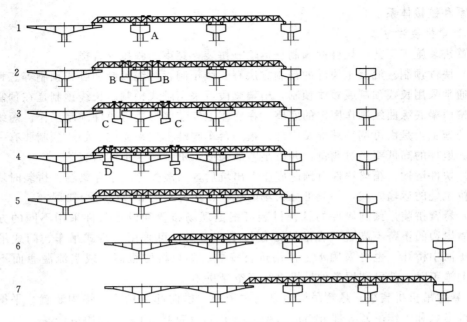

图 10-19　移动式连续桁架拼装法

在墩柱上、已拼好的梁段上或处在栈桥上、桥孔下。

（4）接缝处理及拼装程序。梁段拼装过程中的接缝有湿接缝、干接缝和胶接缝等几种。不同的施工阶段和不同的部位，将采用不同的接缝形式。1 号块件即墩柱两侧的第一块，一般与墩柱上的 0 号块以湿接缝相接。其他块件用胶接缝或干接缝拼装。块件接缝采用环氧树脂胶，厚度 1.0mm 左右。环氧树脂胶接缝可使块件连接密贴，可提高结构抗剪能力、整体刚度和不透水性。一般不宜采用干接缝。干接缝块件密贴性差，接缝中水气浸入导致钢筋锈蚀。

拼装中应进行穿束与张拉。穿束有明槽穿束和暗管穿束两种。明槽穿束难度相对较小，预应力钢丝束锚固在顶板加厚部分，在此部分预留有管道。明槽钢丝束一般为等间距布置，穿束前先将钢丝束在明槽内摆平，之后再分别将钢丝束穿入两端管道内。管道两头伸出的钢丝束应等长。暗管穿束一般采用人工推送，实际操作应根据钢丝束的长短进行。顶、腹板纵向钢丝束应按设计要求的张拉顺序张拉，如设计未作规定，可采取分批、分阶段对称张拉。张拉时注意梁体和锚具的变化。

合拢顺序一般为先边跨，后中跨。多跨一次合拢时，必须同时均衡对称地合拢。合拢前应在两端悬臂预加压重，并于浇筑混凝土过程中逐步撤除，使悬臂挠度保持稳定。合拢段的混凝土强度等级可提高一级，以尽早张拉。合拢段混凝土浇筑完后，应加强养护，悬臂端应覆盖，防止日晒。

2. 悬臂浇筑法施工

悬臂浇筑法中的挂篮是一个能沿轨道行走的活动脚手架，悬挂在已浇筑、张拉的梁节段上，用以浇筑下一节段施工，直至梁段全部浇完。开始浇筑初始几对梁段时，挂篮是连接一起的，并保持平衡；当梁浇筑到一定长度后再将挂篮分离，并分别用压重平衡。在浇筑时，应注意保护好预应力孔道。挂篮的主要组成部分有承重系统、悬吊系统、锚固系统、行走系统、模板与支架系统。

悬臂浇筑法施工工艺：挂篮前移就位→安装箱梁底模→安装底板及肋板钢筋→浇底板混凝土及养生→安装肋模、顶模及肋内预应力孔道→安装顶板钢筋及顶板预应力孔道→浇筑肋板及顶板混凝土→检查并清洁预应力孔道→混凝土养生→拆除模板→穿钢丝束→张拉预应力钢束→孔道灌浆。

连续梁桥采用悬臂浇筑施工时，因施工程序不同，主要有逐跨连续悬臂施工、T形刚构—单悬臂梁—连续梁施工和 T 形刚构—双悬臂梁—连续梁施工三种基本方法。施工时，可选择合适的一种，也可综合考虑选用合适的施工方法。

（1）逐跨连续悬臂施工法（图 10-20）。从 B 墩开始将梁墩临时固结，进行悬臂施工；岸跨边段合拢，B 墩临时固结释放后形成单悬臂梁；从 C 墩开始，梁墩临时固结，进行悬臂浇筑施工；BC 跨中间合拢，释放 C 墩临时固结，形成带悬臂的两跨连续梁；从 D 墩开始，D 墩进行梁墩固结进行悬臂施工；CD 跨中间合拢，释放 D 墩临时固结，形成带悬臂的三跨连续梁；按上述方法以此类推进行，最后岸跨边段合拢，完成多跨一联的连续梁施工。

逐跨连续悬臂法施工，从一端向另一端逐跨进行，逐跨经历了悬臂施工阶段，施工过程中进行了体系转换。逐跨连续悬臂法施工可以利用已建成的桥面进行机具设备、材料和混凝土运输，施工方便。逐跨连续悬臂法每完成一个新的悬臂并在跨中合拢后，结构稳定性、刚度不断加强，因此，常用在多跨连续梁及大跨长桥上。

图 10-20　逐跨连续悬臂施工程序　　　图 10-21　T 形刚构—单悬臂梁—连续梁施工法程序

（2）T 形刚构—单悬臂梁—连续梁施工法（图 10-21）。从 B 墩开始，梁墩固结，进行悬臂施工；岸跨边段合拢，释放 B 墩临时固结，形成单悬臂梁；C 墩进行施工，梁墩固结，进行悬臂施工；岸跨边段合拢，释放 C 墩临时固结，形成单悬臂梁；B、C 跨中段合拢，形成三跨连续梁结构。

T 形刚构—单悬臂梁—连续梁施工也可以采用多增设两套挂篮设备，BC 墩同时悬臂浇筑施工，再两岸跨边段合拢，释放 B、C 墩临时固结，最后中间合拢，成三跨连续梁，以加速施工进度，缩短工期目的。多跨连续梁施工时可以采取几个合拢段同时施工，也可以逐个进行。T 形刚构—单悬臂梁—连续梁施工是 3～5 跨连续梁施工中常用的施工方法。

（3）T 形刚构—双悬臂梁—连续梁施工法（图 10-22）。从 B 墩开始，梁墩固结后，进行悬臂施工；从 C 墩开始，梁墩固结后，进行悬臂施工；B、C 跨中间合拢，释放 B、C 墩的临时固结，形成双悬臂梁；A 端岸跨边段合拢；D 端岸跨边段合拢，完成三跨连续梁施工。当结构呈双悬臂梁状态时，稳定性较差，所以一般遇大跨径或多跨连续梁时不宜采用。

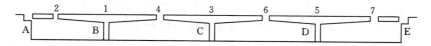

图 10-22　T 形刚构—双悬臂梁—连续梁施工法程序

（四）顶推施工法

顶推法施工（图 10-23）是沿桥纵轴方向，在桥台后方台座上（引道或引桥上）开辟预制场地，分节段预制梁身并用纵向预应力筋将各节段连成整体，然后通过水平液压千斤顶施力，借助不锈钢板与聚四氟乙烯模压板组成的滑动装置，将梁段向对岸推进。这样分段预制，逐段顶推，预制一段，纵向向前顶进一段，跨越各中间桥墩，直达对岸，待全部顶推就位后，落梁、更换成永久支座，完成桥梁施工，经过体系转换而形成连续梁桥。适用于中等跨径的连续梁桥。

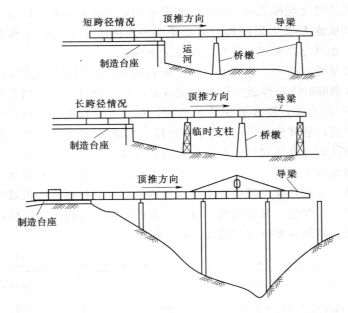

图 10-23 顶推法施工程序

顶推法施工中的主要装置有千斤顶、滑板和滑道。常用的滑道装置包括墩顶处的混凝土滑台、铬钢板和滑板三部分。临时设施有导梁（又称鼻梁）、临时支柱和斜拉索等。

在顶进过程中，梁的每个截面都有在墩顶处承受负弯矩，跨中处承受正弯矩的时刻，也就是说，梁的每个截面的弯矩值处在不断变化之中，甚至几次正负交替。为了减小梁体前段的悬出长度、梁体前段的负弯矩和顶进过程中的梁体阻力，在梁段的前端安装导梁，长度为顶推跨径的 0.6～0.8 倍，是由等截面或变截面的钢桁架或钢板梁组成，一般采用贝雷桁片或万能杆件组拼桁架。为增大跨径，可以设置临时支柱或临时墩，也可以用斜拉索加固。

顶推的施工方法很多，主要安装顶推施工方式分类，也可由支承系统和顶推的方向来分类。主要包括单向顶推、双向顶推以及单点顶推和多点顶推等多种。单向单点顶推适用于建造跨度为 40～60m 的多跨连续梁桥。单向多点顶推适用于建造特别长的多联多跨桥梁。

（1）水平—竖向千斤顶顶推法（推头式顶推）。其施工工艺：落梁→梁前进→升梁→退回滑块，如此循环往复，完成顶推工作。可分为单点和多点顶推。

（2）拉杆千斤顶顶推法。水平顶推力是由固定在墩台上的水平千斤顶通过锚固于主梁上的拉杆使主梁前进的，也分为单点和多点顶推。采用拉杆式顶推系统，免去在每一循环顶推过程中用竖向千斤顶将梁顶起使水平千斤顶复位，简化了工艺流程，加快顶推速度。

（3）设置滑动支座顶推法。有设置临时滑动支承和与永久性支座合一的滑动支承两种。

（4）单向顶推法。从一端逐渐预制，逐段顶推，直至对岸。一般桥跨在 50m 以内时，常在一端设置预制场地,从一端顶推。当桥头直线引道长度受限制时,可在引桥、路基或正桥靠岸一孔设置台座。

(5)双向顶推法。预制场在桥梁两端,并在两端分别预制,分段顶推,在跨中合拢。常采用临时支柱、梁后压重、加临时支点等措施解决。双向顶推适用于不设临时墩而修建中孔跨径很大的三跨连续梁桥等。在跨径大于 600m 时,为缩短工期,也可采用双向顶推施工。

(6)单点顶推法。顶推装置集中在主梁预制场附近的桥台或桥墩上,前方墩各支点上设置滑动支承。顶推装置分为两种:一种是由水平千斤顶通过沿箱梁两侧的牵动钢杆给预制梁一个顶推力;另一种是由水平千斤顶与竖直千斤顶联合使用,顶推预制梁前进。

施工工艺:顶梁→推移→落下竖直千斤顶和收回水平千斤顶的活塞杆。滑道支承设置在墩上的混凝土临时垫块上,由光滑的不锈钢板与组合的聚四氟乙烯滑块组成,其中的滑块由四氟板与具有加劲钢板的橡胶块构成,外形尺寸有 420mm×420mm、200mm×400mm、500mm×200mm 等数种,厚度也有 40mm、31mm、21mm 之分。顶推时,组合的聚四氟乙烯滑块在不锈钢板上滑动,并在前方滑出,通过在滑道后方不断喂入滑块,带动梁身前进。

(7)多点顶推。在每个墩台上设置一对小吨位(400～800kN)的水平千斤顶,将集中的顶推力分散到各墩上。由于利用水平千斤顶传给墩台的反力来平衡梁体滑移时在桥墩上产生的摩阻力,从而使桥墩在顶推过程中承受较小的水平力,因此可以在柔性墩上采用多点顶推施工。多点顶推所需的顶推设备吨位小,容易获得,所以我国在近年来用顶推法施工的预应力混凝土连续梁桥,较多地采用了多点顶推法。

施工工艺:落梁→顶推→升梁→收回水平千斤顶的活塞→拉回支承块,如此反复作业。

多点顶推施工的关键在于同步。因为顶推水平力是分散在各桥墩上,一般均需通过中心控制室控制各千斤顶的出力等级,保证同时启动,同步前进,同时停止和同时换向。为保证在意外情况下能及时改变全桥的运动状态,各机组和观测点上需装置急停按钮。

多联桥的顶推,可以分联顶推,通联就位,也可联在一起顶推。两联间的结合面可用牛皮纸或塑料布隔离层隔开,也可采用隔离剂隔开。对于多联一并顶推时,多联顶推就位后,可根据具体情况设计解联、落梁及形成伸缩缝的施工方案,如两联顶推,第二联就位后解联,然后第一联再向前顶推就位,形成两联间的伸缩缝。

(五)逐孔施工法

逐孔施工法是从桥梁一端开始,采用一套施工设备或一、二孔施工支架逐孔施工,周期循环,直到全部完成。逐孔施工法常用在对桥梁跨径无特殊要求的中小跨桥的长桥,如高架道路、跨越海湾和跨越湖泊的桥梁等,有的桥梁总长达数十公里。逐孔施工法体现了造桥施工的省和快,可使施工单一标准化,工作周期化,最大程度地减少工费比例,降低造价。

逐孔施工法从 20 世纪 50 年代末期以来得到了广泛应用和发展,首先在欧洲国家大量采用,尤其是前联邦德国、奥地利、瑞士和法国使用最多。先进的施工方法促进了桥梁结构的发展,使用新技术、改进桥梁结构,带来了节省材料用量的好处。

逐孔施工法从施工技术方面可分有三种类型:

(1)用临时支承组拼预制节段逐孔施工。是将每一桥跨分成若干节段(包括桥墩顶节段、标准节段),预制完成后在临时支承上(钢桁架导梁、下挂式高架钢桁架等)逐孔组拼施工。节段可在预制厂生产,提高了机械设备的利用率和生产效率。

(2)使用移动支架逐孔现浇施工。此法也称移动模架法,是在可移动的支架、模板上

（移动悬吊模架、支承式活动模架）完成一孔桥梁的模板、钢筋、浇筑混凝土和张拉预应力筋等全部工序，然后移动支架、模板，进行下一孔桥梁的施工。由于是在桥位上现浇施工，可免去大型运输和吊装设备，桥梁整体性好。主要用于建造孔数多、桥跨较长、桥墩较高及桥下净空受到约束的桥梁。支架分为落地式和梁式。

（3）采用整孔吊装或分段吊装逐孔施工。是早期连续梁桥采用逐孔施工的唯一方法。近年来，由于起重能力增强，使桥梁的预制构件向大型化方向发展，从而更能体现逐孔施工速度快的特点，可用于混凝土连续梁和钢连续梁桥的施工中。

采用逐孔施工时，随着施工的进程，桥梁结构的受力体系在不断变化，由此导致结构内力也随之变化。逐孔施工的体系转换有三种：由简支梁状态转换为连续状态、由悬臂梁转换为连续梁以及由少跨连续梁逐孔伸延转换为所要求的体系等。在体系转换中，不同的转换途径将得到不同的结构内力叠加过程，而最终的恒载内力（包括混凝土的收缩、徐变内力重分布）将向着连续梁桥（按照全联一次完成）的恒载内力接近。

二、拱桥施工

拱桥传统施工方法为满堂支架砌筑和现浇，即在支架上砌筑和现浇混凝土主拱圈后，进行拱上建筑施工，随后落架完成全桥。由于支架施工不利于拱向大跨度发展，缆索吊装法、悬臂法、转体法以及劲性骨架法等无支架施工法应运而生。拱桥常用施工方法（图 10-24）。

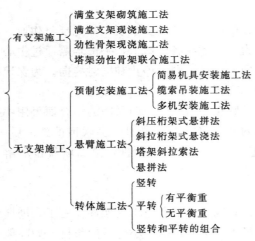

图 10-24　拱桥常用施工方法

拱桥施工主要有现浇钢筋混凝土拱桥施工、装配式钢筋混凝土拱桥施工和钢管混凝土拱桥施工。应根据拱桥的形式、地质地形以及施工设备类型等情况进行综合考虑，选择可行的或多种方法组合的施工方法。

（一）现浇法

现浇法是指搭设各种支架（即拱架）进行的施工。拱架按所用材料分为木拱架、钢拱架、钢桁架拱架、万能杆件拼装拱架、扣件式钢管拱架、竹拱架、竹木拱架及"土牛拱胎"等型式。按构造形式分为满堂式拱架、拱式拱架及混合式拱架等。满堂式拱架有立柱式和撑架式。立柱式构造和制作简单，但立柱较多，一般用于高度和跨度不大的拱桥。撑架式是用支架加斜撑代替较多的立柱，在一定程度上满足通航的需要，实际工程中采用较多。

拱架预拱度是指为抵消拱架在施工荷载作用下产生的位移（挠度），而在拱架施工或制作时预留的与位移方向相反的校正量。拱顶预留的总预拱度，可以根据各种下沉量求得。施工时根据计算值，并结合实践经验进行适当调整。一般情况下，拱顶预留拱度按 $L/400 \sim L/800$ 估算（L 为拱圈跨径）。当算出拱顶预拱度后，其余各点的预加高度可近似地按二次抛物线分配。对于无支架或早期脱架施工的悬链线拱，应采用降低拱轴系数（拱轴系数为拱脚恒荷载与拱顶恒荷载之比）的方法来设置预拱度。

模板有拱圈模板和拱肋模板。现浇钢筋混凝土拱圈、钢管混凝土拱圈以及劲性骨架拱圈常用的施工方法有连续浇筑、分段浇筑和分环分段浇筑。跨径小于 16m 的拱圈或拱肋，应按拱圈全宽，由两端拱脚向拱顶对称连续浇筑，并在拱脚混凝土初凝前全部完成。跨度大于16m 的拱圈或拱肋，采用沿拱跨方向分段对称浇筑。浇筑大跨径拱圈或拱肋混凝土时，宜采用分环施工，下环合拢后再浇筑上环混凝土，有时也采用分环又分段的浇筑方法。

在拱圈合拢以及混凝土或砂浆达到设计强度的 30%后即可进行拱上建筑的施工。对于石拱桥，一般不少于合拢后三昼夜。空腹式拱上建筑一般是砌完腹孔墩后即卸落拱架，然后再对称均衡地砌筑腹拱圈、侧墙。实腹式拱上建筑应由拱脚向拱顶对称地砌筑，砌完侧墙后，再填筑拱腹填料及修建桥面结构等。采用柔性吊杆的中承式拱桥的浇筑程序（图 10-25）。

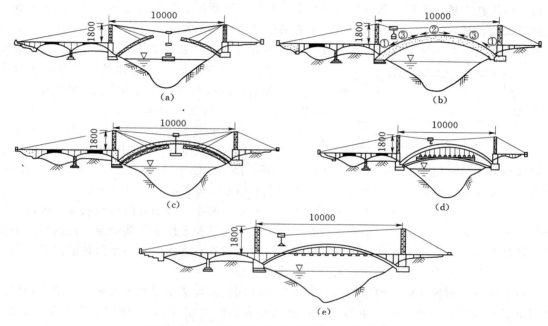

图 10-25 中承式拱桥浇筑程序示意（单位：cm）

(a) 拱架安装合拢；(b) 分环分段浇筑拱肋；(c) 卸落拱架；(d) 安装吊杆、横梁；(e) 桥面系施工

（二）缆索吊装施工法

缆索吊装施工方法是大跨度拱无支架施工的主要方法，利用支承在索塔上的缆索运输和安装拱桥构件。缆索吊装施工工艺：拱肋（箱）的预制→移运和吊装→主拱圈的砌筑→拱上建筑的砌筑→桥面结构施工等。除拱圈吊装和移运之外其他工序与有支架拱桥施工方法类似。

缆索吊装设备按其用途和作用分为主索、工作索、塔架和锚固装置等四个基本组成部分。其中主要机具设备包括主索、起重索、牵引索、结索、扣索、浪风索、塔架（包括索鞍）、地锚（地垅）、滑轮、电动卷扬机或手摇绞车等。

中、小跨径拱桥，拱肋的截面尺寸在一定范围内，可不作施工加载程序设计，按有支架施工方法对拱上结构作对称、均衡的施工。大、中跨径的箱形拱桥或双曲拱桥，一般按分环分段、均衡对称加载的原则进行设计。先在拱的两个半跨上，分成若干段，然后在相应部位同时进行相等数量的施工加载。对于坡拱桥，应使低拱脚半跨的加载量稍大于高拱脚半跨的加载量。多孔拱桥的两个邻孔之间，要求均衡加载。两孔的施工进度不能相差太远，否则桥墩会承受过大的单向推力而产生很大位移，导致施工进度快的一孔的拱顶向下沉，而邻孔的拱顶向上升，严重时会使拱圈开裂。

（三）转体施工法

桥梁转体施工是 20 世纪 40 年代以后发展起来的一种架桥工艺。是在河流的两岸或适当的位置，利用地形使用简便的支架先将半桥预制完成，之后以桥梁结构本身为转动体，使用机具设备分别将两个半桥转体到桥位轴线位置合拢成桥。转体施工一般适用于单孔或三孔的桥梁。

转体方法可以采用平面转体（有平衡重法和无平衡重法）、竖向转体或平竖结合转体。目前已应用在拱桥、梁桥、斜拉桥、斜腿刚架桥等不同桥型上部结构的施工中。用转体施工法建造大跨径桥，可不搭设支架，减少了安装架设工序，把复杂的、技术性强的高空作业和水上作业变为岸边的陆上作业，不干扰交通、不间断通航，施工安全、质量可靠，对环境损害小，减少了施工费用和机具设备。适合在通航河道或车辆频繁的跨线立交桥的施工。

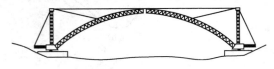

图 10-26 拱桥平面转体法施工示意

1. 拱桥平面转体施工

平面转体施工法是我国首创的施工方法（图 10-26）。1977 年在四川省遂宁市首次采用四氟板平面转体施工方法建成 1 孔 70m 肋拱桥，随后该法得到迅速推广。在实际工程中，经常将转动体系的重心与下盘磨心设计为有较大的偏心，即偏心转体施工方法。

（1）有平衡重平面转体施工。是从跨中将拱圈分为两半，分别在两岸利用地形搭设简单支架预制或拼装主拱肋，利用结构本身及扣锚体系，张拉扣索使主拱肋脱架，由拱肋、平衡重、转盘上板及扣索组成转动体系，借助与预先设置的具有摩阻系数很小的环形滑道，通过卷扬机或千斤顶牵引，将拱肋转至河心桥轴线就位合拢。

有平衡重平面转体施工使用的转体装置主要有四氟板环道平面承重转体（由轴心和环形滑道组成）和轴心承重转体（由球面铰、轨道板和钢滚轮组成）。转动体系主要包括底盘、上转盘、背墙、桥体上部构造、拉杆（或拉索）等几部分。

其施工工艺：制作底盘→制作上转盘→布置牵引系统的锚锭及滑轮，试转上转盘到预制轴线位置→浇筑背墙→浇筑主拱圈上部结构→张拉拉杆（或扣索），使上部结构脱离支架，并且和上转盘、背墙形成一个转动体系，通过配重把结构重心调到轴心→牵引转动体系，使半拱平面转动合拢→封上下盘，夯填桥台背土，封拱顶，松拉杆或索扣，实现体系转换。

有平衡重平面转体施工又分为专门配置平衡重的转体施工和在对称轴上设置磨心的转体施工。专门配置平衡重的转体施工适用于山区深山峡谷的单孔拱桥。一般是将增加的平衡重设计成桥梁永久作用的一部分，如加大桥台厚度、背墙体积等。调整转动体系的重心，使体系的重心基本落在转盘的磨心球铰上，设计施工相对简易，受力明确。在对称轴上设置磨心的转体施工是利用桥梁结构的对称性，在对称轴上设置转动磨心实现转体。不需额外增加平衡重，结构显得更轻便，材料使用也更合理，近年来这种方法用得比较多，一般适用两岸地形比较开阔，而且两岸地形有可能按照转体要求来布置桥梁岸边引孔的三孔桥位。

（2）无平衡重平面转体施工。是把有平衡重转体施工中的拱圈扣索拉力锚固在两岸岩体中，用锚固体系代替平衡重，从而省去了庞大的平衡重，锚锭拉力由尾索预加应力传给引桥面板，以压力形式储备。主要由锚固体系、转动体系和位控体系构成平衡的转体系统。

锚固体系由锚锭、尾索（锚索）、支撑（平撑）、锚梁（或锚块）及立柱组成。锚锭设置在引道及边坡岩层中，锚梁支撑于立柱上，两个方向的平撑及锚索形成三角形稳定结构，使锚锭块和上转轴为一确定的固定点。拱箱（拱肋）转至任意角度，由锚固体系平衡拱箱（拱肋）和扣索力，从而节省了大量的圬工数量。

转动体系由拱体、上转轴、下转轴、下转盘、下环道、拱箱（拱肋）和扣索组成。上转盘由埋于锚梁（锚块）中的锚套、转轴和环套组成。扣索一端与环套相连，另一端与拱箱（拱肋）顶端连接。转轴在轴套与环套间均可转动。下转盘为一个马蹄形钢环。马蹄形两端各有一个走板，两个走板在固定的环道上滑动。马蹄形转盘卡于下转轴外。下转盘与滑道、下转轴间，均有摩阻系数很小的滑道材料，从而可以滑动。拱箱（拱肋）为钢筋混凝土薄壁组合箱。为减轻重量，顶板采用钢筋网架板。扣索采用精轧螺纹钢筋，扣索将拱箱（拱肋）顶部与上转轴环套连接，从而构成转动体系。

位控体系包括拱箱（拱肋）顶端扣点的缆风索、转盘牵引系统（无级调速自控卷扬机）、光电测角装置和控制台组成，用以控制在转动过程中转动体的转动速度和位置。

施工时，主要包括转动体系施工、锚锭系统施工、转体施工、合拢卸扣施工。其中转动体系施工工艺：安装下转轴→浇筑下环道→安装转盘→浇筑转盘混凝土→安装拱脚铰→浇筑铰脚混凝土→拼装拱体→穿扣索→安装上转轴等。

2. 拱桥竖向转体施工

竖向转体施工法一般是将拱圈从跨中分为两半，在桥轴线上利用地形搭设简单支架，在支架上组拼或现浇拱肋。在拱脚安装转动铰，利用扣索的牵引将结构竖向转至设计高程，跨中合拢完成安装。20 世纪 50 年代意大利曾用竖向转体法修建了跨径 70m 的多姆斯河桥，此后欧美一些国家和日本也相继修建了一些桥梁，并在此基础上形成了一套系统的施工理论。

（1）竖向转体施工分类。竖向转体施工根据转动方向分为由下向上竖转和由上向下竖转两种类型。由下向上竖转是指当桥位处地形较缓、河谷不深、水深较浅、搭设支架不困难时，可以将拱肋在桥位进行拼装成半跨，然后用扒杆起吊安装；当桥位处水较深或在通航河流施工时，可以在桥位进行拼装成半跨，浮运至桥轴线位置，再用扒杆起吊安装。浙江新安江大桥是采用船舶浮运至拱轴线位置起吊安装的。

由上向下竖转是指当桥位处地形陡峭、搭设支架困难时，常利用桥台结构竖向搭设组拼拱肋的脚手架，拱肋由上向下竖转至设计高程。目前拱桥的竖向转体法施工大部分是采用由下向上竖转（图 10－27）。

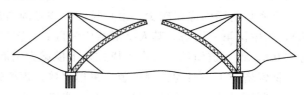

图 10－27 拱桥竖向转体法施工示意

（2）竖向转体法施工体系。主要由拱肋、拱脚旋转装置、索塔、扣索、锚锭和缆风索组成。

（3）竖转施工的主要施工流程。主拱基础、承台、拱座施工，同时预埋活动铰和索塔预埋件；索塔施工一般采用分段接长安装，立柱钢管两节之间用法兰连接。同时，在大桥设计桥位投影下方搭建支架及拼装工作平台，并修建安全防护设施，然后利用吊运或浮运设备，进行两个半跨的就位拼装和活动铰安装定位；完成主拱肋拼装后，安装扣索和主拱肋锚固点，张拉扣索，竖转主拱肋到设计高程。竖转施工时应启动观测系统，竖转速度控制在 6～

8m/h，半拱到位后进行临时锁定；另一半拱转体完成后，调整高程，并安装合拢段的吊装或现浇设备；调整拱肋线形并完成瞬时合拢；焊接合拢段，完成全桥合拢。

3. 竖转和平转相组合的施工

竖转和平转相组合的施工方法是在竖转和平转施工方法基础上产生的，有效地利用了地形，既通过竖转将组拼拱肋的高空作业变位在低矮支架上拼装拱肋的低空作业，再通过平转完成障碍物的跨越。

（四）钢管混凝土拱桥施工

钢管混凝土可作为大跨径中、下承式拱桥的拱圈（肋）。其施工工艺：首先制作与加工钢管、腹杆、横撑等，并在样台上拼装钢管拱圈（肋），按照先端段后顶段顺序逐段进行；然后吊装钢管拱圈（肋）就位，调整拱段标高及焊接接缝、合拢、封拱脚混凝土，使钢管拱圈（肋）转化为无铰拱；再按设计要求浇灌管内混凝土；最后安装吊杆、纵横梁、桥面板，浇筑桥面混凝土。

钢管混凝土拱桥施工方法有支架法、缆索吊机斜拉扣挂悬臂拼装法、转体施工法、整体大节段吊装法和拱上爬行吊机法等。拱圈（肋）的管内混凝土可采用泵送顶升、高位抛落和人工浇捣等浇筑方法。

三、斜拉桥施工

斜拉桥的施工一般分为基础、墩塔（索塔或桥塔）、主梁、斜拉索等四部分，因桥塔高度较大，如 Y 形和宝石形等外形构造形式的变化、塔顶索区构造复杂，如何保证各构件准确定位是施工中的关键问题。主梁可采用梁桥的施工方法，索的制造、架设和张拉具有特殊性。施工时，塔、梁和索必须互相配合。

（一）索塔的施工

斜拉桥索塔构造比一般桥墩复杂，塔柱可以是倾斜的，塔柱之间可有横梁，塔内须设置前后交叉的管道以备斜拉索穿过锚固，塔顶有塔冠并设置航空标志灯和避雷器，沿塔壁设置检修步梯，塔内还可建观光电梯。斜拉桥索塔的材料有钢、钢筋混凝土或预应力混凝土，钢筋混凝土索塔应用较为普遍，其主要形式有单塔柱和双塔柱，单塔柱主要采用 A 形、倒 Y 形和倒 V 形布置；双塔柱主要采用门形（含 H 形）、A 形布置，另外还有"Λ"形等。

钢塔目前国内应用较少。南京长江三桥是国内首次使用的人字形钢塔结构形式（图 10-28），为中国第一钢塔，其人字形结构为世界首次采用。塔高为 215m，塔柱外侧圆曲线半径为 720m，设 4 道横梁，其中下塔柱及下横梁为钢筋混凝土结构，其余部分为钢结构。

钢索塔施工一般为预制吊装，采用焊接、螺栓连接和铆接等；混凝土索塔施工采用搭架现浇、预制吊装、滑升模板或爬升模板浇筑等几种方法。

（1）搭架现浇。搭架现浇时不需要专用施工设备，能适应较复杂的断面形式，对锚固区的预留孔道和预埋件的处理也较方便，但费工、费料、速度慢。跨度在 200m 左右的斜拉桥，一般塔高（指桥面以上部分）在 40m 左右，搭架现浇比较适合，如广西红水河桥、上海柳港桥、济南黄河桥的桥塔；跨度更大的斜拉桥，塔柱可以分为几段施工，但因各段尺寸、倾角不同，采用的方法也可能不同。下段塔柱适合于搭架现浇，如跨度超过 400m、塔高在 150m 以上的上海南浦大桥、杨浦大桥、徐浦大桥和武汉长江二桥，均采用了传统的脚手架翻模工艺，但施工周期较长。

（2）预制吊装。要求设备有较强的起重能力或采用专用起重设备，当桥塔不太高时，可

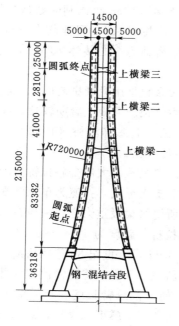

图 10-28　南京三桥桥塔图（单位：mm）

以加快施工进度，减轻高空作业的难度和劳动强度。如东营黄河桥塔高 69.7m（桥面以上 56.4m），采用钢箱与混凝土组合结构进行预制吊装。国外的钢斜拉桥桥塔基本上是采用预制吊装方法，而我国混凝土斜拉桥采用的不多，仅有 1981 年建成的四川金川县曾达桥，塔高 24.5m，是卧地预制而成，在地面上用绞车和滑轮组翻起，由锚固于对岸山壁上的钢丝绳和滑轮组提供吊装力。

（3）滑模施工。滑模施工最大优点是施工进度快，适用于竖直或倾斜的高塔柱施工，但对斜拉索锚固区预留孔道和预埋件的处理比较困难。滑模或爬模、或称为提模，其构造大同小异。滑模施工时，模板沿着所浇筑的混凝土（强度必须达到模板滑升时的强度）由千斤顶（螺旋式或液压式）带动向上滑升。提模施工时，把所拆的模板挂在支架上，模板随着支架的提升而上升。支架提升是由设在塔四周的若干组滑车组完成，其上端与塔柱内的预埋件连接，下端与支架的底框连接，支架随拉动手拉葫芦而徐徐上升。

（二）主梁施工

主梁施工一般可采用缆索法、支架法、顶推法、转体法（平转法）、悬臂浇筑和悬臂拼装（自架设）以及混合法等方法。由于斜拉桥梁体尺寸较小，各节间有拉索，可以利用索塔架设辅助钢索，因此，更有利于采用无支架施工法。实际工作中，悬臂施工法（特别是悬臂浇筑）是混凝土斜拉桥主梁（T 梁、连续梁或悬臂梁）施工中普遍采用的方法，而结合梁斜拉桥和钢斜拉桥多采用悬臂拼装法。选择时应考虑跨越障碍情况、斜拉桥的结构和构造等。

（1）支架法。当所跨越河流通航要求不高或岸跨无通航要求，且允许设置临时支墩时，可以直接在脚手架上拼装或现浇，或利用临时支墩上设置的便梁进行拼装或现浇。

（2）顶推法。当跨越道路或铁路的高架桥不允许设置过多临时支架时，可以采用顶推法。首次采用顶推法架设的是前联邦德国杜塞尔多夫市区内的一座公路高架钢斜拉桥，称为尤利西大街桥，1963 年建成，中跨为 98.7m。

（3）转体法。转体施工在斜拉桥施工中采用不多，1988年比利时建成的跨越默兹河的独塔邦纳安桥，其左岸3×42m和右岸168m主跨，共294m的梁体均在平行于河流的岸边制造，安装和调整后，将整个桥塔—缆索—梁体以塔轴为中心转体70°就位，并与右岸现浇的一孔42m桥跨相接。

（4）悬臂拼装。国外早期建造的钢斜拉桥，大多数是用悬臂拼装而成。混凝土斜拉桥的悬臂拼装施工是将主梁在预制场分段预制，由于主梁预制混凝土龄期较长，收缩、徐变变形小，且梁段的断面尺寸和混凝土质量容易得到保证。上海柳港桥（1982年）、安康汉水桥（1979年）和郧阳汉江桥（1994年）等均采用悬臂拼装法。

（5）悬臂浇筑。我国在20世纪70～80年代悬臂浇筑的大部分斜拉桥是沿用一般连续梁桥常用的挂篮。桁梁式挂篮或斜拉式挂篮均采用后支点形式，挂篮为单悬臂受力，承受负弯矩较大，浇筑节段长度受到了限制，挂篮自重与所浇筑梁段重力之比一般在0.7以上，有的达到1～2。如1981年建成的广西红水河铁路斜拉桥，跨度为48m＋96m＋48m，中跨悬臂浇筑，采用的桁梁式挂篮自重与梁段重力之比为0.77。20世纪80年代后期，开始研制前支点的斜拉式挂篮。利用施工节段前端最外侧两根斜拉索牵引，将挂篮前端大部分施工荷载传至桥塔，变悬臂负弯矩受力为简支正弯矩受力，使节段悬臂长度和承受能力大为提高（图10-29）。如1995年建成的吉林临江门斜拉桥、浙江省上虞市人民桥、安徽铜陵长江公路大桥以及湖北武汉长江二桥等。

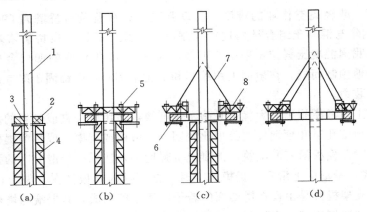

（a）　　　　　　（b）　　　　　　（c）　　　　　　（d）

图10-29　悬臂浇筑程序

（a）支架上立模现浇；（b）拼装连体挂篮，对称浇筑梁段；（c）挂篮分开前移，
对称悬浇梁段并挂索；（d）依次对称悬浇、挂索

1—索塔；2—立支架现浇梁段；3—下横梁；4—现浇梁支架；5—连体挂篮；
6—悬浇梁段；7—斜拉索；8—悬浇挂篮

（三）斜拉索的制作与安装

1. 斜拉索的组成与防护

斜拉索由两端的锚具、中间的拉索传力件及防护材料三部分组成，称为拉索组装件。材料有钢丝绳、粗钢筋、高强钢丝、钢绞线等。拉索的防护有二个方案：一是在单根绞线上逐根外包PE护套，然后挂线、张拉，成索后再外包或不再外包环氧织物。绞线应涂防锈脂或其他防锈涂层，挤包PE可用小型挤塑机在现场进行，工艺简单；二是PE管内压注水泥浆，绞线不需要涂层。

2. 斜拉索的安装

斜拉索安装方法有单吊点法、多吊点法、导索法和起重机安装法。一般包括引架和张拉两个过程。

(1) 斜拉索的引架。斜拉索的引架作业是将斜拉索引架到桥塔锚固点和主梁锚固点之间的位置上。在工作索道上引架是先在斜拉索位置上安装一条工作索道，斜拉索沿着工作索道引架就位。国外早期的斜拉桥多采用此法，现已很少采用。如 1959 年和 1969 年分别建成的前联邦德国科隆塞弗林桥和来图河上克尼桥、1962 年建成的委内瑞拉马拉开波湖桥等。由临时钢索及滑轮吊索引架是在待引架的斜拉索之上先安装一根临时钢索，称为导向索，斜拉索拉在沿导向索滑动并与牵引索相连接的滑动吊钩上，用绞车引架就位。如 1978 年建成的美国帕斯科—肯尼威克桥。1981 年建成的我国广西红水河铁路斜拉桥，利用吊装天线引架。全桥两边设天线，位于主梁两侧，大致与斜拉索中心线在同一竖直平面。

利用卷扬机或吊机直接引架，适合于密索体系悬臂施工。1955 年瑞典斯特姆松特桥是用桥上吊机引架斜拉索。索塔很高而吊机不高时，则可以在浇筑塔时，先在塔顶预埋扣件，挂上滑轮组，利用桥面上的卷扬机和牵引绳索通过转向滑轮和塔顶滑轮将斜拉索起吊，一端塞进箱梁，一端塞进桥塔。在吊装过程中应注意不能损伤索外防护材料。1997 年建成的上海徐浦大桥斜拉索为双护层的成品索，出厂前缠绕在特制的索盘上，水运到工地后，由地面水平和垂直运输设备将其运至桥面，再由吊机将索盘放在放索架上。然后由安装在桥面上的 80～200kN 卷扬机通过塔顶上夹具和滑轮组将斜拉索缓缓抽出，在钢主梁中用吊机将锚固端锚具安装就位。塔顶上的滑轮组继续牵引斜拉索，当张拉端锚头（锚头前端还装有探杆）接近塔柱上的索孔时，将其和张拉千斤顶上伸出的钢绞线连接，开动塔内张拉力为 6000kN 千斤顶将索牵引至所需位置，套上固定螺栓。

1995 年建成的澳大利亚悉尼格莱贝岛桥（跨度为 140m＋345m＋140m），采用单根钢绞线安装。每次用轻型张拉设备提升一根钢绞线（7φ5mm），承载力为 225kN。一根斜拉索中有 25～74 根钢绞线，这样一根根地提升、张拉、锚固，直至一根斜拉索中的全部钢绞线安装完成。

(2) 斜拉索的张拉。一是用千斤顶将塔顶鞍座顶起。如前联邦德国莱图河上的克尼桥和麦克萨来图河桥。每一对斜拉索索都支承在各自的鞍座上，鞍座就位时低于其最终的位置，当斜拉索引架就位后，将鞍座顶到预定的设计高程，使斜拉索张拉达到其承载力；二是在支架上将主梁前端向上顶起。斜拉索引架时处于不受力状态，比受力状态时要短。因此，在主梁与斜拉索的连接点上将梁顶起，达到张拉目的。如德国塞弗林桥的一对索的连接点要顶起 40cm，斜拉索引架完成后放下千斤顶使斜拉索受力；三是用千斤顶直接张拉。

四、悬索桥施工

悬索桥施工主要有索塔、主缆索、锚锭、加劲梁、吊索和索鞍等的制作和安装。细部构造有主索鞍、散索鞍和索夹等。索鞍分为塔顶的主索鞍和锚固用的散索鞍。索鞍通常采用铸焊组合件组成，大型组件采用分块制作，安装后通过螺栓或焊接连成整体。

其施工一般分为下部工程和上部工程（图 10-30）。下部工程包括锚锭基础、锚体、塔柱基础。同时也可进行上部工程的准备工作，包括施工工艺设计、施工设备购置或制造、悬索桥构件加工等。上部工程结构施工一般为主塔工程、主缆工程、加劲梁工程的施工。

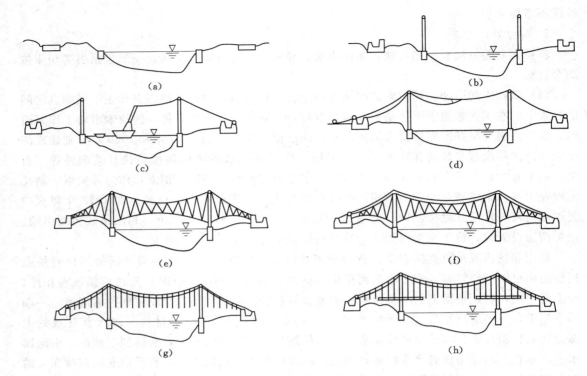

图 10-30　悬索桥架设示意

(a) 基础施工；(b) 塔柱和锚锭施工；(c) 先导索渡江（海）；(d) 牵引系统和猫道系架设；(e) 猫道面层和抗风缆架设；
(f) 主缆架设；(g) 索夹和吊索安装；(h) 加劲梁架设和桥面铺装

1. 锚锭与索塔的施工

（1）锚锭。锚锭是主缆锚固装置的总称，主要由锚锭基础、混凝土锚块（含钢筋）及支架（锚锭架）、固定装置（锚杆）、鞍座（散索鞍）等组成。主缆由空中成束的形式进入锚锭，要经过一系列转向、展开、锚固的构件。

锚锭（块）的形式有重力式和隧道式。重力式锚锭依靠其巨大的自重来承担主缆索的垂直分力，而水平分力则由锚锭与地基之间的摩阻力或嵌固阻力承担。隧道式锚锭（或称岩洞式锚）则是将主缆中的拉力直接传递给周围的基岩，适用于锚锭处有坚实岩层的地质条件。美国华盛顿桥新泽西岸锚锭是隧道式锚锭（混凝土用量 22200m³），仅为纽约岸重力式（混凝土和花岗岩镶面工程量 107000m³）锚锭的 21％。但隧道式锚锭有传力机理不明确的缺点，美国金门大桥原设计两端部都用隧道式锚锭，但考虑到隧道式锚锭块混凝土将力传给周围基岩机理不明确，总工程师改变决定，全部采用重力式锚锭。

有坚实基岩层靠近地表也可以采用重力式锚锭，让锚块嵌入基岩，使位于锚块前的基岩凭借承压来抵抗主缆的水平力，如我国 1995 年建成的汕头海湾大桥，是利用两岸山体岩层，设计为重力式前锚式锚块（锚块兜住石质山头，抵抗主缆拉力）。

（2）索塔。索塔主要采用钢结构和钢筋混凝土结构。大跨度悬索桥索塔在 20 世纪 50 年代以前基本是采用钢塔，施工速度快、质量易保证、抗震性能好。直到 1959 年，法国建成主跨 608m 的坦卡维尔悬索桥，开始采用混凝土塔。我国新近建造的几座大跨度悬索桥，如汕头海湾大桥、虎门大桥、西陵大桥和江阴大桥，采用混凝土塔。塔的施工与斜拉桥塔基本上相同。

2. 主缆架设

悬索桥的主缆是主要承重构件，有钢丝绳钢缆和平行线钢缆。前者一般用于中、小跨度的悬索桥，后者主要用于主跨为 500m 以上的大跨悬索桥。主缆索多采用直径 5mm 的高强度镀锌钢丝组成。先由数十到数百根的高强度镀锌钢丝制成正六边形的索束（股），再将数十至上百股索束挤压形成主缆索，并做防锈蚀处理。

平行线钢缆根据架设方法分为空中纺丝成缆法（AS 法）及预制索股成缆法（PPWS 法）。

(1) 空中送丝法。空中送丝法架设主缆是 19 世纪中叶发明于美国，自 1855 年用于尼亚瓜拉瀑布桥以来，多数悬索桥采用这种方法架设主缆。一般是在现场空中编缆，每根主缆所含索束（股）数较少，但每根索束（股）所含钢丝根数较多（约为 300～600 根），将索束（股）配置成六边形或矩形并挤紧而成为圆形。空中送丝法工期长，所需锚锭面积较小，施工必须设置脚手架（猫道）、配备送丝设备，还需有稳定送丝的配套措施，是最早采用的成缆法。

(2) 预制索股法。预制索股法架设主缆是 1965 年在美国发展起来的，其目的是使空中架线工作简化。1969 年用于美国纽波特桥以来逐渐被广泛应用，我国的汕头海湾大桥、虎门大桥、西陵大桥、江阴长江大桥均是采用预制索股法。

预制索股一般每束有 61、91 和 127 根丝组成。两端嵌固热铸锚头，在工厂预制，先配置成六角形，然后挤紧成圆形，在现场使用索束编缆，每根主缆索所含索束（股）数较多，但每根索束（股）所含钢丝根数较少，施工周期较短，所需锚固面积较大，是现代悬索桥较多采用的成缆法。架设的过程同空中送丝法一样，但在猫道之上要设置导向滚轮以支持绳股。

3. 加劲梁架设

加劲梁架设的主要工具是缆载起重机（或称跨缆起重机），主要由主梁、端梁及各种运行、提升机构组成。加劲梁的架设顺序可以从主跨跨中开始，向桥塔方向逐段吊，也可以从桥塔开始，向主跨跨中和边跨、岸边前进。

加劲梁均为钢结构，通常采用桁架梁和箱形梁。预应力混凝土加劲梁仅适用于跨径 500m 以下的悬索桥，大多采用箱形梁。加劲梁架设方式也同钢架桥，从桥塔开始，向主跨跨中和岸边逐段吊装。在每一梁段拼好以后，立即将其与对应的吊索相连，使其自重由吊索传给主缆。三跨悬索桥一般需要四台缆载起重机，分别从两塔向两个方向前进，为了使塔顶纵向位移尽可能小，主跨拼成几段时，边跨也应拼几段，应进行推算决定吊装次序。

当加劲梁的重力逐渐作用到主缆上，主缆将产生较大的位移，改变原来悬链线的形状，所以在吊装过程中上缘一般顶紧（铰接）而下缘张开，直至全部吊装完毕下缘才闭合（铰接或刚接等），但必须通过施工控制确认此时闭合是结构和其连接件都能够承受的。

起重机主梁的跨度是两主缆的中心距。主缆中心线与水平面的最大夹角为吊装索塔附近梁段时在索塔处与水平面的夹角，起重机在此倾角状态下应能正常工作和行走。起重机是在全部索夹安装就位后在主缆上运行和工作，其运行机构必须能跨越索夹障碍。在倾斜状态下起吊时产生的下滑力由索夹承受，应设置起重机与索夹相对固定的夹紧机构。

4. 吊索和索夹

吊索（吊杆）分为竖直吊索和斜吊索，后者应用很少。吊索一般采用有绳芯的钢丝绳制作，二根或四根一组，其上端通过索夹与主缆索相连，下端与加劲梁连接。吊索与主缆索连结有鞍挂式和销接式两种，两端均为销接式的吊索可采用平行钢丝索束作为吊索。吊索与加劲梁连结有锚固式和销接固定式两种。锚固式连结是将吊索的锚头锚固在加劲梁的锚固构造处。销接固定式连结是将带有耳板的吊索锚头与固定在加劲梁上的吊耳通过销钉连结。

吊索制作的工艺：材料准备→预张拉→弹性模量测定→长度标记→切割下料→灌铸锥形锚块→灌铸热铸锚头→恒载复核→吊索上盘。

索夹是分成上下或左右两个半圆形的铸钢件，有两种构造形式，一是用竖缝分成两半，吊索骑在索夹上，用高强螺栓将两半拉紧，使索夹内壁压紧主缆；二是在索夹下方铸成竖向节点板，在板上钻有孔眼，通过销钉与吊索相连。

5. 猫道

猫道是指位于主缆之下（大约1m），沿着主缆设置，供主缆架设、紧缆、索夹安装、吊索安装以及空中作业的脚手架。猫道宽度不大，在架设过程中应注意左右边跨、中跨的作业平衡，尽量减少对塔的变位影响，确保主缆的架设质量。在猫道上面有横梁、钢丝网面层、横向通道、扶手绳、拦杆立柱、安全网等。

五、钢桥施工

钢桥是各种桥梁体系特别是大跨度桥梁中的一种常见型式。近20年来，钢桥已越来越多地进入更大的跨度领域，并且在结构形式、材料及加工制造、施工架设方面不断有所开拓和创新。主要有板梁桥、桁梁桥、桁拱桥、箱拱桥、悬索桥、斜拉桥等。

（一）钢构件的制作

钢构件的制作主要包括下列工艺过程：放样、号料、切割、零件矫正和弯曲、制孔、组装、焊接、构件校正、结构试拼装、除锈和涂漆等。

（1）放样。根据施工图放样和号料。利用放样的样板或样条在钢料上标出切割线及栓孔位置。一般构件的普通样板是用薄铁皮或0.3～0.5mm的薄钢板制作。桥梁的栓孔可采用机器样板钻制。机器样板是在厚12～20mm的钢板上布置，精确地嵌入经过渗碳淬火处理的钢质钻孔套。钻孔套是旋制的。钻孔套直径公差为±0.05mm，孔心距公差为±0.25mm。钻孔时将机器样板覆盖在要加工的部件上，用卡具夹紧，锚头即通过钻孔套钻制加工部件上的安装孔。用样板钻出的孔，精度高而统一，可省去号孔工作。对较长的角钢、槽钢及钢板的号料可采用2～3cm宽的钢条做成样条。

（2）号料。利用样板或样条在钢材上画出零件切割线。号料使用样板或样条而不使用钢尺，以免出现不同的尺寸误差，而使钉孔错位。号料的精确度应和放样的精度相同。

（3）切割。切割使用剪切机、火焰切割、联合剪冲和锯割等。对于16Mn钢板，目前剪切机可切厚度在16～20mm。剪切机不能剪切的厚钢板，或因形状复杂不能剪切的板材都可采用火焰切割，有手工切割、半自动切割和自动切割机切割。联合剪冲用于角钢的剪切，目前联合剪冲机可剪切的最大角钢为∠125×125×12。锯割是用圆锯机，主要用于槽钢、工字钢、管材及大型角钢。

（4）矫正。钢材在轧制、运输和切割等过程中会产生变形，因此需要进行矫正。对于钢板常采用辊压机来赶平，对于角钢也可用辊压机进行调直。对于切割后呈马刀形弯曲的料件，当宽度不大时，可以在顶弯机上矫正。对于宽厚钢板的马刀形弯曲，则要用火焰加热进行矫正，火焰温度应控制在 600～800℃ 之间。

（5）制孔。号孔是借助样板或样条，用样冲在钢料上打上冲点，以表示钉孔的位置。如采用机器样板则不必进行号孔。钻孔的一般过程为：画线钻孔、扩孔套钻、机器样板钻孔、数控程序钻床钻孔。使用机器样板钻孔可以使杆件达到互换使用。

（6）组装。组装是按图纸把制备完成的半成品或零件拼装成部件、构件的工序。构件组装前应对连接表面及焊缝边缘 30～50mm 范围内进行清理，应将铁锈、氧化铁皮、油污、水分等清除干净。钢梁的主杆件截面形式大多为 H 形，H 形杆件的组装是在转动式工艺装备（即工装）上进行的，为了保证组装质量，对组成杆件的各零件的相对位置、形状和尺寸，均应进行检查。在零件顶紧就位检查无误后，即可进行定位焊。定位焊的焊缝长度每段为 50～100mm，各段之间的距离为 400～600mm。

（7）焊接。钢桥的焊接方法有自动焊、半自动焊和电弧焊等。焊接质量在很大程度上取决于施焊状况。焊接时所采用的电流强度、电弧电压、焊丝的输送速度以及焊接速度都直接影响焊接质量。在焊接前，如无焊接工艺评定试验的，应做好焊接工艺评定试验，并据此确定焊接工艺。焊接完毕后应检查所有焊缝质量，内部检查以超声波探伤为主。焊缝中主要缺陷有裂缝、内部气孔、夹渣、未熔透、咬边、烧穿及焊缝尺寸不符合规定等。

（8）试拼装。栓焊钢梁某些部件，由于运输和架设能力的限制，必须在工地进行拼装。运送工地的各部件，在出厂之前应进行试拼装，以验证工艺装备是否精确可靠。如钢桁梁桥试拼装按主桁、桥面系、桥门架及平纵联四个平面进行。试拼装时，钢梁主要尺寸如桁高、跨度、上拱度、主拱间距等的精度应满足要求。新设计的以及改变工装后制造的钢梁，均应进行试拼装。对于成批连续生产的钢梁，一般每 10～20 孔应试拼装一次。

（二）钢桥的安装

钢桥安装有很多方法，如支架法、导梁法、缆索法、悬臂法、顶推法、逐孔架设法、拖拉法等。

悬臂安装是在桥位上拼装钢梁时，不用临时膺架支承，而是将杆件逐根的依次拼装在平衡梁上或已拼好的部分钢梁上，形成向桥孔中逐渐增长的悬臂，直至拼至次一墩（台）上，称为全悬臂拼装。若在桥孔中设置一个或一个以上临时支承进行悬臂拼装的称为半悬臂拼装。用悬臂法安装多孔钢梁时，第一孔钢梁多用半悬臂法进行安装。

钢梁在悬臂安装过程中，应注意的关键问题有降低钢梁的安装应力、伸臂端挠度的控制、减少悬臂孔的施工荷载和保证钢梁拼装时的稳定性。

1. 悬臂拼装法安装钢梁

（1）杆件预拼。为了减少拼装钢梁时的高空作业，减少吊装次数，通常将各个杆件预先拼装成吊装单元，把能在桥下进行的工作尽量在桥下预拼场内进行，以期加快施工进度。

（2）钢梁杆件拼装。拼装好的钢梁杆件经检查合格后，即可按拼装顺序先后进行提升，由吊机把杆件提运至在钢梁下弦平面运行的平板车上，由牵引车运至拼梁吊机下拼装就位。拼梁吊机通常安放在上弦，遇到上弦为曲弦时，也可安放在下弦平面。

伸臂拼装第一孔钢梁时，根据悬臂长度大小，需要一定长度的平衡梁，并应保证倾覆稳定系数不小于 1.3。平衡梁通常是在路堤上（无引桥的情况）或引桥上（通常是顶应力钢筋混凝土梁或钢板梁）或在满布膺架上进行拼装。在拼装工作中，应随时测量钢梁的立面和平面位置是否正确。

（3）高强度螺栓施工。在高强度螺栓施工中，常用的控制螺栓预拉力方法是扭角法和扭矩系数法。安装高强度螺栓时应设法保证各螺栓中的预拉力达到其规定值，避免超拉或欠拉。

（4）安装时临时支承的布置。临时支承主要有临时活动支座、临时固定支座、永久活动支座、永久固定支座、保险支座、接引支座等，这些支座随拼梁阶段变化与作业程序的变化将互相更换交替使用。

（5）钢梁纵移。钢梁在悬臂拼装过程中，由于梁自重引起的变形；温度变化的影响；制造误差；临时支座的摩阻力对钢梁变形的影响等因素所引起的钢梁纵向长度几何尺寸的偏差，致使钢梁各支点不能让设计位置落在各桥墩上，使桥墩偏载。为了调整这一误差至允许范围内，钢梁需要纵移。常用的纵移方法有温差法，是利用一天的气温差倒换支座（活动支座与固定支座相互转换），可以达到纵移的目的顶落梁法；在连续梁中，利用该联钢梁中间某一个支点的顶落及两旁支点的支座变"固"或变"活"的相互转换，使钢梁像蛇一样的爬行，向着预定的方向蠕动。

（6）钢梁的横移。钢梁在伸臂安装过程中，由于受日光偏照和偏载的影响，加之杆件本身的制造误差，钢梁中线位置会随时改变，有时偏向上游侧，有时偏向下游侧，以致到达墩顶后，钢梁不能准确的落在设计位置上，造成对桥墩偏载。为此必须进行钢梁横移，使偏心在允许范围之内。横移可用专用的横移设备，也可以根据情况采取临时措施。横移必须在拼装过程中逐孔进行。

2. 拖拉法安装钢梁

（1）半悬臂的纵向拖拉。根据被拖拉桥跨结构杆件的受力情况与结构本身的稳定性要求，安装中在永久性的墩（台）之间设临时性的中间墩架，以承托被拖拉的桥跨结构（图10-31）。

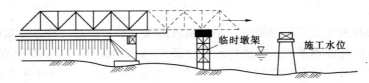

图 10-31　中间设临时墩架的纵向拖拉

在水流较深且水位稳定，又有浮运设备而搭设中间膅架不便时，可采用中间浮运支承的纵向拖拉（图10-32）。因船上支点的标高不易控制，所以，要十分注意。

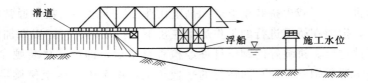

图 10-32　中间浮运支承的纵向拖拉

（2）全悬臂的纵向拖拉。全悬臂的纵向拖拉指在两个永久性墩（台）之间不设置任何临时中间支承的情况下的纵向拖拉架梁方法。拖拉钢桁梁的滑道可以布置在纵梁下，也可以布置在主桁下。纵梁中心距通常为 2m，主桁中心对单线梁通常为 5.75m。

小 结

1. 桥梁基础工程施工有明挖扩大基础、桩基础、管柱基础、沉井基础、组合基础和地下连续墙基础等。

2. 桥梁墩台施工方法通常分为两大类：一类是现浇或砌筑；另一类是拼装预制混凝土砌块、钢筋混凝土或预应力混凝土构件。

3. 桥梁上部结构施工包括梁桥施工、拱桥施工、斜拉桥施工、悬索桥施工、钢桥施工。

4. 梁桥施工有固定支架整体浇筑施工法、预制安装施工法、悬臂施工法、顶推施工法、逐孔施工法。

5. 拱桥施工有现浇法、缆索吊装施工法、转体施工法。钢管混凝土拱桥施工方法有支架法、缆索吊机斜拉扣挂悬臂拼装法、转体施工法、整体大节段吊装法和拱上爬行吊机法等。

6. 斜拉桥的施工包括索塔的施工、主梁施工和斜拉索的制作与安装。

7. 悬索桥施工包括锚锭与索塔施工、主缆架设、加劲梁架设、吊索和索夹以及猫道等。

8. 钢桥包括钢构件的制作和钢桥的安装。钢桥安装有很多方法，如支架法、导梁法、缆索法、悬臂法、顶推法、逐孔架设法、拖拉法等。

复 习 思 考 题

10-1 试述桥梁基础的分类及主要施工方法。

10-2 高墩混凝土施工与普通墩混凝土施工有何差异？应注意什么问题？

10-3 简述装配式桥梁的架设方法及特点。

10-4 试述预应力混凝土梁桥的施工方法及特点。

10-5 简述顶推法的施工程序。

10-6 试述拱桥的施工方法及特点。拱桥转体施工有哪些种类。

10-7 简述斜拉桥的施工程序、特点以及斜拉索的防护方法。

10-8 简述悬索桥的施工程序、特点。

第十一章 地 下 工 程

【内容提要和学习要求】

本章主要讲述内容包括土层锚杆、土钉墙、地下连续墙、逆作法、隧道和地下管道的施工原理及方法。了解土层锚杆、土钉墙的工作原理及其运用领域；掌握土层锚杆及土钉墙的施工工艺；掌握地下连续墙主要的施工工艺流程，掌握导墙和泥浆作用的概念；了解钢筋笼的制作与吊装，了解单元槽段的划分影响因素。掌握逆作法的施工原理，熟悉其施工工艺。了解隧道施工的方法，掌握盾构法施工的原理和工艺流程，了解盾构法的基本构造，盾构机的衬砌类型。掌握沉管施工工艺流程及注意事项。掌握顶管法施工的工艺原理及施工过程，了解顶管法的分类及适用范围；熟悉水下管道铺设的方法及其施工过程。

第一节 土层锚杆及土钉墙

一、土层锚杆

土层锚杆在我国深基坑支挡、边坡加固、滑坡整治、水池抗浮、挡墙锚固和结构抗倾覆

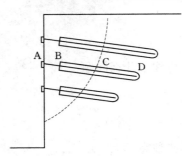

图 11-1 锚杆支护示意图

等工程中的应用日益广泛。土层锚杆是一种受拉杆件，由锚头、拉杆、锚固体等组成。它的一端与挡土桩、挡土墙或工程构筑物连接，另一端锚固在土层中，用以维持构筑物及所支护的土层稳定（图 11-1）。土层锚杆能简化基础结构，使结构轻巧、受力合理，并有少占场地、缩短工期、降低造价等优点。可以用作深挖基坑坑壁的临时支护，也可以作为工程构筑物的永久性基础。在房屋基坑的挡土结构上使用，可以有效地阻止周围土层坍塌、位移和沉降。在基坑坑壁无法采用横向支护情况下，土层锚杆技术更为有效。20 世纪 60 年代以来，土层锚杆技术发展迅速，应用广泛（图 11-2）。

（一）分类

土锚杆根据滑动面分为锚固段和非锚固段，其承载能力受拉杆强度、拉杆与锚固体之间的握裹力、锚固体和孔壁之间的摩阻力等因素影响。

锚杆按不同的使用要求，可分为临时性锚杆和永久性锚杆。按施工方式不同，可分为钻孔灌浆锚杆和钻入式锚杆；按锚杆受力情况的不同，分为摩擦型锚杆、承压型锚杆和复合型锚杆；按灌浆浆液划分，又可分为水泥浆、凝胶浆等化学浆锚杆和树脂锚杆。

（二）土层锚杆施工

锚杆施工的程序：成孔→安装拉杆→灌浆→张拉锚固。

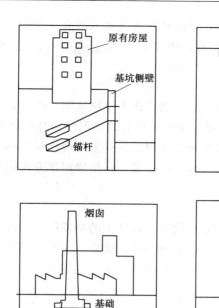

图 11-2 土层锚杆的应用

1. 成孔

为了确保从开钻起到灌浆完成全过程保持成孔形状，不发生塌孔事故，应根据地质条件、设计要求、现场情况等，选择合适的成孔方法和相应的钻孔机具。成孔机械有三大类：①冲击式钻机。靠气动冲凿成孔，适用于砂卵石、砾石地层。②旋转式钻机。靠钻具旋转切削钻进成孔。有地下水时，可用泥浆护壁或加套管成孔；无地下水则可用螺旋钻杆直接排土成孔。旋转式钻机可用于各种地层，是用得较多的钻机，但钻进速度较慢。③旋转冲击式钻机。兼有旋转切削和冲击粉碎的优点，效率高，速度快，配上各种钻具套管等装置，适用于各种硬软土层。针对不同的土层，可选用翼型、十字型、管型、螺旋型或牙轮钻头。为加强锚杆的承载力，在成孔的锚固段应进行局部扩孔，办法有机械扩孔、射水扩孔和爆炸扩孔。目前应用较多的是循环钻进法成孔工艺。它可把成孔过程中的钻进、出渣、清孔等工序一次完成。

2. 安装拉杆

锚杆是土层锚杆受拉力的关键部件。采用强度高、延伸率大、疲劳强度高、稳定性好的材料，如高强钢丝、钢绞线、螺纹钢筋或厚壁无缝钢管。为防止土壤对锚杆的腐蚀作用，锚杆应进行防腐处理，或用抗腐蚀的特殊钢制作锚杆。拉杆在使用前要除锈，钢绞线要清除油脂。土层锚杆的全长一般在 10m 以上，长的达到 30m。

3. 灌浆

灌浆是土层锚杆施工中的一个关键工序。锚杆灌浆一般用水泥浆，水泥常用普通硅酸盐水泥，地下水如有腐蚀性，宜用防酸水泥。水灰比多用 0.4 左右，其流动度要适合泵送，为防止干缩和降低水灰比，可掺加 0.3% 的木质素磺酸钙。常用的灌浆方法为一次灌浆法，即利用压浆泵将水泥浆经胶管压入拉杆内，再由拉杆管端注入锚孔，灌浆压力为 0.4MPa。待浆液流出孔口时，用水泥袋纸塞人孔内，用湿黏土堵塞孔口，严密捣实，再以 0.4～0.6MPa 的压力进行补灌，稳压数分钟即可完成。

4. 张拉锚固

待土层内锚固段的浆液达到要求强度后，锚杆即可张拉锚固。事前，每个现场选两根或总根数的 2% 进行抗拉拔试验，确定对锚杆施加张拉力的数值。锚杆的张拉锚固和后张法预应力钢筋混凝土的张拉类似，其设备主要是千斤顶。锚具采用抗拉拔试验合格的螺帽或楔形锚具。锚固后对土层内锚杆的非锚固段进行二次灌浆。张拉锁定作业在锚固体及台座的混凝土强度达 15MPa 以上时进行。

二、土钉墙

土钉墙是一种原位土体加筋技术，是由设置在坡体中的加筋杆与周围土体牢固粘结形成的复合体以及面层构成的支护结构。土钉墙通过钻孔、插筋、注浆来设置，也可以直接打入角钢、粗钢筋形成土钉。某工程的土钉支护示意图（图 11-3）。

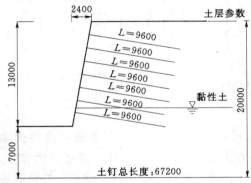

图 11-3　某工程土钉墙支护示意图（单位：mm）　　　　图 11-4　土钉墙的工程应用

20 世纪 50 年代末期土层锚杆的使用使挡土结构有了新发展，在基坑开挖前先建造桩、地下连续墙、板桩等利用土层锚杆对其进行背拉从而形成锚杆式挡墙。60 年代出现了加筋土墙，一般在填方区如筑路、平整场地填方区域形成的挡土墙，在分层回填土方时分层铺放土工织物并于预制混凝土面板拉结，形成加筋土挡墙。70 年代出现了土钉墙，1972 年法国承包商在法国凡尔赛市铁路边坡开挖进行了成功应用。1979 年巴黎国际土加固会议之后在西方得到广泛应用，1990 年在美国召开的挡土墙国际学术会议上，土钉墙作为一个独立的专题与锚杆挡墙并列，使它成为一个独立的土加固学科分支。土钉墙的工程运用（图 11-4）。

（一）土钉的作用机理

土钉在复合土体内的作用有以下几点：

（1）土钉对复合土体起骨架作用制约土体变形并使复合土体构成一个整体。

（2）土钉与土体共同承担外荷载和土体自重应力，由于土钉有很高的抗拉抗剪强度，所以土体进入塑性状态后，应力逐渐向土钉转移，土钉分担作用更为突出。

（3）土钉起着应力传递与扩散的作用。

（4）坡面变形的约束作用，在坡面上设置的与土钉在一起的钢筋网喷射混凝土面板限制坡面开挖卸荷而膨胀变形，加强了边界约束。

（二）土钉墙的特点与应用范围

土钉墙应用于基坑开挖支护和挖方边坡稳定有以下特点：

（1）形成土钉复合体、显著提高边坡整体稳定性和承受边坡超载的能力。

（2）施工设备简单，由于钉长一般比锚杆的长度小得多，不加预应力，所以设备简单。

（3）随基坑开挖逐层分段开挖作业，不占或少占单独作业时间，施工效率高，占用周期短。

（4）施工不需单独占用场地，对现场狭小，放坡困难，有相邻建筑物时显示其优越性。

（5）土钉墙的成本较其他支护结构显著降低。

（6）施工噪音、振动小，不影响环境。

（7）土钉墙本身变形很小，对相邻建筑物影响不大。

（三）土钉墙的施工过程

土钉墙施工随开挖从上而下施工，一般按 2～4m 高一层施工土钉墙，10～12m 为一个台阶，待上一个台阶支护完成后，再进行下一个台阶施工。

1. 开挖工作面

开挖工作面，清理坡面，使其平整。

2. 喷射第一层混凝土

为了保持边坡稳定，及时封闭岩壁，在开挖后即刻喷射一层 5cm 的厚混凝土。喷射作业应按分段分片依次进行。同一坡段喷射顺序应自下而上。喷射混凝土终凝水后及时喷水养护 3d 左右。喷射时以混凝土表面平整，出现光泽，骨料分布均匀，回弹量小为度。

3. 安设土钉

初喷射混凝土达到 70% 强度后，可以进行土钉钻孔作业。土钉孔径为 $\phi100mm$，设计深度为 6m、10m、12m，孔深较土钉长 0.15m。包括钻孔、安装钢筋、注浆等几道工序。

（1）钻孔。钻孔前采用经纬仪、水准仪、钢卷尺等进行土钉放线确定钻孔位置。成孔采用冲击钻、潜孔钻、洛阳铲等机械。孔深与水平方向呈下倾 15°角，并应保证孔距和倾角的准确性。终孔后，应及时安设土钉，以防止塌孔。

（2）安装钢筋。土钉钢筋制作应严格按施工图施工，使用前应调直并除锈去污。土钉长 12m 以内，原则采用通长筋不接长，如需接长时，采用绑条焊接长，每条焊缝不小于 5d。为保证钢筋位置居中，同时便于灌浆的正常进行，事先需要在钢筋上每隔 3～5m 设置 3 根圆弧形导向筋（即托架）。清孔过后进行土钉安置，同时插入两根管子，一根为高压灌浆管，用于灌浆，另一根为排气管，用于灌浆时排除孔内空气，以免产生空洞而影响土钉质量，灌浆时灌浆管直插管孔底，排气管距灌浆管为 100～120cm。

（3）注浆。土钉安设完毕后用 M30 水泥砂浆灌筑，灌浆压力位 0.2～0.4MPa，灌浆时要随时掌握灌浆情况，开始时灌浆很快，当灌浆速度缓慢时，排气管排气也有多变少，这说明孔内砂浆灌注已达 50cm 以上深度，两根管即同时往外抽，管子抽动要缓慢并继续灌浆，以保证灌浆管埋入砂浆深度保持在 50cm 左右。应随时掌握排气管的排气量，严禁快速抽管和出现排气管排气量突然增大，造成砂浆灌注不连续，出现断钉而报废。

4. 挂网

水泥砂浆强度达到施工图标示强度的 50% 后，挂 20cm×20cm 的 $\phi8mm$ 的钢筋网，紧贴坡面，钢筋网用焊接连接。在锚杆端头、钢筋网上安装 20cm×20cm×1.5cm 的 16Mn 钢垫板，中部预留 ϕ33mm 杆件，其作用是固定杆体在岩面和支架螺母受力。用扳手拧紧螺母，增加 5~10kN 的预应力，使钢板钢筋网与混凝土面紧贴，产生一定的抗拔力并与钢筋网片成一整体。

5. 喷射第二层混凝土

继前面工序喷射第二层混凝土。第二层混凝土控制混凝土总厚 100mm，同时，又应将所在钢筋网盖住，并保证面层 25mm 厚钢筋保护层。喷混凝土严格按实验室测定的配合比，控制好水胶比，喷混凝土时要保持厚度尺寸，搭接处应有一定斜坡，避免出现搭接缝。

6. 养护

第二层喷射完毕终凝后，应及时喷水养护，日喷水不少于 3 次，养护时间不少于 3d。

第二节 地 下 连 续 墙

地下连续墙就是用专用的挖槽孔设备，顺序沿着拟修建深基础或地下结构物的周边位置，采用泥浆护壁的方法，在土中开挖一条一定宽度、长度和深度的深槽，然后安放钢筋笼，浇注混凝土（或水下混凝土），形成一个单元的墙段，各单元墙段之间以各种特制的接头互相连接，逐步形成一道就地灌注的连续的地下钢筋混凝土墙。它用作基坑开挖时防渗、挡土，对邻近建筑物基础的支护或直接成为承受垂直荷载的基础的一部分。

地下连续墙于 1950 年前后始于意大利，在意大利用来建造防渗墙，起截水止漏作用，也作为施工措施以代替板桩，或用在基坑施工中来防渗和挡土。相继传人法国、德国、墨西哥、加拿大、美国和日本等国，技术上不断得到改进和发展，演变成为今日的新型深基坑支护结构，并常常兼作地下结构的外墙或侧壁，也可作为一种深基础结构。在墨西哥地铁建造中，采用了地下连续墙技术，创造了高速施工的记录。以后在欧美、日本等国地铁施工中相继被采用，逐渐演变成为一种新的地下基础类型。

1958 年在北京密云水库白河主坝（密云水库白河主坝坝高 66m，坝顶长度 960m，河床地基为卵石层，层厚达 35m 左右，卵石严重漏水）等水利工程中采用壁板式素混凝土地下连续墙作为防渗墙，成功堵水，水库蓄水运营至今，大坝情况良好。随后，地下连续墙被逐渐推广到建筑工程、地铁工程、矿山工程、城建、水利工程中。1979 年，上海基础工程公司应用地下连续墙，成功建造上海港船厂港池。1980 年上海钢铁一厂采用地下连续墙，解决了一号高炉沉渣池的难题。

目前地下连续墙已广泛应用于水库大坝地基防渗、竖井开挖、工业厂房设备基础、城市地下铁道、高层建筑深基础、船坞、船闸、码头、地下油罐、地下沉渣池等各类永久性工程。

一、地下连续墙分类与特点

1. 分类

地下连续墙按槽孔形式可分为壁板式和桩排式。按墙体材料可分为钢筋混凝土、素混凝土、塑性混凝土（由黏土、水泥和级配砂石所合成的一种低强度混凝土）、黏土等数种。按施工方法又可分为现浇与预制及二者组合成墙等。按构造形式分为分离壁式、整体壁式、单独壁式和重壁式。按用途分为：临时挡土墙、防渗墙、用作多边形基础的墙体。

2. 地下连续墙的特点

（1）作为深基坑支护结构刚度大，对邻近建筑物和地面交通影响小。施工时无噪声，无振动，尤其在城市密集建筑群中修建深基础时，为防止对邻近建筑物安全稳定的影响，地下连续墙更显示出它的优越性。

（2）适用范围广。由于其整体性、防水性和耐久性好，又有较大的强度和刚度，故可用作地下主体结构的一部分，或单独作为地下结构的外墙。既可作为防渗结构、挡土墙及隔震墙等，亦可作为承重的深基础。

（3）能适应各种地质条件，可穿过软土层、砂卵石层和进入风儿岩层。施工深度国内已超过 80m，国外已超过 100m。不受高地下水位的影响，无需采取降水措施，可避免降水对邻近建筑的影响。

（4）地下连续墙施工方法是一种机械化的快速施工方法，工效高、成本低、安全可靠，且在地面工作，劳动条件得到改善。开挖基坑无需放坡，土方量小；无需设置井点降低地下水位；浇筑混凝土无需支模和养护，因而可使成本降低。

（5）地下连续墙的缺点是施工工序多，技术要求高，施工技术比较复杂，施工质量要求高，若施工管理不善，则效率低下，质量达不到要求。如果施工掌握不当，容易因竖直度达不到要求无法形成封闭的围墙，或槽壁坍塌，墙体厚薄不均等施工事故，造成浪费。

二、地下连续墙施工要点

地下连续墙的施工顺序：挖导沟筑导墙→分段挖土成槽→吸泥清底换浆→吊放接头管→吊放钢筋笼→插入混凝土导管→浇筑混凝土（图 11-5）。

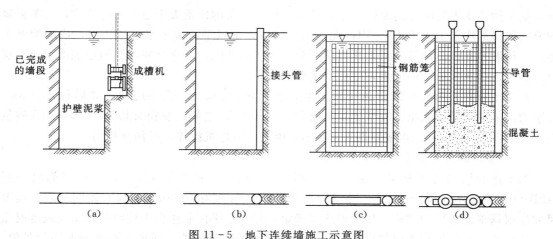

图 11-5 地下连续墙施工示意图
（a）成槽；（b）放入接头管；（c）安放钢筋笼；（d）浇筑混凝土

1. 修筑导墙

地下连续墙施工的第一道工序是修筑导墙，以此保证开挖槽段竖直，并防止挖土机械上下运行时碰坏槽壁。

导墙的主要作用：①导向作用。作为地下连续墙按设计要求成槽导向标准，故必须具有准确的宽度、平直度和垂直度；②容蓄泥浆。便于在成槽施工中稳住泥浆液位，以保持槽壁稳定；③维持表层土层稳定，防止槽口塌方；④支承成槽机械等施工机械设备的负荷；⑤测量和复核基准。

导墙位于地下连续墙的两侧，导墙深度一般为 1~2m，顶面略高于施工地面，以防止雨水流入槽内稀释及污染泥浆。地下连续墙两侧导墙的内表面应竖直，内表面之净距为地下连续墙的设计厚度加施工余量，一般为 40~60cm。导墙一般采用现浇钢筋混凝土结构。配筋通常为 $\phi 12 \sim \phi 14@200$，混凝土采用 C20。拆模后，应立即在导墙之间加设支撑。

2. 成槽

开挖槽段是地下连续墙施工中的关键工序。槽段的宽度依地下连续墙的厚度而定，一般为 450~1000mm 之间。槽段长度根据地质情况、工地起重机能力、混凝土供应能力、能够

图 11-6　地下连续墙挖槽机

连续作业的时间及周围场地环境而定。成槽机械可用冲击式钻机、液压抓斗、液压铣槽机等。采用多头钻机开槽时，每段槽孔长度为 6~8m；采用抓斗或冲击钻时（图 11-6)，每段槽孔长度还可更大。施工时，沿地下连续墙长度分段开挖槽孔。一般选取单元槽段开挖长度为 6m 时，可用三段式开挖，即可开出平正的槽形孔，这种方法可以提高质量，加快进度。

3. 泥浆护壁

在地下连续墙成槽过程中，槽壁保持稳定不塌的主要原因是由于槽内充满由膨润土或细黏土做成的不易沉淀的泥浆，起到护壁作用。泥浆的比重大于地下水的比重，通常泥浆的液面保持高出地下水位 1m，因此泥浆的液柱压力足以平衡地下水、土压力，成为槽壁土体的一种液态支撑。此外，泥浆压力使泥浆渗入土体孔隙，填充其间，在槽壁表面形成一层组织致密、透水性很小的泥皮，维护了槽壁的稳定。

在施工期间，槽内泥浆面必须高于地下水位 0.5m 以上，且不应低于导墙顶面 0.3m；泥浆的主要原料是膨润土，泥浆比重控制在 1.05~1.25 之间，黏粒含量大于 50%，含砂量小于 4%，pH 值 7~9，泥皮厚度 1~3mm。由泥浆搅拌机搅拌，可循环使用。

4. 钢筋笼制作与吊装

地下连续墙的受力钢筋一般采用 HRB335，直径不宜小于 16mm，构造钢筋可采用 HPB300，直径不宜小于 12mm。主筋净保护层厚度通常为 7~8mm。地下连续墙的钢筋笼尺寸应根据单元槽段的规格与接头形式等确定，并应在平面制作台上成型和预留插放混凝土导管的位置。为保证钢筋保护层的厚度，可采用水泥砂浆滚轮，固定在钢筋笼两面的外侧。同时可采用纵向钢筋桁架及在主筋平面内加斜向钢筋等，使钢筋笼在吊运过程中具有足够的刚度，不致使钢筋笼在调放过程中产生变形而影响入槽。钢筋笼的制作与吊放（图 11-7)。

吊放钢筋笼时，最重要的是使钢筋笼对准单元槽段的中心，垂直又准确地插入槽内。钢筋笼应在清槽合格后立即安装，用起重机整段吊起，对准槽孔，徐徐下落，安置在拟定位置。此时注意不要因起重臂摆动使钢筋笼产生横向摆动，造成槽壁坍塌。

5. 槽段的连接

地下连续墙各单元槽段之间靠接头连接。国内目前使用最多的接头型式是用接头管连接的非刚性接头。在单元槽段内土体被挖除后，在槽段的一端先吊放接头管，再吊入钢筋笼，

浇筑混凝土，然后逐渐将接头管拔出，形成半回形接头。接头通常要满足受力和防渗要求，应既能承受混凝土的压力，又要防止渗漏，并且施工简单。

在浇筑混凝土过程中，须经常转动及提动接头管，以防止接头管与一侧混凝土固结在一起。当混凝土已凝固，不会发生流动或坍落时，即可拔出接头管。

6.混凝土浇筑

槽段中的接头管和钢筋笼就位后，用导管法浇筑混凝土。导管埋入混凝土内的深度在 1.5～6.0m 范围之内。一个单元槽段应一次性浇筑混凝土，直至混凝土顶面高于设计标高 300～500mm。为止。混凝土配合比要求水灰比不大于 0.6，水泥用量不少于 370kg/m³，坍落度控制在 18～20cm，扩散度控制在 34～38cm。混凝土的细骨料为中、粗砂，粗料为粒径不大于 40mm 的卵石或碎石。

图 11-7 地下连续墙钢筋笼吊装

总之，地下连续墙的施工顺序为修筑导墙，开挖单元槽段，放置接头管，吊放钢筋笼，浇筑混凝土，拔出接头管，重复上述步骤，完成整体地下连续墙施工。

第三节 "逆作法"施工

一、"逆作法"原理及其运用

所谓逆作法，就是在地下结构施工时不架设临时支撑，而以结构本身既作为挡墙又作为支撑，从上向下依次开挖土方和修筑主体结构。其基坑围护结构多采用地下连续墙、钻孔灌注桩或人工挖孔桩。

（一）工艺原理

逆作法施工技术的原理是将多层或高层建筑地下结构自上往下逐层施工，即沿建筑物地下室四周施工连续墙或密排桩，作为地下室外墙或基坑的维护结构，同时在地下室内部的适当部位浇筑中间支撑柱。然后开挖土方至最上层地下室的底板高程并完成地面上第一层地板的浇板工程。这样已完成的地面底层的地板系统就是地下室最上层的天花板。然后继续向下开挖土方，逐层对地下室结构的下部各层进行施工，并将其作为地下连续墙的各层支撑。地下室由上向下施工的同时，在已完成的地面层的基础上，接高墙、柱，向上逐层进行地面以上各层结构的施工。如此以地面层为始点，上、下同时施工，直至工程结束。但最下一层地下室封底时，地面上允许施工的层数要经过计算确定。设计时应预留孔洞或利用楼梯间或其他单元楼板处的运输通道（图 11-8）。

（二）逆作法的优缺点

1.逆作法的优点

（1）由于结构本身用来支撑，所以它具有相当高的刚度，这样使挡墙的变形减少，减少了临时支撑的工程量，提高了工程施工的安全性。由于能在最短时间内恢复交通，也减少了对周边环境的影响。

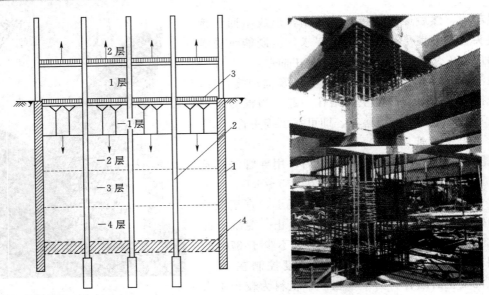

图 11-8 逆作法工艺原理

1—地下连续墙；2—中间支撑柱；3—地下室顶板；4—底板

（2）由于最先修筑好顶板，这样地下、地上结构施工可以并行，缩短了整个工程的工期。

（3）由于开挖和施工的交错进行，逆作结构的自身荷载由立柱直接承担并传递至地基，减少了大开挖时卸载对持力层的影响，降低了地基回弹量。

2. 逆作法的缺点

（1）需要设临时立柱和立柱桩，增加了施工费用，且由于支撑为建筑结构本身，自重大，为防止不均匀沉降，要术立柱具有足够的承载力。

（2）为便于出土，需要在顶板处设置临时出土孔，因此需对顶板采取加强措施。

（3）地下结构的土方开挖和结构施工在顶板覆盖下进行，因此大型施工机械难于展开，降低了施工效率。

（4）混凝土的浇注在逆作施工的各个阶段都有先后之分，这不仅给施工带来不便，而且给结构的稳定性及结构防水带来一些问题。

（三）逆作法的适用条件

（1）大平面地下工程。一般来说，对开挖跨度较大的大平面工程，如果按顺作法施工，支撑长度可能超过其适用界限，给临时支撑的设置造成困难。

（2）大深度的地下工程。大深度开挖时，由于土方的开挖，基底会产生严重的上浮回弹现象。如果采用顺做法施工，必须对基底采用抗浮措施，目前国内多采用深层搅拌桩作为抗拔桩。如果采用逆作法施工，逆作结构的重量换了卸除的土重，可以有效地控制基底回弹现象。

此外，随着开挖深度的增大，侧压也随之增大，如采用顺作法施工，对支撑的强度和刚度要术较高，而逆作法是以结构本体作为支撑，刚度较大，可以有效地控制围护结构的变形。

（3）复杂结构的地下工程。当平面是一种复杂的不规则形状时，如果用顺作法施工，那么挡墙对支撑的侧压力传递情况就比较复杂，这样就会导致在某些局部地方出现应力集中现象。

在这种情况下，当采用逆作法施工时，结构本体就是与平面形状相吻合的钢筋混凝土或型钢钢筋混凝土支撑体系，大大提高了安全性。

（4）周边状况苛刻，对环境要求较高。当在地铁或管道等位置施工时，住住要求挡墙变形量的精度达到毫米级。逆作法施工，不仅多采用刚度较大的挡墙（如地下连续墙），而且逆作结构作为结构本体，本身具有很大的刚度，有效地控制了整体变形，从而也就减少了对周围环境和地基的影响。

（5）作业空间狭小。由于逆作法施工是先浇筑顶板，它很快能用作作业场地，又能确保材料进场，另外还能发挥地上钢结构安装和混凝土浇筑等的交错作业的优越性。

（6）工期要求紧迫。有些工程，由于业主的需要及其他一些原因，工期较短，这时采用逆作法施工，能做到地上地下同时施工，可以合理、安全、有效地缩短工期。

（7）要求尽快恢复地面交通的工程

二、逆作法施工工艺

此处列举地铁车站的盖挖逆作法施工步骤（图11-9）。

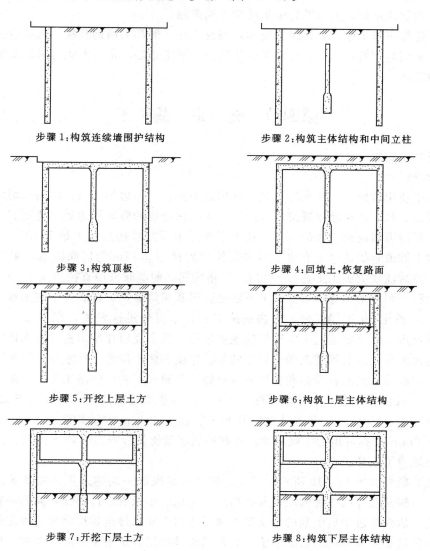

图 11-9　盖挖逆作法施工步骤

先在地表面向下做基坑的围护结构和中间桩柱，基坑围护结构一般采用地下连续墙。中间桩柱则利用主体结构本身的中间立柱以降低工程造价。随后开挖地表土至主体结构顶板底面标高，利用未开挖的土体作为土模浇注顶板。它还可以作为一道刚性很大的支撑，以防止围护结构向基坑内变形，待口填土后将道路复原，恢复交通。以后的工作都是在顶板覆盖下进行，即自上而下逐层开挖并建造主体结构直至底板。

采用盖挖逆作法施工时，若采用单层墙或复合墙，结构的防水层难做，只有采用双层墙，即围护结构与主体结构墙体完全分离，无任何连接钢筋，才能在两者之间敷设完整的防水层。

但需要特别注意中层楼板在施工过程中因悬空而引起的稳定和强度问题，由于上部边墙吊着中板而承受拉力，因此，上部边墙的钢筋接头按受拉接头考虑。

盖挖逆作法施工时，顶板一般都搭接在围护结构上，以增加顶板与围护结构之间的抗剪强度和便于敷设防水层，所以需将围护结构上端凿除。

由于在逆作法施工中，立柱是先施作，而且立柱一般都采用钢管柱，则滞后施作的中层板和中纵染如何与钢管柱连接，就成了逆作法中的施工难题。常用方法是采取双纵染或在法兰盘上焊钢筋。

第四节 隧 道 施 工

一、盾构法施工

（一）概述

盾构法是使用所谓的"盾构"机械。在围岩中推进，一边防止土、砂的崩坍，一边在其内部进行开挖、衬砌作业修建隧道的方法。用盾构法修建的隧道称为盾构隧道。

盾构法是隧道暗挖施工法的一种。在地下铁道中采用盾构法施工始于 1874 年，当时为了在伦敦地下铁道东线的黏土和含水砂砾层修建内径为 3.12m 的区间隧道，采用了气压盾构及向衬砌背后注浆的施工工艺。20 世纪 40 年代起，前苏联采用直径为 6.0～9.5m 的盾构先后在莫斯科、列宁格勒等城市修建地下铁道区间和车站隧道，将盾构法施工水平推进到一个新高度。20 世纪 60 年代以来，盾构法施工在日本得到迅速发展，在东京、大阪、名古屋、京都等城市的地下铁道施工中都广泛地被采用。为了克服在城市松软含水地层中盾构施工引起的地面沉降，以及钢筋混凝土管片的制造精度和防水问题，日本和德国等制成了水泥加压式等新型盾构及其配套设备和各种新型衬砌，并研究了相应的施工工艺和防水技术。

1989 年，我国上海地铁一号线工程正式采用盾构法修建区间隧道，并以于 1994 年投入运营。但应指出，早在 1963 年上海就已开始了直径为 4.16m 的盾构隧道及 1968 年北京开始了直径 7.0m 的盾构隧道的工程试验，并在钢筋混凝土管片制造、防水技术、挤压混凝土施工等方面取得了成功。

盾构法的概貌如图 11-10 所示。首先，在隧道某段的一端建造竖井或基坑，以供盾构安装就位。盾构从竖井或基坑的墙壁开孔出发，在地层中沿着设计轴线，向另一竖井或基坑的孔洞推进。盾构推进中所受到的地层阻力通过盾构千斤顶传至盾构尾部已拼装的隧道衬砌结构上，再传到竖井或基坑的后靠壁上。盾构是这种施工方法中主要的独特施工机具。它是一个能支承地层荷载而又能在地层中推进的圆形、矩形、马蹄形等特殊形状的钢筒结构。在钢筒的前面设置各种类型的支撑和开挖土体的装置，在钢筒中段周圈内面安装顶进所需的千斤顶，钢筒尾部是具有一定空间的壳体，在盾尾内可以拼装一～二环预制的隧道衬砌环。盾构每推进一环距离，就在盾尾支护下拼装一环衬砌，并及时向紧靠盾尾后面的开挖坑道周边与衬砌环外周之间的空隙中压住足够的浆体，以防止围岩松弛和地面下沉。在盾构推进过程中不断从开挖面排出适量的土方。

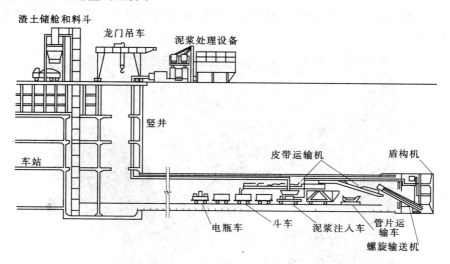

图 11-10 盾构施工概貌图

盾构法施工是在闹市区的软弱地层中修建地下工程的最好的施工方法之一。加之近年来盾构机械设备和施工工艺的不断发展，适应大范围的工程地质和水文地质条件的能力大为提高，各种断面形式的盾构机械、特殊功能的盾构机械（急转变盾构、扩大盾构法、地下对接盾构等）的相继出现，其应用正在不断扩大，这将为城市地下空间利用的发展起到有力的技术支承作用。

1. 特点

（1）除竖井施工外，施工作业均在地下进行，既不影响地面交通，又可减少对附近居民的噪音和振动影响。

（2）隧道的施工费用不受埋深的很大影响。

（3）盾构推进、出土、拼装衬砌等主要工序循环进行，易于管理，施工人员较少。

（4）穿越江、河、海道时不影响航运，且施工不受风雨等气候条件影响。

（5）在土质差、水位高的地方建设埋深较大的隧道，盾构法有较高的技术经济优越性。

（6）土方量较少。

2. 主要问题

（1）当隧道曲线半径过小时，施工较为困难，目前已开发出 $R=10$m 的急转弯盾构，有效地克服了这一难题。

（2）在陆地建造隧道时，如隧道埋深太浅，则盾构法施工困难很大。而在水下时，如覆上太浅。则盾构法不够安全。

（3）盾构施工中采用全气压方法以疏干和稳定地层时，对劳动保护要求较高。施工条件差。

（4）盾构施工过程中引起的隧道上方一定范围内的地表下沉尚难完全防止，特别是在饱和含水松软的土层中，要采取严密的技术措施才能把下沉控制在很小的限度内。

（5）在饱和含水地层中，盾构法施工所用的拼装衬砌，对达到整体结构防水性的技术要求较高。

（二）盾构

盾构法隧道的施工机具是盾构，盾构必须能够承受围岩压力，且能安全经济地进行隧道的掘进（图 11-11）。

图 11-11　盾构机的展开图

盾构在其施工区间内所遇到的备种条件是复杂多变的，必须根据地质条件选择盾构形式使其强度、耐久性、施工可行性、安全性、经济性与实际条件相适应。多数情况下，围岩条件对盾构施工难易起决定作用。当开挖距离长时，尤应考虑耐久性问题；在小曲线地段施工。必须考虑施工的可行性。

盾构是由承受外部荷载的钢壳和在其保护下进行开挖、组装衬砌及具有掘进功能的设备所阻成。移动盾构所需的动力、控制设备，根据盾构断面的大小和构造决定其中的一部分或全部设置在后续台车上。钢壳部分由外壳板和加劲材料所组成，分为切口环、支承环及盾尾三部分（图 11-12）。

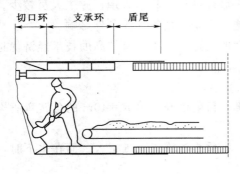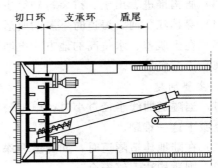

图 11-12　盾构纵剖面图

1. 切口环

切口环位于盾构的前方，作为挖土和挡土部分。要求切口环的形状、尺寸必须与围岩条件相适合；刃脚必须是坚固、易贯入地层的结构。

切口环的形状多为直角或倾斜形，也有阶梯状的。长度多取 300～1000m。采用人力开挖盾构时，如切口环过长，必须注意由于围岩的抗力而失去平衡，是造成蛇行的主要原因。

切口环保持着工作面的稳定，并把开挖下来的土砂向后方运送。因此，采用机械化开挖的土压式、泥水加压式盾构时，应根据开挖下来土砂的状态，确定切口环的形状、尺寸。尤其是当工作面用隔墙隔开构成承受水压、土压的压力室状态时，对其强度必须进行充分研究。采用人力开挖盾构时，为保持工作面稳定有时以千斤顶带动的伸缩平台代替盾构本体顶部突出部分或根据土质而定的较长的切口环。

2. 支承环

支承环是切口环与盾尾的连接部分。内部为安装切削刀盘的驱动装置、排土装置、盾构千斤顶等的空间和进行推进操作的场所。

支承环是盾构的主体结构，承受作用于盾构上的全部荷载。切口环和盾尾的设计都是根据支承环具有足够刚度的假定进行的，故在支承环设计时，必须充分注意。支承环的长度应根据安装盾构千斤顶、切削刀盘的轴承装置、驱动装置和排土装置的空间决定，其结构必须具有足够的刚度。

3. 盾尾

盾构法隧道衬砌的拼装是在盾尾的保护下进行的。因此要求盾尾的长度必须根据管片宽度和形状确定，最小长度必须保证衬砌组装工作的进行。同时应考虑在衬砌组装后因破损而需更换管片、修理盾构千斤顶和在曲线段进行施工等条件，使其具有一些余裕量。盾尾板厚度应在认真研究变形问题的基础上确定。

（三）盾构隧道衬砌的基本类型

盾构隧道的衬砌，通常分为一次衬砌和二次衬砌。在一般情况下，一次衬砌是由管片组装成的环形结构；二次衬砌是在一次衬砌内侧灌注的混凝土结构。由于在开挖后要立即进行衬砌，故将数个钢筋混凝土或钢等制造的块体构件组装成间形等衬砌。称此块体构件为管片。由于在盾尾内拼成圆环的衬砌，在盾构向前推进时，要承受千斤顶推进的反力，同时由于盾构的前进而使部分衬砌暴露在盾尾外，承受了地层给予的压力。故一次衬砌应能立即承受施工荷载和永久荷载，并且有足够的刚度和强度；不透水、耐腐蚀具有足够的耐久性能；装配安全、简便，构件能互换。

（四）盾构法施工

盾构法施工的内容包括盾构的出发和到达、盾构的掘进、衬砌、压浆和防水等。

1. 盾构的出发和到达

（1）竖井。盾构法施工的隧道，在出发和到达时，需要有拼装和拆卸盾构用的竖井，当盾构需要调转方向或线路在急曲线的部位，需要设置中间竖井和方向变换竖井。施工过程中，这些竖井是人、材料和石渣的运输通道。在隧道竣工后，这些竖井多被用于车站、入孔、通风口、出入口等永久建筑。

（2）出发和到达。出发口是利用在出发竖井内临时设置的管片等作为后背向前推进的，从出发口进入地层，沿所定的线路方向向前推进。

在出发竖井中，盾构在竖井内的组装台上，考虑在软弱围岩中推进时将发生的下沉量，准确地安装就位。然后向围岩中沿着既定的线路方向推进。推进时所需要的推力是很大的，必须有足够的支承力，且不对竖井立墙背面、凹周的路面及埋设物等产生不良影响。

开始推进的方法，一般根据土质、地下水、盾构的形式、埋深、作业环境等条件决定。

到达口就是在保持围岩稳定的同时，把盾构沿着所定的路线推进到竖井的到达面，然后从预先准备的开口面将盾构推出，或者是直到到达面的所定位置为止所进行的一连串作业。

2. 盾构的推进

盾构推进时必须根据围岩条件，保证工作面的稳定、适当地调整千斤顶的行程和推力，沿所定路线方向准确地进行推进。为使盾构能在计划路线上正确推进、预防偏移、偏转及俯仰现象的发生。盾构隧道施工前，应在地表进行中线及纵断面测量，以便建立施工所必须的基准点。施工时必须精密地把中心线和高程引入竖井中，以便进行施工中的管理测量，使组装的衬砌和盾构在隧道的计划位置上。

盾构推进时，必须随财掌握盾构的位置和方向，在适当的应置施加推力。通过曲线、变坡点或修正蛇行行为，可使用部分千斤顶，为尽力使千斤顶中心线与管片表面垂直，在推进时可采用楔形衬砌环或楔形环。

在需进行超前开挖的土壤中，而且方向急骤变化时，有时是进行超前开挖后再推进。当盾构的直径与长度之比小时，盾构转向较难，故有时采用阻力板。在推进过程中土质发生急骤变化时会产生很大的蛇行，故在土质变化点必须特别注意。

在偏转的情况下，调节平衡板的角度、或在偏转方向的对侧加设压铁，或在盾构千斤顶和衬砌间插入垫块。如可以进行超前开挖时，在切口环外面加设与横向推进轴具有某一角度的支撑后再行推进，使盾构承受回转力矩，从而达到修正偏移的目的。

3. 气压施工

在含水砂土和软弱黏土地层中用盾构法施工时，会发生开挖面涌水和土层坍塌等情况从而影响盾构的推进。在这类地层中施工，须同时使用稳定地基的辅助工法。迄今为止，气压或局部气压施工，是一种常用的稳定地基施工法。气压盾构形式如图 11-13 所示。

气压施工对开挖面的作用有：阻止开挖面涌水，防止坍塌，稳定开挖面以及压缩空气可使地层发生脱水作用而增大土的抗剪强度等。这些效果中以止水效果为最显著。

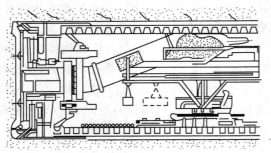

图 11-13 局部气压盾构

4. 衬砌、压注及防水

（1）一次衬砌。在推进完成后，必须迅速地按设计要求完成一次衬砌的施工。一般是在推进完了后将几块管片组成环状，使盾构处于可随时进行下一次推进的状态。

一次装配式衬砌的施工是依照组装管片的顺序从下部开始逐次收回千斤顶。管片的环向接头一般均错缝拼装，组装前彻底清扫，防止产生错台和存有杂物，管片间应互相密贴。注意对管片的保管、运输及在盾尾内进行的安装工作；管片的临时放置问题，应防止变形及开裂的出现，防止翻转时损伤防水材料及管片端部。

保持衬砌环的真圆度，对确保隧道断面尺寸、提高施工速度及防水效果、减少地表下沉等甚为重要。除了在组装时要保证真圆度外，在从离开盾尾至注浆材料凝固时止的期间内，采用真圆度保持设备，确保衬砌环的组装精度有效。

（2）回填注浆。采用与围岩条件完全相适合的注浆材料及注浆方法，在盾构推进的同时或其后立即进行注浆将衬砌背后的空隙全部填实，防止围岩松弛和下沉，是工程成败的关键因素之一。

回填注浆除可以防止围岩松弛和下沉外还有防止衬砌漏水、漏气以及保持衬砌环早期稳定的作用，故必须尽快进行注浆，而且应将空隙全部填实。为填充衬砌背后的空隙，还有与注浆材料相类似的扩大衬砌直径、在衬砌背后安装浆袋、向浆袋中注浆的方法。

注浆可在推进盾构的同时进行，也可在盾构推进终了后迅速进行。一般是从通过设在管片上的注浆孔进行。作为特殊方法，也有通过在盾构上的注浆孔同时注浆的方法。

（3）衬砌防水。由于盾构隧道多修建在地下水位以下，故须进行衬砌接头的防水施工，以承受地下水压。隧道内的漏水，使隧道竣工后的功能及维修管理方面出现许多问题。所以必须注意。根据隧道的使用目的，选择适合于作业环境的方法进行防水施工。

衬砌防水分为密封、嵌缝、螺栓孔防水三种。根据使用目的不同、有时只采用密封，有时三种措施同时使用。

（4）二次衬砌。二次衬砌须在一次衬砌防水、清扫等作业完全结束后进行。依设计条件的不同，二次衬砌可用无筋或有筋混凝土浇注，有时也用砂浆、喷射混凝土。浇注二次衬砌时，特别是在拱顶附近填充混凝土极为困难，对此必须注意。必要时应预先备有砂浆管、出气管等，用注入的砂浆等将空隙填实。

如果对一次衬砌的漏水处理不彻底、或者虽然彻底但又出现了新的漏水，将在二次衬砌中出现漏水现象。此时。漏水多发生在二次衬砌施工缝和裂纹处。为了防止二次衬砌漏水，需防止裂纹的产生和对施工缝进行防水处理。为了防止产生裂纹，可在混凝土配合比和施工方面采取措施。

二、沉管法施工

沉管法也称为预制管段沉放法。先在干坞或船台上预制大型混凝土箱形构件或混凝土和钢组合的组合箱形构件，两端用临时隔墙封闭，颁装好拖运、定位，然后将这些构件沉放在河床上预先浚挖好的沟槽中，并连接起来，最后回填砂石并拆除隔墙形成隧道。

沉管法施工的一般工艺流程（图 11-14），其中管段制作、基槽浚挖、管段沉放与水下连接、基础处理、回填覆盖是施工的关键。

（一）管段结构及制作

沉管隧道有钢壳结构和钢筋混凝土结构两大类，前者一般为圆形断面，后者一般为矩形断面。钢结构（钢壳）管段，先在陆地上制作钢壳，其两端用临时挡水板密封，沿船台滑道滑行下水。钢壳漂浮水

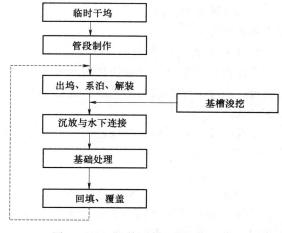

图 11-14 沉管法的一般工艺流程

345

上时，向专为此目的而设置的舱室内浇注内部结构混凝土和外部镇重混凝土，直至管体处于一个接近于中性浮力的状态。然后将钢壳拖引至现场，加注更多的镇重混凝土，使之沉放入槽。混凝土管段一般是在干坞中预制，在隧道现场附近开挖一大船坞，抽干其中的水。在干坞内按照常规的钢筋混凝土制作方法制作管段，管段制成后，两端用临时挡水板密封。向坞内灌水使管段浮起，在船坞与航道之间形成通道。然后管段浮出船坞，拖运到现场，用类似于钢壳管段的方法使其沉放就位。

管节预制是大型沉管隧道的主要工序，它的工期和质量不仅直接影响沉管的浮运和沉放，而且关系到隧道运营的成败。预制工艺的关键技术是控制混凝土的容重和管节体形（结构）尺寸精度，以及控制钢筋混凝土结构的裂缝来实现结构的自身防水。

（二）基槽浚挖

浚挖工作一般包括：沉管的基槽浚挖、航道临时改线浚挖、出坞航道浚挖、浮运管段线路浚挖、船装泊位浚挖。其中，沉管基槽的浚挖最重要，应通过全面了解现场地质资料，水力水文资料及生态资料后，确定合理的基槽断面和浚挖方式。

沉管基槽的断面。主要由三个基本尺度决定：底宽、深度和边坡坡度。底宽一般比管段顶宽大 4～10m 基槽的深度为管顶覆盖层厚度、管段高度和基础处理所需超挖深度三者之和。基槽边坡的稳定坡度与土层的物理力学性质相关，同时，基槽稳定时间、水流情况等也是重要影响因素。

1. 浚挖设备

目前国内外各类挖泥船大致有以下几种：

（1）链斗式挖泥船。这种挖泥船用装在斗桥滚筒上、能够连续运转的一串泥斗挖取水底土壤，通过卸泥槽排入泥驳。施工时要泥驳和拖轮配合。

（2）吸扬式挖泥船。有绞吸式和耙吸式两种。前者利用绞刀绞松水底土壤，通过泥泵作用，从吸泥口、吸泥管吸进泥浆，经过排泥管卸泥于水下或输送到陆地上。后者利用泥耙挖取水底土壤，通过泥泵作用，将泥浆装进船上泥舱内，自航到深水抛泥区卸泥。

（3）抓扬式挖泥船。也称抓斗挖泥船，挖泥时利用吊在旋转式起重把杆上的抓斗，抓取水底土壤，然后将泥土卸到泥驳上运走。

（4）铲扬式挖泥船。也称为铲斗挖泥船，是用悬挂在把杆钢缆上和连接斗柄上 L 的铲斗，在回旋装置的操纵下，推压斗柄，使铲斗切入水底土壤内进行挖掘，然后提升铲斗，将泥土卸入泥驳。

2. 浚挖方式及程序确定

选择浚挖方案时，尽量使用技术成熟、生产效率高、费用低的浚挖方式；同时，为了降低造价，应充分使用已有的设备；选用对航道影响最小的浚挖方式；选用对环境影响最小的浚挖方式。

浚挖作业一般分层、分段进行。在基槽断面上，分层逐层开挖；在隧道轴线方向上，分段分批进行浚挖。

（三）管段防水

根据施工工艺特点沉管隧道的防水可分为管段自防水、管段外防水和管段接头防水。

管段自防水就是采用防水抗渗混凝土，合理选用原材料和施工工艺，提高混凝土的密实性和耐久性，达到防水抗渗的目的。

管段外防水技术就是采用防水材料，在防水结构表面形成薄层，能适应微小变形以及抵抗酸碱介质的侵蚀，而达到防水防腐的要求。经历了防水钢壳、刚性防水层、柔性防水层三个发展阶段，已逐渐形成防水钢底板和外防水层相结合的外防水技术。

在沉管隧道兴建初期，管段接头连接方式主要有以下几种：①法兰盘式结构装置；②橡胶垫间注浆；③钢垫板间注浆；④导管法混凝土；⑤围堰法施工。上述管段的接头均为刚性接头，其缺点是水下作业量大，构筑的接头在受力和防水方面的质量不甚理想，应用局限性较大。自20世纪60年代以来，荷兰等国家采用GINA型橡胶止水带，用水力压接法构筑接头，继而采用GINA、OMEGA型两道橡胶止水带构筑防水质量更加可靠的柔性接头。

（四）管段拖运

管段在干坞内完成制作后下水，在系泊处进行必要的施工附件安装后，将被拖轮拖运到隧道基槽位置进行沉放定位。但由于沉管隧道管段具有很大的几何尺度，加之施工环境有时会是狭窄和航运繁忙的水域，因此在这个过程中必须充分考虑外部因素，并做出最终拖运计划。一般来说，管段拖运的作业过程有以下步骤：选择拖运线路、制定拖运方案、安排拖运时间、然后进行拖运作业。

（五）沉放与水下连接技术

隧道管段的沉放在整个沉管隧道施工中，占有相当重要的地位，沉放的成功与否直接关系到整个沉管隧道的质量。

1. 管段沉放方法

沉放方法有多种，它们适用于不同的自然条件、航道条件、沉管本身的规模。主要分为吊沉法和管段拉沉沉放方法。其中吊沉法又分为分吊法、扛吊法和骑吊法。

管段运至施工现场后，必须调整位置并将锚索固定在管段上。管段下沉的全过程一般需要 2~4h，宜在流速减到 0 之前回 1~2h 开始下沉，开始下沉时的流速宜小于 0.15m/s。压载水舱灌至设计值后，以 40~50cm/min 的速度沉放管段，直到管底离设计标高 4~5m。下沉时随时校正管段位置。随后将管段向前节已沉放管段靠近 2m 左右距离处，继续下沉管段至离设计标高约 0.5~1m 处。接着将管段前移至距前节既设管段约 50cm 处，校正管段位置后即开始着地下沉。着地下沉速度很慢，并不断校正位置。着地时先将前端搁上"鼻式"托座或套上卡式定位托座，再将后端轻轻搁置到临时支座上。搁好后，各吊点同时卸荷，在卸去 1/3 和 1/2 吊力时，各校正一次位置，最后卸去全部吊力。管段下沉后，用水灌满压载水舱以防止管段由于水密度的变化或船只的来往而升降。

2. 管段连接

管段连接方法目前采用水力压接法，主要工序是：对位→拉合→压接→拆除封墙。最后一节管段要在两头端面都采用水力压接法是不可能的，最后一个端面连接需采用其他方法，如水中模板混凝土式和钢制镶板式。

（六）基础处理方法

基础处理是为了解决基槽开挖时出现的不平整，以避免产生不均匀沉降。

基础处理方法种类很多，总体上分为先铺法和后铺法。

先铺法（刮铺法），即在管段沉设之前，先铺好砂、石垫层；后铺法，包括喷砂法、砂流法、灌囊法、压浆法和压混凝土法，它是指先将管段沉设在预置沟槽底上的临时支座上，随后再补填垫实。遇到特别软弱地层，在管段沉放之前，做好永久性支撑的基础（加桩基）。

刮铺法按所用垫层材料的不同分为刮砂法和刮石法。主要工序为：浚挖基槽时，先超挖60～90cm，然后在槽底两侧打数排短桩，为安设导轨用，以控制高程和坡度。通过抓斗或刮板船的输料管将铺垫材料投到槽底，再用简单的钢刮板或刮板船刮平。

后铺法的基本工序为：①在基槽浚挖时，先超挖100cm左右；②在基槽底安设临时支座；③管段沉设完毕后，往管底和基槽间回填垫料。后铺回填垫料主要采用灌砂法、喷砂法、灌囊法和压浆法。

（七）回填覆盖

在管段沉放完毕后，在管段的两侧和顶部进行回填、覆盖，以确保隧道的永久稳定。回填的材料应选择良好级配的砂、石。为了使回填材料紧密地包裹在沉管管段上面和侧面不致散落，需要在回填材料上再覆盖石块、混凝土块。回填覆盖采用"沉放一段，覆盖一段"的施工方法，在低平潮和流速较小时进行。

第五节 地 下 管 道 施 工

一、顶管法施工

顶管施工就是借助于主顶油缸及管节间中继间千斤顶油缸等的推力，把工具管或掘进机从工作井内穿过土层一直推到接受井。与此同时，紧随工具管和掘进机后的管道埋设在两井之间，是一种非开挖的铺设地下管道的施工方法。顶管施工是继盾构施工之后发展起来的一种土层地下工程施工方法，主要用于地下进水管、排水管、煤气管、电信电缆管的施工。它不需要开挖面层，并且能够穿越公路、铁道、河川、地面建筑物、地下构筑物以及各种地下管线等，是一种非开挖的敷设地下管道的施工方法。

顶管法已有百年历史。短距离，小管径类地下管线工程施工，在许多国家广泛采用。近几十年中继接力顶进技术的出现使顶管法已发展成为顶进距离不受限制的施工方法。美国于1980年曾创造了9.5h顶进49m的记录，施工速度快，施工质量比小盾构法好。目前，顶管法仍主要用于富含水松软地层中的管道工程，顶进距离超过500m用顶管法施工的管道只有少数几个国家。对于城市地下管线工程的广泛应用，顶管法仍需进一步的开发研究。

我国顶管技术真正较大的发展是从20世纪80年代中期开始。1984年前后，北京、上海、南京等地先后开始引进国外先进的机械式顶管设备，成功完成了一些较长距离的顶管工程，使我国的顶管技术上了一个新台阶。1989年，上海第一期合流污水工程中引进德国大口径混凝土顶管技术，从此大口径混凝土顶管得到了较快发展。1992年，上海奉贤开发区污水排海顶管工程中，将一根直径为$\phi600mm$的钢筋混凝土管，向杭州湾深水区单向一次顶进1511m，成为我国第一根依靠自主力量单向一次顶进超千米的钢筋混凝土管。

（一）顶管施工的基本原理

顶管施工一般是先在工作坑内设置支座和安装液压千斤顶，借助主顶油缸及管道间中继间等的推力，把工具管或掘进机从工作坑内穿过土层一直推到接收坑内吊起，与此同时，紧随工具管或掘进机后面，将预制的管段顶入地层。可见，这是一种边顶进，边开挖地层，边将管段接长的管道埋设方法，其施工流程见图11-15。

采用顶管机施工时，机头的掘进方式与盾构相同，其推进的动力由放在始发井内的后顶

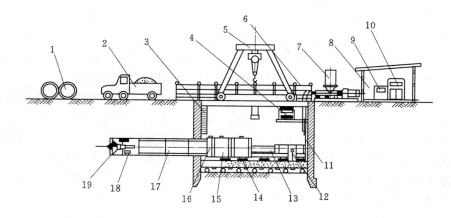

图 11—15　顶管施工示意图

1—预制的混凝土管；2—运输车；3—扶梯；4—主顶油缸；5—行车；6—安全护栏；7—润滑注浆系统；
8—操纵房；9—配电系统；10—操纵系统；11—后座；12—测量系统；13—主顶油缸；14—导轨；
15—弧形顶铁；16—环形顶铁；17—已顶入的混凝土管；18—运土车；19—机头

装置提供，故其推力要大于同直径的盾构隧道。顶管管道是由整体浇注预制的管节拼装成的，一节管节长 2～4m，对同直径的管道工程，采用顶管法施工的成本比盾构法施工的要低。

顶管法的优点是：与盾构法相比，接缝大为减少，容易达到防水要求；管道纵向受力性能好，能适应地层的变形；对地表交通的干扰少；工期短，造价低，人员少；施工时噪声和振动小；在小型、短距离顶管，使用人工挖掘时，设备少，施工准备工作量小；不需二次衬砌，工序简单。

其不足是：需要详细的现场调查，需开挖工作坑，多曲线顶进、大直径顶进和超长距离顶进困难，纠偏困难，处理障碍物困难。

（二）顶管法的分类

顶管施工分类方法很多，下面介绍常见的分类方法。

根据所顶管子的口径来分，分为大口径、中口径、小口径和微型顶管四种。大口径指 ϕ2000mm 以上的顶管，中口径是在 ϕ1200～1800mm 范围内的顶管，小口径是在 ϕ500～1000mm 范围内，微型顶管一般小于 ϕ400mm。

以推进管前的工具管或掘进机的作业形式来分。推进管前带有一个钢制的带刃口的管子，具有挖土保护和纠偏功能，称其为工具管。人在工具管内挖土，这种顶管被称为手掘式。如果工具管内的土是被挤进来再作处理，则是挤压式。如果在推进管前的钢制壳体内有开挖及运输机械的则成为半机械或机械顶管。在机械顶管中，推进管前有一台掘进机，按照掘进机的种类又可把机械顶管分为泥水式、泥浆式、气压式、土压式和岩石掘进机式顶管。其中，以泥水式和土压式使用最为普遍。

手掘式顶管为正面敞胸，采用人工挖土，适用于有一定自立性的硬质黏土。

挤压式顶管工具管正面有网格切土装置或将切口刃脚放大，由此减小开挖面，采用挤土顶进。它只适用于软黏土，而且覆土深度也要求较深。

气压平衡式顶管用压缩空气平衡开挖面土体。全气压平衡在所顶进的管道中及挖掘面上充满一定压力的空气，以空气的压力平衡地下水的压力。一般采用液压顶进、人工挖掘。首先要考虑其安全性，其次对空压机要求较高。局部气压平衡则指压缩空气仅作用于挖掘面上，在顶管掘进机中设有一个隔板，分前后两舱，前舱为气压舱，后舱为工作舱，以管路送气，挖掘出来的土通过螺旋输送机在气压舱内送出，再用人工将土运出。

泥水平衡式工具管正面设置刮土刀盘，其后设置密封舱，在密封舱中注入稳定正面土体的护壁泥浆，刮土刀盘刮下的泥土沉入密封舱下部的泥水中，并通过水力运输管道排放至地面的泥水处理装置。在泥水平衡式顶管施工中，挖掘面上可以形成一层不透水的泥膜，阻止泥水向挖掘面渗透，同时该泥水本身又有一定的压力，因而可以用来平衡地下水压力和土压力，控制地表的隆起和沉降。一套完整的泥水平衡顶管设备主要包括掘进机主体（带刀盘，具有破碎功能），后方千斤顶系统（推力2000～40000kN），泥水输送系统，激光导向及定位系统，润滑、灌浆装置和泥水处理装置六大部分。只需4～5人即可操纵整套设备。泥水平衡式顶管适用的土质范围比较广，如在地下水压力很高、变化范围很大条件下，都可适用。

土压平衡式顶管施工的主要特点是在顶进过程中利用土舱内的压力来平衡地下水压力和土压力。排出的土可以是含水量很少的渣土或含水量较多的泥浆。与泥水式顶管施工相比，其最大特点是排出的渣土或泥浆一般不需要再进行泥水分离等二次处理。土压平衡式顶管施工的主要特点是在顶进过程中利用土舱内的压力千平衡地下水压力和土压力。排出的土可以是含水量很少的渣土或含水量较多的泥浆。与泥水式顶管施工相比，其最大特点是排出的渣土或泥浆一般不需要再进行泥水分离等二次处理。以管材来分，分为钢筋混凝土顶管、钢管顶管以及其他管材顶管。

按照顶进管子的轨迹来分，分为直线顶管和曲线顶管。

按照工作井和接受井之间的距离来划分，分为普通顶管和长距离顶管（每一段连续顶进距离大于300m）。

（三）施工工艺过程

顶管法施工过程如下：先在管道设计线路上施做一定数量的小基坑作为顶管工作井，为一段顶管的起点与终点，工作井的一面或两面侧壁设有圆孔作为预制管节的出口与入口；顶管出口孔壁的对面为承压壁，其上安有液压千斤顶和承压垫板。千斤顶将带有切口和支护开挖装置的工具管顶出工作井出口孔壁，然后以工具管为先导，将预制管节按设计轴线逐节顶入土层中，直至工具管后第一段管节的前端进入下一工作井的进口孔壁。

顶管法施工包括顶管工作坑的开挖，穿墙管及穿墙技术，顶进与纠偏技术。局部气压与冲泥技术和触变泥浆减阻技术。顶管施工目前已形成一套完整独立的系统。

1. 顶管工作坑的开挖

工作坑主要安装顶进设备，承受最大的顶进力，要有足够的坚固性。一般选用圆形结构，采用沉井法或地下连续墙法施工。沉井法施工时，在沉井壁管道顶进处要预设穿墙管，沉井下沉前，应在穿墙管内填满黏土。以避免地下水和土大量涌入工作坑中。

采用地下连续墙法施工时，在管道穿墙位置要设置钢制锥形管，用楔形木块填塞。开挖工作井时，木块起挡土作用。井内要现浇各层圈梁，以保持地下墙各槽段的整体性。在顶管工作面的圈梁要有足够的高度和刚度，管轴线两侧要设量两道与圈梁嵌固的侧墙，顶管时承受拉力，保证圈梁整体受力。

2. 穿墙管及穿墙技术

穿墙管是在工作坑的管道顶进位置预设的一顶段钢管，其目的是保证管道顺利顶进，且起防水挡土作用。

从打开穿墙管闷板，将工具管顶出井外，到安装好穿墙止水，这一过程通称穿墙。穿墙是顶管施工中一道重要工序，因为穿墙后工具管方向的准确程度将会给以后管道的方向控制和管道拼接工作带来影响。

3. 顶进与纠偏技术

工程管下放到工作坑中，在导轨上与顶进管道焊接好后，便可启动千斤顶、各千斤顶的顶进速度和顶力要确保均匀一致。

在顶进过程中，要加强方向检测，及时纠偏。纠偏通过改变工具管管端方向实现。必须随偏随纠，否则，偏离过多，造成工程管弯曲面增大摩擦力，加大顶进困难。一般讲，管道偏高轴线主要是工具管受外力不平衡造成，事先能消除不平衡外力。就能防止管道的偏位。因此，目前正在研究采用测力纠偏法。其核心是利用测定不平衡外力的大小来指导纠偏和控制管道顶进方向。

4. 局部气压与冲泥技术

在长距离顶管中，工具管采用局部气压施工往往是必要的。特别是在流砂或易坍方的软土层中顶管，采用局部气压法，对于减少出泥量，防止坍方和地面沉裂，减少纠偏次数都具有明显效果。

局部气压的大小以不坍方为原则，可等于或略小于地下水压力，但不宜过大，气压过大会造成正面上体排水固结，使正面阻力增加。局部气压施工中，若工具管正面遇到障碍物或正面格栅被堵；影响出泥，必要时人员需进入冲泥舱排除或修理，此时由操作室加气压，人员则在气压下进入冲泥舱，称气压应急处理。管道顶进中由水枪冲泥，冲泥水压力一般为 $15\sim20\text{kg/cm}^2$，冲下的碎泥由一台水力吸泥机通过管道排放到井外。

5. 触变泥浆减阻技术

管外四周注触变泥浆，在工具管尾部进行，先压后顶，随顶随压，出口压力应大于地下水压力，压浆量控制在理论压浆量的 1.2～1.5 倍，以确保管壁外形成一定厚度的泥浆套。长距离顶管施工需注意及时给后继管道补充泥浆。

顶管法毕竟有它的局限性，对于城市地下管线工程，一定要根据地质地层特征和经济性多种因素综合分析，切忌盲目上马。

二、水下铺设管道方法

一般来说，水下铺设管道需要采用非开挖技术。而地下管线的非开挖技术是目前发展较快的管道施工方法。在我国以及许多发展中国家，随着城市化建设的加快，需要新铺设大量的管线，而通过水下（包括过江、过河和过地下水区域）等的管线铺设也越来越多，对铺设方法要求也越来越高。根据地下管线铺设技术的工作原理和设备，可将现有的可用于水下开挖的非开挖技术分为：

（1）水平钻进技术。柔性及刚性的连续质料管材，完整地层。

（2）夯管锤技术。刚性的连续质料管材，软的完整地层或硬的松散地层。

（3）顶管技术。刚性的连续或非连续质料管材，完整地层。

（一）水平钻进法

水平钻进法又称水平湿钻法，它分为单管施工法和双管施工法两种。

1. 单管施工法

单管施工法要求钻机的通孔直径较大，能使大口径套管（或钻杆）通过，并直接带动套管回转，套管前端装有切削头。钻进结束后，套管可以留在孔内作为永久性管道的护管，也可以在顶入永久管道时将套管拉出。

单管施工法的最大施工长度取决于管的内径和土层条件。管径为 100～200mm 时，最大施工长度为 100m；管径为 500～600mm 时，最大施工长度可达 50m。

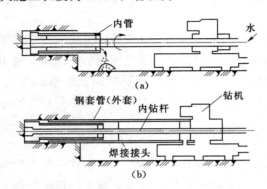

图 11-16 双管施工法示意图
(a) 钻进；(b) 顶入套管

这种施工法的最大缺点是不能控制钻进的方向，因而施工精度不高。因此，单管施工法主要用于小口径（150～600mm）管道和短距离（一般为 50m 左右）跨越孔的施工。

2. 双管施工法

双管施工法采用双重管正循环钻进工艺（图 11-16）。钻进时，内管和钻头由钻杆带动超前回转钻进，外管（即套管）不回转随后压入。

与单管施工法一样，由于不能控制钻进的方向，双管施工法的施工精度也较差。为了提高施工精度，可将内钻杆和外套管设计成相互反向转动，即内管向右转，外管左转，使钻头回转产生的偏心力矩得到部分抵消。另外可采用双重管设计，内管超前，起导向作用，外管的钢性起支撑作用，内外管的作用相辅相成，在一定程度上提高钻进的精度。

（二）水平螺旋钻进法

水平螺旋钻进法在美国使用得最广，它是依靠螺旋钻杆向切削钻头传递钻压和扭矩，并排除土屑，待铺设的钢管在螺旋钻杆之外，由电机的顶进油缸向前顶进。

用该方法铺管施工时，先准备一个工作坑，然后螺旋钻机水平地安放在预先掘好的工作坑内，钻进时，依靠螺旋钻杆向钻头传递钻压、扭矩并排除土屑，并将钻头切削下来的土屑排到工作坑。钢管间采用焊接方法进行连接。在稳定的地层，且待铺设的管道较短时，也可采用无套管的方法进行施工，即在成孔后再将待铺设的管道拉入或顶进孔内。水干螺旋钻进法一般用于穿越公路、铁路、堤坝等铺设钢管。该法在使用过程中，不断得到改进和发展，尤其在方向控制、适用地层、铺管的长度和尺寸等方面有了长足进展。

1. 水平螺旋钻进系统的组成

水平螺旋钻进铺设管线系统主要由以下几部分组成：

（1）水平螺旋钻机。是水平螺旋钻进铺管系统的主体部分，主要由回转系统、顶进系统以及为其提供支承的导轨组成。现代水平螺旋钻机的回转和给进都通过液压系统千实现，便于控制、调节。

（2）螺旋钻杆。螺旋钻杆起传递钻压、扭矩以及排除土渣的作用，其直径略小于铺设钢管的内径，长度与钢管相同。

(3) 螺旋钻头。螺旋钻进铺管法主要用于土层施工,所以一般用刮刀钻头。根据土层软硬的不同,钻头切削具的种类也不一样。总的来说,较软地层用片状的、较锐利的切削具;较硬地层采用柱状的、较耐磨的切削具;而钻进硬黏土、页岩和卵砾石层则采用镶有子弹形圆柱硬质合金的钻头。钻头的直径稍大于钢管外径,形成一定量的超挖,以减轻管壁摩擦阻力。钻头最外部的切削具是铰接的,可通过反转使其向内折叠,从而使钻头直径小于钢管内径,以便必要时更换钻头。

(4) 方向控制系统。由沿轴向固结在每一根钢管外表面的小直径公母螺杆和最前部两段间的铰链系统组成。转动控制螺杆,可使最前端铰接的钢管上、下或左、右摆动,从而实现铺管方向的控制。

(5) 泥浆润滑系统。由一台小泵和沿轴向固结在每一根钢管外表面的小直径(25.4mm左右)钢管组成。在铺管过程中,不断地泵入膨润土泥浆,以润滑钢管柱,减轻管柱与地层之间的摩擦。这是铺长管的必要措施。

2. 铺管方向的测量和控制

(1) 方向测量。在每一段钢管的外表,沿其轴向固结着一根25.4mm左右的钢制水管。水管与一水位计相连。通过观察水位计的水位,可确定钻孔在垂直平面内的偏斜。

水平面内的偏斜通过接收安装在钻头后部的发生器的电磁信号来确定。

(2) 方向控制。水平螺旋钻机的纠偏系统是机械式的。这种纠偏方式以往主要用于垂直平面内的控制,已有20多年的历史,控制长度可达150m,控制精度可达25.4mm。

另一种侧斜和纠偏系统由发光二极管、液压扳手和经纬仪构成。在螺旋钻杆和钻头连接的接头内装有发光二极管,作为目标靶。钻孔时,可随时用安装在钻机后端的经纬仪通过空心的螺旋钻杆观察发光二极管。当钻孔的方向偏离正确的方向时,从经纬仪图像上可以看到发光二极管的中心侧点偏离中心位置,由此可确定钻孔的偏斜和偏斜的大小。纠斜装置的结构原理是:外套管前端的管鞋部分做成斜口状,斜口的长度约等于套管外径的一半。钻进时,套管不回转,只顶进。当需要对钻孔方向进行修正时,通过液压油缸转动套管,使管鞋的斜口朝向钻孔偏的方向。然后停止转动套管,随着钻孔的继续钻进,钻孔的方向就会逐渐地被修正过来。由于可通过转动套管使斜口朝向圆周的任意方向,故可以在任意方向上纠斜。

(三) 夯管施工法

夯管施工法是指用夯管锤将待铺设的钢管沿设计路线直接夯入地层,实现非开挖穿越铺管。夯管锤实质上是一个低频、大冲击功的气动冲击器,它由压缩空气驱动。在夯管施工过程中,夯管锤产生较大的冲击力,这个冲击力直接作用在钢管的后端,通过钢管传递到前端的管鞋上切削土体,并克服土层与管体之间的摩擦力使钢管不断进入土层。随着钢管的前进,被切削的土芯进入钢管内,待钢管抵达目标后,取下管鞋,钢管留在孔内。可用压气、高压水射流或螺旋钻杆等方法将其排出,

有时为了减少管内壁与土的摩擦阻力,在施工过程中夯入一节钢管后,间断地将管内的土排出。

由于夯管过程中钢管要承受较大的冲击力,因此夯管锤铺管只能用于铺设钢管,一般使用无缝钢管,而且壁厚要满足一定的要求,如果夯管距离超过40m,壁厚应增加25%。夯管要求的壁厚(表11-1)。钢管直径较大时,为减少钢管与土层之间的摩擦阻力,可在管

顶部表面焊接一根小钢管，随着钢管的夯入，注入水或泥浆，以润滑钢管的内外表面。钢管间的连接由现场焊接来完成，一般夯入一段，焊接一段。根据铺管现场具体条件，来确定管段长度，如果条件许可，应尽可能用长的管段，以便减少焊接造成的铺设偏差，节约焊接钢管所需的时间。

表 11-1 夯管要求的钢管壁厚 单位：mm

管 径	≤250	350～800	800～1200	1200～1500	1500～2000
壁厚	>6	>9	>12	>16	>20

夯管铺管管径范围较宽，$\phi200～2000mm$ 均可，视地层和夯管锤的不同，一次性铺管长度达 10～80m。

夯管锤铺管对地层适应性较强，可在任何土层中使用，无论是含砾石土层，还是含水土层均能顺利地夯入管道，而且铺管速度较快，一般夯速为 6～8m/h，快时可达 15mm/h。夯管锤铺管具有对地表的干扰小，铺管精度高，施工成本低，设备简单，投资少，操作、维护方便，铺管直径范围大，对地层的适应能力强等优点。

夯管施工前，首先将夯管锤固定在工作坑上，并精确定位。然后通过锥形接头和张紧带将夯管锤连接在钢管的后面。为了保证施工精度，夯管锤和钢管中心线必须在同一直线上。在夯第一节钢管时，应不断地进行检查和校正。如果开始就发生偏斜，以后就很难修正方向。

每根管子的焊接要求平整，全部管子须保持在一条直线上，接头内外表面无凸出部分，并且要保证接头处能传递较大的轴向压力。

当所有的管子均夯入土层后，留在钢管内的土可用压气或高压水排出。排土时，须将管的一端密封。当土质较疏松，管内进土的速度会大于夯管的速度，土就会集中在夯管锤的前部。此时，可用一个两侧带开口的排土式锥形接头在夯管的过程中随时排土。对于直径大于 800m 的钢管，也可以采用螺旋钻杆、高压射流或人工的方式排土。当土的阻力极大时，可以先用冲击矛形成一个导向孔，然后再进行夯管施工。

小　　结

1. 土层锚杆与土钉墙是边坡支护的常用方法。

2. 地下连续墙作为地下工程支护和深基础工程，其施工难点在于槽段的开挖、钢筋笼的制作与吊装和水下混凝土的浇筑。

3. 逆作法作为一种非常规的施工方法，能提高建筑物的施工速度，能够改善地下室及上部结构的受力性能。

4. 盾构法和沉管法是地下隧道较常用的施工方法，盾构法施工能够在不影响地面的情况下，安全准确的进行隧道的开挖和推进。而沉管法主要在隧道穿越河道而采用的一种施工方法，其施工主要为管段制作、基槽浚挖、管段拖运、管段沉放及连接等施工工艺。

5. 地下管道的施工中，顶管法是最常用的方法，能够顶进大小直径的管道，能穿越河道以及各种土层。而其他管道非开挖施工中，如水平钻进、水平螺旋钻进和夯管法施工主要适用于小型管道的顶进（钻进）施工。

复 习 思 考 题

11-1　简述土层锚杆的受力机制。

11-2　简述土钉墙的施工工艺。

11-3　地下连续墙有哪些特点？

11-4　简述地下连续墙的主要工艺流程。

11-5　地下连续墙修筑导墙的主要作用是什么？

11-6　地下连续墙的钢筋笼制作与吊装要注意哪些问题？

11-7　简述逆作法的施工原理及施工过程。

11-8　试论述盾构法施工的含义，它有何特点？

11-9　简述盾构法施工的主要工艺。

11-10　何谓沉管法施工？其关键施工工序是哪些？

11-11　简述沉管法施工的主要工艺。

11-12　顶管法施工的基本原理和主要工艺是什么？

11-13　简述水下铺设管道的施工方法有哪些？各有什么特点？

第十二章 石 油 管 道 工 程

【内容提要和学习要求】

本章主要讲述石油管道工程基本施工原理和方法，主要包括防腐层与绝热层施工、管道和配件的安装、开挖管道施工和管道穿跨越的非开挖施工。重点掌握管道安装和非开挖管道施工方法；了解防腐层与绝热层施工、配件的安装。

第一节 防腐层、防腐绝缘层与绝热层的施工

一、防腐层的施工

石油管道一般多采用钢管，为防止地面和管沟管道表面锈蚀和腐蚀，应涂刷涂料防腐层进行保护。防腐层的施工一般经过管道表面处理和涂刷油漆涂料两个过程。

（一）管道表面处理

为获得优良的防腐工程质量，涂料能坚固地粘附在被涂管道表面。除了取决于涂料的本身质量，主要取决于涂前的管道表面处理。涂前应清除被涂物表面上所有的污物，或用化学方法生成一层有利于提高涂层防腐蚀性的非金属转化膜，这些统称为管道表面处理。

对涂层寿命的影响因素是：表面处理占 49.5%，其他因素占 26.5%，涂料的本身性能和质量仅占 24%。可见，涂刷前表面处理是十分重要的。

管道表面污物主要有氧化皮、铁锈、焊渣、旧漆和油污，在涂刷防腐层以前要清除掉。

1. 手工除锈

一般使用刮刀、铲、锤、锉、钢丝刷、砂布或废砂轮片等简易手工工具在管道表面打磨，直至露出金属光泽。表面除锈后，应用汽油、丙酮、苯等有机溶剂将浮锈和油污洗净，再涂刷防腐涂料。手工清除劳动强度大、效率低，质量差。

2. 机械除锈

对于局部清除可采用风动或电动工具，即利用压缩空气或电力使除锈机械产生圆周或往复运动，当与被清除表面接触时，利用摩擦力或冲击力达到表面清除目的，如风砂轮、风动钢丝刷、外壁除锈机和内壁除锈机等。

对于大面积清除，多采用喷（抛）丸除锈。使钢管表面变得粗糙而均匀，增强防腐层的附着力，并且能将钢管表面凹处的锈污除净，速度快，在实际施工中应用较广。

（1）敞开式干喷射。这是用压力为 0.35～0.5MPa 的压缩空气通过喷嘴喷射清洁干燥的金属或非金属磨料。常用干燥的 1～4mm 的石英砂或 1.2～1.5mm 的铁砂通过喷枪嘴喷射到管子表面，靠砂子对钢管表面的撞击去掉锈污。特点是污染环境、强度大、效率低，故不多用。

常用的金属磨料有铸钢丸、铸铁丸、铸钢砂、铸铁砂和钢丝段等。非金属磨料包括天然矿物磨料（如石英砂、燧石等）和人造矿物磨料（如溶渣、炉渣等）。天然矿物磨料使用前

必须净化，清除其中的盐类和杂质，人造矿物磨料必须清洁干净，不含夹渣、砂子、碎石、有机物和其他杂质。

（2）封闭式循环喷射。这是采用封闭式循环磨料系统，用压缩空气通过喷嘴喷射金属或非金属磨料。将多个喷嘴套在钢管上，外套封闭罩，由机械带动管子自转并在喷嘴中缓慢移动。边喷砂、边前进、边除锈。除锈不净可倒车再除锈。特点是除锈效率较高，应用广泛。

（3）封闭式循环抛射。用离心式叶轮抛射金属磨料与非金属磨料。

3. 化学清除

化学清除即用酸洗的方法清除，将管子完全或不完全侵入盛有酸溶液的槽中，表面铁锈便和酸发生化学反应，生成溶于水的盐。管子取出后置于碱性溶液中中和。再用水把表面洗刷干净，烘干后涂底漆。

无机酸除锈速度快，价格低廉。浸泡酸洗时应掌握好酸的浓度、温度和酸洗时间等因素。浓度大，酸洗速度快，但酸浓度过高，易造成侵蚀过度现象。

4. 漆前磷化处理

磷化处理是将钢管放入含有磷酸和可溶性磷酸盐的稀溶液中进行处理，在其表面生成一层非金属的、不可溶的、不导电的、附着性良好的多孔磷化膜。

涂料可渗入磷化膜孔隙中，显著提高涂层附着力。由于磷化膜为不良导体，从而抑制了钢管表面微电池的形成，可成倍地提高涂层的耐蚀性和耐水性。磷化膜为公认的最好基底。

（二）涂刷油漆涂料

1. 涂料选择

涂料种类很多，性能各不相同，正确选用涂料品种对延长防腐涂层的使用寿命至关重要。选用涂料，除了注意颜色、外观、附着力、干燥时间等因素外，还应考虑漆膜的保护性能和经济性。主要从涂料价格、设备寿命、检修周期、维护和使用环境条件、被涂物材料性质、涂料的正确配套、是否便于施工、停气损失和维修费用等方面考虑，选择最佳涂料。

2. 涂漆方法

（1）手工刷漆。刷漆一般是指人工用刷子等工具，蘸取涂料涂刷在管道表面。刷涂适用范围广，无需专用设备，工具简单，操作方便，适宜涂料品种多，但劳动强度大，效率低，涂层进度难以控制均匀，施工环境差。

（2）喷涂。喷涂是指以一定压力的压缩空气作动力，驱动高压泵，使油漆缸内吸入的油漆达到高压，当高压漆流通过软管端部的喷嘴喷到大气中时，立即剧烈膨胀雾化成极细的漆粒喷向已除锈的管道表面，形成涂层。喷涂法效率高、速度快、涂料省，涂料、溶剂和稀释剂量少，污染小，涂层质量好。

（3）电泳涂装。电泳涂装附着力强，涂层薄厚均匀，质量高、涂料省、污染小、劳动强度低。仅适用于小型容器内部及金属附件的涂漆。

二、防腐绝缘层的施工

管道布置方式不同，遭受腐蚀的程度也不同，采取的防腐措施也随之不同。地面和管沟管道由于腐蚀相对较轻，多采用涂料防腐的方法。而埋地管道所处环境恶劣，腐蚀比较重，采用涂料防腐达不到要求，必须使用绝缘层防腐的方法。因此，对埋地管道采用阴极保护与防腐绝缘层联合保护，被认为是目前最经济最有效的防护措施。

国内外埋地管道防腐绝缘层常采用石油沥青、煤焦油沥青、环氧煤沥青、两层 PE（即聚乙烯)、三层 PE 和聚乙烯胶粘带等。

（一）防腐等级与绝缘层的质量要求

埋地管道的防腐绝缘层分为普通、加强和特加强三级。在确定涂层种类和等级时，应根据土壤的腐蚀性和环境因素确定，并考虑阴极保护因素。

埋地管道，以及穿越铁路、公路、江河、湖泊的管道，均应采用特加强级防腐。

防腐绝缘层的质量主要取决于粘结力和耐老化性。因此，应选用具有良好的电绝缘性、机械强度、稳定性、抗微生物能力、耐阴极剥离强度能力、破损易修补，并能长期保持恒定电阻率的合适材料和先进的施工工艺。

（二）石油沥青防腐绝缘涂层

1. 材料

石油沥青不应夹有泥土、杂草、碎石及其他杂物。沥青底漆配合比为：沥青：汽油＝1：2.5～3.5，相对密度（25℃）为 0.82～0.77。在配制底漆应使用与防腐涂层相同牌号的沥青，汽油用工业汽油。石油沥青包扎材料为中碱玻璃布。保护层用牛皮纸或聚氯乙烯工业膜。聚氯乙烯工业膜不得有局部断裂、起皱和破洞，边缘应整齐，幅宽宜与玻璃布相同。

2. 施工

施工工艺：除锈→涂沥青底漆→熬制并浇涂沥青→缠扎玻璃布→浇涂沥青→外保护层。

管道必须除去浮鳞屑、铁锈及其他污垢，将表面清除干净，露出金属本色。除锈后的管子表面应干燥、无尘，方能涂刷底漆。

沥青底漆与沥青面漆的标号应相同，严禁用含铅汽油调制底漆，调制底漆用的汽油应沉淀脱水，并按比例配制。底漆涂刷应均匀、无气泡、凝块、流痕、空白等缺陷，厚度应为0.1～0.2mm。

熬制的沥青，应破碎成粒径为 100～200mm 的块状，并清除杂物。熬制时应缓慢加热，温度控制在 230℃左右，最高不超过 250℃。应经常搅拌，并清除熔化沥青表面上的漂浮，每锅沥青的熬制时间宜控制在 4～5h 左右。浇涂沥青时，管子每端按管径留出一定长度，为现场焊接后补口用。预留头的各层沥青应作成阶梯接茬。

缠扎应控制在钢管面层浇涂沥青处于半凝固状态时进行，并与管轴线成 60℃方向。包扎必须用干燥的玻璃布，不应折皱与鼓泡，玻璃布压边为 10～15mm，搭接头长度为 50～80mm。玻璃布浸透率应达 95％以上，严禁出现 50mm×50mm 以上空白。石油沥青防腐绝缘涂层普通级为二道玻璃布，总厚度不小于 4mm，加强级为三道玻璃布，总厚度不小于5.5mm，特加强级为四道玻璃布，总厚度不小于 7mm，每道玻璃布之间应浇涂沥青。

外保护层包扎应紧密适度，无折皱、脱壳等现象，压力均匀。压边厚度应为 30～40mm，搭接长度宜为 100～150mm。

除采取特别措施外，严禁在雨、雪、雾及大风天进行露天作业。气温低于 5℃时，应按冬季施工处理。气温低于－15℃或相对湿度大于 85％时，在未采取可靠措施情况下，不得进行钢管防腐作业。冬季施工时，应测定沥青的脆化温度。当气温接近脆化温度时，不得进行防腐管的吊装、运输和敷设工作。

3. 质量检查

目视进行逐根逐层外观检查，表面应平整，无气泡、麻面、皱纹、瘤子、破损、裂纹、剥离等缺陷。

按设计防腐绝缘层等级要求，总厚度应符合规定。管道每20根抽查1根，每根测3个截面，并测上、下、左、右4点，以薄点为准。若不合格，再抽查2根，其中1根仍不合格，即全部不合格。

采用剥离法，在测量截面圆周上取一点进行测量粘附力。在防腐层上切一夹角为45°～60°的切口，从角尖端撕开涂层，撕开面积为30～50cm²。不易撕开而且撕后粘附在钢管表面上的第一层沥青占撕开面积的100%，为合格。每20根抽查1根，每根测1点。若不合格，再抽查2根，其中1根仍不合格，即全部不合格。

用电火花检漏仪进行检测防腐层的绝缘性（图12-1），以不打火花为合格。每20根抽查1根，从管道一端测至另一端。若不合格，再抽查2根，其中1根仍不合格时，即全部不合格。管道下沟前应进行全方位检查。回填土前，施工完的管道防腐层再进行一次全面检查。

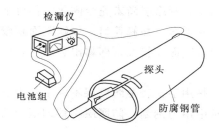

图12-1 电火花检测

4. 储存与搬运

经检查合格的管道应按不同的防腐等级要求分别码放整齐储存，堆放层数以防腐绝缘层不被压坏为准，管底部应垫上软物。

装车与运送时，应使用宽尼龙带或其他专用吊具，应保护防腐绝缘层结构及管口，严禁摔、碰、撬等。每层钢管间及钢管与车厢之间应垫放软垫。捆绑时，应用外套胶管的钢丝绳，钢丝绳与防腐管间应垫软垫。

应采用专用吊具卸管，轻吊轻放，禁止碰撞。应沿管沟摆开，避免二次搬运。严禁用撬杠及滚滑的方法卸车。

5. 补口与补伤

补口和补伤处防腐绝缘层的结构及所用材料应与原管道的相同。

钢管下沟安装焊接完毕，无损探伤和强度与严密性检验合格后，应将管道焊缝处除锈补口。补口完成后，用电火花检漏仪进行全方位检查，并检查补口的两侧（因清理坑时易碰伤），合格后方可回填。

对损伤面大于100mm²，应按防腐绝缘层结构进行管体补伤。小于100mm²的可用沥青补伤。玻璃布之间、保护层之间的搭接宽度应大于50mm。

（三）环氧煤沥青防腐绝缘涂层

环氧煤沥青是以煤沥青和环氧树脂为主要基料，适量加入其他颜料组分所构成的防腐涂料。既有环氧树脂膜层机械强度大、附着力强、化学稳定性好，又有煤沥青的耐水和防霉等特点。涂料分底漆和面漆两种，使用时应根据环境温度和涂刷方法加入适量的稀释剂（如正丁醇液）和固化剂（如聚酰胺），充分搅拌均匀并熟化后即可涂刷。每次配料一般在8h内用完，否则施工粘度增加，影响涂层质量。

施工工艺：除锈→涂底漆→涂面漆→缠扎玻璃布→浇涂两层面漆。

环氧煤沥青防腐绝缘涂层普通级为一道玻璃布，总厚度不小于 0.4mm，加强级为二道玻璃布，总厚度不小于 0.6mm，特加强级为三道玻璃布，总厚度不小于 0.8mm，每道玻璃布之间涂沥青。

1. 施工技术要求

环氧煤沥青防腐绝缘层施工与石油沥青防腐绝缘层相类同，但补口和补伤有所不同点。

补口施工时，为保证厚度不同的两种涂层接茬的密封性，环氧煤沥青涂层要搭接到石油沥青涂层的玻璃布上，搭接宽度 100mm。为此，要在石油沥青涂层内找出玻璃布的边沿，并把 100mm 内的外层塑料布割除干净，同时用刀把这个区域的凸起部分削平，使之成为圆锥刮接口。低温季节，涂层固化较慢，但在土壤中能继续发生物理化学反应，可达到完全固化。在施工中只要不在补口处造成人为损伤，尽管涂层尚未完全固化，仍可下沟回填。

管体补伤时，必须将管体的腐蚀产物清除干净，并修茬口。如缺陷面积较小，即未露出金属时，可只涂面漆，不必缠绕玻璃布。如缺陷面积较大，即露出金属时，则按照补口相同的结构进行修复。

检查防腐层是否达到了干性的标准，一是用手指轻触防腐层不粘手即为表干；二是用手指推捻防腐层不移动即为实干；三是用手指甲用力刻划，防腐层不留划痕即为固化。

2. 质量检查

外观检查时，涂补层无白茬，玻璃布平整、无皱褶，网眼漆量饱满，表面呈光亮的漆膜。涂层接近实干时，用小刀割开并揭起 100mm×100mm 的一块试片，待试片在常温下完全固化后，用千分尺测量其厚度。涂层实干后，进行绝缘性检查，采用电火花检漏仪试压，击穿强度一般应达到 25kV/mm 以上，或类同于石油沥青绝缘层的击穿强度，否则应返工重新修补。

（四）塑料胶带防腐绝缘层

塑料胶带防腐绝缘层与石油沥青结构的防腐层相比，具有吸水率低、电阻高、防腐性能好、施工简便、进度快，宜于野外作业和工作环境卫生等特点，应用越来越广。

1. 性能指标

塑料胶带种类很多，常见的有聚乙烯和聚氯乙烯两种，其牌号有压敏型和自融型。

压敏型的是在制成的塑料带基材上有压敏型粘合剂，约 0.1mm 厚。特点是基材本身起防腐作用，以粘合剂作为缠绕粘结的手段。

自融型的是粘合剂（胶层厚 0.3mm）本身就是防腐涂层，外侧的塑料带（厚 0.1mm）起机械保护作用。

2. 绝缘层结构

聚乙烯胶带防腐绝缘层的结构是以一层底漆，两层胶带，最外包一层保护层为宜。

塑料胶带用于管道外壁防腐，具有很多优点，但最大缺点是粘合剂层宜硬化，并可能导致与金属的粘结力完全失去。因为金属与薄膜界面上发生的电化学过程使粘合剂发生不可逆的组织破坏，在焊缝和表面粗糙不平的地方成为水分和氧的扩散道，致使胶带性能也发生很大的改变，如变硬、相对伸长度减小，最后在胶带性能变坏的部位可能造成腐蚀。

3. 施工技术要求

涂刷底漆前，必须除净管道表面的铁锈、焊渣、油质和泥土等杂物，确保表面干净、干燥。施工时，先涂一层专用底胶，加强胶带与表面的粘结力，提高防腐效果。缠绕胶带要平整、无皱褶，做到一次完成，搭边宽度为25mm。为防止施工过程中损伤胶带绝缘层，可外包一层保护层，材料可选用聚氯乙烯胶带，牛皮纸胶带等。

4. 质量检查

沿管线目视检查外观，表面应平整，搭接均匀，无皱褶，无凸起，无破损，无开裂。用测厚仪测量厚度值，应符合要求。

检测粘结力（即剥离强度）时，用刀沿环向划开10 mm宽的带，将弹簧秤与管壁成90°角拉开（图12-2），拉开速度应不大于300mm/min，剥离强度应大于15N/cm。该测试应在缠好胶粘带2h后进行。每千米防腐管线应测试3处，补口处的抽查数量为1%，若有一个不合格，应加倍抽查，再不合格，全部返修。塑料胶带补伤与补口（图12-3）。

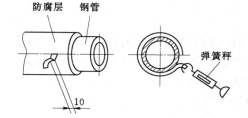

图12-2 检测粘结力

图12-3 塑料胶带补伤与补口

用电火花检漏仪对管道进行全线检查，检漏探头移动速度为3m/s，以不打火花为合格。如发现胶带防腐层有破损漏铁或皱褶的部位，应用刀割掉，重新涂底胶，缠胶带，搭边应超过切口处各200mm。回填管沟时，应避免将带有油质的土壤或硬杂物填入沟内。

（五）聚乙烯防腐绝缘涂层

聚乙烯防腐绝缘涂层是将聚乙烯粒料放入专用的塑料挤出机内，加热熔融后挤向经过清除并被加热至160～180℃的钢管表面，冷却后聚乙烯涂层膜则牢固地粘附在管壁上。

1. 结构和材料

聚乙烯防腐管道的防腐绝缘层分二层和三层两种结构。二层结构的底层为胶粘剂，外防护层为聚乙烯。三层结构的底层为环氧类涂料，中间层为胶粘剂，外层为聚乙烯（图12-4）。

图12-4 三层聚乙烯防腐绝缘涂层

三层结构中的第一层（底层）常用的是熔结环氧粉末（FBE），以粉末状态喷涂并熔融成膜，这种热固性粉末涂料无溶剂污染，固化迅速，具有极好的粘结性能，施工效率高，厚度一般为60～100μm；第二层（中间层）是聚烯烃共聚物胶粘剂，作用是连接底层与外防护层，具有粘结性强、吸水率高、抗阴极剥离等优点，在施工中可与防护层聚乙烯共同挤出，方便施工，厚度为200～400μm；第三层（防护层）是聚烯烃，如低密度聚乙烯、高/中密度聚乙烯、或改性聚丙烯（PP），一般厚度为1.8～3.7mm，也可根据工程的特殊要求增加厚度。防腐层的各种原材料必须符合规定要求。

2. 施工工艺

根据塑料熔液被挤出的方法，聚乙烯涂层的施工可采用横头挤出法、斜头挤出法和挤出缠绕法三种方法。

(1) 横头挤出法。横头挤出法是将钢管喷砂处理后预热，接着涂底层（聚乙烯涂层和钢管表面之间的粘合剂），然后聚乙烯液通过环行的横头模被挤出，形成喇叭状薄膜，缩套在穿过模头前移的钢管上，水冷后即成连续无缝的外套。

(2) 斜头挤出法。斜头挤出法是将经过清理并预热的管子连续通过专用斜头模的中心孔，斜头由两台挤出机同时供料，粘合剂和聚乙烯面层同时连续地被挤到管子上形成无缝的套子，然后进行水冷、质量检验和管端修切完成。

(3) 挤出缠绕法。挤出缠绕法是指粘合剂底层和聚乙烯面层同时从两个挤出机的模缝中挤出，各自形成一条连续的膜带，并螺旋地缠绕在预热的管子上，管子缓慢旋转并向前移动。粘合剂覆盖在钢管表面上，聚乙烯面层则借助于压力辊与底层及其他各层熔合在一起，形成坚韧的覆盖层。

（六）塑料喷涂防腐绝缘涂层

塑料喷涂防腐绝缘涂层是采用塑料喷涂法，将表面清除过的管子预热到 $200\sim250℃$，再把粉末状塑料喷向管子表面，依靠管子本身的热量将塑料熔化，冷却后形成坚韧的薄膜。

粉末状塑料有聚乙烯粉末、环氧粉末、酚醛树脂粉末或苯乙烯—丁二烯共聚物粉末等。管子的加热方法有反射炉、循环热风炉、红外线辐射、火焰喷头和中频感应加热器等。常用的喷涂方法有空气喷涂法和火焰喷涂法。

三、绝热层的施工

严寒地区，敷设在土壤冰冻线以上的管道温度过低，会使管道中的水蒸气等杂质凝结或冻结，造成管径缩小甚至堵塞。因此，管道外壁必须作绝热层。

（一）对绝热材料的要求

选择材料时应考虑管道敷设方式和地点、介质温度和周围环境特点等因素。

绝热材料导热系数和密度应小，一般导热系数 $\lambda\leqslant0.14W/(m\cdot℃)$，密度 $\rho\leqslant450kg/m^3$；具有一定的强度，一般应能承受 $0.3MPa$ 的压力；能耐一定的温度和潮湿，吸湿性小；不含有腐蚀性物质，不易燃烧，不易霉烂；施工方便，价格低廉等。

（二）常用的绝热材料

常用的包括有机绝热材料和无机绝热材料。

1. 石棉及其制品

石棉是一种纤维结构的矿物，能耐 $700℃$ 的高温，因纤维长度不同可制成各种制品。长纤维可制成石棉布、石棉毡和石棉绳等。短纤维石棉粉可与其他绝热材料混合制成石棉水泥和石棉硅藻土等各种制品。

2. 玻璃棉及其制品

玻璃棉是用熔化的玻璃喷成的纤维状物体，其导热系数小、机械强度高、耐高温、吸水率小，容易制成玻璃棉布、玻璃毡和玻璃棉弧形预制块等各种制品，应用广泛。施工时细微的纤维易到处飞扬，刺激人的眼睛和皮肤。

3. 矿渣棉及其制品

矿渣棉是炼铁高炉的熔化炉渣，经蒸气或压缩空气吹、喷成的纤维状物体，导热系数低、吸水率小、价格低廉，缺点是强度低，施工条件差。制品有矿渣棉毡。

4. 岩棉及其制品

岩棉是以玄武岩为主要原料，经高温熔融，以高速的离心法制成的纤维状物体。密度小、导热系数低、吸水率小，是一种最常用的绝热材料。制品有岩棉毡，加入酚醛树脂固化成型后可制成管壳块。

5. 膨胀珍珠岩及其制品

膨胀珍珠岩是用珍珠岩矿石粉碎，经高温焙烧，岩石中的结晶水急剧汽化膨胀，而形成多孔结构的膨胀珍珠岩颗粒。

用水泥、水玻璃和塑料等不同胶结材料，可将膨胀珍珠岩制成不同形状、不同性能的制品，材料强度高、导热系数低、不燃烧、无毒、无味、无腐蚀性、耐酸碱盐侵蚀，是一种高效能的绝热材料，但吸水率较大。

6. 泡沫混凝土及其制品

泡沫混凝土用水、水泥和泡沫剂制成，是一种多孔结构的混凝土，孔隙直径 0.5～0.8mm，孔隙率越大绝热性能越好，但机械强度相应降低。制品一般是呈半圆形或扇形的管壳块，施工时包扎在管子上即可。

（三）绝热层构造及施工

绝热层包敷在防腐层之外，一般由绝热、防潮和保护三层构成。根据不同绝热材料，采用不同施工方法。

1. 缠绕湿抹法

采用石棉绳和石棉灰作绝热层时，在已作好防腐层的管子上均匀而有间隔地缠石棉绳，绳匝间距 5～10mm，然后分两层抹石棉灰，最后抹一层石棉水泥浆作保护壳。如需要，可在保护壳干固后再涂沥青底漆和沥青涂料各一层作为防潮层。适用于小直径和短距离的管道，绝热层总的厚度不小于 20mm。

2. 绑扎法

使用泡沫混凝土或水泥膨胀珍珠岩管壳块作绝热层时，通常采用绑扎法。

施工工艺：除锈→环氧煤沥青防腐层→管壳块绝热层→镀锌铁丝绑扎→（石棉水泥保护层）→涂沥青涂料→浸油玻璃布或油毡（防潮层）→涂沥青涂料。

3. 缠包法

使用岩棉毡、矿渣棉毡或玻璃棉毡做绝热层时，将棉毡剪成适用的条块缠包在管子上，用铁丝或铁丝网紧紧捆扎，可缠包 1～3 层。棉毡外再缠包油毡作保护（防潮）层。

四、绝缘绝热层的施工

硬质聚氨基甲酸泡沫塑料，也称为硬质聚氨酯泡沫塑料（简称泡沫塑料），是一种高分子多孔材料，具有导热系数低、不吸水、质轻、耐热性能好、化学稳定性强，与金属和非金属粘结性好等特点，既可作管道的绝热层又可作防腐的绝缘层。

泡沫塑料多采用现场发泡，施工方法有喷涂和灌注两种方法。冬季施工时需要用蒸汽加热器进行加热。

施工时，首先将原料按比例配制成 A、B 两组分。A 组分为异氰酸酯（多次甲基多苯基多异氰酸脂，代号 PAPI，结构式 A—NCO）或二苯基甲烷二异氰酸酯（代号 MCI）；B 组分为聚醚（多羟基聚醚，结构式 R—OH）、催化剂、乳化剂、发泡剂、溶剂按比例配制而成。A、B 两组分混合在一起，即起泡生成泡沫塑料。

1. 喷涂法

喷涂法是将两组分分别用两台高压泵按比例送至喷枪，喷出时雾化，喷雾在管道表面固化后可达到要求的厚度。

2. 灌注法

灌注法是将两组分的溶液按比例混合均匀，直接注入需要灌注的空间里，经发泡膨胀充满整个空间而成，固化后即可达到要求的形状与厚度。

泡沫塑料绝缘绝热层施工时，应掌握好喷涂速度和喷枪距管道表面的距离，因异氰酸脂和催化剂有毒，对上呼吸道、眼睛和皮肤有强烈的刺激作用，因此，必须加强劳动保护。

第二节　管道和配件的安装

一、管道入沟

管道入沟就是将管子准确地放置在符合平面位置和高程设计要求的沟槽中，下管时必须保证不损坏管道接口，不损伤管子的防腐绝缘层，沟壁不产生塌方，不发生人身安全事故。

（一）准备工作

下管前应清理沟槽底至设计标高要求，备齐下管工具和设备，并检查其完好程度，检查现场所采取的安全措施，保护好防腐层，特别是绳索与管子的接触处应用玻璃布、橡胶皮等软质材料加以保护或用专用吊管软带吊装。

（二）下管方法

下管方法一般根据管子种类、直径、下管长度、沟槽土质、支撑情况以及施工机具装备情况综合确定。

1. 压绳下管法

采用人工压绳和地锚（竖管）压绳（图 12-5）。将管段两端各缠绕一根粗麻绳，以人力或工具滚动管子，移动管子使用的撬棍或滚杠，应外套胶管，以保护防腐层不受损伤。

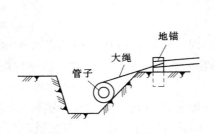
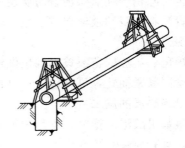

图 12-5　地锚下管法　　　　图 12-6　搭架下管法

当滚至沟边时，慢慢放松绳子将管子平稳放入沟中。由于管子重量被绳子之间或绳子与地锚的摩擦力所承受，故人承担的力量很小。

2. 搭架下管法

将管子滚至横搭在沟槽的方木或圆木上（至少为两根），然后用挂在搭架上的手拉葫芦将管子吊起，抽走方木或圆木，将管子缓缓放入沟槽中（图 12-6）。

3. 起重机下管法

下管时，用轮胎式、履带式或龙门式起重机等（图12-7），沿沟槽移动，但必须用专用的尼龙吊具。管两端拴绳子，由人拉住，随时调整方向并防止管子摆动，严禁损伤防腐层。起吊高度以 1m 为宜。将管子起吊后，转动起重臂，使管子移至管沟上方，然后轻放至沟底。起重机的位置应与沟边保持一定距离，以免沟边土壤受压过大造成塌方。

图12-7 履带式、轮胎式、龙门式起重机下管法

一般管径大于 529mm 的管道下沟时，应不少于 2 台吊管机。若仅是二三根管子焊接在一起的管段，可用 1 台吊管机下管。采用多台起重机同时起吊较长管段时，起吊操作必须保持同步，起重机之间的距离应保持起吊管段的实际弯矩小于管段的允许弯矩。

管道施工中，应尽可能减少管道受力。吊装时，尽量减少管道弯曲，以防管道与防腐层裂纹。管子应妥帖地安放在管沟中心，以防管子承受附加应力，其允许偏差应小于100mm。

（三）管线位置控制

1. 平面中线位置控制

（1）边线法。边线一端系在槽底边线桩或槽壁的边桩上。稳管时，控制管子水平直径处的外表面与边线间的距离为一常数 C，使管道处于中心位置［图12-8（a）］。

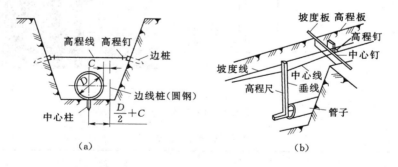

图12-8 管线平面中线位置控制
(a) 边线法图；(b) 中心线法

（2）中心线法。坡度板的中心钉表示管线的中心位置，在中心钉的连线上挂一个线坠，当线坠通过管道中心时，表示管道已对中［图12-8（b）］。

边线法对中比中心线法速度快，但准确度不及中心线法。若无准确要求，用目估法确定管道中心位置也可。

2. 高程控制

为控制管道高程，在坡度板上标出高度钉［图12-8（b）］。高程控制时，使用丁字形高程尺，尺上刻有管底与坡度线之间的距离标记，将高程尺垂直放在管底，当标记和坡度线重合时，表明高程正确。

当不能安装坡度板时，可拉高程线控制管子高程。控制中心线和高程应同时进行。下管时，还应严格控制管道与其他管道或构筑物的平行和垂直安全距离。

二、管道安装

（一）埋地钢管道的施工

埋地钢管道的基本施工工艺：测量放线→开挖沟槽→排管对口→焊接→试压（强度和严密性试验）→防腐→回填。

这些工序是多次重复交叉进行，安装过程中又交叉进行附属构筑物的施工，重复交叉的规律因施工具体条件而异。因此，其施工安装工艺应根据具体条件而定。

埋地管道强度试验前回填土宜回填至管上方 0.5m 以上，并留出焊接口。埋地管道严密性试验应在强度试验合格，管线全线回填后进行。

（二）架空钢管道的施工

1. 施工工艺

与埋地钢管道的施工工艺相比，架空钢管道施工不需要开挖沟槽和回填，以油漆防腐代替沥青防腐涂层施工，增加支架和支座安装，包敷绝热层，以及拆除脚手架等工序。

2. 支架的安装

架空敷设管道支架分为低支架、中支架和高支架（图12-9、表12-1）。

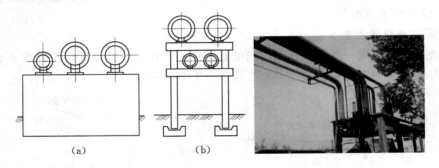

图 12-9 管道支架
(a) 低支架；(b) 中支架或高支架

表 12-1　　　　　　　　　　　　架 空 敷 设 管 道 支 架

支架类型	高 度（m）	使用场合	制 造 材 料	备 注
低支架	0.5～1.0	不妨碍通行的地段	一般为钢筋混凝土或砖石结构	—
中支架	2.5～4.0	一般行人交通段	钢筋混凝土或焊接钢结构	不影响车辆通行
高支架	4.0～6.0	重要公路及铁路交叉处		

支架的加工与安装直接影响管道安装质量。管道安装前，必须对支架的稳固性、中心线和标高进行严格检查，确定是否符合设计要求。为方便施工和确保安全，中、高支架上的管道安装，必须在支架两侧搭设脚手架，脚手架的平台高度以距管道中心线 1.0m 为宜，平台宽度 1.0m 左右。脚手架一般是一侧搭设，必要时也可两侧搭设。

3. 支座安装

管道与支架之间要设支座，支座分为活动支座和固定支座（图12-10）。

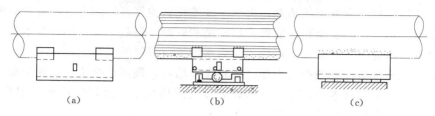

图12-10 管道支座
(a) 滑动支座；(b) 滚动支座；(c) 固定支座

活动支座直接承受管道的重力，并使管道因温度变化而自由伸缩移动，常用的活动支座有滑动支座和滚动支座两种。滑动支座焊在管道上，其底面可在支架的滑面板上前后滑动。滚动支座架在底座的圆轴上，因其滚动使轴向推力大大减小。固定支座在横向与轴向均为固定，支座承受管道横向和轴向推力，通常安装在补偿器两端的管道上，用于分配补偿器之间管道的伸缩量。

安装管道支座时，应严格掌握管道中心线及标高，使管道重力均匀地分配在各个支座上，环向焊缝应位于跨距的1/5处，以减少弯曲应力，避免焊缝受力不均或应力集中出现裂纹。

（三）铸铁管道的施工

铸铁管较重、管壁较厚、材质较脆，管子接口多为承插式，因此，安装时要掌握其特点。

1. 排管与下管

沿沟槽排管时，要按管子的有效长度排列，每根管子应让出一个承插口的长度来。一般多数地区均将承插口朝向来油或气方向。排管后进行烧口，即将插入段的承口内表面和插口外表面的沥青涂层烧去，将表面上的飞刺打磨干净，使接口填料和管壁严密接合。下管前，沟槽底放置承口的位置要挖一小坑，以便放下承口，使整根管子能平稳地放在沟底地基上，最好是预先在接口位置挖出接口操作工作坑。

2. 接口与填料

（1）承插接口与填料。离心连续浇注的铸铁管，其承口和插口端的形状（图12-11）。承插口之间的间隙填以各种填料。常用的填料有麻—膨胀水泥（或石膏水泥）；橡胶圈—膨胀水泥（或石膏水泥）；橡胶圈—麻—膨胀水泥（或石膏水泥）和橡胶圈—麻—青铅等。凡

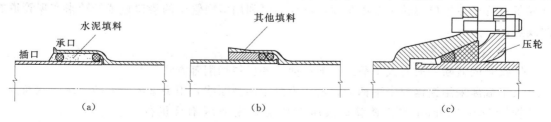

图12-11 承插接口与填料
(a) 刚性接口；(b) 柔性接口；(c) 柔性机械接头

是不用水泥作填料的接口称为柔性接口，反之称为刚性接口。

接口与填料的操作顺序：撞口→填胶圈→填麻→填石膏水泥、膨胀水泥或精铅。

煤气管道用浸过沥青底漆的油麻，天然气或液化石油气管道用白麻，麻拧成麻辫。铸铁管道承插接口的第一、二层填料一般都采用胶圈和麻辫，最后一层使用石膏水泥、膨胀水泥或精铅等材料。因此，有石膏水泥接口、膨胀水泥接口或精铅接口之称。

（2）柔性机械接头。承插接头主要采用水泥作填料，属刚性接头，即使增加一层橡胶圈仍属半刚性接头，机械性能差，在外载和较高压力的作用下，接口的严密性很容易被破坏，因此，逐渐被柔性机械接头代之［图 12－11（c）］。

柔性机械接头是指接头间隙采用特制的密封橡胶圈作为填料，用螺栓和压轮实现承插口的连接，并通过压轮将密封胶圈紧紧塞在承插间隙中的一种接头形式。

柔性机械接头施工简便，不需要进行繁锁而复杂的接口填料操作，其严密性，特别是接头处于动态状况下的严密性远远超过承插式接头。

（3）套接式管接头。套接式管接头是指用套管把两根直径相同的铸铁管连接起来，通过套管和管子之间的橡胶圈实现接口的严密性。主要有锥套式管接头、滑套式管接头、柔性套管接头三种结构形式。这种接头的铸铁管是直管，不需要铸造承口，简化铸铁管的铸造工艺。

锥套式管接头是把套管的密封面加工成内锥状，利用压轮和双头螺栓把密封圈和隔离圈紧密地压在内锥间隙中。滑套式管接头是把连接套管的密封面加工成内凹槽形，密封橡胶圈套在管端，用力将铸铁直管推入连接套管时，密封圈滑入凹槽内。柔性套管接头是用一个特制的橡胶套和两个夹环把两根铸铁直管箍起来的连接接头。

3. 橡胶密封圈

（1）密封机理。铸铁管道接口的橡胶圈以一定的压缩比装在环形间隙内，处于受压状态，管壁对胶圈压缩使胶圈产生一个内应力，称为压缩应力。该内应力同时反作用于接口管壁的密封面，产生反弹力。压缩应力与反弹力相等，方向相反，使缝隙处于密封状态。

橡胶的压缩应力取决于压缩比，因此，测定橡胶密封圈在工作压力下的临界泄漏压缩比，即可确定其密封状态。

（2）橡胶密封圈的选配。铸铁管道接口一般使用丁腈橡胶圈或氯丁橡胶圈作密封圈。若使用橡胶条制作橡胶圈，可采用粘接方法。在橡胶条的斜形切口上先用丙酮擦洗，然后涂以胶粘剂粘接，压合四分钟后即可套入插口端。

4. 柔性机械接口的曲线敷设

由于现场地形条件限制，管道必须略微偏转或曲线敷设，但又不能使用弯头。因此，只有靠每根管子在接口偏转一个小角度，这样就可利用多根管子的接口连续偏转来实现管道的曲线敷设。

5. 铸铁管的截断

铸铁管的截断一般有人工截断、液压剪切和机械切削等方法。

人工截断采用钢锯或带手柄的扁凿，沿画定的截断线，用手锤击凿截断，扁凿截断仅适用于管径 $D_g \leqslant 300mm$ 的铸铁管；液压剪切是采用液压割管机截断，适用于 $D_g = 150 \sim 300mm$；机械切削主要采用旋转式割管机或自爬式割管机，后者应用较广泛，适用于 $D_g \geqslant 500mm$。

三、管道配件安装和密封

（一）管道配件的安装

管道配件的安装主要是指阀门、补偿器、排水器和法兰等。

1. 阀门安装

阀门从产品出厂到安装使用，要经过多次运输和较长时间的存放。安装前必须对阀门进行检查、清洗、试压、更换填料和垫片，必要时还需进行研磨。电动阀、气动阀、液压阀和安全阀等还需进行工艺性能检验，才能安装使用。

（1）阀门的检查。阀门的清洗和检查通常是将阀盖拆下，彻底清洗后进行检查。包括阀体内表面、阀座与阀体的接合、阀芯与阀座的接合、密封面、阀杆与阀芯的连接、阀杆状态、阀杆与填料压盖的配合、阀盖法兰与阀体法兰的结合、填料和垫片及螺栓等的材质是否符合使用温度要求，阀门开启是否灵活等。对高温或中高压阀门的腰垫及填料必须逐个检查更换。

（2）阀门的水压试验。阀门经检查后，披规定压力进行强度试验和严密性试验，试验介质一般为压缩空气，也可使用常温清水。强度试验时，打开阀门通路让压缩空气充满阀腔，在试验压力下检查阀体、阀盖、垫片和填料等有无渗漏。强度试验合格后，关闭阀路进行严密性试验，从一侧打入压缩空气至试验压力，从另一侧检查有无渗漏，两侧分开试验。

（3）阀门的研磨。阀门密封面的撞痕、压伤、刻痕和不平等缺陷深度小于 0.05mm 时，可用研磨法消除。深度大于 0.05mm 时，应先在车床上车削或补焊后车削，然后再研磨。研磨时必须在研磨表面涂一层研磨剂。阀门经研磨、清洗、装配后，进行压力试验。合格后方可安装使用。

（4）阀门的安装。安装时，吊装绳索应拴在法兰上，不允许拴在手轮、阀杆或传动机构上，以防这些部位扭弯折断，影响阀门使用。

双闸板闸阀宜直立安装，即阀杆处于垂直位置，手轮或手柄在顶部。单闸板闸阀可直立、倾斜或水位安装，但不允许倒置安装。安装时，阀门底部可设砖支座、钢筋混凝土支座或钢支架支托，也可在阀门两侧设支座或支架。勿使阀门重量造成管线下凹，形成管线倒坡。

安装截止阀和止回阀时应注意安装方向，即介质流动方向应与阀体上的箭头指向一致。升降式止回阀只能水平安装，以保证阀盘升降灵活。旋启式止回阀则应保证阀盘的旋转轴呈水平状态，水平或垂直安装均可。安全阀应垂直安装，在安装前必须经法定检验合格并铅封。

法兰与螺纹连接的阀门应在关闭状态下安装，对焊法兰应在打开状态下安装（增加散热，防止变形）。

焊接阀门与管道之间的连接焊缝宜采用氩弧焊打底，以防止焊接时焊接时焊渣等杂物掉入阀体内破坏损伤阀门的密封体，同时也是保证管道内部的清洁。

2. 补偿器安装

补偿器是调节管线因温度变化而伸长或缩短的配件。管道不论其温度是否发生变化，一般在阀门的下侧（按气流方向）都紧连一个波形补偿器，这是利用其胀缩能力，方便阀门的安装或拆卸。管线上的补偿器主要有波形补偿器和波纹管两种。

波形补偿器俗称调长器，是采用普通碳钢的薄钢板经冷压或热压而制成半波节，两段半波焊成波节，数波节与颈管、法兰、套管组对焊接而成波形补偿器。由单波或多波组成，但波节较多时，边缘波节的变形大于中间波节，造成波节受力不均匀，因此波节不宜过多，一般为两波。

波纹管是由薄壁不锈钢通过液压或辊压而成波纹形状，与端管、内套管及法兰组对焊接而成的补偿器。波纹的形状有 U 形和 Ω 形两种。

波形补偿器（或波纹管）采用法兰连接，一般为水平安装，其轴线应与管道轴线重合。为避免补偿时产生的震动使螺栓松动，螺栓两端可加弹簧垫圈。

3. 排水器安装

排水器是用于排除管道中冷凝水或轻质油的配件，由凝水罐、排水装置和井室组成。

（1）凝水罐按材料分为钢制、铸铁和聚乙烯凝水罐；按结构分为立式和卧式凝水罐，卧式的多用于管径较大管道上；按输气压力分为低压和高中压凝水罐。高中压管道中的冷凝水较低压管道多，容积也较低压管道大。用于冬季具有冰冻期地区的高中压凝水罐的顶部有两个排水装置的管接头，而低压的顶部一般只有一个管接头。

凝水罐安装在管道坡度段的最低处，垂直摆放，罐底地基应夯实。为承受罐体及所存冷凝水的荷载，直径较大的凝水器，罐底应预先浇筑混凝土基础。

（2）排水装置分单管式和双管式。单管排水装置用于冬季没有冰冻期的地区或低压管道上，双管的用于冬季具有冰冻期的高中压管道或尺寸较大的卧式凝水罐上。

排水装置由排水管、循环管（双管式）、管件和阀门组成。排水管和循环管管径较小，管壁薄，易弯折，一般用套管保护，并用管卡固定连接，套管作防腐绝缘层保护。排水装置的接头采用螺纹连接，排水装置与凝水罐的连接，根据不同管材分别采用焊接、螺纹或法兰连接。排水装置顶端的阀门和丝堵，经常启闭和拆装，必须外露，外露部分用井室加以保护。

4. 法兰安装

安装前应对法兰进行检查，表面不得有气孔、裂纹、毛刺和其他降低法兰强度，影响法兰密封性能的缺陷。应仔细清除法兰密封面上的油污和泥垢。认真检查法兰各部位尺寸是否与阀门或设备要求相符，法兰加工尺寸应在允许误差范围内。

焊接法兰时，应在圆周上均匀地点焊四处。首先在上方点焊一处，用法兰弯尺沿上下方向校正法兰位置，使法兰密封面垂直于管子中心线，然后在下方点焊第二处，再沿左右方向校正法兰位置，合格后点焊左右的第三、第四处。

平焊法兰焊接时，管子插入法兰内，管子端面应与法兰密封面留有一定距离，以保证焊接时不损坏法兰密封面。平焊法兰原则上应先焊内焊缝，后焊外焊缝。焊接时应装上相应的法兰或法兰盖，并将螺栓全部拧紧，以防止焊接变形。

5. 套管和检漏管安装

穿越铁路、高速公路、城镇主要街道、阀门井和穿越墙壁等处，均应将管道安装在套管内。套管可采用钢管或混凝土管。套管内径应比管道外径大 100mm 以上，在重要地段的套管还要安装检漏管。

6. 放散管安装

当管道投入运行时，要排掉管内的空气及混合物。检修时要放掉管内残余的气体，故在管道中还应设置放散管。放散管安装在最高点和每个阀门之前。放散管上应安装球阀，管道正常运行中关闭。

（二）管道配件的密封

管道配件的密封主要是指法兰垫片和阀盖填料的密封。

1. 密封机理

两片法兰间的表面粗糙不平，在其间放一圈较软的垫片，用螺栓拧紧，使垫片受压而产生变形（局部表面为塑性变形，整体是弹性变形），填满两密封面的凸凹不平间隙，可以阻止介质（液体或气体）的漏出，达到密封目的，这种密封称为静态密封。

阀盖填料箱内表面和阀杆外表面也是粗糙不平的。若在其间放入填料，并用压盖把填料压紧，则填料受压而产生弹性变形，填满填料箱内表面和阀杆外表面凸凹不平间隙，当转动阀杆时，阀杆外表面的凸凹形状发生变化，受压填料的弹性变形适应这种变化，仍可把凸凹不平的间隙填满，阻止介质向外漏出，这种密封称为动态密封。

2. 密封材料的密封比压和回弹性

（1）密封材料的密封比压。为阻止介质向外漏出，密封面单位面积所承受的压力称为密封比压。随介质压力的增大，密封比压减小，当密封比压小于介质压力时，介质就要向外漏出。

（2）密封材料的回弹性。为提高密封比压，必须提高密封材料的回弹性能。当连接两法兰之间的螺栓被拧紧时，即垫片被压缩时，密封比压上升，松开螺栓（卸载）时，比压下降，垫片产生了残余永久变形。因此，回弹性是衡量垫片和填料密封性能的重要指标之一。

3. 常用的法兰密封垫片

法兰密封垫片应根据介质特性、温度及工作压力进行选择。管道用的法兰垫片种类很多，常用的有橡胶石棉板垫片、金属包石棉垫片，缠绕式垫片。另外，还有齿形垫和金属垫圈等。

（1）橡胶石棉板垫片。常用的有高压、中压、低压、耐油和高温耐油橡胶石棉板垫片。橡胶石棉板垫片使用温度一般在 350℃ 以下，耐油的一般用于 200℃ 以下，高温耐油的可达 350～380℃。橡胶石棉板垫片经浸蜡处理，可用于 -190℃ 的低温。

橡胶石棉板垫片的适用压力范围与法兰密封面型式有关，最高使用压力可达 6.4MPa，对光滑密封面法兰，一般不超过 2.5MPa。

（2）金属包石棉垫片。常用的金属外壳有镀锡薄钢板、合金钢及铝、铅等，内芯为白石棉板或橡胶石棉板，内芯厚度为 1.5～3.0mm，总厚度为 2～3.5mm。宽度可按橡胶石棉垫片标准制作，或按法兰密封面尺寸制作，但不宜过宽。其截面形状有平垫片和波形垫片两种，使用温度为 300～450℃，压力可达 4.0MPa。

（3）缠绕式垫片。是用 M 型截面金属带及非金属填料带间隔地按螺旋状缠绕而成，具有多道密封作用，密封接触面小，所需螺栓拧紧力小。适用压力可达 4.0MPa，适用温度取决于金属带材料，一般为 -40～300℃，最高可达 450℃。填料一般用石棉板或橡胶石棉板。垫片厚度一般为 4.5mm。当压力小于 2.5MPa 时，法兰密封面可用光滑面，压力大于 2.5MPa 时，采用凸凹形密封面。

缠绕式垫片使用中易松散，内芯填料在高温下易变脆，甚至断裂造成泄漏。安装要求较高，法兰不能有较大偏口，螺栓拧紧力须均匀，不能造成垫片压偏，丧失弹性，影响密封。

4. 阀门密封填料

阀门填料（又称盘根）一般选用石棉、高压石棉、带金属丝石棉、橡胶石棉和聚乙烯等，填料制成条状。必须根据工艺操作特点合理选用，阀门加填料前必须将填料箱清理干净，阀杆应光滑无蚀坑。

四、管道试验与验收

（一）试验与验收

燃气管道安装完毕后应依次进行管道吹扫、强度试验和严密性试验。站场和穿（跨）越大中型河流、铁路、二级以上公路、高速公路的管段，应单独进行试压。试验时应设巡视人员，无关人员不得进入。在试验的连续升压过程中和强度试验的稳压结束前，所有人员不得靠近试验区，管道试压的安全距离（表 12 - 2）。

表 12 - 2　　　　管道试压的安全距离

管道设计压力（MPa）	安全距离（m）
＞0.4	6
0.4～1.6	10
2.5～4.0	20

1. 分段吹扫

（1）吹扫目的。为保证管道内尽可能减少泥土与杂物，防止运行后堵塞管道。在施工过程中，要将每一根管内的泥土、垃圾清除干净，安装时避免泥土进入管内，下班前将管段两端临时封堵等，但在实际中完全使管内清洁干净是做不到的，因此必须分段吹扫。

（2）吹扫方法。常用吹扫方法有气体吹扫（吹扫车吹扫、爆破法吹扫）、清管球吹扫。球墨铸铁、聚乙烯、钢骨架聚乙烯复合管道和公称直径小于100mm或长度小于100m的钢质管道采用气体吹扫。公称直径大于或等于100mm的钢质管道，宜采用清管球进行清扫。

吹扫时管道内风速不应小于20m/s，应分别计算出待吹扫的各管径管道的阻力，按其中最大管径所需要的流量以及各管径管道所需克服的阻力中的最大值选择合适流量的高压离心通风机或移动式空气压缩机等吹扫车设备。

在缺少吹扫设备时可使用爆破吹扫。将待吹扫的两端阀门拆卸，在管段进气端装法兰堵板，并与空气压缩机用管道连通，空气压缩机出气管上安装阀门与压力表。吹扫口应设在开阔地段并加固管段排气端，装几层牛皮纸，再用法兰上紧。启动空气压缩机，当管内空气压力达到0.3～0.4MPa时，牛皮纸突然爆破，管内空气突然卸压，体积膨胀，形成流速较高的气流，从排气口喷出并将泥土、铁锈与垃圾等带出。一般进行3～4次，直到无尘土为止。

（3）气体吹扫要求。应按主管、支管、庭院管的顺序吹扫，吹扫出的脏物不得进入合格的管道。吹扫压力不得大于管道设计压力，一般为0.1MPa，且不应大于0.3MPa。吹扫介质宜采用压缩空气，严禁采用氧气和可燃性气体。吹扫时逐渐提高风速，稳定风速不得小于20m/s。每次吹扫管道长度不宜超过500m，当管道长度超过500m时，宜分段吹扫。吹扫管段内的调压器、阀门、流量计、过滤网等不参加吹扫，待吹扫合格后再安装复位。一般在目测无烟尘时，在排气口设置白布或图白漆木板检验5min，当靶上无铁锈及脏物等为合格。

（4）清管球清扫要求。管道直径必须相同，不同管径的管道应断开分别进行清扫。对影响清管球通过的管件、设施，在清管前应采取必要措施。清管球清扫完后，应按气体吹扫方法进行检验，如不合格可采用气体再清扫至合格。

2. 分段试压

（1）强度试验。是用较高的空气压力来检验管道接口（包括管材）的强度，强度试压分段最大长度（表 12-3），强度试验压力与介质（表 12-4）。

试验管段任何位置的管道环向应力强度（MRS）应不大于其屈服极限的 0.9 倍，试压宜在环境温度为 5℃ 以上进行，否则应采取防冻措施。强度试验的空气压力一般采用弹簧压力表测定，量程应为管道工作压力的 1.5～2 倍。

表 12-3　　管道试压分段最大长度

管道设计压力 PN（MPa）	试验管段最大长度（m）
$PN \leqslant 0.4$	1000
$0.4 < PN \leqslant 1.6$	5000
$1.6 < PN \leqslant 4.0$	10000

进行强度试验时，压力应逐步缓升，升至试验压力的 50%，应进行初检，如无泄漏、异常，继续升压至试验压力，然后稳压 1h，观察压力计应不少于 30min，无压力降为合格。

表 12-4　　　　　　　　　　　　管道强度试验压力与介质

管 道 类 型	设计压力 PN（MPa）	试 验 介 质	试验压力（MPa）
钢管	$PN > 0.8$	清洁水	$1.5PN$
	$PN \leqslant 0.8$		
球墨铸铁管	PN	压缩空气	$1.5PN \geqslant 0.4$
钢骨架聚乙烯复合管	PN		
聚乙烯管	PN（SDR11）		
	PN（SDR17.6）		$1.5PN$ 且 $\geqslant 0.2$

注　SDR11 与 SDR17.6 是指 PE 管材公称直径与壁厚的比值。11 的最大工作压力可用在 0.4MPa，17.6 只能用在 0.2MPa 以下。如 PE80SDR11 管材用于中压输气管道（PE80 的 MRS 最小应达到 8MPa），SDR17.6 的用于低压及庭院天然气管线安装，不能用于液化石油气介质的输送。

（2）严密性试验。是指用空气压力来检验管道在近似于输气条件下，其管材和接口的致密性。应在强度实验合格、管线全线回填后进行。试验介质宜采用空气。设计压力小于 5kPa 时，试验压力应为 20kPa；设计压力大于或等于 5kPa 时，试验压力应为设计压力的 1.15 倍，且不得小于 0.1MPa。

试压时的升压速度不宜过快。设计压力大于 0.8MPa 的管道试压，压力缓慢上升至 30% 和 60% 试验压力时，应分别停止升压，稳压 30min，并检查系统有无异常情况，如无异常情况继续升压。管内压力升至严密性试验压力后，待温度、压力稳定后开始记录。严密性试验稳压的持续时间应为 24h，每小时记录不应少于 1 次，当修正压力降小于 133Pa 为合格。

3. 施工验收

（1）验收小组。由运行管理部门（业主、建设方）、设计、施工、管理部门（建委、技监、消防、环保、国土等）等组成。

（2）工程验收。包括中间验收（主要验收隐蔽工程）、竣工验收。

（3）技术文件。工程依据文件包括工程项目建议书、申请报告及审批文件、批准的设计任务书、初步设计、技术设计文件、施工图和其他建设文件；工程项目建设合同文件、招投标文件、设计变更通知单、工程量清单等；建设工程规划许可证、施工许可证、质量监督注册文件、报建审核书、报建图、竣工测量验收合格证、工程质量评估报告。

交工技术文件包括施工资质证书；图纸会审记录、技术交底记录、工程变更单（图）、施工组织设计等；开工报告、工程竣工报告、工程保修书等；重大质量事故分析、处理报告；材料、设备、仪表等的出厂的合格证明，材质书或检验报告；隐蔽工程记录、焊接记录、管道吹扫记录、强度和严密性试验记录、阀门试验记录、电气仪表工程的安装调试记录等施工记录；竣工图应反映隐蔽工程、实际安装定位、设计中未包含的项目、燃气管道与其他市政设施特殊处理的位置等竣工图纸。

检验合格记录包括测量记录；隐蔽工程验收记录；沟槽及回填合格记录；防腐绝缘合格记录；焊接外观检查记录和无损探伤检查记录；管道吹扫合格记录；强度和严密性试验合格记录；设备安装合格记录；储配与调压各项工程的程序验收及整体验收合格记录；电气、仪表安装测试合格记录；在施工中受检的其他合格记录。

第三节　非开挖管道工程的施工

管道工程既可地下敷设，也可架空敷设，应根据当地条件和经济合理性而确定。非开挖管道工程的施工是指管道穿越或跨越工程的施工。管道穿越公路、铁路、电车轨道、地裂带、城墙及河流时，应使用钢管。地上管道跨越时，必须有安全防护措施，保证管道安全运行。

一、管道穿越工程的施工

（一）开挖管道施工法

开挖管道施工法即明挖沟槽埋管法。其基本原理同第一章土方工程的基槽开挖。

基本施工工序包括地面的准备工作→使用挖沟机、反铲等设备或人工进行沟槽开挖，做好排水和支撑工作→敷设管线→回填和夯（压）实→支撑的拆除→路面的复原。

特点是施工简单、直接施工成本低，适用于在宽阔的地表、不存在任何障碍物（河流、街道、建筑物等）、施工不会影响交通的条件下铺设地下管线。但妨碍交通（堵塞、中断或改道）、破坏环境（绿化带、公园和花园）、影响市民生活和单位的正常工作、安全性差和综合施工成本高。在城市市区，开挖施工法受到政治、经济和环境方面的压力和限制。

（二）非开挖管道施工法

非开挖管道施工法是采用非开挖施工技术，即利用各种岩土钻掘设备和技术手段，在地表不开挖沟槽的条件下，铺设、更换和修复各种地下管线的施工技术，国外称为 TT 技术（Trenchless Technology）。主要包括非开挖管道敷设技术、非开挖管道更换技术和非开挖管道修复技术。与传统的挖槽铺管施工方法相比，具有不影响交通、环保、施工时间短、成本低等特点。目前发达国家应用此项技术铺设管线的已占到 7%～10%。

1. 主要特点

（1）非开挖施工不会阻断交通，不影响商店、医院、学校和居民等的正常生活和工作秩序。

（2）在开挖施工无法进行或不允许开挖施工的场合，可用非开挖技术从其下方穿越铺设，并可将管线设计在工程量最小的地点穿越。

（3）现代非开挖技术可以高精度地控制地下管线的铺设方向、埋深，并可使管线绕过地下的巨石和地下构筑物等障碍。

（4）在可比性相同的情况下，非开挖管线铺设、更换、修复的综合技术经济效益和社会效益均高于开挖施工，管径越大、埋深越大时越明显。

非开挖施工技术可广泛应用于穿越河流、湖泊、公路、铁路、建筑物以及在闹市区、古迹保护区、农作物和环境保护区等不允许或不能开挖条件下进行油气管道、燃气管道、供排水管道和电力、电讯、有线电视线路等的铺设、更修和修复。

实践证明，在大多数情况下，尤其是在繁华市区或管线的埋深较大时，非开挖施工是明挖施工很好的替代方法。在穿越公路、铁路交通干线等特殊情况下，非开挖施工更是一种经济可行的施工方法。

2. 非开挖技术分类

（1）水平定（导）向钻法。

（2）顶管法。包括手掘式顶管、土压平衡式掘进顶管、泥水平衡式掘进顶管、气压平衡式掘进顶管、气动冲击矛顶管和气动夯锤顶管等，目前应用最多的是泥水平衡式。

（3）隧道法。包括基岩隧道、沉管隧道、顶管隧道和盾构隧道。

（三）水平定（导）向钻施工

在穿越水流急、宽度大、航运繁忙的江河时，除采用隧道施工法，还可采用水平定（导）向钻施工法。定向钻进和导向钻进是从石油钻井技术中引进和开发的。由于小型定向钻进采用的钻头轨迹测量控制技术与大中型的不一样，国际上将小型定向钻进称为"导向钻进"，大中型定向钻进称为"定向钻进"。水平定（导）向钻是穿越河流、人口密集区、工业区、建筑群、铁路、公路等的首选施工方案（图 12 - 12）。

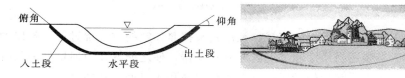

图 12 - 12 水平定（导）向钻穿越示意

早在 20 世纪 70 年代，水平定向钻作为无沟敷设的一种方法在北美洲开始应用，80 年代后期迅速发展。我国石油管道局 1985 年从美国里丁·贝茨公司引进了第一套水平定向钻机，1986 年正式用于黄河穿越，到目前已采用定向钻穿越了松花江、黄河、辽河、长江以及苏丹国尼罗河等 24 条大型河流穿越工程，穿越最大口径 DN1016mm，穿越最大长度为 2350m，穿越河床深度 18～34m 之间变化，在穿越泥砂质覆盖层较厚的河床上得到了广泛的应用。90 年代中后期开始在燃气、给排水、电缆、通讯光缆等市政领域也得到越来越广泛的应用。

1. 水平定（导）向钻钻机

水平定（导）向钻钻机主要设备包括顶驱（定向钻机驱动部分）、钻杆（定向、导向）、钻头（定向、导向）（图 12 - 13）、回拉扩孔器（板式、桶式）、活接头等。

2. 水平定（导）向钻施工工艺

施工工艺：施工准备→征地→测量放线→修便道→三通一平→设备进场→组装调试→控向系统调试→钻孔导向→回拉扩孔（多次）或管道组焊→回拖管道→设备退场→恢复地貌。

钻孔和管道组焊工序并列就位一次完成，在河流一岸设置钻机钻孔，另一岸进行管段组焊、检验、试压和防腐，钻机按设计管位钻完导向孔、扩孔后再回拖穿越管段。

可根据预先设计好的铺管线路驱动装有楔形钻头的钻杆从地面钻入，地面仪器（探地雷

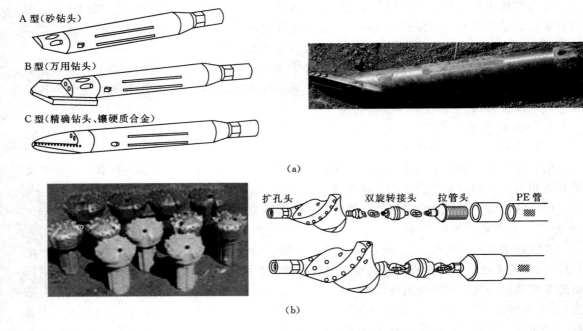

A 型（砂钻头）

B 型（万用钻头）

C 型（精确钻头、镶硬质合金）

（a）

扩孔头　　双旋转接头　拉管头　　PE 管

（b）

图 12 - 13　定（导）向钻头及机具

（a）导向钻头；（b）定向钻头及机具

达）接收由地下钻头内传送器发出的信息，控制钻头按照预定的方向绕过地下障碍物直达目的地。然后卸下钻头换装适当尺寸和类型的回程扩孔器，使之能够在拉回钻杆的同时将钻孔扩大至所需直径，并将需要铺装的管线同时返程牵回钻孔入口处。在整个工作中，钻井泥浆不断地从钻头的喷嘴喷出，用以润滑钻头、钻杆和钻道，提高了整个工程的工作效率。

穿越管道的防腐常用三层 PE 防腐涂层，管道金属表面处理后，采用配套的冷涂环氧漆，再采用 PE 热收缩带进行现场补口包覆。

水平定（导）向钻施工适用于河床地层为黏土、粉砂和中砂层。不适用于粒径大于100mm 砾石、卵石、流砂和基岩层。特点是穿越管道埋深大，比大开挖管沟埋深大，安全性高、施工期短，一般只需 1～2 个月，施工不受季节限制，工程造价比常规大开挖沟埋敷设穿越低，有利于河床、河道、河堤的自然环境保护等。但工艺较为复杂、与顶管穿越相比投资较高、施工距离比盾构隧道短、发生事故管道不易检修等。

3. 水平定（导）向钻轨迹控制

钻进时对钻头的跟踪、导航和轨迹的控制主要是由地面步行测量系统和孔内随钻测量系统完成（图 12 - 14）。

地面步行测量系统又称步行式跟踪测量仪，在钻孔距离地面深度小于 15m 时选用。主要由发射器、接收器和远程显示器组成。装在钻头上方保护壳内的发射器发送无线电信号，地面接收器接收这些信号。除了得到地下钻头位置和深度信号外，传送来的信号还包括钻头倾角、面向角、探头温度、电池状态等。这些信号可以同时转送到钻机控制台的远程显示器上，以便操作人员作出沿原方向钻进还是纠正偏斜的决定。

孔内随钻测量系统又称孔内磁力惯性测量仪或磁性导向仪，在钻孔距离地面深度大于

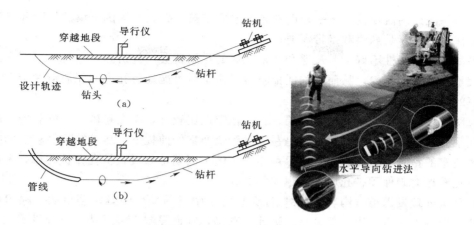

图 12-14　水平定（导）向钻轨迹控制
（a）钻孔过程；（b）铺管过程

15m、跟踪测量路线上有地面障碍物、周围环境有明显磁性干扰的情况下选用。整个系统由孔内探头、地面信号接收器、信息处理器和显示装置组成。孔内探头安置在 3m 长的无磁钻铤内，探头内有 2 组方向测量传感器，一组是三轴加速度计，另一组是三轴磁力计。加速度计测量地球重力矢量，磁力计测量地球磁力矢量。测出这些数据后，经过数学计算，就可以确定钻孔任一点的方位角、顶角和工具面向角；加上钻孔位置增量数据，便可计算出钻孔中各测点的 X、Y、Z 坐标。数据输入计算机后，软件程序能够把实时的钻头顶角、方位角和工具面向角显示在屏幕上，并且绘制出钻孔轨迹曲线。

4. 水平定（导）向钻施工注意事项

施工中工程失败主要表现为回拖失败、扩孔报废，主要原因是钻机能力不够、导向孔不符合要求、预扩孔偏移量过大、孔内泥屑堆积过多、塌孔、管道进孔不顺畅和设备故障等。

（1）选择适宜的钻机。通常选择钻机要考虑的主要参数是最大推力、拉力和最大输出扭矩。一般情况下，钻机的最大回拖力应不少于管段自重的 1/2。同时，应尽快采取措施，最大限度地减少回拖力。回拖时采用水浮法发送穿越管段就是方法之一。

（2）确保导向孔质量。导向孔是预扩孔的基础，导向孔的基本控制指标是出土角、入土角、曲线偏移和造斜段曲率半径（水平定向钻一般曲率半径以 $1500D$ 为宜）。对大口径管道的水平定向穿越来说，造斜段的曲率半径应作为导向孔的重要指标应加以控制。

（3）控制预扩孔的偏移和波浪。水平定向穿越的最终扩孔直径一般为管道直径的 1.3～1.5 倍，对于大口径管道的水平定向穿越，当穿越沿程的土质不均匀时，由于钻杆、钻具自身重力的作用，土质松软的地方下切比较多，土质坚硬的地方下切比较少，从而造成预扩孔偏移，使预扩后的穿越曲线变成波浪形。

这种偏移和波浪对管道的顺利回拖是极有害的，减小偏移和波浪的主要措施是选择合理的扩孔钻具和钻具组合。在西气东输工程中针对当地地质条件，采用的扩孔钻具以板式扩孔器和桶式扩孔器为主，板式扩孔器主要适用于黏土层和含砾石较多的砾土层，桶式扩孔器主要适用于含砂量较多的松软不宜成型的土层。根据不同土层要尽量控制不同的回扩速度，但回扩速度最快不宜高于 1m/min。在进行较大的扩孔时辅以扶正器，较好地解决了预扩孔的偏移和波浪问题。

（4）确保泥浆的流变性。水平定向穿越的成孔依赖于钻具对周围土壤的切削和挤压，泥浆的重要作用之一就是悬浮和携带泥屑。

如果泥浆的流变性不好，其悬浮和携带泥屑的作用就会大打折扣，钻具切削下来的泥屑就可能大量地沉积在孔内，从而增加回拖阻力。为了尽可能地将孔内的泥屑清除干净，必须确保泥浆的流变性。

（5）防止塌孔。在黏土、亚黏土层，孔的稳定性比较好，而在粉砂、流砂和砾石层，孔的稳定性很差。防止塌孔的主要措施是在满足管道回拖的前提下，尽可能选用较小的扩孔直径；选用适宜的钻具和钻具组合，并尽可能缩短施工周期，如板式扩孔器扩孔后，采用桶式扩孔器清孔整形对确保预扩孔质量有很大的好处。

（6）妥善处理发送道（沟）。在大口径穿越施工中极易发生钻具断裂事故，除地质不均和钻具疲劳原因外，有相当一部分是因进孔不顺畅，管道强制入洞后钻具与管段不在一条轴线上，其局部薄弱环节在交变应力的作用下发生脆裂而造成的。因此，在开挖发送道（沟）时，应尽可能使发送道（沟）与管孔自然衔接。方法是在出土点处向前端和向后开挖一定距离管沟，并保证其斜度与穿越的出土角一致。

（四）穿越公路与铁路施工

穿越公路与铁路施工可采用开挖沟槽法、顶管法、定（导）向钻法和穿越涵洞等。

1. 顶管法

顶管法是运用液压传动产生巨大的顶进力向土壤内顶进套管（工具管）或顶管掘进机，再将待敷设的管道安装在套管内。

（1）施工工艺。测量放线→工作坑→设备安装→顶进→挖运土方→接收坑→工程结束。

顶管工作坑是安装所有顶进设备的场所，其位置一般选择在顶管地段的下游最好是穿越管道的闸门井处。接收坑是接收掘进机的场所。工作坑内应有足够的工作面，其尺寸和深度取决于套管（工具管）直径、每根管长、接口方式和顶进长度、顶进设备等因素。

顶管施工必须保证有足够的顶力，才能克服管子在顶进过程中土壤对管子产生的阻力。因此，应进行顶力计算。阻力主要表现为管周围水平与垂直方向的土压力所产生的阻力，管子前端挤压土壤所产生的阻力，以及管子自重所产生的阻力。

设备主要包括千斤顶、顶管掘进机或工具管、主顶装置、导轨、顶铁和卷扬机。千斤顶应采用起重量大，顶杆长度长的电动油压式千斤顶。按顶力计算的总顶力选用一台或数台千斤顶。顶管掘进机或工具管是取土和保证顶进方向正确性的。主顶装置有主顶油缸、油泵、操作台、油管及动力设备。导轨能保证推进管有稳定的导向。顶铁是传递千斤顶顶力的工具，应配备成套，可用工字钢或钢管。下管及水平、垂直运土用各一台卷扬机。

顶管施工的开挖部分仅仅只有工作坑和接收坑，且安全、对交通影响小。在管道顶进过程中，只挖去管道断面部分的土，挖土量少。作业人员少，工期短。建设公害少、文明施工程度高。在覆土深度大的情况下，施工成本低。如曲率半径小且多种曲线组合在一起时，施工非常困难。在软土层中容易发生偏差，且纠正偏差比较困难，管道容易产生不均匀下沉。推进过程中如遇到障碍物时处理这些障碍物非常困难。在覆土浅的条件下不很经济。

（2）顶管施工的方法。主要有普通顶管法（人工掘进顶管法）、机械掘进顶管、水力掘进顶管、挤密土层顶管和切刀掘削流体输送顶管等。

普通顶管法是向土体内顶进套管，顶进时由人工在套管前方掘土，然后在套管内安装管道。顶进管道管内出土应严格按照"先挖后顶"的顺序操作。先挖工作坑,将管子放到工作坑内千斤顶的前面,人在管道的最前端挖土,为管子开路,挖出的土从管内运至管外,再吊到地面运走,挖一段后,摇动千斤顶顶管。

机械掘进顶管是在被顶进的管道前端安装上机械钻进的掘土设备,配置挖土和皮带运土机械以代替人工挖运土,当管前方土体被掘削成一定深度的孔洞时,利用顶管设施,将连接在钻机后部的管子顶入孔洞。特点是可降低劳动强度,加速施工进度,对黏土、砂土及淤泥等土层均可顺利进行顶管。但运土与掘进速度不易同步,出土较慢。遇到含水土层或岩石地层时因无法更换机头,所以不能使用。

水力掘进顶管是用高压水泵将水加压,经过管道与高压水枪连接,通过高压水枪将管道前端土壤冲成泥浆,然后由吸泥泵通过管道将泥浆排出管外。一般局限于穿越河流或野外顶管施工,在土质疏松、水源充足的条件下使用。

挤密土层顶管是利用千斤卷扬机等设备将管道直接挤压进土层内,顶进时,第一节管前端安装管尖;以减少顶进阻力,利于挤密土层。适宜在较潮湿的黏土或砂质黏土中顶进。顶进的最大管径不宜超过 150mm,顶进过程中应采取措施保护防腐绝缘层。

切刀掘削流体输送顶管是用水或机械加压使掘削面上层保持稳定,同时旋转切削刀掘进,掘出的土物则采用流体输送装置排出,掘削、排泥和顶管同时进行。适用于各种不同的地质条件,只需较小的工作坑。

2. 涵洞内施工

当燃气管道穿越铁路干线处,路基下已经作好涵洞,施工时将涵洞两侧挖开,在涵洞内安装。涵洞两侧设检查井,均安装阀门,安装完毕后,按设计要求将挖开的涵洞口封住。

(五) 穿越河流施工

管道穿越河流的方法很多,主要有围堰法(大开挖法)、浮运法、隧道法(沉管隧道、基岩隧道、顶管隧道、盾构隧道)、和定(导)向钻法等。

穿越方法的选择取决于管径、地方条件、河流宽度与深度、河底形状、水流速度,河床两岸的斜度及高度、岸边地上及地下的构筑物等具体现场条件。水位较低、流速较慢、土质较好、允许封航的中小型河流,宜用围堰法施工;水位较高、流速较快,没有条件封航的中小型河流,可采用浮运法和沉管隧道法施工;大型河流,没有条件封航的中型河流,可采用隧道法(基岩隧道、顶管隧道、盾构隧道)和定向钻法施工。

1. 围堰法

在待穿越水下管道的两侧,堆筑临时堤坝,阻挡水流并排除堤坝间的积水,然后开挖沟槽,敷设管道,回填土施工完毕后将围堰拆除。特点是施工简单,需要设备少,但必须在断航的条件下施工。

一般先将河流的一半用围堰围住,用水泵排除围堰内的河水,然后挖沟,敷设管道,再将河中的管口用堵板焊住,以防泥水进入管内,如有水渗入应用水泵排出。安装完后,拆除围堰。用同样的方法将剩下的一半作围堰,挖管沟,将已施工管道堵板割去与后安装的管道连接起来,再回填管沟,拆除围堰。为减少河水冲刷,围堰迎着流水方向的堰体应平缓,围堰高度应保证在施工期间河水的最高水位不致淹没堰顶。

围堰的种类较多,常用的有土、草土混合、水排(钢管或槽钢)桩和草麻袋等围堰。

2. 浮运法

首先在岸边把管子焊接成一定的长度，并进行压力试验和涂敷包扎防腐绝缘层，然后拖拉下水浮运至设计确定的河面管道中心线位置，最后向管内灌水，随着灌水管子平稳地沉入到预先挖掘的沟槽内。

（1）水下管沟的机械开挖。开挖方法主要有挖土机开挖、索铲开挖、架式铲土机、水力冲击器、水力吸泥器或空气吸泥器、挖泥船和水下爆破（钻爆法）。

拉铲式和抓斗式挖土机主要是挖掘岸边的水下管沟。同一台挖土机可以用正铲、反铲、拉铲或抓斗挖土。在挖河床水下沟槽时，挖土机可以装在沿沟槽线路上用钢丝绳及绞车移动的平底船或其他船上。

索铲的铲子用钢制成，有多种规格，下部有齿状铲刀，但没有底（图 12-15）。用此法开挖沟槽，其底部呈弧形，无法保持平整。

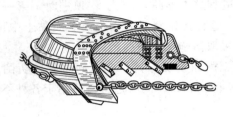

图 12-15　索铲

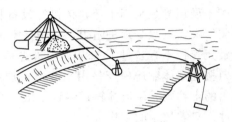

图 12-16　架式铲土机

当挖出的土需要在旁边堆成土堤时，或者挖出的土根据工作条件的要求要用铲土机的铲子升到一定高度时，使用架式铲土机最为方便（图 12-16）。

水力冲击器用长软管接在泵上，橡胶管末端装有带锥形喷水嘴的普通水枪。水力冲击器由高压离心泵供水，水下的土被喷水嘴以高速喷出的水柱冲开，由潜水员控制向需要的方向冲土。

水力吸泥器或空气吸泥器是利用高压水或压缩空气通过喷嘴，在混合室内造成负压产生吸力，当泥浆吸口向土表面靠近时，进入吸泥器内的水便带入泥砂，使管沟的泥砂同水一起排走。特别适用砂性土壤。对于黏土或较坚硬的土壤，要先用水力冲击器把土冲松，先碎土，再吸泥，也能达到较好的效果。

根据土质选择不同类型的挖泥船。常用的挖泥船为装有泥浆泵的吸扬式挖泥船。抓斗式挖泥船和轮斗式挖泥船。

水下爆破（钻爆法）适用于河底遇礁石，基岩河床或其他坚硬地层。水下爆破有裸露药包爆破法和钻眼爆破法。

（2）水下管道敷设。当密封的管道自重大于水的浮力时，将下沉至河底。先将管道在岸边组对焊接并防腐，并检验合格后，用对岸钢丝绳的一头拴在管道的首端，另一头由对岸拖拉机或卷扬机拉拽，将管道沿管沟底从一个岸边拖到另一个岸边。为了减少牵引力，在管端焊上堵板，以防河水进入管内。

河底拖运敷设施工，在拖拉时以及用其他方法在水下管沟铺设管道时，为防止损坏防腐层，在管子四周防腐层上包以木条包扎层，木条用铁丝扎紧，在拖拉过程中，必须防止燃气管道过分弯曲，以保护管道与防腐层。

为减少水下焊接，应在岸上将管子组对焊接成整体，并作好防腐层，如需要分段浮运时，应尽量加长浮运管段的长度。管段的浮运可用拖拉加浮船的方法，即把管段放在浮船上，然后用设在对岸的卷扬机或拖拉机将管段拖至水下沟槽的上方，称为浮运下管法（图 12－17）。

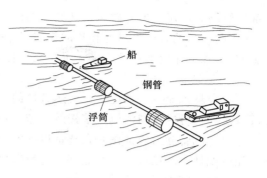

图 12－17　浮运下管法

（3）水下穿越管段的稳定。水下管道与陆上管道不同，两者铺设环境不一样，水下管道多了一个水流影响因素。水流不仅对管道产主各种作用力（如浮力、动水上抬力、水平推力以及对称绕流对悬空管道引起的振动等），而且对于敷设管道的河床边会引起冲刷，冲刷剧烈的会危及管道安全。因此，人们为了确保管道的安全，围绕着如何避免或克服水流作用的问题，产生并发展了各种技术，其中就包括了各种稳管方法。

常用的稳管形式有混凝土（或铸铁）平衡重、重混凝土连续覆盖层、复壁管注水泥浆、石笼、管段下游打挡桩、粗化河床和打防浮桩等。

每一种稳管方法都有一定的使用条件和优缺点。选用时，应根据具体河水的流速、河床地质构成、管径、施工力量和技术等因素择优考虑。

图 12－18　加平
衡重稳管

加平衡重稳管是用特别的加重块（压块）盖压在管道上，增加管道在水下的重量，以保持管道在水下的稳定（图 12－18）。一般要求压块应有较好的稳定性，易施工制作和安装方便且经济。常见的压块型式有铰链式和马鞍式两种。该法一般只用于穿越河床坚硬的小型水域和不受冲刷的河区以及沼泽地带。

重混凝土连续覆盖层稳管是在穿越管段外表面包上钢丝网作成加强筋，配以混凝土防护加重层，以保持管道在水下的稳定性。

为克服平衡稳管的缺点，近年来在穿越河流工程中广泛采用了复壁管注水泥浆稳管的结构。这种结构是在工作管外套一较大口径的钢管，在两管之间的环形空间灌注水泥浆，以增加管体重量。

石笼稳管是由直径 6～8mm 的钢筋骨架和镀锌铁丝织成的笼子，内装石块、卵石等。

当管线的单位长度重量只能保证管子不浮动，不能保证管线水平不移动时，可采用管线下游打桩稳管法，防止管线水平位移或产生过大的弯曲应力。

采用气举法沉石置换砂粒，粗化河床稳管，使河床不易被冲刷，从而保证管线的稳定。

当管顶填土不能满足最小厚度时，需采取防浮措施。防浮措施可采取每隔一定距离打一组混凝土方桩或槽钢。防浮桩的间距和桩长应根据不同管径钢管的浮力和桩的材料以及土壤对桩的摩擦系数通过计算来确定。

围堰法和浮运法适于土壤松软（机械或人工开挖）、水流速度小、回淤量小以及卵石层和土壤硬实的河床。特点是在可停航河段，适用河床范围较广，可以进行电缆、光缆等设施的同沟敷设，施工工艺简单。但工期长，施工受气候等条件限制，对河道航运和渔业等其他部门影响大，对河道有破坏，破坏生态环境，对开挖河堤造成安全隐患，不能确定保护结构（外防腐层）的安全可靠性和长期使用寿命（即敷设后的管道受河流流动及船支航行抛锚等影响），水下作业牵涉部门多、干扰大，各项赔偿费用高。穿越河流主槽不易达到设计深度。

3. 隧道法

在穿越水流急、宽度大、航运繁忙的江河时，可采用隧道施工法，因为隧道施工（除了沉管法外）可避免与河流直接接触，施工不受航运干扰。

（1）沉管隧道。该法是在隧址以外的船台上或临时干坞内制造隧道管段，同时在隧址处预先按设计要求挖好一个水底基槽，待管段水面定位后，充水沉管就位，再将各管节连接起来，并进行密封形成隧道。

特点是对地址水文条件适宜性较强，可浅埋，防水性较好，大型隧道每米造价较低。但对水下河床地形河覆盖层有一定的要求。施工作业与外界联系密切，协调工作复杂，沉管复土深，成槽困难，不可预测因素较多，需封航或半封航、对航运有影响，工艺技术复杂，质量和工期难以控制，一般不宜采用。

（2）基岩隧道。基岩隧道穿越是指在河床以下的基岩地层开凿一条隧道，让管道从中通过的穿越方式。一般在隧道的两端采用一眼竖井一眼斜井或两端都采用斜井的方式。为了便于工人下隧道施工和维护，斜井的倾角一般不大于 35°。

适用于基岩河床或覆盖层较薄的基岩河床，基岩完正，裂隙不发育，且相对平整的穿越断面。施工技术和方法采用探孔超前钻进，凿岩机浅眼掘进，预裂和光面爆破，超前支护和预制件混凝土衬砌，高压壁后注浆固井等。基岩隧道的经济性好、安全性高、质量有保障、无须断航、维护方便、管理费用极低、可以资源共享。但设计、施工难度大，施工工艺复杂，工期长，工程造价高，施工过程中存在安全隐患。

（3）顶管隧道。采用专门的设备进行地下掘进，通常借大吨位液压油缸（或顶管掘进机）的推力，把工具管（钢筋混凝土预制管节）以及紧随其后的若干管节，从工作井内穿越土层，一直顶进到接收井。特点是适于黏土、砂砾等土质地层。顶管施工采用超长距离顶管，运用中继装置接力顶进，施工工艺技术成熟，截面小、造价相对较低，顶进速度较快，工期较短。较为适宜大口径油气管道穿越河流以微型隧道方式通过。但施工工艺较为复杂，对河床有一定要求。施工距离相对较短，施工安全性相对较差，要有一定的经济施工长度。

（4）盾构隧道。盾构法主要是用专门制造的盾构机及配套装置，进行地下掘进，并把地面送来钢筋混凝土预制环片拼装成管段，并连起来形成隧道。适用于多种地质条件，包括松软沙性土、淤泥、小粒径少含量的砂卵石层和软岩。特点是掘进速度快，噪音和振动较小，对地层变化适应能力较强，施工安全。可同沟敷设油气管道和电缆，管道具有可维护性。若做复线，投资较省。但施工工艺复杂，进尺缓慢，工期较长，圆形隧道一般不小于 3m，要有一定的经济掘进长度，造价相对较高。

隧道穿越对河床的适应能力较强，安全性高，具有可维护性，隧道具有多用性，除沉管法外，均在河堤外施工，不受季节限制，不影响航运、渔业等其他行业。

二、管道跨越工程的施工

1. 跨越结构形式选择

选择跨越的结构形式应充分利用管道自身的材料强度。大型跨越工程，宜选择悬垂管、悬索管、悬链管、悬缆管、斜拉索管桥形式；中型跨越工程，宜选择拱管、轻型托架与桁架管桥等形式；小型跨越工程，宜选择梁式、拱管、下悬管、悬杆支架、吊式支架、八字钢架式与复壁管等形式。

在同一管道工程内，中、小型跨越工程的结构形式不宜多样化。跨越管段的补偿，应通过工艺钢管的强度、刚度和稳定核算。当自然补偿不能满足要求时，必须设置补偿器，补偿器必须满足清管工作的正常要求。布置跨越工程的支墩时，应注意河床变形。支墩沿水流方向轴线，宜平行于设计洪水的水流方向轴线，确需斜交时，在通航河流上，支墩沿水流方向轴线与通航水位的水流方向轴线交角不宜大于 5°，支墩为圆形单桩不受交角的限制。采用单孔跨越时，允许斜交。跨越工程的支墩不应布置在断层、河槽深处和通航河流的主航道上。

2. 悬垂管桥

用强大的地锚和一定高度的钢架，利用管线本身的高强度将输油气管线象过江高压电线一样绷起来，这种跨越形式与悬索结构相比，结构简单，施工方便，并可节约大量昂贵而易腐蚀的钢绳（图 12－19）。

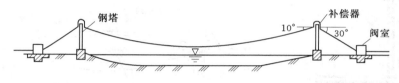

图 12－19 悬垂管桥

3. 悬索管桥

悬索式跨越，管道由很多吊索悬吊在两端支承在塔顶的主索上。管道本身兼作桥面体系。这种结构类型，侧向刚度很小，一般在管道两侧设置抗风索（图 12－20）。

图 12－20 悬索管桥

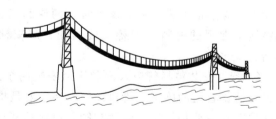

图 12－21 悬索管桥

4. 悬链管桥

管道上无主索、吊索和抗风索，其拉力全部由管道本身承受。特点是发挥了管道纵向强度的作用，具有良好的抗风性能，温度补偿由悬链线本身的变化进行补偿（图 12－21）。

适用于在江河、山谷或平原地区。特别是在山谷，不要或减少塔架高度，悬链段引起的拉力可传到地下管道来平衡。

5. 悬缆管桥

悬缆管桥是悬索结构演变而来的一种跨越型式。外形特点是管道与主索都成悬链形式，所有的吊索长度均相等。优点是抗风稳定性较好，两侧无需抗风索，能充分利用主索的抗拉力来提高桥面体系的固有频率，消除低频率的"S"型共振，而不受风力的破坏。温度变化靠自身垂度变化调整，可不设温度补偿器。

6. 斜拉索管桥

斜拉索形式是一种比较新型的大跨度结构形式，是最近几年用得较多而又比较成功的一种跨越形式（图 12-22）。特点是以斜拉索代替主索。在相同条件下与悬索结构相比，钢丝绳用量减少 30%～50%。利用管道自身的平衡，减少了基础混凝土的用量。具有良好的抗风能力，抗振阻尼大，性能好，能跨越较宽的江河。

斜拉索管桥结构有伞形、扇形、琴形、星形和综合形等形式，我国以伞形最多。

7. 拱管

拱管是把管道架设成类似拱桥的形状，并用钢丝绳等柔索材料进行加强（图 12-23）。

图 12-22 伞形斜拉索管桥

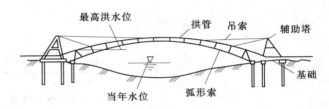

图 12-23 柔索加强拱管

小　结

1. 管道防腐层施工一般经过管道表面处理和涂刷油漆涂料。防腐绝缘层施工常采用石油沥青、煤焦油沥青、环氧煤沥青、两层和三层聚乙烯（PE）以及聚乙烯塑料胶带等。绝热层施工常用的材料有石棉、玻璃棉、矿渣棉、岩棉、膨胀珍珠岩和泡沫混凝土等及其制品。

2. 管道安装包括管道入沟和管道安装两个过程。管道安装施工有埋地钢管道、架空钢管道和铸铁管道的施工。管道配件安装主要是指阀门、补偿器、排水器和法兰等的安装。管道配件密封主要是指法兰垫片和阀盖填料的密封。管道试验与验收包括管道吹扫、强度试验和严密性试验。

3. 管道工程可地下敷设，也可架空敷设。非开挖管道工程施工是指管道穿越工程和跨越工程的施工。穿越可采用开挖管道施工法和非开挖管道施工法。水平定（导）向钻施工是非开挖管道施工技术。

4. 穿越公路与铁路施工可采用开挖沟槽法、顶管法、定（导）向钻法和穿越涵洞等。穿越河流施工主要有围堰法（大开挖法）、浮运法、隧道法（沉管隧道、基岩隧道、顶管隧道、盾构隧道）、和定（导）向钻法等。

5. 管道跨越工程施工，大型工程宜选择悬垂管、悬索管、悬链管、悬缆管、斜拉索管桥形式；中型工程宜选择拱管、轻型托架与桁架管桥等形式；小型工程宜选择梁式、拱管、下悬管、悬杆支架、吊式支架、八字钢架式与复壁管等形式。

复 习 思 考 题

12-1　管道防腐层施工包括哪些过程？

12-2　防腐绝缘层施工常采用的材料有哪些？如何施工？

12-3　绝热层施工常用的材料有哪些？有哪些施工方法？

12-4　简述绝缘绝热层的施工方法。

12-5　管道入沟的方法有哪些？

12-6　埋地钢管道、架空钢管道和铸铁管道如何施工？

12-7　管道配件安装和密封主要包括哪些？

12-8　管道试验与验收包括哪些试验？

12-9　什么是非开挖管道工程施工，方法有哪些？

12-10　水平定（导）向钻如何施工？

12-11　管道穿越公路与铁路、河流的施工方法有哪些？如何施工？

12-12　跨越工程的施工方法有哪些？

第二篇

施工组织与管理

第十三章 施工组织概论

【内容提要和学习要求】

本章主要介绍了施工组织研究的对象和目的、建设产品及生产特点、工程项目施工程序、施工组织原则、施工准备工作和施工组织设计的分类、内容和作用等方面内容。应了解施工组织的一般规律、施工组织设计编制原则和依据以及工程项目资料的内容与存档；掌握施工准备工作的内容、施工组织设计的概念、内容、分类和作用。

第一节 概 述

施工组织主要是研究建造工程项目的组织方法、基本理论和一般规律。目的在于选择空间布置和时间排列上的最优方案，使工程中各项生产要素各得其所——人尽其才、物尽其用、机尽其力，以优质、高速、低耗、安全，取得良好的经济效益和社会效益。

一、建设产品及生产特点

（一）建筑产品的特点

由于建筑产品的使用功能、平面与空间组合、结构与构造形式等特殊性，以及建筑产品所用材料的物理力学功能的特殊性，决定了建筑产品的特殊性，具体特点如下。

1. 建筑产品的空间固定性

一般的建筑产品均由自然地面以下的基础和自然地面以上的主体两部分组成（地下建筑全部在自然地面以下），基础承受主体的全部荷载（包括基础的自重），并传给地基。任何建筑产品都是在选定的地点上建造使用，一般从建造开始直至拆除均不能移动。所以，建筑产品的建筑和使用地点在空间上是固定的。

2. 建筑产品的多样性

建筑产品不仅要满足各种使用功能的要求，而且还要体现出地区的生活习惯民族风格、物质文明和精神文明，同时也受到地区的自然条件诸因素的限制，使建筑产品在规模、结构、构造、型式、基础和装饰等诸方面变化纷繁，因此建筑产品的类型多样。

3. 建筑产品体形庞大

无论是复杂的建筑产品，还是简单的建筑产品，为了满足其使用功能的需要，并结合建筑材料的物理力学性能，需要大量的物质资源，占据广阔的平面与空间，因而建筑产品的体形庞大。

（二）建筑产品生产的特点

由于建筑产品地点的固定性、类型的多样性和体形庞大等三大主要特点，决定了建筑产品生产的特点与一般工业产品生产的特点相比较具有自身的特殊性。其具体特点如下。

1. 建筑产品生产的流动性

建筑产品地点的固定性决定了产品生产的流动性。一般的工业产品都是在固定的工厂、车间内进行生产，而建筑产品的生产是在不同的地区，或同二地区的不同现场，或同一现场的不同单位工程，或同一单位工程的不同部位组织工人、机械围绕着同一建筑产品进行生产，从而导致建筑产品的生产在地区之间、现场之间和单位工程不同部位之间流动。

2. 建筑产品生产的单件性

建筑产品地点的固定性和类型的多样性决定了建筑产品生产的单件性。一般的工业产品是在一定的时期里，统一的工艺流程中进行批量生产，而具体的一个建筑产品应在国家或地区的统一规划内，根据其使用功能，在选定的地点上单独设计和单独施工。即使是选用标准设计、通用构件或配件，由于建筑产品所在地区的自然、技术、经济条件不同，使得建筑产品的结构或构造、建筑材料、施工组织和施工方法等也要因地制宜加以修改，从而使各建筑产品生产具有单件性。

3. 建筑产品生产的地区性

由于建筑产品的固定性决定了同一使用功能的建筑产品因其建造地点的不同必然受到建设地区的自然、技术、经济和社会条件的约束，使其结构、构造、艺术形式、室内设施、材料、施工方案等方面各有不同。因此建筑产品的生产具有地区性。

4. 建筑产品生产周期长

建筑产品地点的固定性使施工活动的空间具有局限性，从而导致建筑产品生产具有生产周期长、占用流动资金大的特点；建筑产品体型庞大使得建筑产品的建成必然耗费大量的人力、物力和财力，建筑产品生产过程还受到工艺流程和生产程序的制约，使各专业、工种间必须按照合理的施工顺序进行配合。

5. 建筑产品生产的露天作业多

建筑产品地点的固定性和体形庞大的特点，决定了建筑产品生产露天作业多。因为形体庞大的建筑产品不可能在工厂、车间内直接进行施工，既使建筑产品生产达到了高度的工业化水平的时候，也只能在工厂内生产其备部分的构件或配件，仍然需要在施工现场内进行总装配后才能形成最终建筑产品。

6. 建筑产品生产的高空作业多

建筑产品体型庞大决定了其生产具有高空作业多的特点。尤其是随着城市现代化的发展，高层建筑物的施工任务日益增多，使得建筑产品生产高空作业的特点日益明显。

7. 建筑产品生产手工作业多、工人劳动强度大

尽管目前推广应用先进科学技术，出现了大模、滑模、大板等施工工艺，机械设备代替了人工劳动，但是从整体建设活动来看，手工操作的比重仍然很高，工人的体力消耗很大，劳动强度相当高，建筑行业还是一个重体力行业。

8. 建筑产品生产组织协作的综合复杂性

在建筑产品生产过程中，它涉及工程力学、建筑结构、建筑构造、地基基础、水暖电、机械设备、建筑材料和施工技术等学科的专业知识，要在不同时期、不同地点和不同产品上组织多专业、多工种的综合作业。另外还涉及各专业施工企业以及城市规划、土地审批、勘察设计、消防安全、"七通一平"、公用事业、环境保护、质量监督、科研实验、交通运输、银行金融、机具设备、劳务等社会各部门和各领域的协作配合，从而使建筑产品生产的组织协作关系综合复杂。

二、工程项目施工程序

工程建设程序是指工程项目建设全过程中各项工作必须遵守的先后次序。工程建设程序主要由项目建议书、可行性研究、编制设计文件、建设准备、施工安装、竣工验收等六个阶段组成（图 13-1）。

施工程序是指拟建工程项目在整个施工阶段必须遵守的先后工作程序。主要包括承接施工任务及签订施工合同、施工准备、组织施工、竣工验收、保修服务等五个环节或阶段。

三、工程项目施工组织原则

施工组织设计是施工企业和项目经理部施工管理活动的重要技术经济文件，也是完成国家和地区基本建设计划的重要手段。而组织工程项目施

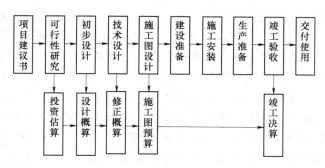

图 13-1　工程建设程序简图

工的原则是为了更好地落实、控制和协调其施工组织设计的实施过程。因此，组织工程项目施工就是一项非常重要的工作。根据新中国成立以来的实践经验，结合施工项目产品及其生产特点，在组织工程项目施工过程中，除了贯彻国家工程建设法规、方针和政策，遵循建设程序外，应遵守以下几项原则。

1. 保证重点，统筹安排，按期按质交付使用

施工的最终目标是尽快完成建设任务，使项目尽可能早日投产或交付使用。因此，必须依据项目的轻重缓急，即根据国家或业主对项目的使用要求，对项目进行排序，把人力、物力、财力优先投入到急需的工程上去，保证工程尽快建成投入使用；同时，注意照顾一般工程，使重点工程和一般工程很好地结合起来；还应注意主要项目与其相应的辅助、附属项目之间的配套关系，准备项目、施工，项目、收尾项目和竣工投产项目的关系，做到主次分明，统筹兼顾。

2. 合理安排施工顺序

建筑产品及其生产有其本身的客观规律。它既包含了施工工艺及其技术方面的规律，又包含了施工程序和施工顺序方面的规律。遵循这些规律去组织施工，就能保证各项施工活动的紧密衔接和相互促进，充分利用资源，确保工程质量，加快施工速度，提高社会效益。

建筑施工工艺及其技术规律是分部分项工程内在固有的规律。例如混凝土工程，其工艺顺序是配料、搅拌、运输、浇筑振捣、养护等，其中任何一道工序都不能颠倒或省略，这不仅涉及施工工艺的要求，也是技术、质量保证的要求。因此，在组织工程项目施工过程中，必须遵循建筑施工工艺及其技术规律。

施工程序和施工顺序是建筑施工过程中各分部分项工程之间存在的客观规律。各分部工程的先后顺序、各分项工程的先后顺序是客观存在的，但在空间上可组织立体交叉、搭接施工，以争取时间、减少消耗，这是组织管理者遵循客观规律的主观能动性的表现。虽然，建筑施工程序和施工顺序是随着拟建工程项目的规模、性质、设计要求、施工条件和使用功能的不同而变化，但其共同遵循的客观规律是存在的。例如，"先准备，后施工"；"先地下，后地上"；"先结构，后围护"；"现主体，后装饰"；"先土建，后设备"等。

3. 采用流水施工及网络计划技术组织施工，合理使用人力、物力和财力

施工组织要采用科学的组织管理方法，流水施工与网络计划技术是重要的现代管理方法之一。流水施工最显著的优点在于专业的分工及生产的连续性、均衡性与节奏性；网络计划技术最显著的特点是工艺顺序严格的逻辑性、关键线路及关键工作明确性，从而达到目标的优化。为此，在组织工程项目施工时，采用流水作业和网络计划技术是极为重要的。

4. 尽量扩大工业化生产，提高建筑工业化程度

建筑技术进步的重要标志之一是建筑工业化，而建筑工业化主要体现在认真执行工厂预制和现场预制相结合的方针，努力提高建筑机械化程度。

建筑业是劳动密集型产业，在施工中用机械代替人工可以减轻劳动强度、提高生产率、加快工程进度、改善工程质量、降低工程成本。在组织施工时，应充分利用机械设备，使大型机械设备和中小型机械设备相结合，使机械化和半机械化相结合，扩大机械施工范围，提高机械化施工程度。同时要充分发挥机械设备的生产率，保持其作业的连续性，提高机械设备的利用率。

5. 注重工程质量，确保施工安全

要规范工程参建各方质量行为，从源头抓起，从工程的招投标、施工许可、资质管理、竣工验收等各个环节加强监管。要督促建设单位依法履行职责，严格遵守基本建设程序，履行合同约定，按照谁投资，谁决策、谁收益、谁承担风险和责任的原则，认真担负起质量安全责任，切实把好质量安全关；要督促建设单位和施工企业做好质量安全保证体系的建立健全工作，严格落实质量安全保证体系，做到质量安全管理机构和制度健全，严格执行工程建设强制性标准条文和规范，确保提供优质合格的建筑产品。建立健全施工企业技能和安全培训教育制度，改进培训方法，扩大培训内容，以提高企业管理和技术骨干力量的质量安全保证能力。督促大中型企业、行业协会等单位依照有关技术要求，加强一线作业人员的培训，突出重点工种，强调专业化，尽快培育出一支经验丰富、技术过硬的队伍，确保新形势下质量安全生产的需要。

6. 采用先进的施工技术和科学管理方法

先进的施工技术与科学的施工管理手段相结合是提高建筑施工企业和工程项目经理部的生产经营管理素质，提高劳动生产率，保证工程质量，缩短工期，降低工程成本的重要途径。因此，在组织施工时，必须注意结合具体的施工条件，广泛地采用国内外的先进施工技术，吸收先进工地和先进工作者在施工方法、劳动组织等方面所创造的经验。

拟定合理的施工方案是保证施工组织设计贯彻上述各项原则和充分采用先进经验的关键。施工方案的优劣在很大程度上决定着施工组织设计的质量。在确定施工方案时，要注意从实际出发，在确保工程质量和生产安全的前提下，使施工方案在技术上是先进的，在经济上是合理的。

7. 合理布置施工现场，尽量减少暂设工程，努力提高文明施工的水平

安排施工现场即施工现场平面布置，是施工组织设计的一项重要内容。对于大型项目的施工，可按不同的施工阶段作出不同的施工平面图。布置现场时必须以尽量减少暂设工程数量、减少不必要投资、节约施工用地、文明施工为原则。因此，可以采取下述有效措施：

（1）尽量利用原有房屋和构筑物满足施工的要求。

（2）在安排施工顺序时，应把为施工服务的正式工程（如道路、管网等）尽量提前

施工。

（3）建筑构（配）件和制品应尽量安排在地区内原有的加工企业生产，只当确有必要时，才在工地上自行建立加工企业。

（4）应优先采用可移动装拆的房屋和设备。

（5）合理地组织建筑材料和制品的供应，减少它们的储量，把仓库、堆放场地等的面积压缩到最低限度。

上述原则，既是建筑产品生产的客观需要，又是加快施工速度、缩短工期、保证工程质量、降低工程成本、提高建筑施工企业和工程项目经理部经济效益的需要，所以必须在组织工程项目施工过程中认真地贯彻执行。

第二节　施 工 准 备 工 作

施工准备工作是施工企业搞好目标管理、推行技术经济承包的重要依据，是土建施工、设备安装和装饰装修顺利进行的根本保证。

一、施工准备工作的分类

1. 按规模范围分类

施工准备工作分为施工总准备（全场性的）、单位工程施工条件准备和分部（分项）工程作业条件准备。

2. 按施工阶段分类

施工准备工作分为开工前的施工准备和各施工阶段施工前的准备。

二、施工准备工作的内容

（一）原始资料的调查分析

调查收集原始资料工作，是开工前的施工准备的主要内容之一，尤其是当施工单位进入一个新的城市或地区，此项工作就显得尤为必要，它关系着施工单位的全局性部署和安排。

为了形成符合实际情况并切实可行的最佳施工组织设计方案，在进行建设项目施工准备工作中，必须进行自然条件和技术经济条件调查，以获得施工组织设计的基础资料。这些基础资料称为原始资料，加上对这些资料的分析就称为原始资料的调查分析。

1. 自然条件资料

建设地区自然条件的调查，包括地形、工程地质、水文地质、气象等。其主要资料内容有：地区水准基点和绝对标高；地质构造、土的性质和类别、地基土的承载能力及地震级别和烈度；河流流量和水质、最高洪水期及枯水期的水位；地下水位的高低变化情况，含水层的厚度、流向、流量及水质情况；气温、雨、雪、风及雷电等情况；土壤的冻结深度、冬雨季的期限等。

2. 技术经济条件资料

收集建设地区的技术经济条件的资料，目的在于查明建设地区地方工业、交通运输、动力资源和生活福利设施等地区经济因素的可能利用程度。其主要资料内容有：地方施工企业的状况；施工现场的动迁状况；当地可利用的地方材料状况；地方能源和交通运输状况；水、电及其他能源，主要设备、三大材料和特殊材料，以及它们的生产能力等的调查；地方劳动力、技术水平状况；当地生活供应、教育、医疗卫生的状况；当地消防、治安状况；参加施工单位的企业等级、技术和管理水平、施工能力、社会信誉；企业现有的施工定额、施工手册、类似工程的技术资料及平时施工实践活动中所积累的资料等；现行的由国家有关部门制定的技术规范、规程及有关技术规定；主管部门对建设地区工程招投标、建设监理、建筑市场管理的有关规定和政策等。

（二）技术准备

技术准备是施工准备工作的核心。由于任何技术的差错或隐患都可能引起人身安全和质量事故，造成生命、财产和经济的巨大损失。因此，必须认真做好技术准备工作。

1. 熟悉图纸阶段

工程项目经理部组织有关工程技术人员熟悉图纸。熟悉图纸的要求如下：

（1）先精后细。先看平、立、剖面图，再看细部做法。

（2）先小后大。先看小样图，后看大样图。

（3）先建筑后结构。并把建筑图与结构图互相对照，先一般后特殊。先一般的部位和要求，后看特殊的部位和要求。

（4）图纸与说明结合。

（5）土建与安装结合。

（6）图纸要求与实际情况结合。

2. 图纸会审和技术交底

建设单位应在开工前向有关规划部门送审初步设计及规划图。初步设计文件审批后，根据批准的年度基建计划，组织进行施工图设计。施工图是进行施工的具体依据，图纸会审是施工前的一项重要准备工作。

图纸会审工作一般是在施工承包单位完成自审的基础上进行的，由建设单位主持，监理单位组织，设计单位、施工承包单位、质量监督管理部门和物资供应单位等有关人员参加。重点工程或规模较大及结构，装修较复杂的工程，如有必要可邀请各主管部门、消防、防疫与协作单位参加。对于复杂的大型工程，建设单位应先组织技术部门的各专业技术人员预审，将问题汇总，并提出初步处理意见，做到在会审前对设计心中有数。会审的各方都应充分准备、认真对待，对设计意图及技术要求彻底了解融会贯通，并能发现问题，提出建议和意见，提高图纸会审的工作质量，把图纸上的差错和缺陷的纠正和补充在施工之前完成。

图纸会审包括以下内容：熟悉、审查施工图纸和有关的设计资料；熟悉、审查设计图纸的目的；熟悉、审查设计图纸的内容。

会审的程序是：①设计单位作设计交底；②施工单位对图纸提出问题；③有关单位发表意见，与会者讨论、研究、协商逐条解决问题达成共识，组织会审的单位汇总成文，各单位会签，形成图纸会审纪要。

会审时要有专人做好记录，注明会审时间、地点、主持单位及参加单位、参加人员。图纸会审时，首先由设计单位的工程主设人员向与会者说明拟建工程的设计依据、意图和功能要求，并对特殊结构、新工艺、新技术提出设计要求；然后，施工单位根据自审记录以及对设计意图的了解，提出对施工图样的疑问和建议；明确建设、监理、设计和施工等单位之间的协作、配合关系，以及建设单位可以提供的施工条件。最后统一认识，对所探讨的问题一一做好记录，形成"图纸会审纪要"，由建设单位正式行文，参加单位共同会签、盖章，作为与设计文件同时使用的技术文件，作为指导施工、竣工验收的依据，以及建设单位与施工单位进行工程结算的依据。

图纸会审的要求：

（1）设计是否符合国家有关方针、政策和规定。

（2）设计规模、内容是否符合国家有关的技术规范要求，尤其是强制性标准的要求是否符合环境保护和消防安全的要求。

（3）建筑设计是否符合国家有关的技术规范要求，尤其是强制性标准的要求是否符合环境保护和消防安全的要求。

（4）建筑平面布置是否符合核准的按建筑红线划定的详图和现场实际情况；是否提供符合要求的永久水准点或临时水准点位置。

（5）图纸及说明是否齐全、清楚、明确。

（6）结构、建筑、设备等图纸本身及相互之间有否错误和矛盾；图纸与说明之间有无矛盾。

（7）有无特殊材料（包括新材料）要求，其品种、规格、数量能否满足需要。

（8）设计是否符合施工技术装备条件。如需采取特殊技术措施时，技术上有无困难，能否保证安全施工。

（9）地基处理及基础设计有无问题；建筑物与地下构筑物、管线之间有无矛盾。

（10）建（构）筑物及设备的各部位尺寸、轴线位置、标高、预留孔洞及预埋件，大样图及作法说明有无错误和矛盾。

在图纸会审的基础上，按施工技术管理程序，应在单位工程或分部、分项工程施工前逐级进行技术交底。如对施工组织设计中涉及的工艺要求、质量标准、技术安全措施、规范要求和采用的施工方法，以及图纸会审中涉及的要求及变更等内容向有关的施工人员交底。

技术交底应有如下分工：

（1）凡由公司组织编制施工组织设计的工程，由公司主管生产技术的经理主持，公司总工程师向有关项目经理部经理、主管工程师、栋号技术负责人及有关职能负责人进行交底，交底的内容可以以总工程师签发的会议记录或其他文字资料为准。

（2）凡由项目经理部编制的施工组织设计的工程，由项目经理部主管工程师向参加施工的技术负责人和项目经理部有关技术人员进行交底，交底后将主管工程师签发的技术交底文件，交栋号技术负责人作为指导施工的技术依据。

（3）栋号技术负责人，在施工前根据施工进度，按部位和操作项目，向工长及班组长进行技术交底。

3. 工程计量、计价与审查

根据审定后的全套施工详图及设计说明书、图样会审纪要、施工组织设计及施工方案，严格按照工程量计算规则，计算工程的各分部、分项工程量；根据《建设工程工程量清单计价规范》（GB 50500—2008）、消耗量定额、各地规费及有关材料调差等，进行计价，以确定工程项目的预算价格，做到计量准确、取费合理、内容完整。

建设单位在接到工程项目的预算报价后，为避免出现追加合同价款，应重点审查以下内容：工程量计算规则是否有较大的差异；消耗量定额套用是否准确；取费标准与调价指标的确定是否合理；预算项目是否存在漏套、漏算现象；预算价格是否突破工程项目投资申请额。

4. 编制中标后的施工组织设计

中标后的施工组织设计是施工准备工作的重要组成部分，也是指导施工现场全部生产活动的技术经济文件。是施工单位在施工准备阶段编制的指导拟建工程从施工准备到竣工验收乃至保修回访的技术经济、组织的综合性文件，也是编制施工预算，实行项目管理的依据，是施工准备工作的主要文件。建筑施工生产活动的全过程是非常复杂的物质财富再创造的过程，为了正确处理人与物、主体与辅助设施、工艺与设备、专、业；协作、供应与消耗、生产与储存、使用与维修以及它们在空间布置、时间排列之目的关系，必须根据拟建工程的规模、结构特点和建设单位的要求，在原始资料调查分析的基础上，编制出一份能切实指导该工程项目全部施工活动的科学方案。

（1）施工单位必须在施工约定的时间内完成中标后施工组织设计的编制与自审工作，并填写施工组织设计报审表，报送项目监理机构。

（2）总监理工程师应在约定的时间内，组织专业监理工程师审查，提出审查意见后，由总监理工程师审定批准，需要施工单位修改时，由总监理工程签发书面意见，退回施工单位修改后再报审，总监理工程师应重新审定，已审定的施工组织设计由项目监理机构报送建设单位。

（3）施工单位应按审定的施工组织设计文件组织施工，如需对其内容做较大变更，应在实施前将变更内容书面报送项目监理机构重新审定。

（4）对规模大、结构复杂或属新结构，特种结构的工程，专业监理工程师提出审查意见后，由总监理工程师签发审查意见，必要时与建设单位协商，组织有关专家会审。

（三）施工资源准备

1. 物资准备工作

材料、构（配）件、制品、机具和设备是保证工程项目施工顺利进行的物质基础，这些物资的准备工作必须在工程开工之前完成。根据各种物资的需要量计划，分别落实货源，安排运输和储备，使其满足连续施工的要求。

物资准备工作内容主要包括：建筑材料的准备；构（配）件和制品的加工准备；建筑安装机具的准备和生产工艺设备的准备。

（1）建筑材料的准备。建筑材料的准备主要是根据工程量及消耗量定额进行分析，按照施工进度计划要求，按材料名称、规格、使用时间、材料储备定额；消耗定额进行汇总，编制出材料需要量计划，为组织备料、确定仓库、场地堆放所需的面积和组织运输等提供依据。

（2）构（配）件、制品的加工准备。根据工程量及消耗量定额提供的构（配）件、制品的名称、规格、质量和数量，确定加工方案、供应渠道及进场后的储存地点和方式，编制出其需要量计划，为组织运输、确定堆场面积等提供依据。

（3）建筑安装机具的准备。根据采用的施工方案、安排的施工进度，确定施工机械的类型、数量和进场时间，确定施工机具的供应办法和进场后的存放地点和方式，编制建筑安装机具的需要量计划，为组织运输、确定存放面积等提供依据。

（4）生产工艺设备的准备。按照施工项目生产工艺流程及工艺设备的布置图，提出工艺设备的名称、型号、生产能力和需要量，确定分期分批进场时间和保管方式，编制工艺设备需要量计划，为组织运输，确定堆场面积提供依据。

2. 物资准备工作的程序

物资准备工作的程序是搞好物资准备的重要手段。通常按如下程序进行：

（1）根据工程量及消耗量定额、分部（分项）工程施工方法和施工进度的安排，拟定各种建筑材料、构（配）件及制品、施工机具和工艺设备等物资的需要量计划。

（2）根据各种物资需要量计划，组织货源，确定加工、供应地点和供应方式，签订物资供应合同。

（3）根据各种物资的需要量计划和合同，拟定运输计划和运输方案。

（4）按照施工总平面图的要求，组织物资按计划时间进场，在指定地点、按规定方式进行储存或堆放。

3. 劳动力组织准备

劳动组织准备的范围既有整个建筑施工企业的劳动组织准备，又有大型综合的拟建建设项目的劳动组织准备，也有小型简单的拟建单位工程的劳动组织准备。我们以一个拟建工程项目为例，说明其劳动组织准备的工作内容。

（1）项目组织机构建设。施工组织领导机构（如项目经理部）的建立应根据拟建工程项目的规模、结构特点和复杂程度，确定施工的领导机构人选和名额；坚持合理分工与密切协作相结合，把有施工经验、有创新精神、有工作效率的人选入领导机构，认真执行因事设职、因职选人的原则。

（2）组织精干的施工队组。施工队组的建立要认真考虑专业、工种的合理搭配，技工、普工的比例要满足合理的劳动组织要求，要符合流水施工组织方式的要求；确定建立施工队组要坚持合理、精干的原则；同时根据拟建工程项目的工程量、消耗量定额，制定出该工程的劳动力需要量计划。

（3）集结施工力量、组织劳动力进场。工地领导机构确定之后，按照开工日期和劳动力需要量计划，组织劳动力进场。同时要进行安全、防火和文明施工等方面的教育，并安排好职工的生活。

（4）向施工队组、工人进行施工组织设计、计划和技术交底。施工组织设计、计划和技术交底的目的是把拟建工程的设计内容、施工计划和施工技术等要求，详尽地向施工队组和工人讲解清楚。这是落实计划和技术责任制的好办法。

施工组织设计、计划和技术交底应在单位工程或分部、分项工程开工之前及时进行，以保证工程严格地按照设计图样、施工组织设计、安全操作规程和施工质量验收规范等要求进行施工。

施工组织设计、计划和技术交底的内容有：工程的施工进度计划、月（旬）作业计划；施工组织设计，尤其是施工工艺、质量标准、安全技术措施、降低成本措施和施工质量验收规范的要求；新结构、新材料、新技术和新工艺的实施方案和保证措施；图样会审中所确定的有关部位的设计变更和技术核定等事项。交底工作应该按照管理系统逐级进行，由上而下直到工人队组。交底的方式有书面形式、口头形式和现场示范形式等。

施工队组、工人在接受施工组织设计、计划和技术交底后，要组织其成员进行认真的分析研究，弄清关键部位、质量标准、安全措施和操作要领。必要时应该进行示范，并明确任务及做好分工协作，同时建立健全岗位责任制和保证措施。

（5）建立健全各项管理制度。工地各项管理制度是否建立、健全，直接影响各项施工活动的顺利进行。有章不循其后果是严重的；而无章可循更是危险的。为此必须建立、健全工地的各项管理制度。通常其内容包括：工程质量检验与验收制度；工程技术档案管理制度；建筑材料（构件、配件、制品）的检查验收制度；技术责任制度；施工图样学习与会审制度；技术交底制度；职工考勤、考核制度；工地及班组经济核算制度；材料出入库制度；安全操作制度；机具使用保养制度等。

（四）施工现场准备

施工现场是施工的全体参加者为夺取优质、高效、低耗的目标，而有节奏、均衡、连续地进行战术决战的活动空间。施工现场的准备工作主要是为了给施工项目创造有利的施工条件和物资保证。

1. 做好施工场地的控制网测量

按照设计单位提供的建筑总平面图及给定的永久性经纬坐标控制网和水准控制基桩，进行厂区施工测量，设置厂区的永久性经纬坐标桩、水准基桩和建立厂区工程测量控制网。

2. 搞好"三通一平"

"三通一平"是指路通、水通、电通和平整场地。

（1）路通。施工现场的道路是组织物资运输的动脉。拟建工程开工前必须按照施工总平面图的要求，修好施工现场的永久性道路（包括厂区铁、公路）及必要的临时性道路，形成畅通的运输网络，为建筑材料进场、堆放创造有利条件。

（2）水通。水是施工现场的生产和生活不可缺少的。拟建工程开工之前，必须按照施工总平面图的要求，接通施工用水和生活用水的管线，使其尽可能与永久性的给水系统结合起来，做好地面排水系统，为施工创造良好的环境。

（3）电通。电是施工现场的主要动力来源。拟建工程开工前，要按照施工组织设计的要求，接通电力和电信设施，做好其他能源的供应，确保施工现场动力设备和通信设备的正常运行。

（4）平整场地。按照建筑施工，总平面图的要求，首先拆除场地上妨碍施工的建筑物或构筑物，然后根据建筑总平面图规定的标高和土方竖向设计图样，进行挖（填）土方的工程量计算，确定平整场地的施工方案，进行平整场地的工作。

3. 做好施工现场的补充勘探

对施工现场做补充勘探是为了进一步寻找枯井、防空洞、古墓、地下管道、暗沟和枯树根等隐蔽物，以便及时拟定处理隐蔽物的方案，并进行实施，为基础工程施工创造有利条件。

4. 建造临时设施

按照施工总平面图的布置，建造临时设施，为正式开工准备好生产、办公、生活、居住和储存等临时用房。

5. 安装、调试施工机具

按照施工机具需要量计划，组织施工机具进场，根据施工总平面图将施工机具安置在规定的地点及仓库。对于固定的机具要进行就位、搭棚、接电源、保养和调试等工作。对所有施工机具都必须在开工之前进行检查和试运转。

6. 做好建筑材料、构（配）件、制品的储存和堆放

按照建筑材料、构（配）件、制品的需要量计划组织进场，根据施工总平面图规定的地

点和指定的方式进行储存和堆放。

7. 及时提供建筑材料的试验申请计划

按照建筑材料的需要量计划，及时提供建筑材料的试验申请计划。如钢材的力学性能和化学成分等试验；混凝土、砂浆的配合比和强度试验等。

8. 做好冬雨季施工安排

按照施工组织设计的要求，落实冬雨季施工的临时设施和技术措施。

9. 进行新技术项目的试制和试验

按照设计图样和施工组织设计的要求，认真进行新技术项目的试制和试验。

10. 设置消防、保安设施

按照施工组织设计的要求，根据施工总平面图的布置，建立消防、保安等组织机构和有关的规章制度，布置安排好消防、保安等措施。

（五）施工场外准备

施工准备除了施工现场内部的准备工作外，还有施工现场外部的准备工作。

1. 材料、设备的加工和订货

建筑材料、构（配）件和建筑制品大部分均必须外购，工艺设备更是如此，但有些机具或设备可以采取租赁。这样，如何与加工部门、生产单位联系，签订供货合同，搞好及时供应，对于施工企业的正常生产是非常重要的；对于协作项目也是这样，除了要签订议定书之外，还必须做大量有关方面的工作。

2. 做好分包工作和签订分包合同

由于施工单位本身的力量有限，有些专业工程的施工、安装和运输等均需要向外单位委托或分包。根据工程量、完成日期、工程质量和工程造价等内容，与其他单位签订分包合同，保证工程按时实施。

3. 向上级提交开工申请报告

当材料的加工、订货和做好分包工作、签订分包合同等施工场外的准备工作后，应该及时地填写开工申请报告，并上报上级主管部门批准。

第三节 施 工 组 织 设 计

一、编制施工组织设计的重要性

施工组织设计是规划和指导拟建工程从施工准备和竣工验收的全面性的技术经济文件，是整个施工活动实施统筹规划设计和科学管理的有力手段。

施工组织设计的基本任务是根据国家有关技术规定、业主对建设项目的各项要求、设计图纸和施工组织的基本原则，选择经济、合理、有效的施工方案；确定紧凑、均衡、可行的施工进度；拟定有效的技术组织措施；采用最佳的部署和组织，确定施工中的劳动力、材料、机械设备等需要量；合理利用施工现场的空间，以确保全面高效优质地完成最终建筑产品。

无论从建筑工程产品及生产特点、施工地位，还是从施工经营管理来看，施工组织设计与生产计划、施工企业生产的投入、产出以及现代化管理有着密切的关系。因此，编好施工组织设计非常重要。

二、施工组织设计的分类和作用

（一）施工组织设计的分类

1. 按编制的对象和范围分类

按编制对象和范围不同分为施工组织总设计、单项（单位）工程施工组织设计、分部（分项）工程施工组织设计等三种类别和层次。

不同点是：编制对象和范围不同；编制依据不同；参与编制人员不同；编制时间不同；所起作用有所不同。

相同点是：目标是一致的，编制原则是一致的，主要内容是相通的。

2. 按中标前后分类

按中标前后的不同分为投标施工组织设计（简称"标前设计"）和中标后施工组织设计（简称"标后设计"）两种。

"标前设计"和"标后设计"之间具有先后次序关系，单项制约关系。

区别是：编制依据和编制条件不同；编制时间不同；参与人员及范围不同；编制目的和立脚点不同；作用及特点不同；编制深度不同；审核人员不同；编制内容也有所不同。

3. 按设计阶段的不同分类

当项目设计按两个阶段进行时，施工组织设计分为施工组织总设计（扩大初步施工组织设计）和单位工程施工组织设计两种。

当项目设计按三个阶段时，施工组织设计分为施工组织设计大纲（初步施工组织条件设计）、施工组织总设计和单位工程施工组织设计三种。

施工组织设计大纲是以投标工程进行编制，目的是用于中标。

此时，设计阶段与施工组织设计的关系是：初步设计完成，可编制施工组织设计大纲；技术设计之后，可编制施工总设计；施工图设计完成后，可编制单位工程施工组织设计。

4. 按编制内容的繁简程度的不同分类

施工组织设计按编制内容的繁简程度不同，分为完整的施工组织设计和简明的施工组织设计两种。

完整的施工组织设计是指对于重点工程，规模大、结构复杂、技术要求高，采用新结构、新技术、新工艺的拟建工程项目，必须编制内容详尽的完整的施工组织设计。

简明的施工组织设计（或施工简要）是指对于非重点的工程，规模小、结构又简单，技术不复杂而且以常规施工为主的拟建工程项目，通常可以编制仅包括施工方案、施工进度计划和施工平面图（简称一案、一表、一图）等内容的简明施工组织设计。

（二）施工组织设计的作用

（1）施工组织设计是拟建工程项目施工准备工作的一项重要内容，同时又是指导各项施工准备工作的依据。

（2）施工组织设计能体现实现基本建设计划和设计的要求，可进一步验证设计方案的合理性与可行性，统一规划和协调复杂的施工活动。

（3）施工组织设计为拟建工程项目所确定的施工方案、施工进度和施工顺序等，是指导开展紧凑、有秩序施工活动的技术依据，可以科学地管理工程施工的全过程。

（4）施工组织设计所提出的拟建工程项目的各项资源需要量计划，直接为物资组织供应工作提供数据。

（5）施工组织设计对现场所作的规划和布置，为现场文明施工创造条件，为现场平面科学管理提供依据。

（6）施工组织设计对施工企业计划起决定和控制时作用。

（7）通过编制施工组织设计，可以合理地确定各种临时设施的数量、规模和用途。

（8）通过编制施工组织设计，可提高施工的预见性，减少盲目性，使管理者和生产者做到心中有数，工作处于主动地位，为实现建设目标提供技术保证。

（9）由上级主管部门督促检查工作及编制概、预算的依据。

三、施工组织设计的编制原则和依据

（一）施工组织设计的编制原则

施工组织设计要能正确指导施工，体现施工过程的规律性、组织管理的科学性、技术的先进性。在编制施工组织设计时，应充分考虑和遵循以下原则。

1. 充分利用时间和空间的原则

建设工程是一个体型庞大的空间结构，按照时间的先后顺序，对工程项目各个构成部分的施工要作出计划安排，即在什么时间、用什么材料、使用什么机械、在什么部位进行施工，也就是时间和空间的关系问题。要处理好这种关系，除了要考虑工艺关系外，还要考虑组织关系。要利用运筹理论、系统工程理论解决这些关系，实现项目实施的三大目标。

2. 工艺与设备配套优选原则

任何一个工程项目都具有一定的工艺过程，可采用多种不同的设备采完成，但却具有不同的效果，即不同的质量、工期和成本。

例如在混凝土工程施工中，桩基础的水下浇注混凝土、梁（柱）体混凝土浇筑、路面混凝土的浇筑等，均要求最后一盘混凝土浇筑完毕，第一盘浇筑的混凝土不得初凝。因此，在安排混凝土搅拌、运输、振捣机械时，要在保证满足工艺要求的条件下，使这三种机械相互配套，防止施工过程出现脱节，充分发挥三种机械的工作效率。如果配套机组较多，则要从中优选一组配套机械提供使用，这时应通过技术经济比较作出决策。

3. 最佳技术经济决策原则

完成某些工程项目存在着不同的施工方法，具有不同的施工技术，使用不同的机械设备，要消耗不同的材料，会带来不同的结果——质量、工期、成本。因此，对于此类工程项目的施工，可以从这些不同的施工方法、施工技术中，通过具体的计算、分析、比较，选择出最佳的技术经济方案，以达到降低成本的目的。

4. 专业化分工与密切协作相结合的原则

现代施工组织管理既要求专业化分工，又要求密切协作。特别是流水施工组织原理和网络计划技术的编制，尤为如此。

处理好专业化分工与协作的关系，就是要减少或防止窝工，提高劳动生产率和机械使用效率，以达到提高工程质量、降低工程成本和缩短工期的目的。

5. 供应与消耗协调的原则

物资的供应要保证施工现场的消耗。物资的供应既不能过剩，又不能不足，它要与施工现场的消耗相协调。如果供应过剩，则要多占用临时用地面积、多建存放库房，必然增加临时设施费用，同时物资过剩积压，存放时间过长，必然导致部分物资变质、失效，从而增加材料费用的支出，最终造成工程成本的增加；如果物资供应不足，必然出现停工待料，影响

施工的连续性，降低劳动生产率，既延长了工期又提高了工程成本。因此，在供应与消耗的关系上，一定要坚持协调性原则。

（二）施工组织设计的编制依据

（1）设计资料，包括已批准的设计任务书、初步设计（或扩大初步设计）、施工图样和设计说明书等。

（2）自然条件资料，包括地形、工程地质、水文地质和气象资料。

（3）技术经济条件资料，包括建设地区的建材工业及其产品、资源、供水、供电、交通运输、生产、生活基地设施等资料。

（4）施工合同规定的有关指标，包括建设项目的交付使用日期，施工中要求采用的新结构、新技术和有关的先进技术指标等。

（5）施工企业及相关协作单位可配备的人力、机械、设备和技术状况以及施工经验等资料。

（6）国家和地方有关现行规范、规程和定额标准等资料。

四、施工组织设计的内容

无论是群体工程还是单位工程，其主要内容如下。

1. 工程概况及特点分析

工程概况包括：拟建工程的建筑、结构特点，工程规模及用途，建设地点的特征，施工条件，施工力量，施工期限，技术复杂程度，资源供应情况，上级建设单位提供的条件及要求等各种情况的分析。

2. 施工部署和施工方案

3. 施工准备工作计划

施工准备工作计划主要是明确施工前应完成的施工准备工作的内容、起止期限、质量要求等，主要包括：施工项目部的建立，技术资料的准备，现场"三通一平"，临建设施，测量控制网准备，材料、构件、机械的组织与进场，劳动组织等。

4. 施工进度计划

施工进度计划的编制包括划分施工过程，计算工程量，计算工程劳动量，确定工作天数和人数或机械台班数，编制进度计划表及检查与调整等项工作。

5. 各项资源需要量计划

该项工作是提供资源（劳力、材料、机械）保证的依据和前提。

6. 施工（总）平面图

施工现场（总）平面布置图是施工组织设计在空间上的体现。

7. 技术措施和主要技术经济指标

一项工程的完成，除了施工方案选择合理，进度计划安排科学之外，还应充分的注意采取各项措施，如季节性施工的技术组织措施等，确保质量、工期、文明安全以及降低成本。

主要技术经济指标用施工工期、全员劳动生产率、资源利用系数、质量、成本、安全、节约材料及机械化程度等指标表示。

施工组织设计编制完后，应认真贯彻执行，做到及时调度，对材料、机械、劳动力消耗、质量、施工过程、计划执行情况认真检查和调整，并做好施工统计工作。

第四节 工程项目资料的内容与存档

一、工程项目资料的内容

工程项目资料的内容主要包括基建文件、监理、施工和竣工图等资料。

（一）质量保证资料

1. 建筑工程

钢材出厂合格证、钢材进厂试验报告；焊接试（检）验报告、焊条（剂）合格证、焊工考试合格证；水泥出厂合格证、水泥进厂试验报告；砖出厂合格证、砖进厂试验报告；防水材料合格证、材料进厂试验报告、防水工程质量检查验收记录；构件合格证、抽检试验报告；混凝土试块试验报告、统计分析评定；砂浆试块试验报告、统计分析评定；土壤试验、打（试）桩记录，人工地基及各种桩的检测报告，地基工程的总评价；地基验槽记录、隐蔽验收记录，沉降观测记录；结构吊装、基础工程、主体结构分部验收记录。

2. 建筑采暖、卫生与煤气工程

材料设备出厂合格证、批量抽检报告；管道、设备强度、焊接检验和严密性试验记录，管道保温测试记录；排烟、排气测试记录；系统清洗记录；排水管灌水、通水、蓄水、通球试验记录，隐蔽工程验收记录；锅炉烘、煮炉、设备试运转记录。

3. 建筑电气安装工程

主要电气设备、材料合格证，材料批量抽检试验报告；电气设备试验、调整记录；绝缘、接地电阻、相序测试记录、隐蔽验收记录。

4. 通风与空调工程

材料设备出厂合格证，批量抽检试验报告；空调调试报告；制冷管道试验记录，风管试验记录，管道保温测试记录。

5. 电梯安装工程

绝缘、接地电阻测试记录、隐蔽工程检查验收记录，自动控制测试记录，安全系统测试记录；空、满、超载运行记录；调整、试验记录。

（二）分部分项评定（观感质量评定）资料

分部分项评定资料是施工企业按规定对分项工程自检自评的最原始的数据资料，分部分项的划分及内容必须符合规定，"分项工程质量检验评定表"必须按保证项目、基本项目及允许偏差项目认真填写。

施工现场的质量管理人员要负责自检自评资料的全面性、准确性，抽检方法及数量必须符合规定，计算方法及质量等级的评定必须严格按标准执行。

资料的整编应按分部工程划分组卷，工程质量应按分项、分部和单位工程的顺序进行检验评定，且必须按规定计算方法确定其质量等级。

分部分项评定所填制的表格，必须签章齐全，分级负责。

观感质量评定，应由三名以上持有省级建设管理部门颁发的观感员证的人员进行，方为有效。

观感质量评定必须使用统一用表，观感得分率必须按规定的方法进行计算。

（三）施工技术资料

施工技术资料是指企业为了保证工程质量而采取的技术措施、施工方法、新工艺、新材料及设计变更、图纸会审、工程质量事故、有关技术问题的会议纪要等，除本规定质量保证资料规定的 25 种以外的其他各种技术资料。

施工技术资料按下列主要内容收集整理汇编，亦可按实际情况予以增减：

施工技术交底记录（包括各分项工程的施工技术、措施办法、质量要求等）；

技术复核（即预检工程记录，包括建筑物定位轴线、标高、结构吊装检验、屋面找平层、坡度、泛水等技术复核记录）；

建筑工程隐蔽验收记录；建筑定、验线证明书；建筑物定位记录；高程引测记录；工程测量定位放线成果报告；设计变更通知单；冬、雨期施工技术措施；构件冬期施工测温记录；地基与基础及其他分部工程特殊处理记录；墓、坑、穴、井等处理记录；混凝土工程施工记录；预应力钢筋冷拉、张拉、放张及灌浆记录；工程质量事故，机械设备事故报告；预应力钢筋物理及化学性检验报告；图纸会审纪要；材料代用证；各类配合比设计通知单；砂浆、混凝土计量台账；重要结构部位技术交底记录；烟道试烟记录；工程普探报告（附普探平面图及文字说明）；工程地质勘察报告；粗细骨料含泥量、含水量、坚固性、有害物质含量及颗粒级配试验报告；一般性工程质量问题查处记录；地基处理方案（附方案及图纸）；甩项工程证明；工程保修、回访记录；建筑装饰材料合格证、抽检结果证明。

（四）施工管理资料

工程项目开、竣工报告；工程竣工验收证明书；工程项目定点批文；工程项目规划许可证（审批表）；工程项目投资许可证；工程项目用地批文；施工许可证；施工（营业）执照；施工合同；施工方案或施工组织设计；质量监督申报表，工程监理委托书；建筑工程中标通知书；施工测温记录及天气情况记录；质量检测计量器具配备一览表；主要预制配件加工计划表；管理类各种文件、通知等；施工日志；工序交接检查记录；安全检查记录；预决算书。

（五）竣工图

竣工图由施工企业负责整编，图纸应按折叠规定装订成册。

施工中没有变更的图纸，仅加盖标准"竣工图"标志印章，变更不太多的图纸，可将变更部分绘制在蓝图上。

设计图中平面变更、结构重大变更、设备管线系统改变、增补设计等，应以设计单位绘制的图纸为准。

在原蓝图上增绘的图面及文字说明，应用黑色绘图墨水绘制书写，不得使用铅笔或普通型的圆珠笔。

二、工程项目资料的存档

1. 资料的存档

施工单位竣工资料包括施工技术资料、管理资料、开（竣）工报告及验收文件等，应经监理公司审查、项目主管工程师初审，工程管理部经理审核签字认可后交工程管理部资料管理员复核后存档。一般按单位工程进行组卷。

全套监理资料应在工程竣工验收前，由监理单位完整报送工程管理部，经项目主管工程师初审，工程管理部经理审核后交工程管理部资料管理员存档。

施工图、变更资料按规定流程审核，设计单位变更盖章，由工程管理部资料管理员按程序发文、归档；工程勘察报告、地基（桩基）检测报告等资料，经设计主管初审，工程管理部经理校核，工程总监审核，由工程管理部资料员归档并分发相关单位及部门；工程设计、施工单位选定评审表，委托单、工程各类合同，工作联系单等资料按规定程序审批后，由工程管理部资料管理员归档、发文；政府行政主管部门审批的各项资料（如消防、环保、综合验收、报建等）和证书等，资料原件直接移交行政管理部存档，工程管理部存留复印件备查；所有归档资料均须按档案规定统一编号，按项目分类管理；所有归档资料必须签、章齐全；所有归档资料一律使用碳素笔书写；资料管理员对工程管理部各类资料管理的及时性、完整性负责。

2. 技术资料发放

技术资料的编号按《档案管理办法》的有关规定执行。

技术资料的发放：工程管理部各种技术资料，在资料管理员处统一编号，经部门经理校核、工程总监审核后，由资料管理员盖章下发。资料管理员应建立相关的文件资料发文簿，并做好记录。

文件的签收：所有外来文件，由资料管理员统一签收并填写《外来文件处理单》，经部门经理校核，工程总监审核后，下发相关主管人员处理，并将处理结果按期反馈主管领导、登记备查。

施工图加晒、复印：需要加晒、复印施工图时，由使用人提出申请，经工程总监签字认可后，由资料管理员办理。

技术资料借阅制度：技术资料是内部管理资料，不外借，如确因工作需要，需经工程总监审批同意方可外借，资料管理员负责按借阅期要求催促借阅人归还。

3. 竣工资料的报送与审查

工程各阶段，由项目经理监督监理公司按月、季审查施工资料、质保资料、管理资料，不合格的资料控制在施工阶段。所有分包工程的技术资料必须统一归入总包单位工程竣工资料中，一并装订成册。施工单位在竣工验收前公司依相关规定要求进行审核，并提出审核意见。施工单位在规定期限内对审核意见中提出问题进行改正。施工单位将整改后的资料报送质监站，申请竣工验收；监理单位提供相应监理资料。

工程竣工验收后一个月内，施工单位将竣工资料报送市城建档案馆一套，行政管理部二套、物业公司一套存档。施工单位凭政府主管部门开具的竣工资料报送的收件单据，进行结算。竣工资料未按要求及时归档，该工程将不予结算。

小　结

1. 施工组织主要是研究建造工程项目的组织方法、基本理论和一般规律。

建筑产品的特点有空间固定性、多样性和体形庞大。建筑产品生产的特点包括流动性、单件性、地区性、生产周期长、露天作业多、高空作业多、手工作业多、工人劳动强度大和组织协作的综合复杂性。

工程建设程序是指工程项目建设全过程中各项工作必须遵守的先后次序，主要由项目建议书、可行性研究、编制设计文件、建设准备、施工安装、竣工验收等六个阶段组成。施工程序是指拟建工程项目在整个施工阶段必须遵守的先后工作程序。主要包括承接施工任务及签订施工合同、施工准备、组织施工、竣工验收、保修服务等五个环节或阶段。

2. 施工准备工作分为施工总准备（全场性的）、单位工程施工条件准备和分部（分项）工程作业条件准备，也可分为开工前的施工准备和各施工阶段施工前的准备。

施工准备工作的内容包括原始资料的调查分析、技术准备、施工资源准备、施工现场准备和施工场外准备。

3. 施工组织设计是规划和指导拟建工程从施工准备和竣工验收的全面性的技术经济文件，是整个施工活动实施统筹规划设计和科学管理的有力手段。

施工组织设计按对象和范围不同分为施工组织总设计、单项（单位）工程施工组织设计、分部（分项）工程施工组织设计；按中标的不同分为标前设计和标后设计；按两阶段设计，分为施工组织总设计（扩大初步施工组织设计）和单位工程施工组织设计；按三阶段设计，分为施工组织设计大纲（初步施工组织条件设计）、施工组织总设计和单位工程施工组织设计。按繁简程度不同，分为完整的施工组织设计和简明的施工组织设计。

施工组织设计内容包括工程概况及特点分析、施工部署和施工方案、施工准备工作计划、施工进度计划、各项资源需要量计划、施工（总）平面图、技术措施和主要技术经济指标。

4. 工程项目资料的内容与存档主要有基建文件、监理、施工和竣工图等资料。

复 习 思 考 题

13-1 什么是施工程序？分为哪几个环节？

13-2 组织施工的原则有哪些？

13-3 施工准备工作如何分类？主要内容有哪些？

13-4 技术准备工作应完成哪些主要工作？

13-5 简述施工资源准备工作的内容。

13-6 什么是施工组织设计？其基本任务是什么？

13-7 简答施工组织设计分类。

13-8 试述施工组织设计的编制原则。

13-9 施工组织设计有哪些编制依据？其基本内容有哪些？

13-10 工程项目资料的内容与存档包括哪些内容？

第十四章　流水施工原理

【内容提要和学习要求】

　　本章介绍流水施工的基本原理和方法，流水施工工艺、空间和时间参数，固定节拍流水、成倍节拍流水和分别流水施工三种施工的组织方式。流水施工是一种比较科学的组织方式，特点在于能够保证施工连续、均衡、有节奏，合理地进行，在工程施工组织中应用广泛。应熟悉合理的施工工程组织应考虑哪些因素；熟悉流水施工的基本概念及其特点；了解流水施工组织的条件；掌握流水施工的工艺参数、时间参数和空间参数；掌握固定节拍流水、成倍节拍流水和分别流水施工的组织方法及工期计算；熟悉水平图表、垂直图表的绘制方法。

第一节　流水施工概述

一、施工组织方式

1. 施工过程的合理组织

　　一个工程的施工过程组织是指对工程系统内所有生产要素进行合理的安排，以最佳的方式将各种生产要素结合起来，使其形成一个协调的系统，从而达到作业时间省、物资资源耗费低、产品和服务质量优的目标。

　　合理组织施工过程，应考虑以下基本要求：

　　（1）施工过程的连续性。在施工过程中各阶段、各施工区的人流、物流始终处于不停的运动状态之中，避免不必要的停顿和等待现象，且使流程尽可能短。

　　（2）施工过程的协调性。要求在施工过程中基本施工过程和辅助施工过程之间、各道工序之间以及各种机械设备之间在生产能力上要保持适当数量和质量要求的协调（比例）关系。

　　（3）施工过程的均衡性。在工程施工的各个阶段，力求保持相同的工作节奏，避免忙闲不均、前松后紧、突击加班等不正常现象。

　　（4）施工过程的平行性。指各项施工活动在时间上实行平行交叉作业，尽可能加快速度，缩短工期。

　　（5）施工过程的适应性。在工程施工过程中对由于各项内部和外部因素影响引起的变动情况具有较强的应变能力。这种适应性要求建立信息迅速反馈机制，注意施工全过程的控制和监督，及时进行调整。

　　工业生产的实践证明，流水施工作业法是组织生产的有效方法。流水作业法的原理同样也适用于建筑工程的施工。

2. 流水施工

　　建筑工程的流水施工与一般工业生产流水线作业十分相似。不同的是，在工业生产中的流水作业中，专业生产者是固定的，而各产品或中间产品在流水线上流动，由前个工序流向后一个工序；而在建筑施工中的产品或中间产品是固定不动的，而专业施工队则是流动的，它们由前一施工段流向后一施工段。

3. 流水施工组织方式

为了说明建筑工程中采用流水施工的特点，可比较建造 m 幢相同的房屋时，施工采用的依次施工、平行施工和流水施工三种不同的施工组织方法。

采用依次施工时 [图 14-1 (a)]，是当第一幢房屋竣工后才开始第二幢房屋的施工，即按着次序一幢接一幢地进行施工。这种方法同时投入的劳动力和物资资源较少，但各专业工作队在该工程中的工作是有间隙的，工期也拖的较长。有 m 幢房屋，每幢房屋施工工期为 t，则总工期为 $T=mt$。

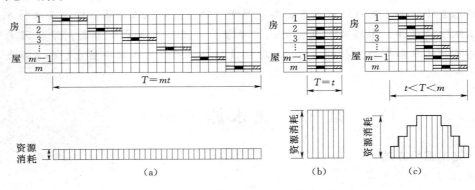

图 14-1　不同施工方法的比较
(a) 依次施工；(b) 平行施工；(c) 流水施工

采用平行施工时 [图 14-1 (b)]，m 幢房屋同时开工、同时竣工。这样施工显然可以大大缩短工期，总工期 $T=t$。但是，组织平行施工，各专业工作队同时投入工程的施工队数却大大增加，相应的劳动力以及物资资源的消耗量集中，现场临时设施增加，这都会给施工带来不良的经济效果。

在各施工过程连续施工的条件下，把各幢房屋作为劳动量大致相同的施工段，组织施工专业队伍在建造过程中最大限度地相互搭接起来，陆续开工，陆续完工，就是流水施工 [图 14-1 (c)]。流水施工是以接近恒定的生产率进行生产的，保证了各工作队（组）的工作和物资资源的消耗具有连续性和均衡性。可以看出，流水施工方法能克服依次和平行施工方法的缺点，同时保留了它们的优点，其总工期 $T<mt$。

二、流水施工的技术经济效益

1. 技术经济效益

流水施工最主要特点是施工过程（工序或工种）作业的连续性和均衡性。施工过程连续性又分为时间上的连续性和空间上的连续性。时间上的连续性是指专业施工队在施工过程的各个环节的运动，自始至终处于连续状态，不产生明显的停顿与等待现象；空间上的连续性要求施工过程各个环节在空间上布置合理紧凑，充分利用工作面，消除不必要的空闲时间。组织均衡施工是建立正常施工秩序和管理秩序、保证工程质量、降低消耗的前提条件，有利于最充分地利用现有资源及其各个环节的生产能力。

流水施工是一种合理的、科学的施工组织方法，它可以在建筑工程施工中带来良好的经济效益。

（1）流水施工按专业工种建立劳动组织，实行生产专业化，有利于提高生产率和保证工程质量。

（2）科学地安排施工进度，从而减少停工窝工损失，合理地利用了施工的时间和空间，有效地缩短施工工期。

（3）施工的连续性、均衡性，使劳动消耗、资源供应等都处于相对平稳状态，便于工程管理，降低施工成本。

2. 组织条件

流水施工是指各施工专业队按一定的工艺和组织顺序，以确定的施工速度，连续不断地通过预先计划的流水段（区），在最大限度搭接的情况下组织施工生产的一种形式。组织流水施工，必须具备以下的条件。

（1）把整幢建筑物建造过程分解成若干个施工过程。每个施工过程由固定的专业工作队负责实施完成。施工过程划分的目的，是为了对施工对象的建造过程进行分解，以明确具体专业工作，便于根据建造过程组织各专业施工队依次进入工程施工。

（2）把建筑物尽可能地划分成劳动量或工作量大致相等的施工段（区），也可称流水段（区）。施工段（区）的划分目的是为了形成流水作业的空间。每一个段（区）类似于工业产品生产中的产品，它是通过若干专业生产来完成。工程施工与工业产品的生产流水作业的区别在于，工程施工的产品（施工段）是固定的，专业队是流动的；而工业生产的产品是流动的，专业队是固定的。

（3）确定各施工专业队在各施工段（区）内的工作持续时间。这个持续时间又称"流水节拍"，代表施工的节奏性。

（4）各工作队按一定的施工工艺，配备必要的机具，依次地、连续地由一个施工段（区）转移到另一个施工段（区），反复地完成同类工作。

（5）不同工作队完成各施工过程的时间适当地搭接起来。不同专业工作队之间的关系，表现在工作空间上的交接和工作时间上的搭接。搭接的目的是缩短工期，也是连续作业或工艺上的要求。

三、流水施工的分级及表达方式

（一）流水施工的分级（类）

根据流水施工组织的范围不同，流水施工通常分为以下几类。

1. 分项工程流水施工

分项工程流水施工也称为细部流水施工。它是在一个专业工种内部组织起来的流水施工。在施工进度计划表上，它是一条标有施工段或工作编号的水平进度指示线段或斜向进度指示线段。

2. 分部工程流水施工

分部工程流水施工也称为专业流水施工。它是在一个分部工程内部各分项工程之间组织起来的流水施工。在施工进度计划表上，它由一组标有施工段或工作队编号的水平进度指示线段或斜向进度指示线段来表示。

3. 单位工程流水施工

单位工程流水施工也称为综合流水施工。它是在一个单位工程内部各分部工程之间组织起来的流水施工。在施工进度计划表上，它是若干分部工程的进度指示线段，并由此构成一张单位工程施工进度计划。

4. 群体工程流水施工

群体工程流水施工也称为大流水施工。它是在单位工程之间组织起来的流水施工。反映在施工进度计划上是一张施工总进度计划。

(二) 流水施工的表达方式

工程施工进度计划图表是反映工程施工时各施工过程按其工艺上的先后顺序、相互配合的关系和它们在时间、空间上的开展情况。目前应用最广泛的施工进度计划图表有线条图和网络图。

流水施工的工程进度计划图表采用线条图表示时，按其绘制方法的不同分为水平图表（又称横道图）[图 14-2 (a)] 及垂直图表（又称斜线图）[图 14-2 (b)]。图中水平坐标表示时间；垂直坐标表示施工对象；n 条水平线段或斜线表示 n 个施工过程在时间和空间上的流水开展情况。在水平图表中，也可用垂直坐标表示施工过程，此时 n 条水平线段则表示施工对象。应该注意，垂直图表中垂直坐标的施工对象编号是由下而上编写的。

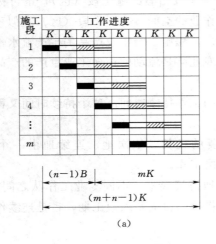 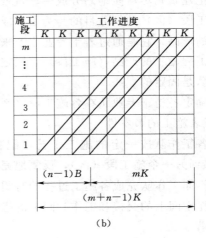

(a)　　　　　　　　　　　　　　　　(b)

图 14-2　流水施工图表

(a) 水平图表 ；(b) 垂直图表

水平图表具有绘制简单，流水施工形象直观的优点。垂直图表能直观地反映出在一个施工段中各施工过程的先后顺序和相互配合关系，而且可由其斜线的斜率形象地反映出各施工过程的流水强度。在垂直图表中还可方便地进行各施工过程工作进度的允许偏差计算。

有关流水施工网络图的表达方式，详见本书第十五章。

第二节　流水施工参数

为了说明组织流水施工时，各施工过程在时间上和空间上的开展情况及相互依存关系，必须引入一些描述流水施工进度计划图表特征和各种数量关系的参数，这些参数成为流水参数，它包括工艺参数、时间参数和空间参数。

一、工艺参数

工艺参数是指用以表达流水施工在施工工艺上开展顺序及其特征的参数。

（一）施工过程

一个工程的施工，通常由许多施工过程（如挖土、支模、扎筋、浇筑混凝土等）组成。施工过程的划分应按照工程对象、施工方法及计划性质等来确定，施工过程的数目，一般以 n 表示。

当编制控制性施工进度计划时，组织流水施工的施工过程划分可粗一些，一般只列出分部工程名称，如基础工程、主体结构吊装工程、装修工程、屋面工程等。当编制实施性施工进度计划时，施工过程可以划分得细一些，将分部工程再分解为若干分项工程。如将基础工程分解为挖土、浇注混凝土基础，砌筑基础墙、回填土等。但是其中某些分项工程仍由多工种来实现，特别是对其中起主导作用和主要的分项工程，往往考虑到按专业工种的不同，组织专业工作队进行施工，为便于掌握施工进度，指导施工，可将这些分项工程再进一步分解成若干个由专业工种施工的工序作为施工过程的项目内容。因此施工过程的性质，有的是简单的，有的是复杂的。如一幢建筑的施工过程数 n，一般可分为 20～30 个，工业建筑往往划分更多一些。而一个道路工程的施工过程数 n，则统统只分为 4～5 个。

施工过程分三类：即制备类、运输类和建造类。制备类就是为制造建筑制品和半制品而进行的施工过程，如制作砂浆、混凝土、钢筋成型等。运输类就是把材料、制品运送到工地仓库或在工地进行转运的施工过程。建造类是施工中起主导地位的施工过程，它包括安装、砌筑等施工。在组织流水施工计划时，建造类必须列入流水施工组织中，制备类和运输类施工过程，一般在流水施工计划中不必列入，只有直接与建造类有关的（如需占用工期，或占用工作面而影响工期等）运输过程或制备过程，才列入流水施工的组织中。

（二）流水强度

每一施工过程在单位时间内所完成的工程量（如浇捣混凝土施工过程，每工作班能浇筑多少立方米混凝土）叫流水强度，又称流水能力或生产能力，以 V 表示。

1. 机械施工过程的流水强度

$$V_i = \sum_{j=1}^{n} R_{ij} S_{ij} \qquad (14-1)$$

式中：V_i 为施工过程 i 的机械作业的流水强度；R_{ij} 为投入施工过程 i 的第 j 种施工机械数；S_{ij} 为投入施工过程 i 的第 j 种施工机械产量定额；n 为用于同一施工过程的主导施工机械种数。

2. 手工操作过程的流水强度

$$V_i = R_i S_i \qquad (14-2)$$

式中：V_i 为施工过程 i 的人工作业的流水强度；R_i 为投入施工过程 i 的专业工作队工人人数（R_i 应小于工作面上允许容纳的最多人数）；S_i 为投入施工过程 i 的专业工作队平均产量定额。

二、空间参数

空间参数是指用以表达流水施工在空间布置上所处状态的参数。

1. 工作面

工作面是表明施工对象上可能安置一定工人操作或布置施工机械的空间大小，所以工作面是用来反映施工过程（工人操作、机械布置）在空间上布置的可能性。

工作面的大小可以采用不同的单位来计量，如对于道路工程，可以采用沿着道路的长度以 m 为单位；对于浇筑混凝土楼板则可以采用楼板的面积以 m^2 为单位等。

在工作面上，前一施工过程的结束就为后一个（或几个）施工过程提供了工作面。在确定一个施工过程必要的工作面时，不仅要考虑施工过程必须的工作面，还要考虑生产效率，同时应遵守安全技术和施工技术规范的规定。

2. 施工段

在组织流水施工时，通常把施工对象划分为劳动量相等或大致相等的若干个段，这些段称为施工段。施工段的数目通常以 m 表示。每一个施工段在某一段时间内只供给一个施工过程使用。

施工段可以是固定的，也可以是不固定的。在固定施工段的情况下，所有施工过程都采用同样的施工段，施工段的分界对所有施工过程来说都是固定不变的。在不固定施工段的情况下，对不同的施工过程分别地规定出一种施工段划分方法，施工段的分界对于不同的施工过程是不同的。固定的施工段便于组织流水施工，采用较广，而不固定的施工段则较少采用。

在划分施工段时，应考虑以下几点：

（1）施工段的分界同施工对象的结构界限（温度缝、沉降缝或单元等）尽可能一致。

（2）各施工段上所消耗的劳动量尽可能相近。

（3）划分的段数不宜过多，以免使工期延长。

（4）对各施工过程均应有足够的工作面。

（5）当施工有层间关系，分段又分层时，为使各队能够连续施工，即各施工过程的工作队做完第一段，能立即转入第二段；做完一层的最后一段，能立即转入上面一层的第一段。因而每层最少施工段数目 m 应满足：

$$m \geqslant n$$

当 $m = n$ 时，工作队连续施工，而且施工段上始终有工作队在工作，即施工段上无空闲停歇，是比较理想的组织方式（图 14-3）。

施工过程		施工进度(d)							
		1	2	3	4	5	6	7	8
一层	支模	①	②	③					
	绑筋		①	②	③				
	浇筑			①	②	③			
二层	支模				①	②	③		
	绑筋					①	②	③	
	浇筑						①	②	③

图 14-3　$m = n$ 时流水施工开展状况

当 $m>n$ 时，工作队仍是连续施工，但施工段有空闲停歇（图 14-4）。

施工过程		施工进度（d）									
		1	2	3	4	5	6	7	8	9	10
一层	支模	①	②	③	④						
	绑筋		①	②	③	④					
	浇筑			①	②	③	④				
二层	支模					①	②	③	④		
	绑筋						①	②	③	④	
	浇筑							①	②	③	④

图 14-4 $m>n$ 时流水施工开展状况

当 $m<n$ 时，工作队在一个工程中不能连续施工而窝工（图 14-5）。

施工段有空闲停歇，一般会影响工期，但在空闲的工作面上如能安排一些准备或辅助工作（如运输类施工过程），则会使后继工作顺利，也不一定有害。而工作队工作不连续则是不可取的，除非能将窝工的工作队转移到其他工地进行工地间大流水。

流水施工中施工段的划分一般有两种形式：一种是在一个单位工程中自身分段；另一种是在建设项目中各单位工程之间进行流水段划分。后一种流水施工最好是各单位工程为同类型的工程，如同类建筑组成的住宅群，以一幢建筑作为一个施工段来组织流水施工。

施工过程		施工进度（d）						
		1	2	3	4	5	6	7
一层	支模	①	②					
	绑筋		①	②				
	浇筑			①	②			
二层	支模				①	②		
	绑筋					①	②	
	浇筑						①	②

图 14-5 $m<n$ 时流水施工开展状况

3. 施工层

施工层是表示将工程在垂直方向上划分为若干个施工操作层。通常以 r 表示。

三、时间参数

时间参数是指用以表达流水施工在时间排列上所处状态的参数。

（一）流水节拍

在组织流水施工时，每个专业工作队在各个施工段上完成相应的施工任务所需要的工作延续时间，称为流水节拍。通常以 t_i 表示，它是流水施工的基本参数之一。

流水节拍的大小，可以反映出流水施工速度的快慢、节奏感的强弱和资源消耗量的多少。根据其数值特征，一般流水施工又分为：固定节拍、成倍节拍和分别流水等组织方式。

影响流水节拍数值大小的因素主要有：项目施工时所采取的施工方案，各施工段投入的劳动力人数或施工机械台数，工作班次，以及该施工段工程量的多少。为避免工作队转移时浪费工时，流水节拍在数值上最好是半个班的整倍数。其数值的确定，可按以下方法。

1. 定额计算法

根据各施工段的工程量、能够投入的资源量（工人数、机械台数和材料量等），按以下

公式计算:

$$t_i = \frac{Q_i}{S_i R_i N_i} = \frac{P_i}{R_i N_i} \tag{14-3}$$

或

$$t_i = \frac{Q_i H_i}{R_i N_i} = \frac{P_i}{R_i N_i} \tag{14-4}$$

式中: t_i 为某专业工作队在第 i 施工段的流水节拍; Q_i 为某专业工作队在第 i 施工段要完成的工程量; S_i 为某专业工作队的计划产量定额; H_i 为某专业工作队的计划时间定额; P_i 为某专业工作队在第 i 施工段需要的劳动量或机械台班数量, $P_i = \dfrac{Q_i}{S_i} = Q_i H_i$; R_i 为某专业工作队投入的工作人数或机械台数; N_i 为某专业工作队的工作班次。

在计算时, S_i 和 H_i 最好是本项目经理部的实际水平。

2. 经验估算法

经验估算法也称为三种时间估算法,是根据以往的施工经验进行估算。为了提高其准确程度,往往先估算出该流水节拍的最长、最短和正常(即最可能)三种时间,然后据此求出期望时间作为某专业工作队在某施工段上的流水节拍。一般按式(14-5)计算:

$$t = \frac{a + 4c + b}{6} \tag{14-5}$$

式中: t 为某施工过程在某施工段上的流水节拍; a 为某施工过程在某施工段上的最短估算时间; b 为某施工过程在某施工段上的最长估算时间; c 为某施工过程在某施工段上的正常估算时间。

这种方法多适用于采用新工艺、新方法和新材料等没有定额可循的工程,详见第十五章。

3. 工期计算法

对某些施工任务在规定日期内必须完成的工程项目,往往采用倒排进度法。步骤如下:

(1)根据工期倒排进度,确定某施工过程的工作延续时间。

(2)确定某施工过程在某施工段上的流水节拍。若同一施工过程的流水节拍不等,则用估算法,若流水节拍相等,则按式(14-6)计算:

$$t = \frac{T}{m} \tag{14-6}$$

式中: t 为流水节拍; T 为某施工过程的工作持续时间; m 为某施工过程划分的施工段数。

当施工段数确定后,流水节拍大,则工期相应的就长。因此,从理论上讲,希望流水节拍越小越好。但实际上由于受工作面的限制,每一施工过程在各施工段上都有最小的流水节拍,其数值可按式(14-7)计算:

$$t_{\min} = \frac{A_{\min}\mu}{S} \tag{14-7}$$

式中: $t_{\min}$ 为某施工过程在某施工段的最小流水节拍; $A_{\min}$ 为每个工人所需最小工作面; μ 为单位工作面工程量含量; S 为产量定额。

式(14-7)算出数值,应取整数或半个工日的整倍数,根据工期计算的流水节拍,应大于最小流水节拍。

(二)流水步距

两个相邻的施工过程先后进入流水施工的时间间隔,叫流水步距,以 K 表示。如木工工作队第一天进入第一施工段工作，工作2天做完（流水节拍 $t=2d$），第3天开始钢筋工作队进入第一施工段工作。木工工作队与钢筋工作队先后进入第一施工段的时间间隔为2d，那么流水步距 $K=2d$。

流水步距的数目取决于参加流水的施工过程数，如施工过程数为 n 个，则流水步距的总数为（$n-1$）个。

确定流水步距的基本要求如下：

（1）始终保持合理的先后两个施工过程工艺顺序。

（2）尽可能保持各施工过程的连续作业，不发生停工、窝工现象。

（3）做到前后两个施工过程施工时间的最大搭接（即前一施工过程完成后，后一施工过程尽可能早地进入施工）。

（4）应满足工艺、技术间歇与组织间歇等间歇时间。

（三）间歇时间

流水施工往往由于工艺要求或组织因素要求，两个相邻的施工过程增加一定的流水间歇时间，这种间歇时间是必要的，分别称为工艺间歇时间和组织间歇时间，以 Z 表示。

1. 工艺（技术）间歇时间

根据施工过程的工艺性质，在流水施工中除了考虑两个相邻施工过程之间的流水步距外，还需考虑增加一定的工艺或技术间隙时间。如楼板混凝土浇筑后，需要一定的养护时间才能进行后道工序施工；又如屋面找平层完成后，需等待一定时间，使其彻底干燥，才能进行屋面防水层施工等。这些由于工艺、技术等原因引起的等待时间即为工艺、技术间隙时间。

2. 组织间歇时间

由于组织因素要求两个相邻的施工过程在规定的流水步距以外增加必要的间隙时间，如质量验收、安全检查等。这种间歇时间即为组织间歇时间。

上述两种间歇时间在组织流水施工时，可根据间歇时间的发生阶段或一并考虑、或分别考虑，以灵活应用工艺间歇和组织间歇的时间参数特点，简化流水施工组织。

（四）搭接时间

在组织流水施工时，为了缩短工期，在工作面允许的条件下，如果前一个专业工作队完成部分施工任务后，能够提前为后一个专业施工队提供工作面，使后者提前进入前一个施工段，两者在同一个施工段上平行搭接施工，这个搭接的时间称为平行搭接时间，以 C 表示。

（五）流水施工工期

从第一个专业工作队投入流水施工开始，到最后一个专业工作队完成流水施工为止的整个持续时间，以 T 表示。

第三节　流水施工的组织

专业流水是指在项目施工中，为生产某一建筑产品或其组成部分的主要专业工种，按照流水施工基本原理组织项目施工的一种组织方式。根据各施工过程时间参数的不同特点，专业流水分为：有节奏流水（固定节拍流水、成倍节拍流水）和无节奏流水（分别流水）等几种组织形式。

一、固定节拍流水

在组织流水施工时，如果所有的施工过程在各个施工段上的流水节拍彼此相等，这种流水施工组织方式称为固定节拍流水，也称为等节拍或全等节拍或等节奏或同步距流水。

1. 基本特点

（1）流水节拍彼此相等。如有 n 个施工过程，流水节拍为 t_i，则：

$$t_1 = t_2 = \cdots = t_{n-1} = t_n = t（常数）$$

（2）流水步距彼此相等，而且等于流水节拍，即：

$$K_{1,2} = K_{2,3} = \cdots = K_{n-1,n} = K = t（常数）$$

（3）每个专业工作队都能够连续施工，施工段没有空闲。

（4）专业工作队数 n_1 等于施工过程数 n。

2. 组织步骤

（1）确定项目施工起点流向，分解施工过程。

（2）确定施工顺序，划分施工段。划分施工段时，其数目 m 的确定如下：

当无层间关系或无施工层时 $m = n$。

当有层间关系或有施工层时，施工段数目 m 分下面两种情况确定：无技术和组织间歇时，取 $m = n$。有技术和组织间歇时，为了保证各专业工作队能连续施工，应取 $m \geq n$。

此时，每层施工段空闲数为 $m - n$，一个空闲施工段的时间为 t，则每层的空闲时间为

$$(m-n)t = (m-n)K$$

同一个施工层内的技术和组织间歇时间之和为 $\sum Z_1$，层间的技术和组织间歇时间之和为 Z_1（取大者）时，则：

$$m \geq n + \frac{\sum Z_1}{K} + \frac{Z_2}{K} \tag{14-8}$$

（3）根据固定节拍流水要求，计算流水节拍数值。

（4）确定流水步距，$K = t$。

（5）计算流水施工的工期：

$$T = (mr + n - 1)K + \sum Z_1 - \sum C_1 \tag{14-9}$$

式中：T 为流水施工总工期；m 为施工段数；n 为施工过程数；K 为流水步距；r 为施工层数；$\sum Z_1$ 为同一个施工层中各施工过程之间的技术与组织间歇时间之和；$\sum C_1$ 为同一个施工层内各施工过程间的平行搭接时间。

（6）绘制流水施工指示图表。

3. 应用举例

【例 14-1】 某分部工程由四个施工过程组成，划分成五个施工段，流水节拍均为 3d，无技术、组织间歇。试确定流水步距、计算工期，并绘制流水施工进度表。

解： 由已知条件 $t_i = t = 3$ (d)，可知宜组织固定节拍流水。

（1）确定流水步距。

由固定节拍流水的特点得：

$$K = t = 3(d)$$

（2）计算工期。

由公式得：

$$T=(mr+n-1)K+\sum Z_1-\sum C_1=(5\times1+4-1)\times3+0-0=24(d)$$

（3）绘制流水施工进度表（图 14-6）。

【例 14-2】 某项目由Ⅰ、Ⅱ、Ⅲ、Ⅳ 四个施工过程组成，划分两个施工层组织流水施工，施工过程Ⅱ完成后需养护一天下一个施工过程才能施工，且层间技术间歇为 1d，流水节拍均为 1d。为了保证工作队连续作业，试确定施工段数、计算工期，绘制流水施工进度表。

施工过程	施工进度(d)							
	3	6	9	12	15	18	21	24
A	①	②	③	④	⑤			
B		①	②	③	④	⑤		
C			①	②	③	④	⑤	
D				①	②	③	④	⑤

图 14-6 某工程固定节拍流水施工进度表

解： 由已知条件 $t_i=t=1$d，可知宜组织固定节拍流水。

（1）确定流水步距。

由题意得： $K=t=1$d

（2）确定施工段数。

因项目施工时分两个施工层，施工段数可按公式确定：

$$m=n+\frac{\sum Z_1}{K}+\frac{Z_2}{K}=4+\frac{1}{1}+\frac{1}{1}=6(段)$$

（3）计算工期。

由公式得：

$$T=(mr+n-1)K+\sum Z_1-\sum C_1=(6\times2+4-1)\times1+1-0=16(d)$$

（4）绘制流水施工进度表（图 14-7）。

施工层	施工过程	施工计划(d)															
		1	2	3	4	5	6	7	8	9	10	11	12	13	14	15	16
一层	Ⅰ	①	②	③	④	⑤	⑥										
	Ⅱ		①	②	③	④	⑤	⑥									
	Ⅲ				①	②	③	④	⑤	⑥							
	Ⅳ					①	②	③	④	⑤	⑥						
二层	Ⅰ							①	②	③	④	⑤	⑥				
	Ⅱ								①	②	③	④	⑤	⑥			
	Ⅲ										①	②	③	④	⑤	⑥	
	Ⅳ											①	②	③	④	⑤	⑥

图 14-7 某工程有间歇固定节拍流水施工进度表

417

二、成倍节拍流水

在进行固定节拍流水施工时，有时由于各施工过程的性质、复杂程度不同，可能会出现某些施工过程所需要的人数或机械台数，超出施工段上工作面所能容纳数量的情况。这时，只能按施工段所能容纳的人数或机械台数确定这些流水节拍，这可能使某些施工过程的流水节拍为其他施工过程流水节拍的倍数，从而形成成倍节拍流水。

成倍节拍流水是指在组织流水施工时，如果同一个施工过程在各施工段上的流水节拍彼此相等，不同施工过程在同一施工段上的流水节拍彼此不等而互为倍数的流水施工方式，也称为异节拍或异节奏流水。有时，为了加快流水施工速度，在资源供应满足的前提下，对流水节拍长的施工过程，组织几个同工种的专业工作队来完成同一施工过程在不同施工段上的任务，从而就形成了一个工期最短的、类似于固定节拍流水的等步距的成倍节拍流水施工方案，即加快成倍节拍流水。这里主要讨论等步距的加快成倍节拍流水。

1. 基本特点

（1）同一施工过程在各施工段上的流水节拍彼此相等，不同的施工过程在同一施工段上的流水节拍彼此不同，但互为倍数关系。

（2）流水步距彼此相等，且等于流水节拍的最大公约数。

（3）各专业工作队都能够保证连续施工，施工段没有空闲。

（4）专业工作队数大于施工过程数，即 $n_1 > n$。

2. 组织步骤

（1）确定施工起点流向，分解施工过程。

（2）确定施工顺序，划分施工段。

当不分施工层时，可按划分施工段的原则确定施工段数。

当分施工层时，每层的段数可按下式确定：

$$m \geqslant n_1 + \frac{\sum Z_1}{K_0} + \frac{Z_2}{K_0} \qquad (14-10)$$

式中：n_1 为专业工作队总数；K_0 为等步距的成倍节拍流水的流水步距。

（3）按成倍节拍流水确定流水节拍。

（4）按下式确定流水步距。

$$K_0 = 最大公约数\{t_1, t_2, \cdots, t_n\} \qquad (14-11)$$

（5）按式（14-12）、式（14-13）确定专业工作队数和总数：

$$b_j = \frac{t_j}{K_0} \qquad (14-12)$$

$$n_1 = \sum_{j=1}^{n} b_j \qquad (14-13)$$

式中：t_j 为施工过程 j 在各施工段上的流水节拍；b_j 为施工过程 j 所要组织的专业工作队数；j 为施工过程编号，$1 \leqslant j < n$。

（6）确定计划总工期，可按式（14-14）进行计算：

$$T = (mr + n_1 - 1)K_0 + \sum Z_1 - \sum C_1 \qquad (14-14)$$

（7）绘制流水施工进度表。

3. 应用举例

【例 14-3】　某工程施工过程数为 3，施工段数为 6，各施工过程的流水节拍分别为 6d，

2d，4d。试组织等步距成倍节拍专业流水并绘制施工进度表。

解：由题意知：$t_1=6$（d），$t_2=2$（d），$t_3=4$（d），$n=3$（个），$m=6$（段）

（1）流水步距 K_0。

取流水节拍的最大公约数 $\{6,2,4\}=2$(d)

（2）专业施工队数。

由公式得：
$$b_1=\frac{t_1}{K_0}=\frac{6}{2}=3(\text{个})$$
$$b_2=\frac{t_2}{K_0}=\frac{2}{2}=1(\text{个})$$
$$b_3=\frac{t_3}{K_0}=\frac{4}{2}=2(\text{个})$$

专业施工队总数：$n_1=\sum_{j=1}^{n}b_j=b_1+b_2+b_3=3+1+2=6(\text{个})$

（3）计算工期。

由公式得：
$$T=(mr+n_1-1)K_0+\sum Z_1-\sum C_1=(6\times1+6-1)\times2+0-0=22(\text{d})$$

（4）绘制施工进度表（图 14-8）。

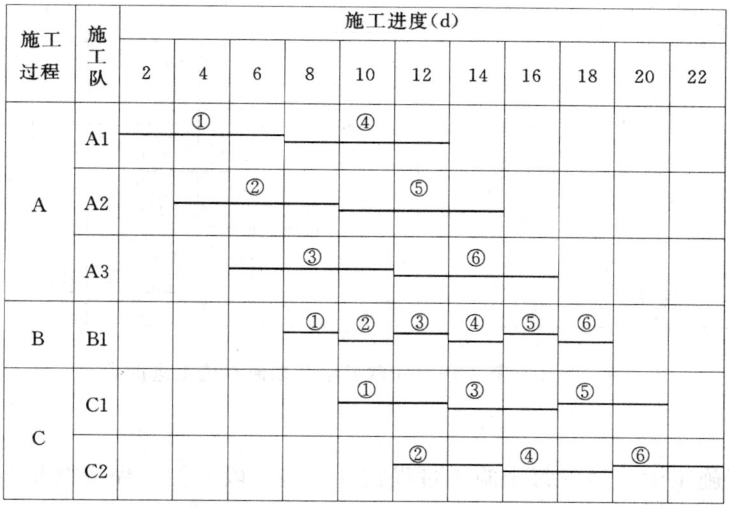

施工过程	施工队	施工进度(d)										
		2	4	6	8	10	12	14	16	18	20	22
A	A1		①			④						
	A2			②			⑤					
	A3				③			⑥				
B	B1				①	②	③	④	⑤	⑥		
C	C1					①		③		⑤		
	C2						②		④		⑥	

图 14-8 某工程成倍节拍流水施工进度表

【例 14-4】 一栋 2 层房屋的抹灰施工，分为底层和面层两个施工过程进行，底层抹完需 2d 干燥后，才能抹面层，底层和面层的流水节拍分别为 4d 和 2d。试组织等步距成倍节拍专业流水并绘制施工进度表。

解：由题意知：
$$t_1=4(\text{d}),\ t_2=2(\text{d}),\ n=2(\text{个}),\ \sum Z_1=2(\text{d}),j=2$$

（1）流水步距 K_0。

取流水节拍的最大公约数 $\{4,2\}=2$(d)

（2）专业施工队数。

由公式得：

$$b_1 = t_1/K_0 = 4/2 = 2(个)；b_2 = t_2/K_0 = 2/2 = 1(个)$$

专业施工队总数：

$$n_1 = b_1 + b_2 = 2 + 1 = 3(个)$$

（3）施工段数。

由公式得：

$$m = n_1 + \frac{\sum Z_1}{K_0} + \frac{Z_2}{K_0} = 3 + \frac{2}{2} + 0 = 4(段)$$

（4）计算工期。

由公式得：

$$T = (mr + n_1 - 1)K_0 + \sum Z_1 - \sum C_1 = (4 \times 2 + 3 - 1) \times 2 + 2 - 0 = 22(d)$$

（5）绘制施工进度表（图 14 - 9）。

楼层	施工过程	施工队	施工进度(d)										
			2	4	6	8	10	12	14	16	18	20	22
一	底层	甲	①		③								
		乙		②		④							
	面层	丙				①	②	③	④				
二	底层	甲					①		③				
		乙						②		④			
	面层	丙								①	②	③	④

图 14 - 9　某工程有间歇成倍节拍流水施工进度表

三、分别流水

在项目实际施工中，通常每个施工过程在各个施工段上的工程量彼此不等，各专业工作队的生产效率相差较大，导致大多数的流水节拍也彼此不相等，不可能组织成固定节拍专业流水或异节拍专业流水。在这种情况下，往往利用流水施工的基本概念，在保证施工工艺、满足施工顺序要求的前提下，按照一定的计算方法，确定相邻专业工作队之间的流水步距，使其在开工时间上最大限度地、合理地搭接起来，形成每个专业工作队都能连续作业的流水施工方式，称为分别流水施工，也叫做无节奏流水施工，是流水施工的普遍形式。

1. 基本特点

（1）每个施工过程在各个施工段上的流水节拍，不尽相等。

（2）在多数情况下，流水步距彼此不相等，而且流水步距与流水节拍两者之间存在着某种函数关系。

（3）各专业工作队都能连续施工，个别施工段可能有空闲。

（4）专业工作队数等于施工过程数，即 $n_1 = n$。

2. 组织步骤

（1）确定施工起点流向，分解施工过程。

（2）确定施工顺序，划分施工段。

（3）计算各施工过程在各个施工段上的流水节拍。

（4）采用"累加数列法"（潘特考夫斯基法）确定相邻两个专业工作队之间的流水步距：

第一步：对各施工过程的流水节拍进行累加；

第二步：对相邻两个累加数列进行错位相减；

第三步：分别取以上三个差数列的最大正值作为相邻施工过程间的流水步距。

（5）按下式计算流水施工的计划工期：

$$T = \sum_{j=1}^{n-1} K_{j,j+1} + \sum_{i=1}^{m} t_n^i + \sum Z_1 - \sum C_1 \tag{14-15}$$

式中：T 为流水施工的计划工期；$K_{j,j+1}$ 为 j 与 $j+1$ 两专业工作队之间的流水步距；t_n^i 为最后一个施工过程在第 i 个施工段上的流水节拍。

（6）绘制流水施工进度表。

3. 应用举例

【例 14-5】 某工程有五个施工过程，划分为三个施工段，各施工过程在各施工段上的流水节拍（表 14-1）。试组织无节奏流水并绘制施工进度表。

表 14-1　　　　　　　　　　某工程施工过程流水节拍

施　工　过　程	施　工　段		
	①	②	③
A	3	2	3
B	2	3	4
C	2	4	2
D	1	2	1
E	2	3	1

解：（1）对各施工过程的流水节拍进行累加。

A：3，5，8；B：2，5，9；C：2，6，8；D：1，3，4；E：2，5，6

（2）对相邻两个累加数列进行错位相减。

A-B：3，3，3，-9；B-C：2，3，3，-8；C-D：2，5，5，-4；D-E：1，1，-1，-6

（3）分别取以上三个差数列的最大正值作为相邻施工过程间的流水步距。

$K_{A,B} = \max\{3,3,3,-9\} = 3(d)$；$K_{B,C} = \max\{2,3,3,-8\} = 3(d)$

$K_{C,D} = \max\{2,5,5,-4\} = 5(d)$；$K_{D,E} = \max\{1,1,-1,-6\} = 1(d)$

（4）计算施工工期。

由公式知：

$$\sum_{j=1}^{n-1} K_{j,j+1} = \sum_j^4 K_{j,j+1} = 3+3+5+1 = 12(d)$$

$$\sum_{i=1}^{m} t_n^i = \sum_{i=1}^{3} t_5^i = 2+3+1 = 6(d)$$

则
$$T = \sum_{j=1}^{n-1} K_{j,j+1} + \sum_{i=1}^{m} t_n^i + \sum Z_1 - \sum C_1 = 12 + 6 + 0 - 0 = 18(\text{d})$$

（5）绘制施工进度表（图 14-10）。

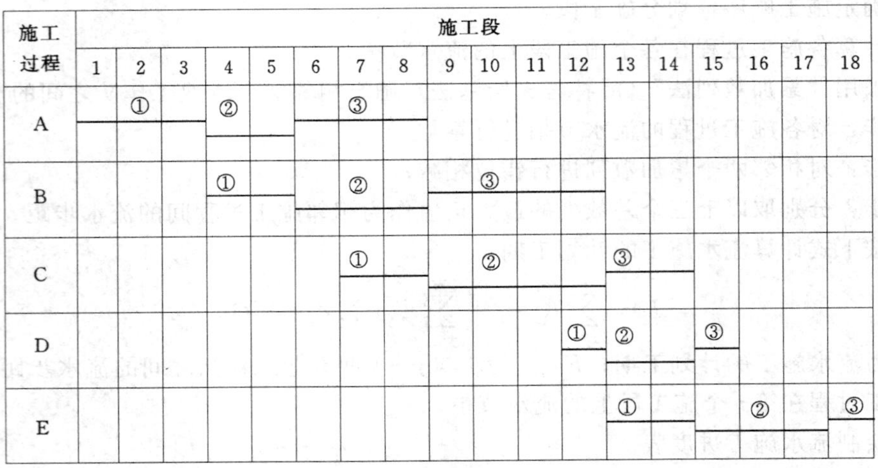

施工过程	施工段																	
	1	2	3	4	5	6	7	8	9	10	11	12	13	14	15	16	17	18
A		①		②			③											
B				①			②			③								
C							①			②			③					
D												①	②		③			
E													①			②		③

图 14-10 某工程无节奏流水施工进度表

对于道路、管道、沟渠等一些线性工程，可采用流水线法。一般是将线性工程划分成若干个流水施工过程，确定主导施工过程，根据完成主导施工过程的专业工作队或机械生产率确定工作队移动速度，再根据移动速度安排其他施工过程的流水，使其与主导施工过程配合，确保专业工作队按照工艺顺序连续工作。

在实际工程应用中，往往采用多种流水形式，也可采取设置平行施工的缓冲工程等多种措施，以缩短工期和避免窝工。而固定节拍流水、成倍节拍流水和分别流水，在一定条件下是可以相互转化的，应用时应注意这一点。

第四节 流水施工组织实例

一、多层居住房屋流水施工

（一）建筑物特征

五层砖混结构，一梯三户。

（1）基础。钢筋混凝土条形基础，上砌砖基础，设地圈梁。

（2）主体。砖墙，隔层设置圈梁，未设置圈梁层设有混凝土过梁。

（3）楼板。预制空心板。

（4）屋面。细石混凝土屋面，一毡两油分仓缝。

（5）装修。室内：石灰粉砂喷浆，纸筋石灰底层，石灰粉面。

（6）外墙。水泥石灰黄砂粉面。

（7）楼地面。水泥石屑楼面。

（8）门窗。钢窗、木门、阳台钢门。

（二）生产特点

除预制板、木门、钢窗、钢门外，其余均在现场制作。工期为 4 个月。

（三）施工流水安排

1．地下工程

（1）施工过程。开挖墙基土方、铺设基础垫层、绑扎基础钢筋、浇捣基础混凝土、砌筑墙基、回填土。

（2）施工组织。将前两个过程不排入流水，完工后将其余四个施工过程组织流水施工。分三个施工段。$m=3$ 段，$n=4$ 个，$K=2d$。组织全等节拍流水。

2．地上工程

主导施工过程为砌墙，分三个施工段，每段分二个施工层。

（1）施工过程。砌墙、安装过梁或浇筑圈梁、安装楼板和楼梯、楼板灌缝等。

（2）施工组织。将安装过梁或浇筑圈梁合并为一个施工过程，安装楼板和楼梯、楼板灌缝合并为一个施工过程，加上砌墙，共三个施工过程。$m=5\times3=15$（段），$n=3$（个），$K=2$（d）。组织全等节拍流水。

3．屋面工程

（1）施工过程。屋面板二次灌缝、细石混凝土屋面防水层、帖分仓缝。

（2）施工组织。接在地上工程之后，与其后的装修工程穿插进行。

4．装修工程

（1）施工过程。包括门窗安装、室内外抹灰、门窗油漆、楼地面抹灰等 11 个施工过程。除去 3 个施工过程可与其他过程平行施工外，施工过程数以 7 计。

（2）施工组织。$m=5$ 段，$n=7$ 个，$K=3d$。

以上为估算，具体的施工进度计划还需考虑工艺顺序，安全技术规定，并考虑使主要工种的工人能连续施工。

（四）工艺组合

（1）主要工艺组合。对工期起决定性作用，基本上不能相互搭接。

（2）搭接工艺组合。对工期有一定影响，能组织平行施工或很大程度上的搭接施工。

（3）流水设计。确定工艺组合，找出每个组合中的主导施工过程；确定主导施工过程的施工段数及持续时间；尽可能使其他施工过程的安排与主导施工过程相同。

关键问题是由繁化简，将许多施工过程的搭接问题变为少数几个工艺组合的搭接问题。

二、单层工业厂房流水施工

1．单层工业厂房结构及施工特点

单跨、多跨排架结构，柱下独立基础，预制屋架、排架柱、吊车梁、天窗架等。现场预制件多，结构安装多为吊装，吊装时主要根据吊车行走路线组织施工。

2．施工方案

关键是正确拟定施工方法和选择施工机械。包括基坑土石方开挖、现场预制工程和结构安装工程。

3．施工顺序

准备工程、土方工程、基础工程、现场预制工程、结构安装工程、砌墙工程、屋面工程、装饰工程和地面工程。

总体安排应考虑的因素是保证及时、提前投产、生产工艺顺序、土建设备安装工程量、施工难易程度及所需工期长短、厂房结构特征和施工方法。

4. 施工进度计划

编制施工进度计划时按两步走，一是控制性（轮廓性）计划；二是分部分项工程进度计划（现场实施性规划）。

小　结

1. 合理组织施工过程，应考虑施工过程的连续性、协调性、均衡性、平行性和适应性等基本要求。施工组织可以采用依次施工、平行施工和流水施工三种方法。

2. 流水施工根据流水施工组织的范围不同，通常分为分项工程流水施工、分部工程流水施工、单位工程流水施工和群体工程流水施工。流水施工的表达方式有横道图和网络图。

3. 流水施工参数包括工艺参数、时间参数和空间参数。工艺参数有施工过程、流水强度。空间参数有工作面、施工段、施工层。时间参数有流水节拍、流水步距、间歇时间、搭接时间和流水施工工期。

4. 根据时间参数的不同，专业流水分为有节奏流水（固定节拍流水、成倍节拍流水）和无节奏流水（分别流水）等几种组织形式。对于道路、管道、沟渠等一些线性工程，可采用流水线法。

复 习 思 考 题

14－1　什么是依次施工、平行施工和流水施工？

14－2　简述流水施工的概念。

14－3　说明流水施工的特点。

14－4　说明流水参数的概念和种类。

14－5　试述划分施工段的目的和原则。

14－6　施工段数与施工过程数的关系是怎样的？

14－7　简述工艺参数的概念和种类。

14－8　简述空间参数的概念和种类。

14－9　简述时间参数的概念和种类。

14－10　流水施工按节奏特征不同可分为哪几种方式，各有什么特点？

14－11　试说明成倍节拍流水的概念和建立步骤。

14－12　分别流水施工的组织步骤有哪些。

14－13　某工程由 A、B、C 3 个分项工程组成，它在平面上划分为 6 个施工段。每个分项工程在各个施工段上的流水节拍均为 4d。试编制流水施工方案。

14－14　某地下工程由挖基槽、做垫层、砌基础和回填土 4 个分项工程组成，在平面上划分为 6 个施工段。各分项工程在各个施工段上的流水节拍依次为：挖基槽 6d、做垫层 2d、砌基础 4d 和回填土 2d。做垫层完成后，相应施工段有技术间歇时间 2d。试编制流水施工方案。

14－15　某工程包括 Ⅰ、Ⅱ、Ⅲ、Ⅳ、Ⅴ 5 个施工过程，划分为 4 个施工段组织流水施工，分别由 5 个专业施工队负责施工，每个施工过程在各个施工段上的工程量、定额与专业施工队人数见下表。按照要求，施工过程Ⅱ完成后至少要养护2d才能进行下1个施工过程，施工过程Ⅳ完成后，其相应施工段要留1d的时间做准备工作。为了早日完工，允许施工过程Ⅰ、Ⅱ之间搭接施工1d。试编制流水施工方案。

某工程有关资料表

施工过程	劳动定额	各施工段的工程量					施工队人数
		单位	第一段	第二段	第三段	第四段	
Ⅰ	8m²/工日	m²	238	160	164	315	10
Ⅱ	1.5m³/工日	m³	23	68	118	66	15
Ⅲ	0.4t/工日	t	6.5	3.3	9.5	16.1	8
Ⅳ	1.3m³/工日	m³	51	27	40	38	10
Ⅴ	5m³/工日	m³	148	203	97	53	10

第十五章 网络计划技术

【内容提要和学习要求】

本章讲述了双代号网络计划、单代号网络计划、双代号时标网络计划的编制、时间参数的计算以及网络计划的优化、检查与调整等内容。应掌握网络计划技术的基本原理和方法；掌握双代号、单代号网络图的绘制方法；掌握双代号网络计划时间参数的计算方法；掌握时标网络计划参数的确定方法。了解网络计划优化、检查与调整的原理及方法。

第一节 网络计划的基本概念

一、网络计划技术的含义

网络计划技术是 20 世纪 50 年代出现于美国。1956～1957 年美国杜邦化学公司创立了关键线路法 CPM（Critical Path Method）使化学工程提前两个月完成。随后又出现了计划评审技术、图示评审技术、风险评审技术、决策网络计划、决策关键线路网络计划、随机网络计划、搭接网络计划和仿真网络计划等。我国从 60 年代初在华罗庚教授的倡导下应用网络计划技术。

所谓网络计划技术，是对网络计划原理与方法的总称，是指用网络图表示工程项目计划中各项工作之间的相互制约和依赖关系，并通过各种时间参数的计算，分析其内在规律，寻求最优计划方案的实用计划管理技术。

其中关键线路法是用于工程建设施工管理的网络计划技术，主要包括三个组成部分：一是根据计划管理的需要，进行各种形式网络计划的编制；二是进行包括工作的最早可能开始时间、完成时间，工作的最迟必须开始时间、完成时间，工作总时差、自由时差及网络计划计算工期在内的各种时间参数的计算分析；三是在网络计划时间参数计算分析的基础上，根据某种既定限制条件或实际情况的变化要求，进行网络计划的总体或局部优化、调整。

将网络计划技术运用于工程建设活动的组织管理，不仅要解决计划的编制问题，而且更重要的是解决计划执行过程中的各种动态管理问题，其宗旨是力图用统筹的方法对总体工程建设任务进行统一规划，以求得工程项目建设的合理工期与较低建造费用。因此，网络计划技术是对工程项目实施过程进行系统管理的极为有用的方法论。

二、网络计划技术的原理

网络计划技术的原理实质上是运用统筹学原理，即通盘考虑、统筹规划、合理安排。基本原理是：利用网络图的形式表达一项工程中各项工作的先后顺序及逻辑关系；通过对网络图时间参数的计算，找出关键工作、关键线路；利用优化原理，改善网络计划的初始方案，以选择最优方案；在网络计划的执行过程中进行有效的控制和监督，保证合理地利用资源，力求以最少的消耗获取最佳的经济效益和社会效益。因此，广泛用于各行各业的计划与管理。

三、网络计划方法的特点

在工程中，进度计划可以用横道图计划和网络计划表达。横道图计划在流水施工原理一章已经讲述，网络计划与其有相同的功能，但表达方式不同，因此各具特色。网络计划能全面而明确地反映出各项工作之间开展的先后顺序和相互制约、相互依赖的关系；可以进行各种时间参数的计算；能在工作繁多、错综复杂的计划中找出影响工程进度的关键工作和关键线路，便于管理者抓住主要矛盾，集中精力确保工期，避免盲目施工；能够从许多可行方案中，选出最优方案；利用网络计划中反映出的各项工作的时间储备（机动时间），可以更好的调配人力、物力，以达到降低成本的目的；保证自始至终对计划进行有效的控制与监督；可以利用计算机进行计算、优化、调整和管理。但网络计划方法在计算劳动力、资源消耗量时，与横道图相比较为困难。

四、网络计划的分类

关键线路法是工程施工中常用的网络计划，按工作表达方式不同分为双代号网络计划、单代号网络计划、双代号时标网络计划和单代号搭接网络计划。

第二节　双代号网络计划

一、双代号网络图的组成

双代号网络图是指用箭线（带箭头的线段，也称箭杆）、节点（圆圈或方框）组成，表示工作（或过程、工序、活动）流程的有向、有序网状图形。用一条箭线和两个圆圈表示一项工作的方式称为双代号网络图（图 15-1）。其中工作名称写在箭线上方，完成工作时间写在箭线下方，箭尾用圆圈表示工作的开始，箭头用圆圈表示工作的结束，圆圈内标有不同的编号。

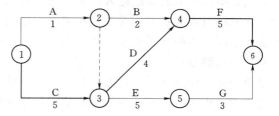

图 15-1　双代号网络图工作的表示方法　　　　图 15-2　双代号网络图的表示

这里有向是指规定箭头一般以从左往右（也可垂直）指向为正确指示方向，以箭头指向表示不同工作依次开展的先后顺序；有序是指基于工作先后顺序关系形成的工作之间的逻辑关系，可区分为由工程建造工艺方案和工程实施组织方案所决定的工艺关系及组织关系，并表现为组成一项总体工程任务各项工作之间的顺序作业、平行作业及流水作业等各种联系；网状图形描述了网络图的外观形状并强调了图形封闭性要求，其含义是指网络图只能具有一个开始和一个结束节点，因而成封闭图形（图 15-2）。可见双代号网络图由箭线、节点和线路三个基本要素组成。

1. 箭线

箭线是表示网络图中的一项工作。工作是指根据需要的粗细程度划分而成的某个子项目或子任务，是可以独立存在，能够定义名称的活动。可能同时消耗时间和资源，如浇筑混凝土梁或柱；也可能只消耗时间、不消耗资源，如混凝土养护；或只表示某些活动之间的相互依赖、相互制约的关系，而不需要消耗时间、空间和资源的活动；

实工作由两个带有编号的圆圈和一个实箭线组成；虚工作由两个带有编号的圆圈和一个虚箭线或实箭线（箭线下完成工作时间标注为0）组成。

虚箭线由虚线段和箭头构成，表示既不占用时间、又不耗用资源，是一个无实际工作内容的虚拟工作，简称虚工作。虚箭线只起联系、断路和区分作用。联系作用是传递工作之间应有的逻辑关系；断路作用是断开不存在的逻辑关系，使相关工作之间的施工工艺与组织关系得到正确表达；区分作用是用以区分两项或两项以上的同名工作，使各项工作互不重名。如 A、B、C、D 四项工作，A 完成后进行 C、D，D 又在 B 后进行（图 15-3），图中的虚工作联系 A、D 两项工作，断开了 B、C 的通路，起到了联系和断路的作用。

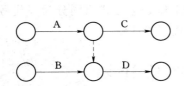 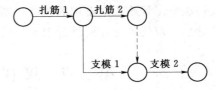

图 15-3　虚箭线的联系和断路作用　　　　图 15-4　虚箭线的区分作用

在网络图中，一项工作与其他工作有关的是紧前工作（前项工作、前导工作、先行工作）、紧后工作（后续工作）和平行工作等。如扎筋 1 是扎筋 2、支模 1 两项工作的紧前工作；相反，扎筋 2、支模 1 是扎筋 1 的紧后工作；扎筋 2 和支模 1 属于平行工作，为了区分扎筋 2 和支模 1 两项工作，引入了虚工作（图 15-4），虚箭线起到了区分的作用。

2. 节点

节点是指网络图的箭线进入或引出处带有编号的圆圈，表示"事件"，即表示其前面若干项工作的结束或表示其后面若干项工作开始的瞬间时刻，不占用时间，又不耗用资源，是用于衔接不同工作的构图要素。节点编号便于检查或识别各项工作和网络图时间参数计算。

两个节点编号只能表示一项工作（图 15-5），图中有三种节点，第一个节点为起点节点，是指一项工作的开始，也称为开始节点；最后一个节点为终点节点，是指一项工作的完成，也称为结束节点；其他的为中间节点，是指前面工作的结束和后面工作的开始。节点编号不能重复，可以不连续，箭尾节点编号必须小于箭头节点编号。

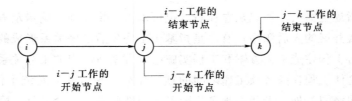

图 15-5　双代号网络图的节点表示

3. 线路

线路是指网络图从起点节点开始，沿箭线方向连续通过一系列箭线与节点，最后到达终点节点的通路。线路上的时间是指线路所包含的各项工作持续时间的总和，也称为该条线路的计划工期。在网络图中各工作持续时间总和最长的线路称为关键线路（除搭接网络计划外），代表整个网络计划的计划总工期，一般用双线箭线、粗箭线或其他颜色的箭线表示（图 15-2）。关键线路上的工作称为关键工作，关键线路上的节点称为关键节点，关键线路和关键工作没有时间储备。在一个网络图中至少有一条关键线路。

各项工作持续时间总和仅次于关键线路的称为次关键线路，相应的工作称为次关键工作。其余的线路为非关键线路，其工作称为非关键工作，非关键线路的线路时间只代表该条线路的计划工期。次关键线路（次关键工作）和非关键线路（非关键工作）有若干机动时差（时间储备），意味着次关键工作和非关键工作可以适当推迟而不影响整个计划工期。当管理人员采取某些技术组织措施，缩短关键工作的持续时间就可能使关键线路变为非关键线路；由于工作疏忽，拖长某些非关键工作持续时间，就可能使非关键线路转变为关键线路。

在网络图（图 15-2）中共有 5 条线路，即①→②→④→⑥，8d；①→②→③→④→⑥，10d；①→②→③→⑤→⑥，9d；①→③→④→⑥，14d，为关键线路；①→③→⑤→⑥，13d，为次关键线路。

二、双代号网络图的绘制

1. 网络图绘制的基本原则

（1）正确表达各工作之间的逻辑关系。常见的工作之间逻辑关系的表示方法（表 15-1）。

表 15-1 　　　　　　　　　　网络图中各工作逻辑关系表示方法

序号	工作之间的逻辑关系	网络图中的表示方法	说　明
1	A 工作完成后进行 B 工作	○—A→○—B→○	A 工作制约着 B 工作的开始，B 工作依赖着 A 工作
2	A、B、C 三项工作同时开始	（A、B、C 三项并列箭线）	A、B、C 三项工作称为平行工作
3	A、B、C 三项工作同时结束	（A、B、C 三项并列箭线）	A、B、C 三项工作称为平行工作
4	有 A、B、C 三项工作。只有 A 完成后，B、C 才能开始	（A 完成后 B、C 平行）	A 工作制约着 B、C 工作的开始，B、C 为平行工作
5	有 A、B、C 三项工作。C 工作只有在 A、B 完成后才能开始	（A、B 完成后 C）	C 工作依赖着 A、B 工作，A、B 为平行工作
6	有 A、B、C、D 四项工作。只有当 A、B 完成后，C、D 才能开始	（通过中间节点 i 表示 A、B、C、D）	通过中间节点 i 正确地表达了 A、B、C、D 工作之间的关系
7	有 A、B、C、D 四项工作。A 完成后 C 才能开始，A、B 完成后 D 才能开始	（引入虚工作）	D 与 A 之间引入了逻辑连接（虚工作），从而正确地表达了它们之间的制约关系
8	有 A、B、C、D、E 五项工作。A、B 完成后 C 才能开始，B、D 完成后 E 才能开始	（含虚工作 i-j 和 i-k）	虚工作 i-j 反映出 C 工作受到 B 工作的制约；虚工作 i-k 反映出 E 工作受到 B 工作的制约

续表

序号	工作之间的逻辑关系	网络图中的表示方法	说 明
9	有 A、B、C、D、E 五项工作。A、B、C 完成后 D 才能开始，B、C 完成后 E 才能开始	A D B E C	虚工作反映出 D 工作受到 B、C 工作的制约
10	A、B 两项工作分三个施工段，平行施工	A_1 A_2 A_3 B_1 B_2 B_3	每个工种工程建立专业工作队，在每个施工段上进行流水作业，虚工作表达了工种间的工作面关系

(2) 网络图中，只允许有一个起点节点，不允许出现没有紧前工作的"尾部节点"，即没有箭线进入的尾部节点（图 15-6），①和③是两个没有紧前工作的节点，应保留一个才是正确的；也只允许有一个终点节点，不允许出现没有紧后工作的"尽头节点"，即没有箭线引出的节点（图 15-7），⑤和⑦是两个没有紧后工作的节点，应去掉一个才是正确的；其他节点均应是中间节点。

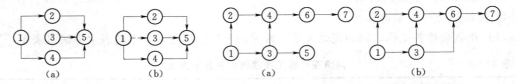

图 15-6 网络图起点节点示意　　　图 15-7 网络图终点节点示意
(a) 错误图；(b) 正确图　　　　　　(a) 错误图；(b) 正确图

(3) 网络图中严禁出现循环回路（图 15-8）。①→②→③→①为一条循环回路，在逻辑上是错误的，在工艺顺序上是矛盾的。

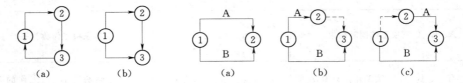

图 15-8 网络图循环回路示意　图 15-9 网络图不允许出现相同编号工作示意
(a) 错误图；(b) 正确图　　　(a) 错误图；(b)、(c) 正确图

(4) 网络图中不允许出现相同编号的工作（图 15-9）。

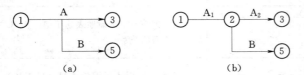

图 15-10 网络图不允许出现没有开始节点工作示意
(a) 错误图；(b) 正确图

(5) 网络图中，不允许出现没有开始节点（或结束节点）的工作（图 15-10）。

(6) 网络图中，严禁出现"双向箭头"或"无箭头"的连线，避免使用反向箭线。

2. 网络图绘制的基本方法和步骤

(1) 绘制网络图时，应布局合理、条理清晰、层次分明、形象直观、重点突出，关键工作、关键线路尽可能布置在中心位置。密切相关的工作，尽可能相邻布置，尽量避免箭线交叉，无法避免时，可采用暗桥法、指向法或断线法等（图15-11）。尽量采用水平箭线或垂直箭线状态，减少倾斜箭线和多余的箭线和节点，做到箭线与图形工整。

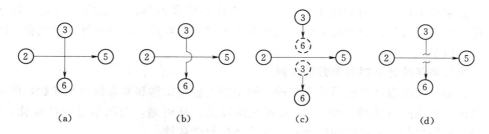

图 15-11 网络图交叉箭线表示示意
(a) 错误图；(b) 暗桥法；(c) 指向法；(d) 断线法

（2）绘制网络图应符合施工顺序的关系、流水施工的要求和各种逻辑关系。可用增加节点和虚箭线横向或纵向断路方法，但也不能增加不必要的节点和虚箭线。

（3）网络图排列时，可采用工种排列、施工段排列或施工层排列等方法。

【例 15-1】 某工程各项工作之间的逻辑关系（表15-2），试绘制双代号网络图。

表 15-2 某工程各项工作之间的逻辑关系表

工作名称	紧前工作	紧后工作	持续时间（d）	工作名称	紧前工作	紧后工作	持续时间（d）
A	—	C、D	2	F	D、E	H、I	4
B	—	E、G	3	G	B	—	2
C	A	J	5	H	F	J	1
D	A	F	3	I	F	—	3
E	B	F	2	J	C、H	—	4

其网络图绘制步骤如下：

（1）按照绘图基本原则要求正确绘制草图。从 A 点出发绘出其紧后工作 C、D，从 B 点出发绘出其紧后工作 E、G，从 C 点出发绘出 J，从 D、E 点出发绘出 F，从 F 点出发绘出 H、I，从 H 点出发绘出 J，并查找各自的紧前工作（图15-12）。

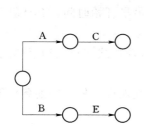

图 15-12 网络图绘制过程

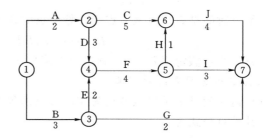

图 15-13 绘制成的网络图

（2）检查上述步骤绘制的网络图草图是否正确，并对其做出必要的修改、调整与编号，最后经过整理绘出排列整齐的正式网络图（图15-13）。

总之，绘图时，无紧前工作的应首先画，然后画紧后工作，需要虚工作时应正确使用，检查各工作的先后顺序关系，整理后再编号。

一个单位（土建）工程网络计划的编制步骤为：熟悉施工图纸，研究原始资料，分析施工条件；分解施工过程，明确施工顺序，确定工作名称和内容；拟定施工方案，划分施工段；确定工作持续时间；绘制网络图；网络图各项时间参数计算；网络计划的优化；网络计划的修改与调整。

三、双代号网络计划时间参数的计算

网络计划时间参数计算的目的在于确定网络图上各项工作和节点的时间参数，明确计划工期，找出关键线路（关键工作）、非关键线路以及工作时差，为网络计划的优化、调整、执行、动态管理提供明确的时间概念和充分有效的科学依据。

网络计划时间参数计算内容有工作持续时间、节点时间参数和工作时间参数。主要包括各节点的最早时间 ET_i 和最迟时间 LT_i；各项工作的最早开始时间 ES_{i-j}、最早完成时间 EF_{i-j}、最迟开始时间 LS_{i-j}、最迟完成时间 LF_{i-j}、总时差 TF_{i-j}、自由时差 FF_{i-j} 和计算工期 T_c 等。

网络计划时间参数的计算方法有图上计算法、分析计算法、表上计算法、矩阵计算法和电算法等。其中应用广泛的是图上计算法，既可节点法计算，也可用工作法计算。

（一）工作持续时间计算

工作持续时间是指一项工作从开始到完成的时间，工作 $i-j$ 的持续时间用 D_{i-j} 表示，单位为 d。计算公式和方法详见第十四章流水施工原理中时间参数的流水节拍内容。

（二）工期的确定

工期是指完成任务所需的时间，一般有计算工期 T_c、要求工期 T_r 和计划工期 T_p 三种。

（1）计算工期是由网络计划时间参数计算出的工期，即关键线路的各项工作总持续时间。

（2）要求工期是由主管部门或合同条款所要求的工期。

（3）计划工期是根据计算工期和要求工期而综合确定的工期。

三种工期的关系一般是 $T_c \leqslant T_p \leqslant T_r$，当无要求工期时，计算工期等于计划工期，即 $T_c = T_p$。

（三）节点法计算时间参数

1. 节点最早时间 ET_i 的计算

节点最早时间是表示以该节点为开始节点的各工作的最早开始时间，其计算公式为

$$ET_j = \max\{ET_i + D_{i-j}\} \tag{15-1}$$

计算方法为：假定 $ET_1 = 0$，则由节点编号从小到大顺序按式（15-1）计算。

2. 节点最迟时间 LT_i 的计算

节点最迟时间是表示以该节点为完成节点的各工作，在保证计划工期的条件下的最迟完成时间，其计算公式为

$$LT_i = \min\{LT_j - D_{i-j}\} \tag{15-2}$$

计算方法为：假定 $T_c = T_p = T_r = LT_n = ET_n$，则由节点编号从大到小顺序按式（15-2）计算。

其余参数的计算同工作法。

（四）工作法计算时间参数

1. 工作最早开始时间 ES_{i-j} 和最早完成时间 EF_{i-j} 的计算

工作最早开始时间（即工作最早可能开始时间）是指工作在紧前工作约束下有可能开始的最早时间；工作最早完成时间（即工作最早可能完成时间）是指工作在最早开始条件下有可能完成的最早时间。其计算公式为

$$ES_{i-j}=ET_i \tag{15-3}$$
$$ES_{i-j}= \max\{ES_{h-i}+D_{h-i}\} \ (h-i \text{ 为 } i-j \text{ 的紧前工作}) \tag{15-4}$$
$$EF_{i-j}=ES_{i-j}+D_{i-j} \tag{15-5}$$

计算方法为：由节点编号从小到大顺序按式（15-3）～（15-5）计算。

2. 工作最迟开始时间 LS_{i-j} 和最迟完成时间 LF_{i-j} 的计算

工作最迟完成时间（即工作最迟必须完成时间）是指工作在不影响任务按期完成的条件下必须完成的最迟时刻；工作最迟开始时间（即工作最迟必须开始时间）是指工作按最迟完成的条件下必须开始的时刻。其计算公式为

$$LF_{i-j}=LT_j \tag{15-6}$$
$$LF_{i-j}=\min\{LF_{j-k}-D_{j-k}\} \ (j-k \text{ 为 } i-j \text{ 的紧后工作}) \tag{15-7}$$
$$LS_{i-j}=LF_{i-j}-D_{i-j} \tag{15-8}$$

计算方法为：由节点编号从大到小顺序按式（15-6）～（15-8）计算。

3. 工作总时差 TF_{i-j} 和自由时差 FF_{i-j} 的计算

工作总时差是指在不影响工期（或不影响紧后工作最迟必须开始）前提下，该工作所具有的机动时间，即该工作最迟开始时间与最早开始时间（最迟完成时间与最早完成时间）的差值。其计算公式为

$$\begin{aligned}
TF_{i-j}&=LT_j-ET_i-D_{i-j} \\
&=LT_j-EF_{i-j}=LF_{i-j}-EF_{i-j} \\
&=(LF_{i-j}-D_{i-j})-(EF_{i-j}-D_{i-j}) \\
&=LS_{i-j}-ES_{i-j}
\end{aligned} \tag{15-9}$$

总时差为一条线路所共有，如果有一项工作利用了，则该条线路的总时差都将减少其相应的数值。因此，总时差对其紧前、紧后工作均有影响。

工作自由时差是指在不影响紧后工作最早可能开始时间开工的前提下，该工作所具有的机动时间，即紧后工作最早开始时间与该工作最早完成时间的差值。其计算公式为

$$\begin{aligned}
FF_{i-j}&=ET_j-ET_i-D_{i-j}=ES_{j-k}-ES_{i-j}-D_{i-j} \\
&=ET_j-(ET_i+D_{i-j})=ES_{j-k}-EF_{i-j} \\
&=ET_j-EF_{i-j}
\end{aligned} \tag{15-10}$$

当 $T_c=T_p=T_r$ 时，自由时差小于或等于总时差值。自由时差是独立存在的，仅限该工作利用，不能为紧后工作利用。该工作利用了对其紧后工作无影响，如果没有利用，后面工作不再考虑。

4. 关键工作和关键线路的确定

在网络计划中，总时差最小的工作称为关键工作。当 $T_c=T_p$ 时，总时差为零的工作是关键工作，关键工作所连接成的线路为关键线路，总持续时间即为工期，关键线路上的工作总时差和自由时差均为零；当 $T_c<T_p$ 时，总时差均为正值；当 $T_c>T_p$ 时，总时差均为负

值，是不允许的，必须采取措施缩短最长线路的时差，使关键工作的总时差为零。

【例 15 - 2】 试计算双代号网络图各节点和工作时间参数（图 15 - 14）。

解： 1. 计算各节点最早时间 ET_i

假定 $ET_1 = 0$

则

$$ET_2 = ET_1 + D_{1-2} = (0+5) = 5(d)$$

$$ET_3 = ET_2 + D_{2-3} = (5+8) = 13(d)$$

$$ET_4 = ET_2 + D_{2-4} = (5+6) = 11(d)$$

$$ET_5 = \max\{ET_3 + D_{3-5}, ET_4 + D_{4-5}\} = \max\{13+0, 11+0\} = 13(d)$$

同理，可求得其他各节点的 ET_i。

2. 计算各节点最迟时间 LT_i

假定

$$T_c = T_p = T_r = 34(d)$$

则

$$LT_{10} = ET_{10} = 34 \ (d)$$

$$LT_9 = LT_{10} - D_{9-10} = (34-4) = 30(d)$$

$$LT_8 = LT_9 - D_{8-9} = (30-7) = 23(d)$$

$$LT_7 = LT_9 - D_{7-9} = (30-5) = 25(d)$$

$$LT_6 = \min\{LT_7 - D_{6-7}, LT_8 - D_{6-8}\} = \min\{25-0, 23-0\} = 23(d)$$

同理，可求得其他各节点的 LT_i。

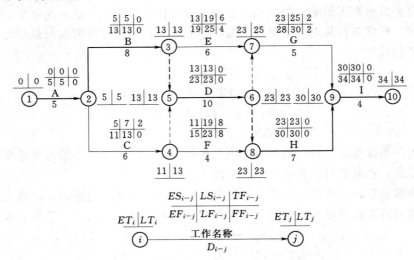

图 15 - 14 双代号网络图时间参数计算及标注

3. 计算各工作最早开始时间 ES_{i-j} 和最早完成时间 EF_{i-j}

由

$$ES_{1-2} = ET_1 = 0$$

则

$$ES_{2-3} = ES_{2-4} = ES_{1-2} + D_{1-2} = 0+5 = 5(d)$$

$$ES_{5-6} = \max\{ES_{2-3} + D_{2-3}, ES_{2-4} + D_{2-4}\} = \max\{5+8, 5+6\} = 13(d)$$

$$EF_{1-2} = ES_{1-2} + D_{1-2} = 0+5 = 5(d)$$

同理，可求得其他各工作的 ES_{i-j} 和 EF_{i-j}。

4. 计算各工作最迟开始时间 LS_{i-j} 和最迟完成时间 LF_{i-j}

由
$$LF_{9-10}=LT_{10}=34(\mathrm{d})$$

则
$$LF_{7-9}=LF_{8-9}=LF_{9-10}-D_{9-10}=34-4=30(\mathrm{d})$$

$$LF_{5-6}=\min\{LF_{7-9}-D_{7-9},LF_{8-9}-D_{8-9}\}=\min\{30-5,30-7\}=23(\mathrm{d})$$

$$LS_{9-10}=LF_{9-10}-D_{9-10}=34-4=30(\mathrm{d})$$

同理，可求得其他各工作的 LS_{i-j} 和 LF_{i-j}。

5. 计算各工作总时差 TF_{i-j} 和自由时差 FF_{i-j}

$$TF_{1-2}=LF_{1-2}-EF_{1-2}=LS_{1-2}-ES_{1-2}=5-5=0-0=0$$

$$FF_{1-2}=ES_{2-3}-EF_{1-2}=5-5=0$$

同理，可求得其他各工作的 TF_{i-j} 和 FF_{i-j}。

最后，计算的结果标注在网络图中（图 15-14），由关键线路上的工作总时差和自由时差均为零，得出关键线路为①→②→③→⑤→⑥→⑧→⑨→⑩，总工期为 34d。

（五）标号法确定计算工期和关键线路

标号法是一种快速寻求网络计划计算工期和关键线路的方法。即利用节点计算法的基本原理，对网络计划中的每一节点进行标号，标号值即为节点最早时间，然后利用标号值确定网络计划的计算工期和关键线路。其确定步骤如下：

（1）网络计划起点节点标号值为零。

（2）其他节点的标号值按节点编号由从小到大顺序进行计算，其计算公式为

$$b_j=\max\{b_i+D_{i-j}\} \tag{15-11}$$

式中：b_j 为工作 $i-j$ 完成节点的标号值；b_i 为工作 $i-j$ 开始节点的标号值。

（3）计算出节点标号值后，用其标号值及其源节点对该节点进行双标号。所谓源节点是指用来确定本节点标号值的节点，如果有多个均应标出。

（4）网络计划的计算工期就是网络计划终点节点的标号值。

（5）关键线路应从终点节点开始，逆着箭线方向按源节点确定。

【例 15-3】 用标号法确定网络计划的计算工期和关键线路（图 15-15）。

解：由①节点标号值为 0，即标注 $b_1=0$；$b_2=b_1+D_{1-2}=0+6=6$，$b_3=b_1+D_{1-3}=0+4=4$，$b_4=\max\{b_1+D_{1-4},b_3+D_{3-4}\}=\max\{0+2,4+0\}=4$，其余依此类推。节点④的标号值为 4 是由节点③所确定，故节点④的源节点就是节点③；计算工期为节点⑦的标号值 15；由终点节点⑦开始，可找出关键线路为①→③→④→⑥→⑦，确定的结果标注在网络图中（图 15-15）。

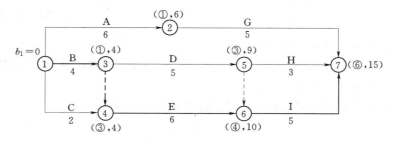

图 15-15 标号法标注双代号网络图计算工期和关键线路

第三节　单代号网络计划

一、单代号网络图的组成

单代号网络图（也称节点网络图）是由节点表示工作、以箭线表示工作之间逻辑关系的网络图（图15－16）。

图15－16　双代号网络图
工作的表示方法

（1）节点是单代号网络图的主要符号，也用圆圈或方框表示。一个节点代表一项工作，因此消耗时间和资源。

（2）箭线仅表示工作之间的逻辑关系，不占用时间，也不消耗资源。单代号网络图中无虚箭线。箭线的箭头指向表示工作进展方向，箭尾节点表示的工作为箭头节点工作的紧前工作。

（3）一项工作只能有一个节点和一个代号，不能出现重号。编号同双代号网络图。

单代号网络图逻辑关系易表达，不用虚箭线，便于检查和修改。但不易绘成时标网络计划，使用不直观。

二、单代号网络图的绘制

单代号网络图的绘制原则、绘制方法与双代号网络图基本相同，只是增加了虚拟的开始节点与结束节点。增加的方法是：当有多项开始工作或多项结束工作时，应在网络图的两端设置一项虚拟节点（虚工作），并在其内标注"开始"、"结束"，作为网络图的开始节点和结束节点，目的是为了保证网络图能够在构图上符合"封闭的网状图形"要求。当开始或结束工作只有一项工作时，可以不增加虚拟节点。其绘制步骤为：无紧前工作的先画，随后画紧后工作，正确使用虚拟的开始和结束节点，检查工作的先后顺序关系，调整整理后再编号（图15－17）。

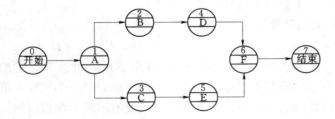

图15－17　单代号网络图绘制

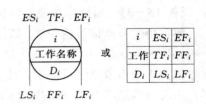

图15－18　单代号网络计划时间
参数的标注形式

三、单代号网络计划时间参数的计算

单代号网络计划时间参数除时差外，其计算方法和原理与双代号网络图相同，只是标注表现形式和符号不同而已（图15－18）。

（1）工作最早开始时间 ES_i 和最早完成时间 EF_i 的计算

假定：
$$ES_0 = ES_1 = 0$$

其他工作
$$ES_j = \max\{ES_i + D_i\} = \max\{EF_i\} \tag{15-12}$$

$$EF_i = ES_i + D_i \tag{15-13}$$

式中：D_i 为工作 i 的持续时间。

(2) 计算工期 T_c 的计算

$$T_c = EF_n \text{ 或 } T_c = ES_n + D_n \tag{15-14}$$

式中：ES_n、EF_n、D_n 分别为终点工作 n 的最早开始时间、最早完成时间和持续时间。

(3) 工作最迟开始时间 LS_i 和最迟完成时间 LF_i 的计算

假定：
$$LF_n = T_c = T_p = T_r$$

其他工作
$$LF_i = \min\{LF_j - D_j\} = \min\{LS_j\} \tag{15-15}$$

$$LS_i = LF_i - D_i \tag{15-16}$$

(4) 工作之间的时间间隔 $LAG_{i,j}$、工作总时差 TF_i 和自由时差 FF_i 的计算

$$LAG_{i,j} = ES_j - EF_i \tag{15-17}$$

$$TF_i = LS_i - ES_i = LF_i - EF_i \text{ 或 } TF_i = \min\{LAG_{i,j} + TF_j\} \tag{15-18}$$

$$TF_n = T_p - T_c \tag{15-19}$$

$$FF_i = \min\{ES_j - EF_i\} = \min\{LAG_{i,j}\} \tag{15-20}$$

$$FF_n = T_p - T_c \tag{15-21}$$

式中：TF_n、FF_n 分别为终点节点所代表的工作 n 的总时差和自由时差。

【例 15-4】 某工程分为三个施工段，施工过程及其延续时间为：砌围护墙及隔墙 12d，内外抹灰 15d，安铝合金门窗 9d，喷刷涂料 12d。拟组织瓦工、抹灰工、木工和油工四个专业队组进行施工（图 15-19）。试绘制单代号网络图，计算各项时间参数，并找出关键线路。

解：(1) 最早开始时间 ES_i：

由
$$ES_0 = ES_1 = 0$$
则
$$ES_2 = ES_1 + D_1 = 0 + 4 = 4(\text{d})$$

(2) 最早完成时间 EF_i：
$$EF_1 = ES_1 + D_1 = 0 + 4 = 4(\text{d})$$

(3) 计算工期 T_c：
$$T_c = EF_{12} = 26(\text{d})$$

(4) 最迟完成时间 LF_i：
$$LF_{12} = T_c = 26(\text{d})$$

(5) 最迟开始时间 LS_i：
$$LS_{12} = LF_{12} - D_{12} = 26 - 4 = 22(\text{d})$$

(6) 工作之间的时间间隔 $LAG_{i,j}$：
$$LAG_{1,2} = ES_2 - EF_1 = 4 - 4 = 0$$

(7) 工作总时差 TF_i：
$$TF_1 = LS_1 - ES_1 = 0 - 0 = 0$$

(8) 自由时差 FF_i：
$$FF_1 = \min\{ES_2 - EF_1, ES_3 - EF_1\} = \min\{4-4, 4-4\} = 0$$

其余依此类推，计算结果标注在网络图中（图 15-19），由关键线路上工作总时差和自由时差均为零的，得出关键线路为 1→2→5→9→11→12。

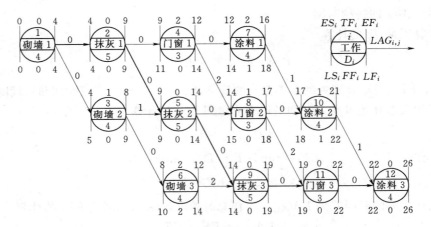

图 15-19　单代号网络图时间参数计算及标注

第四节　双代号时标网络计划

一、时标网络计划的概念

时标网络计划是指以时间坐标为尺度表示工作时间的网络计划。通过箭线的长度和节点的位置，可明确表达工作的持续时间及工作之间恰当的时间关系，是目前工程项目施工组织与管理过程中常用的一种网络计划形式。

其特点是兼有网络计划与横道图（即甘特图）的优点，时间进程明显；直接显示各项工作的开始与完成时间、自由时差和关键线路；可直接统计各个时段的材料、机具、设备及人力等资源的需要量；由于箭线的长度受到时间坐标的制约，故绘图比较麻烦。

二、时标网络计划的绘制

时标网络计划的绘制方法有间接绘制和直接绘制法。

间接绘制法是指先进行网络计划时间参数的计算，再根据计算结果绘图；直接绘制法是指不通过时间参数计算，直接绘制时标网络图。

绘制要求如下：①时标网络计划需绘制在带有时间坐标的表格上；②工作持续时间是以箭线在表格内的水平长度或水平投影长度表示，与其所代表的时间值相对应；③节点中心必须对准时间坐标的刻度线，中间的刻度线部分可以去掉，只画上、下部分；④以实箭线表示实工作，虚箭线表示虚工作，以水平波形线表示自由时差或与紧后工作之间的时间间隔；⑤箭线宜采用水平箭线或水平段与垂直段组成的箭线形式，不宜用斜箭线。虚工作必须用垂直虚箭线表示；⑥时标网络计划宜按最早时间编制。

1. 直接绘制法

直接绘制方法和步骤如下：①绘制时标网络计划表（即时标表）（表 15-3）；②将起点节点定位在时标表的起始刻度线上；③按工作持续时间在时标表上绘制起点节点的外向工作箭线；④工作的箭头节点，必须在其所有的内向箭线绘完以后，定位在这些内向箭线中最晚完成的实箭线箭头处；⑤某些内向实箭线长度不足以到箭头节点时，用波形线补足；如果虚箭线的开始节点和结束节点之间有水平距离时，也以波形线补足，如没有水平距离，则虚箭线应垂直绘制；⑥用上述方法自左至右依次确定其他节点的位置，直到终点为止，绘图完成；⑦从终点开始，逆箭线方向，凡不出现波形线的线路连接起来即为关键线路。

表 15－3   时 标 网 络 计 划 表

日 历									
时间单位	1	2	3	4	5	6	7	8	…
网络计划									…
时间单位	1	2	3	4	5	6	7	8	…

【**例 15－5**】 试用直接绘制法绘制时标网络图（图 15－20）。

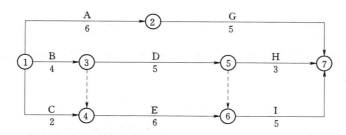

图 15－20 某双代号网络图

按直接绘制法绘制的时标网络图以及关键线路为①→③→④→⑥→⑦（图 15－21），总工期（即计算工期）为 15d。

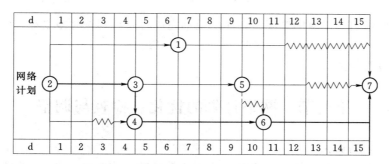

图 15－21 绘制的时标网络图

2. 间接绘制法

间接绘制法的方法和步骤如下：①计算出各节点的时间参数，如最早时间等；②绘制时标表；③将各节点按最早开始时间定位在时标表上，其布局应与无时标网络计划基本相同，然后编号；④用实箭线绘制出工作持续时间，用垂直虚箭线绘出虚工作，用波形线补足实箭线和虚箭线未到达箭头节点的部分。

三、时标网络计划时间参数的确定

1. 计算工期 T_c 的确定

时标网络计划的计算工期应等于终点节点与起点节点所对应的时标值之差。当起点节点处于时标表的零点时，终点节点所处的时标值即是计算工期。

2. 工作最早开始时间 ES_{i-j} 和最早完成时间 EF_{i-j} 的确定

工作箭线箭尾节点中心对应的时标值为该工作的最早开始时间。当工作箭线中无波形线时，箭头节点中心对应的时标值（或有波形线时，与波形线相连接的实箭线右端点所对应的时标值）为该工作的最早完成时间。

3. 工作之间的时间间隔 $LAG_{i-j, j-k}$、工作总时差 TF_{i-j} 和自由时差 FF_{i-j} 的确定

（1）除终点节点为完成节点的工作外，工作箭线中波形线的水平投影长度表示该工作与其紧后工作之间的时间间隔；结束工作箭线上的波形线表示该工作的最早完成时间与计划工期之间的时间间隔；虚箭线上的波形线表示虚箭线的紧前工作与其紧后工作之间的时间间隔。

（2）以终点节点为完成节点的工作，其总时差和自由时差均为计划工期与该工作最早完成时间之差。即：

$$TF_{i-n} = FF_{i-n} = T_P - EF_{i-n} \qquad (15-22)$$

（3）其他工作的总时差等于其紧后工作总时差加上该工作与其紧后工作之间的时间间隔之和的最小值。即：

$$TF_{i-j} = \min\{TF_{j-k} + LAG_{i-j, j-k}\} \qquad (15-23)$$

（4）其他工作的自由时差等于该工作箭线中波形线的水平投影长度。

4. 工作最迟开始时间 LS_{i-j} 和最迟完成时间 LF_{i-j} 的确定

（1）工作的最迟开始时间等于该工作的最早开始时间与其总时差之和，即：

$$LS_{i-j} = ES_{i-j} + TF_{i-j} \qquad (15-24)$$

（2）工作的最迟完成时间等于该工作的最早完成时间与其总时差之和，即：

$$LF_{i-j} = EF_{i-j} + TF_{i-j} \qquad (15-25)$$

公式中所有符号意义同前。

第五节 网络计划的优化、检查与调整

一、网络计划的优化

网络计划优化是指在满足一定约束条件下（如工期、成本或资源），按既定目标对网络计划进行不断改进（如缩短工期、节约费用、资源平衡等），以寻求满意方案的过程，最终达到优化的目标（如工期目标、资源目标、费用目标等）。

根据工程条件和需要分为工期优化、费用优化和资源优化等。

工期优化是指网络计划的计算工期不能满足要求工期时，通过不断压缩关键线路上的关键工作的持续时间，以达到缩短工期、满足要求工期目标的过程。

费用优化（又称为工期—成本优化）是指在一定范围内，工程的施工费用随着工期的变化而变化，在工期与费用之间存在着最优解的平衡点，即成本低、工期短。也就是寻求最低（或较低）成本时的最优（或较优）工期及其相应进度计划，或按要求工期寻求最低（或较低）成本及其相应进度计划的过程。

资源优化是指通过改变工作的开始时间，使各项资源（资源是人力、材料、机械设备和资金等的统称）按时间的分布符合优化目标，如在资源有限时如何使工期最短，当工期一定时如何使资源均衡。由于完成一项工程任务所需的资源基本上是不变的，不可能通过资源优

化将其减少，只能是如何进行合理的利用。

总之，网络计划的优化原理：一是利用时差，即通过改变原定计划中的工作开始时间，调整资源分布，满足资源限定条件；二是利用关键线路，即通过增加资源投入，压缩关键工作的持续时间，以达到缩短计划工期的目的。

1. 工期优化

工期优化基本方法是在不改变网络计划中各项工作之间逻辑关系的前提下，通过压缩关键工作（即增加劳动力或机械设备，缩短工作持续时间）持续时间来达到优化目标，但具体压缩哪些关键工作的持续时间才能达到工期满足要求、费用增加最小、资源供应有保证。常用的方法有顺序法、加权平均法和选择法等。选择法是常用的一种方法。

顺序法是指按关键工作开工时间先后顺序确定，先进行的工作先压缩；加权平均法是指按关键工作持续时间长度的百分比压缩。以上这两种方法没有考虑关键工作上所需资源能否有保证以及相应费用增加幅度问题。选择法是指选择压缩某些关键工作，同时所需资源有保证且费用增加不多，此方法比较接近实际情况。不论选择哪种方法，按照经济合理原则，不能将关键工作压缩成非关键工作；当有多条关键线路时，必须将各关键线路的总持续时间压缩相同数值。

工期优化的方法和步骤如下：

（1）确定初始网络计划的计算工期 T_c 和关键线路（可用标号法快速求出）。

（2）按要求工期计算应缩短的工期 ΔT（$\Delta T = T_c - T_r$）。

（3）根据实际投入的资源确定应缩短持续时间的关键工作。确定缩短各工作持续时间的顺序，通常满足以下因素的工作应优先缩短，一是缩短持续时间对质量、安全影响不大的工作；二是有充足的备用资源（劳动力、材料或机械）和工作面；三是缩短持续时间所需增加费用为最少的工作。一般是按中间的、最前面的和最后面的关键工作缩短顺序进行压缩。

（4）将优先选定的关键工作持续时间压缩至最短，重新确定计算工期和关键线路。但不能将原来关键工作压缩成非关键工作，否则，应将其持续时间再延长使其仍成为关键工作。

（5）调整后工期仍不满足时，重复上述步骤，直到计算工期满足要求工期为止。

（6）当所有关键工作持续时间都已达到最短持续时间仍不满足工期要求时，应调整施工方案或对要求工期重新审定。

【例 15 - 6】 某网络计划图（图 15 - 22），括号内的数字为最短持续时间，括号外的数字为正常持续时间，若要求工期为 120d，应怎样调整该网络计划？

解：（1）用标号法快速求出正常持续时间时的计算工期和关键线路为 ① → ③ → ④ → ⑥，计算工期为 160d（图 15 - 23）。

（2）确定调整目标：

$$\Delta T = T_c - T_r = 160 - 120 = 40(\text{d})$$

（3）确定应缩短的工作：可缩短的关键工作有 1—3、3—4 和 4—6，根据要求应先缩短中间的 3—4 工作。

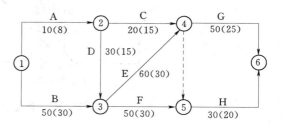

图 15 - 22　某双代号网络计划

（4）确定缩短工作的持续时间，由已知 3—4 工作的最短持续时间为 30d，正常持续时

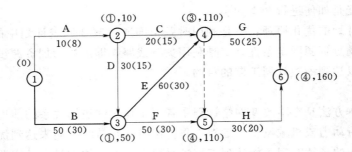

图 15 - 23　初始双代号网络计划

间为 60d，故有 30d 的压缩时间。

（5）绘制缩短 3—4 工作后的网络图，并重新计算时间参数（图 15 - 24）。

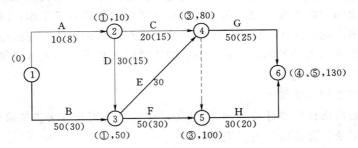

图 15 - 24　第一次调整后的双代号网络计划

（6）计算工期还未达到要求工期的目标，因此，需进行第二次调整。此时的关键线路有两条，即①→③→④→⑥和①→③→⑤→⑥。

可缩短的关键工作有 1—3、或 3—4 与 3—5 同时，或 4—6 与 5—6 同时，共三组。而 3—4 工作已缩短到最短持续时间，根据第一次调整的分析一样，选定缩短 1—3 工作。

（7）由已知 1—3 工作的最短持续时间为 30d，正常持续时间为 50d，故最多有 20d 的压缩时间，根据调整的目标已缩短了 30d，还剩 10d 的缩短时间，并考虑缩短工作持续时间增加资源为最少的原则，故仅缩短 10d。

（8）绘制缩短 1—3 工作后的网络图，并计算时间参数（图 15 - 25）。

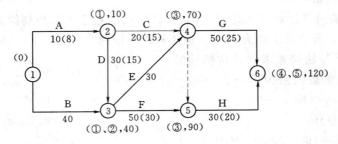

图 15 - 25　调整后的双代号网络计划

经过上述调整后，计算工期已达要求工期 120d，此时双代号网络计划即为优化后的网络计划，关键线路有四条，即①→②→③→④→⑥、①→②→③→⑤→⑥、①→③→④→⑥和①→③→⑤→⑥。

2. 工期—成本优化

工程成本包括直接费和间接费两部分。在一定时间范围内，直接费随着工期的增加而减少，而间接费则随着工期的增加而增大（图15-26）。工程总成本曲线是将不同工期的直接费和间接费叠加而成，其最低点 P_1 即为工程最优方案之一，即为工期—成本优化所寻求的目标。该工程成本所对应的工期 t_1，就是网络计划成本最低时的最优工期。

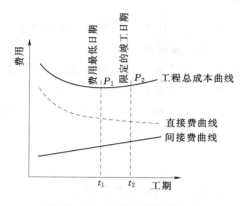

图15-26 工期与费用的关系

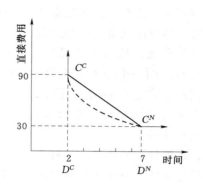

图15-27 工作时间和直接费用的关系

工期—成本优化的步骤：

（1）按工作正常持续时间找出关键工作和关键线路。

（2）工作时间和费用的关系（图15-27），计算各项工作的费用率：

$$\Delta C_{i-j} = \frac{C_{i-j}^C - C_{i-j}^N}{D_{i-j}^N - D_{i-j}^C} \tag{15-26}$$

式中：ΔC_{i-j} 为工作 $i-j$ 的费用率；C_{i-j}^C 为将工作 $i-j$ 持续时间缩短为最短持续时间后，完成该工作所需的直接费用；C_{i-j}^N 为在正常条件下完成工作 $i-j$ 所需的直接费用；D_{i-j}^N 为工作 $i-j$ 的正常持续时间；D_{i-j}^C 为工作 $i-j$ 的最短持续时间。

如 $\Delta C_{i-j} = \dfrac{C_{i-j}^C - C_{i-j}^N}{D_{i-j}^N - D_{i-j}^C} = \dfrac{90-30}{7-2} = 12（元/d）$，说明每缩短一天需要增加12元的费用。

（3）在网络计划中找出费用率最低的一项关键工作（或一组关键工作），作为缩短持续时间的对象。

（4）缩短找出的关键工作（或一组关键工作）的持续时间，其缩短值必须符合不能压缩成非关键工作和缩短后的持续时间不能小于最短持续时间的原则。

（5）计算相应增加的直接费用。

（6）考虑工期变化带来的间接费用及其他损益，在此基础上计算总费用。

重复步骤（3）～（6），一直计算到总费用最低为止。

3. 资源优化

资源优化一般是从通常的网络图参数计算结果出发，逐步调整工作的开工和结束时间，在众多的决策中选择一个决策，使目标函数值达到最佳。

资源优化主要有两种情况：资源有限—工期最短的优化和工期固定—资源均衡的优化。

资源有限—工期最短优化是通过时差调整计划安排，以满足资源限制条件，并使工期增加最少的过程。

其优化步骤：将初始网络计划绘成时标网络图，计算每日资源需要量并绘出资源动态曲线；从左至右检查，如遇某时段所需资源超过限制数量，就对该工作排队编号，并按编号顺序依次给各工作分配所需的资源数量。对于编号靠后的，分不到资源的工作，就按顺序推到此刻时段的后面进行。

工期固定—资源均衡优化也是通过时差调整计划安排，在工期保持不变的情况下，使资源的需要量尽可能保持均衡的过程，不至于出现短时期的高峰和低谷。

其优化步骤：从网络计划终点节点开始，按工作的结束节点的编号值从大到小的顺序进行调整。同一个结束节点的工作则由开始时间较迟的工作先进行调整，在所有工作都按上述原理方法自右向左进行了一次调整之后，为使资源需求的动态均方差值进一步减少，需要自右向左再次进行调整，循环往复，经过多次调整，直到所有工作的位置都不能再右移为止。

二、网络计划的检查与调整

网络计划的检查主要是对进度偏差进行详细的分析，出现的偏差是否是关键工作，是否大于总时差，是否大于自由时差等，如果是则应采取相应措施进行调整。

网络计划的调整是指根据计划执行反馈的信息，对那些未能完全按原计划执行而产生的偏差所采取的应变措施。网络计划的调整内容包括关键工序作业时间的调整，非关键工序的时差的调整，工序的增减，逻辑关系的调整以及某些工序作业时间的调整等。调整的具体方法就是改变某些工作的逻辑关系和缩短某些工作的持续时间。

网络计划在执行过程中，其时间参数的计算、优化、修改、调整和跟踪控制等，都需要进行大量的重复计算工作。在网络图比较复杂的情况下，常借助于计算机对网络计划进行管理。目前国内外有许多通用和专用网络计划商品软件，运用软件使网络计划可以使复杂的工作变得简便。

小　结

1. 网络计划是进行工程施工管理的一种科学方法。

2. 网络计划分为双代号网络计划、单代号网络计划、双代号时标网络计划和单代号搭接网络计划。

3. 双代号网络图由箭线、节点和线路三个基本要素组成。箭线有实箭线和虚箭线。节点是由带有编号的圆圈构成，两个节点编号表示一项工作。线路有关键线路、次关键线路和非关键线路。

4. 双代号网络计划时间参数计算主要包括各节点的最早时间和最迟时间、各项工作的最早开始时间、最早完成时间、最迟开始时间、最迟完成时间、总时差、自由时差和计算工期等。一般采用图上计算法。标号法是一种快速寻求网络计划计算工期和关键线路的方法。

5. 单代号网络图（也称节点网络图）是由节点表示工作、以箭线表示工作之间逻辑关系的网络图。

6. 双代号时标网络计划是指以时间坐标为尺度表示工作时间的网络计划。时标网络计划的绘制方法有间接绘制和直接绘制法。

7. 网络计划的优化包括工期优化、费用优化和资源优化等。

复 习 思 考 题

15-1 网络计划的基本原理是什么？

15-2 双代号网络计划与单代号网络计划的区别是什么？

15-3 关键工作和关键线路的判断方法是什么？

15-4 双代号网络图中，工作时间参数有哪些？如何在网络图中表示？

15-5 时差有几种？有什么作用？

15-6 双代号时标网络计划的特点是什么？其参数如何确定？

15-7 网络计划的优化包括哪些？各有何作用？

15-8 某工程有九项工作组成，网络逻辑关系如下表所示，试绘制双代号网络图。

工作名称	紧前工作	紧后工作	持续时间（d）
A	—	B、C	3
B	A	D、E	4
C	A	F、D	6
D	B、C	G、H	8
E	B	G	5
F	C	H	4
G	D、E	I	6
H	D、F	I	4
I	G、H	—	5

15-9 某工程由十项工作组成，各项工作之间的相互制约、相互依赖的关系如下所述：A、B 均为第一个开始的工作，G 开始前，D、P 必须结束，E、F 结束后，C、D 才能开始；F、Q 开始前，A 应该结束；C、D、P、Q 结束后，H 才能开始；E、P 开始前，A、B 必须结束；G、H 均为最后一个结束的工作。试绘制该网络图。

15-10 某三跨车间地面工程分为 A、B、C 三个施工段，其施工过程及持续时间如下表。要求：绘制双代号网络图，并指出关键线路和工期。

施 工 过 程	持 续 时 间		
	A	B	C
回填土	4	3	4
垫层	3	2	3
浇筑混凝土	2	1	2

15-11　试计算图示双代号网络图的各项时间参数。

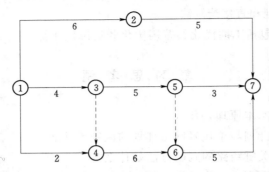

15-12　某工程双代号网络计划如下，试将其转化成时标网络计划，并说明波形的意义。

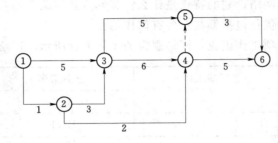

第十六章　单位工程施工组织设计

【内容提要和学习要求】

本章主要介绍了单位工程施工组织设计的作用、编制原则、依据、程序、内容、施工方案、进度计划、资源需求计划和施工现场平面图的布置。重点掌握施工方案的选择、进度计划的编制步骤和方法、施工现场平面图布置的内容和步骤。了解单位工程施工组织设计编制的原则、依据和程序，熟悉砖混结构、现浇混凝土结构及单层装配式工业厂房的施工顺序。

第一节　概　　述

一、单位工程施工组织设计的作用与内容

1. 作用

单位工程施工组织设计是以单位工程为对象编制的，用以指导现场施工活动的技术经济文件。对落实施工准备，保证施工有组织、有计划、有秩序地进行，实现质量好、工期短、成本低的良好效果，均起着重要作用。施工组织设计从其作用上看总体有两大类：一类是施工企业在投标时所编写的施工组织设计；另一类是中标后编写的用于指导整个施工用的施工组织设计，本章主要介绍的是后一类。

单位工程施工组织设计是进行单位工程施工组织的文件，是计划书，也是指导书。如果说施工组织总设计是对群体工程而言的，相当于一个战役的战略部署，则单位工程施工组织设计就是每场战斗的战术安排。施工组织总设计要解决的是全局性的问题，而单位工程施工组织设计则是针对具体工程、解决具体的问题。也就是针对一个具体的拟建单位工程，从施工准备工作到整个施工的全过程进行规划，实行科学管理和文明施工，使投入到施工中的人力、物力和财力及技术能最大限度地发挥作用，使施工能有条不紊地进行，从而实现项目的质量、工期和成本目标。

2. 内容

单位工程施工组织设计编制内容根据单位工程的性质、特点及规模不同，同时考虑到施工要求及条件进行编制。一般包括下列内容：工程概况及施工条件分析；施工方案；施工进度计划；施工准备工作计划；资源需用量计划；施工平面图和技术经济指标分析等。主要内容可通过"一案一表一图"来表示。

二、单位工程施工组织设计的编制依据和程序

（一）编制依据

1. 施工组织总设计

当单位工程为建筑群的一个组成部分时，则该建筑物的施工组织设计必须按照施工组织总设计的各项指标和任务要求来编制，如进度计划的安排应符合总设计的要求等。

2．施工现场条件和地质勘察资料

施工现场的地形、地貌、地上与地下障碍物以及水文地质、交通运输道路、施工现场可占用的场地面积等。

3．工程所在地的气象资料

施工期间的最低、最高气温及延续时间，雨季、雨量等。

4．施工图及设计单位对施工的要求

单位工程的全部施工图样、会审记录和相关标准图等有关设计资料。较复杂的工业建筑、公共建筑和高层建筑等，还应了解设备图样和设备安装对土建施工的要求，设计单位对新结构、新技术、新材料和新工艺的要求。

5．材料、预制构件及半成品供应情况

工程所在地主要建筑材料、构配件、半成品的供货来源，供应方式及运距和运输条件等。

6．劳动力配备情况

主要有两个方面的资料：一方面是企业能提供的劳动力总量和各专业工种的劳动人数；另一方面是工程所在地的劳动力市场情况。

7．施工机械设备的供应情况

8．施工企业年度生产计划对该工程项目的安排和规定的有关指标

开工、竣工时间及其他项目穿插施工的要求等。

9．本项目相关的技术资料

标准图集、地区定额手册、国家操作规程及相关的施工与验收规范、施工手册等。同时包括企业相关的经验资料、企业定额等。

10．建设单位的要求

开工、竣工时间，对项目质量、建材以及其他的一些特殊要求等。

11．建设单位可能提供的条件

现场"三通一平"情况，临时设施以及合同中约定建设单位供应的材料、设备的时间等。

12．与建设单位签订的工程承包合同

（二）编制程序

单位工程施工组织设计的编制程序，是指单位工程施工组织设计各个组成部分形成的先后次序以及相互之间的制约关系（图 16－1）。

三、工程概况及施工条件分析

1．工程建设概况

主要介绍拟建工程的建设单位、工程名称、性质、用途和建设的目的，资金来源及工程造价，开工、竣工日期，设计单位、施工单位、监理单位，施工图纸情况，施工合同是否签订，上级有关文件或要求，以及组织施工的指导思想等。

2．工程建设地点特征

主要介绍拟建工程的地理位置、地形、地貌、地质、水文、气温、冬雨期时间、主导风向、风力和抗震设防烈度等。

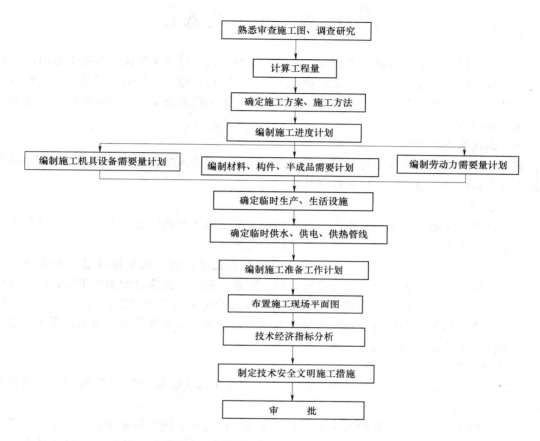

图 16-1 单位工程施工组织设计编制程序

3. 建筑、结构设计概况

主要根据施工图纸，结合调查资料，简练地概括工程全貌，综合分析，突出重点问题。对新结构、新材料、新技术、新工艺及施工的难点做重点说明。

建筑设计概况主要介绍拟建工程的建筑面积、平面形状和平面组合情况、层数、层高、总高、总长、总宽等尺寸及室内外装修的情况。

结构设计概况主要介绍基础的形式、埋置深度、设备基础的形式、主体结构的类型，墙、柱、梁、板的材料及截面尺寸，预制构件的类型及安装位置，楼梯构造及形式等。

4. 施工条件

主要介绍"三通一平"的情况，当地的交通运输条件，资源生产及供应情况，施工现场大小及周围环境情况，预制构件生产及供应情况，施工单位机械、设备、劳动力的落实情况，内部承包方式、劳动组织形式及施工管理水平，现场临时设施、供水、供电问题的解决。

5. 工程施工特点分析

主要介绍拟建工程施工特点和施工中关键问题、难点所在，以便突出重点、抓住关键，使施工顺利进行，提高施工单位的经济效益和管理水平。

第二节　施工方案的选择

施工方案的选择是编制单位工程施工组织设计的重点，是整个单位工程施工组织设计的核心。直接影响工程施工的质量、工期和经济效益。因此，施工方案的选择是非常重要的工作。施工方案的选择主要包括施工顺序、施工组织、施工机械及主要的分部分项工程施工方法的选择等内容。

一、确定施工程序

施工程序是指单位工程中各分部工程或施工阶段的先后次序和其制约关系，主要是解决时间搭接上的问题。确定时应注意以下几点：

1. 施工准备工作

单位工程开工前必须做好一系列准备工作，尤其是施工现场的准备工作。在具备开工条件后，还应写出开工报告，经上级审查批准后方可开工。

单位工程的开工条件是：施工图纸经过会审并有记录；施工组织设计已批准并进行交底；施工合同已签订且施工许可证已办理；施工图预算和施工预算已编制并审定；现场障碍已清楚且"三通一平"已基本完成；永久性或半永久性坐标和水准点已设置；材料、构件、机具、劳动力安排等已落实并能按时进场；各项临时设施已搭设并能满足需求；现场安全宣传牌已树立；安全防火等设施已具备。

2. 单位工程施工程序

单位工程施工必须遵守"先地下、后地上"、"先主体、后围护"、"先结构、后装修"、"先土建、后设备"的施工顺序。

（1）先地上、后地下。指的是地上工程开工前，把管道、线路等地下设施、土方工程和基础工程全部完成或基本完成。坚固耐用的建筑需要有一个坚实的基础，从工艺的角度考虑，也必须先地下后地上，地下工程施工时应做到先深后浅，这样可避免对地上部分工程产生干扰，从而带来施工不便，造成浪费，影响工程质量。

（2）先主体后围护。指的是框架结构建筑和装配式单层工业厂房施工中，先进行主体结构施工，后完成维护工程。同时，框架主体结构与维护工程在总的施工顺序上要合理搭接，一般来说，多层建筑已少搭接为宜，而高层建筑则应尽量搭接施工，已缩短施工工期；而装配式单层工业厂房主体结构与维护工程一般不搭接。

（3）先结构后装修。是对一般情况而言，有时为了缩短施工工期，也可有部分的合理搭接。

（4）先土建后设备。指的是不论民用建筑或工业建筑，一般来说，土建施工应先于水、暖、煤、卫、电等建筑设备的施工。但它们之间更多的是穿插配合的关系，尤其在装修阶段，要从保证施工质量、降低成本的角度，处理好相互之间的关系。

3. 土建施工与设备安装的施工程序

在工业厂房的施工中，除了完成一般工程外，还要完成工艺设备和工艺管道的安装工程。一般说来，有以下三种施工程序：

（1）封闭式施工法。先建造厂房基础，安装结构，而后进行设备基础的施工。当设备基础不大，且对厂房结构的稳定无影响，在冬、雨季施工时比较适用此方法。

优点：由于土建工作面大，因而加快了施工进度，有利于预制和吊装方案的合理选择；由于主体工程先完成，所以设备基础施工不受气候影响；可利用厂房吊车梁为设备基础施工服务。缺点：出现重复工作，如挖基槽、回填土等施工过程；设备基础施工条件差，而且拥挤；不能提前为设备安装提供工作面，工期较长。

（2）敞开式施工法。先对厂房基础和设备基础进行施工，而后对厂房结构进行安装。此方法对于设备基础较大较深，基坑挖土范围与柱基础基坑挖土连成一片，或深于厂房柱基础，而且在厂房所建地点土质不好时比较适用。

敞开式施工的优缺点与封闭式施工的优缺点刚好相反。

（3）设备安装与土建施工同时进行。这是当土建施工为设备安装创造了必要条件，同时能防止设备被砂浆、建筑垃圾等污染的情况下，所适宜采用的施工程序。如建造水泥厂的施工。

二、划分施工段和确定施工起点流向

1. 划分施工段

划分施工段目的是为了满足流水施工的需要，将单一而庞大的建筑物（或建筑群）划分成多个部分以形成"假定产品批量"，但在单位工程上划分施工段时，应注意以下几个问题：

（1）有利于结构的整体性，尽量利用变形缝在平面上有变化处，留槎而不影响质量以及可留施工缝处等作为施工段的分界线。住宅可按单位、楼层划分；厂房可按跨、按生产线划分；建筑群还可按区、栋划分。

（2）分段应尽量使各段工程量大致相等，以便组织节奏流水施工。

（3）段数的多少应与主要施工过程数相协调，以主导施工过程为主形成工艺组合。工艺组合数应等于或小于施工段数。因此，分段不宜过多，过多则可能延长工期或使工作面狭窄；过少则因无法流水，而使劳动力或机械设备停歇窝工。

（4）分段的大小应与劳动组织相适应，有足够的工作面。以机械为主的施工对象，还应考虑机械的台班能力，使能力得以发挥。混合结构、大模板现浇混凝土结构、全装配结构等工程的分段大小，都应考虑吊装机械的能力（工作面）。

2. 确定施工起点流向

施工流向是指单位工程在平面上或竖向上施工开始的部位和进展的方向。对单位工程施工流向的确定一般遵循"四先四后"的原则，即先准备后施工，先地下后地上，先主体后围护，先结构后装饰的次序。同时，针对具体的单位工程，在确定施工流向时应考虑以下因素：生产使用的先后，施工区段的划分，与材料、构件、土方的运输方向不发生矛盾，适应主导工程（工程量大、技术复杂、占用时间长的施工过程）的合理施工顺序。具体应注意以下几点：

（1）厂房的生产工艺往往是确定施工流向的关键因素，故影响试车投产的工段应先施工。

（2）建设单位对生产或使用要求在先的部位应先施工。

（3）技术复杂、工期长的区段或部位应先施工。

（4）当有高低跨并列时，应从并列处开始；屋面防水施工应按先低后高顺序施工，当基础埋深不同时应先深后浅。

（5）根据施工现场条件确定。如土方工程边开挖边余土外运，施工的起点一般应选定在离道路远的部位，由远而近的流向进行。

对于装饰工程，一般分室内装饰和室外装饰。室外装饰通常是自上而下进行，但有特殊情况时可以不按自上而下进行的顺序进行，如商业性建筑为满足业主营业的要求，可采取自中而下的顺序进行，保证营业部分的外装饰先完成。这种顺序的不足之处是在上部进行外装饰时，易损坏污染下部的装饰。室内装饰一般可以采取主体封顶后自上而下进行（图16-2），也可以采取自下而上进行（图16-3）。

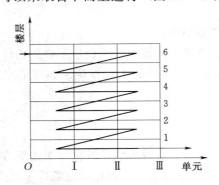 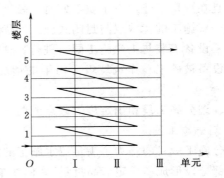

图16-2　室内装饰自上而下的流向　　　　图16-3　室内装饰自下而上的流向

三、确定施工顺序

（一）考虑的因素

施工顺序是指各项工程或施工过程之间的先后次序。施工顺序应根据实际工程施工条件和采用的施工方法确定，没有一种固定不变的顺序，也并不是说施工顺序是可以随意改变的，也就是说建筑施工的顺序有其一般性，也有其特殊性。因而确定施工顺序应考虑以下因素：

（1）遵循施工程序。施工顺序应在不违背施工程序的前提下确定。

（2）符合施工工艺。施工顺序应与施工工艺顺序相一致，如现浇钢筋混凝土连梁的施工顺序为：支模板→绑扎钢筋→浇混凝土→养护→拆模板。

（3）与施工方法和施工机械的要求相一致。不同的施工方法和施工机械会使施工过程的先后顺序有所不同，如建造装配式单层厂房，采用分件吊装法的施工顺序是：先吊装全部柱子，再吊装全部吊车梁，最后吊装所有屋架和屋面板。采用综合吊装法的顺序是：先吊装完一个节间的柱子、吊车梁、屋架和屋面板之后，再吊装另一个节间的构件。

（4）考虑工期和施工组织的要求。如地下室的混凝土地坪，可以在地下室的楼板铺设前施工，也可以在楼板铺设后施工。但从施工组织的角度来看，前一方案便于利用安装楼板的起重机向地下室运送混凝土，因此宜采用此方案。

（5）考虑施工质量和安全要求。如基础回填土，必须在砌体达到必要的强度以后才能开始，否则，砌体的质量会受到影响。

（6）不同地区的气候特点不同，安排施工过程应考虑到气候特点对工程的影响。如土方工程施工应避开雨季，以免基坑被雨水浸泡或遇到地表水而造成基坑开挖的难度。

现在以砖混结构建筑、钢筋混凝土结构建筑以及装配式工业厂房为例，分别介绍不同结构形式的施工顺序。

（二）砖混结构多层建筑施工顺序

多层砖混结构房屋的施工，一般可划分为三个阶段，即基础工程施工，主体工程施工和装饰工程施工，一般的施工顺序如图 16-4 所示。

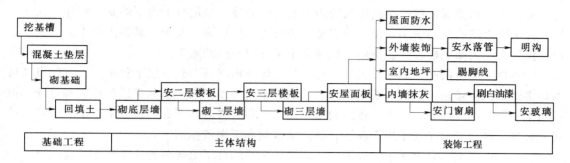

图 16-4 混合结构房屋施工顺序示意

1. 基础工程施工

基础工程施工顺序一般是：挖槽（坑）→混凝土垫层→基础施工→做防潮层→回填土。若有桩基，则在开挖前应施工桩基，若有地下室，则基础工程中应包括地下室的施工。槽（坑）开挖完成后，立即验槽做垫层，其时间间隔不能太长，以防止地基土长期暴露，被雨水浸泡而影响其承载力，即所谓的"抢基础"。在实际施工中，若由于技术或组织上的原因不能立即验槽作垫层和基础，则在开挖时可留 20～30cm 至设计标高，以保护地基土，待有条件施工下一步时，再挖去预留的土层。

由于回填土对后续工序的施工影响不大，可视施工条件灵活安排。原则上是在基础工程完工之后一次性分层夯填完毕，可以为主体结构工程阶段施工创造良好的工作条件，如它为搭外脚手架及底层砌墙创造了比较平整的工作面。特别是当基础比较深，回填土量较大的情况下，回填土最好在砌墙以前填完，在工期紧张的情况下，也可以与砌墙平行施工。

2. 主体结构工程施工

砖混结构主体施工的主导工序是砌墙和安装楼板，对于整个施工过程主要有：搭脚手架、砌墙、安装门窗框、吊装预制门窗过梁或浇筑钢筋混凝土圈梁、吊装楼板和楼梯、浇筑雨篷、阳台及吊装屋面等。它们在各楼层之间先后交替施工。在组织砖混结构单个建筑物的主体结构工程施工时，应把主体结构工程归并成砌墙和吊装楼板两个主导施工过程来组织流水施工，使主导工序能连续进行。

3. 装饰工程施工

主体完工后，项目进入到装饰施工阶段。该阶段分项工程多、消耗劳动量大，工期也较长，本阶段对砖混结构施工的质量有较大影响，因而必须确定合理的施工顺序与方法来组织施工。主要施工过程有：内外墙抹灰、安装门窗扇、安装玻璃和油漆、内墙刷浆、室内地坪、踢脚线、屋面防水、安装落水管、明沟、散水、台阶以及水、暖、电、卫等，其中主导工程是抹灰工程，安排施工顺序应以抹灰工程为主导，其余工程是交叉、平行穿插进行。

室外装饰的施工顺序一般为自上而下施工，同时拆除脚手架。

室内抹灰的施工顺序从整体上通常采用自上而下、自下而上、自中而下再自上而中三种施工方案。

（1）自上而下的施工顺序。该顺序通常在主体工程封顶做好屋面防水层后，由顶层开始逐层向下施工。其优点是主体结构完成后，建筑物已有一定的沉降时间，且屋面防水已做好，可防止雨水渗漏，保证室内抹灰的施工质量。此外，采用自上而下的施工顺序，交叉工序少，工序之间相互影响小，便于组织施工和管理，保证施工安全。其缺点是不能与主体工程搭接施工，因而工期较长。该施工顺序常用于多层建筑的施工。

（2）自下而上的施工顺序。该顺序通常与主体结构间隔二到三层平行施工。其优点是可以与主体结构搭接施工，所占工期较短。其缺点是交叉工序多，不利于组织施工和管理，也不利于安全控制。另外，上面主体结构施工用水，容易渗漏到下面的抹灰上，不利于室内抹灰的质量。该施工顺序通常用于高层、超高层建筑和工期紧张的工程。

（3）自中而下再自上而中的施工顺序。该顺序是结合了上述两种施工顺序的优缺点。一般在主体结构进行到一半时，主体结构继续向上施工，而室内抹灰则向下施工，这样，使得抹灰工程距离主体结构施工的工作面越来越远，相互之间的影响也减小。该施工顺序常用于层数较多的工程施工。

室内同一层的天棚、墙面、地面的抹灰施工顺序通常有两种：一是"地面→天棚→墙面"，这种顺序室内清理简便，有利于保证地面施工质量，且有利于收集天棚、墙面的落地灰，节省材料。但地面施工完成以后，需要一定的养护时间才能施工天棚、墙面，因而工期较长。另外，还需注意地面的保护。另一种是"天棚→墙面→地面"，这种施工顺序的好处是工期短。但施工时，如不注意清理落地灰，会影响地面抹灰与基层的粘结，造成地面起拱。

楼梯和过道是施工时运输材料的主要通道，它们通常在室内抹灰完成以后，再自上而下施工。楼梯、过道室内抹灰全部完成以后，进行门窗扇的安装，然后进行油漆工程，最后安装门窗玻璃。

（三）钢筋混凝土结构工程施工顺序

现浇钢筋混凝土结构建筑是目前应用最广泛的建筑形式，其总体施工仍可分为三个阶段，即基础工程施工、主体工程施工及装饰工程施工与设备安装工程施工。

1. 基础工程施工

对于钢筋混凝土结构工程，其基础形式有：桩基础、独立基础、筏形基础、箱形基础以及复合基础等，不同的基础其施工顺序（工艺）不同。

（1）桩基础施工顺序。人工挖孔灌注桩，施工顺序一般为：人工成孔→验孔→落放钢筋骨架→浇筑混凝土。对于钻孔灌注桩，其顺序一般为：泥浆护壁成孔→清孔→落放钢筋骨架→水下浇筑混凝土。对于预制桩其施工顺序一般为：放线定桩位→设备及桩就位→打桩→检测。

（2）钢筋混凝土独立基础的施工顺序。一般施工顺序为：开挖基坑→验槽→作混凝土垫层→扎钢筋支模板→浇筑混凝土→养护→回填土。

（3）箱形基础的施工顺序。施工顺序一般为：开挖基坑→作垫层→箱底板钢筋、模板及混凝土施工→箱墙钢筋、模板、混凝土施工→箱顶钢筋、模板、混凝土施工→回填土。

在箱形、筏形基础施工中，土方开挖时应作好支护、降水等工作，防止塌方，对于大体积混凝土应采取措施防止裂缝产生。

2. 主体工程施工

对于主体工程的钢筋混凝土结构施工，总体上可以分为两大类构件。一类是竖向构件，如墙柱等；另一类是水平构件，如梁板等，因而其施工总的顺序为"先竖向再水平"。

（1）竖向构件施工顺序。对于柱与墙其施工顺序基本相同，即"放线→绑扎钢筋→预留预埋→支模板及脚手架→浇筑混凝土→养护"。

（2）水平构件施工顺序。对于梁板一般同时施工，其顺序为：放线→搭脚手架→支梁底模、侧模→扎梁钢筋→支板底模→扎模钢筋→预留预埋→浇筑混凝土→养护。

目前，随着商品混凝土的广泛应用，一般同一楼层竖向构件与水平构件混凝土同时浇筑。

3. 装饰与设备安装工程施工

对于装饰工程，总体施工顺序与前面讲述的砖混结构装饰工程施工顺序相同，即"先外后内，室外由上到下，室内既可以由上向下，也可以由下向上"。对于多层、小高层或高层钢筋混凝土结构建筑，特别是高层建筑，为了缩短工期，其装饰和水、电、暖通设备是与主体结构施工搭接进行的，一般是主体结构做好几层后随即开始。装饰和水、电、暖通设备安装阶段的分项工程很多，各分项工程之间、一个分项工程中的各个工序之间，均需按一定的施工顺序进行。虽然由于有许多楼层的工作面，可组织立体交叉作业，基本要求与混合结构的装修工程相同，但高层建筑的内部管线多，施工复杂，组织交叉作业尤其要注意相互关系的协调以及质量和安全问题。

（四）装配式单层工业厂房施工顺序

装配式钢筋混凝土单层厂房施工共分基础工程、预制工程、结构安装工程与围护及装饰工程这几个主要阶段。由于基础工程与预制工程之间没有相互制约的关系，所以相互之间就没有既定的顺序，只要保证在结构安装之间完成，并满足吊装的强度要求即可。各施工阶段的工作内容与施工顺序如图 16－5 所示。

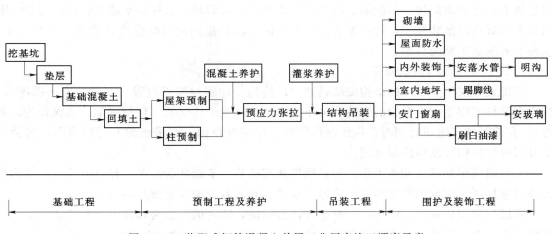

图 16－5　装配式钢筋混凝土单层工业厂房施工顺序示意

1. 基础工程

装配式钢筋混凝土单层厂房的基础一般为现浇杯形基础。基本施工顺序是基坑开挖、做垫层、浇筑杯形基础混凝土、回填土。若是重型工业厂房基础，对土质较差的工程则需打桩或其他人工地基；如遇深基础或地下水位较高的工程，则需采取人工降低地下水位。

大多数单层工业厂房都有设备基础，特别是重型机械厂房，设备基础既深又大，其施工难度大，技术要求高，工期也较长。设备基础的施工顺序如何安排，会影响到主体结构的安装方法和设备安装的进度。因而若工业厂房内有大型设备基础时，其施工有两种方案：

（1）开敞式。应遵循一般先地下、后地上的顺序，设备基础与厂房基础的土方同时开挖。由于开敞式的土方量较大，可用正铲、反铲挖掘机以及铲运机开挖。这种施工方法工作面大，施工方便，并为设备提前安装创造条件。其缺点是对主体结构安装和构件的现场预制带来不便。当设备基础较复杂，埋置深度大于厂房柱基的埋置深度并且工程量大时，开敞式施工方法较适用。

（2）封闭式。就是设备基础施工在主体厂房结构完成以后进行。这种施工顺序是先建厂房，后做设备基础。其优点是厂房基础和预制构件施工的工作面较大，有利于重型构件现场预制、拼装、预应力张拉和就位；便于各种类型的起重机开行路线的布置；可加速厂房主体结构施工。由于设备基础是厂房建成后施工，因此，可利用厂房内的桥式吊车作为设备基础施工中的运输工具，并且不受气候的影响。其缺点是部分柱基回填土在设备基础施工时会被重新挖空出现重复劳动，设备基础的土方工程施工条件差，因此，只有当设备基础的工作量不大，且埋置深度不超厂房桩基的埋置深度时，才能采用封闭式施工。

2. 预制工程的施工顺序

单层工业厂房的预制构件有现场预制和工厂预制两大类。首先确定哪些构件在现场预制，哪些构件在构件厂预制。一般来说，像单层工业厂房的牛腿柱、屋架等大型不方便运输的构件在现场预制；屋面板、天窗、吊车梁、支撑、腹杆及连系梁等在工厂预制。

预制工程的一般施工顺序为：构件支模（侧模等）→绑扎钢筋（预埋件）→浇筑混凝土→养护。若是预应力构件，则应加上"预应力钢筋的制作→预应力筋张，拉锚固→灌浆"。

由于现场预制构件时间较长，为了缩短工期，原则上，先安装的构件如柱等应先预制。但总体上，现场预制构件如屋架、柱等应提前预制，以满足一旦杯形基施工完成，达到现定的强度后就可以吊装柱子，柱子吊装完成灌浆固定养护达到规定的强度后就可以吊装屋架，从而达到缩短工期的目的。

3. 结构安装工程施工顺序

装配式单层工业厂房的结构安装是整个厂房施工的主导施工过程，一般的安装顺序为：柱子安装校正固定→连系梁的安装→吊车梁安装→屋盖结构安装（包括屋架、屋面板、天窗等）。在编制施工组织计划时，应绘制构件现场吊装就位图，起吊机的开行路线图，包括每次开行吊装的构件及构件编号图。

安装前应作好其他准备工作，包括构件强度核算、基础杯底抄平、杯口弹线、构件的吊装验算和加固、起重机稳定性及起重能力核算、起吊各种构件的索具准备等。

单层厂房安装顺序有两种：一种是分件吊装法，即先依次安装和校正全部柱子，然后安装屋盖系统等。这种方式起重机在同一时间安装同一类型构件，包括就位、绑扎、临时固定、校正等工序并且使用同一种索具，劳动组织不变，可提高安装效率。缺点是增加起重机开行路线。另一种是综合吊装法，即逐个节间安装，连续向前推进。方法是先安装四根柱子，立即校正后安装吊车梁与屋盖系统，一次性安装好纵向一个柱距的节间。这种方式可缩短起重机的开行路线，并且可为后续工序提前创造工作面，实现最大搭接施工，缺点是安装索具和劳动力组织有周期性变化而影响生产率。上述两种方法在单层厂房安装工程中均有采用。一般实践中，综合吊装法应用相对较少。

对于厂房两端山墙的抗风性，其安装通常也有两种方法。一种是随一般柱一起安装，即起重机从厂房一端开始，首先安装抗风柱，安装就位后立即校正固定。另一种方法是待单层厂房的其他构件全部安装完毕后，安装抗风柱，校正后立即与屋盖连接。

4. 围护、屋面及其他工程施工

主要包括砌墙、屋面防水、地坪、装饰工程等，对这类工程可以组织平行作业，尽量利用工作面安排施工。一般当屋盖安装后先进行屋面灌缝，随即进行地坪施工，并同时进行砌墙，砌墙结束后跟着进行内外粉刷。屋面防水工程一般应在屋面板安装后马上进行。屋面板吊装固定之后随即可进行灌缝及抹水泥砂浆，做找平层。若做柔性防水层面，则应等找平层干燥后再开始做防水层，在做防水层之前应将天窗扇和玻璃安装好并油漆完毕，还要避免在刚做好防水层的屋面上行走和堆放材料、工具等物，以防损坏防水层。

单层厂房的门窗油漆可以在内墙刷白以后马上进行，也可以与设备安装同时进行。地坪应在地下管道、电缆完成后进行，以免凿开嵌补。

以上针对砖混结构、钢筋混凝土结构及装配式单层工业厂房施工的施工顺序安排作了一般说明，是施工顺序的一般规律。在实践中，由于影响施工的因素很多，各具体的施工项目其施工条件各不相同，因而，在组织施工时应结合具体情况和本企业的施工经验，因地制宜地确定施工顺序组织施工。

四、施工方法和施工机械的选择

（一）施工方法选择的原则

（1）具有针对性。在确定某个分部分项工程的施工方法时，应结合本分项工程的情况来制定，不能泛泛而谈。如模板工程应结合本分项工程的特点来确定其模板的组合、支撑及加固方案，画出相应的模板安装图，不能仅仅按施工规范谈安装要求。

（2）体现先进性、经济性和适用性。选择某个具体的施工方法（工艺）首先应考虑其先进性，保证施工的质量。同时还应考虑到在保证质量的前提下，该方法是否经济和适用，并对不同的方法进行经济评价。

（3）保障性措施应落实。在拟定施工方法时不仅要拟定操作过程和方法，而且要提出质量要求，并要拟定相应的质量保证措施和施工安全措施及其他可能出现情况的预防措施。

（二）施工方法选择

在选择主要的分部或分项工程施工时，应注意以下内容。

1. 土石方工程

（1）计算土石方工程量，确定开挖或爆破方法，选择相应的施工机械。当采用人工开挖时应按工期要求确定劳动力数量，并确定如何分区分段施工。当采用机械开挖时应选择机械挖土的方式，确定挖掘机型号、数量和行走线路，以充分利用机械能力，达到最高的挖土效率。

（2）地形复杂的地区进行场地平整时，确定土石方调配方案。

（3）基坑深度低于地下水位时，应选择降低地下水位的方法，确定降低地下水所需设备。

（4）当基坑较深时，应根据土壤类别确定边坡坡度，土壁支护方法，确保安全施工。

2. 基础工程

(1) 基础需设施工缝时，应明确留设位置和技术要求。

(2) 确定浅基础的垫层、混凝土和钢筋混凝土基础施工的技术要求或有地下室时防水施工技术要求。

(3) 确定桩基础的施工方法和施工机械。

3. 砌筑工程

(1) 应明确砖墙的砌筑方法和质量要求。

(2) 明确砌筑施工中的流水分段和劳动力组合形式等。

(3) 确定脚手架搭设方法和技术要求。

4. 混凝土及钢筋混凝土

(1) 确定混凝土工程施工方案，如滑模法、爬升法或其他方法等。

(2) 确定模板类型和支模方法。重点应考虑提高模板周转利用次数。节约人力和降低成本，对于复杂工程还需进行模板设计和绘制模板放样图或排列图。

(3) 钢筋工程应选择恰当的加工、绑扎和焊接方法。如钢筋作现场预应力张拉时，应详细制订预应力钢筋的加工、运输、安装和检测方法。

(4) 选择混凝土的制备方案，如采用商品混凝土，还是现场制备混凝土。确定搅拌、运输及浇筑顺序和方法，选择泵送混凝土和普通垂直运输混凝土机械。

(5) 选择混凝土搅拌、振捣设备的类型和规格，确定施工缝的留设位置。

(6) 如采用预应力混凝土应确定预应力混凝土的施工方法、控制应力和张拉设备。

5. 结构吊装工程

(1) 根据选用的机械设备确定结构吊装方法，安排吊装顺序、机械位置、开行路线及构件的制作、拼装场地。

(2) 确定构件运输、装卸、堆放方法，所需机具、设备型号、数量和对运输道路的要求。

6. 装饰工程

(1) 围绕室内外装修，确定采用工厂化、机械化施工方法。

(2) 确定工艺流程和劳动组织，组织流水施工。

(3) 确定所需机械设备，确定材料堆放、平面布置和储存要求。

7. 现场垂直、水平运输

(1) 确定垂直运输量（有标准层的要确定标准层的运输量），选择垂直运输方式，脚手架的选择及搭设方式。

(2) 水平运输方式及设备的型号、数量，配套使用的专用工具、设备（如混凝土车、灰浆车、料斗、砖车、砖笼等），确定地面和楼层上水平运输的行驶路线。

(3) 合理地布置垂直运输设施的位置，综合安排各种垂直运输设施的任务和服务范围，混凝土后台上料方式。

（三）施工机械的选择

选择施工机械时应注意以下几点：

(1) 首先选择主导工程的施工机械，如地下工程的土方机械，主体结构工程的垂直、水平运输机械，结构吊装工程的起重机械等。

（2）在选择辅助施工机械时，必须充分发挥主导施工机械的生产效率，使两者的台班生产能力协调一致，并确定出辅助施工机械的类型、型号和台数。如土方工程中自卸汽车的载重量应为挖掘机斗容量的整数倍，汽车数量应保证挖掘机连续工作，使挖掘机的效率充分发挥。

（3）为便于施工机械化管理，同一施工现场的机械型号尽可能少，当工程量大而且集中时，应选用专业化施工机械；当工程量小而分散时，可选择多用途施工机械。

（4）尽量选用施工单位的现有机械，以减少施工的投资额，提高现有机械的利用率，降低成本。当现有施工机械不能满足工程需要时，则购置或租赁所需新型机械。

（四）施工方案的技术经济评价

工程项目施工方案选择的目的是要求适合本工程的最佳方案即方案在技术上可行，经济上合理，做到技术与经济相统一。对施工方案进行技术经济分析，就是为了避免施工方案的盲目性、片面性，在方案付诸实施之前就能分析出其经济效益，保证所选方案的科学性、有效性和经济性，达到提高质量、缩短工期、降低成本的目的，进而提高工程施工的经济效益。

1. 评价方法

施工方案技术经济分析方法可分为定性分析和定量分析两大类。

定性分析只能泛泛地分析各方案的优缺点，如施工操作上的难易和安全与否；可否为后续工序提供有利条件；冬季或雨季对施工影响大小；是否可利用某些现有的机械和设备；能否一机多用；能否给现场文明施工创造有利条件等。评价时受评价人的主观因素影响大，故只用于方案初步评价。定量分析法是对各方案的投入与产出进行计算，如劳动力、材料及机械台班消耗、工期、成本等直接进行计算、比较，用数据说话，比较客观，让人信服，所以定量分析是方案评价的主要方法。

2. 评价指标

（1）技术指标。技术指标一般用各种参数表示，如深基坑支护中，若选用板桩支护，则指标有板桩的最小挖土深度、桩间距、桩的截面尺寸等。大体积混凝土施工时为了防止裂缝的出现，体现浇筑方案的指标有：浇筑速度、浇筑厚度、水泥用量等。模板方案中的模板面积、型号、支撑间距等。这些技术指标，应结合具体的施工对象来确定。

（2）经济指标。主要反映为完成任务必须消耗的资源量，由一系列价值指标、实物指标及劳动指标组成。如工程施工成本消耗的机械台班台数，用工量及其钢材、木材、水泥（混凝土）等材料消耗量等，这些指标能评价方案是否经济合理。

（3）效果指标。主要反映采用该施工方案后预期达到的效果。效果指标有两大类：一类是工程效果指标，如工程工期、工程效率等；另一类是经济效果指标，如成本降低额或降低率，材料的节约量或节约率等。

第三节　单位工程施工进度计划

一、施工进度计划的作用

单位工程施工进度计划是施工方案在时间上的具体反映，是指导单位工程施工的基本文件之一。主要任务是以施工方案为依据，安排单位工程中各施工过程的施工顺序和施工时间，使单位工程在规定的时间内，有条不紊地完成施工任务。

施工进度计划的主要作用是为编制企业季度、月度生产计划提供依据，也为平衡劳动力，调配和供应各种施工机械和各种物资资源提供依据，同时也为确定施工现场的临时设施数量和动力配备等提供依据。至于施工进度计划与其他各方面，如施工方法是否合理，工期是否满足要求等更是有着直接的关系，而这些因素往往是相互影响和相互制约的。因此，编制施工进度计划应细致地、周密地考虑这些因素。

施工进度计划的表示方法主要有以下几种：

（1）根据进度计划的表达形式，可分为横道图计划、网络计划和时标网络计划。横道图计划形象直观，能直观知道工作的开始和结束日期，能按天统计资源消耗，但不能抓住工作间的主次关系，且逻辑关系不明确。网络计划能反映各工作间的逻辑关系，利于重点控制，但工作的开始与结束时间不直观，也不能按天统计资源。时标网络计划结合了横道计划和普通网络计划的优点，是实践中应用较普遍的一种进度计划表达形式。

（2）根据对施工指导作用的不同，可分为控制性施工计划和实施性施工进度计划。

控制性施工计划一般在工程的施工工期较长、结构比较复杂、资源供应暂无法全部落实的情况下采用，或者工程的工作内容可能发生变化和某些构件（结构）的施工方法暂还不能全部确定的情况下采用。这时不可能也没有必要编制较详细的施工进度计划，往往就编制以分部工程项目为划分对象的施工进度计划，以便控制各分部工程的施工进度。但在进行分部工程施工前应按分项工程编制详细的施工进度计划，以便具体指导分部工程的现场施工。

实施性施工进度计划是控制性施工进度计划的补充，是各分部工程施工时施工顺序和施工时间的具体依据。该类施工进度计划的项目划分必须详细，各分项工程彼此间的衔接关系必须明确。它的编制可与编制控制性进度计划同时进行，有的可缓些时候，待条件成熟时再编制。对于比较简单的单位工程，一般可以直接编制出单位工程施工进度计划。这两种计划形式是相互联系互为依据的。在实践中可以结合具体情况来编制。若工程规模大，而且复杂，可以先编制控制性的计划，接着针对每个分部工程来编制详细的实施性的计划。单位工程施工进度计划多采用横道图（表 16-1）。

表 16-1　　　　　　　　　　单位工程施工进度计划表

序号	工程名称		工程量		定额	劳动量		机械量		工作班次	人（机）数	工作天数	施工进度					
	分部	分项	单位	数量		工种	工日数	名称	台班量				×年×月					
													2	4	6	8	10	…
1																		
2																		

二、施工进度计划的编制依据

编制进度计划主要依据有：

（1）施工总工期及开、竣工日期。

（2）经过审批的建筑总平面图、地形图、单位工程施工图、设备及基础图、适用的标准图及技术资料。

（3）施工组织总设计对本单位工程的有关规定。

（4）施工条件、劳动力、材料、构件及机械供应条件，分包单位情况等。

（5）主要分部（项）工程的施工方案。

（6）劳动定额、机械台班定额及本企业施工水平。

（7）工程承包合同及业主的合理要求。

（8）其他有关资料，如当地的气象资料等。

三、编制内容和方法

单位工程施工进度计划的编制内容和方法如下。

1. 划分施工过程

施工过程是进度计划的基本组成单元，其划分的粗与细，适当与否关系到进度计划的安排，因而应结合具体的施工项目来合理地确定施工过程。这里的施工过程主要包括直接在建筑物（或构筑物）上进行施工的所有分部分项工程，不包括加工厂的预制加工及运输过程。即这些施工过程不进入到进度计划中，可以提前完成，不影响进度。在确定施工过程时，应注意以下几个问题：

（1）施工过程划分的粗细程度，主要取决于进度计划的客观需要。编制控制性进度计划时，施工过程应划分得粗一些，通常只列出分部工程名称；编制实施性时，项目要划分得细一些，特别是其中的主导工程和主要分部工程，应尽量详细而且不漏项以便于指导施工。

（2）施工过程的划分要结合所选择的施工方案。施工方案不同，施工过程的名称、数量和内容也会有所不同。

（3）适当简化施工进度计划内容，避免工程项目划分过细、重点不突出。编制时可考虑将某些穿插性分项工程合并到主要分项工程中去，如安装门窗框可以并入砌墙工程。对于在同一时间内，由同一工程队施工的过程可以合并为一个施工过程，而对于次要的零星分项工程，可合并为"其他工程"一项。

（4）水暖电卫工程和设备安装工程通常由专业施工队负责施工。因此，在施工进度计划中只要反映出这些工程与土建工程如何配合即可，不必细分，一般采用此项目穿插进行。

（5）所有施工过程应大致按施工顺序先后排列，所采用的施工项目名称可参考现行定额手册上的项目名称。总之，划分施工过程要粗细得当，最后根据划分的施工过程列出施工过程一览表以供使用。

2. 计算工程量

计算应严格按照施工图纸和工程量计算规则进行。当编制施工进度计划时如已经有了预算文件，则可直接利用预算文件中有关的工程量。若某些项目的工程量有出入但相差不大时，可结合工程项目的实际情况作一些调整或补充。计算工程量时应注意以下几个问题：

（1）各分部分项工程的计算单位必须与现行施工定额的计量单位一致，以便计算劳动量和材料、机械台班消耗量时直接套用。

（2）结合分部分项工程的施工方法和技术安全的要求计算工程量。例如，土方开挖应考虑土的类别、挖土的方法、边坡护坡处理和地下水的情况。

（3）结合施工组织的要求，分层、分段计算工程量。

（4）计算工程量时，尽量考虑编制其他计划时使用工程量数据的方便，做到一次计算，多次使用。

3. 套用施工定额

确定了施工过程及其工程量之后，即可套用施工定额（当地实际采用的劳动定额及机械台班定额），以确定劳动和机械台班量。

在套用国家或当地颁布的定额时，必须注意结合本单位工人的技术等级、实际操作水平、施工机械情况和施工现场条件等因素，确定定额的实际水平，使计算出来的劳动量、机械台班量符合实际需要。

有些采用新技术、新材料、新工艺或特殊施工方法的施工过程，定额中尚未编入，这时可参考类似施工过程的定额、经验资料，按实际情况确定。

4. 计算劳动量和机械台班数

计算完每个施工段各施工过程的工程量后，可以根据现行的劳动定额，计算相应的劳动量和机械台班数，可按式（16-1）计算：

$$P_i = \frac{Q_i}{S_i} = Q_i H_i \tag{16-1}$$

式中：P_i 为第 i 个施工过程的劳动量（台班）数量；Q_i 为第 i 个施工过程的工程量；S_i 为产量定额；H_i 为时间定额。

对于"其他工程"项目的劳动量或机械台班量，可根据合并项目的实际情况进行计算。实践中常根据工程特点，结合工地和施工单位的具体情况，以总劳动量的一定比例估算，一般约占总劳动量的 $10\% \sim 20\%$。

当某一分项工程是由若干具有同一性质而不同类型的分项工程合并而成时，应根据各个不同分项工程的劳动定额和工程量，按合并前后总劳动量不变的原则计算合并后的综合劳动定额。计算公式为

$$\overline{S} = \frac{\sum\limits_{i=1}^{n} Q_i}{\dfrac{Q_1}{S_1} + \dfrac{Q_2}{S_2} + \cdots + \dfrac{Q_n}{S_n}} \quad \text{或} \quad \overline{H} = \frac{Q_1 H_1 + Q_2 H_2 + \cdots + Q_n H_n}{\sum\limits_{i=1}^{n} Q_i} \tag{16-2}$$

式中：$\overline{S}$ 为综合产量定额；$\overline{H}$ 为综合时间定额；Q_1，Q_2，$\cdots$，Q_n 为合并前各分项工程的工程量；S_1，S_2，$\cdots$，S_n 为合并前各分项工程的产量定额。

实际应用时应特别注意合并前各分项工程工作内容和工程量的单位。当合并前各分项工程的工作内容和工程量单位完全一致时，公式（16-2）中的 $\sum Q_i$ 应等于各分项工程工程量之和。反之，应取与综合劳动定额单位一致，且工作内容也基本一致的各分项工程的工程量之和。综合劳动定额单位总是与合并前各分项工程中之一的劳动定额单位一致，最终取哪一单位为好，应视使用方便而定。

对于有些新技术或特殊的施工方法无定额可遵循，此时，可将类似项目的定额进行换算或根据经验资料确定，或采用三点估计法确定综合额。

三点估计法计算式为

$$S = \frac{1}{6}(a + 4m + b) \tag{16-3}$$

式中：S 为综合产量定额；a 为最乐观估计的产量定额；b 为最保守估计的产量定额；m 为最可能估计的产量定额。

5. 确定各施工过程的持续时间（t）

计算出各施工过程的劳动量（或机械台班）后，可以根据现有的人力或机械来确定各施工过程的作业时间，工期班次一般宜采用一班制，特殊时采用二或三班制。所配备的人数或机械数应符合现场条件，并综合考虑最小劳动组合、最小工作面、可能安排的人数及机械效率等方面要求，否则应进行调整或采取必要措施。流水节拍的确定内容详见第十四章。

6. 编制进度计划初始方案

根据"施工方案的选择"中确定的施工顺序，各施工过程的持续时间，划分的施工段和施工层并找出主导施工过程，按照流水施工的原则来组织流水施工，绘制初始的横道图或网络计划，形成初始方案。

7. 施工进度计划的检查与调整

无论采用流水作业法还是网络计划技术，施工进度计划的初始方案均应进行检查、调整和优化。其主要内容有：

（1）各施工过程的施工顺序、平行搭接和技术组织问题是否合理。

（2）编制的计划工期能否满足合同规定的工期要求。

（3）劳动力和物资资源方面是否能保证均衡、连续施工。

根据检查结果，对不满足要求的进行调整，如增加或缩短某施工过程的持续时间；调整施工方法或施工技术组织措施等。总之通过调整，在满足工期的条件下，达到使劳动力、材料、设备需要趋于均衡，主要施工机械利用合理的目的。

此外，在施工进度计划执行过程中，往往会因人力、物力及现场客观条件的变化而打破原定计划，因此，在施工过程中，应经常检查和调整施工进度计划。

第四节　单位工程资源需要量计划

施工进度计划确定之后，可根据各工序及持续期间所需资源编制出材料、劳动力、构件、半成品，施工机具等资源需要量计划，作为有关职能部门按计划调配的依据，以利于及时组织劳动力和物资的供应，确定工地临时设施，以保证施工顺利地进行。

1. 劳动力需要量计划

将各施工过程所需要的主要工种劳动力，根据施工进度的安排进行统计，就可编制出主要工种劳动力需要计划（表16-2），其作用是为施工现场的劳动力调配提供依据。

表 16-2   劳 动 力 需 要 量 计 划

序号	工种名称	总劳动量（工日）	每月需要量（工日）					备注
			1	2	3	4	...	
1								
2								

2. 主要材料需要量计划

材料需要量计划主要为组织备料、确定仓库或堆场面积及组织运输之用。其编制方法是将施工预算中工料分析表或进度表中各项过程所需用材料，按材料名称、规格、使用时间并考虑到各种材料消耗进行计算汇总而编制（表16-3）。

表 16－3　　　　　　　　　　　　　　主要材料需要量计划表

序号	材料名称	规　格	需　要　量		供应时间	备注
			单　位	数　量		
1						
2						

3. 构件和半成品需要量计划

建筑结构构件、配件和其他加工半成品的需要量计划主要用于落实加工订货单位，并按照所需规格、数量、时间，组织加工、运输和确定仓库或堆场，可根据施工图和施工进度计划编制（表 16－4）。

表 16－4　　　　　　　　　　　　　　构件和半成品需要量计划表

序号	构件、半成品名称	规格	图号	需　要　量		使用部位	加工单位	供应时间	备注
				单位	数量				
1									
2									

4. 施工机械需要量计划

根据施工方案和施工进度计划确定施工机械的类型、数量、进场时间。其编制方法是将施工进度计划表中每个施工过程、每天所需的机械类型、数量和施工工期进行汇总，以得出施工机械的需要计划（表 16－5）。

表 16－5　　　　　　　　　　　　　　施工机械需要量计划表

序号	机械名称	类型、型号	需　要　量		货源	使用起止时间	备注
			单　位	数　量			
1							
2							

第五节　单位工程施工平面图设计

单位工程施工平面图设计是在对一个建筑物或构筑物的施工现场的平面规划和空间布置图。是施工组织设计的主要组成部分，是布置施工现场的依据，是施工准备工作的重要依据，也是实现文明施工、节约土地、降低施工费用的先决条件。

一、单位工程施工平面设计内容

单位工程施工现场平面图是用以指导单位工程施工的现场平面布置图，它涉及到与单位工程有关的空间问题，是施工总平面图的组成部分。单位工程施工平面图设计的主要依据是单位工程的施工方案和施工进度计划，一般按 1：100～1：500 的比例绘制。某施工项目现场平面布图设计内容置图见图 16－6。

一般施工现场平面布置图应包括以下内容：

（1）建筑总面图上已建和拟建的地上和地下的一切建筑物、构筑物以及其他设施的位置和尺寸。

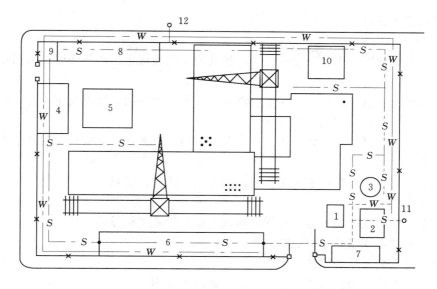

图 16-6 某项目施工现场平面布置

1—混凝土砂浆搅拌机；2—砂石堆场；3—水泥罐；4—钢筋车间；5—钢筋堆场；6—木工车间；

7—工具房；8—办公室；9—警卫室；10—砌块、砖堆场；11—水源；12—电源

（2）测量放线标桩位置，地形等高线和土方取弃场地。

（3）起重机的开行路线及垂直运输设施的位置。

（4）材料、加工半成品、构件和机具的仓库或堆场。

（5）生产、生活用品临时设施。如搅拌站、高压泵站、钢筋棚、木工棚、仓库、办公室、供水管、供电线路、消防设施、安全设施、道路以及其他需搭建或建造的设施。

（6）场内施工道路与场外交通的连接。

（7）临时给排水管线、供电管线、供气供暖管道及通信线路布置。

（8）一切安全及防火设施的位置。

（9）必要的图例、比例尺、方向及风向标记。

上述内容可根据建筑总平面图、施工图、现场地形图、现有水源、场地大小、可利用的已有房屋和设施、施工组织总设计、施工方案、进度计划等，经科学的计算、优化，并遵照国家有关规定进行设计。

二、单位工程施工平面图设计依据

在绘制施工平面图之前，首先应认真研究施工方案、施工方法，并对施工现场和周围环境做深入细致的调查研究；对布置施工平面图所依据的原始资料进行周密的分析，使设计与施工现场的实际情况相符。只有这样，才能使施工平面图起到指导施工现场组织管理的作用。施工平面图设计的主要依据有以下三个方面的资料。

1. 建设地区的原始资料

（1）自然条件调查资料，如地形、水文、工程地质和气象资料等，主要用于布置地面水和地下水的排水沟，确定易燃、易爆、淋灰池等有碍身体健康的设施的布置位置，安排冬、雨季施工期间所需设施的位置。

（2）技术经济条件调查资料，如交通运输、水源、电源、物资资源、生产和生活基地状

况等，主要用于布置水、电管线和道路等。

2. 设计资料

（1）建筑总平面图，用于决定临时房屋和其他设施的位置，以及修建工地运输道路和给排水等问题。

（2）一切已有和拟建的地上、地下的管道位置和技术参数，用以决定原有管道的利用或拆除，以及新管线的敷设与其他工程的关系。

（3）建筑区域的竖向设计资料和土方平衡图，用以布置水、电管线，安排土方的挖填和确定取土、弃土地点。

（4）拟建房屋或构筑物的平面图、剖面图等施工图设计资料。

3. 施工组织设计资料

（1）主要施工方案和施工进度计划，用以决定各种施工机械的位置。

（2）各类资源需用量计划和运输方式。

三、单位工程施工平面图设计原则

施工现场平面布置图在布置设计时，应满足以下原则：

（1）在满足现场施工要求的前提下，布置紧凑，便于管理，尽可能减少施工用地。

（2）在确保施工顺利进行的前提下，尽可能减少临时设施，减少施工用的管线，尽可能利用施工现场附近的原有建筑作为施工临时用房，并利用永久性道路供施工使用。

（3）最大限度地减少场内运输，减少场内材料、构件的二次搬运；各种材料按计划分期分批进场，充分利用场地；各种材料堆放的位置，根据使用时间的要求，尽量靠近使用地点，节约搬运劳动力和减少材料多次转运中的消耗。

（4）临时设施的布置，应便利施工管理及工人生产和生活。办公用房应靠近施工现场。福利设施应在生活区范围之内。

（5）生产、生活设施应尽量分区，以减少生产与生活的相互干扰，保证现场施工安全进行。

（6）施工平面布置要符合劳动保护、保安、防火的要求。

施工现场一切设施要利于生产，保证安全施工。要求场内道路畅通，机械设备的钢丝绳、电缆、缆绳等不能妨碍交通，如必须横过道路时，应采取措施。有碍工人健康的设施（如熬沥青、化石灰）及易燃的设施（如木工棚、易燃物品仓库）应布置在下风向，离开生活区远一些。工地内应布置消防设备，出入口设门卫。山区建设还要考虑防洪、山体滑坡等特殊要求。

根据以上基本原则并结合现场实际情况，施工平面图可布置几个方案，选取其技术上最合理、费用上最经济的方案。可以从如下几个方面进行定量比较：施工用地面积、施工用临时道路、管线长度、场内材料搬运量和临时用房面积等。

四、单位工程施工平面图的设计步骤和方法

单位工程施工平面图的设计步骤和方法一般是：确定垂直运输机械的位置→确定搅拌站、仓库、材料和构件堆场、加工厂的位置→布置运输道路→布置行政管理、生活福利用临时设施→布置水电管线→计算技术经济指标。

（一）垂直运输机械的布置

垂直运输机械的位置直接影响仓库、搅拌站、各种材料和构件等的位置及道路和水电线路的布置等，因此它是施工现场布置的核心，必须首先确定。由于各种起重机械的性能不同，其布置方式也不相同。

1. 固定式起重机

布置固定垂直运输机械（如井架、桅杆式和定点式塔式起重机等），主要应根据机械的运输能力、建筑物的平面形状、施工段划分情况、最大起升载荷和运输道路等情况来确定。其目的是充分发挥起重机械的工作能力，并使地面和楼面的运输量最小且施工方便。同时，在布置时，还应注意以下几点：

（1）当建筑物的各部位高度相同时，应布置在施工段的分界线附近。

（2）当建筑物各部位高度不同时，应布置在高低分界线较高部位一侧。

（3）井架、龙门架位置以布置在窗口处为宜，避免砌墙留槎和减少井架拆除后的修补工作。

（4）井架、龙门架的数量要根据施工进度、垂直提升的构件和材料数量、台班工作效率等因素计算确定。

（5）卷扬机的位置不应距离提升机太近，以便操作者的视线能够看到整个升降过程，一般要求此距离大于或等于建筑物的高度，水平距离应距离外脚手架3m以上。

（6）井架应立在外脚手架之外，并应有一定距离为宜。

（7）当建筑物为点式高层时，固定式塔式起重机可以布置在建筑物中间〔图16-7（a）〕，或布置在建筑物的转角处。

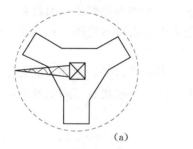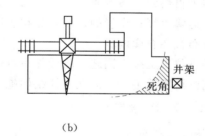

图16-7　起重机械的布置
（a）固定式塔式起重机的布置；（b）有轨道塔式起重机的布置

2. 有轨式起重机械

有轨道的塔式起重机械布置时主要取决于建筑物的平面形状、大小和周围场地的具体情况。应尽量使起重机在工作幅度内能将建筑材料和构件直接运到建筑物的任何施工地点，避免出现运输死角。由于有轨式起重机占用施工场地大，铺设路基工作量大，且受到高度的限制，因而实践中应用较少。同时当起重机的位置和尺寸确定后，要复核其起重量、起重高度和回转半径这三项参数是否满足建筑物的起吊要求，保证工作不出现"死角"，则可以采用在局部加井架的措施，予以解决〔图16-7（b）〕。其布置方式通常有：单侧布置、双侧布置或环形布置等形式。

3. 自行式起重机械

这类起重机有履带式、轮胎式和汽车式三种，一般用作构件装卸的起吊构件之用，还适用于装配式单层工业厂房主体结构的吊装，其吊装的开行路线及停机位置主要取决于建筑物的平面布置、构件重量、吊装高度和吊装方法，一般不用作垂直和水平运输。

（二）混凝土、砂浆搅拌站布置

对于现浇混凝土结构施工，为了减少现场的二次搬运，现场混凝土搅拌站应布置在起重机的服务范围内，同时对搅拌站的布置还应注意以下几点：

（1）根据施工任务的大小，工程特点选择适用的搅拌机。

（2）与垂直运输机械的工作能力相协调，以提高机械的利用效率。

若施工项目使用商品混凝土，则可以不考虑混凝土搅拌站的布置。

（三）堆场和仓库的布置

1. 布置要求及方法

仓库和堆场布置时总的要求是：尽量方便施工，运输距离较短，避免二次搬运，以求提高生产效率和节约成本。为此，应根据施工阶段、施工位置的标高和使用时间的先后确定布置位置。一般有以下几种布置：

（1）建筑物在基础和第一层施工时所用的材料应尽量布置在建筑物的附近，并根据基槽（坑）的深度、宽度和放坡坡度确定堆放地点，与基槽（坑）边缘保持一定的安全距离，以免造成土壁塌方事故。

（2）第二层以上施工用材料、构件等应布置在垂直运输机械附近。

（3）砂、石等大宗材料应布置在搅拌机附近且靠近道路。

（4）当多种材料同时布置时，对大宗的、重量较大的和先期使用的材料，应尽量靠近使用地点或垂直运输机械；少量的、较轻的和后期使用的则可布置稍远；对于易受潮、易燃和易损材料则应布置在仓库内。

（5）在同一位置上按不同施工阶段先后可堆放不同的材料。例如，混合结构基础施工阶段，建筑物周围可堆放毛石，而在主体结构施工阶段时可在建筑四周堆放标准砖等。

2. 仓库堆场面积的确定

（四）现场作业车间确定

单位工程现场作业车间主要包括钢筋加工车间、木工车间等，有时还需考虑金属结构加工车间和现场小型预制混凝土构件的场地。这些车间和场地的布置应结合施工对象和施工条件合理进行。

（五）布置现场运输道路

施工场内的道路布置应满足以下要求：

（1）按材料、构件等运输需要，沿仓库和堆场布置。

（2）场内尽量布置成环形道路，方便材料运输车辆的进出。

（3）宽度要求：单行道不小于 3～5m，双行道不小于 5.5～6m。

（4）路基应坚实、转弯半径应符合要求。道路两侧最好设排水沟。

（六）办公生活宿舍等设施布置

办公、生活设置的布置应尽量与生产性的设施分开，应遵循使用方便、有利于施工管理、符合防水要求的原则，一般设在现场的出入口附近。若现场有可利用的建筑物应尽量利用。

（七）现场水、电管网的布置

1. 施工水网布置

（1）施工用的临时给水管，一般由建设单位的干管或自行布置的干管接到用水地点。布置时应力求管网总长度短，管径的大小和水龙头数量需视工程规模大小通过计算确定，其布置形式有环形、枝形、混合式三种。

（2）供水管网应按防火要求布置室外消防栓，消防栓应沿道路设置，距道路边不大于2m，距建筑物外墙不应小于5m，也不应大于25m。消防栓的间距不应大于120m，工地消防栓应设有明显的标志，且周围3m以内不准堆放建筑材料。

（3）为了排除地面水和地下水，应及时修通永久性下水道，并结合现场地形在建筑物周围设置排泄地面水、集水坑等设施。

2. 临时供电设施

（1）为了维修方便，施工现场一般采用架空配电线路，要求现场架空线与施工建筑物水平距离不小于10m，与地面距离不小于6m，跨越建筑物或临时设施时，垂直距离不小于2.5m。

（2）现场线路应尽量架设在道路的一侧，且尽量保持线路水平，在低压线路中，电杆间距应为25～40m，分支线及引入线均应由电杆处接出，不得由两杆之间接线。

（3）单位工程施工用电应在全工地性施工总平面图中统筹考虑，包括用电量计算、电源选择、电力系统选择和配置。若为独立的单位工程应根据计算的有用电量和建设单位可提供电量决定是否选用变压器。变压器的设置应将施工工期与以后长期使用相结合考虑，其位置应远离交通道口处，布置在现场边缘高压线接入处，在2m以外四周用高度大于1.7m铁丝网住，以保安全。

第六节　主要技术组织措施与技术经济指标

一、技术组织措施的制定

技术组织措施是指为保证质量、安全、进度、成本、环保、建筑节能、季节性施工、文明施工等，在技术和组织方面所采用的方法。应在严格执行施工验收规范、检验标准、操作规程等前提下，针对工程施工特点，制定既行之有效又切实可行的措施。

1. 技术措施

（1）施工方法的特殊要求和工艺流程。

（2）水下和冬、雨季施工措施。

（3）技术要求和质量安全注意事项。

（4）材料、构件和机具的特点、使用方法和需用量。

2. 质量措施

（1）确定定位放线、标高测量等准确无误的措施。

（2）确定地基承载力和各种基础、地下结构施工质量的措施。

（3）严格执行施工和验收规范，按技术标准、规范、规程组织施工并进行质量检查，保证质量。如强调隐蔽工程的质量验收标准和隐患的防止；混凝土工程中混凝土的搅拌、运输、浇注、振捣、养护、拆模和试块试验等工作的具体要求；新材料、新工艺或复杂操作的具体要求、方法和验收标准等。

（4）将质量要求层层分解，落实到班组和个人，实行定岗操作责任制三检制等。

（5）强调执行质量监督检查责任制和具体措施。

（6）推行全面质量管理在建筑施工中的应用，强调预防为主的方针，及时消除事故隐患；强调人在质量管理中的作用，要求人人为提高质量的努力；制定加强工艺管理提高工艺水平的具体措施，不断提高施工质量。

3．安全措施

（1）建立安全保证体系，落实安全责任。

（2）制定完善的安全保证保护措施。

（3）预防自然灾害措施：包括防台风、防雷击、防洪水、防地震等。

（4）防火、防爆措施：包括大风天气严禁施工现场明火作业，明火作业要有安全保护，氧气瓶防震、防晒和乙炔罐严禁回火等措施。

（5）劳动保护措施：包括安全用电、高空作业、交叉施工、防暑降温、防冻防寒和防滑防坠落，以及防有害气体等措施。

（6）特殊工程安全措施：如采用新结构、新材料或新工艺的单项工程，要编制详细的安全施工措施。

（7）环境保护措施：包括有害气体排放、现场生产污水和生活污水排放，以及现场树木和绿地保护等措施。

（8）建立安全的奖罚制度。

（9）制定安全事故应急救援措施。

4．降低成本措施

（1）合理进行土石方平衡，以减少土方运输和人工费。

（2）综合利用吊装机械，减少吊次，节约台班费。

（3）提高模板精度，采用整装整拆，加速模板周转，以节约木材和钢材。

（4）在混凝土砂浆中掺加外加剂或掺合剂，以节约水泥。

（5）采用先进的钢筋连接技术，节约钢筋，加强革新、改造，推广应用新技术、新工艺。

（6）正确贯彻执行劳动定额，加强定额管理；施工任务书要做到任务明确，责任到人，要及时核算、总结；严格执行定额领料制度和回收、退料制度，实行材料承包制度和奖罚制度。

5．现场文明施工措施

现场文明施工是施工现场管理的重要内容，文明施工是现代化施工的一个重要标志，是施工企业一项基础性的管理工作。坚持文明施工具有重要的意义。安全生产与文明施工是相辅相成的，建筑施工安全生产不但要保证职工的生命财产安全，同时要加强现场管理、文明施工，保证施工井然有序，改变过去现场脏、乱、差的面貌，对提高效益保证工程质量都有重要的意义，因而在单位工程施工组织设计中应制定具体的文明施工的措施。其主要内容有：

（1）现场场地应平整无障碍物，有良好的排水系统，保证现场整洁。

（2）现场应进行封闭管理，防止"扰民"和"民扰"问题，同时保护环境，美化市容，因而对工地围挡（墙）、大门等设置应符合当地市政环卫部门的要求。

（3）要求现场各种材料或周转材料用具等应分类整齐堆放。

（4）防止施工环境污染，提出防止废水、废气、生产、生活垃圾及防止施工噪声，施工照明污染的措施。

（5）宣传措施，如围墙上的宣传标语应体现企业的质量安全理念，"五牌二图与两栏一报"应齐全。

（6）对工人应进行文明施工的教育，要求他们不能乱扔、乱吐、乱说、乱骂等。言行文明，衣冠整齐。同时制订相应的处罚措施。

二、技术经济指标

技术经济指标应在编制相应的技术组织措施计划的进行计算，主要有以下各项指标：

1. 工期指标

工期指标是指从破土动工到竣工的全部天数，通常与相应工期定额比较。

$$工期提前（或拖延）＝工程的定额工期－计划的施工工期 \qquad (16-4)$$

2. 单位建筑面积成本

单位建筑面积成本是指人工、材料、机械和管理的综合货币指标。

$$单位建筑面积成本＝\frac{施工实耗的总费用}{建筑总面积} \qquad (16-5)$$

3. 劳动生产指标

劳动生产指标通常用单位建筑面积用工指标来反映劳动力的使用和消耗水平。

$$单位建筑面积用工＝\frac{总用工数（工日）}{建筑面积（m^2）} \qquad (16-6)$$

4. 质量优良品率指标

质量优良品率指标通常按照分部工程确定优良品率的控制目标。

5. 降低成本率指标

$$降低成本率＝\frac{降低成本额（元）}{预算成本（元）}×100\% \qquad (16-7)$$

$$降低成本额＝预算成本－计划成本$$

6. 主要材料节约指标

主要材料（钢材、水泥、木材）节约指标有主要材料节约量和节约率两个指标。

$$主要材料节约量＝预算量－计划用量$$

$$主要材料节约率＝\frac{主要材料节约量}{主要材料预算用量}×100\% \qquad (16-8)$$

7. 机械化程度指标

机械化程度指标有施工机械化程度和费用两个指标。

$$施工机械化程度＝\frac{机械完成的实物量}{全部实物量}×100\% \qquad (16-9)$$

$$单位建筑面积大型机械费＝\frac{计划大型机械台班费（元）}{建筑面积（m^2）} \qquad (16-10)$$

小　结

1. 单位工程施工组织设计是以单位工程为对象编制的，用以指导现场施工活动的技术经济文件。一般包括工程概况及施工条件分析；施工方案；施工进度计划；施工准备工作计划；资源需用量计划；施工平面图和技术经济指标分析等。

2. 编制依据包括施工组织总设计、施工现场条件和地质勘察资料、工程所在地的气象资料、施工图及设计单位对施工的要求、材料、预制构件及半成品供应情况、劳动力配备情况、施工机械设备的供应情况、施工企业年度生产计划对该工程项目的安排和规定的有关指标、本项目相关的技术资料、建设单位的要求、建设单位可能提供的条件和与建设单位签订的工程承包合同。

3. 施工方案的选择主要包括确定施工程序、划分施工段和确定施工起点流向、确定施工顺序、施工方法和施工机械的选择等内容。

4. 单位工程施工进度计划是施工方案在时间上的具体反映，是指导单位工程施工的基本文件之一。施工进度计划的编制内容包括划分施工过程、计算工程量、套用施工定额、计算劳动量和机械台班数、确定各施工过程的持续时间、编制进度计划初始方案、施工进度计划的检查与调整。

5. 单位工程资源需要量计划包括劳动力需要量计划、主要材料需要量计划、构件和半成品需要量计划、施工机械需要量计划。

6. 单位工程施工平面图设计包括设计的内容、依据、原则、步骤和方法等。主要有垂直运输机械、混凝土及砂浆搅拌站、堆场与仓库、现场作业车间、现场运输道路、办公生活宿舍等设施和现场水、电管网的布置。

7. 各种主要技术组织措施与技术经济指标。

复 习 思 考 题

16-1　简述单位工程施工组织设计编制的依据有哪些？

16-2　单位工程施工组织设计的内容有哪些？

16-3　施工方案选择的内容有哪些？

16-4　什么是施工起点流向？如何进行确定？试举例说明。

16-5　简述砖混结构、混凝土结构和单层装配式厂房的施工顺序及施工方法。

16-6　单位工程施工进度计划编制的步骤有哪些？

16-7　若有几个施工过程劳动定额不相同，如何确定综合劳动定额？

16-8　施工现场平面布置图的内容有哪些？布置步骤如何？

第十七章 施 工 组 织 总 设 计

【内容提要和学习要求】

本章主要讲述施工组织总设计的作用、编制内容、编制依据和程序、施工部署、施工总进度计划、资源需要量计划与准备工作计划以及施工总平面图的设计。掌握如何编制和设计主要项目施工方案、施工总进度计划和暂设工程内容；了解施工组织总设计的编制依据、程序、作用和其他内容。

第一节 概 述

一、施工组织总设计的作用与内容

1. 作用

施工组织总设计以一个建设项目或建筑群为对象，根据初步设计或扩大初步设计图纸以及其他有关资料和现场施工条件编制，是用以指导整个施工现场各项施工准备和组织全局性施工活动的综合性技术经济文件。一般由建设总承包单位总工程师主持编制。

其主要作用是：为建设项目或建筑群的施工作出全局性的战略部署；为建设单位编制基本建设计划提供依据；为确定设计方案施工的可能性和经济合理性提供依据；为施工单位编制年、季施工计划和单位工程施工组织设计提供依据；为施工活动提供合理的方案和实施步骤，保证及时有效地进行全场性的物资、技术供应等施工准备工作提供依据；规划建筑生产和生活基地的建设。

2. 内容

施工组织总设计编制内容根据工程性质、规模、结构特点、工期以及施工条件的不同略有变化，一般包括以下内容：建设工程概况及特点分析；施工总目标和施工管理组织；施工部署和主要工程项目的施工方案；施工总进度计划；施工准备工作计划；总资源需要量计划；施工总质量、成本、安全计划；施工总平面图设计和主要技术经济指标等。

二、施工组织总设计的编制依据和程序

（一）编制依据

为提高编制质量，保证编制工作顺利进行，使施工组织总设计文件更能结合工程实际，应具备下列编制依据。

1. 建设项目的基础性文件

建设项目的基础性文件包括计划、设计和合同文件等。计划文件和合同文件包括国家批准的基本建设计划、工程项目一览表、分期分批施工项目和投资计划、重要单位工程的施工方案、施工工期要求及开竣工日期、主管部门批件、上级主管部门下达的施工任务计划、招投标文件及签订的工程承包合同、材料和设备的订货合同等。设计文件包括建设项目的方案设计、初步设计（扩初设计）或技术设计的有关图纸、设计说明书、建筑总平面图、地质地

形图、工艺设计图、设备与基础图、采用的各种标准图、建设地区区域平面图、总概算或修正概算等。

2. 建设地区的工程勘察和原始调查资料

建设地区的工程勘察和原始调查资料地形、地貌、工程地质及水文地质、气象等自然条件；交通运输、能源、施工条件、劳动力、预制构件、建材、水电供应及机械设备等技术经济条件；政治、经济、文化、生活和卫生等社会生活条件。

3. 工程建设政策、法规、规范、定额等资料

工程建设政策、法规、规范、定额等资料包括国家现行政策、设计、施工及验收规范、操作规程、有关定额、技术规定和技术经济指标。

4. 类似工程项目经验资料

类似工程项目经验资料包括类似的施工组织总设计和有关的参考资料。

（二）编制程序

施工组织总设计编制程序见图 17－1。

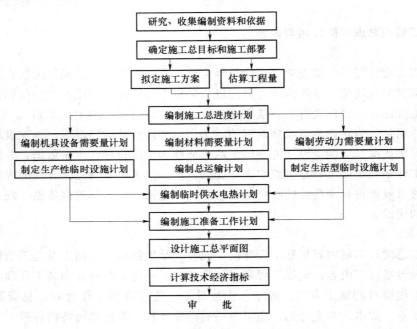

图 17－1 施工组织总设计编制程序

三、建设工程概况及特点分析

建设工程概况及特点分析是对整个建设项目或建筑群的总说明和总分析，是作一个简明扼要、突出重点的文字介绍。有时为补充文字介绍的不足，还可附有建设项目总平面图，主要建筑物的平、立、剖面示意图及辅助表格等。

建设项目特征主要是指工程性质、建设地点、建设总规模、总工期、总占地面积；总建筑面积、分期分批投入使用的项目和工期；总投资、主要工种工程量、管线和道路长度、设备安装及其吨数、建筑安装工程量、厂区和生活区的工作量、生产流程和工艺特点；建筑结构类型、新技术、新材料、新工艺的复杂程度和具体应用、总平面图和各单项、单位工程设计交图日期以及已定的设计方案等。

建设地区特征主要包括地形、地貌、水文、地质、气象、场地周围环境、建筑生产企业、资源、交通、运输、水、电、劳动力和生活设施等情况。

工程承包合同内容以完成建设工程为主,确定工程所要达到的目标和要求。主要包括工程开始、结束以及工程中一些主要活动日期、具体和详细的工作范围,建筑材料、设计、施工等的质量标准、技术规范、建筑面积、项目要达到的生产能力等技术与功能方面的要求,工程总造价、各分项工程造价,支付形式、支付条件和支付时间等内容。

施工条件主要是指施工企业的文明生产、施工能力、技术装备、安全和管理水平、主要设备、材料和特殊物资供应以及土地征用范围、数量和居民搬迁时间,需拆迁与平整场地等其他要求。

施工组织总设计的其他内容详见以下各节。

第二节 施 工 部 署

施工部署是对整个项目施工作出战略决策,进行统筹规划和全面安排,解决影响建设项目全局的组织和技术问题。主要包括项目经理部的组织结构和人员配备、确定工程开展程序、拟定主要工程项目施工方案、明确施工任务划分与组织安排等。

一、确定工程施工程序

确定各项工程施工的合理程序关系到整个建设项目的顺利完成和投入使用。在满足工期要求的前提下,应分期分批施工,注意季节对施工的影响。

统筹安排各类施工项目,保证重点,兼顾其他,确保按期交付使用。一般应按照先地下、后地上、先深后浅、先干线后支线,先管线后筑路的原则进行安排。避免已完项目的生产和使用与在建项目施工的相互妨碍和干扰。注意工程交工的配套和完善,使建成的工程迅速投入生产或交付使用,尽早发挥其投资效益。各类物资和技术条件供应之间应相互平衡,以便合理地利用资源,促进均衡施工。

一般大中型建设项目,一般要根据建设项目总目标的要求,分期分批建设,既可使各具体项目尽快建成,尽早投入使用,又可在全局上实现施工的连续性和均衡性,减少暂设工程数量,降低工程成本。至于分几期施工,各期工程包含哪些项目,则要根据生产工艺的要求、建设部门的要求、工程规模的大小和施工的难易程度、资金、技术、原料供应等情况,由建设单位和施工单位共同研究确定。如居民小区等大中型建设项目,一般应分期分批建设。除考虑住宅以外,还应考虑幼儿园、学校、商店和其他公共配套设施的建设和完善,以便交付使用后能尽早发挥经济、社会和环保效益。

对于小型工业与民用建筑或大型建设项目中的某一系统,由于工期较短或生产工艺的要求,不必分期分批建设,采取一次性建成投产即可。

二、拟定主要项目施工方案

主要工程项目是指整个建设项目中工程量大、施工难度大、工期长,对整个建设项目完成起关键作用的单位工程,以及全场范围内工程量大、影响全局的特殊分部或分项工程。拟定其施工方案的目的是为技术、资源的准备工作和施工顺利进行以及现场的合理布局提供依据。其内容包括施工程序、施工起点流向、施工顺序、施工方法、施工机械设备等。

确定施工方法主要是针对土石方、基础、砌体、脚手架、垂直运输、模板、钢筋、混凝土、结构安装、防水、装修以及管道设备安装等主要工程施工工艺流程与施工方法提出原则性的意见，兼顾技术的先进性和经济的合理性，尽量采用预制化和机械化施工方法。重点解决工程量大、施工技术复杂、工期长、特殊结构或由专业施工单位施工的特殊专业工程的施工方法。具体施工方法在编制单位工程施工组织设计中确定。

施工机械设备的选择是施工方法选择的中心环节。应根据工程特点选择适宜的主导施工机械，使其性能满足工程的需要，发挥其效能，在各个工程上能够实现综合流水作业，减少其拆、装、运的次数，对于辅助配套机械，其性能应与主导施工机械相适应，以充分发挥主导施工机械的工作效率。

三、明确施工任务划分与组织安排

根据项目组织结构的规模、形式和特点，建立施工现场项目部领导机构和职能部门后，确定专业化施工人员队伍，划分各参与施工单位的工程任务，明确总包与分包单位的分工范围和交叉内容、土建和设备安装及其他工程等各单位之间的协作关系，划分施工阶段，确定各施工单位分期分批的主导施工项目和穿插施工项目。

第三节　施工总进度计划

施工总进度计划是各项施工活动在时间和空间上的具体体现。编制施工总进度计划是根据施工部署的要求，合理地确定各工程的控制工期、施工顺序和搭接关系。其作用在于确定各个建筑物及其主要工种工程、准备工作和全工地性工程施工的先后顺序、施工期限、开工和竣工日期，从而确定劳动力、材料、成品、半成品、施工机械、临时设施、水电供应、能源、交通的需量和配备情况，进行现场总体规划和布置。

编制时应合理地安排施工顺序，保证人力、物力和财力消耗最少，按规定工期完成任务。采用合理的施工组织方法，使施工保持连续、均衡、有节奏地进行。安排时应以工程量大、工期长的单项或单位工程为主导，组织若干条流水线。在安排全年度任务时，尽可能按季度均匀分配基建投资。

施工总进度计划的编制内容一般包括计算各主要项目的实物工程量，确定各单位工程的施工期限，确定各单位工程开竣工时间和相互搭接关系以及施工总进度计划表的编制。

一、列出工程项目并计算工程量

施工总进度计划主要起控制总工期的作用，项目划分不宜过细，通常按确定的主要工程项目开展顺序排列，一些附属项目、辅助工程及临时设施可以合并列出。在列出工程项目一览表的基础上，计算各主要项目的实物工程量。工程量的计算可按初步或扩大初步设计图纸并采用各种定额及资料进行粗略计算。

常用的定额及资料有：

（1）万元、十万元投资的工程量、劳动力及材料消耗扩大指标，规定了某种结构类型建筑，每万元或十万元投资中劳动力、主要材料等的消耗数量。

（2）概算指标或扩大结构定额。首先查找与本建筑物结构类型、跨度、高度相似的部分，然后查出这种建筑物按定额单位所需要的劳动力和各项主要材料消耗量，从而推算出拟计算建筑物所需要的劳动力和材料的消耗数量。

（3）类似已建工程或标准设计的资料。采用与标准设计或已建成的类似工程实际所消耗的劳动力及材料进行类比，按比例估算，一般要进行折算和调整。

除建设项目本身外，还必须根据建筑总平面图计算主要的全场性工程的工程量，如场地平整、铁路及道路和地下管线的长度等。

二、确定各单位工程的施工工限

单位工程的施工期限应根据施工单位的施工技术、施工方法、施工管理水平、机械化程度、劳动力和材料供应等条件以及工程的建筑结构类型、结构特征、体积大小、现场地形、地质、气候、施工条件、现场环境等因素，并参考有关工期定额来确定单位工程的施工期限。

三、确定各单位工程的开竣工时间和相互搭接关系

根据总的工期、施工程序和各单位工程的施工期限，就可以安排每个单位工程的开竣工时间和相互之间的搭接关系。通常应考虑以下因素：

（1）保证重点，兼顾一般。安排进度时应分清主次，抓住重点，同期进行的项目不宜过多，以免分散有限的人力和物力资源。

（2）满足连续、均衡的施工要求。应尽量使劳动力、材料和施工机械在全工地上达到均衡，避免出现高峰或低谷，以利于劳动力的调配和材料供应。

（3）满足生产工艺要求。合理安排各建筑物的建设和施工顺序，以缩短建设周期，尽快发挥投资效益。

（4）认真考虑施工总平面图的空间关系。各单位工程布置应紧凑，避免相互干扰，满足场内材料堆放和机械设备的布置。

（5）全面考虑各种条件的限制。在确定各建筑工程施工顺序时，应考虑各种客观条件的限制，如施工单位的施工力量、现场的施工条件，各种原材料、机械设备的供应情况，设计单位提供图纸的时间，各年度建设投资数量等，同时，还应考虑受季节、环境的影响，从而对各建筑的开工时间和先后顺序进行调整。

四、施工总进度计划的编制、调整和修正

施工总进度计划可以用横道图和网络图表达。由于施工总进度计划主要起控制总工期的作用，且施工条件复杂，故项目划分不宜过细。当用横道图表达时，项目的排列可按确定的工程展开进行排列（表17-1）。

表 17-1　　　　　　　　　施 工 总 进 度 计 划

序号	单项工程名称	建安指标		设备安装指标（t）	造价（万元）			进度计划						
		单位	数量		合计	建筑工程	设备安装	第一年				第二年	第三年
								I	II	III	IV	…	…
1													
2													
⋮													

施工总进度计划表绘制完后，将同一时期各项工程的工作量加在一起，用一定的比例画在施工总进度计划的底部，即可得出建设项目工作量的动态曲线。若曲线上存在较大的高峰或低谷，则表明在该时间内各项资源需求量变化较大，需要调整一些单位工程的开竣工时间、施工速度和搭接时间，以便消除高峰和低谷，使各个时期的工作量尽可能达到均衡。在

实施中，还要根据工程的进展情况不断的调整和修正。

第四节　资源需要量计划与准备工作计划

根据施工部署和施工总进度计划，主要确定劳动力、材料、构配件、外协件、加工品和施工机具等资源的需要量、供应、平衡、调度和落实问题，为场地布置和临时设施的规划作准备，以保证施工总进度计划的实现。

一、劳动力需要量计划

劳动力需要量计划是规划场内施工设施和组织劳动力进场的依据。是根据施工总进度计划、概（预）算定额和有关经验资料，分别确定出每个单项工程专业工种的劳动量工日数、工人数和进场时间，然后逐项汇总，确定出整个建设项目劳动力需要量计划。

首先列出主要实物工程量，查阅资料得出主要工种的劳动量，再根据施工总进度计划表各单位工程主要工种的持续时间，即可得到某段时间里的平均劳动力数量和各个时期的平均工人数。将施工总进度计划表纵坐标上各单位工程同工种的人数叠加并连成一条曲线，即为某工种的劳动力动态曲线图，从而根据劳动力需要量编制劳动力需要量计划（表17-2）。

表17-2　　　　　　　　　　　　　劳 动 力 需 要 量 计 划

施工阶段（期）	工程类别	单项工程		劳动量（工日）	专业工种		需要量计划							
		编码	名称		编码	名称	××年（月）				××年（季）			
							1	2	3	…	Ⅰ	Ⅱ	Ⅲ	Ⅳ

二、主要材料、预制品需要量计划

主要材料和预制品需要量计划是组织材料和预制品加工、订货、运输、确定堆场、仓库面积和及时供应的依据。主要是根据施工图纸、施工部署和施工总进度计划而编制的。

根据各项工程量，查有关定额或资料，得出各建筑所需的主要材料、预制品的需要量。然后根据施工总进度计划表，算出主要材料在某一时间内的需要量，从而编制出主要材料、预制品需要量计划（表17-3）。

表17-3　　　　　　　　　　　主要材料、预制品需要量计划

施工阶段（期）	工程类别	单项工程		工程材料、预制品				需要量计划							
		编码	名称	编码	名称	种类	规格	××年（月）				××年（季）			
								1	2	3	…	Ⅰ	Ⅱ	Ⅲ	Ⅳ

三、施工机械和设备需要量计划

施工机械和设备需要量计划是确定机械和设备供应时间、施工用量、计算配电设备及选择变压器的依据。主要是根据施工总进度计划、主要项目的施工方案和工程量及机械台班产量定额确定（表17-4）。

表17-4 施工机械和设备需要量计划

施工阶段（期）	工程类别	单项工程		施工机具和设备				需要量计划							
		编码	名称	编码	名称	型号	功率	××年（月）				××年（季）			
								1	2	3	…	I	II	III	IV

四、全场性施工准备工作计划

为落实全场性各项施工准备工作，根据施工部署、施工总进度计划、资源需要量计划、总平面图的要求以及分期施工的规模、期限和任务，提出"四通一平"的完成时间，研究有关施工技术措施和暂设工程，编制施工准备工作计划（表17-5）。

表17-5 施工准备工作计划

序号	准备工作名称	准备工作内容	主办单位	协办单位	完成日期	负责人
1						
2						
⋮						

计划内容包括土地征用、障碍拆迁、拆除和现场控制网测量工作，为定位放线做好准备；确定场地平整方案、全场性排水和防洪方案、场内外运输、施工用干道、水和电来源及其引入方案；安排好生产和生活基地建设，包括混凝土搅拌站，预制构件厂、钢筋加工厂、仓库、机修厂以及办公和生活福利设施等；落实工程材料、外协件、构配件、机械设备的货源、加工订货、运输或储存方式；组织新结构、新材料、新技术、新工艺的试验和职工的技术培训。

第五节 全场性暂设工程设计

为确保工程项目的顺利实施，开工前应按照全场性施工准备工作计划的要求，本着尽量利用已有或拟建工程的原则，进行相应的暂设工程设计。

暂设工程类型及规模因工程而异，通常包括工地加工厂或加工站（类型、结构、面积）、仓库与堆场（类型、结构、储量、面积）、工地运输（运量、方式、工具数量、道路）、办公及福利设施（类型、面积）、水电动力管网（用量、水源、变压器）等。

一、工地加工厂（站）设计

工地加工厂设计主要有混凝土和砂浆搅拌站、钢筋混凝土构件预制厂、木材和金属结构加工厂、钢筋加工棚、施工机械维修厂等，结构形式有竹、木、钢管、砖、砌块或装拆活动房屋等。可查阅相关手册确定其面积，也可按式（17-1）计算

$$F = \frac{KQ}{TS\alpha} \tag{17-1}$$

式中：F 为所需建筑面积，m^2；K 为不均衡系数，可取 1.3～1.5；Q 为加工总量；T 为加工总时间，月；S 为每平方米场地月平均加工量定额；α 为场地或建筑面积利用系数，可取 0.6～0.7。

二、工地临时仓库与堆场设计

仓库种类和结构比较多，可分为中心仓库、转运仓库、现场仓库和加工厂仓库，也可分为露天仓库即堆场、库棚和封闭库房等。

1. 确定仓库材料储备量

（1）建设项目的材料储备量按式（17-2）计算

$$q_1 = K_1 Q_1 \tag{17-2}$$

式中：q_1 为总储备量；K_1 为储备系数，型钢、木材、用量小或不常使用的材料取 0.3～0.4，用量多的材料取 0.2～0.3；Q_1 为该项材料的最高年、季需要量。

（2）单位工程材料储备量按式（17-5）计算

$$q_2 = \frac{nQ_2}{T} \tag{17-3}$$

式中：q_2 为单位工程材料储备量；n 为储备天数，可参考相关手册确定；Q_2 为计划期内材料、半成品和制品的总需要量；T 为需要该项材料的施工天数，并大于 n。

2. 仓库面积的确定

（1）按材料储备期计算

$$F = \frac{q}{P} \tag{17-4}$$

（2）按系数计算时，适用于估算

$$F = \phi m \tag{17-5}$$

式中：F 为仓库面积，包括通道面积，m^2；q 为材料储备量，用于建设项目为 q_1，用于单位工程为 q_2；P 为每平方米能存放的材料、半成品和制品的数量，可参考相关手册确定；ϕ 为系数，可参考相关手册确定；m 为计算基数，可参考相关手册确定。

三、工地运输设计

工地运输分为场外运输和场内运输。主要道路应布置成环形、U 形，次要道路布置成单行线，但应有回车场。应尽量避免与铁路交叉。

1. 货运量确定

货运量按工程实际需要确定，也可按式（17-6）计算

$$q_i = \frac{\sum Q_i \cdot L_i}{T} K \tag{17-6}$$

式中：q_i 为日货运量，$t \cdot km/日$；Q_i 为整个单位工程的各类货物需要总量，t；L_i 为各类货物由发货地点到用货地点的距离，km；T 为货物所需的运输天数，d；K 为运输工作不均衡系数，铁路取 1.5，汽车 1.2，水路 1.3。

2. 运输方式的选择

运输方式通常有水路运输、铁路运输和公路运输。

3. 运输工具数量的确定

（1）汽车台班产量的计算

$$q = \frac{T_1}{t + \frac{2L}{v}} P K_1 K_2 \qquad (17-7)$$

式中：q 为汽车台班产量，t/台班；T_1 为台班工作时间，h；t 为货物装运时间，h；L 为运输距离，km；v 为汽车计算运行速度，km/h；P 为汽车载重量，t；K_1 为时间利用系数，取 0.9；K_2 为汽车吨位利用系数。

（2）汽车台数的计算

$$m = \frac{Q K_3}{q T n K_4} \qquad (17-8)$$

式中：m 为汽车台数；Q 为全年（或全季）度最大运输量，t；K_3 为货物运输不均衡系数，场外运输取 1.2，场内取 1.1；q 为汽车台班产量，t/台班；T 为全年（或全季）工作天数，d；n 为日工作班次，班；K_4 为汽车供应系数，取 0.9。

四、办公及福利设施设计

办公及福利设施修建时，应遵循经济、适用、装拆方便的原则，尽量利用已有的建筑，按照当地气候条件、工期长短、本单位的现有条件以及现场暂设的有关规定确定结构型式。

1. 办公及福利设施类型

主要有行政管理和各种生活福利用房。

2. 办公及福利设施规划

（1）确定人员数量。主要有生产、非生产和家属人员。包括直接参加施工生产的工人、机械维修工人、运输及仓库管理人员、动力设施管理工人、冬季施工的附加工人等；行政及技术管理人员、为工地上居民生活服务的人员、以上各项人员的家属。上述人员的比例，可按国家有关规定或工程实际情况计算。

（2）确定办公及福利设施建筑面积。建筑装饰施工工地人数确定后，就可按实际经验确定建筑面积，也可按式（17-9）计算

$$S = NP \qquad (17-9)$$

式中：S 为建筑面积，m²；N 为人数；P 为建筑面积指标，可参考相关手册确定。

五、工地供水设施设计

工地临时供水的类型主要包括生产用水（工程施工用水、施工机械用水）、生活用水（施工现场生活用水和生活区生活用水）和消防用水等。

1. 确定供水数量

（1）现场施工用水量，可按式（17-10）计算

$$q_1 = K_1 \sum \frac{Q_1 N_1}{T_1 t} \frac{K_2}{8 \times 3600} \qquad (17-10)$$

式中：q_1 为施工用水量，L/s；K_1 为未预计的施工用水系数，取 1.05~1.15；Q_1 为年（季）度工程量，以实物计量单位表示；N_1 为施工用水定额，可查相应的定额指标；T_1 为年（季）度有效作业日，d；t 为每天工作班次，班；K_2 为用水不均衡系数，取 1.5。

（2）施工机械用水量，可按式（17-11）计算

$$q_2 = K_1 \sum Q_2 N_2 \frac{K_3}{8 \times 3600} \tag{17-11}$$

式中：q_2 为施工机械用水量，L/s；K_1 为未预计的施工用水系数，取 1.05～1.15；Q_2 为同一种机械台数，台；N_2 为施工机械台班用水定额，可查相应的定额指标；K_3 为施工机械用水不均衡系数，取 2.0。

（3）施工现场生活用水量，可按式（17-12）计算

$$q_3 = \frac{P_1 N_3 K_4}{t \times 8 \times 3600} \tag{17-12}$$

式中：q_3 为施工现场生活用水量，L/s；P_1 为施工现场高峰昼夜人数，人；N_3 为施工现场生活用水定额，视当地气候、工程而定，一般为 20～60L/（人·班）；K_4 为施工现场生活用水不均衡系数，取 1.30～1.50；t 为每天工作班次，班。

（4）生活区生活用水量，可按式（17-13）计算

$$q_4 = \frac{P_2 N_4 K_5}{24 \times 3600} \tag{17-13}$$

式中：q_4 为生活区生活用水量，L/s；P_2 为生活区居民人数，人；N_4 为生活区昼夜全部生活用水定额，100～120L/（人·昼夜），其他可查相应的定额指标；K_5 为生活区用水不均衡系数，取 2.0～2.5。

（5）消防用水量 q_5，可查表求消防用水量，一般在 10～15L/s 之间选取。

（6）总用水量 Q，可按下述方式计算

当 $(q_1 + q_2 + q_3 + q_4) \leqslant q_5$ 时，则 $Q = q_5 + (q_1 + q_2 + q_3 + q_4)/2$；

当 $(q_1 + q_2 + q_3 + q_4) > q_5$ 时，则 $Q = q_1 + q_2 + q_3 + q_4$；

当 $(q_1 + q_2 + q_3 + q_4) < q_5$，且工地面积小于 5hm² 时，则 $Q = q_5$。

最后计算的总用水量，还应增加 10%，以补偿水管的渗漏损失。

2. 选择水源

水源主要有自来水和天然水源。

水量应充足可靠，生活饮用水、生产用水的水质，应符合要求，尽量与农业、水利综合利用，取水、输水、净水设施要安全、可靠、经济，施工、运转、管理和维护方便。

3. 确定供水系统

主要包括取水设施（取水口、进水管、水泵等）、净水设施、储水构筑物（水池、水塔、水箱等）、输水管和配水管等。

取水口距河底或井底不得小于 0.25～0.9m，储水构筑物容量由消防用水量确定，不得小于 10～20m³。管材可选择塑料管、钢管等，供水管径可按式（17-14）计算

$$D = \sqrt{\frac{4Q}{\pi v \times 1000}} \tag{17-14}$$

式中：D 为配水管管径，m；Q 为总用水量，L/s；v 为管网中水的流速，m/s，一般小于 3。

六、工地供电系统设计

1. 确定供电数量

包括动力用电和照明用电，应注意全工地使用的电力机械设备、工具和照明的用电功率以及施工高峰期同时用电量，可按式（17－15）计算

$$P=(1.05\sim1.10)\left(K_1\frac{\sum P_1}{\cos\varphi}+K_2\sum P_2+K_3\sum P_3+K_4\sum P_4\right) \qquad (17-15)$$

式中：P 为供电设备总需要容量，kVA；P_1 为电动机额定功率，kW；P_2 为电焊机额定容量，kVA；P_3 为室内照明容量，kW；P_4 为室外照明容量，kW；$\cos\varphi$ 为电动机的平均功率因数，施工现场最高为 0.75～0.78，一般为 0.65～0.75；K_1、K_2、K_3、K_4 分别为用电需要系数，可查相应的手册确定。

各种机械设备和照明用电，可从用电定额中查取。照明用电远小于动力用电量，估算用电量时，照明用电只需在动力用电量之外再加上 10％即可。

2. 选择电源和变压器

（1）选择电源。完全由工地附近的电力系统供电，包括在全面开工之前先将永久性供电外线工程（变配电室）完成，设置变电站。工地附近的电力系统能供应一部分，工地需增设临时电站以补充不足。利用附近的高压电网，申请临时配电变压器。工地处于新开发地区，没有电力系统时，完全由自备临时电站供给。

（2）确定变压器功率。可按式（17－16）计算

$$P=K\left(\frac{\sum P_{\max}}{\cos\varphi}\right) \qquad (17-16)$$

式中：P 为变压器输出功率，kVA；K 为功率损失系数，取 1.05；$P_{\max}$ 为各施工区最大计算负荷，kW；$\cos\varphi$ 为平均功率因数，取 0.75。

最后选取的变压器功率应略大于计算的变压器功率。

3. 选择配电线路和导线截面

（1）按机械强度选择。导线必须具有足够的机械强度以防止受拉或机械损伤而折断，可查相应的手册确定。一般可选择外护套橡皮线 $BX=10\text{mm}^2$，橡皮铝线 $BLX=16\text{mm}^2$。

（2）按允许电压降选择。导线上引起的电压降必须在一定的限度之内。可按下式计算

$$S=\frac{\sum PL}{C\varepsilon}\%=\frac{\sum M}{C\varepsilon}\% \qquad (17-17)$$

式中：S 为导线截面积，mm²；P 为负荷电功率或线路输送的电功率，kW；L 为送电线路的距离，m；C 为系数，视导线材料，线路电压及配电方式而定，三相四线制为 77，单相制为 12.8；ε 为允许的相对电压降，即线路电压损失百分比，照明允许电压降为 2.5％～5％，电动机电压降不超过±5％；M 为负荷矩，kW·m。

（3）按允许电流选择。导线必须能承受负荷电流长时间通过所引起的温升。

三相四线制线路上的电流按式（17－18）计算

$$I_{\text{线}}=\frac{KP}{\sqrt{3}U_{\text{线}}\cos\varphi} \qquad (17-18)$$

二线制线路按式（17－19）计算

$$I_\text{线} = \frac{P}{U_\text{线} \cos\varphi} \tag{17-19}$$

式中：$I_\text{线}$ 为电流值，A；K 为用电需要系数，可查相应的手册确定；P 为供电设备总需要容量，kVA；$U_\text{线}$ 为电压，V；$\cos\varphi$ 为功率因数，临时电网取 0.7～0.75。

选择导线截面应同时满足上述三项要求，即以求得的三个截面积中最大者为准，从导线的产品目录中选用线芯类型和截面。道路和给排水施工作业线路长，导线截面由电压降选定；建筑施工配电线路较短，导线截面由允许电流选定；在小负荷架空线路中导线截面以机械强度选定。通常先根据负荷电流大小选择导线截面，然后以机械强度和允许电压降进行复核。

第六节 施工总平面图设计

施工总平面图是拟建工程项目在施工场地的总体布置图。按照施工部署、施工方案、施工总进度计划和资源需用量计划的要求，将施工现场的道路交通、材料仓库或堆场、附属企业、现场加工厂、临时房屋和水电管线等作出合理的规划与布置，从而正确处理全工地施工期间所需各项设施和永久性建筑以及拟建项目之间的空间关系，以指导现场实现有组织、有秩序地文明施工。

一、施工总平面图设计的内容

（1）用地范围和规划红线内的地形和等高线。

（2）永久性测量放线标桩位置。

（3）一切地上、地下已有、拟建的建筑物、构筑物及其他设施的位置、尺寸。

（4）一切为全工地施工服务的临时设施的布置位置，主要包括：施工用地范围，施工用的各种道路；加工厂、搅拌站及有关机械的位置；各种建筑材料、构件、半成品的仓库和堆场，取土弃土位置；办公、生活和其他福利设施等；水源、电源、变压器位置，临时给排水管线和供电、动力设施；机械站、车库位置；安全、消防和环境保护设施等。

二、施工总平面图设计的原则

（1）尽量减少施工用地，少占农田，使平面布置紧凑合理。

（2）合理组织运输，减少运输费用，保证运输方便畅通。

（3）施工区域划分和场地确定，应符合施工工艺要求，尽量避免各专业工种之间的干扰。

（4）充分利用各种永久性建筑物、构筑物和原有设施为施工服务，降低临时设施的费用。

（5）各种设施应便于工人生产和生活的需要。

（6）满足环境保护、安全防火、劳动保护和文明施工的要求。

三、施工总平面图设计的依据

（1）各种设计资料，包括建筑总平面图、地形地貌图、区域规划图、建设项目范围内有关的各种设施位置。

（2）建设地区的自然条件、技术经济条件、资源供应和运输状况等资料。

（3）建设项目的工程概况、施工部署、施工方案、施工总进度计划，以便了解各施工阶段情况，合理规划施工场地。

（4）总资源需要量计划，以便规划工地内的加工厂、仓库、堆场和运输线路等。

（5）施工用地范围、电源、水源位置等。

四、施工总平面图设计的步骤和方法

1. 场外交通的引入

施工总平面图设计应从大宗材料、成品、半成品和施工设备等进入工地的运输方式入手。大批材料由铁路运来时，要提前解决铁路的引入问题。有永久性铁路专线的大型工业企业一般先引入现场一侧或两侧，最后再引进现场的中心；大批材料由水路运来时，应考虑使用原有的码头或增设专用码头；大批材料由公路运入时，布置较灵活，可先布置仓库和加工厂，再引入场外交通。

2. 仓库与材料堆场的布置

通常考虑设置在运输方便、位置适中、运距较短及安全防火的地方。

铁路运输时，仓库应沿铁路专用线布置，靠近工地一侧，避免运输跨越铁路，并且有足够的装卸前线，否则应在附近设置转运仓库。

水路运输时，一般应在码头附近设置转运仓库，以缩短船在码头的停留时间。

公路运输时，中心仓库一般布置在工地中心区或靠近使用的地方，也可布置在靠近与外部交通连接处。水泥、砂、石、木材、钢筋等仓库或堆场宜布置在搅拌站、预制场和加工厂附近，砖、预制构件等直接布置在施工对象附近，避免二次搬运。工业项目的工地还应考虑主要设备的仓库或堆场，一般较重设备应尽量放在车间附近，其他设备可布置在外围空地上。

3. 搅拌站和加工厂的布置

对于混凝土搅拌站布置，当运输条件好时，可采用集中设置搅拌站，否则应分散设置。在有条件的地区，应尽可能采用商品混凝土。而砂浆搅拌站，宜采用分散就近布置。

各种加工厂布置均以方便使用、安全防火、环境保护和运费少为原则。常将加工厂与相应的仓库或材料堆场布置在同一区域，且多处于工地边缘。预制件加工应尽量利用已有的，只有在运输困难时，才考虑在现场设置，常设置在场地的空闲地带。加工厂一般采用分散或集中布置。如冷加工、对焊、点焊的钢筋或大片钢筋网，应集中布置，小型加工件，可利用简单机具进行，可分散布置。而金属结构、锻工、电焊和机修等车间，应布置在一起。

4. 场内运输道路的布置

应充分利用原有或拟建的永久性道路，合理规划施工道路与各种临时设施的关系。可提前修永久性道路或先修路基和简易路面，作为施工的临时道路，以达到节约资金的目的。

主要道路宜采用双车道环形布置，宽度不小于6m，次要道路可采用单车道，宽度不小于3.5m，但应保证运输畅通。一般与场外公路相连的干线，宜建成混凝土路面，场区内的干线可采用碎石级配路面，而支线一般为土路或砂石路。

5. 临时性建筑布置

临时建筑包括办公室、汽车库、休息室、开水房、食堂、宿舍、俱乐部、厕所、浴室等，应尽量利用已有的建筑物或生活基地，不足时再另行建造。

临时设施的设置，应本着经济、适用、拆装方便的原则进行。一般全场性管理用房宜设在工地入口处，以便对外联系，也可设在工地中间，便于现场管理。生活区常设在场外或工地边缘处，食堂可布置在工地内部或工地与生活区之间，其他生活福利设施应设置在工人较集中的地方或生活区。

6. 临时水电管网及其他动力设施的布置

尽量利用已有的水源、电源，可将水电直接接入工地。施工现场的水电管网有环状、枝状和混合式布置三种形式，一般宜沿道路布置。

为获取水源，可利用地下水或地上水设置临时水塔、水池等供水设备，临时水池应放在地势较高处。管线穿过道路时应用套管加以保护，并埋入地下不小于 0.6m，寒冷地区还应注意防冻。道路两边应布置排水沟，并设置 0.2% 的坡度。消防栓应设置在易燃物附近，并有畅通的出口和车道，其宽度不小于 6m，与拟建建筑的距离宜在 5～25m，距道路不应大于 2m，消防栓的间距不应大于 100m。

临时总变电站应设置在高压电引入处，避免穿越工地现场。也可在工地中心或附近设置临时发电设备。工地电网，一般 3～10kV 的高压线采用环状，沿主干道布置，380/220V 低压线采用枝状布置，架空布置时，距路面或建筑物应不小于 6m。

五、施工总平面图的科学管理

许多大工程项目，建设工期较长，施工现场经常发生改变。因此，应及时做好现场的清理与维护工作，建立统一的管理制度，对施工总平面图实行动态的科学化管理。结合工地的实际情况，多方案比较，综合考虑，反复论证，实时地对施工总平面图进行调整、修正和加以完善，以便使施工总平面图更好地为施工现场服务。

小　　结

1. 施工组织总设计的作用是用以指导整个施工现场各项施工准备和组织全局性施工活动的综合性技术经济文件。一般包括建设工程概况及特点分析、施工总目标和施工管理组织、施工部署和主要工程项目的施工方案、施工准备工作计划、施工总进度计划、施工总质量、成本、安全计划、总资源需要量计划、施工总平面图设计和主要技术经济指标等内容。

2. 编制依据包括建设项目的基础性文件、建设地区的工程勘察和原始调查资料、工程建设政策、法规、规范、定额等资料和类似工程项目经验资料。

3. 施工部署主要包括项目经理部的组织结构和人员配备、确定工程开展程序、拟定主要工程项目施工方案、明确施工任务划分与组织安排等。

4. 施工总进度计划是各项施工活动在时间和空间上的具体体现。施工总进度计划的编制内容一般包括计算各主要项目的实物工程量，确定各单位工程的施工期限，确定各单位工程开竣工时间和相互搭接关系以及施工总进度计划表的编制、调整和修正。

5. 资源需要量计划与准备工作计划包括劳动力、主要材料、预制品、施工机械和设备以及全场性施工准备工作计划。

6. 全场性暂设工程设计主要有工地加工厂（站）、工地临时仓库与堆场、工地运输、办公及福利设施、工地供水供电设施的设计。

7. 施工总平面图设计包括设计的内容、原则、依据、步骤和方法。主要有场外交通的引入、仓库与材料堆场、搅拌站和加工厂、场内运输道路、临时性建筑物、临时水电管网和其他动力设施的布置以及施工总平面图的科学管理。

复习思考题

17-1 什么是施工组织总设计？包括哪些内容？

17-2 施工组织总设计有什么作用？

17-3 施工组织总设计编制的依据是什么？

17-4 施工部署的内容有哪些？

17-5 简述施工总进度计划的编制步骤。

17-6 资源需要量计划与准备工作计划包括哪些内容？

17-7 施工总平面图的基本内容和设计原则是什么？

17-8 简述施工总平面图的设计步骤和方法。

参 考 文 献

[1] 吴贤国. 土木工程施工 [M]. 北京：中国建筑工业出版社，2010.

[2] 应惠清. 土木工程施工（第2版）[M]. 北京：高等教育出版社，2009.

[3] 毛鹤琴. 土木工程施工（第3版）[M]. 武汉：武汉理工大学出版社，2007.

[4] 丁克胜. 土木工程施工（第2版）[M]. 武汉：华中科技大学出版社，2009.

[5] 熊丹安，朱立冬. 土木工程施工（第3版）[M]. 广州：华南理工大学出版社，2009.

[6] 费以原，孙震. 土木工程施工 [M]. 北京：机械工业出版社，2007.

[7] 张长友. 土木工程施工技术 [M]. 北京：中国电力出版社，2009.

[8] 李惠玲. 土木工程施工技术 [M]. 大连：大连理工大学出版社，2009.

[9] 刘宗仁. 土木工程施工（第2版）[M]. 北京：高等教育出版社，2009.

[10] 李珠，苏有文. 土木工程施工（精编本）[M]. 武汉：武汉理工大学出版社，2007.

[11] 郭正兴. 土木工程施工 [M]. 南京：东南大学出版社，2008.

[12] 陈金洪，杜春海. 土木工程施工 [M]. 武汉：武汉理工大学出版社，2009.

[13] 牛季收. 土木工程施工 [M]. 郑州：郑州大学出版社，2007.

[14] 李国柱. 土木工程施工 [M]. 杭州：浙江大学出版社，2007.

[15] 邓寿昌，李晓目. 土木工程施工 [M]. 北京：北京大学出版社，2006.

[16] 重庆大学，等. 土木工程施工（上、下册，第2版）[M]. 北京：中国建筑工业出版社，2008.

[17] 刘曦. 土木工程施工技术 [M]. 北京：中国建筑工业出版社，2007.

[18] 李建峰. 现代土木工程施工技术 [M]. 北京：中国电力出版社，2008.

[19] 周国恩，周兆银. 建筑工程施工技术 [M]. 重庆：重庆大学出版社，2011.

[20] 李伟，王飞. 建筑工程施工技术 [M]. 北京：机械工业出版社，2006.

[21] 张厚先，王志清. 建筑施工技术（第2版）[M]. 北京：机械工业出版社，2008.

[22] 杨正凯. 建筑施工技术 [M]. 北京：中国电力出版社，2009.

[23] 应惠清. 建筑施工技术 [M]. 上海：同济大学出版社，2006.

[24] 魏瞿霖，王松成. 建筑施工技术 [M]. 北京：清华大学出版社，2006.

[25] 侯洪涛. 建筑施工技术 [M]. 北京：机械工业出版社，2008.

[26] 曾巧玲. 基础工程 [M]. 北京：清华大学出版社，北京交通大学出版社，2007.

[27] 王贵春. 路基路面工程施工 [M]. 北京：中国建筑工业出版社，2008.

[28] 高连生. 路基路面施工技术 [M]. 北京：人民交通出版社，2009.

[29] 郑机. 图解桥梁施工技术 [M]. 北京：中国铁道出版社，2009.

[30] 肖建平. 桥梁工程施工 [M]. 北京：机械工业出版社，2007.

[31] 邬晓光. 桥梁施工及组织管理 [M]. 北京：人民交通出版社，2008.

[32] 陈连山. 长输油气管道施工技术 [M]. 北京：石油工业出版社，2009.

[33] 茹慧灵. 长输管道施工技术 [M]. 北京：石油工业出版社，2007.

[34] 姜玉松. 地下工程施工技术 [M]. 武汉：武汉理工大学出版社，2008.

[35] 贺少辉. 地下工程 [M]. 北京：清华大学出版社；北京交通大学出版社，2008.

[36] 张长友. 土木工程施工组织与管理 [M]. 北京：中国电力出版社，2009.

[37] 蒋红妍，黄莺. 土木工程施工组织 [M]. 北京：冶金工业出版社，2009.

[38] 张立新. 土木工程施工组织设计 [M]. 北京：中国电力出版社，2007.

[39] 周国恩，周兆银. 建筑工程施工组织设计 [M]. 重庆：重庆大学出版社，2011.